第五版前言

本书作为西安电子科技大学电子与通信类专业“电磁场与电磁波”课程的统一教材，是按照各学院的教学大纲编写的。本书在编写过程中吸收了部分讲课教师的意见和建议，同时融入了编者长期的教学经验和体会。

本书自出版以来，许多学校将其选作教材，受到了广大师生的欢迎，根据读者的反馈意见和教学需求，我们对本书第四版进行了修订，纠正其中的不妥和错误。王家礼、朱满座、路宏敏参加了全书的修订工作，其中第一章和第八章由王家礼负责修订；第二章、第三章和第四章由朱满座负责修订；第五章、第六章和第七章由路宏敏负责修订。王家礼负责全书的统稿工作。在本书的编写过程中，西安电子科技大学出版社刘玉芳编辑付出了艰辛的劳动，在此表示衷心的感谢。

由于编者水平有限，书中的不当之处在所难免，衷心希望使用本书的老师、同学和读者批评指正。

编　者

2020 年 10 月

第四版前言

本书作为西安电子科技大学电子与通信类专业“电磁场与电磁波”课程的统一教材，是按照各学院的教学大纲编写的。编写中吸收了部分讲课教师的意见和建议，同时融入了编者长期的教学经验和体会。

本书自出版以来，许多学校将其选作教材，受到了广大师生的欢迎。根据读者的反馈意见和教学的需求，我们对本书第三版进行了修订，纠正了其中的不妥与错误，充实了书中插图。王家礼、朱满座、路宏敏参加了全书的修订工作，其中第一章、第八章由王家礼负责修订，第二章、第三章、第四章由朱满座负责修订，第五章、第六章、第七章由路宏敏负责修订，王家礼负责全书的统稿工作。

由于编者水平有限，书中难免出现不当之处，衷心希望使用本书的老师、同学和读者批评指正。

编　者

2016 年 3 月

目　录

第一章　矢量分析

电场和磁场都是矢量场，因此在研究电磁场与电磁波之前，我们先介绍分析矢量场和标量场问题的数学工具——矢量分析。掌握矢量分析将为学习电磁场与电磁波内容奠定必要的数学基础。本章重点讨论如下内容：

· 标量场的方向导数和梯度

· 矢量场的通量和散度

· 矢量场的环量和旋度

· 亥姆霍兹定理

1.1　场的概念

1.1.1　矢性函数

数学上，实数域内任一代数量 a 都可以称为标量，因为它只能代表该代数量的大小。在物理学中，任意一个代数量一旦被赋予物理单位，则成为一个具有物理意义的标量，即所谓的物理量，如电压 u、电流 i、面积 S、体积 V 等等。

在二维空间或三维空间内的任一点 P 是一个既存在大小(或称为模)又有方向特性的量，故称为实数矢量。实数矢量可用黑体 $\boldsymbol{A}$ 表示，而白体 A 表示 $\boldsymbol{A}$ 的大小(即 $\boldsymbol{A}$ 的模)。若用几何图形表示，实数矢量是从原点出发的一条带有箭头的直线段，直线段的长度表示矢量 $\boldsymbol{A}$ 的模，箭头的指向表示该矢量 $\boldsymbol{A}$ 的方向。矢量一旦被赋予物理单位，便成为具有物理意义的矢量，如电场强度 $\boldsymbol{E}$、磁场强度 $\boldsymbol{H}$、速度 $\boldsymbol{v}$ 等等。

若某一矢量的模和方向都保持不变，此矢量称为常矢，如某物体所受到的重力。而在实际问题中遇到的更多的是模和方向或两者之一会发生变化的矢量，这种矢量我们称为变矢，如沿着某一曲线物体运动的速度 $\boldsymbol{v}$ 等。

设 t 是一数性变量，$\boldsymbol{A}(t)$为变矢，对于某一区间 $G[a, b]$内的每一个数值 t，$\boldsymbol{A}$ 都有一个确定的矢量 $\boldsymbol{A}(t)$与之对应，则称 $\boldsymbol{A}(t)$为数性变量 t 的矢性函数。记为

$$\boldsymbol{A}=\boldsymbol{A}(t)$$

而 $G[a, b]$为 $\boldsymbol{A}(t)$的定义域。矢性函数 $\boldsymbol{A}(t)$在直角坐标系中的三个坐标分量都是变量 t 的函数，分别为 $A_x(t)$、$A_y(t)$、$A_z(t)$，则矢性函数 $\boldsymbol{A}(t)$也可用其坐标表示为

$$\boldsymbol{A} = A_x(t)\boldsymbol{e}_x + A_y(t)\boldsymbol{e}_y + A_z(t)\boldsymbol{e}_z$$

其中，$\boldsymbol{e}_x$、$\boldsymbol{e}_y$、$\boldsymbol{e}_z$ 为 x 轴、y 轴、z 轴的正向单位矢量。

在矢量代数中，已经学习过矢性函数的极限和连续性，矢性函数的导数和微分，矢性函数的积分。由于篇幅所限我们不再讨论，但是它们的运算法则我们必须掌握，这样才能学好后面的内容。

1.1.2　标量场和矢量场

在许多科学问题中，常常需要研究某种物理量在某一空间区域的分布情况和变化规律，为此，在数学上引入场的概念。

如果在某一空间区域内的每一点，都对应着某个物理量的一个确定的值，则称在此区域内确定了该物理量的一个场。换句话说，在某一空间区域中，物理量的无限集合表示一种场。如在教室中温度的分布确定了一个温度场，在空间电位的分布确定了一个电位场。场的一个重要的属性是它占有一定空间，而且在该空间域内，除有限个点和表面外，其物理量应该是处处连续的。若该物理量与时间无关，则该场称为静态场；若该物理量与时间有关，则该场称为动态场或称为时变场。

在研究物理系统中温度、压力、密度等在一定空间的分布状态时，数学上只需用一个代数变量来描述，这些代数变量(即标量函数)所确定的场称为标量场，如温度场 $T(x, y, z)$、电位场 $\varphi(x, y, z)$ 等。然而在许多物理系统中，其状态不仅需要确定其大小，同时还需确定它们的方向，这就需要用一个矢量来描述，因此称为矢量场，例如电场、磁场、流速场等等。

1.1.3　标量场的等值面和矢量场的矢量线

在研究场的特性时，以场图表示场变量在空间逐点分布的情况具有很大的意义。对于标量场，常用等值面的概念来描述。所谓等值面，是指在标量场 $\varphi(x, y, z)$ 中，使其函数 φ 取相同数值的所有点组成的集合，这些点组成一个曲面，该曲面称为等值面。如温度场的等值面，就是由温度相同的点所组成的一个曲面，此曲面称为等温面。等值面在二维空间就变为等值线。如地图上的等高线，就是由高度相同的点连成的一条曲线。

标量场 $\varphi(x, y, z)$ 的等值面方程为

$$\varphi(x, y, z) = \text{const.}$$

对于矢量场 $\boldsymbol{A}(x, y, z)$，则用一些有向线来形象地表示矢量 $\boldsymbol{A}(x, y, z)$ 在空间的分布，这些有向线称为矢量线，如图 1-1 所示。矢量线上任一点的切线方向表示该点矢量 $\boldsymbol{A}(x, y, z)$ 的方向。在直角坐标系中，其矢量线方程可写为

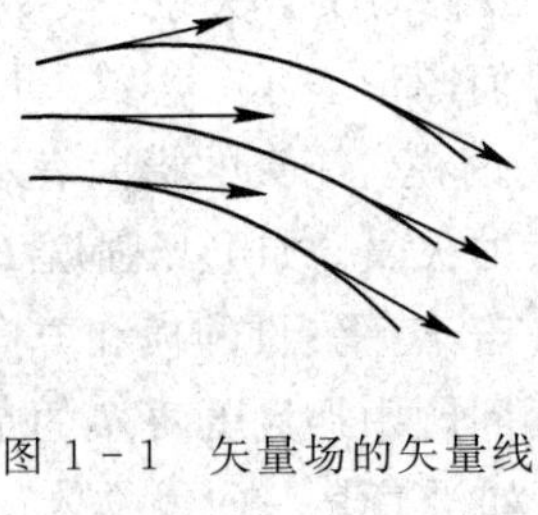

图 1-1　矢量场的矢量线

$$\frac{\mathrm{d}x}{A_x} = \frac{\mathrm{d}y}{A_y} = \frac{\mathrm{d}z}{A_z} \tag{1-1}$$

按照一定的规则，绘制出矢量线，既可根据矢量线确定矢量场中各点矢量的方向，又可根据矢量线的疏密程度，判别出矢量场中各点矢量的大小和变化趋势。因此，矢量线在分析矢量场特性时是十分有用的。

例 1-1　求数量场 $\varphi = (x+y)^2 - z$ 通过点 $M(1, 0, 1)$ 的等值面方程。

解：点 M 的坐标是 $x_0=1$，$y_0=0$，$z_0=1$，则该点的数量场的场值为

$$\varphi=(x_0+y_0)^2-z_0=0$$

其等值面方程为

$$(x+y)^2-z=0 \quad 或 \quad z=(x+y)^2$$

例 1-2　求矢量场 $\mathbf{A}=xy^2\boldsymbol{e}_x+x^2y\boldsymbol{e}_y+zy^2\boldsymbol{e}_z$ 的矢量线方程。

解：矢量线应满足的微分方程为

$$\frac{\mathrm{d}x}{xy^2}=\frac{\mathrm{d}y}{x^2y}=\frac{\mathrm{d}z}{y^2z}$$

从而有

$$\begin{cases}\dfrac{\mathrm{d}x}{xy^2}=\dfrac{\mathrm{d}y}{x^2y}\\[2ex]\dfrac{\mathrm{d}x}{xy^2}=\dfrac{\mathrm{d}z}{zy^2}\end{cases}$$

解之即得矢量方程：

$$\begin{cases}x^2-y^2=C_2\\ z=C_1x\end{cases}$$

C_1 和 C_2 是积分常数。

1.2　标量场的方向导数和梯度

1.2.1　标量场的方向导数

在标量场中，标量 $\varphi=\varphi(M)$ 的分布情况可以由等值面或等值线来描述，但这只能大致地了解标量 φ 在场中的整体分布情况。而要详细地研究标量场，还必须对它的局部状态进行深入分析，即要考察标量 φ 在场中各点处的邻域内沿每一方向的变化情况。为此，引入方向导数的概念。

设 M_0 是标量场 $\varphi=\varphi(M)$ 中的一个已知点，从 M_0 出发沿某一方向引入一条射线 $\boldsymbol{l}$，在 $\boldsymbol{l}$ 上 M_0 点的邻近取一点 M，其长度 $\overline{M_0M}=\rho$，如图 1-2 所示。若当 M_0 点趋于 M 点时(即长度 ρ 趋于零时)，即

$$\frac{\Delta\varphi}{\rho}=\frac{\varphi(M)-\varphi(M_0)}{\rho}$$

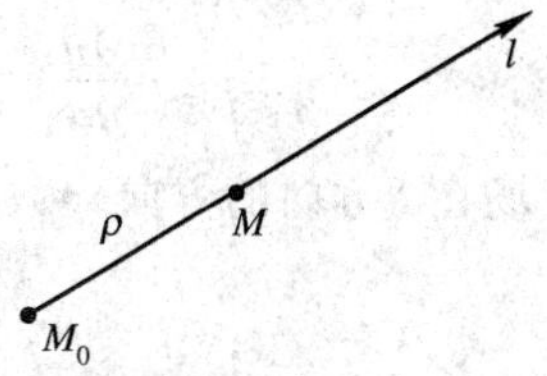

图 1-2　方向导数的定义

的极限存在，则称此极限为函数 $\varphi(M)$ 在点 M_0 处沿 $\boldsymbol{l}$ 方向的方向导数，记为 $\left.\dfrac{\partial\varphi}{\partial l}\right|_{M_0}$，即

$$\left.\frac{\partial\varphi}{\partial l}\right|_{M_0}=\lim_{M_0\to M}\frac{\varphi(M)-\varphi(M_0)}{\rho} \tag{1-2}$$

由上式可见，方向导数 $\left.\dfrac{\partial\varphi}{\partial l}\right|_{M_0}$ 是函数 $\varphi=\varphi(M)$ 在点 M_0 处沿 $\boldsymbol{l}$ 方向对距离的变化率。当

方向导数大于零时$\left(\frac{\partial\varphi}{\partial l}>0\right)$，表示在点 M_0 处函数 $\varphi=\varphi(M)$沿 $\boldsymbol{l}$ 方向是增加的，反之就是减小的。

在直角坐标系中，方向导数可按下述公式计算。

若函数 $\varphi=\varphi(x, y, z)$在点 $M_0(x_0, y_0, z_0)$处可微，$\cos\alpha$、$\cos\beta$、$\cos\gamma$ 为 $\boldsymbol{l}$ 方向的方向余弦，则函数 $\varphi=\varphi(x, y, z)$在点 $M_0(x_0, y_0, z_0)$处沿 $\boldsymbol{l}$ 方向的方向导数必定存在，且为

$$\left.\frac{\partial\varphi}{\partial l}\right|_{M_0}=\frac{\partial\varphi}{\partial x}\cos\alpha+\frac{\partial\varphi}{\partial y}\cos\beta+\frac{\partial\varphi}{\partial z}\cos\gamma \tag{1-3}$$

证明：M 点的坐标为 $M(x_0+\Delta x, y_0+\Delta y, z_0+\Delta z)$，由于函数 φ 在 M_0 处可微，故

$$\Delta\varphi=\varphi(M)-\varphi(M_0)=\frac{\partial\varphi}{\partial x}\Delta x+\frac{\partial\varphi}{\partial y}\Delta y+\frac{\partial\varphi}{\partial z}\Delta z+\Delta$$

式中 Δ 为高阶无穷小。上述等式两边除以 ρ，可得

$$\begin{aligned}\frac{\Delta\varphi}{\rho}&=\frac{\partial\varphi}{\partial x}\frac{\Delta x}{\rho}+\frac{\partial\varphi}{\partial y}\frac{\Delta y}{\rho}+\frac{\partial\varphi}{\partial z}\frac{\Delta z}{\rho}+\frac{\Delta}{\rho}\\&=\frac{\partial\varphi}{\partial x}\cos\alpha+\frac{\partial\varphi}{\partial y}\cos\beta+\frac{\partial\varphi}{\partial z}\cos\gamma+\frac{\Delta}{\rho}\end{aligned}$$

当 ρ 趋于零时对上式取极限，可得

$$\left.\frac{\partial\varphi}{\partial l}\right|_{M_0}=\frac{\partial\varphi}{\partial x}\cos\alpha+\frac{\partial\varphi}{\partial y}\cos\beta+\frac{\partial\varphi}{\partial z}\cos\gamma$$

证毕

例 1-3 求数量场 $u=\frac{x^2+y^2}{z}$在点 $M(1, 1, 2)$处沿 $\boldsymbol{l}=\boldsymbol{e}_x+2\boldsymbol{e}_y+2\boldsymbol{e}_z$ 方向的方向导数。

解：$\boldsymbol{l}$ 方向的方向余弦为

$$\cos\alpha=\frac{1}{\sqrt{1^2+2^2+2^2}}=\frac{1}{3}$$

$$\cos\beta=\frac{2}{\sqrt{1^2+2^2+2^2}}=\frac{2}{3}$$

$$\cos\gamma=\frac{2}{\sqrt{1^2+2^2+2^2}}=\frac{2}{3}$$

而其数量场对坐标的偏导数为

$$\frac{\partial u}{\partial x}=\frac{2x}{z},\quad \frac{\partial u}{\partial y}=\frac{2y}{z},\quad \frac{\partial u}{\partial z}=\frac{-(x^2+y^2)}{z^2}$$

数量场在 $\boldsymbol{l}$ 方向的方向导数为

$$\begin{aligned}\frac{\partial u}{\partial l}&=\frac{\partial u}{\partial x}\cos\alpha+\frac{\partial u}{\partial y}\cos\beta+\frac{\partial u}{\partial z}\cos\gamma\\&=\frac{1}{3}\frac{2x}{z}+\frac{2}{3}\frac{2y}{z}-\frac{2}{3}\frac{x^2+y^2}{z^2}\end{aligned}$$

在点 M 处沿 $\boldsymbol{l}$ 方向的方向导数为

$$\left.\frac{\partial u}{\partial l}\right|_{M}=\frac{1}{3}\cdot 1+\frac{2}{3}\cdot 1-\frac{2}{3}\cdot\frac{2}{4}=\frac{2}{3}$$

1.2.2 标量场的梯度

方向导数可以描述标量场中某点处标量沿某方向的变化率。但从场中某一点出发有无

穷多个方向，通常不必要更不可能研究所有方向的变化率，而只是关心沿哪一个方向变化率最大，此变化率是多少？我们从方向导数的计算公式来讨论这个问题。标量场 $\varphi(x, y, z)$ 在 $\boldsymbol{l}$ 方向上的方向导数为

$$\frac{\partial \varphi}{\partial l}=\frac{\partial \varphi}{\partial x}\cos\alpha+\frac{\partial \varphi}{\partial y}\cos\beta+\frac{\partial \varphi}{\partial z}\cos\gamma$$

在直角坐标系中，令

$$\boldsymbol{l}^{\circ}=\cos\alpha\,\boldsymbol{e}_x+\cos\beta\,\boldsymbol{e}_y+\cos\gamma\,\boldsymbol{e}_z$$

$$\boldsymbol{G}=\frac{\partial \varphi}{\partial x}\boldsymbol{e}_x+\frac{\partial \varphi}{\partial y}\boldsymbol{e}_y+\frac{\partial \varphi}{\partial z}\boldsymbol{e}_z$$

则

$$\frac{\partial \varphi}{\partial l}=\boldsymbol{G}\cdot\boldsymbol{l}^{\circ}=|\boldsymbol{G}|\cos(\boldsymbol{G}, \boldsymbol{l}^{\circ}) \tag{1-4}$$

矢量 $\boldsymbol{l}^{\circ}$ 是 $\boldsymbol{l}$ 方向的单位矢量，矢量 $\boldsymbol{G}$ 是在给定点处的一常矢量。由上式显然可见，当 $\boldsymbol{l}$ 与 $\boldsymbol{G}$ 的方向一致时，即 $\cos(\boldsymbol{G}, \boldsymbol{l}^{\circ})=1$ 时，标量场在点 M 处的方向导数最大，也就是说，沿矢量 $\boldsymbol{G}$ 的方向的方向导数最大，此最大值为

$$\left.\frac{\partial \varphi}{\partial l}\right|_{\max}=|\boldsymbol{G}| \tag{1-5}$$

这样，我们找到了一个矢量 $\boldsymbol{G}$，其方向是标量场在 M 点处变化率最大的方向，其模值即为最大的变化率。

在标量场 $\varphi(M)$ 中的一点 M 处，其方向为函数 $\varphi=\varphi(M)$ 在 M 点处变化率最大的方向，其大小又恰好等于最大变化率矢量 $\boldsymbol{G}$ 的模，该最大变化率矢量 $\boldsymbol{G}$ 称为标量场 $\varphi=\varphi(M)$ 在 M 点处的梯度，用 $\mathrm{grad}\varphi(M)$ 表示。在直角坐标系中，梯度的表达式为

$$\mathrm{grad}\varphi=\frac{\partial \varphi}{\partial x}\boldsymbol{e}_x+\frac{\partial \varphi}{\partial y}\boldsymbol{e}_y+\frac{\partial \varphi}{\partial z}\boldsymbol{e}_z \tag{1-6}$$

梯度用哈密尔顿微分算子表示的表达式为

$$\mathrm{grad}\varphi=\nabla\varphi \tag{1-7}$$

由上面的分析可知：

(1) 在某点 M 处沿任意方向的方向导数等于该点处的梯度在此方向上的投影；

(2) 标量场 $\varphi=\varphi(M)$ 中的每一点 M 处的梯度垂直于过该点的等值面，且指向函数 $\varphi(M)$ 增大的方向。这一点是因为点 M 处梯度的坐标 $\left(\frac{\partial \varphi}{\partial x}、\frac{\partial \varphi}{\partial y}、\frac{\partial \varphi}{\partial z}\right)$ 恰好是过 M 点的等值面 $\varphi(x, y, z)=c$ 法线的方向导数，即梯度为其法向矢量，因此梯度垂直于该等值面。

等值面和方向导数均与梯度存在一种比较特殊的关系，这使得梯度成为研究标量场的一个极为重要的矢量。

下面给出梯度的基本运算法则。$u(M)$ 和 $v(M)$ 为标量场，c 为一常数。很容易证明下面的梯度运算法则成立。

$$\mathrm{grad}c=\boldsymbol{0} \quad 或 \quad \nabla c=\boldsymbol{0} \tag{1-8}$$

$$\mathrm{grad}(cu)=c\,\mathrm{grad}u \quad 或 \quad \nabla(cu)=c\nabla u \tag{1-9}$$

$$\mathrm{grad}(u\pm v)=\mathrm{grad}u\pm\mathrm{grad}v \quad 或 \quad \nabla(u\pm v)=\nabla u\pm\nabla v \tag{1-10}$$

$$\mathrm{grad}(uv)=v\,\mathrm{grad}u+u\,\mathrm{grad}v \quad 或 \quad \nabla(uv)=v\nabla u+u\nabla v \tag{1-11}$$

$$\mathrm{grad}\left(\frac{u}{v}\right)=\frac{1}{v^2}(v\,\mathrm{grad}u-u\,\mathrm{grad}v)\quad 或\quad \nabla\left(\frac{u}{v}\right)=\frac{1}{v^2}(v\nabla u-u\nabla v)\tag{1-12}$$

$$\mathrm{grad}[f(u)]=f'(u)\mathrm{grad}u\quad 或\quad \nabla[f(u)]=f'(u)\nabla u\tag{1-13}$$

例 1-4　标量函数 r 是动点 $M(x, y, z)$ 的矢量 $\boldsymbol{r}=x\boldsymbol{e}_x+y\boldsymbol{e}_y+z\boldsymbol{e}_z$ 的模，即 $r=\sqrt{x^2+y^2+z^2}$，证明：$\mathrm{grad}r=\frac{\boldsymbol{r}}{r}=\boldsymbol{r}^\circ$。

证：

$$\mathrm{grad}r=\nabla r=\frac{\partial r}{\partial x}\boldsymbol{e}_x+\frac{\partial r}{\partial y}\boldsymbol{e}_y+\frac{\partial r}{\partial z}\boldsymbol{e}_z$$

因为

$$\frac{\partial r}{\partial x}=\frac{\partial}{\partial x}\sqrt{x^2+y^2+z^2}=\frac{x}{\sqrt{x^2+y^2+z^2}}=\frac{x}{r}$$

$$\frac{\partial r}{\partial y}=\frac{\partial}{\partial y}\sqrt{x^2+y^2+z^2}=\frac{y}{\sqrt{x^2+y^2+z^2}}=\frac{y}{r}$$

$$\frac{\partial r}{\partial z}=\frac{\partial}{\partial x}\sqrt{x^2+y^2+z^2}=\frac{z}{\sqrt{x^2+y^2+z^2}}=\frac{z}{r}$$

所以

$$\mathrm{grad}r=\nabla r=\frac{x}{r}\boldsymbol{e}_x+\frac{y}{r}\boldsymbol{e}_y+\frac{z}{r}\boldsymbol{e}_z=\frac{1}{r}(x\boldsymbol{e}_x+y\boldsymbol{e}_y+z\boldsymbol{e}_z)=\frac{\boldsymbol{r}}{r}=\boldsymbol{r}^\circ$$

例 1-5　求 r 在点 $M(1, 0, 1)$ 处沿 $\boldsymbol{l}=\boldsymbol{e}_x+2\boldsymbol{e}_y+2\boldsymbol{e}_z$ 方向的方向导数。

解：由例 1-4 得知

$$\mathrm{grad}r=\nabla r=\frac{1}{r}(x\boldsymbol{e}_x+y\boldsymbol{e}_y+z\boldsymbol{e}_z)$$

点 M 处的坐标为 $x=1$，$y=0$，$z=1$，而 $r=\sqrt{x^2+y^2+z^2}=\sqrt{2}$，所以 r 在 M 点处的梯度为

$$\mathrm{grad}r=\nabla r=\frac{1}{\sqrt{2}}\boldsymbol{e}_x+\frac{1}{\sqrt{2}}\boldsymbol{e}_z$$

r 在点 M 处沿 $\boldsymbol{l}$ 方向的方向导数为

$$\left.\frac{\partial r}{\partial l}\right|_M=\nabla r\cdot\boldsymbol{l}^\circ$$

而

$$\boldsymbol{l}^\circ=\frac{\boldsymbol{l}}{|\boldsymbol{l}|}=\frac{1}{3}\boldsymbol{e}_x+\frac{2}{3}\boldsymbol{e}_y+\frac{2}{3}\boldsymbol{e}_z$$

所以

$$\left.\frac{\partial r}{\partial l}\right|_M=\frac{1}{\sqrt{2}}\cdot\frac{1}{3}+\frac{0}{\sqrt{2}}\cdot\frac{2}{3}+\frac{1}{\sqrt{2}}\cdot\frac{2}{3}=\frac{1}{\sqrt{2}}$$

例 1-6　已知位于原点处的点电荷 q 在点 $M(x, y, z)$ 处产生的电位为 $\varphi=\frac{q}{4\pi\varepsilon r}$，其中矢径 $\boldsymbol{r}$ 为 $\boldsymbol{r}=x\boldsymbol{e}_x+y\boldsymbol{e}_y+z\boldsymbol{e}_z$，且已知电场强度与电位的关系是 $\boldsymbol{E}=-\nabla\varphi$，求电场强度 $\boldsymbol{E}$。

解：

$$\boldsymbol{E}=-\nabla\varphi=-\nabla\left(\frac{q}{4\pi\varepsilon r}\right)=-\frac{q}{4\pi\varepsilon}\nabla\left(\frac{1}{r}\right)$$

根据 $\nabla f(u)=f'(u)\cdot\nabla u$ 的运算法则：

$$\nabla\left(\frac{1}{r}\right)=\left(\frac{1}{r}\right)'\nabla r=\frac{-1}{r^2}\nabla r$$

又由例 1-4 得知，$\nabla r=\frac{1}{r}\boldsymbol{r}=\boldsymbol{r}^\circ$，所以

$$\begin{aligned}\boldsymbol{E}&=-\nabla\varphi=-\frac{q}{4\pi\varepsilon}\nabla\left(\frac{1}{r}\right)=-\frac{q}{4\pi\varepsilon}\left(-\frac{1}{r^2}\right)\nabla r\\&=\frac{q}{4\pi\varepsilon r^3}\boldsymbol{r}=\frac{q}{4\pi\varepsilon r^2}\boldsymbol{r}^\circ\end{aligned}$$

1.3　矢量场的通量和散度

1.3.1　矢量场的通量

在分析和描绘矢量场的特性时，矢量穿过一个曲面的通量是一个很重要的基本概念。将曲面的一个面元用矢量 d$\boldsymbol{S}$ 来表示，其方向取为面元的法线方向，其大小为 dS，即

$$\mathrm{d}\boldsymbol{S}=\boldsymbol{n}\,\mathrm{d}S \tag{1-14}$$

$\boldsymbol{n}$ 是面元法线方向的单位矢量。$\boldsymbol{n}$ 的指向有两种情况：对开曲面上的面元，设这个开曲面是由封闭曲线 l 所围成的，则选定绕行的方向后，沿绕行方向按右手螺旋的拇指方向就是 $\boldsymbol{n}$ 的方向，如图 1-3(a)所示；对封闭曲面上的面元，$\boldsymbol{n}$ 取为封闭曲面的外法线方向，如图 1-3(b)所示。

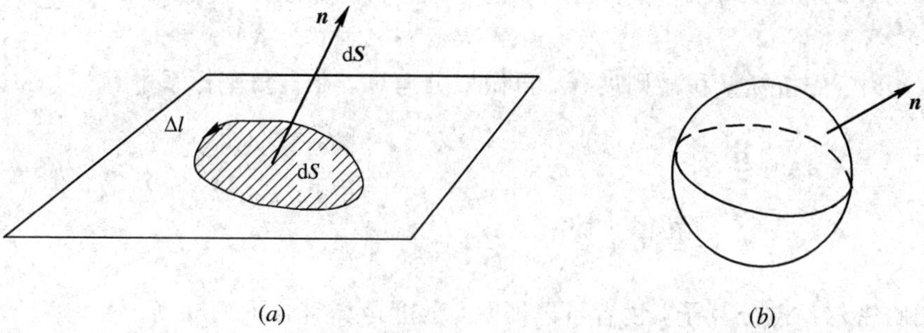

图 1-3　法线方向的取法

若面元 d$\boldsymbol{S}$ 位于矢量场 $\boldsymbol{A}$ 中，由于面元 d$\boldsymbol{S}$ 很小，且面元上各点的场值可以认为是相同的，矢量场 $\boldsymbol{A}$ 和面元 d$\boldsymbol{S}$ 的标量积 $\boldsymbol{A}\cdot\mathrm{d}\boldsymbol{S}$ 便称为矢量 $\boldsymbol{A}$ 穿过面元 d$\boldsymbol{S}$ 的通量。例如在流速场中，流速 $\boldsymbol{v}$ 是一个矢量，$\boldsymbol{v}\cdot\mathrm{d}\boldsymbol{S}$ 就是每秒钟通过面元 d$\boldsymbol{S}$ 的通量。通量是一个标量。

将曲面 S 各面元上的 $\boldsymbol{A}\cdot\mathrm{d}\boldsymbol{S}$ 相加，它表示矢量场 $\boldsymbol{A}$ 穿过整个曲面 S 的通量，也称为矢量 $\boldsymbol{A}$ 在曲面 S 上的面积分：

$$\Psi=\int_S\boldsymbol{A}\cdot\mathrm{d}\boldsymbol{S}=\int_S\boldsymbol{A}\cdot\boldsymbol{n}\mathrm{d}S \tag{1-15}$$

如果曲面是一个封闭曲面，则

$$\Psi = \oint_S \boldsymbol{A} \cdot \mathrm{d}\boldsymbol{S} \tag{1-16}$$

该积分表示矢量 $\boldsymbol{A}$ 穿过封闭曲面 S 的通量。若 $\Psi>0$，表示有净通量流出，这说明封闭曲面 S 内必定有矢量场的源；若 $\Psi<0$，表示有净通量流入，说明封闭曲面 S 内有洞(负的源)。在大学物理课程中我们已知，通过封闭曲面的电通量 Ψ 等于该封闭曲面所包围的自由电荷 Q。若电荷 Q 为正电荷，Ψ 为正，则表示有电通量流出；若电荷 Q 为负电荷，Ψ 为负，则表示有电通量流入。

1.3.2　矢量场的散度

上述通量是一个大范围面积上的积分量，它反映了在某一空间内场源总的特性，但它没有反映出场源分布的特性。为了研究矢量场 $\boldsymbol{A}$ 在某一点附近的通量特性，我们把包围某点的封闭曲面向该点无限收缩，使包含这个点在内的体积元 ΔV 趋于零，取如下极限：

$$\lim_{\Delta V \to 0} \frac{\oint_S \boldsymbol{A} \cdot \mathrm{d}\boldsymbol{S}}{\Delta V}$$

称此极限为矢量场 $\boldsymbol{A}$ 在某点的散度，记为 $\mathrm{div}\boldsymbol{A}$，即散度的定义式为

$$\mathrm{div}\boldsymbol{A} = \lim_{\Delta V \to 0} \frac{\oint_S \boldsymbol{A} \cdot \mathrm{d}\boldsymbol{S}}{\Delta V} \tag{1-17}$$

此式表明，矢量场 $\boldsymbol{A}$ 的散度是一个标量，它表示从该点单位体积内散发出来的矢量 $\boldsymbol{A}$ 的通量(即通量密度)。它反映出矢量场 $\boldsymbol{A}$ 在该点通量源的强度。显然，在无源区域中，矢量场 $\boldsymbol{A}$ 在各点的散度均为零。

矢量场 $\boldsymbol{A}$ 的散度可表示为哈密尔顿微分算子 ∇ 与矢量 $\boldsymbol{A}$ 的标量积，即

$$\mathrm{div}\boldsymbol{A} = \nabla \cdot \boldsymbol{A} \tag{1-18}$$

计算 $\nabla \cdot \boldsymbol{A}$ 时，先按标量积规则展开，再做微分运算。在直角坐标系中有

$$\begin{aligned}\nabla \cdot \boldsymbol{A} &= \left(\frac{\partial}{\partial x}\boldsymbol{e}_x + \frac{\partial}{\partial y}\boldsymbol{e}_y + \frac{\partial}{\partial z}\boldsymbol{e}_z\right) \cdot (A_x\boldsymbol{e}_x + A_y\boldsymbol{e}_y + A_z\boldsymbol{e}_z) \\ &= \frac{\partial A_x}{\partial x} + \frac{\partial A_y}{\partial y} + \frac{\partial A_z}{\partial z}\end{aligned} \tag{1-19}$$

利用哈密尔顿微分算子，读者可以证明，散度运算符合下列规则：

$$\nabla \cdot (\boldsymbol{A} \pm \boldsymbol{B}) = \nabla \cdot \boldsymbol{A} \pm \nabla \cdot \boldsymbol{B} \tag{1-20}$$

$$\nabla \cdot (\varphi\boldsymbol{A}) = \varphi\nabla \cdot \boldsymbol{A} + \boldsymbol{A} \cdot \nabla\varphi \tag{1-21}$$

1.3.3　散度定理

矢量 $\boldsymbol{A}$ 的散度代表的是其通量的体密度，因此可直观地知道，矢量场 $\boldsymbol{A}$ 散度的体积分等于该矢量穿过包围该体积的封闭曲面的总通量，即

$$\int_V \nabla \cdot \boldsymbol{A}\,\mathrm{d}V = \oint_S \boldsymbol{A} \cdot \mathrm{d}\boldsymbol{S} \tag{1-22}$$

上式称为散度定理，也称为高斯定理。证明这个定理时，将闭合曲面 S 围成的体积 V 分成许多体积元 $\mathrm{d}V_i$ $(i=1, 2, \cdots, n)$，计算每个体积元的小封闭曲面 S_i 上穿过的通量，然后叠

加。由散度的定义可得

$$\oint_{S_i} \boldsymbol{A} \cdot \mathrm{d}\boldsymbol{S}_i = (\nabla \cdot \boldsymbol{A})\Delta V_i \quad (i = 1, 2, \cdots, n)$$

由于相邻两体积元有一个公共表面，这个公共表面上的通量对这两个体积元来说恰好是等值异号，求和时就互相抵消了。除了邻近 S 面的那些体积元外，所有体积元都是由几个相邻体积元间的公共表面包围而成的，这些体积元的通量总和为零。而邻近 S 面的那些体积元，它们中有部分表面是在 S 面上的面元 $\mathrm{d}S$，这部分表面的通量没有被抵消，其总和刚好等于从封闭曲面 S 穿出的通量。因此有

$$\sum_{i=1}^{n} \oint_{S_i} \boldsymbol{A} \cdot \mathrm{d}\boldsymbol{S} = \oint_{S} \boldsymbol{A} \cdot \mathrm{d}\boldsymbol{S}$$

故得到

$$\oint_{S} \boldsymbol{A} \cdot \mathrm{d}\boldsymbol{S} = \sum_{i=1}^{n} (\nabla \cdot \boldsymbol{A})\Delta V_i = \int_V \nabla \cdot \boldsymbol{A}\, \mathrm{d}V$$

例 1-7 已知矢量场 $\boldsymbol{r} = x\boldsymbol{e}_x + y\boldsymbol{e}_y + z\boldsymbol{e}_z$，求由内向外穿过圆锥面 $x^2 + y^2 = z^2$ 与平面 $z = H$ 所围成的封闭曲面的通量。

解：根据题意(见图 1-4)可把封闭曲面分成 S_1 面，即 $Z = H$ 所围成的平面，S_2 面也就是圆锥面。则所围成的封闭曲面的通量为

$$\Psi = \oiint_S \boldsymbol{r} \cdot \mathrm{d}\boldsymbol{S} = \iint_{S_1} \boldsymbol{r} \cdot \mathrm{d}\boldsymbol{S} + \iint_{S_2} \boldsymbol{r} \cdot \mathrm{d}\boldsymbol{S}$$

因为在圆锥侧面上 $\boldsymbol{r}$ 处处垂直于 $\mathrm{d}\boldsymbol{S}$，所以

$$\iint_{S_2} \boldsymbol{r} \cdot \mathrm{d}\boldsymbol{S} = \iint_{S_2} r\, \mathrm{d}\boldsymbol{S} \cos\theta = 0$$

因此

$$\begin{aligned}\iint_{S_1} \boldsymbol{r} \cdot \mathrm{d}\boldsymbol{S} &= \iint_{S_1} x\, \mathrm{d}y\, \mathrm{d}z + \iint_{S_1} y\, \mathrm{d}x\, \mathrm{d}z + \iint_{S_1} z\, \mathrm{d}x\, \mathrm{d}y \\ &= \iint_{S_1} H\, \mathrm{d}x\, \mathrm{d}y = H \iint \mathrm{d}x\, \mathrm{d}y \\ &= H \cdot \pi H^2 = \pi H^3\end{aligned}$$

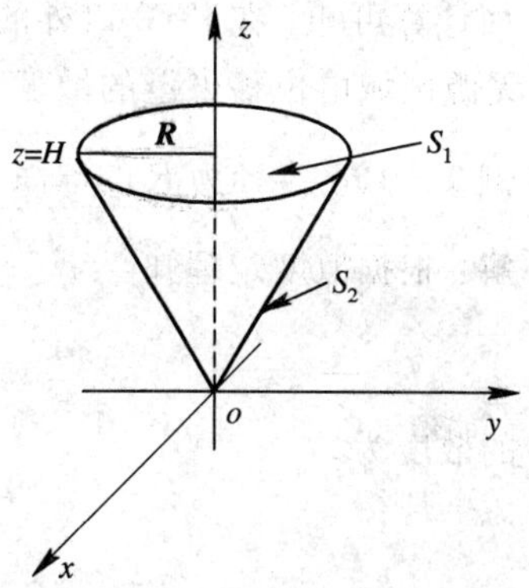

图 1-4 圆锥面与平面围成的封闭曲面

例 1-8 在坐标原点处点电荷产生电场，在此电场中任一点处的电位移矢量为

$$\boldsymbol{D} = \frac{q}{4\pi r^2}\boldsymbol{r}^{\circ} \quad \left(其中，\boldsymbol{r} = x\boldsymbol{e}_x + y\boldsymbol{e}_y + z\boldsymbol{e}_z，r = |\boldsymbol{r}|，\boldsymbol{r}^{\circ} = \frac{\boldsymbol{r}}{|\boldsymbol{r}|}\right)$$

求穿过原点为球心、R 为半径的球面的电通量(见图 1-5)。

解：穿过以原点为球心，R 为半径的球面的电通量为

$$\Psi = \oiint_S \boldsymbol{D} \cdot \mathrm{d}\boldsymbol{S}$$

由于球面的法线方向与 $\mathrm{d}\boldsymbol{S}$ 的方向一致，因此

$$\begin{aligned}\Psi &= \oiint_S \boldsymbol{D} \cdot \mathrm{d}\boldsymbol{S} = \oiint_S D\,\mathrm{d}S = \frac{q}{4\pi R^2}\oiint_S \mathrm{d}S \\ &= \frac{q}{4\pi R^2} \cdot 4\pi R^2 = q\end{aligned}$$

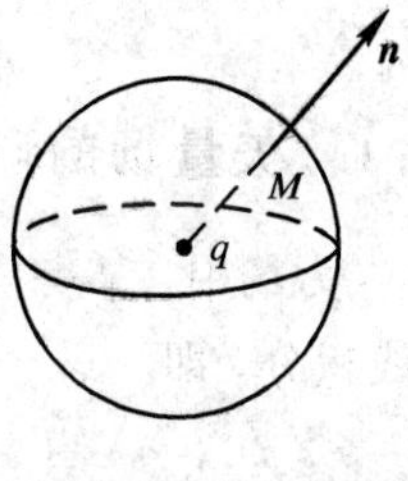

图 1-5 例 1-8 图

例 1－9 原点处点电荷 q 产生的电位移矢量 $\boldsymbol{D}=\frac{q}{4\pi r^2}\boldsymbol{r}^{\circ}=\frac{q}{4\pi r^3}\boldsymbol{r}$，试求电位移矢量 $\boldsymbol{D}$ 的散度。

解：

$$\boldsymbol{D}=\frac{q}{4\pi}\left(\frac{x}{r^3}\boldsymbol{e}_x+\frac{y}{r^3}\boldsymbol{e}_y+\frac{z}{r^3}\boldsymbol{e}_z\right)$$

$$D_x=\frac{qx}{4\pi r^3},\quad D_y=\frac{qy}{4\pi r^3},\quad D_z=\frac{qz}{4\pi r^3}$$

$$\frac{\partial D_x}{\partial x}=\frac{q}{4\pi}\frac{r^2-3x^2}{r^5}$$

$$\frac{\partial D_y}{\partial y}=\frac{q}{4\pi}\frac{r^2-3y^2}{r^5}$$

$$\frac{\partial D_z}{\partial z}=\frac{q}{4\pi}\frac{r^2-3z^2}{r^5}$$

所以

$$\mathrm{div}\boldsymbol{D}=\nabla\cdot\boldsymbol{D}=\frac{\partial D_x}{\partial x}+\frac{\partial D_x}{\partial y}+\frac{\partial D_x}{\partial z}=\frac{q}{4\pi}\frac{3r^2-3(x^2+y^2+z^2)}{r^5}=0$$

从上面计算可知，在 $r=0$ 以外的空间，$\mathrm{div}\boldsymbol{D}=0$，故在 $r=0$ 以外的空间没有电荷。也就是说，无源区域电位移矢量的散度均为零。

例 1－10 半径为 R 的球面 S 上任意点的位置矢量为 $\boldsymbol{r}=x\boldsymbol{e}_x+y\boldsymbol{e}_y+z\boldsymbol{e}_z$，求 $\oint\!\!\oint_S\boldsymbol{r}\cdot\mathrm{d}\boldsymbol{S}$。

解：根据散度定理知

$$\oint\!\!\oint_S\boldsymbol{r}\cdot\mathrm{d}\boldsymbol{S}=\iiint_V\nabla\cdot\boldsymbol{r}\,\mathrm{d}V$$

而 $\boldsymbol{r}$ 的散度为

$$\nabla\cdot\boldsymbol{r}=\frac{\partial x}{\partial x}+\frac{\partial y}{\partial y}+\frac{\partial z}{\partial z}=3$$

所以

$$\oint\!\!\oint_S\boldsymbol{r}\cdot\mathrm{d}\boldsymbol{S}=\iiint_V\nabla\cdot\boldsymbol{r}\,\mathrm{d}V=\iiint_V 3\,\mathrm{d}V=3\cdot\frac{4}{3}\pi R^3=4\pi R^3$$

1.4 矢量场的环量和旋度

1.4.1 矢量场的环量

在力场中，某一质点沿着指定的曲线 l 运动时，力场所做的功可表示为力场 $\boldsymbol{F}$ 沿曲线 l 的线积分，即

$$W=\int_l\boldsymbol{F}\cdot\mathrm{d}\boldsymbol{l}=\int F\cos\theta\,\mathrm{d}l \tag{1-23}$$

其中 $\mathrm{d}\boldsymbol{l}$ 是曲线 l 的线元矢量，方向是该线元的切线方向，θ 角为力场 $\boldsymbol{F}$ 与线元矢量 $\mathrm{d}\boldsymbol{l}$ 的夹角。在矢量场 $\boldsymbol{A}$ 中，若曲线 l 是一闭合曲线，其矢量场 $\boldsymbol{A}$ 沿闭合曲线 l 的线积分可表示为

$$\oint_l \boldsymbol{A}\cdot \mathrm{d}\boldsymbol{l}=\oint_l A\ \cos\theta\ \mathrm{d}l \tag{1-24}$$

此线积分称为矢量场 **A** 的环量(或称旋涡量)，如图 1-6 所示。

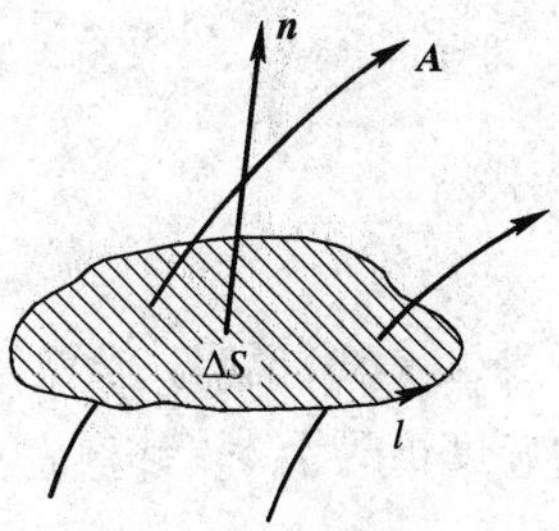

图 1-6　矢量场的环量

矢量场的环量与矢量场的通量一样都是描述矢量场特性的重要参量。我们知道，若矢量穿过封闭曲面的通量不为零，则表示该封闭曲面内存在通量源。同样，矢量沿闭合曲线的环量不为零，则表示闭合曲线内存在另一种源——旋涡源。例如在磁场中，在环绕电流的闭合曲线上的环量不等于零，其电流就是产生该磁场的旋涡源。

1.4.2　矢量场的旋度

从式(1-24)中可以看出,环量是矢量 **A** 在大范围内闭合曲线上的线积分，它反映了闭合曲线内旋涡源分布的情况,而从矢量场分析的要求来看,我们需要知道每个点附近的旋涡源分布的情况。为此,我们把闭合曲线收缩,使它包围的面积元 ΔS 趋于零,并求其极限值：

$$\lim_{\Delta S\to 0}\frac{\oint_l \boldsymbol{A}\cdot \mathrm{d}\boldsymbol{l}}{\Delta S} \tag{1-25}$$

此极限值的意义就是环量的面密度，或称为环量强度。由于面元是有方向的，它与闭合曲线 l 的绕行方向成右手螺旋关系，因此在给定点上，上述的极限对于不同的面元是不同的。为此，引入如下定义，称为矢量场 **A** 的旋度，记为 rot**A**：

$$\mathrm{rot}\boldsymbol{A}=\boldsymbol{n}\lim_{\Delta S\to 0}\frac{\left[\oint_l \boldsymbol{A}\cdot \mathrm{d}\boldsymbol{l}\right]_{\max}}{\Delta S} \tag{1-26}$$

由式(1-26)可以看出，矢量场 **A** 的旋度是一个矢量，其大小是矢量 **A** 在给定处的最大环量面密度，其方向就是当面元的取向使环量面密度最大时，该面元的方向 $\boldsymbol{n}$。矢量场 **A** 的旋度描述了矢量 **A** 在该点的旋涡源强度。若在某区域中各点的旋度等于零，即 $\mathrm{rot}\boldsymbol{A}=\boldsymbol{0}$，则称矢量场为无旋场或保守场。

矢量场 **A** 的旋度可用哈密尔顿微分算子▽与矢量 **A** 的矢量积来表示，即

$$\mathrm{rot}\boldsymbol{A}=\nabla\times\boldsymbol{A} \tag{1-27}$$

计算时，可先按矢量积的规则展开，然后再作微分运算。在直角坐标系中可得

$$\begin{aligned}\nabla\times\boldsymbol{A}&=\left(\frac{\partial}{\partial x}\boldsymbol{e}_x+\frac{\partial}{\partial y}\boldsymbol{e}_y+\frac{\partial}{\partial z}\boldsymbol{e}_z\right)\times(A_x\boldsymbol{e}_x+A_y\boldsymbol{e}_y+A_z\boldsymbol{e}_z)\\&=\left(\frac{\partial A_z}{\partial y}-\frac{\partial A_y}{\partial z}\right)\boldsymbol{e}_x-\left(\frac{\partial A_x}{\partial z}-\frac{\partial A_z}{\partial x}\right)\boldsymbol{e}_y+\left(\frac{\partial A_y}{\partial x}-\frac{\partial A_x}{\partial y}\right)\boldsymbol{e}_z\end{aligned} \tag{1-28}$$

即

$$\nabla\times\boldsymbol{A}=\begin{vmatrix}\boldsymbol{e}_x & \boldsymbol{e}_y & \boldsymbol{e}_z\\ \dfrac{\partial}{\partial x} & \dfrac{\partial}{\partial y} & \dfrac{\partial}{\partial z}\\ A_x & A_y & A_z\end{vmatrix} \tag{1-29}$$

利用哈密尔顿微分算子可以证明旋度运算符合如下规则：

$$\nabla \times (\boldsymbol{A} \pm \boldsymbol{B}) = \nabla \times \boldsymbol{A} \pm \nabla \times \boldsymbol{B} \tag{1-30}$$

$$\nabla \times (\varphi \boldsymbol{A}) = \varphi \nabla \times \boldsymbol{A} + \nabla \varphi \times \boldsymbol{A} \tag{1-31}$$

$$\nabla \cdot (\boldsymbol{A} \times \boldsymbol{B}) = \boldsymbol{B} \cdot \nabla \times \boldsymbol{A} - \boldsymbol{A} \cdot \nabla \times \boldsymbol{B} \tag{1-32}$$

$$\nabla \cdot (\nabla \times \boldsymbol{A}) = 0 \tag{1-33}$$

$$\nabla \times (\nabla \varphi) = \boldsymbol{0} \tag{1-34}$$

$$\nabla \times \nabla \times \boldsymbol{A} = \nabla(\nabla \cdot \boldsymbol{A}) - \nabla^2 \boldsymbol{A} \tag{1-35}$$

式(1-33)说明，任意矢量场的旋度的散度恒等于零。式(1-34)表明任一标量场的梯度的旋度恒等于零。式(1-35)中的∇^2称为拉普拉斯算子，在直角坐标系中有

$$\nabla^2 = \frac{\partial^2}{\partial x^2} + \frac{\partial^2}{\partial y^2} + \frac{\partial^2}{\partial z^2} \tag{1-36}$$

$$\nabla^2 \boldsymbol{A} = \nabla^2 A_x \boldsymbol{e}_x + \nabla^2 A_y \boldsymbol{e}_y + \nabla^2 A_z \boldsymbol{e}_z \tag{1-37}$$

1.4.3 斯托克斯定理

因为旋度代表单位面积的环量，因此矢量场在闭合曲线 l 上的环量等于闭合曲线 l 所包围曲面 S 上旋度的总和，即

$$\int_S (\nabla \times \boldsymbol{A}) \cdot \mathrm{d}\boldsymbol{S} = \oint_l \boldsymbol{A} \cdot \mathrm{d}\boldsymbol{l} \tag{1-38}$$

此式称为斯托克斯定理或斯托克斯公式。它将矢量旋度的面积分转换成该矢量的线积分，或将矢量 $\boldsymbol{A}$ 的线积分转换为该矢量旋度的面积分。式中 $\mathrm{d}\boldsymbol{S}$ 的方向与 $\mathrm{d}\boldsymbol{l}$ 的方向成右手螺旋关系。斯托克斯定理的证明，与散度定理的证明相类似，这里就不再叙述了。

例 1-11　求矢量 $\boldsymbol{A} = -y\boldsymbol{e}_x + x\boldsymbol{e}_y + c\boldsymbol{e}_z$($c$ 是常数)沿曲线 l：$(x-2)^2 + y^2 = R^2$、$z=0$ 的环量(见图 1-7)。

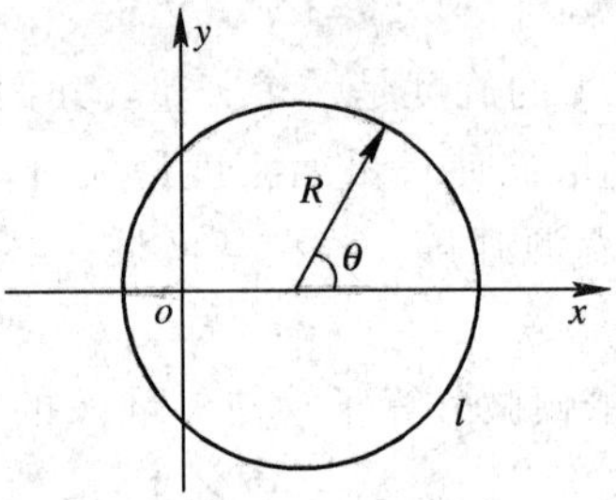

图 1-7　例 1-11 图

解：由于在曲线 l 上 $z=0$，因此 $\mathrm{d}z=0$。

$$\begin{aligned}
\Gamma &= \oint \boldsymbol{A} \cdot \mathrm{d}\boldsymbol{l} = \oint_l (-y\,\mathrm{d}x + x\,\mathrm{d}y) \\
&= \int_0^{2\pi} -R\sin\theta\,\mathrm{d}(2 + R\cos\theta) + \int_0^{2\pi} (2 + R\cos\theta)\,\mathrm{d}(R\sin\theta) \\
&= \int_0^{2\pi} R^2 \sin^2 \mathrm{d}\theta + \int_0^{2\pi} (2 + R\cos\theta) R\cos\theta\,\mathrm{d}\theta \\
&= \int_0^{2\pi} [R^2(\sin^2\theta + \cos^2\theta) + 2R\cos\theta]\,\mathrm{d}\theta \\
&= \int_0^{2\pi} (R^2 + 2R\cos\theta)\,\mathrm{d}\theta = 2\pi R^2
\end{aligned}$$

环量的计算通常利用曲线的参数方程。

例 1-12　求矢量场 $\boldsymbol{A}=x(z-y)\boldsymbol{e}_x+y(x-z)\boldsymbol{e}_y+z(y-x)\boldsymbol{e}_z$ 在点 $M(1, 0, 1)$ 处的旋度以及沿 $\boldsymbol{n}=2\boldsymbol{e}_x+6\boldsymbol{e}_y+3\boldsymbol{e}_z$ 方向的环量面密度。

解：矢量场 **A** 的旋度

$$\text{rot}\boldsymbol{A}=\nabla\times\boldsymbol{A}=\begin{vmatrix}\boldsymbol{e}_x & \boldsymbol{e}_y & \boldsymbol{e}_z\\ \dfrac{\partial}{\partial x} & \dfrac{\partial}{\partial y} & \dfrac{\partial}{\partial z}\\ x(z-y) & y(x-z) & z(y-x)\end{vmatrix}$$

$$=(z+y)\boldsymbol{e}_x+(x+z)\boldsymbol{e}_y+(y+x)\boldsymbol{e}_z$$

在点 $M(1, 0, 1)$ 处的旋度

$$\nabla\times\boldsymbol{A}\,|_M=\boldsymbol{e}_x+2\boldsymbol{e}_y+\boldsymbol{e}_z$$

$\boldsymbol{n}$ 方向的单位矢量

$$\boldsymbol{n}^{\circ}=\frac{1}{\sqrt{2^2+6^2+3^2}}(2\boldsymbol{e}_x+6\boldsymbol{e}_y+3\boldsymbol{e}_z)=\frac{2}{7}\boldsymbol{e}_x+\frac{6}{7}\boldsymbol{e}_y+\frac{3}{7}\boldsymbol{e}_z$$

则沿 $\boldsymbol{n}$ 方向的环量面密度为

$$\mu=\nabla\times\boldsymbol{A}\,|_M\cdot\boldsymbol{n}^{\circ}=\frac{2}{7}+\frac{6}{7}\cdot 2+\frac{3}{7}=\frac{17}{7}$$

例 1-13　在坐标原点处放置一点电荷 q，它在自由空间产生的电场强度矢量为

$$\boldsymbol{E}=\frac{q}{4\pi\varepsilon r^3}\boldsymbol{r}=\frac{q}{4\pi\varepsilon r^3}(x\boldsymbol{e}_x+y\boldsymbol{e}_y+z\boldsymbol{e}_z)$$

求自由空间任意点($r\neq 0$)电场强度的旋度 $\nabla\times\boldsymbol{E}$。

解：

$$\nabla\times\boldsymbol{E}=\frac{q}{4\pi\varepsilon}\begin{vmatrix}\boldsymbol{e}_x & \boldsymbol{e}_y & \boldsymbol{e}_z\\ \dfrac{\partial}{\partial x} & \dfrac{\partial}{\partial y} & \dfrac{\partial}{\partial z}\\ \dfrac{x}{r^3} & \dfrac{y}{r^3} & \dfrac{z}{r^3}\end{vmatrix}$$

$$=\frac{q}{4\pi\varepsilon_0}\left\{\left[\frac{\partial}{\partial y}\left(\frac{z}{r^3}\right)-\frac{\partial}{\partial z}\left(\frac{y}{r^3}\right)\right]\boldsymbol{e}_x+\left[\frac{\partial}{\partial z}\left(\frac{x}{r^3}\right)-\frac{\partial}{\partial x}\left(\frac{z}{r^3}\right)\right]\boldsymbol{e}_y+\right.$$

$$\left.\left[\frac{\partial}{\partial x}\left(\frac{y}{r^3}\right)-\frac{\partial}{\partial y}\left(\frac{x}{r^3}\right)\right]\boldsymbol{e}_z\right\}$$

$$=\boldsymbol{0}$$

这说明点电荷产生的电场为无旋场。

1.5　圆柱坐标系与球坐标系

前面对梯度、散度和旋度的分析中都采用了直角坐标系，并给出它们的表达式。在实际的应用中为了分析的方便、简洁和明了，有时往往采用其它坐标系，本节将介绍常用的两种坐标系——圆柱坐标系和球面坐标系。

1.5.1　圆柱坐标系

在圆柱坐标系(简称柱坐标系)中，任意一点 P 的位置用 ρ、ϕ、z 三个量来表示，如图 1 - 8 所示。

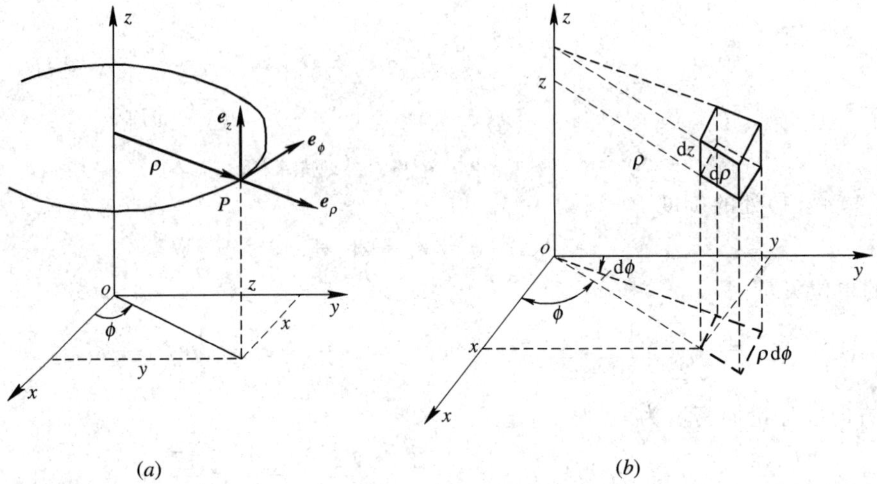

图 1 - 8　圆柱坐标系

各量的变化范围如下：

$$0 \leqslant \rho < \infty$$
$$0 \leqslant \phi \leqslant 2\pi$$
$$-\infty < z < \infty$$

P 点的三个坐标单位矢量为 $\boldsymbol{e}_\rho$、$\boldsymbol{e}_\phi$、$\boldsymbol{e}_z$，分别指向 ρ、ϕ、z 的增加方向。值得注意的是与直角坐标系的不同点，即除 $\boldsymbol{e}_z$ 外，$\boldsymbol{e}_\rho$ 和 $\boldsymbol{e}_\phi$ 都不是常矢量，它们的方向随 P 点位置的不同而变化，但 $\boldsymbol{e}_\rho$、$\boldsymbol{e}_\phi$、$\boldsymbol{e}_z$ 三者总保持正交关系，并遵循右手螺旋法则：

$$\boldsymbol{e}_\rho \times \boldsymbol{e}_\phi = \boldsymbol{e}_z$$

矢量 $\mathbf{A}$ 在球面坐标系中可表示为

$$\mathbf{A} = A_\rho \boldsymbol{e}_\rho + A_\phi \boldsymbol{e}_\phi + A_z \boldsymbol{e}_z$$

以坐标原点为起点，指向 P 点的矢量 $\boldsymbol{r}$ 称为 P 点的位置矢量或矢径。在圆柱坐标系中 P 点的位置矢量是

$$\boldsymbol{r} = \rho \boldsymbol{e}_\rho + z \boldsymbol{e}_z$$

式中未显示角度 ϕ，但角度 ϕ 将影响 $\boldsymbol{e}_\rho$ 的方向。对任意增量 $\mathrm{d}\rho$、$\mathrm{d}\phi$、$\mathrm{d}z$，P 点位置沿 ρ、ϕ、z 方向的长度增量(长度元)分别为

$$\mathrm{d}l_\rho = \mathrm{d}\rho, \quad \mathrm{d}l_\phi = \rho \mathrm{d}\phi, \quad \mathrm{d}l_z = \mathrm{d}z$$

它们的拉梅系数(它们同各自坐标增量之比)分别为

$$h_1 = \frac{\mathrm{d}l_\rho}{\mathrm{d}\rho} = 1, \quad h_2 = \frac{\mathrm{d}l_\phi}{\mathrm{d}\phi} = \rho, \quad h_3 = \frac{\mathrm{d}l_z}{\mathrm{d}z} = 1$$

与三个单位矢量相垂直的三个面积元以及体积元分别是

$$\mathrm{d}S_\rho = \mathrm{d}l_\phi\, \mathrm{d}l_z = \rho\, \mathrm{d}\phi\, \mathrm{d}z$$

$$dS_\phi = dl_\rho\, dl_z = d\rho\, dz$$
$$dS_z = dl_\rho\, dl_\phi = \rho\, d\phi\, d\rho$$
$$dV = dl_\rho\, dl_\phi\, dl_z = \rho\, d\rho\, d\phi\, dz$$

哈密尔顿微分算子▽的表示式为

$$\nabla = \frac{\partial}{\partial \rho}\boldsymbol{e}_\rho + \frac{1}{\rho}\frac{\partial}{\partial \phi}\boldsymbol{e}_\phi + \frac{\partial}{\partial z}\boldsymbol{e}_z \tag{1-39}$$

拉普拉斯微分算子∇^2的表示式为

$$\nabla^2 = \frac{1}{\rho}\frac{\partial}{\partial \rho}\left(\rho\frac{\partial}{\partial \rho}\right) + \frac{1}{\rho^2}\frac{\partial^2}{\partial \phi^2} + \frac{\partial^2}{\partial z^2} \tag{1-40}$$

在圆柱坐标系中标量场的梯度、矢量场的散度和旋度的表示式，可以根据上面介绍的关系自行导出，也可以从附录中查出。

1.5.2　球面坐标系

在球面坐标系(简称球坐标系)中，任意 P 点的位置用 r、θ、ϕ 三个量来表示，如图 1-9 所示。

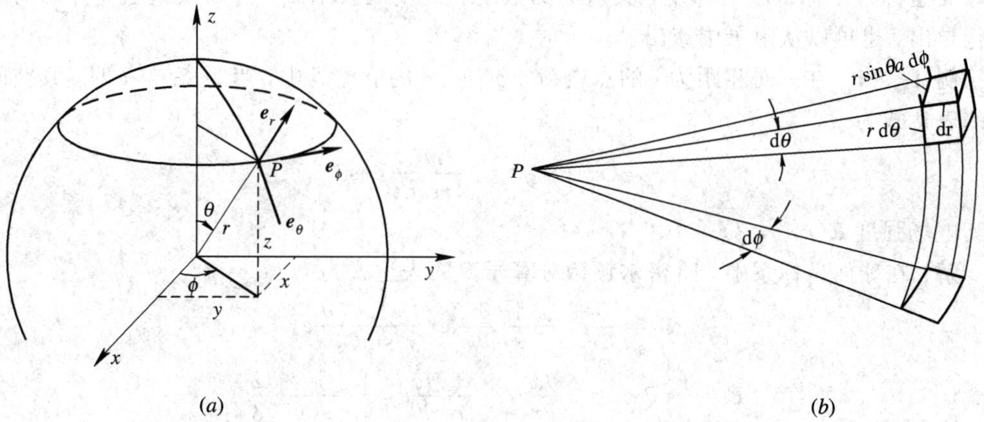

图 1-9　球面坐标系

它们分别称为矢径长度、高低角和方位角，它们的变化范围如下：

$$0 \leqslant r < \infty$$
$$0 \leqslant \theta \leqslant \pi$$
$$0 \leqslant \phi \leqslant 2\pi$$

P 点的三个坐标单位矢量是 $\boldsymbol{e}_r$、$\boldsymbol{e}_\theta$、$\boldsymbol{e}_\phi$。$\boldsymbol{e}_r$ 的方向指向矢径延伸的方向；$\boldsymbol{e}_\theta$ 的方向垂直于矢径并在矢径和 z 轴形成的平面内，指向 θ 角增大的方向；$\boldsymbol{e}_\phi$ 的方向垂直于矢径并在矢径和 z 轴形成的平面内，指向 ϕ 角增大的方向。三者都不是常矢量，但保持正交，并遵循右手螺旋法则，即

$$\boldsymbol{e}_r \times \boldsymbol{e}_\theta = \boldsymbol{e}_\phi$$

矢量 $\boldsymbol{A}$ 在球面坐标系中可表示为

$$\boldsymbol{A} = A_r\boldsymbol{e}_r + A_\theta\boldsymbol{e}_\theta + A_\phi\boldsymbol{e}_\phi$$

球面坐标系中 P 点的位置矢量是 $\boldsymbol{r} = r\boldsymbol{e}_r$，但坐标 $\boldsymbol{e}_\theta$ 和 $\boldsymbol{e}_\phi$ 都将影响 $\boldsymbol{r}$ 的方向。P 点的位

置沿 $\boldsymbol{e}_r$、$\boldsymbol{e}_\theta$、$\boldsymbol{e}_\phi$ 方向的长度增量(长度元)分别是

$$\mathrm{d}l_r = \mathrm{d}r, \quad \mathrm{d}l_\theta = r\mathrm{d}\theta, \quad \mathrm{d}l_\phi = r\sin\theta\,\mathrm{d}\phi$$

故它们的拉梅系数(它们同各自坐标增量之比)分别为

$$h_1 = \frac{\mathrm{d}l_r}{\mathrm{d}r} = 1, \quad h_2 = \frac{\mathrm{d}l_\theta}{\mathrm{d}\theta} = r, \quad h_3 = \frac{\mathrm{d}l_\phi}{\mathrm{d}\phi} = r\sin\theta$$

在球面坐标系中与三个单位矢量相垂直的三个面积元以及体积元分别是

$$\mathrm{d}S_r = \mathrm{d}l_\theta\,\mathrm{d}l_\phi = r^2\sin\theta\,\mathrm{d}\theta\,\mathrm{d}\phi$$

$$\mathrm{d}S_\theta = \mathrm{d}l_r\,\mathrm{d}l_\phi = r\sin\theta\,\mathrm{d}r\,\mathrm{d}\phi$$

$$\mathrm{d}S_\phi = \mathrm{d}l_r\,\mathrm{d}l_\theta = r\,\mathrm{d}r\,\mathrm{d}\theta$$

$$\mathrm{d}V = \mathrm{d}l_r\,\mathrm{d}l_\theta\,\mathrm{d}l_\phi = r^2\sin\theta\,\mathrm{d}r\,\mathrm{d}\phi\,\mathrm{d}\theta$$

哈密尔顿微分算子 ∇ 的表示式为

$$\nabla = \frac{\partial}{\partial r}\boldsymbol{e}_r + \frac{1}{r}\frac{\partial}{\partial\theta}\boldsymbol{e}_\theta + \frac{1}{r\sin\theta}\frac{\partial}{\partial\phi}\boldsymbol{e}_\phi \tag{1-41}$$

拉普拉斯微分算子 ∇^2 的表示式为

$$\nabla^2 = \frac{1}{r^2}\frac{\partial}{\partial r}\left(r^2\frac{\partial}{\partial r}\right) + \frac{1}{r^2\sin\theta}\frac{\partial}{\partial\theta}\left(\sin\theta\frac{\partial}{\partial\theta}\right) + \frac{1}{r^2\sin^2\theta}\frac{\partial^2}{\partial\phi^2} \tag{1-42}$$

在球面坐标系中标量场的梯度，矢量场的散度和旋度的表示式，可以根据上面介绍的关系自行导出，也可以从附录中查出。

例 1-14　在一对相距为 l 的点电荷 $+q$ 和 $-q$ 的静电场中，当距离 $r \gg l$ 时，其空间电位的表达式为

$$\varphi(r, \theta, \phi) = \frac{ql}{4\pi\varepsilon_0 r^2}\cos\theta$$

求其电场强度 $\boldsymbol{E}(r, \theta, \phi)$。

解：在球面坐标系中，哈密尔顿微分算子 ∇ 的表达式为

$$\nabla = \frac{\partial}{\partial r}\boldsymbol{e}_r + \frac{1}{r}\frac{\partial}{\partial\theta}\boldsymbol{e}_\theta + \frac{1}{r\sin\theta}\frac{\partial}{\partial\phi}\boldsymbol{e}_\phi$$

$$\boldsymbol{E} = -\nabla\varphi = -\frac{\partial\varphi}{\partial r}\boldsymbol{e}_r - \frac{1}{r}\frac{\partial\varphi}{\partial\theta}\boldsymbol{e}_\theta - \frac{1}{r\sin\theta}\frac{\partial\varphi}{\partial\phi}\boldsymbol{e}_\phi$$

因为

$$\frac{\partial\varphi}{\partial r} = \frac{ql}{4\pi\varepsilon_0}\frac{\partial}{\partial r}\left(\frac{1}{r^2}\right)\cos\theta = -\frac{2ql}{4\pi\varepsilon_0 r^3}\cos\theta$$

$$\frac{\partial\varphi}{\partial\theta} = \frac{ql}{4\pi\varepsilon_0 r^2}\frac{\partial}{\partial\theta}\cos\theta = -\frac{ql}{4\pi\varepsilon_0 r^2}\sin\theta$$

$$\frac{\partial\varphi}{\partial\phi} = 0$$

所以

$$\boldsymbol{E} = -\nabla\varphi = \frac{ql}{4\pi\varepsilon_0 r^3}(2\cos\theta\boldsymbol{e}_r + \sin\theta\boldsymbol{e}_\theta)$$

1.6　亥姆霍兹定理

在上面的分析中，对于标量场引入了梯度。梯度是一个矢量，它给出了标量场中某点

最大变化率的方向，它是由标量场 φ 对各坐标偏微分所决定的。对于矢量场我们引入散度和旋度。矢量场的散度是一个标量函数，它表示矢量场中某点的通量密度，是矢量场中某点通量源强度的度量，它取决于矢量场的各坐标分量对各自坐标的偏微分，所以散度是由场分量沿各自方向上的变化率来决定的。矢量场的旋度是一个矢量函数，它表示矢量场中某点的最大环量强度，是矢量场中某点旋涡源强度的度量，它取决于矢量场的各坐标分量分别对与之垂直方向坐标的偏微分，所以旋度是由各场分量在与之正交方向上的变化率来决定的。

以上分析表明，散度表示矢量场中各点场与通量源的关系，而旋度表示场中各点场与旋涡源的关系。故场的散度和旋度一旦确定，这就意味着场的通量源和旋涡源也就确定了。既然场是由源所激发的，通量源和旋涡源的确定便意味着场也确定，因此必然导致下述亥姆霍兹定理成立。

亥姆霍兹定理的简单表达是：若矢量场 $\boldsymbol{F}$ 在无限空间中处处单值，且其导数连续有界，而源分布在有限空间区域中，则矢量场由其散度和旋度唯一确定，并且可以表示为一个标量函数的梯度和一个矢量函数的旋度之和，即

$$\boldsymbol{F}=-\nabla\varphi+\nabla\times\boldsymbol{A} \tag{1-43}$$

亥姆霍兹定理的严格的表述和证明这里不再给出，读者可参考其它文献。简化的证明如下：

假设在无限空间中有两个矢量函数 $\boldsymbol{F}$ 和 $\boldsymbol{G}$，它们具有相同的散度和旋度，但这两个矢量函数不相等，可令

$$\boldsymbol{F}=\boldsymbol{G}+\boldsymbol{g} \tag{1-44}$$

由于矢量 $\boldsymbol{F}$ 和矢量 $\boldsymbol{G}$ 具有相同的散度和旋度，根据矢量场由其散度和旋度唯一确定，那么矢量 $\boldsymbol{g}$ 应该为零矢量，也就是矢量 $\boldsymbol{F}$ 与矢量 $\boldsymbol{G}$ 是同一个矢量。现在我们来证明矢量 $\boldsymbol{g}$ 为零矢量。对式(1-44)两边取散度，得

$$\nabla\cdot\boldsymbol{F}=\nabla\cdot(\boldsymbol{G}+\boldsymbol{g})=\nabla\cdot\boldsymbol{G}+\nabla\cdot\boldsymbol{g}$$

因为 $\nabla\cdot\boldsymbol{F}=\nabla\cdot\boldsymbol{G}$，所以

$$\nabla\cdot\boldsymbol{g}=0 \tag{1-45}$$

对式(1-44)两边取旋度，得

$$\nabla\times\boldsymbol{F}=\nabla\times(\boldsymbol{G}+\boldsymbol{g})=\nabla\times\boldsymbol{G}+\nabla\times\boldsymbol{g}$$

同样由于 $\nabla\times\boldsymbol{G}=\nabla\times\boldsymbol{F}$，因此

$$\nabla\times\boldsymbol{g}=\boldsymbol{0}$$

由矢量恒等式 $\nabla\times\nabla\varphi=\boldsymbol{0}$，可令

$$\boldsymbol{g}=\nabla\varphi \tag{1-46}$$

φ 是在无限空间取值的任意标量函数，将式(1-46)代入式(1-45)，可得

$$\nabla\cdot\nabla\varphi=\nabla^2\varphi=0 \tag{1-47}$$

已知满足拉普拉斯方程的函数不会出现极值，而 φ 又是无限空间上取值的任意函数，因此它只能是一个常数($\varphi=c$)，从而求得 $\boldsymbol{g}=\nabla\varphi=\boldsymbol{0}$，于是式(1-44)变成 $\boldsymbol{F}=\boldsymbol{G}$。由此可以得出，已知矢量的散度和旋度所决定的矢量是唯一的。因此，亥姆霍兹定理得证。

在无限空间中一个既有散度又有旋度的矢量场，可表示为一个无旋场 $\boldsymbol{F}_d$(有散度)和一个无散场 $\boldsymbol{F}_c$(有旋度)之和：

$$\boldsymbol{F} = \boldsymbol{F}_d + \boldsymbol{F}_c \tag{1-48}$$

对于无旋场 $\boldsymbol{F}_d$ 来说，$\nabla \times \boldsymbol{F}_d = \boldsymbol{0}$，但这个场的散度不会处处为零。因为任何一个物理场必然有源来激发它，若这个场的旋涡源和通量源都为零，那么这个场就不存在了。因此无旋场必然对应于有散场，根据矢量恒等式 $\nabla \times \nabla \varphi = \boldsymbol{0}$，可令(负号是人为加的)

$$\boldsymbol{F}_d = -\nabla \varphi \tag{1-49}$$

对于无散场 $\boldsymbol{F}_c$ 来说，$\nabla \cdot \boldsymbol{F}_c = 0$，但这个场的旋度不会处处为零，根据矢量恒等式 $\nabla \cdot (\nabla \times \boldsymbol{A}) = 0$,可令

$$\boldsymbol{F}_c = \nabla \times \boldsymbol{A} \tag{1-50}$$

将式(1-49)和式(1-50)代入式(1-48)，便可得到式(1-43)，即

$$\boldsymbol{F} = -\nabla \varphi + \nabla \times \boldsymbol{A}$$

也就是说矢量场 $\boldsymbol{F}$ 可表示为一个标量场的梯度再加上一个矢量场的旋度。

亥姆霍兹定理告诉我们，研究一个矢量场必须从它的散度和旋度两方面着手。因为，矢量场的散度应满足的关系和矢量场的旋度应满足的关系，决定了矢量的基本性质，故将矢量场的旋度和矢量场的散度称为矢量场的基本方程。例如，以后我们将学到静电场的基本方程是

$$\nabla \times \boldsymbol{E} = \boldsymbol{0} \tag{1-51}$$

$$\nabla \cdot \boldsymbol{D} = \rho \tag{1-52}$$

对于各向同性的媒质，电通量密度和电场强度的关系为 $\boldsymbol{D} = \varepsilon \boldsymbol{E}$，因此电场强度的散度可以写为

$$\nabla \cdot \boldsymbol{E} = \frac{\rho}{\varepsilon} \tag{1-53}$$

上述方程说明静电场是一个无旋场，但是它是有散场，其电通量源的强度为 ρ/ε(ρ 为电荷的体密度)。

小　结

(1) 我们讨论的物理量若只有大小，则它是一个标量函数，该标量函数在某一空间区域内确定了该物理量的一个场，该场称为标量场。若我们讨论的物理量既有大小又有方向，则它是一个矢量函数，该矢量函数在某一空间区域内确定了该物理量的一个场，该场称为矢量场。矢量运算应满足矢量运算法则。

(2) 标量函数 u 在某点沿 $\boldsymbol{l}$ 方向的变化率 $\frac{\partial u}{\partial l}$，称为标量场 u 沿该方向的方向导数。标量场 u 在该点的梯度 $\mathrm{grad}u = \nabla u$ 与方向导数的关系为

$$\frac{\partial u}{\partial l} = \nabla u \cdot \boldsymbol{l}$$

标量场 u 的梯度是一个矢量，它的大小和方向就是该点最大变化率的大小和方向。

在标量场 u 中，具有相同 u 值的点构成一等值面。在等值面的法线方向上，u 值变化最快。因此，梯度的方向也就是等值面的法线方向。

(3) 矢量 $\boldsymbol{A}$ 穿过曲面 S 的通量为 $\Psi = \int_S \boldsymbol{A} \cdot \mathrm{d}\boldsymbol{S}$。矢量 $\boldsymbol{A}$ 在某点的散度定义为

$$\text{div}\boldsymbol{A} = \nabla \cdot \boldsymbol{A} = \boldsymbol{h} \lim_{\Delta V \to 0} \frac{\oint_S \boldsymbol{A} \cdot \mathrm{d}\boldsymbol{S}}{\Delta V}$$

它是一个标量，表示从该点散发的通量体密度，描述了该点的通量源强度。其散度定理为

$$\int_V \nabla \cdot \boldsymbol{A} \mathrm{d}V = \oint_S \boldsymbol{A} \cdot \mathrm{d}\boldsymbol{S}$$

(4) 矢量 $\boldsymbol{A}$ 沿闭合曲线 l 的线积分 $\oint_l \boldsymbol{A} \cdot \mathrm{d}\boldsymbol{l}$，称为矢量 $\boldsymbol{A}$ 沿该曲线的环量。矢量 $\boldsymbol{A}$ 在某点的旋度定义为

$$\text{rot}\boldsymbol{A} = \nabla \times \boldsymbol{A} = \boldsymbol{n} \lim_{\Delta S \to 0} \frac{\left[\oint_l \boldsymbol{A} \cdot \mathrm{d}\boldsymbol{l}\right]_{\max}}{\Delta S}$$

它是一个矢量，其大小和方向是该点最大环量面密度的大小和此时的面元方向，它描述旋涡源强度。其斯托克斯定理为

$$\int_S (\nabla \times \boldsymbol{A}) \cdot \mathrm{d}\boldsymbol{S} = \oint_l \boldsymbol{A} \cdot \mathrm{d}\boldsymbol{l}$$

(5) 哈密尔顿微分算子 ∇ 是一个兼有矢量和微分运算作用的运算符号。$\nabla \cdot \boldsymbol{A}$ 可以看作两个矢量的标量积，$\nabla \times \boldsymbol{A}$ 可以看作两个矢量的矢量积。计算时，先按矢量运算法则展开，然后再作微分运算。∇u 可以看作矢量与标量相乘。在直角坐标系中，其 ∇ 算子可表示为

$$\nabla = \frac{\partial}{\partial x}\boldsymbol{e}_x + \frac{\partial}{\partial y}\boldsymbol{e}_y + \frac{\partial}{\partial z}\boldsymbol{e}_z$$

在圆柱坐标系中，其 ∇ 算子可表示为

$$\nabla = \frac{\partial}{\partial \rho}\boldsymbol{e}_\rho + \frac{1}{\rho}\frac{\partial}{\partial \phi}\boldsymbol{e}_\phi + \frac{\partial}{\partial z}\boldsymbol{e}_z$$

在球面坐标系中，其 ∇ 算子可表示为

$$\nabla = \frac{\partial}{\partial r}\boldsymbol{e}_r + \frac{1}{r}\frac{\partial}{\partial \theta}\boldsymbol{e}_\theta + \frac{1}{r\sin\theta}\frac{\partial}{\partial \phi}\boldsymbol{e}_\phi$$

(6) 亥姆霍兹定理总结了矢量场共同的性质：矢量场可由矢量场的散度和旋度唯一地确定；矢量场的散度和旋度各自对应矢量场中的一种源。所以分析矢量场时，应从研究它的散度和旋度入手，旋度方程和散度方程构成了矢量场的基本特性。

习 题 一

1-1 矢径 $\boldsymbol{r} = x\boldsymbol{e}_x + y\boldsymbol{e}_y + z\boldsymbol{e}_z$ 与各坐标轴正向的夹角为 α、β、γ，请用直角坐标系的 (x, y, z) 来表示 α、β、γ，并证明：

$$\cos^2\alpha + \cos^2\beta + \cos^2\gamma = 1$$

1-2 已知 $\boldsymbol{A} = \boldsymbol{e}_x - 9\boldsymbol{e}_y - \boldsymbol{e}_z$，$\boldsymbol{B} = 2\boldsymbol{e}_x - 4\boldsymbol{e}_y + 3\boldsymbol{e}_z$，求：

(1) $\boldsymbol{A} + \boldsymbol{B}$

(2) $\boldsymbol{A} - \boldsymbol{B}$

(3) $\boldsymbol{A} \cdot \boldsymbol{B}$

(4) $\boldsymbol{A} \times \boldsymbol{B}$

1-3　已知 $\boldsymbol{A}=\boldsymbol{e}_x+b\boldsymbol{e}_y+c\boldsymbol{e}_z$，$\boldsymbol{B}=-\boldsymbol{e}_x+3\boldsymbol{e}_y+8\boldsymbol{e}_z$，若使 $\boldsymbol{A}\perp\boldsymbol{B}$ 及 $\boldsymbol{A}\parallel\boldsymbol{B}$，则 b 和 c 各应为多少？

1-4　已知 $\boldsymbol{A}=12\boldsymbol{e}_x+9\boldsymbol{e}_y+\boldsymbol{e}_z$，$\boldsymbol{B}=a\boldsymbol{e}_x+b\boldsymbol{e}_y$，且 $\boldsymbol{B}\perp\boldsymbol{A}$ 及 $\boldsymbol{B}$ 的模为 1，试确定 a、b。

1-5　求函数 $\varphi=xy^2+z^2-xyz$ 在点(1，1，2)处沿方向角 $\alpha=\dfrac{\pi}{3}$、$\beta=\dfrac{\pi}{4}$、$\gamma=\dfrac{\pi}{3}$ 的方向的方向导数。

1-6　求函数 $\varphi=xyz$ 在点(5，1，2)处，沿着点(5，1，2)到点(9，4，19)的方向的方向导数。

1-7　已知 $\varphi=x^2+2y^2+3z^2+xy+3x-2y-6z$，求在点(0，0，0)和点(1，1，1)处的梯度。

1-8　u、v 都是 x、y、z 的函数，u、v 各偏导数都存在且连续，证明：

(1) $\text{grad}(u+v)=\text{grad}u+\text{grad}v$

(2) $\text{grad}(uv)=v\,\text{grad}u+u\,\text{grad}v$

(3) $\text{grad}(u^2)=2u\,\text{grad}u$

1-9　证明：

(1) $\nabla\cdot(\boldsymbol{A}+\boldsymbol{B})=\nabla\cdot\boldsymbol{A}+\nabla\cdot\boldsymbol{B}$

(2) $\nabla\cdot(\varphi\boldsymbol{A})=\varphi\,\nabla\cdot\boldsymbol{A}+\boldsymbol{A}\cdot\nabla\varphi$

1-10　已知 $\boldsymbol{r}=x\boldsymbol{e}_x+y\boldsymbol{e}_y+z\boldsymbol{e}_z$，$r=(x^2+y^2+z^2)^{1/2}$，试证：

(1) $\nabla\cdot\left(\dfrac{\boldsymbol{r}}{r^3}\right)=0$

(2) $\nabla\cdot(\boldsymbol{r}r^n)=(n+3)r^n$

1-11　应用散度定理计算下述积分：

$$I=\oint\!\!\!\oint_S[xz^2\boldsymbol{e}_x+(x^2y-z^3)\boldsymbol{e}_y+(2xy+y^2z)\boldsymbol{e}_z]\cdot\mathrm{d}\boldsymbol{S}$$

S 是 $z=0$ 和 $z=(a^2-x^2-y^2)^{1/2}$ 所围成的半球区域的外表面。

1-12　证明：

(1) $\nabla\times(c\boldsymbol{A})=c\nabla\times\boldsymbol{A}$ (c 为常数)

(2) $\nabla\times(\varphi\boldsymbol{A})=\varphi\,\nabla\times\boldsymbol{A}+\nabla\varphi\times\boldsymbol{A}$

1-13　证明：

$$\nabla\cdot(\boldsymbol{A}\times\boldsymbol{B})=\boldsymbol{B}\cdot(\nabla\times\boldsymbol{A})-\boldsymbol{A}\cdot(\nabla\times\boldsymbol{B})$$

1-14　已知 $\boldsymbol{r}=x\boldsymbol{e}_x+y\boldsymbol{e}_y+z\boldsymbol{e}_z$，$r=(x^2+y^2+z^2)^{1/2}$，试证：

(1) $\nabla\times\boldsymbol{r}=\boldsymbol{0}$

(2) $\nabla\times\left(\dfrac{\boldsymbol{r}}{r}\right)=\boldsymbol{0}$

(3) $\nabla\times\left[\dfrac{\boldsymbol{r}}{r}f(r)\right]=\boldsymbol{0}$　($f(r)$是 r 的函数)

1-15　设 $\boldsymbol{E}(x, y, z, t)$和 $\boldsymbol{H}(x, y, z, t)$是具有二阶连续偏导数的两个矢性函数，它们又满足如下方程：

$$\nabla\cdot\boldsymbol{E}=0,\ \nabla\times\boldsymbol{E}=-\frac{1}{c}\frac{\partial\boldsymbol{H}}{\partial t}$$

$$\nabla \cdot \boldsymbol{H}=0,\ \nabla \times \boldsymbol{H}=\frac{1}{c}\frac{\partial \boldsymbol{E}}{\partial t}$$

试证明 $\boldsymbol{E}$ 和 $\boldsymbol{H}$ 均满足：

$$\nabla^2 \mathbf{A} = \frac{1}{c^2}\frac{\partial^2 \mathbf{A}}{\partial t^2}\quad (\mathbf{A}\text{ 等于 }\boldsymbol{E}\text{ 或 }\boldsymbol{H})$$

1－16　试证明：

$$\nabla^2(uv) = u\nabla^2 v + v\nabla u + 2\nabla u \cdot \nabla v$$

1－17　试证明下列函数满足拉普拉斯方程：

(1) $\varphi(x, y, z)=\sin\alpha x\ \sin\beta y e^{-\gamma z}(\gamma^2=\alpha^2+\beta^2)$

(2) $\varphi(\rho, \phi, z)=\rho^{-n}\cos n\phi$

(3) $\varphi(r, \theta, \phi)=r\cos\theta$

1－18　试求 $\nabla \cdot \mathbf{A}$ 和 $\nabla \times \mathbf{A}$：

(1) $\mathbf{A}=xy^2z^3\,\boldsymbol{e}_x+x^3z\boldsymbol{e}_y+x^2y^2\,\boldsymbol{e}_z$

(2) $\mathbf{A}(\rho, \phi, z)=\rho^2\cos\phi\boldsymbol{e}_\rho+\rho^2\sin\phi\boldsymbol{e}_z$

(3) $\mathbf{A}(r, \theta, \phi)=r\sin\theta\boldsymbol{e}_r+\dfrac{1}{r}\sin\theta\boldsymbol{e}_\theta+\dfrac{1}{r^2}\cos\theta\boldsymbol{e}_\phi$

1－19　设 $\varphi(r, \theta, \phi)=\dfrac{1}{r}e^{-kr}$，$k$ 为常数，试证明：

$$\nabla^2\varphi = k^2\frac{e^{-kr}}{r}$$

第二章 静 电 场

静电场是指相对于观察者为静止的电荷产生的场。静电场的基本定律是库仑定律。本章从库仑定律和叠加原理出发，运用矢量分析，讨论真空中静电场的基本方程。在此基础上，进而讨论静电场中的导体与导体系统，介质中的静电场，静电场的能量和电场力等。本章重点讨论如下内容：

- 库仑定律与电场强度
- 真空中静电场的基本方程
- 电介质中的静电场方程
- 静电场的电位
- 静电场的边界条件
- 导体系统的电容
- 电场能量与能量密度

2.1 库仑定律与电场强度

2.1.1 库仑定律

库仑定律是描述真空中两个静止点电荷之间相互作用的实验定律，如图 2－1 所示，其内容是，点电荷 q' 作用于点电荷 q 的力为

$$\boldsymbol{F} = \frac{q'q}{4\pi\varepsilon_0 R^2}\boldsymbol{R}^\circ = \frac{q'q}{4\pi\varepsilon_0}\frac{\boldsymbol{R}}{R^3} \qquad (2-1)$$

式中：$\boldsymbol{R}=\boldsymbol{r}-\boldsymbol{r}'$ 表示从 $\boldsymbol{r}'$ 到 $\boldsymbol{r}$ 的矢量；R 是 $\boldsymbol{r}'$ 到 $\boldsymbol{r}$ 的距离；$\boldsymbol{R}^\circ$ 是 $\boldsymbol{R}$ 的单位矢量；ε_0 是表征真空电性质的物理量，称为真空的介电常数，其值为

$$\varepsilon_0 = 8.854\times10^{-12} \approx \frac{1}{36\pi}\times10^{-9}\ \text{F/m}$$

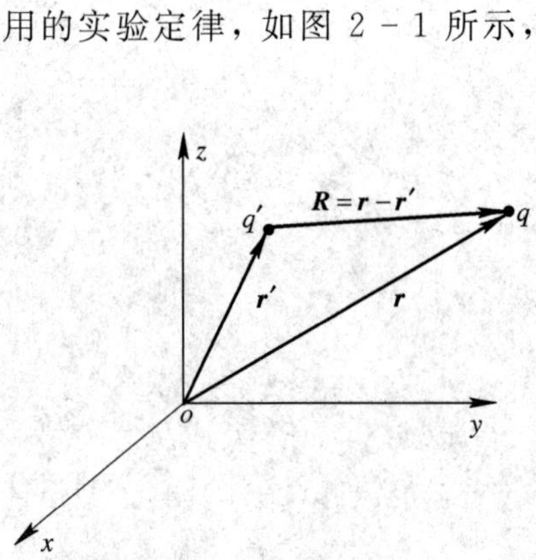

图 2－1 库仑定律用图

库仑定律表明，真空中两个点电荷之间的作用力的大小与两点电荷电量之积成正比，与距离平方成反比，力的方向沿着它们的连线，同号电荷之间

是斥力，异号电荷之间是引力。点电荷 q'受到 q 的作用力为 $\boldsymbol{F}'$，且 $\boldsymbol{F}'=-\boldsymbol{F}$，可见两点电荷之间的作用力符合牛顿第三定律。

库仑定律只能直接用于点电荷。所谓点电荷，是指当带电体的尺度远小于它们之间的距离时，将其电荷集中于一点的理想化模型。对于实际的带电体，一般应该看成是分布在一定的区域内，称其为分布电荷。用电荷密度来定量描述电荷的空间分布情况。电荷体密度的含义是，在电荷分布区域内，取体积元 ΔV，若其中的电量为 Δq，则电荷体密度为

$$\rho=\lim_{\Delta V\to 0}\frac{\Delta q}{\Delta V}=\frac{\mathrm{d}q}{\mathrm{d}V} \tag{2-2}$$

其单位是库/米^3（$\mathrm{C/m^3}$）。这里的 ΔV 趋于零，是指相对于宏观尺度而言很小的体积，以便能精确地描述电荷的空间变化情况；但是相对于微观尺度，该体积元又是足够大，它包含了大量的带电粒子，这样才可以将电荷分布看作空间的连续函数。

如果电荷分布在宏观尺度 h 很小的薄层内，则可认为电荷分布在一个几何曲面上，用面密度描述其分布。若面积元 ΔS 内的电量为 Δq，则面密度为

$$\rho_S=\lim_{\Delta S\to 0}\frac{\Delta q}{\Delta S}=\frac{\mathrm{d}q}{\mathrm{d}S} \tag{2-3}$$

对于分布在一条细线上的电荷用线密度描述其分布情况。若线元 Δl 内的电量为 Δq，则线密度为

$$\rho_l=\lim_{\Delta l\to 0}\frac{\Delta q}{\Delta l}=\frac{\mathrm{d}q}{\mathrm{d}l} \tag{2-4}$$

2.1.2　电场强度

电荷 q'对电荷 q 的作用力，是由于 q'在空间产生电场，电荷 q 在电场中受力。用电场强度来描述电场，空间一点的电场强度定义为该点的单位正试验电荷所受到的力。在点 $\boldsymbol{r}$ 处，试验电荷 q 受到的电场力为

$$\boldsymbol{F}(\boldsymbol{r})=q\boldsymbol{E}(\boldsymbol{r}) \tag{2-5}$$

这里的试验电荷是指带电量很小，引入到电场内不影响电场分布的电荷。由两个点电荷间作用力的公式(2-1)，可以得到位于点 $\boldsymbol{r}'$处的点电荷 q'在 $\boldsymbol{r}$ 处产生的电场强度为

$$\boldsymbol{E}(\boldsymbol{r})=\frac{q'}{4\pi\varepsilon_0}\frac{\boldsymbol{R}}{R^3}=\frac{q'}{4\pi\varepsilon_0}\frac{\boldsymbol{r}-\boldsymbol{r}'}{|\boldsymbol{r}-\boldsymbol{r}'|^3} \tag{2-6}$$

以后我们将电荷所在点 $\boldsymbol{r}'$称为源点，将观察点 $\boldsymbol{r}$ 称为场点。如果真空中一共有 n 个点电荷，则 $\boldsymbol{r}$ 点处的电场强度可由叠加原理计算，即

$$\boldsymbol{E}(\boldsymbol{r})=\sum_{i=1}^{n}\frac{q_i}{4\pi\varepsilon_0}\frac{\boldsymbol{r}-\boldsymbol{r}_i'}{|\boldsymbol{r}-\boldsymbol{r}_i'|^3} \tag{2-7}$$

对于体分布的电荷，可将其视为一系列点电荷的叠加，从而得出 $\boldsymbol{r}$ 点的电场强度为

$$\boldsymbol{E}(\boldsymbol{r})=\frac{1}{4\pi\varepsilon_0}\int_V\frac{\rho(\boldsymbol{r}')(\boldsymbol{r}-\boldsymbol{r}')}{|\boldsymbol{r}-\boldsymbol{r}'|^3}\mathrm{d}V' \tag{2-8}$$

同理，面电荷和线电荷产生的电场强度分别为

$$\boldsymbol{E}(\boldsymbol{r})=\frac{1}{4\pi\varepsilon_0}\int_S\frac{\rho_S(\boldsymbol{r}')(\boldsymbol{r}-\boldsymbol{r}')}{|\boldsymbol{r}-\boldsymbol{r}'|^3}\mathrm{d}S' \tag{2-9}$$

$$\boldsymbol{E}(\boldsymbol{r})=\frac{1}{4\pi\varepsilon_0}\int_l\frac{\rho_l(\boldsymbol{r}')(\boldsymbol{r}-\boldsymbol{r}')}{|\boldsymbol{r}-\boldsymbol{r}'|^3}\mathrm{d}l' \tag{2-10}$$

例 2-1　一个半径为 a 的均匀带电圆环，求轴线上的电场强度。

解：取坐标系如图 2-2，圆环位于 xoy 平面，圆环中心与坐标原点重合，设电荷线密度为 ρ_l。

$$\boldsymbol{r} = z\boldsymbol{e}_z$$

$$\boldsymbol{r}' = a\cos\theta\boldsymbol{e}_x + a\sin\theta\boldsymbol{e}_y$$

$$|\boldsymbol{r}-\boldsymbol{r}'| = (z^2+a^2)^{1/2}$$

$$\mathrm{d}l' = a\mathrm{d}\theta$$

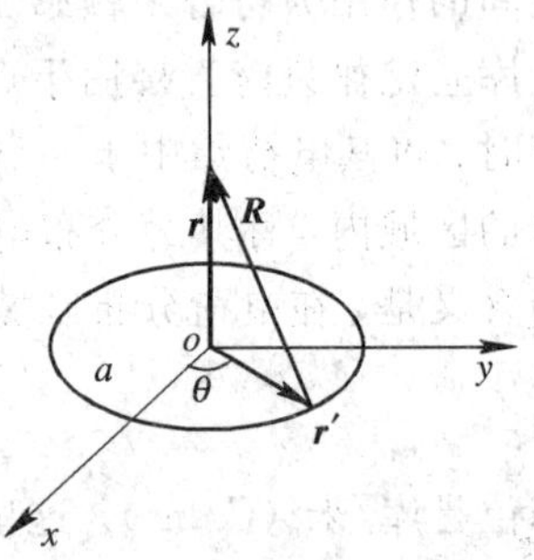

图 2-2　例 2-1 用图

所以

$$\boldsymbol{E}(\boldsymbol{r}) = \frac{\rho_l}{4\pi\varepsilon_0}\int_0^{2\pi}\frac{(z\boldsymbol{e}_z - a\cos\theta\boldsymbol{e}_x - a\sin\theta\boldsymbol{e}_y)}{(a^2+z^2)^{3/2}}a\,\mathrm{d}\theta$$

$$= \frac{a\rho_l}{2\varepsilon_0}\frac{z}{(a^2+z^2)^{3/2}}\boldsymbol{e}_z$$

2.2　高斯定理

从库仑定律出发，可以推导出高斯定理。先介绍立体角的概念。如图 2-3 所示，立体角是由过一点的射线，绕过该点的某一轴旋转一周所扫出的锥面所限定的空间。如果以点 o' 为球心、R 为半径作球面，若立体角的锥面在球面上截下的面积为 S，则此立体角的大小为 $\Omega=S/R^2$。立体角的单位是球面度(sr)。整个球面对球心的立体角是 4π。对于任一个有向曲面 S，面上的面积元 $\mathrm{d}\boldsymbol{S}$ 对某点 o' 的立体角是

$$\mathrm{d}\Omega = \frac{\mathrm{d}S\cos\theta}{R^2} = \frac{\mathrm{d}\boldsymbol{S}\cdot(\boldsymbol{r}-\boldsymbol{r}')}{|\boldsymbol{r}-\boldsymbol{r}'|^3} \tag{2-11}$$

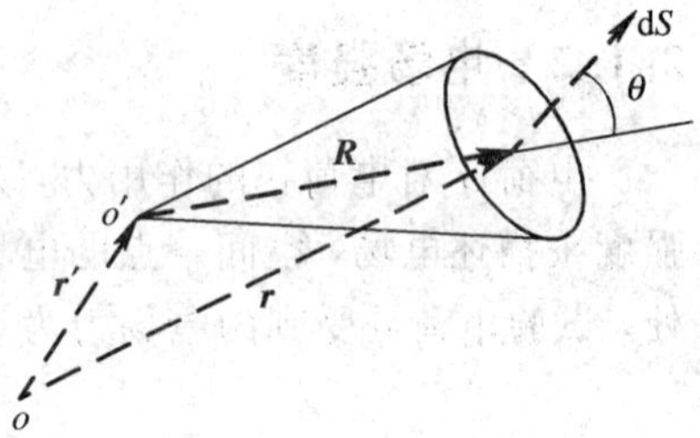

图 2-3　立体角

式中：$\boldsymbol{r}$ 是面积元所处的位置；$\boldsymbol{r}'$ 是点 o' 的位置；$\boldsymbol{R}$ 是从点 $\boldsymbol{r}'$ 到点 $\boldsymbol{r}$ 的矢径；θ 是有向面元 $\mathrm{d}\boldsymbol{S}$ 与 $\boldsymbol{R}$ 的夹角。立体角可以为正，也可以为负，视夹角 θ 为锐角或钝角而定。整个曲面 S 对点 o' 所张的立体角为

$$\Omega = \int_S \frac{(\boldsymbol{r}-\boldsymbol{r}')\cdot\mathrm{d}\boldsymbol{S}}{|\boldsymbol{r}-\boldsymbol{r}'|^3} \tag{2-12}$$

若 S 是封闭曲面，则

$$\Omega = \oint_S \frac{(\boldsymbol{r}-\boldsymbol{r}')\cdot\mathrm{d}\boldsymbol{S}}{|\boldsymbol{r}-\boldsymbol{r}'|^3} = \begin{cases}4\pi & \boldsymbol{r}' \text{ 在 } S \text{ 内}\\ 0 & \boldsymbol{r}' \text{ 在 } S \text{ 外}\end{cases} \tag{2-13}$$

即任意封闭面对其内部任一点所张的立体角为 4π，对外部点所张的立体角为零。

高斯定理描述通过一个闭合面电场强度的通量与闭合面内电荷间的关系。先考虑点电荷的电场穿过任意闭曲面 S 的通量：

$$\oint_S \boldsymbol{E}\cdot\mathrm{d}\boldsymbol{S} = \frac{q}{4\pi\varepsilon_0}\oint_S \frac{\boldsymbol{r}-\boldsymbol{r}'}{|\boldsymbol{r}-\boldsymbol{r}'|^3}\cdot\mathrm{d}\boldsymbol{S} = \frac{q}{4\pi\varepsilon_0}\oint_S \mathrm{d}\Omega \tag{2-14}$$

若 q 位于 S 内部，上式中的立体角为 4π；若 q 位于 S 外部，上式中的立体角为零。对点电

荷系或分布电荷，由叠加原理得出高斯定理为

$$\oint_S \boldsymbol{E} \cdot \mathrm{d}\boldsymbol{S} = \frac{Q}{\varepsilon_0} \tag{2-15}$$

上式中，Q 是闭合面内的总电荷。高斯定理是静电场的一个基本定理。它说明，在真空中穿过任意闭合面的电场强度通量，等于该闭合面内部的总电荷量与 ε_0 之比。应该注意曲面上的电场强度是由空间的所有电荷产生的，不要错误地认为其与曲面 S 外部的电荷无关。但是外部电荷在闭合面上产生的电场强度的通量为零。

以上的高斯定理也称为高斯定理的积分形式，它说明通过闭合曲面的电场强度通量与闭合面内的电荷之间的关系，并没有说明某一点的情况。要分析一个点的情形，要用微分形式。如果闭合面内的电荷是密度为 ρ 的体分布电荷，则式(2－15)可以写为

$$\oint_S \boldsymbol{E} \cdot \mathrm{d}\boldsymbol{S} = \frac{1}{\varepsilon_0}\int_V \rho \, \mathrm{d}V \tag{2-16}$$

式中 V 是 S 所限定的体积。用散度定理，可以将上式左面的面积分变换为散度的体积分，即

$$\int_V \nabla \cdot \boldsymbol{E} \mathrm{d}V = \frac{1}{\varepsilon_0}\int_V \rho \, \mathrm{d}V \tag{2-17}$$

由于体积 V 是任意的，所以有

$$\nabla \cdot \boldsymbol{E} = \frac{\rho}{\varepsilon_0} \tag{2-18}$$

这就是高斯定理的微分形式。它说明，真空中任一点的电场强度的散度等于该点的电荷密度与 ε_0 之比。微分形式描述了一点处的电场强度的空间变化和该点电荷密度的关系。尽管该点的电场强度是由空间的所有电荷产生的，可是这一点电场强度的散度仅仅取决于该点的电荷密度，而与其它电荷无关。

高斯定理的积分形式可以用来计算平面对称、柱对称及球对称的静电场问题。解题的关键是能够将电场强度从积分号中提出来，这就要求找出一个封闭面(高斯面)S，且 S 由两部分 S_1 和 S_2 组成。在 S_1 上，电场强度 $\boldsymbol{E}$ 与有向面积元 $\mathrm{d}\boldsymbol{S}$ 平行，$\boldsymbol{E} \parallel \mathrm{d}\boldsymbol{S}$(或二者之间的夹角固定不变)，并且电场强度的大小保持不变；在 S_2 上，有 $\boldsymbol{E} \cdot \mathrm{d}\boldsymbol{S}=0$。这样就可求出对称分布电荷产生的场。

微分形式用来从电场分布计算电荷分布。

例 2－2　假设在半径为 a 的球体内均匀分布着密度为 ρ_0 的电荷，试求任意点的电场强度。

解：本题的电荷分布是球对称的，电场强度仅有径向分量 E_r，同时它具有球对称性质。作一个与带电体同心、半径为 r 的球面，将积分形式的高斯定理运用到此球面上。

当 $r>a$ 时：

$$E_r 4\pi r^2 = \frac{\rho_0}{\varepsilon_0}\frac{4\pi}{3}a^3$$

故

$$E_r = \frac{\rho_0 a^3}{3\varepsilon_0 r^2} \quad (r > a)$$

当 $r<a$ 时：

$$E_r 4\pi r^2 = \frac{\rho_0}{\varepsilon_0}\frac{4\pi}{3}r^3$$

所以

$$E_r = \frac{\rho_0 r}{3\varepsilon_0} \quad (r < a)$$

例 2-3 已知半径为 a 的球内、外的电场强度为

$$\boldsymbol{E} = \boldsymbol{e}_r E_0 \frac{a^2}{r^2} \quad (r > a)$$

$$\boldsymbol{E} = \boldsymbol{e}_r E_0 \left(5\frac{r}{2a} - 3\frac{r^3}{2a^3}\right) \quad (r < a)$$

求电荷分布。

解：由高斯定理的微分形式 $\nabla \cdot \boldsymbol{E} = \frac{\rho}{\varepsilon_0}$，得电荷密度为

$$\rho = \varepsilon_0 \nabla \cdot \boldsymbol{E}$$

用球坐标中的散度公式

$$\nabla \cdot \boldsymbol{A} = \frac{1}{r^2}\frac{\partial(r^2 A_r)}{\partial r} + \frac{1}{r\sin\theta}\frac{\partial(\sin\theta A_\theta)}{\partial\theta} + \frac{1}{r\sin\theta}\frac{\partial A_\phi}{\partial\phi}$$

可得

$$\rho = 0 \quad (r > a)$$

$$\rho = \varepsilon_0 E_0 \frac{15}{2a^3}(a^2 - r^2) \quad (r < a)$$

2.3 静电场的旋度与静电场的电位

静电场是一个矢量场，除了要讨论它的散度外，还要讨论它的旋度。在点电荷及分布电荷的电场强度表示式中，均含有因子 $\frac{\boldsymbol{r}-\boldsymbol{r}'}{|\boldsymbol{r}-\boldsymbol{r}'|^3}$。这里，以体分布电荷产生的电场强度为例，讨论静电场的旋度特性。由于

$$\nabla \frac{1}{|\boldsymbol{r}-\boldsymbol{r}'|} = -\frac{\boldsymbol{r}-\boldsymbol{r}'}{|\boldsymbol{r}-\boldsymbol{r}'|^3} \tag{2-19}$$

可将体电荷的电场强度表示式(2-8)改写为

$$\begin{aligned}\boldsymbol{E}(\boldsymbol{r}) &= \frac{1}{4\pi\varepsilon_0}\int_V \frac{\rho(\boldsymbol{r}')(\boldsymbol{r}-\boldsymbol{r}')}{|\boldsymbol{r}-\boldsymbol{r}'|^3}\mathrm{d}V' = \frac{-1}{4\pi\varepsilon_0}\int_V \rho(\boldsymbol{r}')\nabla\left(\frac{1}{|\boldsymbol{r}-\boldsymbol{r}'|}\right)\mathrm{d}V' \\ &= -\nabla\left[\frac{1}{4\pi\varepsilon_0}\int_V \rho(\boldsymbol{r}')\frac{1}{|\boldsymbol{r}-\boldsymbol{r}'|}\mathrm{d}V'\right]\end{aligned} \tag{2-20}$$

应注意式中的积分是对源点 $\boldsymbol{r}'$ 进行的，算子 ∇ 是对场点作用的，因而可将 ∇ 移到积分号外。此式说明，电场强度可表示为一个标量位函数的负梯度，所以有

$$\nabla \times \boldsymbol{E} = \boldsymbol{0} \tag{2-21}$$

即，静电场的旋度恒等于零。这表明静电场是无旋场。

如上所述，可用一个标量函数的负梯度表示电场强度。这个标量函数就是静电场的位

函数，简称为电位。电位 φ 的定义由下式确定：

$$\boldsymbol{E}=-\nabla\varphi \tag{2-22}$$

电位的单位是伏(V)，因此电场强度的单位是伏/米(V/m)。

体分布的电荷在场点 $\boldsymbol{r}$ 处的电位为

$$\varphi(\boldsymbol{r})=\frac{1}{4\pi\varepsilon_0}\int_V\frac{\rho(\boldsymbol{r}')}{|\boldsymbol{r}-\boldsymbol{r}'|}\mathrm{d}V' \tag{2-23}$$

线电荷和面电荷的电位表示式与上式相似，只需将电荷密度和积分区域作相应的改变。对于位于源点 $\boldsymbol{r}'$ 处的点电荷 q，其在 $\boldsymbol{r}$ 处产生的电位为

$$\varphi(\boldsymbol{r})=\frac{q}{4\pi\varepsilon_0|\boldsymbol{r}-\boldsymbol{r}'|} \tag{2-24}$$

式(2-23)和式(2-24)中本来还要加上一个常数，但为计算上简单，取这个常数为零。

因为静电场是无旋场，其在任意闭合回路的环量为零，即

$$\oint_l\boldsymbol{E}\cdot\mathrm{d}\boldsymbol{l}=0 \tag{2-25}$$

这表明，静电场是一个保守场，它沿某一路径从 P_0 点到 P 点的线积分与路径无关，仅仅与起点和终点的位置有关。下面讨论电场强度沿某一路径的线积分：

$$\int_{P_0}^{P}\boldsymbol{E}\cdot\mathrm{d}\boldsymbol{l}=\int_{P_0}^{P}-\nabla\varphi\cdot\mathrm{d}\boldsymbol{l} \tag{2-26}$$

因为

$$\nabla\varphi\cdot\mathrm{d}\boldsymbol{l}=\frac{\partial\varphi}{\partial x}\mathrm{d}x+\frac{\partial\varphi}{\partial y}\mathrm{d}y+\frac{\partial\varphi}{\partial z}\mathrm{d}z=\mathrm{d}\varphi \tag{2-27}$$

故

$$\int_{P_0}^{P}\boldsymbol{E}\cdot\mathrm{d}\boldsymbol{l}=\varphi(P_0)-\varphi(P) \tag{2-28}$$

或

$$\varphi(P)-\varphi(P_0)=\int_{P}^{P_0}\boldsymbol{E}\cdot\mathrm{d}\boldsymbol{l}$$

通常，称 $\varphi(P)-\varphi(P_0)$ 为 P 与 P_0 两点间的电位差(或电压)。一般选取一个固定点，规定其电位为零，称这一固定点为参考点。当取 P_0 点为参考点时，P 点处的电位为

$$\varphi(P)=\int_{P}^{P_0}\boldsymbol{E}\cdot\mathrm{d}\boldsymbol{l} \tag{2-29}$$

当电荷分布在有限的区域时，选取无穷远处为参考点较为方便。此时：

$$\varphi(P)=\int_{P}^{\infty}\boldsymbol{E}\cdot\mathrm{d}\boldsymbol{l} \tag{2-30}$$

下面分析电位所满足的微分方程。将 $\boldsymbol{E}=-\nabla\varphi$ 代入高斯定理的微分形式 $\nabla\cdot\boldsymbol{E}=\frac{\rho}{\varepsilon_0}$，得到

$$\nabla\cdot\nabla\varphi=\nabla^2\varphi=-\frac{\rho}{\varepsilon_0} \tag{2-31}$$

上面的方程称为泊松方程。若讨论的区域 $\rho=0$，则电位微分方程变为

$$\nabla^2\varphi=0 \tag{2-32}$$

上述方程为二阶偏微分方程，称为拉普拉斯方程。其中 ∇^2 在直角坐标系中为

$$\nabla^2 = \frac{\partial^2}{\partial x^2} + \frac{\partial^2}{\partial y^2} + \frac{\partial^2}{\partial z^2}$$

关于拉普拉斯方程的一般求解方法将在静态场的解一章(第四章)中讨论。

例 2-4　位于 xoy 平面上的半径为 a、圆心在坐标原点的带电圆盘，面电荷密度为 ρ_S，如图 2-4 所示，求 z 轴上的电位。

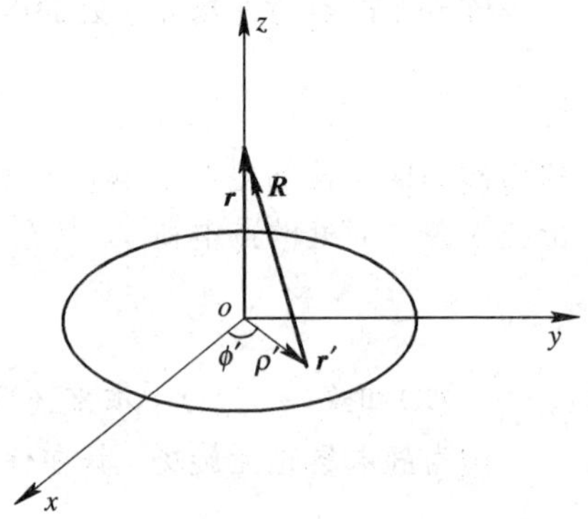

图 2-4　均匀带电圆盘

解：由面电荷产生的电位公式：

$$\varphi(\boldsymbol{r}) = \frac{1}{4\pi\varepsilon_0}\int_S \frac{\rho_S(\boldsymbol{r}')}{|\boldsymbol{r}-\boldsymbol{r}'|}\mathrm{d}S'$$

$$\boldsymbol{r} = z\boldsymbol{e}_z$$

$$\boldsymbol{r}' = \rho'\cos\phi'\boldsymbol{e}_x + \rho'\sin\phi'\boldsymbol{e}_y$$

$$|\boldsymbol{r}-\boldsymbol{r}'| = (z^2+\rho'^2)^{1/2}$$

$$\mathrm{d}S' = \rho'\mathrm{d}\phi'\mathrm{d}\rho'$$

$$\varphi(z) = \frac{\rho_S}{4\pi\varepsilon_0}\int_0^{2\pi}\mathrm{d}\phi'\int_0^a \frac{\rho'\mathrm{d}\rho'}{(z^2+\rho'^2)^{1/2}}$$

$$= \frac{\rho_S}{2\varepsilon_0}[(a^2+z^2)^{1/2} - z]$$

以上结果是 $z>0$ 的结论。对 z 轴上的任意点，电位为

$$\varphi(z) = \frac{\rho_S}{2\varepsilon_0}[(a^2+z^2)^{1/2} - |z|]$$

例 2-5　求均匀带电球体产生的电位。

解：在前面我们计算了均匀带电球体的电场：

$$E_r = \frac{\rho_0 a^3}{3\varepsilon_0 r^2} \quad (r > a)$$

$$E_r = \frac{\rho_0 r}{3\varepsilon_0} \quad (r < a)$$

由此可求出电位。当 $r>a$ 时：

$$\varphi = \int_r^\infty E_r\mathrm{d}r = \int_r^\infty \frac{\rho_0 a^3}{3\varepsilon_0 r^2}\mathrm{d}r = \frac{\rho_0 a^3}{3\varepsilon_0 r}$$

当 $r<a$ 时：

$$\varphi = \int_r^a E_r\mathrm{d}r + \int_a^\infty E_r\mathrm{d}r = \frac{\rho_0}{2\varepsilon_0}\left(a^2 - \frac{r^2}{3}\right)$$

例 2-6　若半径为 a 的导体球面的电位为 U_0，球外无电荷，求空间的电位。

解：可以通过求解电位的微分方程计算电位。对于一般问题，电位方程是二阶偏微分方程，但是对于本题，因其是对称的，就简化为常微分方程。显然电位仅仅是变量 r 的函数。球外的电位用 φ 表示：

$$\nabla^2\varphi = 0$$

将以上方程写成球坐标的形式，即

$$\frac{1}{r^2}\frac{\mathrm{d}}{\mathrm{d}r}\left(r^2\frac{\mathrm{d}\varphi}{\mathrm{d}r}\right) = 0$$

对以上方程积分一次，得

$$r^2 \frac{d\varphi}{dr} = C_1$$

即

$$\frac{d\varphi}{dr} = \frac{C_1}{r^2}$$

再对其积分一次，得

$$\varphi = -\frac{C_1}{r} + C_2$$

这里出现的两个常数通过导体球面上的电位和无穷远处的电位来确定。在导体球面上，电位为 U_0，无穷远处电位为零。分别将 $r=a$、$r=\infty$ 代入上式，得

$$U_0 = -\frac{C_1}{a} + C_2$$

$$0 = C_2$$

这样解出两个常数为

$$C_1 = -aU_0,\ C_2 = 0$$

所以

$$\varphi(r) = \frac{aU_0}{r}$$

附带要说明的是，凡是采用积分形式高斯定理能够解决的问题，总能够用求解常微分方程的方法，来求解给定问题的泊松方程。

总之，真空中静电场的基本解可归纳为

$$\nabla \times \boldsymbol{E} = \boldsymbol{0} \tag{2-33}$$

$$\nabla \cdot \boldsymbol{E} = \frac{\rho}{\varepsilon_0} \tag{2-34}$$

即静电场是一个无旋、有源(指通量源)场，电荷就是电场的源。电力线总是从正电荷出发，到负电荷终止。

2.4 电偶极子

电偶极子是指由间距很小的两个等量异号点电荷组成的系统，如图 2-5 所示。真空中电偶极子的电场和电位可用来分析电介质的极化问题。用电偶极矩表示电偶极子的大小和空间取向，它定义为电荷 q 乘以有向距离 $\boldsymbol{l}$，即

$$\boldsymbol{p} = q\boldsymbol{l} \tag{2-35}$$

电偶极距是一个矢量，它的方向是由负电荷指向正电荷。取电偶极子的轴和 z 轴重合，电偶极子的中心在坐标原点。电偶极子在空间任意点 P 的电位为

$$\varphi = \frac{q}{4\pi\varepsilon_0}\left(\frac{1}{r_1} - \frac{1}{r_2}\right) \tag{2-36}$$

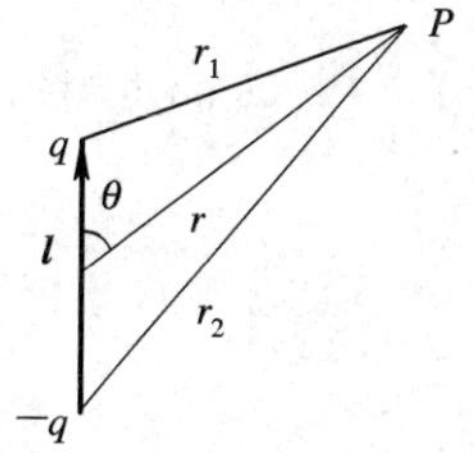

图 2-5 电偶极子

其中：r_1 和 r_2 分别表示场点 P 与 q 和 $-q$ 的距离；r 表示坐标原点到 P 点的距离；当

$l \ll r$ 时：

$$r_1 = \left(r^2 + \frac{l^2}{4} - 2r\frac{l}{2}\cos\theta\right)^{1/2} \approx r\left(1 - \frac{l}{r}\cos\theta\right)^{1/2}$$

$$r_2 = \left(r^2 + \frac{l^2}{4} + 2r\frac{l}{2}\cos\theta\right)^{1/2} \approx r\left(1 + \frac{l}{r}\cos\theta\right)^{1/2}$$

$$\frac{1}{r_1} \approx \frac{1}{r}\left(1 + \frac{l}{2r}\cos\theta\right)$$

$$\frac{1}{r_2} \approx \frac{1}{r}\left(1 - \frac{l}{2r}\cos\theta\right)$$

从而有

$$\varphi = \frac{ql\cos\theta}{4\pi\varepsilon_0 r^2} \tag{2-37}$$

或

$$\varphi = \frac{\boldsymbol{p}\cdot\boldsymbol{r}}{4\pi\varepsilon_0 r^3} \tag{2-38}$$

其电场强度在球坐标中的表示式为

$$\boldsymbol{E} = \frac{p}{4\pi\varepsilon_0 r^3}(\boldsymbol{e}_r 2\cos\theta + \boldsymbol{e}_\theta \sin\theta) \tag{2-39}$$

电偶极子的电位和电场的分布如图 2-6 所示。电偶极子的电位和电场分别与 r^2 和 r^3 成反比，单个点电荷的电位和电场分别与 r 和 r^2 成反比。这是因为在远区，正负电荷产生的电场有一部分相互抵消的缘故。电偶极子的场分布具有轴对称性。同理，由两个大小相等，反平行放置且二者之间的间距很小的电偶极子组成的带电系统，叫作电四极子。电四极子的电位和电场分别与 r^3 和 r^4 成反比。以此类推，可以求出电多极子等的电位和电场。

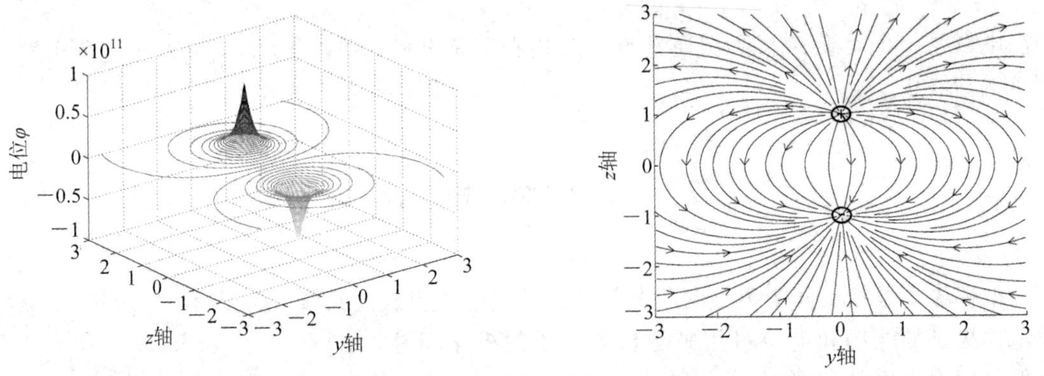

(a) 电偶极子的电位 (b) 电偶极子的电场

图 2-6 电偶极子的电位和电场分布

2.5 电介质中的场方程

根据物质的电特性，可将其分为导电物质和绝缘物质两类。通常称前者为导体，后者为电介质。导体的特点是其内部有大量的能自由运动的电荷，在外电场的作用下，这些自由电荷可以作宏观运动。相反，介质中的带电粒子被约束在介质的分子中，而不能作宏观运动。在电场的作用下，介质内的带电粒子会发生微观的位移，使分子产生极化。下面讨论介质中电场的特点和规律。

2.5.1 介质的极化

任何物质的分子或原子都是由带负电的电子和带正电的原子核组成的。依其特性，分子可分为极性分子和非极性分子。非极性分子是指分子的正负电荷中心重合，无外加电场时，分子偶极矩为零的分子，如 H_2、N_2、CCl_4 等分子。极性分子是指分子的正负电荷中心不重合，无外加电场时，分子偶极矩不为零，本身具有一个固有极矩的分子，如 H_2O 分子。

介质的极化一般分为三种情况。分别叫作电子极化、离子极化、取向极化。电子极化是指组成原子的电子云在电场的作用下，电子云相对于原子核发生位移，形成附加的电偶极矩。离子极化发生在由等量异号电荷组成的离子型分子中，在电场作用下组成离子型分子的正负粒子，从其平衡位置发生位移，产生附加的电偶极矩。极性分子本身具有固有电偶极矩，由于分子的热运动，使各个分子的电偶极矩杂乱无章地排列，从而其合成电矩为零。但是在电场作用下，分子的电矩向电场方向转动，使得系统受到的总外力为零，总力矩为零，并且系统的能量最小，即达到一个稳定平衡，这样就产生一个合成电矩，这种极化为取向极化。

单原子的电介质只有电子极化；所有化合物都存在离子极化和电子极化；一些化合物同时存在三种极化。

在极化介质中，每一个分子都是一个电偶极子，整个介质可以看成是真空中电偶极子有序排列的集合体。用极化强度表征电介质的极化性质。极化强度是一个矢量，它代表单位体积中电矩的矢量和。假设体积 ΔV 里分子电矩的总和为 $\sum \boldsymbol{p}$，则极化强度 $\boldsymbol{P}$ 为

$$\boldsymbol{P} = \lim_{\Delta V \to 0} \frac{\sum \boldsymbol{p}}{\Delta V} \tag{2-40}$$

极化强度的单位是 C/m^2。

2.5.2 极化介质产生的电位

当一块电介质受外加电场的作用而极化后，就等效为真空中一系列电偶极子。极化介质产生的附加电场，实质上就是这些电偶极子产生的电场，如图 2-7 所示。

设极化介质的体积为 V，表面积是 S，极化强度是 $\boldsymbol{P}$，现在计算介质外部任一点的电位。在介质中 $\boldsymbol{r}'$ 处取一个体积元 $\Delta V'$，因 $|\boldsymbol{r}-\boldsymbol{r}'|$ 远大于 $\Delta V'$ 的线度，故可将 $\Delta V'$ 中介质当成一偶极子，其偶极矩为 $\boldsymbol{p}=\boldsymbol{P}\Delta V'$，它在 $\boldsymbol{r}$ 处产生的电位是

$$\Delta\varphi(\boldsymbol{r}) = \frac{\boldsymbol{P}(\boldsymbol{r}')\Delta V'}{4\pi\varepsilon_0} \cdot \frac{\boldsymbol{r}-\boldsymbol{r}'}{|\boldsymbol{r}-\boldsymbol{r}'|^3} \tag{2-41}$$

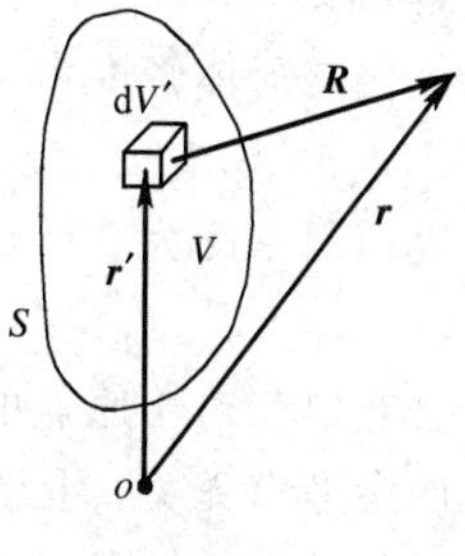

图 2-7 极化介质的电位

整个极化介质产生的电位是上式的积分：

$$\varphi(\boldsymbol{r}) = \frac{1}{4\pi\varepsilon_0}\int_V \frac{\boldsymbol{P}(\boldsymbol{r}')\cdot(\boldsymbol{r}-\boldsymbol{r}')}{|\boldsymbol{r}-\boldsymbol{r}'|^3}\mathrm{d}V' \tag{2-42}$$

对上式进行变换，利用

$$\nabla' \frac{1}{|\boldsymbol{r}-\boldsymbol{r}'|} = \frac{\boldsymbol{r}-\boldsymbol{r}'}{|\boldsymbol{r}-\boldsymbol{r}'|^3}$$

变换为

$$\varphi(\boldsymbol{r}) = \frac{1}{4\pi\varepsilon_0}\int_V \boldsymbol{P}(\boldsymbol{r}')\cdot\nabla' \frac{1}{|\boldsymbol{r}-\boldsymbol{r}'|}\mathrm{d}V' \tag{2-43}$$

再利用矢量恒等式：

$$\nabla'\cdot(u\boldsymbol{A}) = u\nabla'\cdot\boldsymbol{A} + \nabla' u\cdot\boldsymbol{A}$$

令 $u=\dfrac{1}{|\boldsymbol{r}-\boldsymbol{r}'|}$，$\boldsymbol{A}=\boldsymbol{P}$，则

$$\begin{aligned}\varphi(\boldsymbol{r}) &= \frac{1}{4\pi\varepsilon_0}\int_V \nabla'\cdot\frac{\boldsymbol{P}(\boldsymbol{r}')}{|\boldsymbol{r}-\boldsymbol{r}'|}\mathrm{d}V' + \frac{1}{4\pi\varepsilon_0}\int_V \frac{-\nabla'\cdot\boldsymbol{P}(\boldsymbol{r}')}{|\boldsymbol{r}-\boldsymbol{r}'|}\mathrm{d}V' \\ &= \frac{1}{4\pi\varepsilon_0}\oint_S \frac{\boldsymbol{P}(\boldsymbol{r}')\cdot\boldsymbol{n}}{|\boldsymbol{r}-\boldsymbol{r}'|}\mathrm{d}S' + \frac{1}{4\pi\varepsilon_0}\int_V \frac{-\nabla'\cdot\boldsymbol{P}(\boldsymbol{r}')}{|\boldsymbol{r}-\boldsymbol{r}'|}\mathrm{d}V'\end{aligned} \tag{2-44}$$

式中，$\boldsymbol{n}$ 是 S 上某点的外法向单位矢量。上式的第一项与面分布电荷产生的电位表示式形式相同，第二项与体分布电荷产生的电位表达式形式上相同，$\boldsymbol{P}(\boldsymbol{r}')\cdot\boldsymbol{n}$ 和 $-\nabla'\cdot\boldsymbol{P}(\boldsymbol{r}')$ 分别有面电荷密度和体电荷密度的量纲，因此极化介质产生的电位可以看作等效体分布电荷和面分布电荷在真空中共同产生的。等效体电荷密度和面电荷密度分别为

$$\rho_p(\boldsymbol{r}') = -\nabla'\cdot\boldsymbol{P}(\boldsymbol{r}') \tag{2-45}$$

$$\rho_{sp} = \boldsymbol{P}(\boldsymbol{r}')\cdot\boldsymbol{n} \tag{2-46}$$

这个等效电荷也称为极化电荷，或者称为束缚电荷。在实际计算时，我们一般把公式(2-45)写为下述形式：

$$\rho(\boldsymbol{r}) = -\nabla\cdot\boldsymbol{P}(\boldsymbol{r})$$

在以上的分析中，场点是选取在介质外部。可以证明，上面的结果也适用于极化介质内部任一点的电位的计算。有了电位表达式，就能求出极化介质产生的电场。实际上，以上的电位电场，仅仅考虑的是束缚电荷产生的那一部分，空间的总电场应该再加上自由电荷(也就是外加电荷)产生的电场。

例 2-7 一个半径为 a 的均匀极化介质球，极化强度是 $P_0\boldsymbol{e}_z$，求极化电荷分布及介质球的电偶极矩。

解：取球坐标系，让球心位于坐标原点。

极化电荷体密度为

$$\rho_p(\boldsymbol{r}) = -\nabla\cdot\boldsymbol{P}(\boldsymbol{r}) = 0$$

极化电荷面密度为

$$\rho_{sp} = \boldsymbol{P}\cdot\boldsymbol{n} = P_0\boldsymbol{e}_z\cdot\boldsymbol{e}_r = P_0\cos\theta$$

分布电荷对于原点的偶极矩由下式计算(附带说一下，一个带电系统的电偶极距，与选取的参考点无关，也就是说，可以选取任意点作为参考点来计算电偶极距。我们在此是选坐标的原点为电偶极距的参考点)：

$$\boldsymbol{p} = \int_D \boldsymbol{r}\,\mathrm{d}q$$

积分区域 D 是电荷分布的区域。因此

$$\boldsymbol{p} = \int_S \boldsymbol{r}\rho_{sp}\,\mathrm{d}S$$

代入球面上的各量，有

$$\boldsymbol{r} = a(\boldsymbol{e}_x \sin\theta\cos\phi + \boldsymbol{e}_y \sin\theta\sin\phi + \boldsymbol{e}_z \cos\theta)$$

$$\mathrm{d}S = a^2 \sin\theta\,\mathrm{d}\theta\,\mathrm{d}\phi$$

得

$$\boldsymbol{p} = \boldsymbol{e}_z \frac{4\pi a^3}{3} P_0$$

其实，由于本问题是均匀极化，等效偶极矩肯定等于极化强度与体积之积。

2.5.3 介质中的场方程

在真空中高斯定理的微分形式为 $\nabla\cdot\boldsymbol{E}=\rho/\varepsilon_0$，其中的电荷是指自由电荷。如前述，极化介质产生的电场等效于束缚电荷的影响，因此，在电介质中，高斯定理的微分形式便可写为

$$\nabla\cdot\boldsymbol{E} = \frac{1}{\varepsilon_0}(\rho + \rho_p) \tag{2-47}$$

将 $\rho_p=-\nabla\cdot\boldsymbol{P}$ 代入，得

$$\nabla\cdot(\varepsilon_0\boldsymbol{E} + \boldsymbol{P}) = \rho \tag{2-48}$$

这表明，矢量 $\varepsilon_0\boldsymbol{E}+\boldsymbol{P}$ 的散度为自由电荷密度。称此矢量为电位移矢量(或电感应强度矢量)，并记为 $\boldsymbol{D}$，即

$$\boldsymbol{D} = \varepsilon_0\boldsymbol{E} + \boldsymbol{P} \tag{2-49}$$

于是，介质中高斯定理的微分形式变为

$$\nabla\cdot\boldsymbol{D} = \rho \tag{2-50}$$

在介质中，电场强度的旋度仍然为零。将介质中静电场的方程归纳如下：

$$\nabla\cdot\boldsymbol{D} = \rho \tag{2-51}$$

$$\nabla\times\boldsymbol{E} = \boldsymbol{0} \tag{2-52}$$

与其相应的积分形式为

$$\oint_S \boldsymbol{D}\cdot\mathrm{d}\boldsymbol{S} = q \tag{2-53}$$

$$\oint_l \boldsymbol{E}\cdot\mathrm{d}\boldsymbol{l} = 0 \tag{2-54}$$

2.5.4 介电常数

在分析电介质中的静电问题时，必须知道极化强度 $\boldsymbol{P}$ 与电场强度 $\boldsymbol{E}$ 之间的关系。$\boldsymbol{P}$ 与 $\boldsymbol{E}$ 间的关系由介质的固有特性决定，这种关系称为组成关系。如果 $\boldsymbol{P}$ 和 $\boldsymbol{E}$ 同方向，就称为各向同性介质，若二者成正比，就称为线性介质。实际应用中的大多数介质都是线性各向同性介质，其组成关系为

$$\boldsymbol{P} = \varepsilon_0\chi_e\boldsymbol{E} \tag{2-55}$$

式中 χ_e 为极化率，是一个无量纲常数。从而有

$$\boldsymbol{D}=\varepsilon_0(1+\chi_e)\boldsymbol{E}=\varepsilon_0\varepsilon_r\boldsymbol{E}=\varepsilon\boldsymbol{E} \tag{2-56}$$

称 ε_r 为介质的相对介电常数，称 ε 为介质的介电常数。

对于均匀介质(ε 为常数)，电位满足如下的泊松方程：

$$\nabla^2\varphi=-\frac{\rho}{\varepsilon} \tag{2-57}$$

在自由电荷为零的区域，电位满足拉普拉斯方程。

例 2-8 一个半径为 a 的导体球，带电量为 Q，在导体球外套有外半径为 b 的同心介质球壳，壳外是空气，如图 2-8 所示。求空间任一点的 $\boldsymbol{D}$、$\boldsymbol{E}$、$\boldsymbol{P}$ 以及束缚电荷密度。

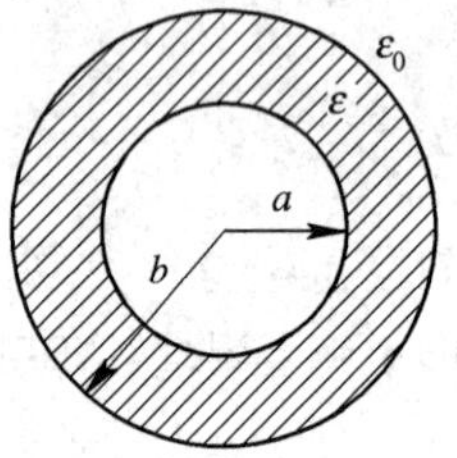

图 2-8 例 2-8 用图

解：因导体及介质的结构是球对称的，要保持导体球内的电场强度为零，显然自由电荷及其束缚电荷的分布也必须是球对称的。从而，$\boldsymbol{D}$、$\boldsymbol{E}$、$\boldsymbol{P}$ 的分布也是球对称的。即自由电荷均匀分布在导体球面上，$\boldsymbol{D}$ 在径向方向，且在与导体球同心的任一球面上 $\boldsymbol{D}$ 的数值相等。用介质中的高斯定理的积分形式，取半径为 r 并且与导体球同心的球面为高斯面，得

$$\boldsymbol{D}=\frac{Q}{4\pi r^2}\boldsymbol{e}_r \quad (r\geqslant a)$$

介质内($a<r<b$)：

$$\boldsymbol{E}=\frac{1}{\varepsilon}\boldsymbol{D}=\frac{Q}{4\pi\varepsilon r^2}\boldsymbol{e}_r$$

$$\boldsymbol{P}=\boldsymbol{D}-\varepsilon_0\boldsymbol{E}=\frac{\varepsilon_r-1}{\varepsilon_r}\boldsymbol{D}=\frac{\varepsilon_r-1}{\varepsilon_r}\frac{Q}{4\pi r^2}\boldsymbol{e}_r$$

$$\rho_p=-\nabla\cdot\boldsymbol{P}=-\frac{\varepsilon_r-1}{\varepsilon_r}\frac{Q}{4\pi}\nabla\cdot\left(\frac{\boldsymbol{e}_r}{r^2}\right)=0$$

介质外($b<r$)：

$$\boldsymbol{E}=\frac{1}{\varepsilon_0}\boldsymbol{D}=\frac{Q}{4\pi\varepsilon_0 r^2}\boldsymbol{e}_r$$

$$\boldsymbol{P}=0$$

介质内表面($r=a$)的束缚电荷面密度：

$$\rho_{sp}=\boldsymbol{P}\cdot\boldsymbol{n}=-\boldsymbol{P}\cdot\boldsymbol{e}_r=-\frac{\varepsilon_r-1}{\varepsilon_r}\frac{Q}{4\pi a^2}$$

介质外表面($r=b$)的束缚电荷面密度：

$$\rho_{sp}=\boldsymbol{P}\cdot\boldsymbol{n}=\boldsymbol{P}\cdot\boldsymbol{e}_r=\frac{\varepsilon_r-1}{\varepsilon_r}\frac{Q}{4\pi b^2}$$

2.6 静电场的边界条件

不同的电介质的极化性质一般不同，因而在不同介质的分界面上静电场的场分量一般不连续。场分量在界面上的变化规律叫作边界条件。以下我们由介质中场方程的积分形式导出边界条件。

如图 2-9 所示，分界面两侧的介电常数分别为 ε_1、ε_2，用 $\boldsymbol{n}$ 表示界面的法向，并规定其方向由介质 1 指向介质 2。可以将 $\boldsymbol{D}$ 和 $\boldsymbol{E}$ 在界面上分解为法向分量和切向分量，法向分量沿 $\boldsymbol{n}$ 方向，切向分量与 $\boldsymbol{n}$ 垂直。先推导法向分量的边界条件。在分界面两侧作一个圆柱形闭合曲面，顶面和底面分别位于分界面两侧且都与分界面平行，其面积为 ΔS。将介质中积分形式的高斯定理应用于这个闭合面，然后令圆柱的高度趋于零，此时在侧面的积分为零，于是有

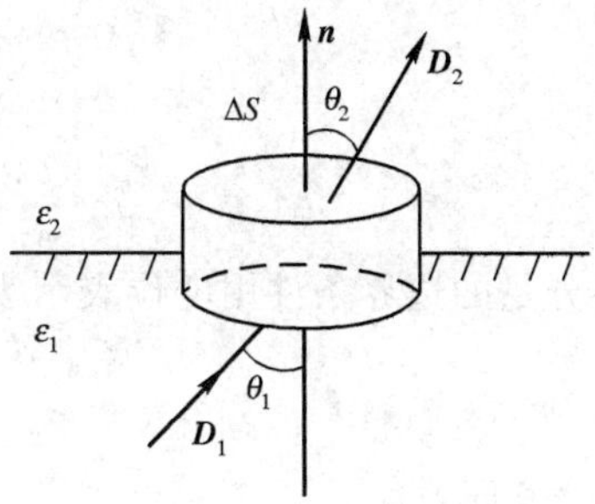

图 2-9 法向边界条件

$$\boldsymbol{D}_2 \cdot \boldsymbol{n}\Delta S - \boldsymbol{D}_1 \cdot \boldsymbol{n}\Delta S = q = \rho_S \Delta S$$

即

$$\boldsymbol{n} \cdot (\boldsymbol{D}_2 - \boldsymbol{D}_1) = \rho_S \tag{2-58}$$

或

$$D_{2\mathrm{n}} - D_{1\mathrm{n}} = \rho_S \tag{2-59}$$

其中，ρ_S 表示分界面上的自由面电荷密度。上式说明，电位移矢量的法向分量在通过界面时一般不连续。如果界面上无自由电荷分布，即在 $\rho_S=0$ 时，边界条件变为

$$\boldsymbol{n} \cdot (\boldsymbol{D}_2 - \boldsymbol{D}_1) = 0 \tag{2-60}$$

或

$$D_{2\mathrm{n}} - D_{1\mathrm{n}} = 0 \tag{2-61}$$

这说明在无自由电荷分布的界面上，电位移矢量的法向分量是连续的。

现在推导电场强度切向分量的边界条件。设分界面两侧的电场强度分别为 $\boldsymbol{E}_1$、$\boldsymbol{E}_2$，如图 2-10 所示。在界面上作一狭长矩形回路，两条长边分别在分界面两侧，且都与分界面平行。作电场强度沿该矩形回路的积分，并令矩形的短边趋于零，有

$$\oint_l \boldsymbol{E} \cdot \mathrm{d}\boldsymbol{l} = \boldsymbol{E}_1 \cdot \Delta \boldsymbol{l}_1 + \boldsymbol{E}_2 \cdot \Delta \boldsymbol{l}_2 = 0$$

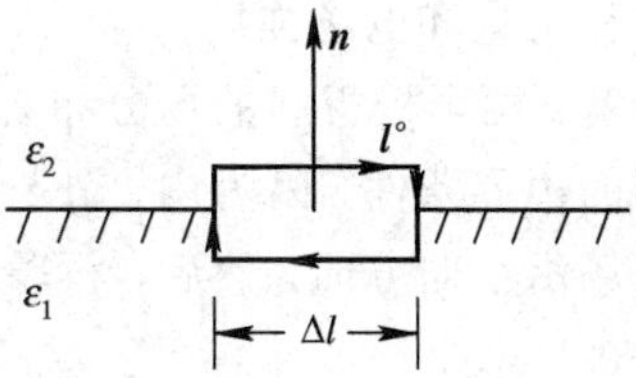

图 2-10 切向边界条件

因为 $\Delta \boldsymbol{l}_2 = \boldsymbol{l}^\circ \Delta l$，$\Delta \boldsymbol{l}_1 = -\boldsymbol{l}^\circ \Delta l$，$\boldsymbol{l}^\circ$是沿 $\boldsymbol{l}$ 方向的单位矢量，上式变为

$$(\boldsymbol{E}_2 - \boldsymbol{E}_1) \cdot \boldsymbol{l}^\circ = 0$$

注意到 $\boldsymbol{n} \perp \boldsymbol{l}^\circ$，故有

$$\boldsymbol{n} \times (\boldsymbol{E}_2 - \boldsymbol{E}_1) = \boldsymbol{0} \tag{2-62}$$

或

$$E_{2t}=E_{1t} \tag{2-63}$$

这表明，电场强度的切向分量在边界面两侧是连续的。

边界条件式(2－59)和式(2－63)可以用电位来表示。电场强度的切向分量连续，意味着电位是连续的，即

$$\varphi_1=\varphi_2 \tag{2-64}$$

由于

$$D_{1n}=\varepsilon_1 E_{1n}=-\varepsilon_1\frac{\partial\varphi_1}{\partial n}$$

$$D_{2n}=\varepsilon_2 E_{2n}=-\varepsilon_2\frac{\partial\varphi_2}{\partial n}$$

法向分量的边界条件用电位表示为

$$\varepsilon_1\frac{\partial\varphi_1}{\partial n}-\varepsilon_2\frac{\partial\varphi_2}{\partial n}=\rho_S \tag{2-65}$$

在 $\rho_S=0$ 时，有

$$\varepsilon_1\frac{\partial\varphi_1}{\partial n}-\varepsilon_2\frac{\partial\varphi_2}{\partial n}=0 \tag{2-66}$$

最后，分析电场强度矢量经过两种电介质界面时其方向的改变情况。设区域 1 和区域 2 内电力线与法向的夹角分别为 θ_1、θ_2，由式(2－61)和式(2－63)得

$$\frac{\tan\theta_1}{\tan\theta_2}=\frac{\varepsilon_1}{\varepsilon_2}$$

另外，在导体表面，边界条件可以简化。导体内的静电场在静电平衡时为零。设导体外部的场为 $\boldsymbol{E}$、$\boldsymbol{D}$，导体的外法向为 $\boldsymbol{n}$，则导体表面的边界条件简化为

$$E_t=0 \tag{2-67}$$

$$D_n=\rho_S \tag{2-68}$$

例 2－9　同心球电容器的内导体半径为 a，外导体的内半径为 b，其间填充两种介质，上半部分的介电常数为 ε_1，下半部分的介电常数为 ε_2，如图 2－11 所示。设内、外导体带电分别为 q 和 $-q$，求各部分的电位移矢量和电场强度。

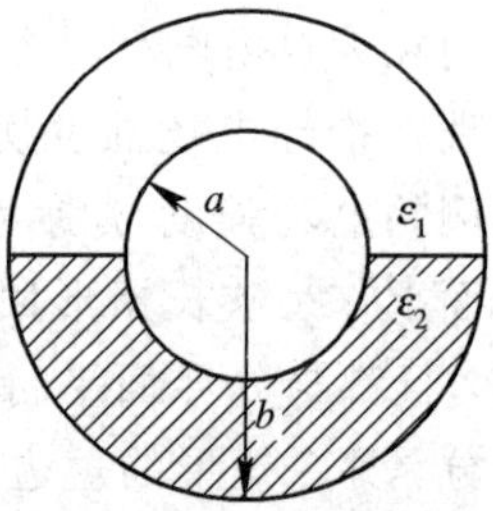

图 2－11　例 2－9 用图

解：两个极板间的场分布要同时满足介质分界面和导体表面的边界条件。因为内、外导体均是一个等位面，可以假设电场沿径向方向，然后，再验证这样的假设满足所有的边界条件。

要满足介质分界面上电场强度切向分量连续，上下两部分的电场强度应满足：

$$\boldsymbol{E}_1=\boldsymbol{E}_2=E\boldsymbol{e}_r$$

在半径为 r 的球面上作电位移矢量的面积分，有

$$2\pi\varepsilon_1 r^2E_1+2\pi\varepsilon_2 r^2E_2=2\pi(\varepsilon_1+\varepsilon_2)r^2E=q$$

$$E=\frac{q}{2\pi(\varepsilon_1+\varepsilon_2)r^2}$$

$$\boldsymbol{D}_1 = \boldsymbol{e}_r \frac{\varepsilon_1 q}{2\pi(\varepsilon_1 + \varepsilon_2) r^2}$$

$$\boldsymbol{D}_2 = \boldsymbol{e}_r \frac{\varepsilon_2 q}{2\pi(\varepsilon_1 + \varepsilon_2) r^2}$$

可以验证，这样的场分布也满足介质分界面上的法向分量和导体表面的边界条件。

2.7 导体系统的电容

导体是指内部含有大量自由电荷的物质。在静电平衡时，导体内部电场为零，导体本身是一个等位体，其表面是一个等位面，从而导体内部无电荷，电荷只分布在导体的表面上。在各自带电量一定的多导体系统中，每个导体的电位及其电荷面密度完全由各导体的几何形状、相对位置和导体间介质的特性等系统结构参数决定。为了描述这种关系，引入电位系数、电容系数及部分电容的概念。

2.7.1 电位系数

在 n 个导体组成的系统中，空间任一点的电位由导体表面的电荷产生。同样，任一导体的电位也由各个导体的表面电荷产生。由叠加原理可知，每一点的电位由 n 部分组成。导体 j 对电位的贡献正比于它的电荷面密度 ρ_{Sj}，而 ρ_{Sj} 又正比于导体 j 的带电总量 q_j，因而，导体 j 对导体 i 的电位贡献可写为

$$\varphi_{ij} = p_{ij} q_j$$

导体 i 的总电位应该是整个系统内所有导体对它的贡献的叠加，即导体 i 的电位为

$$\varphi_i = \sum_{j=1}^{n} \varphi_{ij} = \sum_{j=1}^{n} p_{ij} q_j \quad (i = 1,\ 2,\ \cdots,\ n) \tag{2-69}$$

将其写成线性方程组，有

$$\left.\begin{aligned} \varphi_1 &= p_{11} q_1 + p_{12} q_2 + \cdots + p_{1n} q_n \\ \varphi_2 &= p_{21} q_1 + p_{22} q_2 + \cdots + p_{2n} q_n \\ &\vdots \\ \varphi_n &= p_{n1} q_1 + p_{n2} q_2 + \cdots + p_{nn} q_n \end{aligned}\right\} \tag{2-70}$$

或写成矩阵形式：

$$[\varphi] = [p][q] \tag{2-71}$$

其中：$[\varphi]=[\varphi_1,\ \varphi_2,\ \cdots,\ \varphi_n]^{\mathrm{T}}$ 和 $[q]=[q_1,\ q_2,\ \cdots,\ q_n]^{\mathrm{T}}$ 是 $n\times1$ 列矩阵；$[p]$是 $n\times n$ 方阵；这一方阵的元素 p_{ij} 称为电位系数。电位系数 p_{ij} 的物理意义是，导体 j 带一库仑的正电荷，而其余导体均不带电时导体 i 上的电位。

由电位系数的定义可知，导体 j 带正电，电力线自导体 j 出发，终止于导体 i 上或终止于地面。又由于导体 i 不带电，有多少电力线终止于它，就有多少电力线自它发出，所发出的电力线不是终止于其它导体上，就是终止于地面。电位沿电力线下降，其它导体的电位一定介于导体 j 的电位和地面的电位之间，所以

$$p_{jj} > p_{ij} \geqslant 0 \quad (i \neq j,\ j = 1,\ 2,\ \cdots,\ n) \tag{2-72}$$

电位系数具有互易性质，即

$$p_{ij}=p_{ji} \tag{2-73}$$

2.7.2 电容系数和部分电容

多导体系统的电荷可以用各个导体的电位来表示，即将式(2-71)改写为

$$[q]=[p]^{-1}[\varphi]=[\beta][\varphi] \tag{2-74}$$

其中，$[\beta]$为$[p]$的逆矩阵，其矩阵元素

$$\beta_{ij}=\frac{M_{ij}}{\Delta} \tag{2-75}$$

式中：Δ 是矩阵$[p]$的行列式；M_{ij} 是行列式中 p_{ij} 的代数余子式。将式(2-74)写成方程组，有

$$\left.\begin{aligned}q_1&=\beta_{11}\varphi_1+\beta_{12}\varphi_2+\cdots+\beta_{1n}\varphi_n\\q_2&=\beta_{21}\varphi_1+\beta_{22}\varphi_2+\cdots+\beta_{2n}\varphi_n\\&\vdots\\q_n&=\beta_{n1}\varphi_1+\beta_{n2}\varphi_2+\cdots+\beta_{nn}\varphi_n\end{aligned}\right\} \tag{2-76}$$

称 β_{ij} 为电容系数。它的物理意义是，导体 j 的电位为 1 V，其余导体均接地，这时导体 i 上的感应电荷量为 β_{ij}。由电容系数的定义得知，导体 j 的电位比其余导体的电位都高，所以电力线从导体 j 发出终止于其它导体或地，也就是说导体 j 带正电，其余导体带负电。根据电荷守恒定律，n 个导体上的电荷再加上地面的电荷应为零，这样其余 $n-1$ 个导体所带电荷总和的绝对值必定不大于导体 j 的电荷量，由此可推出：

$$\beta_{ij}\leqslant 0\quad(i\neq j) \tag{2-77}$$

$$\beta_{ii}>0 \tag{2-78}$$

$$\sum_{j}\beta_{ij}\geqslant 0 \tag{2-79}$$

将式(2-76)写为

$$\left.\begin{aligned}q_1&=(\beta_{11}+\beta_{12}+\cdots+\beta_{1n})\varphi_1-\beta_{12}(\varphi_1-\varphi_2)-\cdots-\beta_{1n}(\varphi_1-\varphi_n)\\q_2&=-\beta_{21}(\varphi_2-\varphi_1)+(\beta_{21}+\beta_{22}+\cdots+\beta_{2n})\varphi_2-\cdots-\beta_{2n}(\varphi_2-\varphi_n)\\&\vdots\\q_n&=-\beta_{n1}(\varphi_n-\varphi_1)-\beta_{n2}(\varphi_n-\varphi_2)-\cdots+(\beta_{n1}+\beta_{n2}+\cdots+\beta_{nn})\varphi_n\end{aligned}\right\} \tag{2-80}$$

令

$$C_{ii}=\sum_{j=1}^{n}\beta_{ij} \tag{2-81}$$

$$C_{ij}=-\beta_{ij}\quad(i\neq j) \tag{2-82}$$

则上式变为

$$\left.\begin{aligned}q_1&=C_{11}\varphi_1+C_{12}(\varphi_1-\varphi_2)+\cdots+C_{1n}(\varphi_1-\varphi_n)\\q_2&=C_{21}(\varphi_2-\varphi_1)+C_{22}\varphi_2+\cdots+C_{2n}(\varphi_2-\varphi_n)\\&\vdots\\q_n&=C_{n1}(\varphi_n-\varphi_1)+C_{n2}(\varphi_n-\varphi_2)+\cdots+C_{nn}\varphi_n\end{aligned}\right\} \tag{2-83}$$

这表明，每个导体上的电荷均由 n 部分组成，而其中的每一部分，都可以在其它导体上找

到与之对应的等值异号电荷。如导体 1 上的 $C_{12}(\varphi_1-\varphi_2)$这部分电荷，在导体 2 上有一部分电荷 $C_{21}(\varphi_2-\varphi_1)$与之对应。仿照电容器电容的定义，比例系数 C_{12}是导体 1 和 2 之间的部分电容。一般而言，C_{ij}是导体 i 和 j 之间的互部分电容，C_{ii}是导体 i 的自部分电容，也就是导体 i 和地之间的部分电容。部分电容也具有互易性，且为非负值，即

$$C_{ij}=C_{ji} \tag{2-84}$$

$$C_{ij}\geqslant 0 \tag{2-85}$$

三个导体的部分电容如图 2-12 所示。

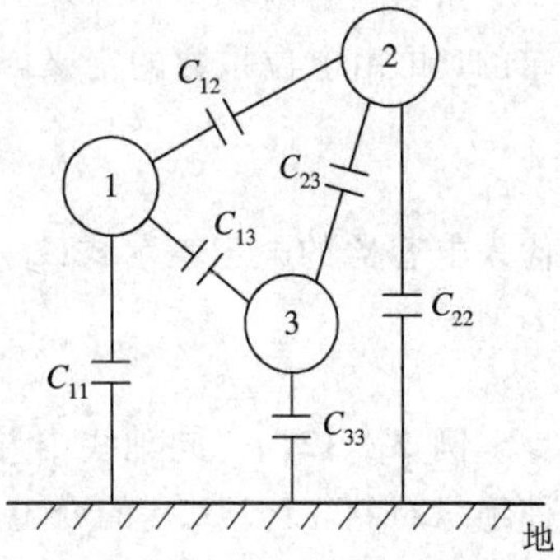

图 2-12 部分电容

两个导体所组成的系统是实际中广泛应用的导体系统。若两个导体分别带电 Q、$-Q$，且它们之间的电位差不受外界影响，则此系统构成一个电容器。电容器的电容 C 与电位系数的关系为

$$C=\frac{1}{p_{11}+p_{22}-2p_{12}} \tag{2-86}$$

例 2-10 导体球及与其同心的导体球壳构成一个双导体系统。若导体球的半径为 a，球壳的内半径为 b，壳的厚度很薄可以不计(如图 2-13 所示)，求电位系数、电容系数和部分电容。

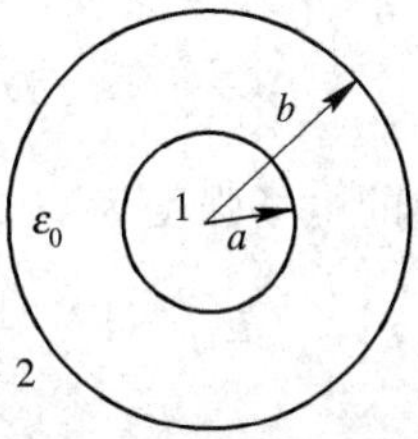

图 2-13 例 2-10 用图

解：先求电位系数。设导体球带电量为 q_1，球壳带总电荷为零，无限远处的电位为零，由对称性可得

$$\varphi_1=\frac{q_1}{4\pi\varepsilon_0 a}=p_{11}q_1$$

$$\varphi_2=\frac{q_1}{4\pi\varepsilon_0 b}=p_{21}q_1$$

因此有

$$p_{11}=\frac{1}{4\pi\varepsilon_0 a},\quad p_{21}=\frac{1}{4\pi\varepsilon_0 b}$$

再设导体球的总电荷为零，球壳带电荷为 q_2，可得

$$\varphi_1=\frac{q_2}{4\pi\varepsilon_0 b}=p_{12}q_2,\quad \varphi_2=\frac{q_2}{4\pi\varepsilon_0 b}=p_{22}q_2$$

因此

$$p_{22}=p_{12}=\frac{1}{4\pi\varepsilon_0 b}$$

电容系数矩阵等于电位系数矩阵的逆矩阵，故有

$$\beta_{11}=\frac{4\pi\varepsilon_0 ab}{b-a},\quad \beta_{12}=\beta_{21}=-\frac{4\pi\varepsilon_0 ab}{b-a},\quad \beta_{22}=\frac{4\pi\varepsilon_0 b^2}{b-a}$$

部分电容为

$$C_{11}=\beta_{11}+\beta_{12}=0$$

$$C_{12}=C_{21}=-\beta_{12}=\frac{4\pi\varepsilon_0 ab}{b-a}$$

$$C_{22}=\beta_{21}+\beta_{22}=4\pi\varepsilon_0 b$$

例 2-11 假设真空中两个导体球的半径都为 a，两球心之间的距离为 d，且 $d\gg a$，求两个导体球之间的电容。

解：因为两个导体球球心间的距离远大于导体球的半径，球面的电荷可以看作均匀分布的，再由电位系数的定义，可得

$$p_{11}=p_{22}=\frac{1}{4\pi\varepsilon_0 a},\quad p_{12}=p_{21}=\frac{1}{4\pi\varepsilon_0 d}$$

代入电容器的电容表示式(2-86)，得

$$C=\frac{2\pi\varepsilon_0 ad}{d-a}$$

例 2-12 一同轴线内导体的半径为 a，外导体的内半径为 b，内、外导体之间填充两种绝缘材料，$a<r<r_0$ 的介电常数为 ε_1，$r_0<r<b$ 的介电常数为 ε_2，如图 2-14 所示，求单位长度的电容。

解：设内、外导体单位长度带电分别为 ρ_l、$-\rho_l$，内、外导体间的场分布具有轴对称性。由高斯定理可求出内、外导体间的电位移为

$$\boldsymbol{D}=\boldsymbol{e}_r\frac{\rho_l}{2\pi r}$$

各区域的电场强度为

$$\boldsymbol{E}_1=\boldsymbol{e}_r\frac{\rho_l}{2\pi\varepsilon_1 r}\quad(a<r<r_0)$$

$$\boldsymbol{E}_2=\boldsymbol{e}_r\frac{\rho_l}{2\pi\varepsilon_2 r}\quad(r_0<r<b)$$

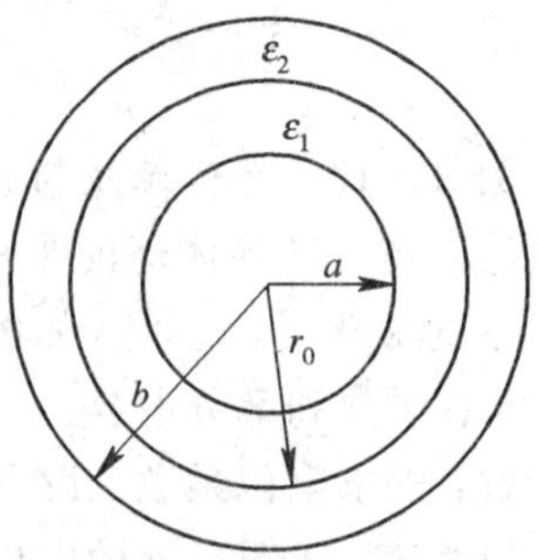

图 2-14 例 2-12 用图

内、外导体间的电压为

$$U=\int_a^b\boldsymbol{E}\cdot\mathrm{d}\boldsymbol{r}=\int_a^{r_0}\boldsymbol{E}_1\cdot\mathrm{d}\boldsymbol{r}+\int_{r_0}^b\boldsymbol{E}_2\cdot\mathrm{d}\boldsymbol{r}=\frac{\rho_l}{2\pi}\left(\frac{1}{\varepsilon_2}\ln\frac{b}{r_0}+\frac{1}{\varepsilon_1}\ln\frac{r_0}{a}\right)$$

因此，单位长度的电容为

$$C=\frac{\rho_l}{U}=\frac{2\pi}{\dfrac{1}{\varepsilon_2}\ln\dfrac{b}{r_0}+\dfrac{1}{\varepsilon_1}\ln\dfrac{r_0}{a}}$$

2.8 电场能量与能量密度

2.8.1 电场能量

一个带电系统的建立，都要经过其电荷从零到终值的变化过程，在此过程中，外力必须对系统做功。由能量守恒定律得知，带电系统的能量等于外力所做的功。下面计算 n 个带电体组成的系统的静电能量。设每个带电体的最终电位为 φ_1、φ_2、…、φ_n，最终电荷为 q_1、q_2、…、q_n。带电系统的能量与建立系统的过程无关，仅仅与系统的最终状态有关。假设在建立系统过程中的任一时刻，各个带电体的电量均是各自终值的 α 倍($\alpha<1$)，即带电

量为 αq_i，电位为 $\alpha\varphi_i$，经过一段时间，带电体 i 的电量增量为 $\mathrm{d}(\alpha q_i)$，外源对它所做的功为 $\alpha\varphi_i\mathrm{d}(\alpha q_i)$。外源对 n 个带电体做功为

$$\mathrm{d}A = \sum_{i=1}^{n} q_i\varphi_i\alpha\,\mathrm{d}\alpha \tag{2-87}$$

因而，电场能量的增量为

$$\mathrm{d}W_e = \sum_{i=1}^{n} q_i\varphi_i\alpha\,\mathrm{d}\alpha \tag{2-88}$$

在整个过程中，电场的储能为

$$W_e = \int \mathrm{d}W_e = \sum_{i=1}^{n} q_i\varphi_i\int_0^1 \alpha\,\mathrm{d}\alpha = \frac{1}{2}\sum_{i=1}^{n} q_i\varphi_i \tag{2-89}$$

电场能量的表达式可以推广到分布电荷的情形。对于体分布电荷，可将其分割为一系列体积元 ΔV，每一体积元的电量为 $\rho\Delta V$，当 ΔV 趋于零时，得到体分布电荷的能量为

$$W_e = \int_V \frac{1}{2}\rho(r)\varphi(r)\,\mathrm{d}V \tag{2-90}$$

式中，φ 为电荷所在点的电位。同理，面电荷和线电荷的电场能量分别为

$$W_e = \int_S \frac{1}{2}\rho_S(r)\varphi(r)\,\mathrm{d}S \tag{2-91}$$

$$W_e = \int_l \frac{1}{2}\rho_l(r)\varphi(r)\,\mathrm{d}l \tag{2-92}$$

式(2 - 89)也适用于计算带电导体系统的能量。带电导体系统的能量也可以用电位系数或电容系数来表示：

$$W_e = \sum_{i=1}^{n}\sum_{j=1}^{n} \frac{1}{2}p_{ij}q_iq_j \tag{2-93}$$

$$W_e = \sum_{i=1}^{n}\sum_{j=1}^{n} \frac{1}{2}\beta_{ij}\varphi_i\varphi_j \tag{2-94}$$

如果电容器极板上的电量为 $\pm q$，电压为 U，则电容器内储存的静电能量为

$$W_e = \frac{1}{2}qU = \frac{1}{2}CU^2 = \frac{q^2}{2C} \tag{2-95}$$

2.8.2　能量密度

电场能量的计算公式(2 - 90)计算的是静电场的总能量，这个公式容易造成电场能量储存在电荷分布空间的印象。事实上，只要有电场的地方，移动带电体都要做功。这说明电场能量储存于电场所在的空间。以下分析电场能量的分布并引入能量密度的概念。

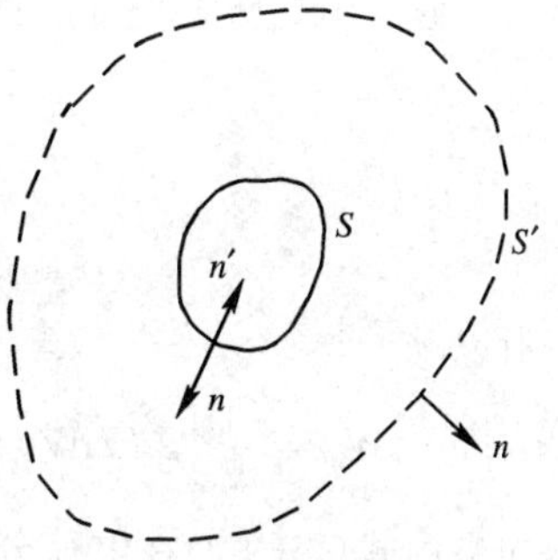

图 2 - 15　能量密度

设在空间某区域有体电荷分布和面电荷分布，体电荷分布在 S 和 S' 限定的区域 V 内，面电荷分布在导体表面 S 上，如图 2 - 15 所示，该系统的能量为

$$W_e = \frac{1}{2}\int_V \rho\varphi\,\mathrm{d}V + \frac{1}{2}\int_S \rho_S\varphi\,\mathrm{d}S \tag{2-96}$$

将$\nabla \cdot \boldsymbol{D}=\rho$和$\boldsymbol{D}\cdot\boldsymbol{n}=\rho_S$代入上式，有

$$W_e=\frac{1}{2}\int_V \varphi\ \nabla\cdot\boldsymbol{D}\,\mathrm{d}V+\frac{1}{2}\int_S \varphi\boldsymbol{D}\cdot\boldsymbol{n}\,\mathrm{d}S \tag{2-97}$$

考虑到区域V以外没有电荷，故可以将体积分扩展到整个空间，而面积分仍在导体表面进行。利用矢量恒等式

$$\varphi\ \nabla\cdot\boldsymbol{D}=\nabla\cdot(\varphi\boldsymbol{D})-\nabla\varphi\cdot\boldsymbol{D}=\nabla\cdot(\varphi\boldsymbol{D})+\boldsymbol{E}\cdot\boldsymbol{D}$$

则

$$\begin{aligned}\frac{1}{2}\int_V\varphi\ \nabla\cdot\boldsymbol{D}\mathrm{d}V&=\frac{1}{2}\int_V\nabla\cdot(\varphi\boldsymbol{D})\,\mathrm{d}V+\frac{1}{2}\int_V\boldsymbol{E}\cdot\boldsymbol{D}\,\mathrm{d}V\\&=\frac{1}{2}\int_{S+S'}\varphi\boldsymbol{D}\cdot\mathrm{d}\boldsymbol{S}+\frac{1}{2}\int_V\boldsymbol{E}\cdot\boldsymbol{D}\,\mathrm{d}V\\&=\frac{1}{2}\int_{S'}\varphi\boldsymbol{D}\cdot\boldsymbol{n}\,\mathrm{d}S+\frac{1}{2}\int_S\varphi\boldsymbol{D}\cdot\boldsymbol{n}'\,\mathrm{d}S+\frac{1}{2}\int_V\boldsymbol{E}\cdot\boldsymbol{D}\,\mathrm{d}V\end{aligned}$$

将上式代入式(2-97)，并且注意在导体表面S上$\boldsymbol{n}=-\boldsymbol{n}'$，得

$$W_e=\frac{1}{2}\int_V\boldsymbol{E}\cdot\boldsymbol{D}\,\mathrm{d}V+\frac{1}{2}\int_{S'}\varphi\boldsymbol{D}\cdot\boldsymbol{n}\,\mathrm{d}S \tag{2-98}$$

式中V已经扩展到无穷大，故S'在无穷远处。对于分布在有限区域的电荷，$\varphi\propto 1/R$，$D\propto 1/R^2$，$S'\propto R^2$，因此当$R\to\infty$时，上式中的面积分为零，于是

$$W_e=\frac{1}{2}\int_V\boldsymbol{E}\cdot\boldsymbol{D}\,\mathrm{d}V \tag{2-99}$$

式中的积分在电场分布的空间进行，被积函数$\frac{1}{2}\boldsymbol{E}\cdot\boldsymbol{D}$从物理概念上可以理解为电场中某一点单位体积储存的静电能量，称为静电场的能量密度，以w_e表示，即

$$w_e=\frac{1}{2}\boldsymbol{E}\cdot\boldsymbol{D} \tag{2-100}$$

对于各向同性介质，有

$$w_e=\frac{1}{2}\varepsilon E^2 \tag{2-101}$$

例 2-13 若真空中电荷q均匀分布在半径为a的球体内，计算电场能量。

解：用高斯定理可以得到电场为

$$\boldsymbol{E}=\boldsymbol{e}_r\frac{qr}{4\pi\varepsilon_0 a^3}\quad(r<a)$$

$$\boldsymbol{E}=\boldsymbol{e}_r\frac{q}{4\pi\varepsilon_0 r^2}\quad(r>a)$$

所以

$$W_e=\frac{1}{2}\int\varepsilon_0E^2\mathrm{d}V=\frac{1}{2}\varepsilon_0\left(\frac{q}{4\pi\varepsilon_0}\right)^2\left[\int_0^a\left(\frac{r}{a^3}\right)^2 4\pi r^2\,\mathrm{d}r+\int_a^\infty\frac{1}{r^4}4\pi r^2\,\mathrm{d}r\right]=\frac{3q^2}{20\pi\varepsilon_0 a}$$

如果用式(2-90)在电荷分布空间积分，其结果与此一致。

例 2-14 若一同轴线内导体的半径为a，外导体的内半径为b，之间填充介电常数为ε的介质，当内、外导体间的电压为U(外导体的电位为零)时，求单位长度的电场能量。

解：设内、外导体间电压为U时，内导体单位长度带电量为ρ_l，则导体间的电场强度为

$$E = e_r \frac{\rho_l}{2\pi\varepsilon r} \quad (a < r < b)$$

两导体间的电压为

$$U = \frac{\rho_l}{2\pi\varepsilon}\ln\frac{b}{a}$$

即

$$\rho_l = \frac{2\pi\varepsilon U}{\ln\dfrac{b}{a}}$$

$$E = e_r \frac{U}{r\ln\dfrac{b}{a}} \quad (a < r < b)$$

单位长度的电场能量为

$$W_e = \frac{1}{2}\int \varepsilon E^2\,dV = \int_a^b \frac{\varepsilon U^2}{2r^2\ln^2\dfrac{b}{a}} 2\pi r\,dr = \frac{\pi\varepsilon U^2}{\ln\dfrac{b}{a}}$$

2.9 电 场 力

带电体之间的相互作用力从原则上讲可以用库仑定律计算，但是实际上，除了少数简单情形以外，这种计算往往较难。在此介绍一种通过电场能量求力的方法，称为虚位移法。有时，这种方法显得方便而简洁。现以导体所受的电场力为例进行讨论。

虚位移法求带电导体所受电场力的思路是：假设在电场力 $\boldsymbol{F}$ 的作用下，受力导体有一个位移 $d\boldsymbol{r}$，从而电场力做功 $\boldsymbol{F}\cdot d\boldsymbol{r}$；因这个位移会引起电场强度的改变，这样电场能量就要产生一个增量 dW_e；再根据能量守恒定律，电场力做功及场能增量之和应该等于外源供给带电系统的能量 dW_b，即

$$dW_b = \boldsymbol{F}\cdot d\boldsymbol{r} + dW_e \tag{2-102}$$

下面分导体上的电荷不变和导体上的电位不变两种情形讨论。

1. 电荷不变

如果虚位移过程中，各个导体的电荷量不变，就意味着各导体都不连接外源。此时外源对系统做功 dW_b 为零，即

$$\boldsymbol{F}\cdot d\boldsymbol{r} + dW_e = 0 \tag{2-103}$$

因此，在位移的方向上，电场力为

$$F_r = -\left.\frac{\partial W_e}{\partial r}\right|_q \tag{2-104}$$

我们分别取虚位移的方向在 x、y 和 z 方向，就可以得出电场力的矢量形式：

$$\boldsymbol{F} = -\nabla W_e\big|_q \tag{2-105}$$

2. 电位不变

如果在虚位移的过程中，各个导体的电位不变，就意味着每个导体都和恒压电源相连

接。此时，当导体的相对位置改变时，每个电源因要向导体输送电荷而做功。设各导体的电位分别为 φ_1、φ_2、…、φ_n，各导体的电荷增量分别为 dq_1、dq_2、…、dq_n，则电源做功为

$$dW_b = \sum_{i=1}^{n} \varphi_i dq_i \tag{2-106}$$

系统的电场能量为

$$W_e = \frac{1}{2}\sum_{i=1}^{n} \varphi_i q_i \tag{2-107}$$

系统能量的增量为

$$dW_e = \frac{1}{2}\sum_{i=1}^{n} \varphi_i dq_i \tag{2-108}$$

代入式(2-102)，得

$$dW_b = \boldsymbol{F}\cdot d\boldsymbol{r} + dW_e = 2dW_e \tag{2-109}$$

$$\boldsymbol{F}\cdot d\boldsymbol{r} = dW_e \tag{2-110}$$

因此，在位移的方向上，电场力为

$$F_r = \left.\frac{\partial W_e}{\partial r}\right|_{\varphi} \tag{2-111}$$

与其相应的矢量形式为

$$\boldsymbol{F} = \nabla W_e \big|_{\varphi} \tag{2-112}$$

最后应说明，在电荷不变和电位不变条件下，电场力的表达式不同，但最终计算出的电场力是相同的。

例 2-15 若平板电容器极板面积为 A，间距为 x，电极之间的电压为 U，求极板间的作用力。

解：设一个极板在 yoz 平面，第二个极板的坐标为 x，此时，电容器储能为

$$W_e = \frac{1}{2}CU^2 = \frac{U^2\varepsilon_0 A}{2x}$$

当电位不变时，第二个极板受力为

$$F_x = \left.\frac{\partial W_e}{\partial x}\right|_{\varphi} = -\frac{U^2\varepsilon_0 A}{2x^2}$$

当电荷不变时，考虑到

$$U = Ex = \frac{qx}{\varepsilon_0 A}$$

将能量表达式改写为

$$W_e = \frac{q^2 x}{2\varepsilon_0 A}$$

$$F_x = -\left.\frac{\partial W_e}{\partial x}\right|_{q} = -\frac{q^2}{2\varepsilon_0 A} = -\frac{U^2\varepsilon_0 A}{2x^2}$$

可见，两种情况下的计算结果相同。式中的负号表示极板间的作用力为吸引力。

例 2-16 平行双线的两个导体圆柱的半径均为 a，二者的中轴线相距为 d，单位长度带电分别为 $\pm\lambda$，求带负电荷的导体圆柱单位长度所受到的电场力(假定导体间距 d 远大于半径 a)。

解：我们知道，这个问题的单位长度电容为

$$C_0 = \frac{\pi\varepsilon_0}{\ln\left(\frac{d-a}{a}\right)}$$

为了采用虚位移法求电场力，必须假设导体有一个位移。我们把带正电荷的导体圆柱固定不动，假定带负电的导体圆柱在电场力的作用下它的中轴线移动到 x 处，这样，单位长度的电容就变为

$$C_0 = \frac{\pi\varepsilon_0}{\ln\left(\frac{x-a}{a}\right)}$$

这个系统单位长度的电场能量为

$$W_{e1} = \frac{1}{2}\frac{\lambda^2}{C_0} = \frac{\lambda^2}{2\pi\varepsilon_0}\ln\frac{x-a}{a}$$

我们使用电荷不变情形下的电场力公式，可以求出带负电的导体柱单位长度受力为

$$F_x = -\frac{\partial W_{e1}}{\partial x} = -\frac{\lambda^2}{2\pi\varepsilon_0}\frac{1}{x-a}$$

最后，我们再令这个受力表达式中的 x 为 d，就得到导体圆柱单位长度的受力。

当保持电位不变时，同样可以求出受力。此时，两个导体之间的电压为

$$U = \frac{\lambda}{\pi\varepsilon_0}\ln\frac{x-a}{a}$$

在 x 变化的情形下，要使得电位不变，电荷密度 λ 不再是常数。这时，系统的单位长度的电场能量为

$$W_{e1} = \frac{1}{2}C_0U^2 = \frac{\pi\varepsilon_0}{2}U^2\frac{1}{\ln\left(\frac{x-a}{a}\right)}$$

我们使用电位不变情形下的电场力公式，可以求出带负电的导体柱单位长度受力为

$$F_x = \frac{\partial W_{e1}}{\partial x} = -\frac{\pi\varepsilon_0 U^2}{2}\frac{1}{\ln^2\left(\frac{x-a}{a}\right)}\frac{1}{x-a}$$

我们再使用关系式 $U=\frac{\lambda}{\pi\varepsilon_0}\ln\frac{x-a}{a}$，最后再令 x 为 d，就得到带负电荷的导体单位长度受力为

$$F_x = -\frac{\partial W_{e1}}{\partial x} = -\frac{\lambda^2}{2\pi\varepsilon_0}\frac{1}{d-a}$$

通过上面的例题我们看到，虚位移法是在假想位移的情形下计算的电场力。在假设电位不变或者电荷不变的约束下，能量的平衡关系是不同的。但是，最后求得的电场力结果是一致的，并不受假设条件的影响。下面我们再分析一个电场力的问题。

例 2-17　空气中有一个半径为 a 的导体球均匀带电，电荷总量为 Q，求导体球面上的电荷单位面积受到的电场力。

解：我们知道，根据同性电荷相斥的原则，不论导体球上的电荷是正是负，导体表面的电荷都受到一个沿半径方向向外的电场力。导体球的电容为 $C=4\pi\varepsilon_0 a$，因而静电能量为

$$W_e = \frac{Q^2}{2C} = \frac{Q^2}{8\pi\varepsilon_0 a}$$

我们采用电荷不变情形下电场力的公式来计算。我们把导体半径 a 看作变量(注意在虚位移情形下，导体半径应该有一个假想的位移，所以半径 a 在虚位移过程中不应看作常数)。此时，导体面上单位面积受到的电场力为

$$f=-\frac{1}{4\pi a^2}\frac{\partial W_e}{\partial a}=-\frac{1}{4\pi a^2}\frac{\partial}{\partial a}\left(\frac{Q^2}{8\pi\varepsilon_0 a}\right)=\frac{Q^2}{32\pi^2\varepsilon_0 a^4}$$

这个力的方向是沿着矢径方向向外的。

当然，我们可以通过库仑定律计算这个问题。下面我们采用库仑定律重新计算这个问题。我们知道，在 $\boldsymbol{F}=q\boldsymbol{E}$ 公式中，其电场表示的是外加电荷产生的场，不包括试验电荷 q 所产生的场。为此，我们做如下的处理。我们假定导体球的球心和坐标的原点重合，并且假定导体是一个无限薄的球壳。我们在空间 $A(0, 0, a)$点，人为地作一个以 A 点为圆心、以 b 为半径的圆。注意，这样得到的是球面上的一个圆，假设这个圆所带的电量为 q，当半径 b 比较小时，我们可以近似地认为，其形状是一个平面圆盘。我们有 $q=\pi b^2\sigma$，其中 σ 是电荷面密度。下面我们分析，除去刚才那个小圆盘以外，其余的电荷在 A 点附近产生的电场。首先在 b 比较小时，可以按照平面均匀带电圆盘来处理。均匀带电圆盘产生的电场为 $\pm\frac{\sigma}{2\varepsilon_0}$，其中的正号对应 $r\to a+0$ 处的电场，其方向沿矢径向外；其中的负号对应 $r\to a-0$ 处的电场，其方向沿矢径向内。我们又知道，由整个导体球产生的电场在球外 $r\to a+0$ 处为 $E=\frac{Q}{4\pi\varepsilon_0 a^2}$(为了书写简便，略去了电场的方向矢量)。这个带电球在球内产生的电场为零。并且在 b 较小时，去掉小圆盘的剩余电荷在小圆盘附近产生的场，在 $r\to a$ 处是近似为常数，我们把这个场记为 E，根据小圆盘和剩余电荷共同产生的场在球内为零，就有

$$E-\frac{\sigma}{2\varepsilon_0}=0$$

即

$$E=\frac{\sigma}{2\varepsilon_0}=\frac{Q}{2\times 4\pi\varepsilon_0 a^2}=\frac{Q}{8\pi\varepsilon_0 a^2}$$

上述结果是去掉小圆盘的剩余电荷在 A 点附近产生的电场。小圆盘上的电荷 q 受到外电场 E 的作用力为

$$F=qE=\frac{Qq}{8\pi\varepsilon_0 a^2}=\frac{Q\pi b^2}{8\pi\varepsilon_0 a^2}\sigma=\frac{Q}{8\pi\varepsilon_0 a^2}\frac{Q}{4\pi a^2}\pi b^2=\frac{Q^2}{32\pi^2\varepsilon_0 a^4}\pi b^2$$

单位面积受到的作用力为

$$f=\frac{F}{\pi b^2}=\frac{Q^2}{32\pi^2\varepsilon_0 a^4}$$

这个结果与采用虚位移法计算的一致。从这个例题可以看出，采用虚位移法，通过能量关系求电场力，往往比使用库仑定律求力要简便。

虚位移法还能分析导体受到的力矩。若假设某一导体绕 z 轴有一个角位移 $d\theta$，则其所受力矩的 z 分量 T_z 做功为 $T_z d\theta$。这时，力矩计算式为

$$T_z=-\left.\frac{\partial W_e}{\partial\theta}\right|_q \tag{2-113}$$

$$T_z=\left.\frac{\partial W_e}{\partial\theta}\right|_\varphi \tag{2-114}$$

小 结

(1) 在均匀介质中点电荷及分布电荷的电场和电位。

点电荷：
$$\boldsymbol{E}(\boldsymbol{r})=\frac{q}{4\pi\varepsilon}\frac{\boldsymbol{r}-\boldsymbol{r}'}{|\boldsymbol{r}-\boldsymbol{r}'|^3}$$

$$\varphi(\boldsymbol{r})=\frac{q}{4\pi\varepsilon|\boldsymbol{r}-\boldsymbol{r}'|}$$

体电荷：
$$\boldsymbol{E}(\boldsymbol{r})=\frac{1}{4\pi\varepsilon}\int_V\frac{\rho(\boldsymbol{r}')(\boldsymbol{r}-\boldsymbol{r}')}{|\boldsymbol{r}-\boldsymbol{r}'|^3}\mathrm{d}V'$$

$$\varphi(\boldsymbol{r})=\frac{1}{4\pi\varepsilon}\int_V\frac{\rho(\boldsymbol{r}')}{|\boldsymbol{r}-\boldsymbol{r}'|}\mathrm{d}V'$$

面电荷：
$$\boldsymbol{E}(\boldsymbol{r})=\frac{1}{4\pi\varepsilon}\int_S\frac{\rho_S(\boldsymbol{r}')(\boldsymbol{r}-\boldsymbol{r}')}{|\boldsymbol{r}-\boldsymbol{r}'|^3}\mathrm{d}S'$$

$$\varphi(\boldsymbol{r})=\frac{1}{4\pi\varepsilon}\int_S\frac{\rho_S(\boldsymbol{r}')}{|\boldsymbol{r}-\boldsymbol{r}'|}\mathrm{d}S'$$

线电荷：
$$\boldsymbol{E}(\boldsymbol{r})=\frac{1}{4\pi\varepsilon}\int_l\frac{\rho_l(\boldsymbol{r}')(\boldsymbol{r}-\boldsymbol{r}')}{|\boldsymbol{r}-\boldsymbol{r}'|^3}\mathrm{d}l'$$

$$\varphi(\boldsymbol{r})=\frac{1}{4\pi\varepsilon}\int_l\frac{\rho_l(\boldsymbol{r}')}{|\boldsymbol{r}-\boldsymbol{r}'|}\mathrm{d}l'$$

(2) 真空中静电场的基本方程。

积分形式：

$$\oint_S\boldsymbol{E}\cdot\mathrm{d}\boldsymbol{S}=\frac{q}{\varepsilon_0}$$

$$\oint_l\boldsymbol{E}\cdot\mathrm{d}\boldsymbol{l}=0$$

微分形式：

$$\nabla\cdot\boldsymbol{E}=\frac{\rho}{\varepsilon_0}$$

$$\nabla\times\boldsymbol{E}=\boldsymbol{0}$$

(3) 静电场是有势场，可以用电位 φ 的负梯度表示，即 $\boldsymbol{E}=-\nabla\varphi$。

电位 φ 的微分方程为

$$\nabla^2\varphi=-\frac{\rho}{\varepsilon}$$

或

$$\nabla^2\varphi=0$$

(4) 用极化强度 $\boldsymbol{P}$ 描述介质的极化程度。

电位移矢量定义为

$$\boldsymbol{D}=\varepsilon_0\boldsymbol{E}+\boldsymbol{P}$$

对于各向同性介质：

$$\boldsymbol{D}=\varepsilon_0\varepsilon_r\boldsymbol{E}=\varepsilon\boldsymbol{E}$$

介质中，高斯定理为

$$\oint_S \boldsymbol{D}\cdot \mathrm{d}\boldsymbol{S}=q$$

与其相应的微分形式为

$$\nabla\cdot \boldsymbol{D}=\rho$$

(5) 在不同介质界面上，边界条件为

$$D_{2n}-D_{1n}=\rho_S \quad 或 \quad D_{2n}=D_{1n} \quad (\rho_S=0)$$

$$E_{2t}=E_{1t}$$

边界条件用电位表示为

$$-\varepsilon_2\frac{\partial\varphi_2}{\partial n}+\varepsilon_1\frac{\partial\varphi_1}{\partial n}=\rho_S \quad 或 \quad \varepsilon_2\frac{\partial\varphi_2}{\partial n}=\varepsilon_1\frac{\partial\varphi_1}{\partial n} \quad (\rho_S=0)$$

$$\varphi_2=\varphi_1$$

(6) 在线性介质中，多导体系统之间存在电位系数、电容系数和部分电容。这些量只与导体的形状、大小、相对位置及介质特性有关，与导体所带电量和导体的电位无关。

(7) 静电场的能量存在于场中：

$$W_e=\int_V \frac{1}{2}\boldsymbol{D}\cdot\boldsymbol{E}\,\mathrm{d}V=\int_V w_e\,\mathrm{d}V$$

(8) 带电体受到的电场力可以用虚位移法计算：

$$\boldsymbol{F}=-\nabla W_e\big|_q$$

或

$$\boldsymbol{F}=\nabla W_e\big|_\varphi$$

习 题 二

2-1 总量为 q 的电荷均匀分布于球体中，分别求球内、球外的电场强度。

2-2 半径分别为 a、$b(a>b)$，球心距为 $c(c<a-b)$ 的两球面之间有密度为 ρ 的均匀体电荷分布，如图所示，求半径为 b 的球面内任一点的电场强度。

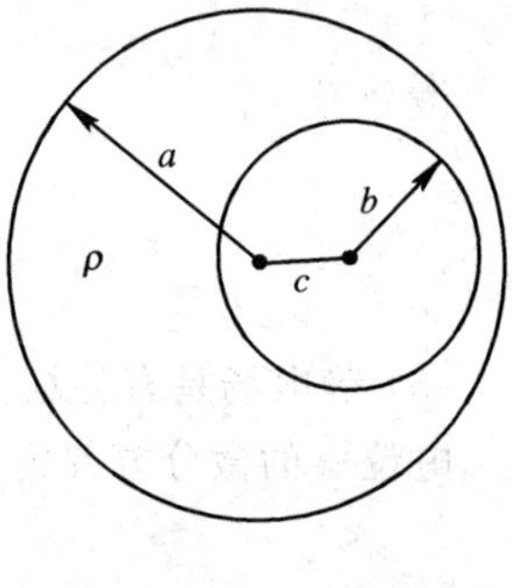

习题 2-2 图

2-3 一个半径为 a 的均匀带电圆柱(无限长)的电荷密度是 ρ，求圆柱体内、外的电场强度。

2-4 一个半径为 a 的均匀带电圆盘，电荷面密度为 ρ_{S0}，求轴线上任一点的电场强度。

2-5 已知半径为 a 的球内、外电场分布为

$$\boldsymbol{E}=\begin{cases}E_0\left(\dfrac{a}{r}\right)^2\boldsymbol{e}_r & r>a\\ E_0\left(\dfrac{r}{a}\right)\boldsymbol{e}_r & r<a\end{cases}$$

求电荷密度。

2-6 求习题 2-1 的电位分布。

2-7 电荷分布如图所示，试证明，在 $r\gg l$ 处的电场为

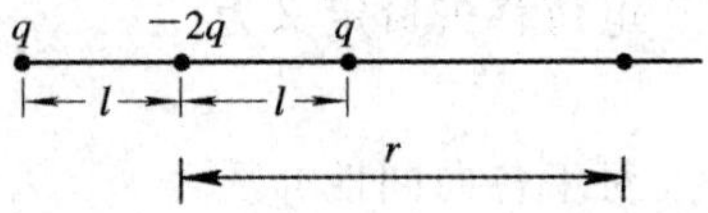

习题 2-7 图

$$E = \frac{3ql^2}{2\pi\varepsilon_0 r^4}$$

2-8 真空中有两个点电荷，一个电荷$-q$位于原点，另一个电荷$q/2$位于$(a, 0, 0)$处，求电位为零的等位面方程。

2-9 一个圆柱形极化介质的极化强度沿其轴向方向，介质柱的高度为L，半径为a，且均匀极化，求束缚体电荷分布及束缚面电荷分布。

2-10 假设$x<0$的区域为空气，$x>0$的区域为电介质，电介质的介电常数为$3\varepsilon_0$。如果空气中的电场强度$\boldsymbol{E}_1 = 3\boldsymbol{e}_x + 4\boldsymbol{e}_y + 5\boldsymbol{e}_z$(V/m)，求电介质中的电场强度$\boldsymbol{E}_2$。

2-11 一个半径为a的导体球表面套一层厚度为$b-a$的电介质，电介质的介电常数为ε。假设导体球带电q，求任意点的电位。

2-12 证明极化介质中，束缚电荷体密度与自由电荷体密度的关系为

$$\rho_p = -\frac{\varepsilon - \varepsilon_0}{\varepsilon}\rho$$

2-13 同轴线内、外导体的半径分别为a和b，证明其所储存的电能有一半是在半径为

$$c = \sqrt{ab}$$

的圆柱内。

2-14 将两个半径为a的雨滴当作导体球，当它们带电后，电势为U_0。当此两雨滴并在一起(仍为球形)后，求其电位。

2-15 真空中有两个导体球的半径都为a，两球心之间距离为d，且$d \gg a$，计算两个导体之间的电容。

2-16 四个完全相同的导体球置于正方形的四个顶点，并按照顺时针方向排序。若给球 1 带电荷q，然后用细导线依次将它与球 2、3、4 接触，每次接触均达到平衡为止。证明最后球 4 和球 1 上的电荷为

$$q_4 = \frac{q}{8}\frac{p_{11} - p_{24}}{p_{11} - p_{14}}, \quad q_1 = \frac{q}{8}\frac{p_{11} - 2p_{14} + p_{24}}{p_{11} - p_{14}}$$

2-17 间距为d的两平行金属板，竖直地插入介电常数为ε的液体内，板间加电压U。试证明，两板间的液面升高为

$$h = \frac{1}{2\rho g}(\varepsilon - \varepsilon_0)\left(\frac{U}{d}\right)^2$$

式中：ρ为液体密度；g为重力加速度。

第三章 恒定电流的电场和磁场

运动的电荷在它周围不但产生电场，同时还产生磁场。由恒定电流或永久磁体产生的磁场不随时间变化，称为恒定磁场，也称为静磁场。本章主要讨论恒定电流产生的电场和磁场的基本特性以及磁场的计算等问题，主要内容有：

- 恒定电流的电场的基本特性
- 磁感应强度与磁场强度
- 恒定磁场的基本方程
- 磁介质中的场方程
- 恒定磁场的边界条件
- 自感与互感的计算
- 磁场能量与能量密度

3.1 恒定电流的电场

3.1.1 电流密度

我们知道，导体内的自由电子在电场的作用下，会沿着与电场相反的方向运动，这样就形成电流。习惯上，规定正电荷运动的方向为电流的方向，用电流强度描述一根导线上电流的强弱(电流强度定义为单位时间内通过某导线截面的电荷量)。

电流强度只能描述一根导线上总电流的强弱。为了描述电荷在空间的流动情况(即考虑导体截面的大小)，要引入电流密度的概念。电流密度是一个矢量，它的方向与导体中某点的正电荷运动方向相同(实际上是自由电子移动方向的反方向)，大小等于与正电荷运动方向垂直的单位面积上的电流强度。若用 $\boldsymbol{n}$ 表示某点处的正电荷运动方向，取与 $\boldsymbol{n}$ 相互垂直的面积元 ΔS，如图 3－1 所示。设通过 ΔS 的电流为 ΔI，则该点处的电流密度 $\boldsymbol{J}$ 为

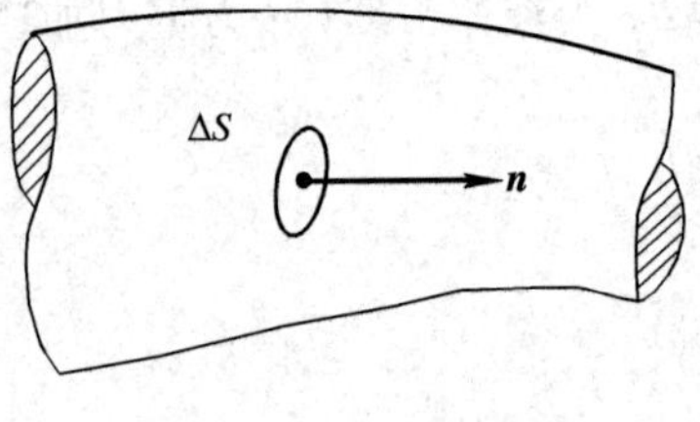

图 3－1 电流密度

$$\boldsymbol{J}=\lim_{\Delta S\to 0}\frac{\Delta I}{\Delta S}\boldsymbol{n}=\frac{\mathrm{d}I}{\mathrm{d}S}\boldsymbol{n} \tag{3-1}$$

电流密度的单位是安培/米^2($\mathrm{A/m^2}$)。导体内每一点都有一个电流密度，因而构成一个矢量场。我们称这一矢量场为电流场。电流场的矢量线叫作电流线。

可以从电流密度 $\boldsymbol{J}$ 求出流过任意面积 S 的电流强度。一般情况下，电流密度 $\boldsymbol{J}$ 和面积元 $\mathrm{d}\boldsymbol{S}$ 的方向并不相同。此时，通过面积 S 的电流就等于电流密度 $\boldsymbol{J}$ 在 S 上的通量，即

$$I=\int_S \boldsymbol{J}\cdot\mathrm{d}\boldsymbol{S}=\int_S J\ \cos\theta\,\mathrm{d}S \tag{3-2}$$

有时电流仅仅分布在导体表面的一个薄层内，为此，需要引入面电流密度的概念。空间任一点面电流密度的方向是该点正电荷运动的方向，大小等于通过垂直于电流方向的单位长度上的电流。若用 $\boldsymbol{n}$ 表示某点处的正电荷运动方向，取与 $\boldsymbol{n}$ 相互垂直的线元 Δl，如图 3－2 所示。设通过 Δl 的电流为 ΔI，则该点处的面电流密度 $\boldsymbol{J}_S$ 为

$$\boldsymbol{J}_S=\lim_{\Delta l\to 0}\frac{\Delta I}{\Delta l}\boldsymbol{n}=\frac{\mathrm{d}I}{\mathrm{d}l}\boldsymbol{n} \tag{3-3}$$

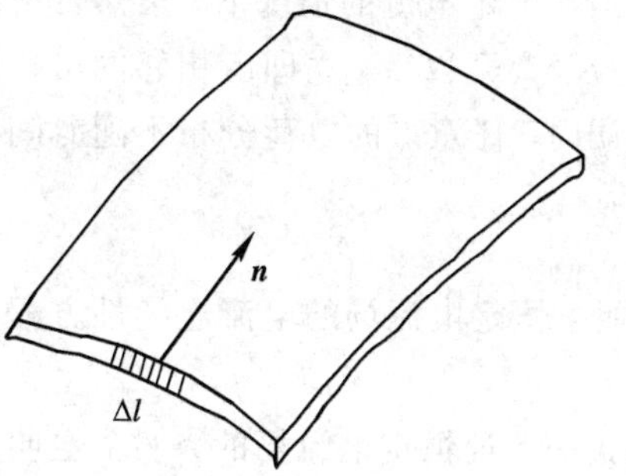

图 3－2　面电流密度

电流可以分为传导电流和运流电流。传导电流是指导体中的自由电子或半导体中的自由电荷在电场作用下作定向运动所形成的电流，如金属中的电流、电解液中的电流均是传导电流。电荷在真空中或者气体中，由于电场的作用而产生运动时，形成的电流称为运流电流。如电真空管中的电流是运流电流。运流电流和传导电流的显著不同在于，运流电流不服从我们后面将要介绍的欧姆定律。就是说，运流电流的电流密度不与电场强度成正比，有时候，二者的方向可能不一致。同样，运流电流也不服从焦耳定律。电场对运流电流所做的功，不会变化为热量，而是使得电荷加速。

当体密度为 ρ 的带电粒子以速度 $\boldsymbol{v}$ 运动时，运流电流密度为

$$\boldsymbol{J}=\rho\boldsymbol{v} \tag{3-4}$$

3.1.2　电荷守恒定律

电荷守恒定律表明，任一封闭系统的电荷总量不变。也就是说，任意一个体积 V 内的电荷增量必定等于流入这个体积的电荷量。因而，在体电流密度为 $\boldsymbol{J}$ 的空间内，任取一个封闭的曲面 S，通过 S 面流出的电流应该等于以 S 为边界的体积 V 内单位时间内电荷减少的量，即

$$\oint_S \boldsymbol{J}\cdot\mathrm{d}\boldsymbol{S}=-\frac{\mathrm{d}q}{\mathrm{d}t}=-\frac{\mathrm{d}}{\mathrm{d}t}\int_V\rho\ \mathrm{d}V \tag{3-5}$$

式中 V 是边界 S 所限定的体积。因积分是在固定体积内进行的，即积分限与时间无关，所以上式微分可以移到积分内。一般情况下 $\boldsymbol{J}$ 是空间点 $\boldsymbol{r}$ 和时间 t 的函数，故而要写成求偏导的形式，从而有

$$\oint_S \boldsymbol{J}\cdot\mathrm{d}\boldsymbol{S}=-\int_V\frac{\partial\rho}{\partial t}\mathrm{d}V \tag{3-6}$$

上式是电荷守恒的数学表达式，亦称为电流连续性方程的积分形式。对其应用散度定理，则有

$$\int_V\left(\nabla\cdot\boldsymbol{J}+\frac{\partial\rho}{\partial t}\right)\mathrm{d}V=0 \tag{3-7}$$

要使这个积分对任意的体积 V 均成立，必须使被积函数为零，即

$$\nabla\cdot\boldsymbol{J}+\frac{\partial\rho}{\partial t}=0$$

此式是电流连续性方程的微分形式。

在恒定电流的情况下，虽然带电粒子不断地运动，但是从宏观上看，可认为某点的带电粒子离开以后，立即由相邻的带电粒子来补偿，以便保证电流的恒定。也就是说，导电媒质内，任意点的电荷分布不随时间变化，即

$$\frac{\partial\rho}{\partial t}=0 \tag{3-8}$$

因此，恒定电流场的电流连续性方程变为

$$\nabla\cdot\boldsymbol{J}=0 \tag{3-9}$$

上式是保证恒定电流场的条件，也叫作恒定电流场的方程。其积分形式是

$$\oint_S\boldsymbol{J}\cdot\mathrm{d}\boldsymbol{S}=0 \tag{3-10}$$

上述方程表明，恒定电流 $\boldsymbol{J}$ 的矢量线总是无起始点、无终点的闭合曲线。

3.1.3 欧姆定律的微分形式

导体中由于存在自由电子，在电场的作用下，这些自由电子作定向运动，就形成了电流。实验表明，对于线性各向同性的导体，任意一点的电流密度与该点的电场强度成正比，即

$$\boldsymbol{J}=\sigma\boldsymbol{E} \tag{3-11}$$

上式叫作欧姆定律的微分形式。σ 是电导率，其单位是西门子/米(S/m)。表 3-1 列出了几种材料在常温(20℃)下的电导率。

表 3-1 常用材料的电导率

材　　料	电导率 σ/(S/m)
铁(99.98%)	10^7
黄铜	1.46×10^7
铝	3.54×10^7
金	3.10×10^7
铅	4.55×10^7
铜	5.80×10^7
银	6.20×10^7
硅	1.56×10^{-3}

通常的欧姆定律 $U=RI$，也叫作欧姆定律的积分形式。积分形式的欧姆定律描述一段

导线上的导电规律，而微分形式的欧姆定律描述导体内任一点的 $\boldsymbol{J}$ 与 $\boldsymbol{E}$ 的关系，所以它比积分形式更能细致地描述导体的导电规律。

应注意，运流电流不遵从欧姆定律。

以上的欧姆定律是电源外部的情形。现在讨论电源内部的情况。在电源内部，一定有非静电力存在。这个非静电力使正电荷从电源负极向正极运动，不断补充极板上的电荷，从而使得电荷分布保持不变，这样便可以维持恒定电流。所以说，非静电力是维持导体内电流恒定流动的必要条件。所谓非静电力，是指不是由静止电荷产生的力。例如，在电池内，非静电力指的是由化学反应产生的使正、负电荷分离的化学力；在发电机内，非静电力是指电磁感应产生的作用于电荷上的洛仑兹力。

我们将非静电力对电荷的影响等效为一个非保守电场(也叫非库仑场)，其电场强度 $\boldsymbol{E}'$ 只存在于电源内部。在电源外部只存在由恒定分布的电荷产生的电场，称为库仑场，以 $\boldsymbol{E}$ 表示。在电源内部既有库仑场 $\boldsymbol{E}$，也有非保守电场 $\boldsymbol{E}'$，二者方向相反。为了定量描述电源的特性，引入电动势这个物理量。其定义是：在电源内部搬运单位正电荷从负极到正极时非静电力所做的功，用 $\mathscr{E}$ 表示(见图 3-3)，其数学表达式为

$$\mathscr{E} = \int_B^A \boldsymbol{E}' \cdot \mathrm{d}\boldsymbol{l} \tag{3-12}$$

对于恒定电流而言，与之相应的库仑电场 $\boldsymbol{E}$ 是不随时间变化的恒定电场，它是由不随时间变化的电荷产生的，因而，其性质与由静止电荷产生的静电场相同，即

$$\oint_l \boldsymbol{E} \cdot \mathrm{d}\boldsymbol{l} = 0$$

式中积分路径 l 是电源之内或之外的导体中的任意闭合回路，式中的电场表示由库仑场和非保守场叠加而成的总电场。

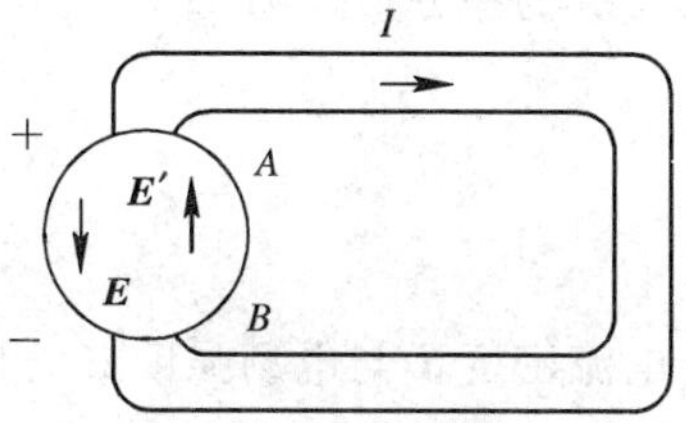

图 3-3　电动势

我们可以将电动势用总电场(库仑场与非库仑场之和)的回路积分表示：

$$\mathscr{E} = \int_B^A \boldsymbol{E}' \cdot \mathrm{d}\boldsymbol{l} = \oint_l (\boldsymbol{E} + \boldsymbol{E}') \cdot \mathrm{d}\boldsymbol{l} \tag{3-13}$$

式中的积分是沿整个电流回路进行的。

3.1.4　焦耳定律

金属导体内部的电流是由自由电子在电场力的作用下定向运动而形成的。自由电子在运动过程中不断与金属晶格点阵上的质子碰撞，由于质子的质量大约是自由电子的 1837 倍，因而在碰撞过程中近似地认为质子的位置不发生移动。这样整个碰撞过程是一个非弹性碰撞，就是说碰撞前后的机械能不守恒。电子碰撞中，把自身的能量传递给质子，使晶格点阵的热运动加剧，导体温度上升。这就是电流的热效应，这种由电能转换来的热能称为焦耳热。

当导体两端的电压为 U，流过的电流为 I 时，则在单位时间内电场力对电荷所做的功，即功率是

$$P = UI$$

在导体中，沿电流线方向取一长度为 Δl、截面为 ΔS 的体积元，该体积元内消耗的功率为

$$\Delta P = \Delta U \Delta I = E \Delta l \Delta I = EJ \Delta l \Delta S = EJ \Delta V$$

当 $\Delta V \to 0$ 时，取 $\Delta P/\Delta V$ 的极限，就得出导体内任一点的热功率密度，表示为

$$p = \lim_{\Delta V \to 0} \frac{\Delta P}{\Delta V} = EJ = \sigma E^2 \tag{3-14}$$

或

$$p = \boldsymbol{J} \cdot \boldsymbol{E} \tag{3-15}$$

此式就是焦耳定律的微分形式。

应该指出，焦耳定律不适合于运流电流。因为对于运流电流而言，电场力对电荷所做的功转变为电荷的动能，而不是转变为电荷与晶格碰撞的热能。

3.1.5　恒定电流场的基本方程

我们将电源外部导体中恒定电场的基本方程归纳如下：

$$\nabla \cdot \boldsymbol{J} = 0 \tag{3-16}$$

$$\nabla \times \boldsymbol{E} = \boldsymbol{0} \tag{3-17}$$

与其相应的积分形式为

$$\oint_S \boldsymbol{J} \cdot \mathrm{d}\boldsymbol{S} = 0 \tag{3-18}$$

$$\oint_l \boldsymbol{E} \cdot \mathrm{d}\boldsymbol{l} = 0 \tag{3-19}$$

电流密度 $\boldsymbol{J}$ 与电场强度 $\boldsymbol{E}$ 之间满足欧姆定律 $\boldsymbol{J} = \sigma \boldsymbol{E}$。

以上的电场是指库仑场，因为在电源外的导体中，非库仑场为零。

由于恒定电场的旋度为零，因而可以引入电位 φ，$\boldsymbol{E} = -\nabla\varphi$。在均匀导体内部(电导率 σ 为常数)，有

$$\nabla \cdot \boldsymbol{E} = \nabla \cdot (-\nabla\varphi) = -\nabla^2\varphi = 0$$

3.1.6　恒定电流场的边界条件

将恒定电流场基本方程的积分形式应用到两种不同导体的界面上(如图 3-4 所示)，可得出恒定电流场的边界条件为

$$\boldsymbol{n} \times (\boldsymbol{E}_2 - \boldsymbol{E}_1) = \boldsymbol{0} \tag{3-20}$$

$$\boldsymbol{n} \cdot (\boldsymbol{J}_2 - \boldsymbol{J}_1) = 0 \tag{3-21}$$

或

$$J_{1\mathrm{n}} = J_{2\mathrm{n}} \tag{3-22}$$

$$E_{1\mathrm{t}} = E_{2\mathrm{t}} \tag{3-23}$$

这表明，电流密度 $\boldsymbol{J}$ 在通过界面时其法向分量连续，电场强度 $\boldsymbol{E}$ 的切向分量连续。

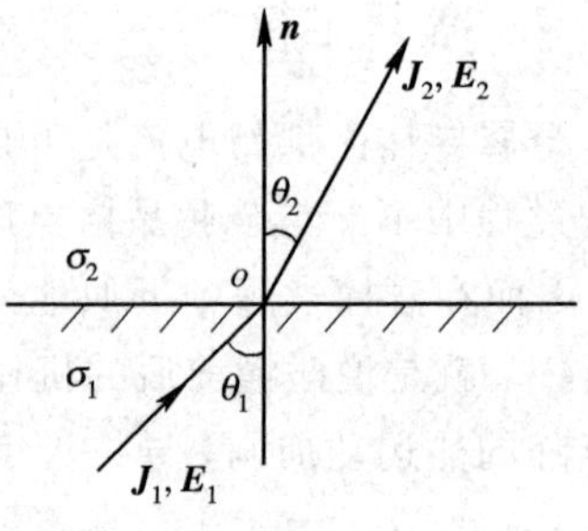

图 3-4　边界条件

在恒定电场中，用电位 φ 表示的边界条件为

$$\varphi_1 = \varphi_2 \tag{3-24}$$

$$\sigma_1 \frac{\partial \varphi_1}{\partial n} = \sigma_2 \frac{\partial \varphi_2}{\partial n} \tag{3-25}$$

如前所述，在导体的电导率为常数时，在恒定电流情形下，导体内体电荷密度为零。对于分区均匀的导体，电荷只能分布在分界面上，其面密度为

$$\rho_S = D_{2n} - D_{1n} = \frac{\varepsilon_2}{\sigma_2} J_{2n} - \frac{\varepsilon_1}{\sigma_1} J_{1n} = J_n \left(\frac{\varepsilon_2}{\sigma_2} - \frac{\varepsilon_1}{\sigma_1} \right)$$

式中，$J_n = J_{1n} = J_{2n}$。当$\frac{\varepsilon_2}{\sigma_2} = \frac{\varepsilon_1}{\sigma_1}$时，分界面上的面电荷密度为零。

应用边界条件，可得

$$\frac{\tan\theta_1}{\tan\theta_2} = \frac{\sigma_1}{\sigma_2}$$

可以看出，当 $\sigma_1 \gg \sigma_2$，即第一种媒质为良导体，第二种媒质为不良导体时，只要 $\theta_1 \neq \pi/2$，$\theta_2 \approx 0$，即在不良导体中，电力线近似地与界面垂直。这样，可以将良导体的表面看作等位面。

例 3-1　设同轴线的内导体半径为 a，外导体的内半径为 b，内、外导体间填充电导率为 σ 的导电媒质，如图 3-5 所示，求同轴线单位长度的漏电导。

解：漏电电流的方向是沿半径方向从内导体到外导体，如令沿轴向方向单位长度($L=1$)从内导体流向外导体的电流为 I，则在媒质内($a<r<b$)，电流密度为

$$\boldsymbol{J} = \frac{I}{2\pi r L}\boldsymbol{e}_r \bigg|_{L=1} = \frac{I}{2\pi r}\boldsymbol{e}_r$$

电场强度为

$$\boldsymbol{E} = \frac{1}{\sigma}\boldsymbol{J} = \frac{I}{2\pi\sigma r}\boldsymbol{e}_r$$

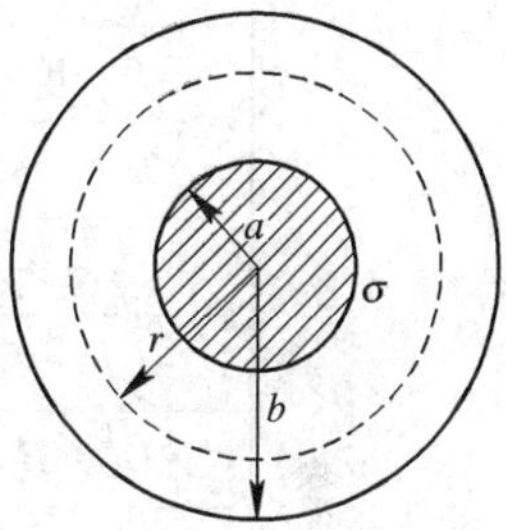

图 3-5　同轴线横截面

两导体间的电位差为

$$U = \int_a^b E\,\mathrm{d}r = \frac{I}{2\pi\sigma} \ln \frac{b}{a}$$

这样，可求出单位长度的漏电导为

$$G_0 = \frac{I}{U} = \frac{2\pi\sigma}{\ln \dfrac{b}{a}}$$

例 3-2　一个同心球电容器的内、外半径为 a、b，其间媒质的电导率为 σ，求该电容器的漏电导。

解：媒质内的漏电电流沿径向从内导体流向外导体，设流过半径为 r 的任一同心球面的漏电电流为 I，则媒质内任一点的电流密度和电场为

$$\boldsymbol{J} = \frac{I}{4\pi r^2}\boldsymbol{e}_r$$

$$\boldsymbol{E} = \frac{I}{4\pi\sigma r^2}\boldsymbol{e}_r$$

内、外导体间的电压为

$$U = \int_a^b E\ \mathrm{d}r = \frac{I}{4\pi\sigma}\left(\frac{1}{a} - \frac{1}{b}\right)$$

漏电导为

$$G=\frac{I}{U}=\frac{4\pi\sigma ab}{b-a}$$

我们也可以通过计算媒质内的焦耳损耗功率，并由 $P=I^2R$ 求出漏电阻 R：

$$P=\int_V \boldsymbol{J}\cdot\boldsymbol{E}\,\mathrm{d}V=\int_a^b \frac{I^2}{(4\pi r^2)^2\sigma}4\pi r^2\,\mathrm{d}r=\frac{I^2}{4\pi\sigma}\left(\frac{1}{a}-\frac{1}{b}\right)$$

$$R=\frac{P}{I^2}=\frac{1}{4\pi\sigma}\left(\frac{1}{a}-\frac{1}{b}\right)$$

3.1.7 恒定电流场与静电场的比拟

如果我们把导电媒质中电源外部的恒定电场与不存在体电荷区域的静电场加以比较，则会发现两者有许多相似之处，如表 3-2 所示。

表 3-2　恒定电场与静电场的比较

恒定电场(电源外)	静电场($\rho=0$ 的区域)
$\nabla\times\boldsymbol{E}=\boldsymbol{0}$	$\nabla\times\boldsymbol{E}=\boldsymbol{0}$
$\nabla\cdot\boldsymbol{J}=0$	$\nabla\cdot\boldsymbol{D}=0$
$\boldsymbol{J}=\sigma\boldsymbol{E}$	$\boldsymbol{D}=\varepsilon\boldsymbol{E}$
$\boldsymbol{E}=-\nabla\varphi$	$\boldsymbol{E}=-\nabla\varphi$
$\nabla^2\varphi=0$	$\nabla^2\varphi=0$
$J_{1\mathrm{n}}=J_{2\mathrm{n}}$	$D_{1\mathrm{n}}=D_{2\mathrm{n}}$
$E_{1\mathrm{t}}=E_{2\mathrm{t}}$	$E_{1\mathrm{t}}=E_{2\mathrm{t}}$
$U=\int\boldsymbol{E}\cdot\mathrm{d}\boldsymbol{l}$	$U=\int\boldsymbol{E}\cdot\mathrm{d}\boldsymbol{l}$
$I=\int_S\boldsymbol{J}\cdot\mathrm{d}\boldsymbol{S}$	$q=\int_S\boldsymbol{D}\cdot\mathrm{d}\boldsymbol{S}$

可见，恒定电场中的 $\boldsymbol{E}$、φ、$\boldsymbol{J}$、I 和 σ 分别与静电场中的 $\boldsymbol{E}$、φ、$\boldsymbol{D}$、q 和 ε 相互对应，它们在方程和边界中处于相同的地位，因而它们是对偶量。由于二者的电位都满足拉普拉斯方程，只要两种情况下的边界条件相同，二者的电位必定是相同的。因此，当某一特定的静电问题的解已知时，与其相应的恒定电场的解可以通过对偶量的代换(将静电场中的 $\boldsymbol{D}$、q 和 ε 换为 $\boldsymbol{J}$、I 和 σ)直接得出，这种方法称为静电比拟法。例如，将金属导体 1、2 作为正、负极板置于无限大电介质或无限大导电媒质中，如图 3-6 所示，可以用静电比拟法通过电容计算极板间的电导。因为电容为

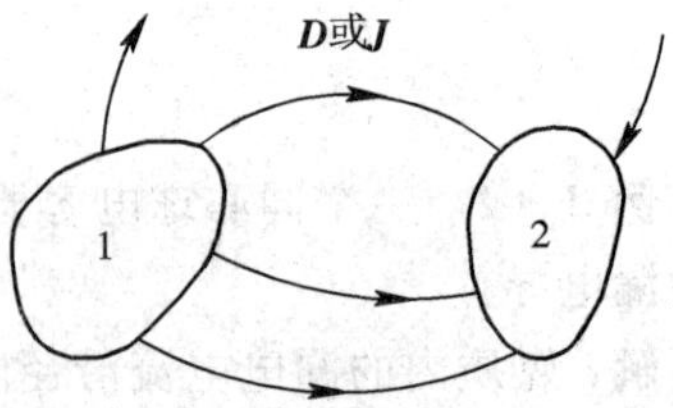

图 3-6　两极板间的电场

$$C=\frac{q}{U}=\frac{\varepsilon\oint_S\boldsymbol{E}\cdot\mathrm{d}\boldsymbol{S}}{\int_1^2\boldsymbol{E}\cdot\mathrm{d}\boldsymbol{l}}$$

式中的面积分是沿正极板进行的，线积分从正极到负极。极板间的电导为

$$G=\frac{I}{U}=\frac{\sigma\oint_S \boldsymbol{E}\cdot\mathrm{d}\boldsymbol{S}}{\int_1^2 \boldsymbol{E}\cdot\mathrm{d}\boldsymbol{l}}$$

也就是说，恒定电场中的电导 G 和静电场中的电容 C 也是对偶量。如对于线间距为 d，线半径为 a 的平行双导线，周围媒质的介电常数为 ε，电导率为 σ，可从其电容

$$C=\frac{\pi\varepsilon}{\ln\dfrac{d-a}{a}}$$

直接写出其电导为

$$G=\frac{\pi\sigma}{\ln\dfrac{d-a}{a}}$$

同理，由同轴线的单位长度电容公式

$$C_0=\frac{2\pi\varepsilon}{\ln\dfrac{b}{a}}$$

可以直接得出同轴线单位长度的漏电导为

$$G_0=\frac{2\pi\varepsilon}{\ln\dfrac{b}{a}}$$

例 3-3　计算深埋地下半径为 a 的导体半球的接地电阻(如图 3-7 所示)。设土壤的电导率为 σ，接地半球的电导率为无穷大。

解：导体球的电导率一般总是远大于土壤的电导率，可将导体球看作等位体。在土壤内，半径 r 等于常数的半球面是等位面。假设从接地线流入大地的总电流为 I，可以容易地求出，在土壤内任意点处的电流密度，等于电流 I 均匀分布在半个球面上，即

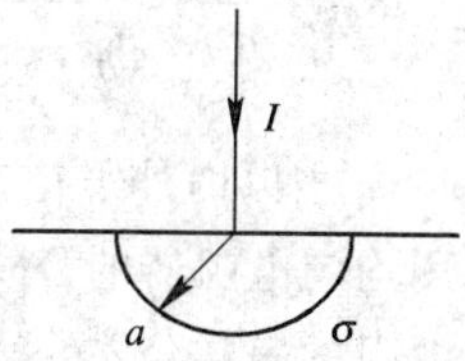

图 3-7　半球形接地器

$$\boldsymbol{J}=\boldsymbol{a}_r\frac{I}{2\pi r^2}$$

这样，就得到土壤内的电场为

$$\boldsymbol{E}=\boldsymbol{a}_r\frac{I}{2\pi\sigma r^2}$$

把上述电场沿着电力线积分，积分从 $r=a$ 到无穷大，就得到接地半球的电位，即

$$V=\frac{I}{2\pi\sigma a}$$

最后求出接地电阻为

$$R=\frac{1}{2\pi\sigma a}$$

同样，这个问题可以通过计算总的损耗功率来计算电阻。其中 $P=I^2R$，而损耗功率能够通过功耗密度 $p=\boldsymbol{J}\cdot\boldsymbol{E}=\sigma E^2$ 的积分求出。

例 3-4　求一条形状均匀，但电导率非均匀的导线的电阻。设导线的横截面为 A，长度为 L，电导率沿长度方向的分布为 $\sigma=\sigma_0\left(1+\dfrac{x^2}{L^2}\right)$，其中 σ_0 为常数。

解：我们先计算位于 x 和 $x+\Delta x$ 之间的这一小段导线的电阻，并用 $\mathrm{d}R$ 来表示。很容易求得这一小段的电阻为

$$\mathrm{d}R=\frac{\mathrm{d}x}{A\sigma_0\left(1+\dfrac{x^2}{L^2}\right)}$$

同时能够判别出各个小段的电阻是串联关系，这样就得到整个导线的电阻为

$$R=\int \mathrm{d}R=\int_0^L \frac{\mathrm{d}x}{A\sigma_0\left(1+\dfrac{x^2}{L^2}\right)}=\frac{\pi L}{4A\sigma_0}$$

例 3-5　一个导体的形状为内半径 a，外半径 b，高度为 h 的同心圆环柱状结构的 1/4，如图 3-8 所示。在下列三种情形下，求导体的电阻(设导体的电导率为常数)。

(1) 以顶面和底面为正负极；

(2) 以内外半径为正负极；

(3) 以左右侧面为正负极。

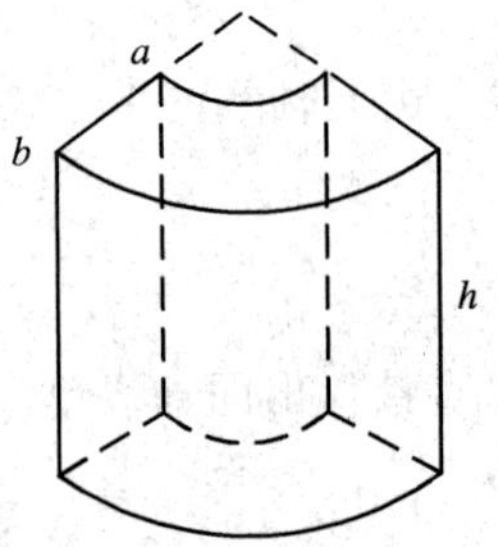

图 3-8　部分同心圆环电阻

解：(1) 当以上下面为正负极时，电阻器的几何形状与电导率都是均匀的，因而可以方便地算出电阻为

$$R_1=\frac{h}{\sigma S}=\frac{h}{\sigma\cdot\dfrac{1}{4}\cdot\pi(b^2-a^2)}=\frac{4h}{\sigma\pi(b^2-a^2)}$$

(2) 当以内外半径为正负极时，从内半径出发的电力线全部终止在外半径上，此时不能采用均匀电阻器的公式计算。但是我们考虑在半径 r 和半径等于 $r+\Delta r$ 之间的电阻，然后用电阻的串联公式，就可以得出电阻为

$$R_2=\frac{4h}{\sigma\pi}\ln\frac{b}{a}$$

(3) 当以左右两个侧面为正负极时，可以判定电力线是一个同心圆环形状。我们把要计算的导体划分为一系列的同心圆环，可以看出，每个圆环的电阻是并联关系。我们先求出一个小圆环的电导值，并且把这个小的电导记作 $\mathrm{d}G$，使用电导的公式，即电导与电导率成正比，与面积成正比，与长度成反比，就有

$$\mathrm{d}G=\frac{\sigma\cdot h\cdot \mathrm{d}r}{\dfrac{\pi}{2}\cdot r}=\frac{2\sigma h}{\pi r}\,\mathrm{d}r$$

对上述表达式积分，得到总的电导为 $G=\dfrac{2\sigma h}{\pi}\ln\dfrac{b}{a}$，这样就得到电阻为

$$R=\frac{\pi}{2\sigma h}\frac{1}{\ln\dfrac{b}{a}}$$

例 3-6　一段金属导线的横截面为半径等于 a 的圆，导线长度为 L，电导率非均匀，且其仅仅是半径 r 的函数，其形式为 $\sigma=\sigma_0 r/a$，求这段导线的电阻。

解：我们把导线划分为一系列同心圆环，先求出每个同心圆环的电阻，然后采用电阻并联公式求总电阻。一个圆环元的长度是 L，面积是 $2\pi r\,\mathrm{d}r$，电导率为 $\sigma=\sigma_0 r/a$。我们可以容易地得到这个圆环的电阻为

$$\Delta R=\frac{1}{\sigma}\,\frac{L}{2\pi r\Delta r}=\frac{aL}{2\pi\sigma_0 r^2\Delta r}$$

令此式中的 Δr 趋于零，就可以用 $\mathrm{d}r$ 来近似 Δr，再采用电阻并联公式，把每一个小电阻对应的电导值叠加，并用积分计算这个叠加后的总电导，有

$$G=\int\mathrm{d}G=\int_0^a\frac{2\pi\sigma_0}{aL}r^2\,\mathrm{d}r=\frac{2\pi a^2\sigma_0}{3L}$$

最后得到电阻为

$$R=\frac{3L}{2\pi a^2\sigma_0}$$

3.2　磁感应强度

运动的电荷在它的周围不但产生电场，同时还产生磁场。由恒定电流或永久磁体产生的磁场不随时间变化，称为恒定磁场，也称为静磁场。

恒定磁场的重要定律是安培定律(见图 3-9)。安培定律是法国物理学家安培根据实验结果总结出来的一个基本定律。安培定律指出：在真空中载有电流 I_1 的回路 C_1 上任一线元 $\mathrm{d}\boldsymbol{l}_1$ 对另一载有电流 I_2 的回路 C_2 上任一线元 $\mathrm{d}\boldsymbol{l}_2$ 的作用力为

$$\mathrm{d}\boldsymbol{F}_{12}=\frac{\mu_0}{4\pi}\frac{I_2\mathrm{d}\boldsymbol{l}_2\times(I_1\mathrm{d}\boldsymbol{l}_1\times\boldsymbol{R})}{R^3}\tag{3-26}$$

式中：$I_1\mathrm{d}\boldsymbol{l}_1$ 和 $I_2\mathrm{d}\boldsymbol{l}_2$ 称为电流元矢量；$\boldsymbol{R}$ 是 $\mathrm{d}\boldsymbol{l}_1$ 到 $\mathrm{d}\boldsymbol{l}_2$ 的距离矢量；$R=|\boldsymbol{R}|$；μ_0 是真空的磁导率，$\mu_0=4\pi\times10^{-7}$ H/m。回路 C_2 受到回路 C_1 的作用力为

$$\boldsymbol{F}_{12}=\frac{\mu_0}{4\pi}\oint_{C_2}\oint_{C_1}\frac{I_2\mathrm{d}\boldsymbol{l}_2\times(I_1\mathrm{d}\boldsymbol{l}_1\times\boldsymbol{R})}{R^3}\tag{3-27}$$

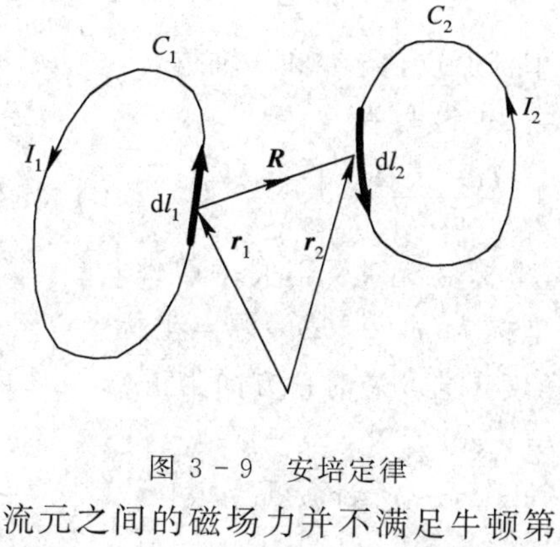

图 3-9　安培定律

需要说明的是，两个电流元之间的磁场力并不满足牛顿第三定律，即 $\mathrm{d}\boldsymbol{F}_{12}\neq-\mathrm{d}\boldsymbol{F}_{21}$，在大多数情况下，这两个力甚至不在一条直线上，但是两个封闭的载流回路之间的作用力满足牛顿第三定律。

即用场的观点来看，力 $\boldsymbol{F}_{12}$应理解为第一个回路 C_1 在空间产生磁场，第二个回路在这一磁场中受力，即将公式(3－27)改写为

$$\boldsymbol{F}_{12}=\oint_{C_2} I_2\mathrm{d}\boldsymbol{l}_2\times\left(\frac{\mu_0}{4\pi}\oint_{C_1}\frac{I_1\mathrm{d}\boldsymbol{l}_1\times\boldsymbol{R}}{R^3}\right) \tag{3-28}$$

式中括号内的量是与 $I_2\mathrm{d}\boldsymbol{l}_2$ 无关的，它与回路 C_1 的电流元的分布有关，也与场点 $\boldsymbol{r}_2$ 的位置有关。令

$$\boldsymbol{B}=\frac{\mu_0}{4\pi}\oint_{C_1}\frac{I_1\mathrm{d}\boldsymbol{l}_1\times\boldsymbol{R}}{R^3} \tag{3-29}$$

上式表示回路 C_1 在 $\boldsymbol{r}_2$ 点产生的磁感应强度(也称磁通密度)，在国际单位制中，它的单位是 T(特斯拉，简称特)，也可用 $\mathrm{Wb/m^2}$(韦伯/米^2)表示。这个公式也叫毕奥—萨伐尔定律。以后我们用 $\boldsymbol{r}'$表示此式中的 $\boldsymbol{r}_1$，称其为源点；用 $\boldsymbol{r}$ 表示 $\boldsymbol{r}_2$，称其为场点或观察点。

若电流不是线电流，而是具有体分布的电流 $\boldsymbol{J}$，则式(3－29)改为

$$\boldsymbol{B}(\boldsymbol{r})=\frac{\mu_0}{4\pi}\int_V\frac{\boldsymbol{J}(\boldsymbol{r}')\times\boldsymbol{R}}{R^3}\mathrm{d}V' \tag{3-30}$$

同理，对面电流 $\boldsymbol{J}_S$，其产生的磁场为

$$\boldsymbol{B}(\boldsymbol{r})=\frac{\mu_0}{4\pi}\int_S\frac{\boldsymbol{J}_S(\boldsymbol{r}')\times\boldsymbol{R}}{R^3}\mathrm{d}S' \tag{3-31}$$

从式(3－28)可以得出电流元 $I\mathrm{d}\boldsymbol{l}$ 在外磁场 $\boldsymbol{B}$ 中受的力为

$$\mathrm{d}\boldsymbol{F}=I\,\mathrm{d}\boldsymbol{l}\times\boldsymbol{B}$$

可以用上式计算各种形状的载流回路在外磁场中受到的力和力矩。对以速度 $\boldsymbol{v}$ 运动的点电荷 q，其在外磁场 $\boldsymbol{B}$ 中受的力是

$$\boldsymbol{F}=q\boldsymbol{v}\times\boldsymbol{B}$$

如果空间还存在外电场 $\boldsymbol{E}$，电荷 q 受到的力还要加上电场力。这样，就得到带电 q 以速度 $\boldsymbol{v}$ 运动的点电荷在外电磁场($\boldsymbol{E}$，$\boldsymbol{B}$)中受到的电磁力为

$$\boldsymbol{F}=q(\boldsymbol{E}+\boldsymbol{v}\times\boldsymbol{B})$$

上式称为洛仑兹力公式。

例 3－7　求载流 I 的有限长直导线(参见图 3－10)外任一点的磁场。

解：取直导线的中心为坐标原点，导线和 z 轴重合，在圆柱坐标中计算。将式(3－29)改写为

$$\boldsymbol{B}(\boldsymbol{r})=\frac{\mu_0}{4\pi}\oint_C\frac{I\mathrm{d}\boldsymbol{l}'\times\boldsymbol{R}}{R^3}$$

从对称关系能够看出磁场与坐标 ϕ 无关。不失一般性，将场点取在 $\phi=0$，即场点坐标为(r，0，z)，源点坐标为(0，0，z')，注意这里的角度 α 选取逆时针方向为正。

$$\boldsymbol{r}=r\boldsymbol{e}_r+z\boldsymbol{e}_z,\quad \boldsymbol{r}'=z'\boldsymbol{e}_z,\quad \boldsymbol{R}=\boldsymbol{r}-\boldsymbol{r}'$$

$$z'=z-r\tan\alpha,\quad \mathrm{d}z'=-r\sec^2\alpha\,\mathrm{d}\alpha$$

$$\mathrm{d}\boldsymbol{l}'=\boldsymbol{e}_z\,\mathrm{d}z'=-\boldsymbol{e}_z r\sec^2\alpha\,\mathrm{d}\alpha$$

$$R=r\sec\alpha$$

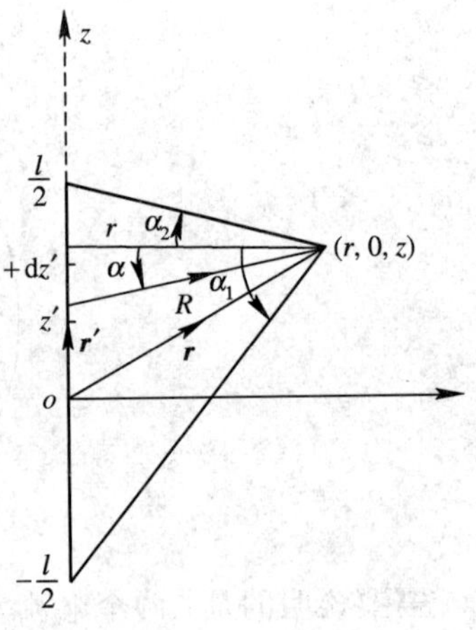

图 3－10　例 3－7 用图

$$\mathrm{d}\boldsymbol{l}'\times\boldsymbol{R}=\boldsymbol{e}_z\mathrm{d}z'\times[r\boldsymbol{e}_r+(z-z')\boldsymbol{e}_z]=\boldsymbol{e}_\phi r\mathrm{d}z'=-\boldsymbol{e}_\phi r^2\sec^2\alpha\ \mathrm{d}\alpha$$

所以

$$\boldsymbol{B}=\frac{\mu_0 I}{4\pi}\int_{-l/2}^{l/2}\frac{\mathrm{d}\boldsymbol{l}'\times\boldsymbol{R}}{R^3}=\boldsymbol{e}_\phi\frac{\mu_0 I}{4\pi r}\int_{\alpha_1}^{\alpha_2}-\cos\alpha\ \mathrm{d}\alpha$$

$$=\boldsymbol{e}_\phi\frac{\mu_0 I}{4\pi r}(\sin\alpha_1-\sin\alpha_2)$$

式中：

$$\sin\alpha_1=\frac{z+l/2}{\sqrt{r^2+(z+l/2)^2}}$$

$$\sin\alpha_2=\frac{z-l/2}{\sqrt{r^2+(z-l/2)^2}}$$

对于无限长直导线($l\to\infty$)，$\alpha_1=\frac{\pi}{2}$，$\alpha_2=-\frac{\pi}{2}$，其产生的磁场为

$$\boldsymbol{B}=\boldsymbol{e}_\phi\frac{\mu_0 I}{2\pi r}$$

例 3-8　求载流的圆形导线回路在圆心处的磁感应强度(如图 3-11 所示)。

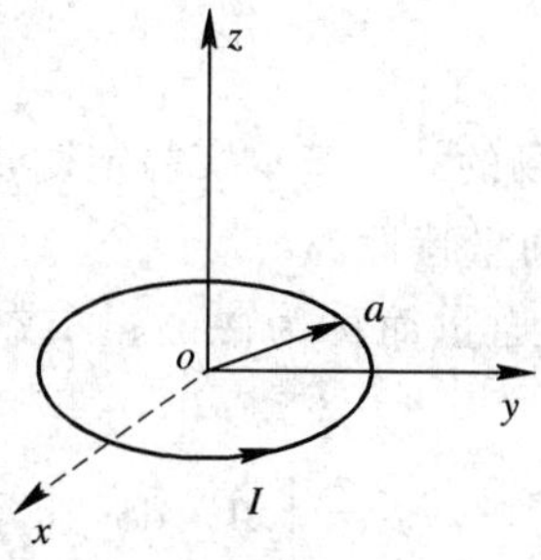

图 3-11　圆形导线

解：根据题意，源点在 $\boldsymbol{r}'$ 处，并且 $\boldsymbol{r}'=\boldsymbol{e}_x a\ \cos\varphi+\boldsymbol{e}_y a\ \sin\varphi$；场点在 $\boldsymbol{r}=0$；这样就有：

$$\boldsymbol{R}=\boldsymbol{r}-\boldsymbol{r}'=-\boldsymbol{e}_x a\ \cos\varphi-\boldsymbol{e}_y a\ \sin\varphi$$

$$R=|\boldsymbol{R}|=a$$

$$I\ \mathrm{d}\boldsymbol{l}=\boldsymbol{e}_\phi Ia\ \mathrm{d}\varphi$$

我们先求出 $I\ \mathrm{d}\boldsymbol{l}\times\boldsymbol{R}$ 的值。注意到

$$\boldsymbol{e}_\phi=\boldsymbol{e}_y\cos\varphi-\boldsymbol{e}_x\sin\varphi$$

就有

$$I\ \mathrm{d}\boldsymbol{l}\times\boldsymbol{R}=\boldsymbol{e}_z Ia^2\ \mathrm{d}\varphi$$

我们把上述各量代入由线电流产生的磁场公式

$$\boldsymbol{B}(\boldsymbol{r})=\frac{\mu_0}{4\pi}\oint_C\frac{I\ \mathrm{d}\boldsymbol{l}\times\boldsymbol{R}}{R^3}$$

就有

$$\boldsymbol{B}(\boldsymbol{r})=\frac{\mu_0}{4\pi}\oint_C\frac{I\ \mathrm{d}\boldsymbol{l}\times\boldsymbol{R}}{R^3}=\boldsymbol{e}_z\frac{\mu_0}{4\pi}\frac{a^2 I}{a^3}\int_0^{2\pi}\mathrm{d}\varphi=\boldsymbol{e}_z\frac{\mu_0 I}{2a}$$

附带说明一下，在这个问题中，如果仅仅限定在 $z=0$ 的平面求磁场，可以得到这时的

磁场仅仅存在 z 方向的分量，并且，在线圈内部($r<a$)，磁场沿着正 z 方向，在线圈外部($r>a$)，磁场沿着负 z 方向。此时的磁场仅仅是一个变量 r 的函数，它的详细计算要用到完全椭圆积分，关于这一点，我们放到磁偶极子以后再来分析。但在此，我们说明一下 $z=0$ 平面内磁场的变化趋势：在圆心处，磁场是一个常数。随着 r 的增加，磁场也是增加的。当半径 r 从圆环内部趋近于圆环半径 a 时，磁场趋于正无穷大，并且是以 $1/(a-r)$ 的形式趋于无穷大的。当半径 r 从圆环外部趋近于圆环半径 a 时，磁场趋于负无穷大，并且是以 $1/(r-a)$ 的形式趋于无穷大的。这从极限情形很好理解，当观察点在圆环线圈附近时，可以把线圈看作一个载流直导线，直导线的磁场在导线附近是趋于无穷大的。实际上，这是我们没有考虑导线截面的缘故，对于实际问题，必须假定组成圆环线圈的导线不是无穷细，而是有一个导线半径 r_0，这样就不会出现磁场为无穷大的情形。当半径 r 趋于无穷大时，磁场趋于零，并且是以 $1/r^3$ 的形式趋于零。

3.3　恒定磁场的基本方程

3.3.1　磁通连续性原理

毕奥—萨伐尔定律是恒定磁场的一个基本实验定律，由它可以导出恒定磁场的其它重要性质。下面先讨论恒定磁场的通量特性。

磁感应强度在有向曲面上的通量简称为磁通量(或磁通)，单位是 Wb(韦伯)，用 Φ 表示：

$$\Phi=\int_S \boldsymbol{B}\cdot \mathrm{d}\boldsymbol{S} \tag{3-32}$$

如 S 是一个闭曲面，则

$$\Phi=\oint_S \boldsymbol{B}\cdot \mathrm{d}\boldsymbol{S} \tag{3-33}$$

现在我们以载流回路 C 产生的磁感应强度为例，来计算恒定磁场在一个闭曲面上的通量。将式(3-29)代入式(3-33)，得

$$\oint_S \boldsymbol{B}\cdot \mathrm{d}\boldsymbol{S}=\oint_S \frac{\mu_0}{4\pi}\oint_C \frac{I\mathrm{d}\boldsymbol{l}'\times\boldsymbol{R}}{R^3}\cdot \mathrm{d}\boldsymbol{S}=\oint_C \frac{\mu_0 I\mathrm{d}\boldsymbol{l}'}{4\pi}\cdot\oint_S \frac{\boldsymbol{R}\times \mathrm{d}\boldsymbol{S}}{R^3}$$

上式中，$\dfrac{\boldsymbol{R}}{R^3}=-\nabla\left(\dfrac{1}{R}\right)$，故可将其改写为

$$\oint_S \boldsymbol{B}\cdot \mathrm{d}\boldsymbol{S}=\oint_C \frac{\mu_0 I\mathrm{d}\boldsymbol{l}'}{4\pi}\cdot\oint_S\left[-\nabla\left(\frac{1}{R}\right)\times \mathrm{d}\boldsymbol{S}\right]$$

由矢量恒等式

$$\int_V \nabla\times\boldsymbol{A}\,\mathrm{d}V=-\oint_S \boldsymbol{A}\times \mathrm{d}\boldsymbol{S}$$

则有

$$\oint_S \boldsymbol{B}\cdot \mathrm{d}\boldsymbol{S}=\oint_C \frac{\mu_0 I\,\mathrm{d}\boldsymbol{l}'}{4\pi}\cdot\int_V \nabla\times\nabla\left(\frac{1}{R}\right)\mathrm{d}V$$

而梯度场是无旋的：

$$\nabla\times\nabla\left(\frac{1}{R}\right)=\mathbf{0}$$

所以

$$\oint_S \boldsymbol{B}\cdot \mathrm{d}\boldsymbol{S}=0 \tag{3-34}$$

上式表明磁感应强度 $\boldsymbol{B}$ 穿过任意曲面的通量恒为零，这一性质叫作磁通连续性原理(尽管这里是以恒定磁场为例推导的，但以后我们会学到磁通连续性原理对时变场也成立)。

使用散度定理，得到

$$\oint_S \boldsymbol{B}\cdot \mathrm{d}\boldsymbol{S}=\int_V \nabla\cdot\boldsymbol{B}\,\mathrm{d}V=0$$

由于上式中积分区域 V 是任意的，所以对空间的各点，有

$$\nabla\cdot\boldsymbol{B}=0 \tag{3-35}$$

上式是磁通连续性原理的微分形式，它表明磁感应强度 $\boldsymbol{B}$ 是一个无源(指散度源)场。

3.3.2　安培环路定律

以上我们讨论了磁场的通量特性和散度特性，现在研究它的环量特性和旋度特性。考虑载有电流 I 的回路 C' 产生的磁场 $\boldsymbol{B}$，研究任意一条闭曲线 C 上 $\boldsymbol{B}$ 的环量。设 P 是 C 上的一点(如图 3-12 所示)。

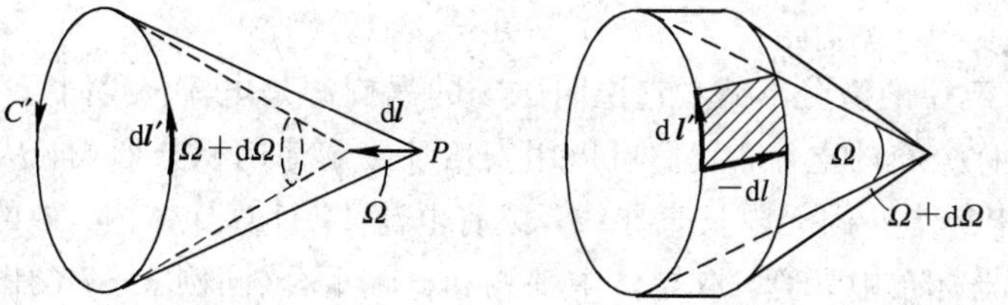

图 3-12　环路定律

先作磁感应强度 $\boldsymbol{B}$ 与线元 $\mathrm{d}\boldsymbol{l}$ 的点积：

$$\boldsymbol{B}\cdot\mathrm{d}\boldsymbol{l}=\frac{\mu_0 I}{4\pi}\oint_{C'}\frac{\mathrm{d}\boldsymbol{l}'\times\boldsymbol{R}}{R^3}\cdot\mathrm{d}\boldsymbol{l}=\frac{\mu_0 I}{4\pi}\oint_{C'}\frac{-\boldsymbol{R}}{R^3}\cdot(-\mathrm{d}\boldsymbol{l}\times\mathrm{d}\boldsymbol{l}')$$

假设回路 C' 对 P 点的立体角为 Ω，同时 P 点位移 $\mathrm{d}\boldsymbol{l}$ 引起的立体角增量为 $\mathrm{d}\Omega$，那么 P 点固定而回路 C' 位移 $\mathrm{d}\boldsymbol{l}$ 所引起的立体角增量也为 $\mathrm{d}\Omega$。$-\mathrm{d}\boldsymbol{l}\times\mathrm{d}\boldsymbol{l}'$ 是 $\mathrm{d}\boldsymbol{l}'$ 位移 $-\mathrm{d}\boldsymbol{l}$ 所形成的有向面积。注意到 $\boldsymbol{R}=\boldsymbol{r}-\boldsymbol{r}'$，这个立体角为 $\mathrm{d}\Omega=\dfrac{(-\mathrm{d}\boldsymbol{l}\times\mathrm{d}\boldsymbol{l}')\cdot(-\boldsymbol{R})}{R^3}$。把其对回路 C' 积分，就得到 P 点对回路 C' 移动 $\mathrm{d}\boldsymbol{l}$ 时所扫过的面积张的立体角，记其为 $\mathrm{d}\Omega$，则以上的磁场环量可以表示为

$$\oint_C \boldsymbol{B}\cdot\mathrm{d}\boldsymbol{l}=\frac{\mu_0 I}{4\pi}\oint_C \mathrm{d}\Omega$$

可以证明，当载流回路 C' 和积分回路 C 相交链时，有

$$\oint_C \mathrm{d}\Omega=4\pi$$

当载流回路 C' 和积分回路 C 不交链时，有

$$\oint_C \mathrm{d}\Omega=0$$

这样当积分回路 C 和电流 I 相交链时，可得

$$\oint_C \boldsymbol{B}\cdot \mathrm{d}\boldsymbol{l} = \mu_0 I \tag{3-36}$$

当穿过积分回路 C 的电流是几个电流时，可以将式(3-36)改写为一般形式：

$$\oint_C \boldsymbol{B}\cdot \mathrm{d}\boldsymbol{l} = \mu_0 \sum I \tag{3-37}$$

上式就是真空中的安培环路定律。它表明在真空中，磁感应强度沿任意回路的环量等于真空磁导率乘以与该回路相交链的电流的代数和。电流的正负由积分回路的绕行方向与电流方向是否符合右手螺旋关系来确定，如符合则取正，不符合则为负。这个公式是安培环路定律的积分形式。根据斯托克斯定理，可以导出安培回路定律的微分形式：

$$\oint_C \boldsymbol{B}\cdot \mathrm{d}\boldsymbol{l} = \int_S (\nabla\times\boldsymbol{B})\cdot \mathrm{d}\boldsymbol{S}$$

由于

$$\sum I = \int_S \boldsymbol{J}\cdot \mathrm{d}\boldsymbol{S}$$

因而可将式(3-37)写为

$$\int_S (\nabla\times\boldsymbol{B})\cdot \mathrm{d}\boldsymbol{S} = \mu_0\int_S \boldsymbol{J}\cdot \mathrm{d}\boldsymbol{S}$$

因积分区域 S 是任意的，因而有

$$\nabla\times\boldsymbol{B} = \mu_0\boldsymbol{J} \tag{3-38}$$

上式是安培环路定律的微分形式，它说明磁场的涡旋源是电流。我们可用此式从磁场求电流分布。对于对称分布的电流，我们可以用安培环路定律的积分形式，从电流求出磁场。

例 3-9 半径为 a 的无限长直导线，载有电流 I，计算导体内、外的磁感应强度。

解：在圆柱坐标系中计算，取导体中轴线和 z 轴重合(同例 3-7 的图示)。由对称性知道，磁场与 z 和 ϕ 无关，只是 r 的函数，且只有 ϕ 分量，即磁感应线是圆心在导体中轴线上的圆。沿磁感应线取半径为 r 的积分路径 C，依安培环路定律得

$$\oint_C \boldsymbol{B}\cdot \mathrm{d}\boldsymbol{l} = 2\pi rB = \mu_0\int_S \boldsymbol{J}\cdot \mathrm{d}\boldsymbol{S}$$

在导线内电流均匀分布，导线外电流为零，即

$$\boldsymbol{J} = \begin{cases} \boldsymbol{e}_z\dfrac{I}{\pi a^2} & r\leqslant a \\ \boldsymbol{0} & r > a \end{cases}$$

当 $r>a$ 时，积分回路包围的电流为 I；当 $r\leqslant a$ 时，回路包围电流为 Ir^2/a^2。所以当 $r\leqslant a$ 时：

$$B2\pi r = \frac{\mu_0 I r^2}{a^2}$$

$$B = \frac{\mu_0 I r}{2\pi a^2}$$

当 $r>a$ 时：

$$B2\pi r = \mu_0 I$$

$$B = \frac{\mu_0 I}{2\pi r}$$

写成矢量形式为

$$\boldsymbol{B}=\begin{cases}\boldsymbol{e}_\phi \dfrac{\mu_0 Ir}{2\pi a^2} & r\leqslant a\\ \boldsymbol{e}_\phi \dfrac{\mu_0 I}{2\pi r} & r>a\end{cases} \tag{3-39}$$

3.4 矢量磁位

从上节可知，磁感应强度的散度恒为零。由矢量恒等式我们得知，一个无源(散度源)场 $\boldsymbol{B}$ 总能表示成为另一个矢量场的旋度，因此可以令

$$\boldsymbol{B}=\nabla\times\boldsymbol{A} \tag{3-40}$$

称式中的 $\boldsymbol{A}$ 为矢量磁位(简称磁矢位)，其单位是 T·m(特斯拉·米)或 Wb/m(韦伯/米)。矢量磁位是一个辅助量。式(3-40)仅仅规定了磁矢位 $\boldsymbol{A}$ 的旋度，而 $\boldsymbol{A}$ 的散度可以任意假定。因为若 $\boldsymbol{B}=\nabla\times\boldsymbol{A}$，另一矢量 $\boldsymbol{A}'=\boldsymbol{A}+\nabla\Psi$，其中 Ψ 是一个任意标量函数，则

$$\nabla\times\boldsymbol{A}'=\nabla\times\boldsymbol{A}+\nabla\times\nabla\Psi=\nabla\times\boldsymbol{A}=\boldsymbol{B}$$

即 $\boldsymbol{A}'$ 和 $\boldsymbol{A}$ 的旋度都为 $\boldsymbol{B}$，但它们具有不同的散度。指定一个磁矢位的散度，称为一种规范。在恒定磁场中，选取磁矢位的散度为零较为方便，即

$$\nabla\cdot\boldsymbol{A}=0$$

上式称为库仑规范。

将磁矢位代入式(3-38)，得到

$$\nabla\times\nabla\times\boldsymbol{A}=\mu_0\boldsymbol{J}$$

使用矢量恒等式 $\nabla\times\nabla\times\boldsymbol{A}=-\nabla^2\boldsymbol{A}+\nabla\nabla\cdot\boldsymbol{A}$，并且代入库仑规范，有

$$\nabla^2\boldsymbol{A}=-\mu_0\boldsymbol{J} \tag{3-41}$$

上式是磁矢位满足的微分方程，称为磁矢位的泊松方程。对无源区($\boldsymbol{J}=0$)，磁矢位满足矢量拉普拉斯方程，即

$$\nabla^2\boldsymbol{A}=\boldsymbol{0}$$

式中，∇^2 是矢量拉普拉斯算符。在任意坐标系中，其展开较复杂，但在直角坐标系中，其可以写成对各个分量分别运算，即

$$\nabla^2\boldsymbol{A}=\boldsymbol{e}_x\nabla^2 A_x+\boldsymbol{e}_y\nabla^2 A_y+\boldsymbol{e}_z\nabla^2 A_z$$

从而，可得到方程式(3-41)的分量形式：

$$\nabla^2 A_x=-\mu_0 J_x$$

$$\nabla^2 A_y=-\mu_0 J_y$$

$$\nabla^2 A_z=-\mu_0 J_z$$

将这三个方程与静电场中电位的泊松方程对比，可以写出磁矢位的解：

$$A_x=\frac{\mu_0}{4\pi}\int_V\frac{J_x}{R}\mathrm{d}V$$

$$A_y=\frac{\mu_0}{4\pi}\int_V\frac{J_y}{R}\mathrm{d}V$$

$$A_z=\frac{\mu_0}{4\pi}\int_V\frac{J_z}{R}\mathrm{d}V$$

将其写成矢量形式为

$$\boldsymbol{A}=\frac{\mu_0}{4\pi}\int_V\frac{\boldsymbol{J}}{R}\mathrm{d}V \tag{3-42}$$

若磁场由面电流 $\boldsymbol{J}_S$ 产生，容易写出其磁矢位为

$$\boldsymbol{A}=\frac{\mu_0}{4\pi}\int_S\frac{\boldsymbol{J}_S}{R}\mathrm{d}S \tag{3-43}$$

同理，线电流产生的磁矢位为

$$\boldsymbol{A}=\frac{\mu_0}{4\pi}\int_l\frac{I\mathrm{d}\boldsymbol{l}}{R} \tag{3-44}$$

注意，以上三个计算磁矢位的公式，均假定电流分布在有限区域且磁矢位的零点取在无穷远处(和静电位的积分公式类似)。

磁通的计算也可以通过磁矢位表示：

$$\Phi=\int_S\boldsymbol{B}\cdot\mathrm{d}\boldsymbol{S}=\int_S(\nabla\times\boldsymbol{A})\cdot\mathrm{d}\boldsymbol{S}=\oint_C\boldsymbol{A}\cdot\mathrm{d}\boldsymbol{l} \tag{3-45}$$

其中，C 是曲面 S 的边界。

例 3-10　求长度为 l 的载流直导线的磁矢位。

解：取如图 3-13 所示的坐标系，$\boldsymbol{A}$ 只有 z 分量，场点坐标是(r, ϕ, z)。

$$A_z=\frac{\mu_0 I}{4\pi}\int_{-l/2}^{l/2}\frac{\mathrm{d}z'}{[r^2+(z-z')^2]^{1/2}}$$

$$=\frac{\mu_0 I}{4\pi}\ln\frac{(l/2-z)+[(l/2-z)^2+r^2]^{1/2}}{-(l/2+z)+[(-l/2-z)^2+r^2]^{1/2}}$$

当 $l\gg z$ 时，有

$$A_z=\frac{\mu_0 I}{4\pi}\ln\frac{l/2+[(l/2)^2+r^2]^{1/2}}{-l/2+[(-l/2)^2+r^2]^{1/2}}$$

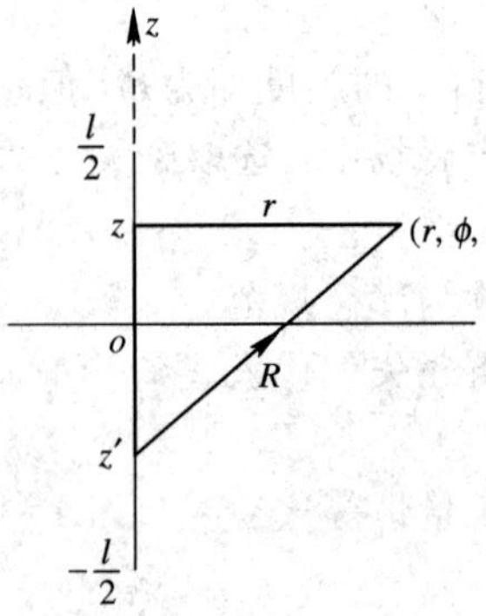

图 3-13　直导线磁矢位

上式中，若再取 $l\gg r$，则有

$$A_z=\frac{\mu_0 I}{4\pi}\ln\left(\frac{l}{r}\right)^2=\frac{\mu_0 I}{2\pi}\ln\frac{l}{r}$$

当 $l\to\infty$，上式为无穷大。这是因为当电流分布在无限区域时，不能把无穷远处作为磁矢位的参考点，而以上的计算均基于磁矢位的参考点在无穷远处。实际上，当电流分布在无限区域时，一般指定一个磁矢位的参考点，就可以使磁矢位不为无穷大。当指定 $r=r_0$ 处为磁矢位的零点时，可以得出无穷长直导线的磁矢位为

$$A_z=\frac{\mu_0 I}{2\pi}\ln\frac{r_0}{r}$$

从上式，用圆柱坐标的旋度公式可求出

$$\boldsymbol{B}=\nabla\times\boldsymbol{A}=-\boldsymbol{e}_\phi\frac{\partial A_z}{\partial r}=\boldsymbol{e}_\phi\frac{\mu_0 I}{2\pi r}$$

例 3-11　用磁矢位重新计算载流直导线的磁场。

解：坐标系如例 3-7 所示，在导线内电流均匀分布，导线外电流为零。

$$\boldsymbol{J}=\begin{cases}\boldsymbol{e}_z\dfrac{I}{\pi a^2} & r\leqslant a\\ \boldsymbol{0} & r>a\end{cases}$$

从电流分布可以知道磁矢位仅仅有 z 分量，而且它只是坐标 r 的函数，即

$$\boldsymbol{A} = \boldsymbol{e}_z A(r)$$

设在导线内磁矢位是 A_1，导线外磁矢位是 A_2，则由式(3 - 41)，得

$r<a$ 时：

$$\nabla^2 A_1 = \frac{1}{r}\frac{\partial}{\partial r}\left(r\frac{\partial A_1}{\partial r}\right) = -\frac{\mu_0 I}{\pi a^2}$$

$r>a$ 时：

$$\nabla^2 A_2 = \frac{1}{r}\frac{\partial}{\partial r}\left(r\frac{\partial A_2}{\partial r}\right) = 0$$

考虑到磁矢位只是 r 的函数，以上两个偏微分方程就化为常微分方程。对其积分，可以得出

$$A_1 = -\frac{\mu_0 I r^2}{4\pi a^2} + C_1 \ln r + C_2$$

$$A_2 = C_3 \ln r + C_4$$

其中，C_1、C_2、C_3、C_4 是待定常数。我们先确定常数 C_1。由于 $r=0$ 处磁矢位不应是无穷大，所以可以定出 $C_1=0$，其余的三个常数暂时不考虑。将磁矢位代入公式

$$\boldsymbol{B} = -\boldsymbol{e}_\phi \frac{\partial A_z}{\partial r}$$

可以求出导线内、外的磁场分别为

$$\boldsymbol{B}_1 = \boldsymbol{e}_\phi \frac{\mu_0 I r}{2\pi a^2}$$

$$\boldsymbol{B}_2 = -\boldsymbol{e}_\phi \frac{C_3}{r}$$

这里仍然有一个常数 C_3 待定。可以从分界面上沿圆周方向的磁感应强度连续(详细的论述见后面的恒定磁场边界条件一节)定出 C_3：

$$C_3 = -\frac{\mu_0 I}{2\pi}$$

导体外部的磁感应强度为

$$\boldsymbol{B}_2 = \boldsymbol{e}_\phi \frac{\mu_0 I}{2\pi r}$$

通过以上几个例题可以看出，引入磁矢位以后，简化了计算。虽然磁矢位仍然是矢量，但是它的计算要比直接计算磁感应强度容易。特别是对许多问题，在给定的坐标系下，磁矢位仅仅只有一个分量，而磁感应强度却不止一个分量。此外，如果用求解微分方程的方法计算磁矢位，常常可以引进标量函数表示它，从而把矢量方程简化为标量方程。一旦求出磁矢位，再计算其旋度，就较容易得出磁感应强度。

3.5　磁偶极子

我们先考虑一个载流 I、半径为 a 的圆形平面回路在远离回路的区域产生的磁场(如图 3 - 14 所示)。取载流回路位于 xoy 平面，并且中心在原点。因为本问题的电流分布的对称

性，所以磁矢位在球面坐标系只有 A_ϕ 分量。A_ϕ 是 r 和 θ 的函数，与 ϕ 无关。根据这一性质，可以将场点选取在 xoz 平面。

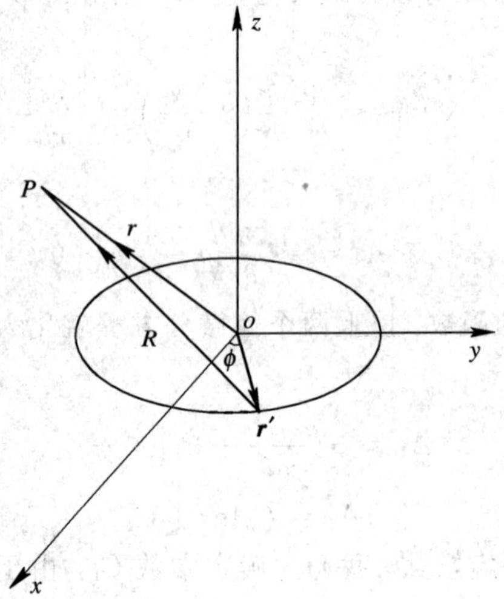

图 3-14　磁偶极子

在此平面里，A_ϕ 与直角坐标的 A_y 分量一致，它是电流元矢量 $I\mathrm{d}\boldsymbol{l}'$ 的 y 分量 $Ia\,\mathrm{d}\phi\,\cos\phi$ 所产生的磁矢位分量总和：

$$A_\phi=\frac{\mu_0}{4\pi}\int_0^{2\pi}\frac{Ia\,\cos\phi}{R}\,\mathrm{d}\phi \tag{3-46}$$

式中：

$$R=(r^2+a^2-2\boldsymbol{r}\cdot\boldsymbol{r}')^{1/2}=r\left[1+\left(\frac{a}{r}\right)^2-\frac{2\boldsymbol{r}\cdot\boldsymbol{r}'}{r^2}\right]^{1/2}$$

$$|\,\boldsymbol{r}'\,|=a$$

如果 $r\gg a$，则

$$\frac{1}{R}=\frac{1}{r}\left[1+\left(\frac{a}{r}\right)^2-\frac{2\boldsymbol{r}\cdot\boldsymbol{r}'}{r^2}\right]^{-1/2}\approx\frac{1}{r}\left(1-\frac{2\boldsymbol{r}\cdot\boldsymbol{r}'}{r^2}\right)^{-1/2}\approx\frac{1}{r}\left(1+\frac{\boldsymbol{r}\cdot\boldsymbol{r}'}{r^2}\right)$$

从图 3-14 可见：

$$\boldsymbol{r}=r(\boldsymbol{e}_x\sin\theta+\boldsymbol{e}_z\cos\theta)$$

$$\boldsymbol{r}'=a(\boldsymbol{e}_x\cos\phi+\boldsymbol{e}_y\sin\phi)$$

所以

$$\frac{1}{R}\approx\frac{1}{r}\left(1+\frac{a}{r}\sin\theta\cos\phi\right)$$

将上式代入式(3-46)，积分后得出

$$A_\phi=\frac{\mu_0}{4\pi}\frac{I\pi a^2}{r^2}\sin\theta=\frac{\mu_0 m}{4\pi r^2}\sin\theta\quad(r\gg a) \tag{3-47}$$

式中，$m=I\pi a^2$，是圆形回路磁矩的模值。一个载流回路的磁矩是一个矢量，其方向与环路的法线方向一致，大小等于电流乘以回路面积，即其定义为

$$\boldsymbol{m}=I\boldsymbol{S}$$

式中，$\boldsymbol{S}$ 是回路的有向面积。注意，这一定义并不局限于平面回路，可以是三维空间的任意

闭曲线。这时，$\boldsymbol{S}=\int_S \mathrm{d}\boldsymbol{S}'$，$\mathrm{d}\boldsymbol{S}'$ 是有向面积元，积分区域是以电流环为周界的任意曲面，这个任意性并不影响所得有向面积的矢量值。

我们可将式(3－47)改写为

$$\boldsymbol{A}=\frac{\mu_0}{4\pi}\frac{\boldsymbol{m}\times\boldsymbol{r}}{r^3}\quad(r\gg a)\tag{3-48}$$

对式(3－47)在球面坐标系中求旋度，得出磁场：

$$\boldsymbol{B}=\nabla\times\boldsymbol{A}=\frac{1}{r^2\sin\theta}\begin{vmatrix}\boldsymbol{e}_r & r\boldsymbol{e}_\theta & r\sin\theta\boldsymbol{e}_\phi\\ \dfrac{\partial}{\partial r} & \dfrac{\partial}{\partial\theta} & \dfrac{\partial}{\partial\phi}\\ A_r & rA_\theta & r\sin\theta A_\phi\end{vmatrix}$$

$$=\frac{\mu_0 m}{4\pi r^3}(\boldsymbol{e}_r 2\cos\theta+\boldsymbol{e}_\theta\sin\theta)\tag{3-49}$$

这一磁场与电偶极子的电场强度相似，所以将载有恒定电流的小回路称为磁偶极子。应注意，对于任一载流回路，不论其电流及形状如何，只要其磁矩 $\boldsymbol{m}$ 给定，远区的磁场表达式均相同。在远区(观察点到导线的距离远大于回路的尺度)，磁偶极子的磁力线与电偶极子的电力线具有相同的分布。但是应注意，在近区，二者并不相同，因为电力线从正电荷出发，到负电荷终止，而磁力线总是没有头尾的闭合曲线。磁偶极子的磁位和磁场，在讨论介质的磁化问题时很重要。

位于点 $\boldsymbol{r}'$ 的磁矩为 $\boldsymbol{m}$ 的磁偶极子，在点 $\boldsymbol{r}$ 处产生的磁矢位为

$$\boldsymbol{A}(\boldsymbol{r})=\frac{\mu_0}{4\pi}\frac{\boldsymbol{m}\times(\boldsymbol{r}-\boldsymbol{r}')}{|\boldsymbol{r}-\boldsymbol{r}'|^3}$$

位于外磁场 $\boldsymbol{B}$ 中的磁偶极子 $\boldsymbol{m}$，会受到外磁场的作用力及其力矩。这里仅仅给出作用力及力矩的公式。作用力为

$$\boldsymbol{F}=(\boldsymbol{m}\cdot\nabla)\boldsymbol{B}$$

力矩为

$$\boldsymbol{T}=\boldsymbol{m}\times\boldsymbol{B}$$

3.6　磁介质中的场方程

前几节我们讨论了真空中恒定磁场的基本规律。当空间存在磁介质时，磁介质在磁场的作用下要产生磁化。正如极化的电介质要产生电场一样，磁化的磁介质也产生磁场，它产生的磁场叠加在原来的磁场上，引起磁场的改变。现在讨论磁介质内部恒定磁场的基本规律。

3.6.1　磁化强度

在普通物理课程中，我们学习过任何物质原子内部的电子总是沿轨道作公转运动，同时作自旋运动。电子运动时所产生的效应与回路电流所产生的效应相同。物质分子内所有电子对外部所产生的磁效应总和可用一个等效回路电流表示，这个等效回路电流称为分子

电流，分子电流的磁矩叫作分子磁矩。

在外磁场的作用下，电子的运动状态要产生变化，这种现象称为物质的磁化。能被引起磁化的物质叫磁介质。磁介质分为三类：抗磁性磁介质(如金、银、铜、石墨、锗、氯化钠等)；顺磁性磁介质(如氮气、硫酸亚铁等)；铁磁性磁介质(如铁、镍、钴等)。这三类磁介质在外磁场的作用下，都要产生感应磁矩，且物质内部的固有磁矩沿外磁场方向取向，这种现象叫作物质的磁化。磁化介质可以看作真空中沿一定方向排列的磁偶极子的集合。为了定量描述介质磁化程度的强弱，引入一个宏观物理量磁化强度 $\boldsymbol{M}$，其定义为介质内单位体积内的分子磁矩，即

$$\boldsymbol{M}=\lim_{\Delta V\to 0}\frac{\sum \boldsymbol{m}}{\Delta V} \tag{3-50}$$

式中 $\boldsymbol{m}$ 是分子磁矩，求和对体积元 ΔV 内的所有分子进行。磁化强度 $\boldsymbol{M}$ 的单位是 A/m(安培/米)。如在磁化介质中的体积元 ΔV 内，每一个分子磁矩的大小和方向全相同(都为 $\boldsymbol{m}$)，单位体积内分子数是 N，则磁化强度为

$$\boldsymbol{M}=\frac{N\Delta V\boldsymbol{m}}{\Delta V}=N\boldsymbol{m} \tag{3-51}$$

3.6.2　磁化电流

磁介质被外磁场磁化以后，就可以看作真空中的一系列磁偶极子。磁化介质产生的附加磁场实际上就是这些磁偶极子在真空中产生的磁场。磁化介质中由于分子磁矩的有序排列，在介质内部要产生某一个方向的净电流，在介质的表面也要产生宏观面电流。下面计算磁化电流密度。如图 3-15 所示，设 P 为磁化介质外部的一点，磁化介质内部 $\boldsymbol{r}'$ 处体积元 $\Delta V'$ 内的磁偶极矩为 $\boldsymbol{M}\Delta V'$，它在 $\boldsymbol{r}$ 处产生的磁矢位为

$$\Delta\boldsymbol{A}=\frac{\mu_0}{4\pi}\frac{\boldsymbol{M}(\boldsymbol{r}')\Delta V'\times\boldsymbol{R}}{R^3}$$

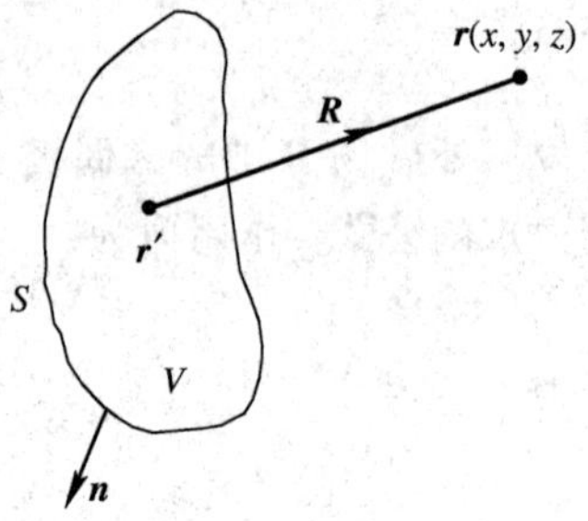

图 3-15　磁化介质的场

全部磁介质在 $\boldsymbol{r}$ 处产生的磁矢位为

$$\begin{aligned}\boldsymbol{A}&=\frac{\mu_0}{4\pi}\int_V\frac{\boldsymbol{M}(\boldsymbol{r}')\times\boldsymbol{R}}{R^3}\,\mathrm{d}V'\\&=\frac{\mu_0}{4\pi}\int_V\boldsymbol{M}\times\nabla'\frac{1}{R}\,\mathrm{d}V'\end{aligned}$$

可以将上式改写为

$$\boldsymbol{A}=\frac{\mu_0}{4\pi}\int_V\frac{\nabla'\times\boldsymbol{M}}{R}\,\mathrm{d}V'-\frac{\mu_0}{4\pi}\int_V\nabla'\times\frac{\boldsymbol{M}}{R}\,\mathrm{d}V'$$

再用恒等式

$$\int_V\nabla\times\boldsymbol{F}\,\mathrm{d}V=-\oint_S\boldsymbol{F}\times\mathrm{d}\boldsymbol{S}$$

可将磁矢位的表示式变形为

$$\boldsymbol{A}=\frac{\mu_0}{4\pi}\int_V\frac{\nabla'\times\boldsymbol{M}}{R}\,\mathrm{d}V'+\frac{\mu_0}{4\pi}\int_S\frac{\boldsymbol{M}\times\boldsymbol{n}'}{R}\,\mathrm{d}S'$$

上式中，$\boldsymbol{n}'$是磁介质表面的单位外法向矢量，第一项与体分布电流产生的磁矢位表达式相同，第二项与面分布电流产生的磁矢位表达式相同。因此，磁化介质所产生的磁矢位可以看作等效体电流和面电流在真空中共同产生的。等效体电流和面电流密度分别为

$$\boldsymbol{J}_m = \nabla \times \boldsymbol{M} \tag{3-52}$$

$$\boldsymbol{J}_{mS} = \boldsymbol{M} \times \boldsymbol{n} \tag{3-53}$$

其中，$\boldsymbol{n}$ 是磁化介质表面的外法向。这个等效电流也叫作磁化电流(如图 3-16 所示)，或叫束缚电流。

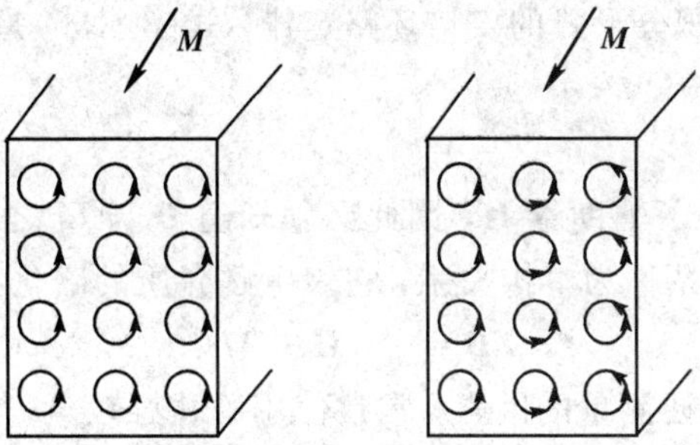

图 3-16 磁化电流示意图

例 3-12 半径为 a、高为 L 的磁化介质柱(如图 3-17 所示)，磁化强度为 $\boldsymbol{M}_0$($\boldsymbol{M}_0$ 为常矢量，且与圆柱的轴线平行)，求磁化电流 $\boldsymbol{J}_m$ 和磁化面电流 $\boldsymbol{J}_{mS}$。

解：取圆柱坐标系的 z 轴和磁介质柱的中轴线重合，磁介质的下底面位于 $z=0$ 处，上底面位于 $z=L$ 处。此时，$\boldsymbol{M}=M_0\boldsymbol{e}_z$，由式(3-52)得磁化电流为

$$\boldsymbol{J}_m = \nabla \times \boldsymbol{M} = \nabla \times (M_0\boldsymbol{e}_z) = \boldsymbol{0}$$

在界面 $z=0$ 上，$\boldsymbol{n}=-\boldsymbol{e}_z$，有

$$\boldsymbol{J}_{mS} = \boldsymbol{M} \times \boldsymbol{n} = M_0\boldsymbol{e}_z \times (-\boldsymbol{e}_z) = \boldsymbol{0}$$

在界面 $z=L$ 上，$\boldsymbol{n}=\boldsymbol{e}_z$，有

$$\boldsymbol{J}_{mS} = \boldsymbol{M} \times \boldsymbol{n} = M_0\boldsymbol{e}_z \times \boldsymbol{e}_z = \boldsymbol{0}$$

在界面 $r=a$ 上，$\boldsymbol{n}=\boldsymbol{e}_r$，有

$$\boldsymbol{J}_{mS} = \boldsymbol{M} \times \boldsymbol{n} = M_0\boldsymbol{e}_z \times \boldsymbol{e}_r = M_0\boldsymbol{e}_\phi$$

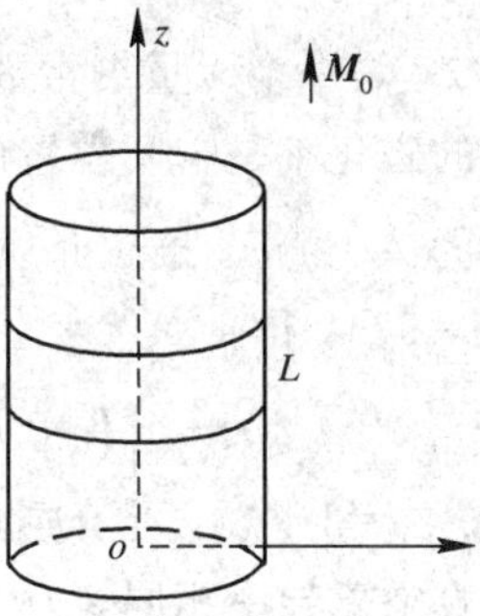

图 3-17 例 3-12 用图

3.6.3 磁场强度

在外磁场的作用下，磁介质内部有磁化电流 $\boldsymbol{J}_m$。磁化电流 $\boldsymbol{J}_m$和外加的电流 $\boldsymbol{J}$ 都产生磁场，这时应将真空中的安培环路定律修正为下面的形式：

$$\oint_C \boldsymbol{B} \cdot \mathrm{d}\boldsymbol{l} = \mu_0(I + I_m) = \mu_0\int_S (\boldsymbol{J} + \boldsymbol{J}_m) \cdot \mathrm{d}\boldsymbol{S}$$

将式(3-52)代入上式，得

$$\oint_C \boldsymbol{B} \cdot \mathrm{d}\boldsymbol{l} = \mu_0 I + \mu_0\oint_C \boldsymbol{M} \cdot \mathrm{d}\boldsymbol{l}$$

将上式改写为

$$\oint_C \left(\frac{\boldsymbol{B}}{\mu_0} - \boldsymbol{M}\right) \cdot \mathrm{d}\boldsymbol{l} = I$$

令

$$\boldsymbol{H}=\frac{\boldsymbol{B}}{\mu_0}-\boldsymbol{M} \tag{3-54}$$

其中 $\boldsymbol{H}$ 称为磁场强度，单位是 A/m(安培/米)。于是有

$$\oint_C \boldsymbol{H}\cdot \mathrm{d}\boldsymbol{l}=I \tag{3-55}$$

与上式相应的微分形式是

$$\nabla\times\boldsymbol{H}=\boldsymbol{J} \tag{3-56}$$

式(3－55)称为磁介质中积分形式的安培环路定律，式(3－56)是其微分形式。

3.6.4 磁导率

由于在磁介质中引入了辅助量 $\boldsymbol{H}$，因此必须知道 $\boldsymbol{B}$ 与 $\boldsymbol{H}$ 之间的关系才能最后解出磁感应强度 $\boldsymbol{B}$。$\boldsymbol{B}$ 和 $\boldsymbol{H}$ 的关系称为本构关系，它表示磁介质的磁化特性。将式(3－54)改写为

$$\boldsymbol{B}=\mu_0(\boldsymbol{H}+\boldsymbol{M}) \tag{3-57}$$

由于历史上的原因以及方便测量的因素，常常使用磁化强度 $\boldsymbol{M}$ 与磁场强度 $\boldsymbol{H}$ 之间的关系来表征磁介质的特性，并按照 $\boldsymbol{M}$ 与 $\boldsymbol{H}$ 之间的不同关系，将磁介质分为各向同性与各向异性、线性与非线性以及均匀与非均匀等类别。对于线性各向同性的均匀磁介质，$\boldsymbol{M}$ 与 $\boldsymbol{H}$ 间的关系为

$$\boldsymbol{M}=\chi_m\boldsymbol{H} \tag{3-58}$$

式中 χ_m 是一个无量纲常数，称为磁化率。非线性磁介质的磁化率与磁场强度有关，非均匀介质的磁化率是空间位置的函数，各向异性介质的 $\boldsymbol{M}$ 和 $\boldsymbol{H}$ 的方向不在同一方向上。顺磁介质的 χ_m 为正，抗磁介质的 χ_m 为负。这两类介质的 χ_m 约为 10^{-5} 量级。将式(3－58)代入式(3－57)，得

$$\boldsymbol{B}=\mu_0(\boldsymbol{H}+\boldsymbol{M})=\mu_0(1+\chi_m)\boldsymbol{H}=\mu_r\mu_0\boldsymbol{H}=\mu\boldsymbol{H} \tag{3-59}$$

式中：$\mu_r=1+\chi_m$，是介质的相对磁导率，是一个无量纲数；$\mu=\mu_0\mu_r$，是介质的磁导率，单位和真空磁导率相同，为 H/m(亨/米)。

铁磁材料的 $\boldsymbol{B}$ 和 $\boldsymbol{H}$ 的关系是非线性的，并且 $\boldsymbol{B}$ 不是 $\boldsymbol{H}$ 的单值函数，会出现磁滞现象，其磁化率 χ_m 的变化范围很大，可以达到 10^6 量级。

3.6.5 磁介质中恒定磁场的基本方程

综上所述，我们得到磁介质中描述磁场的基本方程为

$$\nabla\times\boldsymbol{H}=\boldsymbol{J} \tag{3-60}$$

$$\nabla\cdot\boldsymbol{B}=0 \tag{3-61}$$

$$\boldsymbol{B}=\mu\boldsymbol{H} \tag{3-62}$$

式(3－60)和式(3－61)是介质中恒定磁场方程的微分形式，其相应的积分形式为

$$\oint_S \boldsymbol{B}\cdot \mathrm{d}\boldsymbol{S}=0 \tag{3-63}$$

$$\oint_C \boldsymbol{H}\cdot \mathrm{d}\boldsymbol{l}=\int_S \boldsymbol{J}\cdot \mathrm{d}\boldsymbol{S} \tag{3-64}$$

由式(3－61)可以看出，在介质中同样可以定义磁矢位 $\boldsymbol{A}$，使 $\boldsymbol{B}=\nabla\times\boldsymbol{A}$。在线性均匀各向同性介质中，如采用库仑规范，那么磁矢位的微分方程为

$$\nabla^2\boldsymbol{A}=-\mu\boldsymbol{J} \tag{3-65}$$

例 3－13　同轴线的内导体半径为 a，外导体的内半径为 b，外半径为 c，如图 3－18 所示。设内、外导体分别流过反向的电流 I，两导体之间介质的磁导率为 μ，求各区域的 $\boldsymbol{H}$、$\boldsymbol{B}$、$\boldsymbol{M}$。

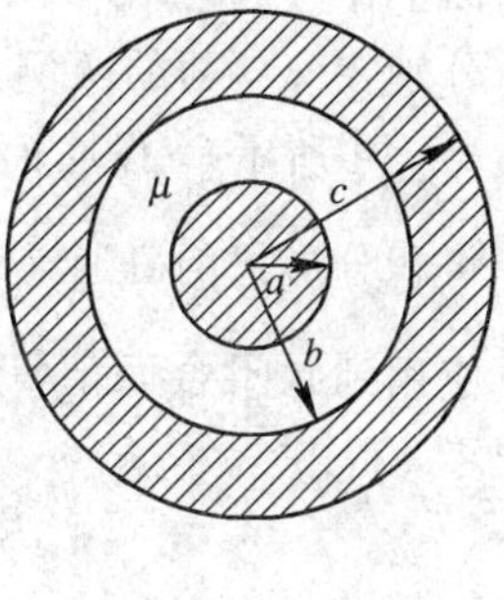

图 3－18　同轴线示意图

解：以后如无特别声明，对良导体(不包括铁等磁性物质)一般取其磁导率为 μ_0。因同轴线为无限长，则其磁场沿轴线无变化，该磁场只有 ϕ 分量，且其大小只是 r 的函数。分别在各区域使用介质中的安培环路定律 $\oint_C \boldsymbol{H}\cdot d\boldsymbol{l}=\int_S \boldsymbol{J}\cdot d\boldsymbol{S}$，求出各区的磁场强度 $\boldsymbol{H}$，然后由 $\boldsymbol{H}$ 求出 $\boldsymbol{B}$ 和 $\boldsymbol{M}$。

当 $r\leqslant a$ 时，电流 I 在导体内均匀分布，且流向 $+z$ 方向。由安培环路定律得

$$\boldsymbol{H}=\boldsymbol{e}_\phi\frac{Ir}{2\pi a^2}\quad(r\leqslant a)$$

考虑这一区域的磁导率为 μ_0，可得

$$\boldsymbol{B}=\boldsymbol{e}_\phi\frac{\mu_0 Ir}{2\pi a^2}\quad(r\leqslant a)$$

$$\boldsymbol{M}=\boldsymbol{0}\qquad(r\leqslant a)$$

当 $a<r\leqslant b$ 时，与积分回路交链的电流为 I，该区磁导率为 μ，可得

$$\boldsymbol{H}=\boldsymbol{e}_\phi\frac{I}{2\pi r}\qquad(a<r\leqslant b)$$

$$\boldsymbol{B}=\boldsymbol{e}_\phi\frac{\mu I}{2\pi r}\qquad(a<r\leqslant b)$$

$$\boldsymbol{M}=\boldsymbol{e}_\phi\frac{\mu-\mu_0}{\mu_0}\frac{I}{2\pi r}\qquad(a<r\leqslant b)$$

当 $b<r\leqslant c$ 时，考虑到外导体电流均匀分布，可得出与积分回路交链的电流为

$$I'=I-\frac{r^2-b^2}{c^2-b^2}I$$

则

$$\boldsymbol{H}=\boldsymbol{e}_\phi\frac{I}{2\pi r}\frac{c^2-r^2}{c^2-b^2}\qquad(b<r\leqslant c)$$

$$\boldsymbol{B}=\boldsymbol{e}_\phi\frac{\mu_0 I}{2\pi r}\frac{c^2-r^2}{c^2-b^2}\qquad(b<r\leqslant c)$$

$$\boldsymbol{M}=\boldsymbol{0}\qquad(b<r\leqslant c)$$

当 $r>c$ 时，这一区域的 $\boldsymbol{B}$、$\boldsymbol{H}$、$\boldsymbol{M}$ 为零。

3.7　恒定磁场的边界条件

在不同磁介质的分界面上，磁场是不连续的，$\boldsymbol{B}$ 和 $\boldsymbol{H}$ 在经过界面时会发生突变。场矢

量在不同磁介质的界面上的变化规律叫作边界条件。我们可以由恒定磁场基本方程的积分形式导出恒定磁场的边界条件。

先推导 $\boldsymbol{B}$ 的法向分量的边界条件。在分界面上作一圆柱状小闭合面，圆柱的顶面和底面分别在分界面的两侧，且都与分界面平行(如图 3－19 所示)。设底面和顶面的面积均等于 ΔS。将积分形式的磁通连续性原理(即$\oint_S \boldsymbol{B}\cdot d\boldsymbol{S}=0$)应用到此闭合面上，假设圆柱体的高度 h 趋于零，得

$$-\boldsymbol{B}_1\cdot\boldsymbol{n}\Delta S+\boldsymbol{B}_2\cdot\boldsymbol{n}\Delta S=0$$

$$B_{2n}=B_{1n} \tag{3-66}$$

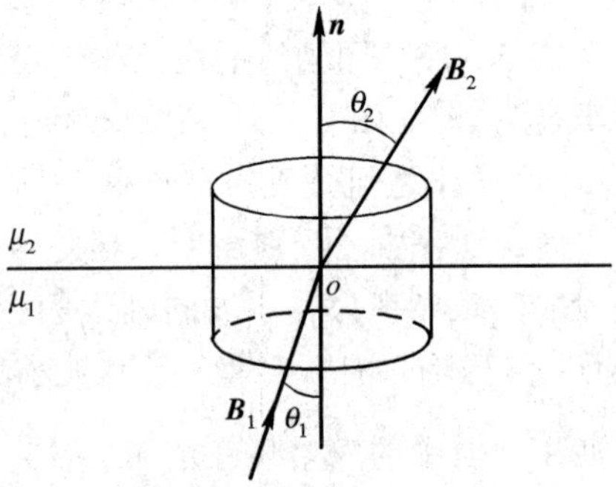

图 3－19　B 的边界条件

写成矢量形式为

$$\boldsymbol{n}\cdot(\boldsymbol{B}_2-\boldsymbol{B}_1)=0 \tag{3-67}$$

上式称为磁感应强度矢量法向分量的边界条件，它说明磁感应强度的法向分量在两种磁介质的界面上是连续的。

再来推导 $\boldsymbol{H}$ 的切向分量的边界条件。在分界面上作一小矩形回路，回路的两边分别位于分界面两侧，回路的高 $h\to 0$，令 $\boldsymbol{n}$ 表示界面上 Δl 中点处的法向单位矢，$\boldsymbol{l}^\circ$表示该点的切向单位矢，$\boldsymbol{b}$ 为垂直于 $\boldsymbol{n}$、$\boldsymbol{l}^\circ$的单位矢(注意，$\boldsymbol{b}$ 也是界面的切向单位矢，$\boldsymbol{b}$ 和积分回路C 垂直，而 $\boldsymbol{l}^\circ$ 位于积分回路 C 内)，如图 3－20 所示。将介质中积分形式的安培环路定律

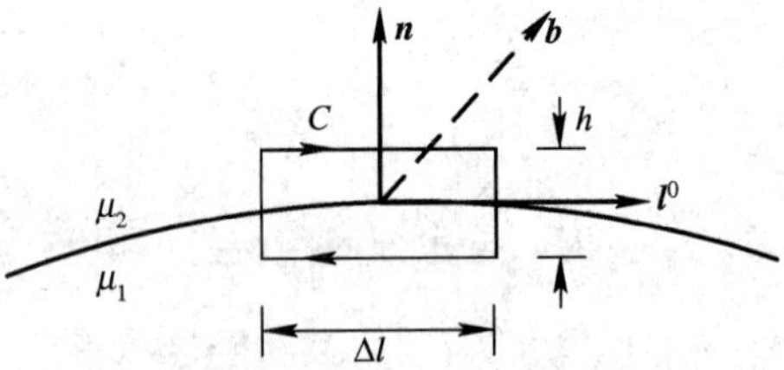

图 3－20　H 的边界条件

$$\oint_C \boldsymbol{H}\cdot d\boldsymbol{l}=\int_S \boldsymbol{J}\cdot d\boldsymbol{S}$$

应用在这一回路，得

$$(\boldsymbol{H}_2\cdot\boldsymbol{l}^\circ-\boldsymbol{H}_1\cdot l^\circ)\Delta l=\int_S \boldsymbol{J}\cdot d\boldsymbol{S}$$

若界面上的电流可以看成面电流，则

$$\int_S \boldsymbol{J}\cdot d\boldsymbol{S}=\boldsymbol{J}_S\cdot\boldsymbol{b}\Delta l$$

于是有

$$\boldsymbol{l}^\circ\cdot(\boldsymbol{H}_2-\boldsymbol{H}_1)\Delta l=\boldsymbol{J}_S\cdot\boldsymbol{b}\Delta l$$

考虑到 $\boldsymbol{l}^\circ=\boldsymbol{b}\times\boldsymbol{n}$，得

$$(\boldsymbol{b}\times\boldsymbol{n})\cdot(\boldsymbol{H}_2-\boldsymbol{H}_1)=\boldsymbol{J}_S\cdot\boldsymbol{b}$$

使用矢量恒等式

$$(\boldsymbol{A}\times\boldsymbol{B})\cdot\boldsymbol{C}=(\boldsymbol{B}\times\boldsymbol{C})\cdot\boldsymbol{A}$$

可得

$$[\boldsymbol{n}\times(\boldsymbol{H}_2-\boldsymbol{H}_1)]\cdot\boldsymbol{b}=\boldsymbol{J}_S\cdot\boldsymbol{b}$$

上式中，$\boldsymbol{b}$ 是界面的切面内的任意矢量($\boldsymbol{l}^\circ$ 也是切面内任意矢量)，$\boldsymbol{J}_S$ 和 $\boldsymbol{n}\times(\boldsymbol{H}_2-\boldsymbol{H}_1)$都位于切面内。因此由上式可得

$$\boldsymbol{n}\times(\boldsymbol{H}_2-\boldsymbol{H}_1)=\boldsymbol{J}_S \tag{3-68}$$

式(3-68)就是两种磁介质边界面上磁场强度 $\boldsymbol{H}$ 的边界条件。它说明磁场强度的切向分量在界面两侧不连续。如果无面电流($\boldsymbol{J}_S=0$)，则这一边界条件变为

$$\boldsymbol{n}\times(\boldsymbol{H}_2-\boldsymbol{H}_1)=\boldsymbol{0} \tag{3-69}$$

用下标 t 表示切向分量，上式可以写成标量形式：

$$H_{2t}=H_{1t} \tag{3-70}$$

假设磁场 $\boldsymbol{B}_2$ 与法向 $\boldsymbol{n}$ 的夹角为 θ_2，$\boldsymbol{B}_1$ 与 $\boldsymbol{n}$ 的夹角为 θ_1(如图 3-19 所示)，则式(3-70)和式(3-66)可写成

$$H_2\sin\theta_2=H_1\sin\theta_1$$
$$B_2\cos\theta_2=B_1\cos\theta_1$$

上面两式相除，并注意 $B_2=\mu_2H_2$，$B_1=\mu_1H_1$，得

$$\frac{\tan\theta_1}{\tan\theta_2}=\frac{\mu_1}{\mu_2} \tag{3-71}$$

这表明，磁力线在分界面上通常要改变方向。若介质 1 为铁磁材料，介质 2 为空气，此时 $\mu_2\ll\mu_1$，因而 $\theta_2\ll\theta_1$，由式(3-66)得 $B_2\ll B_1$。

假如 $\mu_1=1000\mu_0$，$\mu_2=\mu_0$，在这种情况下，当 $\theta_1=87°$时，$\theta_2=1.09°$，$B_2/B_1=0.052$。由此可见，铁磁材料内部的磁感应强度远大于外部的磁感应强度，同时外部的磁力线几乎与铁磁材料表面垂直。

3.8　标量磁位

根据磁介质中恒定磁场的基本方程式(3-60)可知，在无自由电流($\boldsymbol{J}=\boldsymbol{0}$)的区域里，磁场强度 $\boldsymbol{H}$ 是无旋的。此时，磁场强度可以表示为一个标量函数的负梯度，即

$$\boldsymbol{H}=-\nabla\varphi_m \tag{3-72}$$

φ_m 称为磁场的标量位函数(简称为标量磁位或磁标位)，单位为 A(安培)。上式中的负号是为了与静电位对应而人为加入的。

在均匀介质中，由式(3-60)和式(3-61)可得

$$\nabla\cdot\boldsymbol{B}=\nabla\cdot(\mu\boldsymbol{H})=\mu\nabla\cdot\boldsymbol{H}=0$$

将式(3-72)代入到上式中，可得磁标位满足拉普拉斯方程，即

$$\nabla^2\varphi_m=0 \tag{3-73}$$

所以用微分方程求磁标位时，也同静电位一样，是求拉普拉斯方程的解。磁场的边界条件用磁标位表示时，为

$$B_{2n}=B_{1n}\rightarrow\mu_2\frac{\partial\varphi_{m2}}{\partial n}=\mu_1\frac{\partial\varphi_{m1}}{\partial n} \tag{3-74}$$

$$H_{2t}=H_{1t}\rightarrow\varphi_{m2}=\varphi_{m1} \tag{3-75}$$

磁标位在求解永磁体的磁场问题时比较方便(因其内无自由电流)。永磁体的磁导率远

大于空气的磁导率，因而永磁体表面是一个等位(磁标位)面，这时可以用静电比拟法来计算永磁体的磁场。

以上我们讨论的是均匀磁介质中无自由电流时磁标位的微分方程。对非均匀介质，在无源区($\boldsymbol{J}=0$)引入磁荷的概念后，磁标位满足泊松方程，即

$$\nabla^2 \varphi_{\mathrm{m}} = -\rho_{\mathrm{m}} \tag{3-76}$$

式中：

$$\rho_{\mathrm{m}} = -\nabla \cdot \boldsymbol{M} \tag{3-77}$$

ρ_{m} 是等效磁荷体密度。此时边界条件式(3-75)不变，而式(3-74)要作相应的修改，详细内容请参看有关书籍。

3.9　互感和自感

在线性磁介质中，任一回路在空间产生的磁场与回路电流成正比，因而穿过任意的固定回路的磁通量 Φ 也与电流成正比。如果回路由细导线绕成 N 匝，则总磁通量是各匝的磁通之和。称总磁通为磁链，用 Ψ 表示。对于密绕线圈，可以近似认为各匝的磁通相等，从而有 $\Psi=N\Phi$。

一个回路的自感定义为回路的磁链和回路电流之比，用 L 表示，即

$$L = \frac{\Psi}{I} \tag{3-78}$$

自感的单位是 H(亨利)。自感的大小取决于回路的尺寸、形状以及介质的磁导率。

我们用 Ψ_{12} 表示载流回路 C_1 的磁场在回路 C_2 上产生的磁链。显然 Ψ_{12} 与电流 I_1 成正比，这一比值称为互感，如图 3-21 所示，即

$$M_{12} = \frac{\Psi_{12}}{I_1} \tag{3-79a}$$

互感的单位与自感相同。同样，我们可以用载流回路 C_2 的磁场在回路 C_1 上产生的磁链 Ψ_{21} 与电流 I_2 的比来定义互感 M_{21}，即

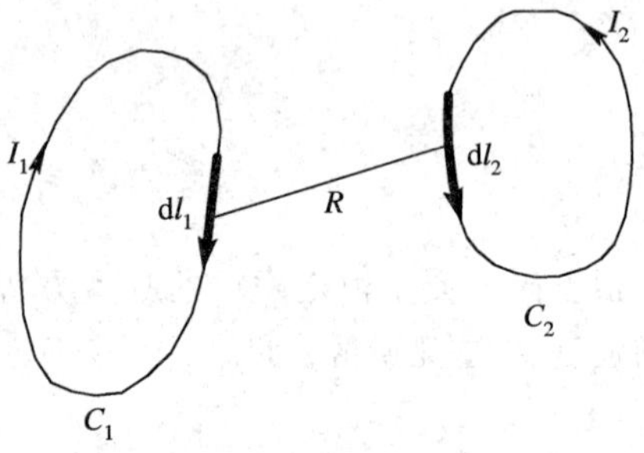

图 3-21　互感

$$M_{21} = \frac{\Psi_{21}}{I_2} \tag{3-79b}$$

互感的大小也取决于回路的尺寸、形状以及介质的磁导率和回路的匝数。

现在推导互感的计算公式。如图 3-21 所示，当导线的直径远小于回路的尺寸而且也远小于两个回路之间的最近距离时，两回路都可以用轴线的几何回路代替。设两个回路都只有一匝。当回路 C_1 载有电流 I_1 时，C_2 上的磁链为

$$\Psi_{12} = \Phi_{12} = \int_{S_2} \boldsymbol{B}_1 \cdot \mathrm{d}\boldsymbol{S}_2 = \oint_{C_2} \boldsymbol{A}_{12} \cdot \mathrm{d}\boldsymbol{l}_2$$

式中，$\boldsymbol{A}_{12}$ 为电流 I_1 在 C_2 上的磁矢位，即

$$\boldsymbol{A}_{12}=\frac{\mu_0 I_1}{4\pi}\oint_{C_1}\frac{\mathrm{d}\boldsymbol{l}_1}{R}$$

因而

$$\Psi_{12}=\frac{\mu_0 I_1}{4\pi}\oint_{C_2}\oint_{C_1}\frac{\mathrm{d}\boldsymbol{l}_1\cdot\mathrm{d}\boldsymbol{l}_2}{R}$$

$$M_{12}=\frac{\Psi_{12}}{I_1}=\frac{\mu_0}{4\pi}\oint_{C_2}\oint_{C_1}\frac{\mathrm{d}\boldsymbol{l}_1\cdot\mathrm{d}\boldsymbol{l}_2}{R} \tag{3-80}$$

由上式可以看出：

$$M_{12}=M_{21}=M$$

这说明互感具有互易性质。互感的计算公式(3-80)称为诺伊曼公式。互感 M 可以为正，也可以为负，取决于回路正向的选择。若 I_1 在 C_2 中的磁通为正，则 $M>0$，反之，$M<0$。

对于自感，也能写成式(3-80)的形式：

$$L=\frac{\mu_0}{4\pi}\oint_{C}\oint_{C}\frac{\mathrm{d}\boldsymbol{l}_1\cdot\mathrm{d}\boldsymbol{l}_2}{R} \tag{3-81}$$

式中 $\mathrm{d}\boldsymbol{l}_1$ 和 $\mathrm{d}\boldsymbol{l}_2$ 都是沿回路 C 的线元，它们之间的距离为 R(如图 3-22 所示)。当两个线元重合($R=0$)时，积分值趋于无穷大，这是由于忽略了回路导线的截面所致。为了用诺伊曼公式计算自感，就必须考虑导线的横截面积。计及横截面的因素以后，可以将自磁链分为外磁链 Ψ_e 和内磁链 Ψ_i 两部分，相应的自感也分为外自感 L_e 和内自感 L_i。Ψ_e 是通过导体外部与回路的全部电流交链的磁链；而 Ψ_i 为通过导体内部，因而只与部分电流交链的磁链。计算外磁链时，可近似认为全部电流 I 集中在导体回路的轴线 C_1 上，并将此电流的磁场与导体回路的内缘 C_2 所交链的磁链作为外磁链，这样得出外自感为

$$L_e=\frac{\mu_0}{4\pi}\oint_{C_2}\oint_{C_1}\frac{\mathrm{d}\boldsymbol{l}_1\cdot\mathrm{d}\boldsymbol{l}_2}{R} \tag{3-82}$$

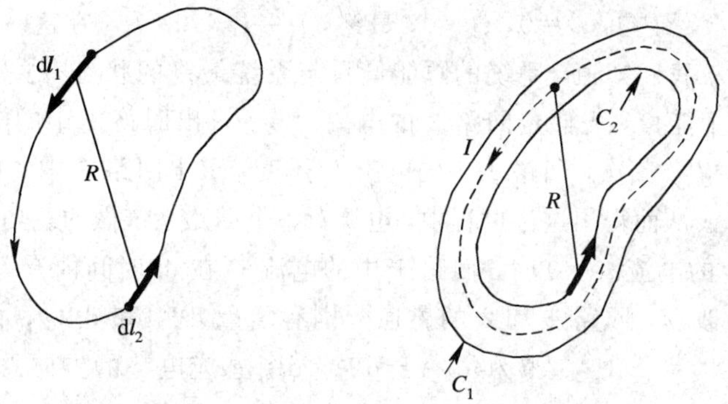

图 3-22　内自感

例 3-14　求无限长平行双导线(如图 3-23 所示)单位长外自感。

解：设导线中电流为 I。由无限长导线的磁场公式，可得两导线之间轴线所在的平面上的磁感应强度为

$$B=\frac{\mu_0 I}{2\pi x}+\frac{\mu_0 I}{2\pi(d-x)}$$

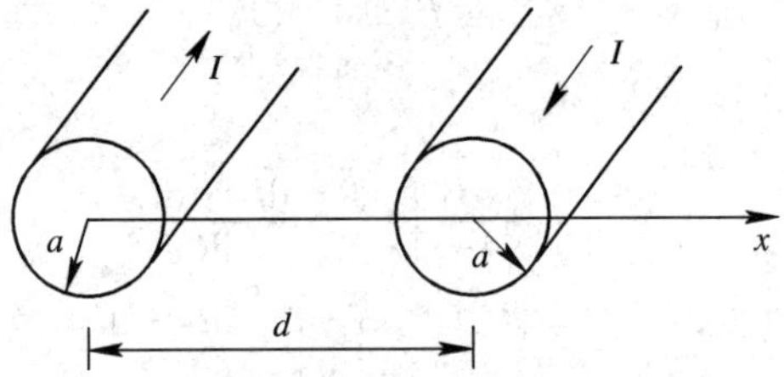

图 3-23　平行双导线

磁场的方向与导线回路平面垂直。单位长度上的外磁链为

$$\Psi=\int_a^{d-a}B\mathrm{d}x=\frac{\mu_0 I}{\pi}\ln\frac{d-a}{a}$$

所以单位长外自感为

$$L=\frac{\mu_0}{\pi}\ln\frac{d-a}{a}$$

注意，虽然诺伊曼公式提供了计算回路互感的一般方法，但是实际应用起来常常导致十分繁难的积分。当由电流分布可较容易地求出磁场时，使用式(3-78)和式(3-79)求自感和互感较为方便。诺伊曼公式证明了两个回路互感的互易性，证明了电感与回路的几何结构有关，与介质的磁导率有关，而与电流无关。

3.10　磁场能量

为简单起见，先计算两个分别载流 I_1 和 I_2 的电流回路系统所储存的磁场能量。假定回路的形状、相对位置不变，同时忽略焦耳热损耗。在建立磁场的过程中，两回路的电流分别为 $i_1(t)$和 $i_2(t)$，最初，$i_1=0$，$i_2=0$，最终，$i_1=I_1$，$i_2=I_2$。在这一过程中，电源做的功转变成磁场能量。我们知道，系统的总能量只与系统最终的状态有关，与建立状态的方式无关。为计算这个能量，先假定回路 2 的电流为零，求出回路 1 中的电流 i_1 从零增加到 I_1 时，电源做的功 W_1；其次，回路 1 中的电流 I_1 不变，求出回路 2 中的电流从零增加到 I_2 时，电源做的功 W_2。从而得出这一过程中，电源对整个回路系统做的总功 $W_m=W_1+W_2$。

当保持回路 2 的电流 $i_2=0$ 时，回路 1 中的电流 i_1 在 $\mathrm{d}t$ 时间内有一个增量 $\mathrm{d}i_1$，周围空间的磁场将发生改变，回路 1 和 2 的磁通分别有增量 $\mathrm{d}\Psi_{11}$ 和 $\mathrm{d}\Psi_{12}$，相应地在两个回路中要产生感应电势 $\mathscr{E}_1=-\mathrm{d}\Psi_{11}/\mathrm{d}t$ 和 $\mathscr{E}_2=-\mathrm{d}\Psi_{12}/\mathrm{d}t$。感应电势的方向总是阻止电流增加。因而，为使回路 1 中的电流得到增量 $\mathrm{d}i_1$，必须在回路 1 中外加电压 $U_1=-\mathscr{E}_1$；为使回路 2 电流为零，也必须在回路 2 中加上电压 $U_2=-\mathscr{E}_2$。所以在 $\mathrm{d}t$ 时间里，电源做功为

$$\mathrm{d}W_1=U_1 i_1\mathrm{d}t+U_2 i_2\mathrm{d}t=U_1 i_1\mathrm{d}t=-\mathscr{E}_1 i_1\mathrm{d}t=i_1\mathrm{d}\Psi_{11}=L_1 i_1\mathrm{d}i_1$$

在回路的电流从零到 I_1 的过程中，电源做功为

$$W_1=\int\mathrm{d}W_1=\int_0^{I_1}L_1 i_1\mathrm{d}i_1=\frac{1}{2}L_1 I_1^2$$

下面计算当回路 1 的电流 I_1 保持不变时，使回路 2 的电流从零增到 I_2，电源做的功 W_2。若在 $\mathrm{d}t$ 时间内，电流 i_2 有增量 $\mathrm{d}i_2$，这时回路 1 中的感应电势为 $\mathscr{E}_1=-\mathrm{d}\Psi_{21}/\mathrm{d}t$，回路

2 中的感应电势为 $\mathscr{E}_2=-\mathrm{d}\Psi_{22}/\mathrm{d}t$。为克服感应电势，必须在两个回路上加上与感应电势反向的电压。在 $\mathrm{d}t$ 时间内，电源做功为

$$\mathrm{d}W_2 = M_{21}I_1\mathrm{d}i_2 + L_2 i_2 \mathrm{d}i_2$$

积分得回路 1 电流保持不变时，电源做功总量为

$$W_2 = \int \mathrm{d}W_2 = \int_0^{I_2}(M_{21}I_1 + L_2 i_2)\mathrm{d}i_2 = M_{21}I_1I_2 + \frac{1}{2}L_2 I_2^2$$

最后得到电源对整个电流回路系统所做的总功为

$$W_{\mathrm{m}} = W_1 + W_2 = \frac{1}{2}L_1I_1^2 + M_{21}I_1I_2 + \frac{1}{2}L_2I_2^2 \tag{3-83}$$

式中：$L_1I_1^2/2$ 和 $L_2I_2^2/2$ 分别是回路 C_1 和 C_2 的自能；$M_{21}I_1I_2$ 是两回路的相互作用能。上式可以用磁通来表示：

$$\begin{aligned} W_{\mathrm{m}} &= \frac{1}{2}(L_1I_1 + M_{21}I_2)I_1 + \frac{1}{2}(M_{12}I_1 + L_2I_2)I_2 \\ &= \frac{1}{2}(\Psi_{11} + \Psi_{21})I_1 + \frac{1}{2}(\Psi_{12} + \Psi_{22})I_2 \\ &= \frac{1}{2}\Psi_1 I_1 + \frac{1}{2}\Psi_2 I_2 \end{aligned} \tag{3-84}$$

式中：$\Psi_1=\Psi_{11}+\Psi_{21}$是与回路 C_1 交链的总磁通；$\Psi_2=\Psi_{12}+\Psi_{22}$是与回路 C_2 交链的总磁通(均假设回路为一匝)。这个结果可推广到 N 个电流回路系统，其磁能为

$$W_{\mathrm{m}} = \frac{1}{2}\sum_{i=1}^{N}\Psi_i I_i \tag{3-85}$$

式中：

$$\Psi_i = \sum_{j=1}^{N}\Psi_{ji} = \sum_{j=1}^{N}M_{ji}I_j \tag{3-86}$$

Ψ_{ji}是回路 j 在回路 i 上的磁通；Ψ_i 是回路 i 的总磁通。

将回路 i 上的总磁通 Ψ_i 用磁矢位表示：

$$\Psi_i = \oint_{C_i}\boldsymbol{A}\cdot\mathrm{d}\boldsymbol{l}_i \tag{3-87}$$

式中的 $\boldsymbol{A}$ 是 N 个回路在 $\mathrm{d}\boldsymbol{l}_i$ 处的总磁矢位。将式(3-87)代入式(3-85)得

$$W_{\mathrm{m}} = \frac{1}{2}\sum_{i=1}^{N}I_i\oint_{C_i}\boldsymbol{A}\cdot\mathrm{d}\boldsymbol{l}_i \tag{3-88}$$

对于分布电流，用 $I_i\mathrm{d}\boldsymbol{l}_i=\boldsymbol{J}\mathrm{d}V$ 代入上式，得

$$W_{\mathrm{m}} = \frac{1}{2}\int_V \boldsymbol{J}\cdot\boldsymbol{A}\,\mathrm{d}V \tag{3-89}$$

上式的积分区域是有电流的空间，可将积分区域扩展为全空间而不影响积分值。

类似于静电场的能量可以用电场矢量 $\boldsymbol{D}$ 和 $\boldsymbol{E}$ 表示，磁场能量也可用磁场矢量 $\boldsymbol{B}$ 和 $\boldsymbol{H}$ 表示，并由此得出磁能密度的概念。将$\nabla\times\boldsymbol{H}=\boldsymbol{J}$ 代入上式，得

$$\begin{aligned} W_{\mathrm{m}} &= \frac{1}{2}\int_V \boldsymbol{A}\cdot(\nabla\times\boldsymbol{H})\mathrm{d}V = \frac{1}{2}\int_V[\boldsymbol{H}\cdot(\nabla\times\boldsymbol{A}) - \nabla\cdot(\boldsymbol{A}\times\boldsymbol{H})]\mathrm{d}V \\ &= \frac{1}{2}\int_V \boldsymbol{H}\cdot\boldsymbol{B}\,\mathrm{d}V - \frac{1}{2}\oint_S(\boldsymbol{A}\times\boldsymbol{H})\cdot\mathrm{d}\boldsymbol{S} \end{aligned}$$

注意，上式中当积分区域 V 趋于无穷时，面积分项为零(理由同静电场能量里的类似)。于

是得到

$$W_{\mathrm{m}} = \frac{1}{2}\int_V \boldsymbol{H}\cdot\boldsymbol{B}\,\mathrm{d}V \tag{3-90}$$

磁场能量密度为

$$w_{\mathrm{m}} = \frac{1}{2}\boldsymbol{B}\cdot\boldsymbol{H} \tag{3-91}$$

例 3-15　求无限长圆柱导体单位长度的内自感。

解：设导体半径为 a，通过的电流为 I，则距离轴心 r 处的磁感应强度为

$$B_{\phi} = \frac{\mu_0 Ir}{2\pi a^2}$$

单位长度的磁场能量为

$$W_{\mathrm{mi}} = \frac{1}{2}\int BH\,\mathrm{d}V = \frac{1}{2\mu_0}\int B^2\,\mathrm{d}V = \frac{1}{2\mu_0}\int_0^a B^2\,2\pi r\mathrm{d}r\int_0^1\mathrm{d}z = \frac{\mu_0 I^2}{16\pi}$$

所以，单位长度的内自感为

$$L_{\mathrm{i}} = \frac{2W_{\mathrm{mi}}}{I^2} = \frac{\mu_0}{8\pi}$$

注意，内自感与导线的直径无关。代入 μ_0 的数值，得单位长度的内自感为 5×10^{-8} H。

3.11　磁　场　力

原则上讲，一个回路在磁场中受到的力，可以用安培定律来计算，但是许多问题用虚位移法较为方便。用虚位移法求磁场力时，假设某一个电流回路在磁场力的作用下发生了一个虚位移，这时回路的互感要产生变化，磁场能量也要产生变化，然后根据能量守恒定律，求出磁场力。

为了简单起见，以下仅讨论两个回路的情形，但得到的结果可以推广到一般情形。假设回路 C_1 在磁场力的作用下发生了一个小位移 $\Delta\boldsymbol{r}$，回路 C_2 不动。以下分磁链不变和电流不变两种情形讨论。

1. 磁链不变

当磁链不变时，各个回路中的感应电势为零，所以电源不做功，磁场力做的功必来自磁场能量的减少。如将回路 C_1 受到的磁场力记为 $\boldsymbol{F}$，它做的功为 $\boldsymbol{F}\cdot\Delta\boldsymbol{r}$，所以

$$\boldsymbol{F}\cdot\Delta\boldsymbol{r} = -\Delta W_{\mathrm{m}}$$

$$F_r = -\left.\frac{\partial W_{\mathrm{m}}}{\partial r}\right|_{\Psi} \tag{3-92}$$

写成矢量形式，有

$$\boldsymbol{F} = -\nabla W_{\mathrm{m}}\,|_{\Psi} \tag{3-93}$$

2. 电流不变

当各个回路的电流不变时，各回路的磁链要发生变化，在各回路中会产生感应电势，电源要做功。在回路 $\Delta\boldsymbol{r}$ 产生位移时，电源做的功为

$$\Delta W_{\mathrm{b}} = I_1\Delta\Psi_1 + I_2\Delta\Psi_2$$

由式(3－85)得磁场能量的变化为

$$\Delta W_{\mathrm{m}} = \frac{1}{2}(I_1 \Delta \Psi_1 + I_2 \Delta \Psi_2)$$

根据能量守恒定律，电源做的功等于磁场能量的增量与磁场力对外做功之和，即

$$\Delta W_{\mathrm{b}} = \Delta W_{\mathrm{m}} + \boldsymbol{F} \cdot \Delta \boldsymbol{r}$$

$$\boldsymbol{F} \cdot \Delta \boldsymbol{r} = \Delta W_{\mathrm{m}}$$

$$\boldsymbol{F} = \nabla W_{\mathrm{m}} |_I \tag{3-94}$$

例 3－16　设两导体平面的长为 l，宽为 b，间隔为 d，上、下面分别有方向相反的面电流 J_{S0}(如图 3－24 所示)。设 $b \gg d$，$l \gg d$，求上面一片导体板面电流所受的力。

解：考虑到间隔远小于其尺寸，故可以将其看成两无限大面电流。由安培回路定律可以求出两导体板之间磁场为 $\boldsymbol{B} = \boldsymbol{e}_x \mu_0 J_{S0}$，导体外磁场为零。当用虚位移法计算上面的导体板受力时，假设两板间隔为一变量 z。磁场能为

$$W_{\mathrm{m}} = \frac{1}{2} BHV = \frac{1}{2} \mu_0 J_{S0}^2 lbz$$

假定上导体板位移时电流不变，由式(3－94)得

$$\boldsymbol{F} = \boldsymbol{e}_z \frac{\partial W_{\mathrm{m}}}{\partial z} = \boldsymbol{e}_z \frac{1}{2} \mu_0 J_{S0}^2 lb$$

这个力为斥力。

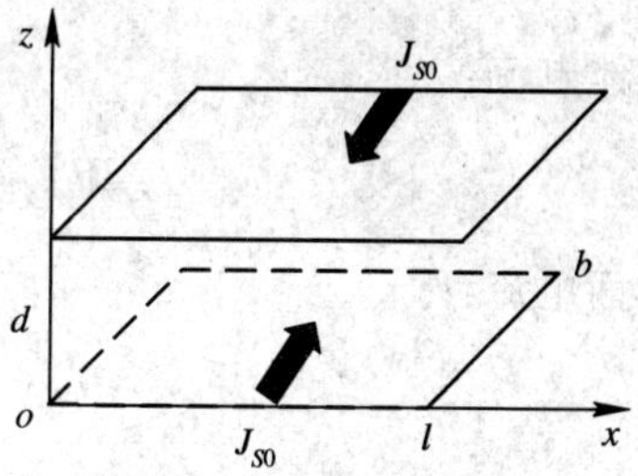

图 3－24　平行面电流磁力

小　　结

(1) 恒定电流的电场和电荷分布不随时间变化，其基本方程为

$$\begin{cases} \oint_S \boldsymbol{J} \cdot \mathrm{d}\boldsymbol{S} = 0 \\ \oint_l \boldsymbol{E} \cdot \mathrm{d}\boldsymbol{l} = 0 \end{cases}$$

微分形式为

$$\begin{cases} \nabla \cdot \boldsymbol{J} = 0 \\ \nabla \times \boldsymbol{E} = \boldsymbol{0} \end{cases}$$

欧姆定律的微分形式：

$$\boldsymbol{J} = \sigma \boldsymbol{E}$$

焦耳定律的微分形式：

$$p = \boldsymbol{E} \cdot \boldsymbol{J}$$

均匀导体中电位满足拉普拉斯方程，即

$$\nabla^2 \varphi = 0$$

不同导体界面上的边界条件为

$$\begin{cases} J_{2\mathrm{n}} = J_{1\mathrm{n}} \\ E_{2\mathrm{t}} = E_{1\mathrm{t}} \end{cases}$$

或

$$\begin{cases}\sigma_2 \dfrac{\partial \varphi_2}{\partial n} = \sigma_1 \dfrac{\partial \varphi_1}{\partial n} \\ \varphi_2 = \varphi_1\end{cases}$$

(2) 导体中的恒定电场和介质中的静电场两者的方程和边界条件有相似的形式。两个场的场量间有一一对应的关系。当二者边界条件相同时，它们的解也有相同的形式。

(3) 均匀介质中线电流或分布电流产生的磁感应强度为

线电流：

$$\boldsymbol{B}(\boldsymbol{r}) = \frac{\mu}{4\pi}\oint_l \frac{I\mathrm{d}\boldsymbol{l}' \times (\boldsymbol{r}-\boldsymbol{r}')}{|\boldsymbol{r}-\boldsymbol{r}'|^3}$$

体电流：

$$\boldsymbol{B}(\boldsymbol{r}) = \frac{\mu}{4\pi}\int_V \frac{\boldsymbol{J}(\boldsymbol{r}') \times (\boldsymbol{r}-\boldsymbol{r}')}{|\boldsymbol{r}-\boldsymbol{r}'|^3}\mathrm{d}V'$$

面电流：

$$\boldsymbol{B}(\boldsymbol{r}) = \frac{\mu}{4\pi}\int_S \frac{\boldsymbol{J}_S(\boldsymbol{r}') \times (\boldsymbol{r}-\boldsymbol{r}')}{|\boldsymbol{r}-\boldsymbol{r}'|^3}\mathrm{d}S'$$

(4) 真空中恒定磁场的基本方程。

积分形式：

$$\begin{cases}\oint_l \boldsymbol{B}\cdot\mathrm{d}\boldsymbol{l} = \mu_0 I \\ \oint_S \boldsymbol{B}\cdot\mathrm{d}\boldsymbol{S} = 0\end{cases}$$

微分形式：

$$\begin{cases}\nabla\times\boldsymbol{B} = \mu_0\boldsymbol{J} \\ \nabla\cdot\boldsymbol{B} = 0\end{cases}$$

(5) 介质在磁场中要产生磁化，用磁化强度 $\boldsymbol{M}$ 描述磁化程度。磁场强度定义为 $\boldsymbol{H}=\dfrac{\boldsymbol{B}}{\mu_0}-\boldsymbol{M}$，对于各向同性介质，$\boldsymbol{B}=\mu_0\mu_r\boldsymbol{H}=\mu\boldsymbol{H}$。在介质中安培环路定律为 $\oint_l \boldsymbol{H}\cdot\mathrm{d}\boldsymbol{l} = I$，其微分形式是 $\nabla\times\boldsymbol{H}=\boldsymbol{J}$。

(6) 由 $\nabla\cdot\boldsymbol{B}=0$ 引入磁矢位 $\mathbf{A}$，且 $\boldsymbol{B}=\nabla\times\mathbf{A}$。在选取 $\nabla\cdot\mathbf{A}=0$ 的前提下，磁矢位 $\mathbf{A}$ 满足泊松方程或拉普拉斯方程：

$$\nabla^2\mathbf{A} = -\mu\boldsymbol{J}$$

或

$$\nabla^2\mathbf{A} = \mathbf{0}$$

由线电流或分布电流可以通过积分计算磁矢位：

线电流：

$$\mathbf{A}(\boldsymbol{r}) = \frac{\mu}{4\pi}\int_l \frac{I\mathrm{d}\boldsymbol{l}'}{|\boldsymbol{r}-\boldsymbol{r}'|}$$

面电流：

$$\mathbf{A}(\boldsymbol{r}) = \frac{\mu}{4\pi}\int_S \frac{\boldsymbol{J}_S(\boldsymbol{r}')}{|\boldsymbol{r}-\boldsymbol{r}'|}\mathrm{d}S'$$

体电流：

$$\boldsymbol{A}(\boldsymbol{r})=\frac{\mu}{4\pi}\int_V \frac{\boldsymbol{J}(\boldsymbol{r}')}{|\boldsymbol{r}-\boldsymbol{r}'|}\mathrm{d}V'$$

(7) 恒定磁场的边界条件：

$$\boldsymbol{n}\times(\boldsymbol{H}_2-\boldsymbol{H}_1)=J_S$$

$$\boldsymbol{n}\cdot(\boldsymbol{B}_2-\boldsymbol{B}_1)=0$$

(8) 在线性介质中，一个回路的磁链与引起这个磁链的电流成正比，其比值为电感。电感分为自感和互感。电感仅仅与回路的形状、大小、相对位置及介质特性有关，与磁链和电流无关。

(9) 磁场能量存在于场中，能量为

$$W_{\mathrm{m}}=\int_V \frac{1}{2}\boldsymbol{B}\cdot\boldsymbol{H}\,\mathrm{d}V$$

$$w_{\mathrm{m}}=\frac{1}{2}\boldsymbol{B}\cdot\boldsymbol{H}$$

w_{m} 称为磁场能量密度。

(10) 磁场力可以由虚位移法计算：

$$\boldsymbol{F}=-\nabla W_{\mathrm{m}}|_{\Psi}$$

或

$$\boldsymbol{F}=\nabla W_{\mathrm{m}}|_{I}$$

习 题 三

3-1　一个半径为 a 的球内均匀分布着总量为 q 的电荷，若其以角速度 ω 绕一直径匀速旋转，求球内的电流密度。

3-2　球形电容器内外电极的半径分别为 a、b，其间媒质的电导率为 σ，当外加电压为 U_0 时，计算功率损耗并求电阻。

3-3　一个半径为 a 的导体球作为电极深埋地下，土壤的电导率为 σ，略去地面的影响，求电极的接地电阻。

3-4　在无界非均匀导电媒质(电导率和介电常数均是坐标的函数)中，若有恒定电流存在，证明媒质中的自由电荷密度为

$$\rho=\boldsymbol{E}\cdot\left(\nabla\varepsilon-\frac{\varepsilon}{\sigma}\nabla\sigma\right)$$

3-5　平板电容器间由两种媒质完全填充，厚度分别为 d_1 和 d_2，介电常数分别为 ε_1 和 ε_2，电导率分别为 σ_1 和 σ_2，求当外加电压 U_0 时，分界面上的自由电荷面密度。

3-6　内、外导体半径分别为 a、c 的同轴线，其间填充两种漏电媒质，电导率分别为 σ_1 ($a<r<b$) 和 σ_2 ($b<r<c$)，求单位长度的漏电阻。

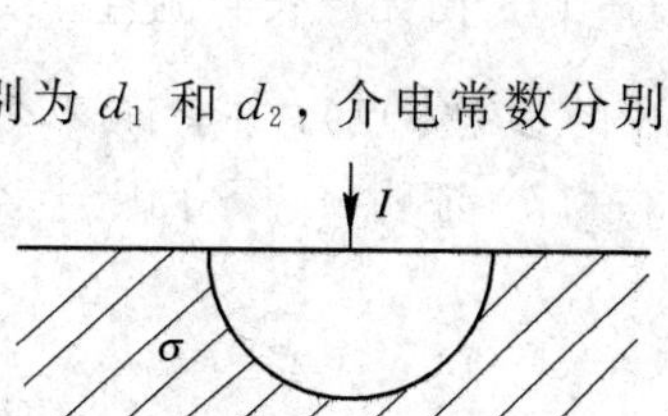

习题 3-7 图

3-7　一个半径为 10 cm 的半球形接地导体电

极，电极平面与地面重合，如图所示。若土壤的电导率为 0.01 S/m，求当电极通过的电流为 100 A 时，土壤损耗的功率。

3-8　一个正 n 边形线圈中通过的电流为 I，外接圆半径为 a，试证此线圈中心的磁感应强度为

$$B=\frac{\mu_0 nI}{2\pi a}\tan\frac{\pi}{n}$$

3-9　求载流为 I、半径为 a 的圆形导线中心的磁感应强度。

3-10　一个载流 I_1 的长直导线和一个载流 I_2 的圆环(半径为 a)在同一平面内，圆心与导线的距离是 d，证明两电流之间的相互作用力为 $\mu_0 I_1 I_2\left(\frac{d}{\sqrt{d^2-a^2}}-1\right)$。

3-11　内、外半径分别为 a、b 的无限长空心圆柱中均匀分布着轴向电流 I，求柱内、外的磁感应强度。

3-12　两个半径都为 a 的圆柱体，轴间距为 d，$d<2a$(如图所示)。除两柱重叠部分 R 外，柱内有大小相等、方向相反的电流，密度为 J，求区域 R 的 $\boldsymbol{B}$。

3-13　证明磁矢位 $\boldsymbol{A}_1=\boldsymbol{e}_x\cos y+\boldsymbol{e}_y\sin x$ 和 $\boldsymbol{A}_2=\boldsymbol{e}_y(\sin x+x\sin y)$ 给出相同的磁场 $\boldsymbol{B}$，并证明它们均来自相同的电流分布。它们是否均满足矢量泊松方程？为什么？

3-14　半径为 a 的长圆柱面上有密度为 $\boldsymbol{J}_{S0}$ 的面电流，电流方向分别为沿圆周方向和沿轴线方向，分别求两种情况下柱内、外的 $\boldsymbol{B}$。

3-15　一对无限长平行导线，相距 $2a$，线上载有大小相等、方向相反的电流 I(如图所示)，求磁矢位 $\boldsymbol{A}$，并求 $\boldsymbol{B}$。

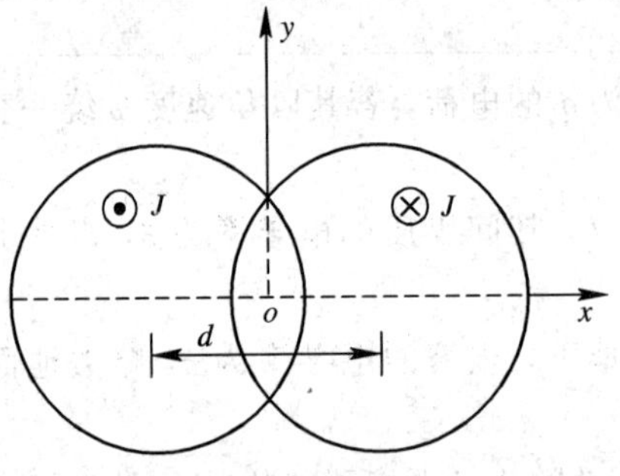

习题 3-12 图

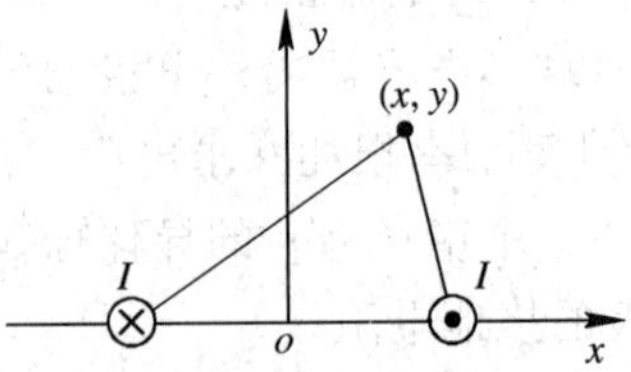

习题 3-15 图

3-16　由无限长载流直导线的 $\boldsymbol{B}$ 求磁矢位 $\boldsymbol{A}$(用 $\int_S \boldsymbol{B}\cdot d\boldsymbol{S}=\oint_C \boldsymbol{A}\cdot d\boldsymbol{l}$，并取 $r=r_0$ 处为磁矢位的参考零点)，并验证 $\nabla\times\boldsymbol{A}=\boldsymbol{B}$。

3-17　证明 xoy 平面上半径为 a、圆心在原点的圆电流环(电流为 I)在 z 轴上的磁标位为

$$\varphi_m=\frac{I}{2}\left[1-\frac{z}{(a^2+z^2)^{1/2}}\right]$$

3-18　一个长为 L、半径为 a 的圆柱状磁介质沿轴向方向均匀磁化(磁化强度为 $\boldsymbol{M}_0$)，求它的磁矩。若 $L=10$ cm，$a=2$ cm，$M_0=2$ A/m，求出磁矩的值。

3 - 19　球心在原点、半径为 a 的磁化介质球中，$\boldsymbol{M}=\boldsymbol{e}_z M_0 \dfrac{z^2}{a^2}$（$M_0$ 为常数），求磁化电流的体密度和面密度。

3 - 20　证明磁介质内部的磁化电流是传导电流的(μ_r-1)倍。

3 - 21　已知内、外半径分别为 a、b 的无限长铁质圆柱壳(磁导率为 μ)沿轴向有恒定的传导电流 I，求磁感应强度和磁化电流。

3 - 22　设 $x<0$ 的半空间充满磁导率为 μ 的均匀磁介质，$x>0$ 的空间为真空，线电流 I 沿 z 轴方向，求磁感应强度和磁场强度。

3 - 23　已知在半径为 a 的无限长圆柱导体内有恒定电流 I 沿轴向方向。设导体的磁导率为 μ_1，其外充满磁导率为 μ_2 的均匀磁介质，求导体内、外的磁场强度、磁感应强度、磁化电流分布。

3 - 24　试证长直导线和其共面的正三角形之间的互感为

$$M=\frac{\mu_0}{\pi\sqrt{3}}\left[(a+b)\ln\left(1+\frac{1}{b}\right)-a\right]$$

其中 a 是三角形的高，b 是三角形平行于长直导线的边至直导线的距离(且该边距离直导线最近)。

3 - 25　无限长的直导线附近有一矩形回路(二者不共面，如图所示)，试证它们之间的互感为

$$M=-\frac{\mu_0 a}{2\pi}\ln\frac{R}{[2b(R^2-c^2)^{1/2}+b^2+R^2]^{1/2}}$$

3 - 26　空气绝缘的同轴线，内导体的半径为 a，外导体的内半径为 b，通过的电流为 I。设外导体壳的厚度很薄，因而其储存的能量可以忽略不计。计算同轴线单位长度的储能，并由此求单位长度的自感。

3 - 27　一个长直导线和一个圆环(半径为 a)在同一平面内，圆心与导线的距离是 d，证明它们之间的互感为

$$M=\mu_0(d-\sqrt{d^2-a^2})$$

3 - 28　如图所示的长密绕螺线管(单位长度 n 匝)，通过的电流为 I，铁心的磁导率为 μ，面积为 S，求作用在它上面的力。

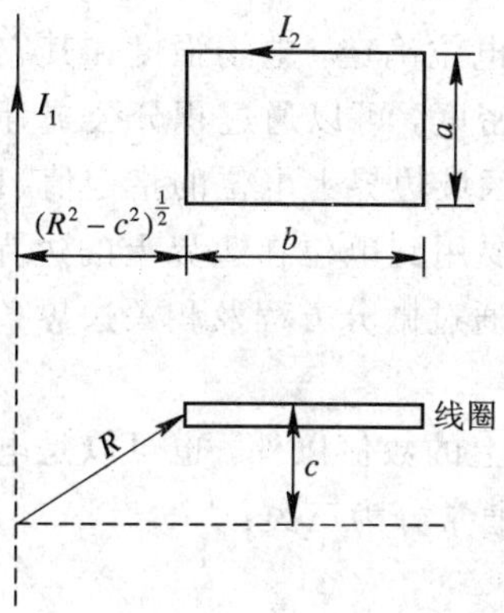

习题 3 - 25 图

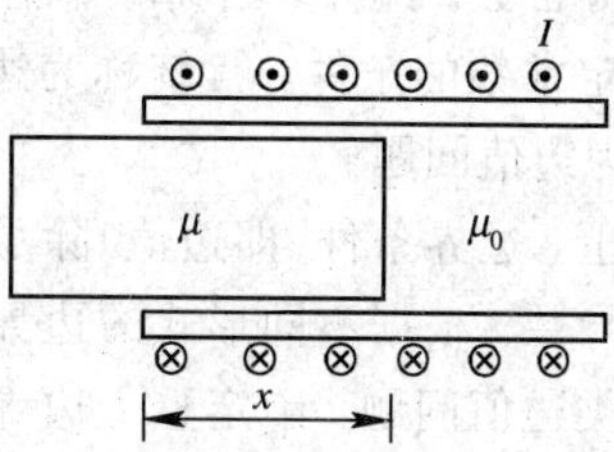

习题 3 - 28 图

第四章　静 态 场 的 解

当电荷或电流分布已知时，可以通过积分来计算电场和磁场。但实际上，我们通常要处理两种类型的静态场问题。一种是已知场源(电荷分布，电流分布)直接计算空间各点的场强和位函数，这类问题叫做分布型问题。另一种是已知空间某给定区域内的场源分布和该区域边界面上的位函数(或其法向导数)，求场内位函数的分布，这类问题叫做边值型问题。

求解边值型问题的空间电场、磁场的分布可以化为求解给定边界条件下位函数的拉普拉斯方程或泊松方程，即求解边值问题。

拉普拉斯方程是一个二阶偏微分方程，可以用解析法、数值计算法、实验模拟法和图解法来求解。本章将讨论一些常用的解法，对数值方法中的有限差分法也作简单介绍，其主要内容有：

· 边值问题的唯一性定理
· 镜像法
· 分离变量法
· 复变函数法
· 格林函数法
· 有限差分法

4.1　边值问题的分类

静电场的计算通常是求场内任一点的电位。一旦电位确定，电场强度和其它物理量都可由电位求得。在无界空间，如果已知分布电荷的体密度，可以通过积分公式计算任意点的电位。但计算有限区域的电位时，必须使用所讨论区域边界上电位的指定值(称为边值)来确定积分常数；此外，当场域中有不同介质时，还要用到电位在边界上的边界条件。这些用来决定常数的条件，常统称为边界条件。我们把通过微分方程及相关边界条件描述的问题，称为边值问题。

实际上，边界条件(即边值)除了给定电位在边界上的数值以外，也可以是电位在边界上的法向导数。根据不同形式的边界条件，边值问题通常分为三类：

第一类边值问题：给定整个边界上的位函数值；

第二类边值问题：给定边界上每一点位函数的法向导数；

第三类边值问题：给定一部分边界上每一点的电位，同时给定另一部分边界上每一点的电位法向导数。

给定导体上的总电量亦属于第二类边值问题。

4.2 唯 一 性 定 理

边值问题的求解就是偏微分方程的求解。对于偏微分方程，通常和常微分方程相似，要考虑其解的存在性、唯一性和稳定性。这里仅对静电边值问题的唯一性加以讨论。

4.2.1 格林公式

格林公式是场论中的一个重要公式，可以由散度定理导出。散度定理可以表示为

$$\int_V \nabla \cdot \boldsymbol{F}\,\mathrm{d}V = \oint_S \boldsymbol{F} \cdot \mathrm{d}\boldsymbol{S} \tag{4-1}$$

在上式中，令 $\boldsymbol{F}=\varphi\nabla\Psi$，则

$$\nabla \cdot \boldsymbol{F} = \nabla \cdot (\varphi \nabla \Psi) = \varphi \nabla^2 \Psi + \nabla\varphi \cdot \nabla\Psi \tag{4-2}$$

$$\int_V \nabla \cdot \boldsymbol{F}\mathrm{d}V = \int_V (\varphi \nabla^2 \Psi + \nabla\varphi \cdot \nabla\Psi)\mathrm{d}V = \oint_S (\varphi \nabla\Psi) \cdot \mathrm{d}\boldsymbol{S} = \oint_S \varphi \frac{\partial \Psi}{\partial n}\mathrm{d}S$$

即

$$\int_V (\varphi \nabla^2 \Psi + \nabla\varphi \cdot \nabla\Psi)\mathrm{d}V = \oint_S \varphi \frac{\partial \Psi}{\partial n}\mathrm{d}S \tag{4-3}$$

这就是格林第一恒等式。$\boldsymbol{n}$ 是面元的正法向矢量，即闭合面的外法向矢量。

将式(4－2)中的 φ 和 Ψ 交换，可得

$$\int_V (\Psi \nabla^2 \varphi + \nabla\Psi \cdot \nabla\varphi)\mathrm{d}V = \oint_S \Psi \frac{\partial \varphi}{\partial n}\mathrm{d}S \tag{4-4}$$

式(4－3)和式(4－4)相减，可得

$$\int_V (\varphi \nabla^2 \Psi - \Psi \nabla^2 \varphi)\mathrm{d}V = \oint_S \left(\varphi \frac{\partial \Psi}{\partial n} - \Psi \frac{\partial \varphi}{\partial n}\right)\mathrm{d}S \tag{4-5}$$

该式称为格林第二恒等式。

4.2.2 唯一性定理

边值问题的唯一性定理十分重要，它表明，对任意的静电场，当空间各点的电荷分布与整个边界上的边界条件已知时，空间各部分的场就唯一地确定了。我们以泊松方程的第一类边值问题为例，对唯一性定理加以证明。我们用反证法证明唯一性定理。假设特定的边值问题有两个解，然后证明两者恒等。

设在区域 V 内，φ_1 和 φ_2 满足泊松方程，即

$$\nabla^2 \varphi_1 = -\frac{\rho(r)}{\varepsilon}, \quad \nabla^2 \varphi_2 = -\frac{\rho(r)}{\varepsilon}$$

在 V 的边界 S 上，φ_1 和 φ_2 满足同样的边界条件，即

$$\varphi_1 \big|_S = f(r), \quad \varphi_2 \big|_S = f(r)$$

令 $\varphi = \varphi_1 - \varphi_2$，则在 V 内，$\nabla^2 \varphi = 0$，在边界面 S 上，$\varphi|_S = 0$。在格林第一恒等式中，令

$\Psi=\varphi$，则

$$\int_V(\varphi\ \nabla^2\varphi+\nabla\varphi\cdot\nabla\varphi)\mathrm{d}V=\oint_S\varphi\frac{\partial\varphi}{\partial n}\mathrm{d}S$$

由于$\nabla^2\varphi=0$，所以有

$$\int_V|\nabla\varphi|^2\mathrm{d}V=\oint_S\varphi\frac{\partial\varphi}{\partial n}\mathrm{d}S$$

在 S 上 $\varphi=0$，上式右边为零，因而有

$$\int_V|\nabla\varphi|^2\mathrm{d}V=0$$

由于对任意函数 φ，$|\nabla\varphi|\geqslant 0$，所以得$\nabla\varphi=\mathbf{0}$，于是 φ 只能是常数，再根据边界面上 $\varphi=0$ 以及电位是连续的，可知在整个区域内 $\varphi\equiv 0$，即 $\varphi_1=\varphi_2$。

关于第二、三类边值问题，唯一性定理的证明和第一类边值问题类似，对此可参阅有关参考书。

唯一性定理对某些求解边值问题的方法特别重要。有时可以通过猜测来确定问题的解，只要此解满足拉普拉斯方程以及边界条件，由唯一性定理可知，这个解就是所求的唯一解。

4.3 镜 像 法

镜像法是解静电边值问题的一种特殊方法，它主要用来求解分布在导体附近的电荷(点电荷、线电荷)产生的场。如在实际工程中，要遇到水平架设的双导线传输线的电位、电场计算问题。当传输线离地面距离较小时，要考虑地面的影响，地面可以看作为一个无穷大的导体平面。由于传输线上所带的电荷靠近导体平面，导体表面会出现感应电荷。此时地面上方的电场由原电荷和感应电荷共同产生。

镜像法是应用唯一性定理的典型范例。下面通过例题说明镜像法。

4.3.1 平面镜像法

例 4-1 求置于无限大接地平面导体上方，距导体面为 h 处的点电荷 q 的电位。

解： 如图 4-1(a)，设 $z=0$ 为导体面，点电荷 q 位于$(0, 0, h)$处，待求的是 $z>0$ 中的电位。我们可以把上半空间的电位看作两部分之和，即 $\varphi=\varphi_q+\varphi_S$，其中 φ_q、φ_S 分别表示点电荷和导体面上的感应电荷产生的电位。我们不知道感应面电荷的分布，因其分布与空间电场有关，但我们知道，在上半空间仅有点电荷 q，电位 φ 应满足泊松方程；导体表面由所有电荷产生的总电位为零；且在无穷远处，总电位趋于零。即

当 $z>0$ 时，$\nabla^2\varphi_S=0$；

当 $z=0$ 时，$\varphi=0$；

当 $z\to\infty$、$|x|\to\infty$、$|y|\to\infty$时，$\varphi\to 0$。

我们考虑图 4-1(b)所示的电荷分布。容易求得这一组电荷分布的电位为

$$\varphi'=\frac{1}{4\pi\varepsilon_0}\left(\frac{q}{r_+}-\frac{q}{r_-}\right) \tag{4-6}$$

式中：

$$r_+ = [x^2 + y^2 + (z-h)^2]^{1/2}, \quad r_- = [x^2 + y^2 + (z+h)^2]^{1/2}$$

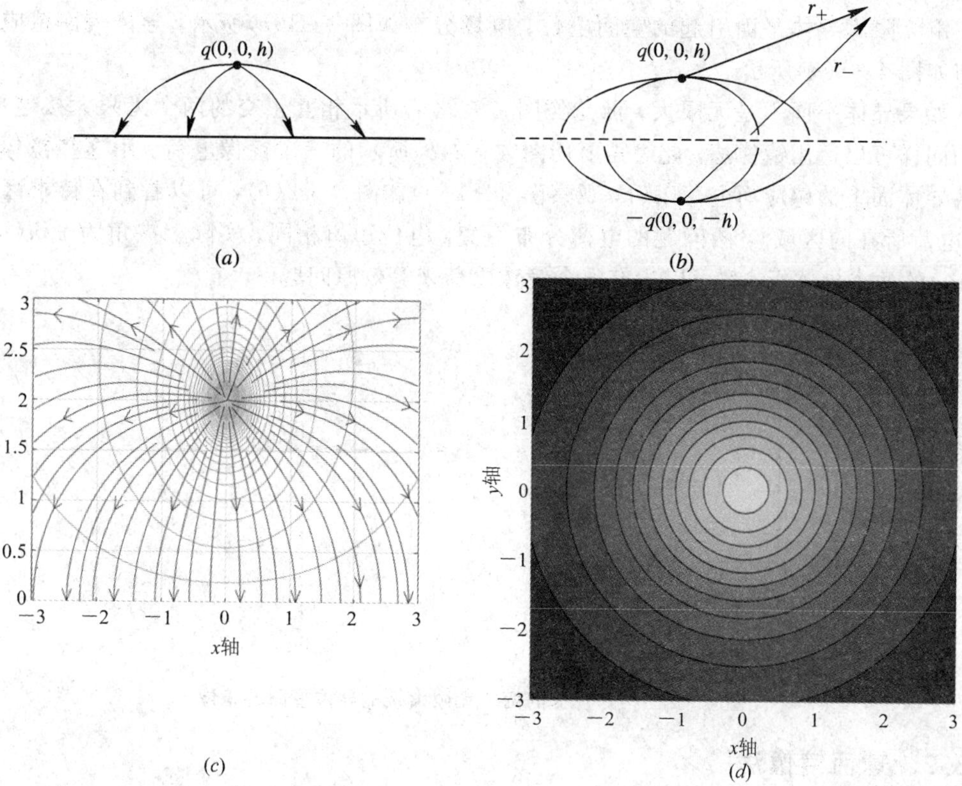

图 4-1 无限大导体平面上点电荷的分布

比较图 4-1(a)和图 4-1(b)后，可以看出，在 $z>0$ 的区域，二者电荷分布相同，即在(0，0，h)点有一个点电荷 q，在区域的边界上有相同的边界条件(即在 $z=0$ 的平面上电位为零，在半径趋于无穷大的半球面上电位为零)。根据边值问题的唯一性定理，可知二者在上半空间电位分布相同。也就是说，可以用图 4-1(b)中的点电荷 $-q$ 等效图 4-1(a)中的感应面电荷。我们称图 4-1(b)所示问题是图 4-1(a)所示问题的等效镜像问题。位于(0，0，$-h$)的点电荷 $-q$ 是原电荷 q 的镜像电荷。注意，在下半空间，图 4-1(a)和图 4-1(b) 电荷分布不同，因而不能用式(4-6)表示原问题 $z<0$ 处的电位。由式(4-6)，可得$z>0$ 区域的电场：

$$E_x = \frac{qx}{4\pi\varepsilon_0}\left(\frac{1}{r_+^3} - \frac{1}{r_-^3}\right)$$

$$E_y = \frac{qy}{4\pi\varepsilon_0}\left(\frac{1}{r_+^3} - \frac{1}{r_-^3}\right)$$

$$E_z = \frac{q}{4\pi\varepsilon_0}\left(\frac{z-h}{r_+^3} - \frac{z+h}{r_-^3}\right)$$

由式(2-68)可得导体表面的面电荷密度：

$$\rho_S = \varepsilon_0 E_z = -\frac{qh}{2\pi(x^2 + y^2 + h^2)^{3/2}}$$

导体表面总的感应电荷：

$$q_{in}=\int\rho_S\mathrm{d}S=-\frac{qh}{2\pi}\int_{-\infty}^{\infty}\int_{-\infty}^{\infty}\frac{\mathrm{d}x\mathrm{d}y}{(x^2+y^2+h^2)^{3/2}}=-q$$

由无限大导体平面引起的空间电位、电场分布如图 4-1(*c*)所示，导体表面感应电荷分布如图 4-1(*d*)所示。

如果导体平面不是无限大，而是像图 4-2(*a*)所示相互正交的两个无限大接地平面，我们同样可以运用镜像法，此时需要用图 4-2(*b*)所示的三个镜像电荷。用这些镜像电荷代替导体面上的感应面电荷以后，观察图 4-2(*a*)和图 4-2(*b*)，可以看到在待求区域内(原电荷所在的区域)，两问题的电荷分布不变，电位边值相同。实际上夹角为 $\pi/n(n=2, 3, \cdots)$的两个导体板，都可以用有限个镜像电荷来等效原问题。

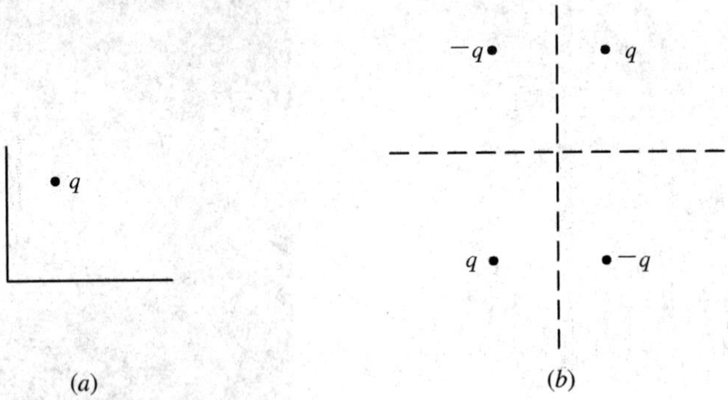

图 4-2　相互正交的两个无限大接地导体平面的镜像

4.3.2　球面镜像法

我们通过具体例题讨论球面镜像问题。

例 4-2　如图 4-3(*a*)所示，一个半径为 a 的接地导体球，一点电荷 q 位于距球心 d 处，求球外任一点的电位。

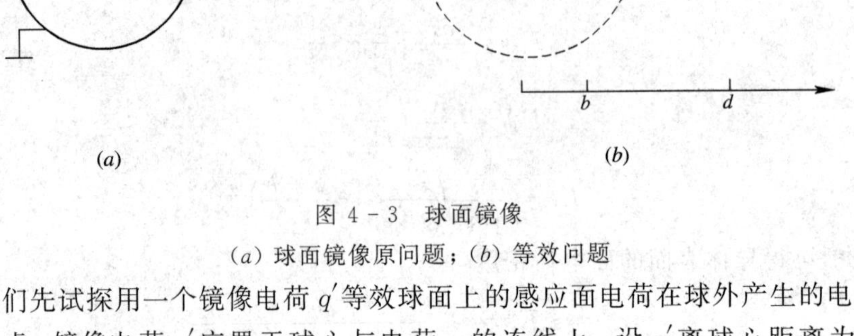

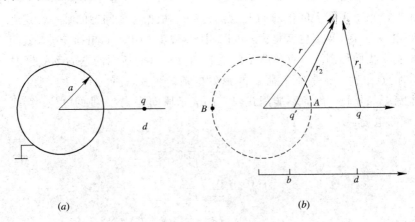

图 4-3　球面镜像

(*a*) 球面镜像原问题；(*b*) 等效问题

解：我们先试探用一个镜像电荷 q'等效球面上的感应面电荷在球外产生的电位和电场。从对称性考虑，镜像电荷 q'应置于球心与电荷 q 的连线上。设 q'离球心距离为 $b(b<a)$，这样球外任一点的电位是由电荷 q 与镜像电荷 q'产生电位的叠加，即

$$\varphi = \frac{q}{4\pi\varepsilon_0 r_1} + \frac{q'}{4\pi\varepsilon_0 r_2} \tag{4-7}$$

当计算球面上一点的电位时，有

$$\frac{q}{4\pi\varepsilon_0 r_{10}} + \frac{q'}{4\pi\varepsilon_0 r_{20}} = 0 \tag{4-8}$$

式中 r_{10}、r_{20} 分别是从 q、q' 到球面上点 P_0 的距离。在上式中 q' 和 b 是待求量。取球面上的点分别位于离原电荷最远、最近处 A、B 两点，可以得到确定 q'、b 的两个方程：

$$\left.\begin{aligned} \frac{q}{d-a} + \frac{q'}{a-b} = 0 \\ \frac{q}{d+a} + \frac{q'}{a+b} = 0 \end{aligned}\right\}$$

解之得

$$\left.\begin{aligned} q' &= -\frac{a}{d}q \\ b &= \frac{a^2}{d} \end{aligned}\right\} \tag{4-9}$$

可以验证，当取这样的镜像点电荷时，对球面上的任一点的 P_0，式(4-8)始终满足。也就是说，可以用式(4-9)确定镜像点电荷的大小和位置，用此点电荷代替导体球面上的感应面电荷。与平面镜像法相比，镜像电荷仍然与原电荷反号，但数值不等。

可以算出球面上总的感应电荷 $q_{in} = -qa/d = q'$。

如果导体球不接地且不带电，可用镜像法和叠加原理求球外的电位。此时球面必须是等位面，且导体球上的总感应电荷为零。应使用两个等效电荷：一个是 q'，其位置和大小由式(4-9)确定；另一个是 q''，$q'' = -q'$，q'' 位于球心。

如果导体球不接地，且带电荷 Q，即 q' 位置和大小同上，q'' 的位置也在原点，但 $q'' = Q - q'$，即 $q'' = Q + qa/d$。

例 4-3 空气中有两个半径相同(均等于 a)的导体球相切，试用球面镜像法求该孤立导体系统的电容。

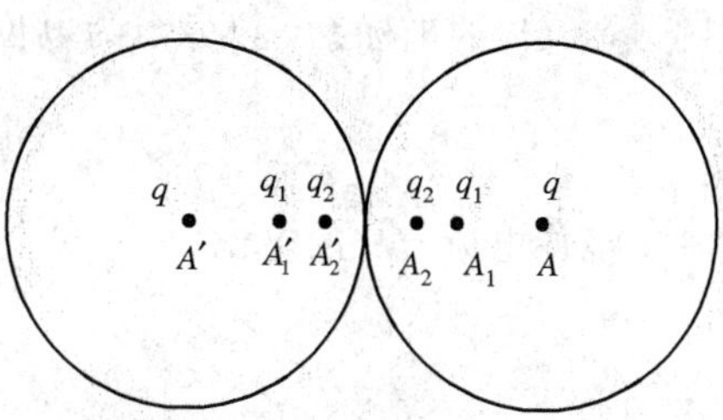

图 4-4 例 4-3 用图

解：如图 4-4 所示，设无穷远处的电位是零，导体面的电位为常数。以下我们用球面镜像法来确定导体所带的总电荷。先在两导体球的球心处各放相同的点电荷 q。此时，如果我们仅仅考虑右侧球心 A 处的单个电荷 q 在右面的球面上产生的电位，则可知右面球面是等位面。但考虑到左面的电荷 q 对右面导体球面的影响，要维持其表面是一个等位面，必须在右侧导体球的内部再加上一个 q_1，它是左侧 q 在右面导体球上的镜像电荷，其位置与大小由镜像法确定。设其位于 A_1 处，则

$$AA_1 = \frac{a^2}{AA'} = \frac{a^2}{2a} = \frac{a}{2}$$

$$q_1 = -\frac{a}{2a}q = -\frac{1}{2}q$$

右侧的 q 在左面的导体球面也有一个镜像电荷，大小也是 q_1，位于 A_1' 处。由问题本身的对称性可知，左面的电荷总是与右侧分布对称。以下仅分析右面的。左面的 q_1 在右导体球上

也要成像，这个镜像电荷记为 q_2，位于 A_2 处。

$$AA_2 = \frac{a^2}{AA_1'} = \frac{a^2}{a/2+a} = \frac{2a}{3}$$

$$q_2 = -\frac{a}{AA_1'}q_1 = \frac{1}{3}q$$

以此类推，有

$$q_3 = -\frac{1}{4}q, \quad q_4 = \frac{1}{5}q$$

因而，导体系统的总电荷为

$$Q = 2(q+q_1+q_2+\cdots) = 2q\left(1-\frac{1}{2}+\frac{1}{3}-\frac{1}{4}+\cdots\right) = 2q\ \ln 2$$

导体面的电位为

$$U_0 = \frac{q}{4\pi\varepsilon_0 a}$$

所以，这个孤立导体系统的电容为

$$C = 8\pi\varepsilon_0 a\ \ln 2$$

4.3.3　圆柱面镜像法

在讨论圆柱面的镜像问题之前，先分析线电荷的平面镜像问题。这一结果可用于导体柱的镜像问题。

例 4-4　线密度为 ρ_l 的无限长线电荷平行置于接地无限大导体平面前，二者相距 d，如图 4-5(a)所示，求电位及等位面方程。

解：仿照点电荷的平面镜像法，可知线电荷的镜像电荷为 $-\rho_l$，位于原电荷的对应点。取图 4-5(b)的坐标系，以原点为电位参考点，得线电荷 ρ_l 电位：

$$\varphi_+ = \frac{\rho_l}{2\pi\varepsilon_0}\ln\frac{r_0}{r_+} \tag{4-10}$$

同理得镜像电荷 $-\rho_l$ 的电位：

$$\varphi_- = -\frac{\rho_l}{2\pi\varepsilon_0}\ln\frac{r_0}{r_-} \tag{4-11}$$

任一点(x, y)的总电位：

$$\varphi = \varphi_+ + \varphi_- = \frac{\rho_l}{2\pi\varepsilon_0}\ln\frac{r_-}{r_+}$$

用直角坐标表示为

$$\varphi(x, y) = \frac{\rho_l}{4\pi\varepsilon_0}\ln\frac{(x+d)^2+y^2}{(x-d)^2+y^2} \tag{4-12}$$

上式表示图 4-5(b)中的二平行线电荷的电位，其右半空间($x>0$)中的电位就是图 4-5(a)的电位。以下讨论式(4-12)所示电位在 xoy 平面的等位线方程及图形。等位线方程为

$$\frac{(x+d)^2+y^2}{(x-d)^2+y^2} = m^2 \tag{4-13}$$

式中 m 是常数(写成平方仅为了方便)。上式可化成

$$\left(x-\frac{m^2+1}{m^2-1}d\right)^2+y^2=\left(\frac{2md}{m^2-1}\right)^2 \tag{4-14}$$

这个方程表示一簇圆，圆心在(x_0, y_0)，半径是R_0。其中：

$$R_0=\frac{2md}{|m^2-1|},\ x_0=\frac{m^2+1}{m^2-1}d,\ y_0=0 \tag{4-15}$$

每一个给定的$m(m>0)$值，对应一个等位圆，此圆的电位为

$$\varphi=\frac{\rho_l}{2\pi\varepsilon_0}\ln m \tag{4-16}$$

图 4-5(*c*)画出了不同m值的等位圆。右半空间($x>0$)对应$m>1$，电位为正；左半空间($x<0$)对应$m<1$,电位为负；y轴对应$m=1$，电位为零。$m=0$ 对应点$(-d, 0)$，$m=\infty$ 对应点$(d, 0)$。这一结果能计算与无限长圆柱导体有关的静电问题。

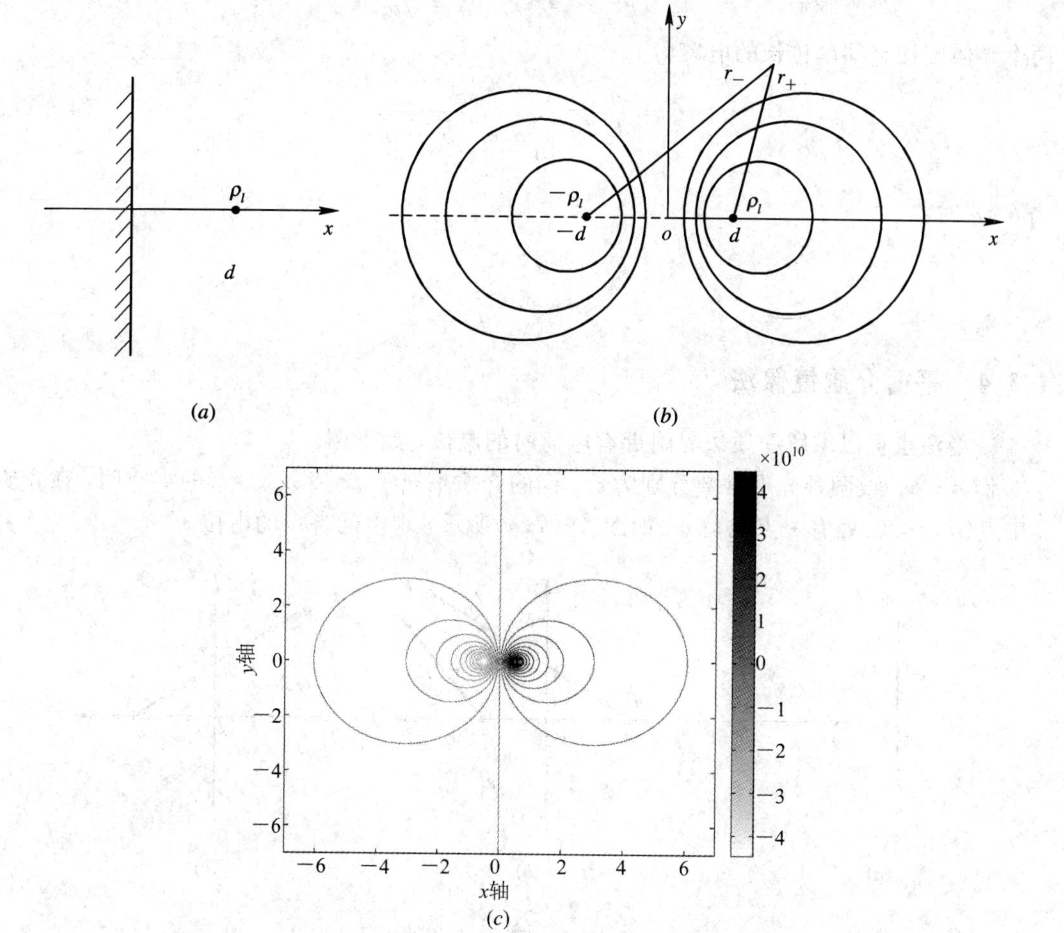

图 4-5　例 4-4 用图

(*a*) 导体平面与线电荷；(*b*) 线电荷与其镜像电荷的坐标关系；(*c*) 等位线

例 4-5　两平行圆柱形导体的半径都为a，导体轴线之间的距离是$2b$，如图 4-6 所示，求导体单位长的电容。

解：设两个导体圆柱单位长带电分别为ρ_l和$-\rho_l$。利用柱面镜像法，将导体柱面上的

电荷用线电荷 ρ_l 和 $-\rho_l$ 代替，线电荷相距原点均为 d，两个导体面的电位分别为 φ_1 和 φ_2。依式(4－15)，有

$$\frac{2md}{m^2-1}=a$$

$$\frac{m^2+1}{m^2-1}d=b$$

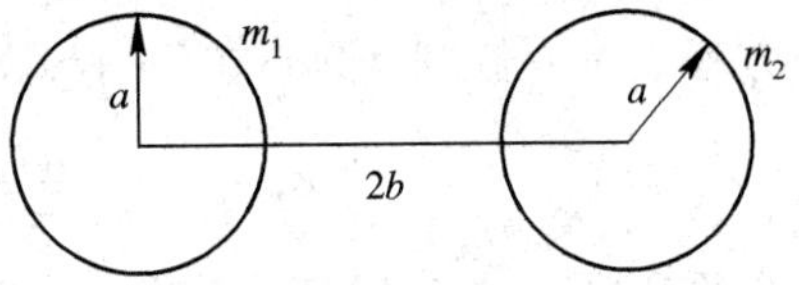

图 4－6　平行双导体

解之得

$$m_{1,2}=\frac{b\pm\sqrt{b^2-a^2}}{a}$$

上式中的正、负号分别对应第一、第二个圆柱体。由式(4－16)，有

$$U=\varphi_1-\varphi_2=\frac{\rho_l}{2\pi\varepsilon_0}(\ln m_1-\ln m_2)=\frac{\rho_l}{2\pi\varepsilon_0}\ln\frac{b+\sqrt{b^2-a^2}}{b-\sqrt{b^2-a^2}}=\frac{\rho_l}{\pi\varepsilon_0}\ln\frac{b+\sqrt{b^2-a^2}}{a}$$

两个导体圆柱之间单位长的电容为

$$C=\frac{\rho_l}{U}=\frac{\pi\varepsilon_0}{\ln\dfrac{b+\sqrt{b^2-a^2}}{a}}\qquad(4-17)$$

当 $b\gg a$ 时：

$$C\approx\frac{\pi\varepsilon_0}{\ln\dfrac{2b}{a}}\qquad(4-18)$$

4.3.4　平面介质镜像法

镜像法也可以求解介质边界附近有电荷时的电位，如下例。

例 4－6　设两种介电常数分别为 ε_1、ε_2 的介质填充于 $x<0$ 及 $x>0$ 的半空间，在介质 2 中点$(d, 0, 0)$处有一点电荷 q，如图 4－7(a)所示，求空间各点的电位。

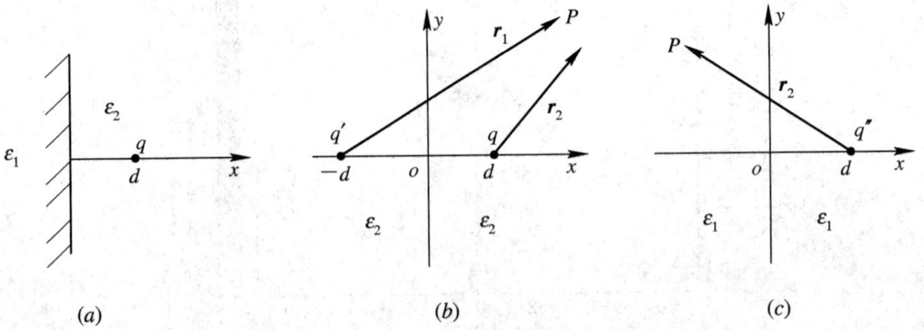

图 4－7　例 4－6 用图

(a) 介质镜像问题；(b) 区域 2 等效；(c) 区域 1 等效

解：这个问题的右半空间有一个点电荷 q，左半空间没有电荷，在界面上存在束缚面电荷。我们用镜像法求解，把原问题分成 $x>0$ 和 $x<0$ 两个区域。在求 $x>0$ 区域(右半空间)的电位时，假设全空间均填充介电常数 ε_2 的介质，在原电荷 q 的对称点$(-d, 0, 0)$放一镜像电荷 q'来代替界面上的束缚电荷；在求 $x<0$ 区域(左半空间)的电位时，假设全空

间填充介电常数为 ε_1 的介质，原电荷不存在，而在原电荷所在点 $(d, 0, 0)$ 放一镜像电荷 q'' 来代替原电荷及束缚电荷的共同影响。这样，右半空间任一点的电位为

$$\varphi_2 = \frac{1}{4\pi\varepsilon_2}\left(\frac{q}{r_2} + \frac{q'}{r_1}\right) \tag{4-19}$$

左半空间任一点的电位为

$$\varphi_1 = \frac{q''}{4\pi\varepsilon_1 r_2} \tag{4-20}$$

其中 q' 和 q'' 待定。

在界面 $(x=0)$ 上，由式(4－19)和式(4－20)所表示的电位，应满足边界条件：

$$\varphi_1 = \varphi_2, \quad \varepsilon_1 \frac{\partial \varphi_1}{\partial x} = \varepsilon_2 \frac{\partial \varphi_2}{\partial x}$$

将式(4－19)和式(4－20)代入，得

$$q - q' = q'', \quad \frac{q + q'}{\varepsilon_2} = \frac{q''}{\varepsilon_1}$$

解之得到 q' 和 q''：

$$\left.\begin{aligned} q' &= \frac{\varepsilon_2 - \varepsilon_1}{\varepsilon_2 + \varepsilon_1} q \\ q'' &= \frac{2\varepsilon_1}{\varepsilon_2 + \varepsilon_1} q \end{aligned}\right\} \tag{4-21}$$

最后，将上式代入式(4－19)和式(4－20)，可得各区电位。

从以上例题可以看出，采用镜像法求解静态场的边值问题时，必须将原问题分成不同的区域求解，对各个区域使用镜像电荷代替求解区域边界面上的面电荷。镜像电荷应放在待求区域以外。总之，镜像法是一种等效方法，这一方法的关键是找出镜像电荷的大小和位置。镜像法是应用唯一性定理的典型例证。

4.4 分离变量法

分离变量法是数学物理方法中应用最广的一种方法，它要求所给的边界与一个适当的坐标系的坐标面相重合，或分段重合；其次在此坐标系中，待求偏微分方程的解可表示成三个函数的乘积，每一函数仅是一个坐标的函数。这样，通过分离变量法就可以把偏微分方程化为常微分方程进行求解。

4.4.1 直角坐标系中的分离变量法

在直角坐标系中，拉普拉斯方程为

$$\frac{\partial^2 \varphi}{\partial x^2} + \frac{\partial^2 \varphi}{\partial y^2} + \frac{\partial^2 \varphi}{\partial z^2} = 0 \tag{4-22}$$

设 φ 可以表示为三个函数的乘积，即

$$\varphi(x, y, z) = X(x)Y(y)Z(z) \tag{4-23}$$

其中 X 只是 x 的函数，同时 Y 只是 y 的函数，Z 只是 z 的函数。将上式代入式(4－22)，得

$$YZ\frac{d^2X}{dx^2}+XZ\frac{d^2Y}{dy^2}+XY\frac{d^2Z}{dz^2}=0$$

然后上式各项除以 XYZ，得

$$\frac{X''}{X}+\frac{Y''}{Y}+\frac{Z''}{Z}=0 \tag{4-24}$$

以上方程的第一项只是 x 的函数，第二项只是 y 的函数，第三项只是 z 的函数。要使这一方程对任一组(x, y, z)成立，这三项必须分别为常数，即

$$\frac{X''}{X}=\alpha^2 \tag{4-25}$$

$$\frac{Y''}{Y}=\beta^2 \tag{4-26}$$

$$\frac{Z''}{Z}=\gamma^2 \tag{4-27}$$

这样，就将偏微分方程化为三个常微分方程。α、β、γ 是分离常数，都是待定常数，与边界条件有关。它们可以是实数，也可以是虚数，且由方程式(4-24)应有

$$\alpha^2+\beta^2+\gamma^2=0 \tag{4-28}$$

以上三个常微分方程即式(4-25)、式(4-26)和式(4-27)解的形式，与边界条件有关(即与常数 α、β、γ 有关)。这里以式(4-25)为例说明 X 的形式与 α 的关系。

当 $\alpha^2=0$ 时，则

$$X(x)=a_0x+b_0 \tag{4-29}$$

当 $\alpha^2<0$ 时，令 $\alpha=\mathrm{j}k_x$(k_x 为正实数)，则

$$X(x)=a_1\sin k_xx+a_2\cos k_xx \tag{4-30}$$

或

$$X(x)=b_1\mathrm{e}^{-\mathrm{j}k_xx}+b_2\mathrm{e}^{\mathrm{j}k_xx} \tag{4-31}$$

当 $\alpha^2>0$ 时，令 $\alpha=k_x$，则

$$X(x)=c_1\operatorname{sh}k_xx+c_2\operatorname{ch}k_xx \tag{4-32}$$

或

$$X(x)=d_1\mathrm{e}^{-k_xx}+d_2\mathrm{e}^{k_xx} \tag{4-33}$$

以上的 a、b、c 和 d 称为积分常数，也由边界条件决定。$Y(y)$和 $Z(z)$的解和 $X(x)$类似。

在用分离变量法求解静态场的边值问题时，常需要根据边界条件来确定分离常数是实数、虚数或零。若在某一个方向(如 x 方向)的边界条件是周期的，则其解要选三角函数；若在某一个方向的边界条件是非周期的，则该方向的解要选双曲函数或者指数函数，在有限区域选双曲函数，无限区域选指数衰减函数；若位函数与某一坐标无关，则沿该方向的分离常数为零，其解为常数。

下面通过例题说明分离变量法的应用。

例 4-7　横截面如图 4-8 所示的导体长槽，上方有一块与槽相互绝缘的导体盖板，截面尺寸为$a\times b$，槽体的电位为零，盖板的电位为 U_0，求此区域内的电位。

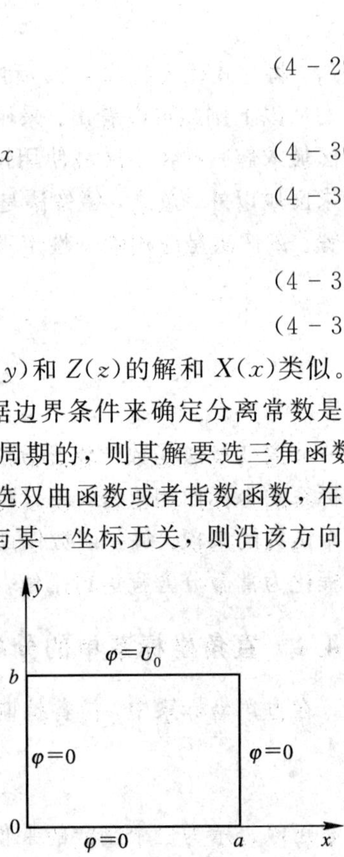

图 4-8　矩形截面导体槽

解：本题的电位与 z 无关，只是 x、y 的函数，即 $\varphi=\varphi(x, y)$。

在区域 $0<x<a$、$0<y<b$ 内，有

$$\nabla^2\varphi=0 \tag{4-34}$$

边界条件为

① $x=0$，$\varphi(0, y)=0$；

② $x=a$，$\varphi(a, y)=0$；

③ $y=0$，$\varphi(x, 0)=0$；

④ $y=b$，$\varphi(x, b)=U_0$。

设满足式(4-34)的解为$\varphi(x, y)=X(x)Y(y)$，则$X(x)$、$Y(y)$由方程式(4-25)和式(4-26)确定，且$\alpha^2+\beta^2=0$。我们由边界条件决定分离常数α，即决定$X(x)$的形式。边界条件①和②要求电位在$x=0$、$x=a$处为零，从式(4-30)～式(4-33)可见，$X(x)$的合理形式是三角函数(即$\alpha^2<0$)：

$$X(x) = a_1 \sin k_x x + a_2 \cos k_x x$$

将边界条件①代入上式，得$a_2=0$，再将边界条件②代入，有

$$\sin k_x a = 0$$

即$k_x a=n\pi$或$k_x=\dfrac{n\pi}{a}(n=1, 2, 3, \cdots)$，这样得到$X(x)=a_1 \sin\dfrac{n\pi x}{a}$。由于$\alpha^2+\beta^2=0$，所以得到$Y(y)$的形式为指数函数或双曲函数，即

$$Y(y) = c_1 \mathrm{sh} k_x y + c_2 \mathrm{ch} k_x y$$

考虑到边界条件③，有$c_2=0$，$Y(y)=c_1 \mathrm{sh}\left(\dfrac{n\pi y}{a}\right)$，这样我们就得到基本乘积解$X(x)Y(y)$，记作

$$\varphi_n = X_n(x)Y_n(y) = c_n \sin\left(\frac{n\pi x}{a}\right)\mathrm{sh}\left(\frac{n\pi y}{a}\right) \tag{4-35}$$

上式满足拉普拉斯方程式(4-34)和边界条件①、②、③，其中c_n是待定常数($c_n=a_1c_1$)。为了满足边界条件④，取不同的n值对应的φ_n并叠加，即

$$\varphi(x, y) = \sum_{n=1}^{\infty}\varphi_n = \sum_{n=1}^{\infty} c_n \sin\left(\frac{n\pi x}{a}\right)\mathrm{sh}\left(\frac{n\pi y}{a}\right) \tag{4-36}$$

由边界条件④，有$\varphi(x, b)=U_0$，即

$$U_0 = \sum_{n=1}^{\infty} c_n \mathrm{sh}\left(\frac{n\pi b}{a}\right) \sin\left(\frac{n\pi x}{a}\right) = \sum_{n=1}^{\infty} B_n \sin\left(\frac{n\pi x}{a}\right) \tag{4-37}$$

其中：

$$B_n = c_n \mathrm{sh}\left(\frac{n\pi b}{a}\right)$$

要从式(4-37)中解出B_n，需要使用三角函数的正交归一性，即

$$\int_0^a \sin\left(\frac{n\pi x}{a}\right) \sin\left(\frac{m\pi x}{a}\right)\mathrm{d}x = \begin{cases} a/2 & n = m \\ 0 & n \neq m \end{cases} \tag{4-38}$$

将式(4-37)左右两边同乘以$\sin\left(\dfrac{m\pi x}{a}\right)$，并在区间(0, a)积分，有

$$\int_0^a U_0 \sin\left(\frac{m\pi x}{a}\right)\mathrm{d}x = \sum_{n=1}^{\infty}\int_0^a B_n \sin\left(\frac{n\pi x}{a}\right) \sin\left(\frac{m\pi x}{a}\right)\mathrm{d}x$$

使用公式(4-38)，有

$$\int_0^a U_0 \sin\left(\frac{n\pi x}{a}\right)\mathrm{d}x = \int_0^a B_n \sin^2\left(\frac{n\pi x}{a}\right)\mathrm{d}x = \frac{B_n a}{2}$$

因而，得

$$B_n=\frac{2U_0}{a}\int_0^a \sin\left(\frac{n\pi x}{a}\right)dx=\frac{2U_0}{n\pi}(1-\cos n\pi)$$

$$=\begin{cases}0 & n=2,\ 4,\ 6,\ \cdots\\ \dfrac{4U_0}{n\pi} & n=1,\ 3,\ 5,\ \cdots\end{cases} \tag{4-39}$$

所以，当 $n=1,\ 3,\ 5,\ \cdots$时，有

$$c_n=\frac{4U_0}{n\pi\ \mathrm{sh}\left(\dfrac{n\pi b}{a}\right)}$$

当 $n=2,\ 4,\ 6,\ \cdots$时，有

$$c_n=0$$

这样得到待求区域的电位为

$$\varphi(x,\ y)=\frac{4U_0}{\pi}\sum_{n=1,\ 3,\ \cdots}^{\infty}\frac{1}{n\ \mathrm{sh}\left(\dfrac{n\pi b}{a}\right)}\mathrm{sh}\left(\frac{n\pi y}{a}\right)\sin\left(\frac{n\pi x}{a}\right) \tag{4-40}$$

例 4-8 如图 4-9 所示，两块半无限大平行导体板的电位为零，与之垂直的底面电位为$\varphi(x,\ 0)$，求此半无限槽中的电位。其中：

$$\varphi(x,\ 0)=\begin{cases}U_0 & 0<x<\dfrac{a}{2}\\ 0 & \dfrac{a}{2}<x<a\end{cases}$$

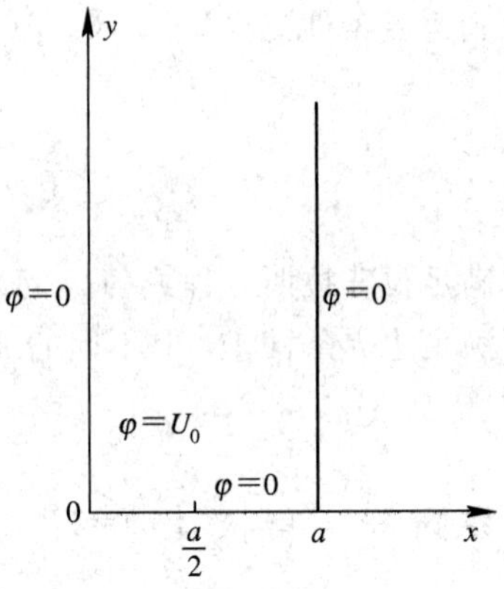

图 4-9 无限长槽的电位

解：和前题类似，这是一个二维拉普拉斯方程边值问题，$\varphi=\varphi(x,\ y)$，边界条件为

① $\varphi(0,\ y)=0$；

② $\varphi(a,\ y)=0$；

③ $\varphi(x,\ \infty)=0$；

④ $\varphi(x,\ 0)=\begin{cases}U_0 & 0<x<\dfrac{a}{2}\\ 0 & \dfrac{a}{2}<x<a\end{cases}$。

由边界条件①和②知，基本解 $X_n=\sin\left(\dfrac{n\pi x}{a}\right)$，而基本解 $Y_n(y)$只能取指数函数或双曲函数，但考虑到边界条件③，有 $Y_n=e^{-n\pi y/a}$，至此我们使用了边界条件①、②、③。为满足边界条件④，取级数

$$\varphi(x,\ y)=\sum_{n=1}^{\infty}c_n e^{-n\pi y/a}\sin\left(\frac{n\pi x}{a}\right) \tag{4-41}$$

代入边界条件④，得

$$\sum_{n=1}^{\infty}c_n\sin\left(\frac{n\pi x}{a}\right)=\begin{cases}U_0 & 0<x<\dfrac{a}{2}\\ 0 & \dfrac{a}{2}<x<a\end{cases}$$

运用正弦函数的正交归一性，得

$$c_n \frac{a}{2} = \int_0^{a/2} U_0 \sin\left(\frac{n\pi x}{a}\right) \mathrm{d}x$$

化简得

$$c_n = \frac{2U_0}{n\pi}\left(1 - \cos\frac{n\pi}{2}\right) \tag{4-42}$$

将式(4 - 42)代入式(4 - 41)即可得到待求电位。

由以上两例看出，用分离变量法解题时，应注意用一部分边界条件确定基本解的形式(即分离常数取实数还是虚数，以及分离常数的值)，用剩余的一部分边界条件确定待定系数 c_n。

4.4.2 圆柱坐标系中的分离变量法

电位的拉普拉斯方程在圆柱坐标系中(为了不与电荷体密度混淆，取坐标(r,ϕ,z))表示为

$$\frac{1}{r}\frac{\partial}{\partial r}\left(r\frac{\partial \varphi}{\partial r}\right) + \frac{1}{r^2}\frac{\partial^2 \varphi}{\partial \phi^2} + \frac{\partial^2 \varphi}{\partial z^2} = 0 \tag{4-43}$$

对于这个方程，仅分析电位与坐标变量 z 无关的情况。对于电位与三个坐标变量有关的情形，请读者参阅有关教材。

当电位与坐标变量 z 无关时，上式第三项为零，此时电位 $\varphi(r, \phi)$满足二维拉普拉斯方程：

$$r\frac{\partial}{\partial r}\left(r\frac{\partial \varphi}{\partial r}\right) + \frac{\partial^2 \varphi}{\partial \phi^2} = 0 \tag{4-44}$$

运用分离变量法解之，令

$$\varphi = R(r)\Phi(\phi) \tag{4-45}$$

其中 R 只是 r 的函数，Φ 只是 ϕ 的函数。将上式代入式(4 - 44)，并且用 $R\Phi$ 除以等式两边，得

$$\frac{r}{R}\frac{\mathrm{d}}{\mathrm{d}r}\left(r\frac{\mathrm{d}R}{\mathrm{d}r}\right) + \frac{1}{\Phi}\frac{\mathrm{d}^2\Phi}{\mathrm{d}\phi^2} = 0$$

上式第一项只是 r 的函数，第二项只是 ϕ 的函数。要其对任一点成立，必须每一项都是常数。令第一项等于 n^2，于是导出下面两个常微分方程：

$$r^2\frac{\mathrm{d}^2R}{\mathrm{d}r^2} + r\frac{\mathrm{d}R}{\mathrm{d}r} - n^2R = 0 \tag{4-46}$$

$$\frac{\mathrm{d}^2\Phi}{\mathrm{d}\phi^2} + n^2\Phi = 0 \tag{4-47}$$

当 $n\neq 0$ 时，上面两方程的解为

$$R = ar^n + br^{-n} \tag{4-48}$$

$$\Phi = c\cos n\phi + d\sin n\phi \tag{4-49}$$

其中 a、b、c、d 都是待定常数。通常对圆形区域的问题，ϕ 的变化范围为 $0\sim 2\pi$，且有 $\Phi(\phi)=\Phi(\phi+2n\pi)$，所以 n 必须是整数。为满足边界条件，要将式(4 - 48)和式(4 - 49)的基本解叠加，构成一般解(也称通解)为

$$\varphi(r, \phi) = \sum_{n=1}^{\infty} r^n(A_n\cos n\phi + B_n\sin n\phi) + \sum_{n=1}^{\infty} r^{-n}(C_n\cos n\phi + D_n\sin n\phi) \tag{4-50}$$

当 $n=0$ 时，方程式(4-46)和式(4-47)的解为

$$\Phi_0(\phi)=A_0\phi+B_0 \tag{4-51}$$

$$R_0(r)=C_0\ln r+D_0 \tag{4-52}$$

由此构成一个基本乘积解 $\varphi_0=\Phi_0 R_0$。对于一般问题，通解式(4-50)应加上 φ_0。但是如果讨论的是一个圆形区域内部(或外部)的问题，依据解的物理意义可以知道 φ_0 为零(或者为一个常数)，如果是一个圆环区域的问题，系数 $A_0=0$，$B_0=1$。以下通过例题熟悉圆柱坐标系分离变量法的应用。

例 4-9　将半径为 a 的无限长导体圆柱置于真空中的均匀电场 $\boldsymbol{E}_0$ 中，柱轴与 $\boldsymbol{E}_0$ 垂直，求任意点的电位。

解：令圆柱的轴线与 z 轴重合，$\boldsymbol{E}_0$ 的方向与 x 方向一致，如图 4-10 所示。由于导体柱是一个等位体，不妨令其为零，即在柱内($r<a$)，$\varphi_1=0$，柱外电位 φ_2 满足拉普拉斯方程。φ_2 的形式就是圆柱坐标系拉普拉斯方程的通解。以下由边界条件确定待定系数。本例的边界条件为

① $r\to\infty$，柱外电场 $\boldsymbol{E}_2\to E_0\boldsymbol{e}_x$，这样 $\varphi_2\to -E_0x$，即 $\varphi_0\to -E_0r\cos\phi$。

② $r=a$，导体柱内、外电位连续，即 $\varphi_2=0$。

除此之外，电位关于轴对称，即在通解中只取余弦项，于是：

$$\varphi_2=\sum_{n=1}^{\infty}(A_nr^n+C_nr^{-n})\cos n\phi\quad(r>a)$$

由边界条件①可知

$$A_1=-E_0,\quad A_n=0\quad(n>1)$$

这样，得

$$\varphi_2=-E_0r\cos\phi+\sum_{n=1}^{\infty}C_nr^{-n}\cos n\phi$$

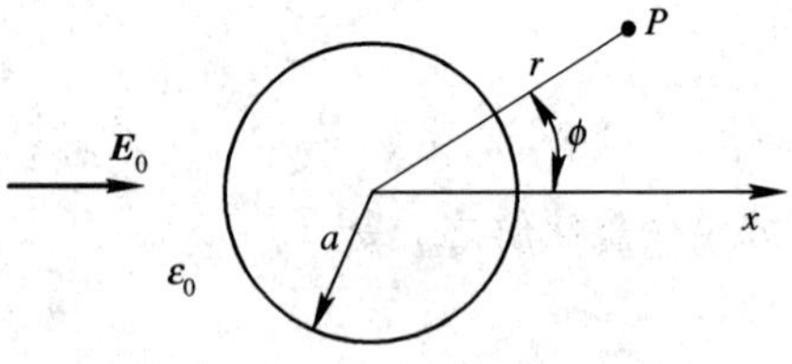

图 4-10　均匀场中导体柱

由边界条件②，有

$$-E_0a\cos\phi+\sum_{n=1}^{\infty}C_na^{-n}\cos n\phi=0$$

因这一表达式对任意的 ϕ 成立，所以

$$C_1=E_0a^2,\quad C_n=0\quad(n>1)$$

于是，有

$$\varphi_2=E_0\left(-r+\frac{a^2}{r}\right)\cos\phi$$

例 4-10　若在电场强度为 $\boldsymbol{E}_0$ 的均匀静电场中放入一个半径为 a 的电介质圆柱，柱的轴线与电场互相垂直，介质柱的介电常数为 ε，柱外为真空，如图 4-11 所示，求柱内、外的电场。

解：设柱内电位为 φ_1，柱外电位为 φ_2，φ_1 和 φ_2 与 z 无关。取坐标原点为电位参考点，边界条件为

① $r\to\infty$，$\varphi_2=-E_0r\cos\phi$；

② $r=0$，$\varphi_1=0$；

③ $r=a$，$\varphi_1=\varphi_2$；

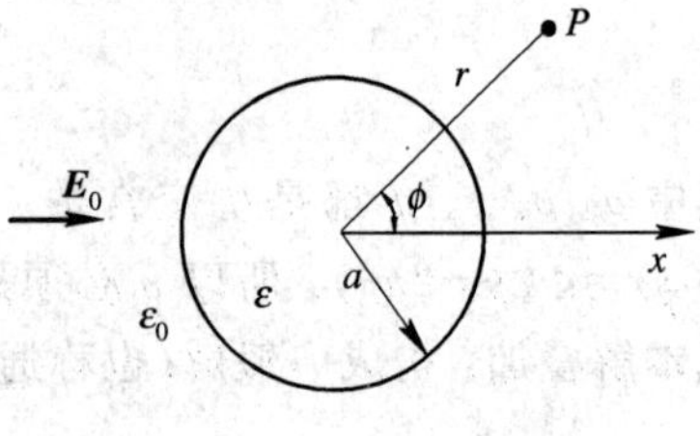

图 4-11　均匀场中介质柱

④ $r=a$，$\varepsilon\dfrac{\partial\varphi_1}{\partial r}=\varepsilon_0\dfrac{\partial\varphi_2}{\partial r}$。

于是，柱内、柱外电位的通解为

$$\varphi_1(r,\phi)=\sum_{n=1}^{\infty}r^n(A_n\cos n\phi+B_n\sin n\phi)+\sum_{n=1}^{\infty}r^{-n}(C_n\cos n\phi+D_n\sin n\phi)$$

$$\varphi_2(r,\phi)=\sum_{n=1}^{\infty}r^n(A_n'\cos n\phi+B_n'\sin n\phi)+\sum_{n=1}^{\infty}r^{-n}(C_n'\cos n\phi+D_n'\sin n\phi)$$

考虑本题的外加电场、极化面电荷均关于 x 轴对称，柱内、柱外电位解只有余弦项，即

$$B_n=D_n=B_n'=D_n'=0\quad(n\geqslant 1)$$

由边界条件②，有 $C_n=0$（$n\geqslant 1$），又由边界条件①，得

$$A_1'=-E_0,\ A_n'=0\quad(n\geqslant 2)$$

于是，有

$$\varphi_1(r,\phi)=\sum_{n=1}^{\infty}r^nA_n\cos n\phi$$

$$\varphi_2(r,\phi)=-E_0r\cos\phi+\sum_{n=1}^{\infty}C_n'r^{-n}\cos n\phi$$

由边界条件③和④，可得

$$\begin{cases}\displaystyle\sum_{n=1}^{\infty}A_na^n\cos n\phi=-E_0a\cos\phi+\sum_{n=1}^{\infty}C_n'a^{-n}\cos n\phi\\ \displaystyle\varepsilon\sum_{n=1}^{\infty}nA_na^{n-1}\cos n\phi=-\varepsilon_0E_0\cos\phi-\varepsilon_0\sum_{n=1}^{\infty}nC_n'a^{-n-1}\cos n\phi\end{cases}$$

解之，得

$$A_1=-\frac{2E_0}{\varepsilon_r+1},\ C_1'=E_0a^2\frac{\varepsilon_r-1}{\varepsilon_r+1}$$

$$A_n=0,\ C_n'=0\quad(n\geqslant 2)$$

其中，$\varepsilon_r=\varepsilon/\varepsilon_0$，是介质圆柱的相对介电常数。于是柱内、外的电位为

$$\varphi_1=-\frac{2}{\varepsilon_r+1}E_0r\cos\phi,\quad \varphi_2=-E_0\left(1-\frac{\varepsilon_r-1}{\varepsilon_r+1}\frac{a^2}{r^2}\right)r\cos\phi$$

由此得柱内、外的电场为

$$\boldsymbol{E}_1=\frac{2}{\varepsilon_r+1}E_0(\boldsymbol{e}_r\cos\phi-\boldsymbol{e}_\phi\sin\phi)=\boldsymbol{e}_x\frac{2}{\varepsilon_r+1}E_0$$

$$\boldsymbol{E}_2=\boldsymbol{e}_r\left(1+\frac{\varepsilon_r-1}{\varepsilon_r+1}\frac{a^2}{r^2}\right)E_0\cos\phi+\boldsymbol{e}_\phi\left(-1+\frac{\varepsilon_r-1}{\varepsilon_r+1}\frac{a^2}{r^2}\right)E_0\sin\phi$$

圆柱内的场是一个均匀场，且比外加均匀场小，柱外的场同电偶极子的场。

例 4-11　在一个半径为 a 的圆柱面上，给定其电位分布：

$$\varphi=\begin{cases}U_0 & 0<\phi<\pi\\ 0 & -\pi<\phi<0\end{cases}$$

求圆柱内、外的电位分布。

解：本题的电位也是与坐标 z 无关。除了圆柱面上的已知电位以外，根据问题本身的

物理含义，可以得出，圆柱外部的电位在无穷远处应该趋于零，圆柱内部的电位在圆柱中轴线上应该为有限值。依据这一点，可以判断出，在圆柱外，通解中的正幂项的系数为零，在圆柱内部，通解中的负幂项的系数同样为零。

于是，柱内电位的通解为

$$\varphi_1(r, \phi) = A_0 + \sum_{n=1}^{\infty} r^n (A_n \cos n\phi + B_n \sin n\phi)$$

待定系数 A_0、A_n、B_n 可以由界面的电位来确定，即

$$\varphi_1(a, \phi) = A_0 + \sum_{n=1}^{\infty} a^n (A_n \cos n\phi + B_n \sin n\phi) = \begin{cases} U_0 & 0 < \phi < \pi \\ 0 & -\pi < \phi < 0 \end{cases}$$

由傅里叶级数的有关知识，可得出

$$A_0 = \frac{1}{2\pi}\int_{-\pi}^{\pi} \varphi_1(a, \phi)\,\mathrm{d}\phi = \frac{U_0}{2}$$

$$a^n A_n = \frac{1}{\pi}\int_{-\pi}^{\pi} \varphi_1(a, \phi) \cos n\phi\,\mathrm{d}\phi$$

$$A_n = \frac{a^{-n}}{\pi}\int_{0}^{\pi} U_0 \cos n\phi\,\mathrm{d}\phi = 0 \quad (n \geqslant 1)$$

$$a^n B_n = \frac{1}{\pi}\int_{-\pi}^{\pi} \varphi_1(a, \phi) \sin n\phi\,\mathrm{d}\phi$$

$$B_n = \frac{a^{-n}}{\pi}\int_{0}^{\pi} U_0 \sin n\phi\,\mathrm{d}\phi = \frac{a^{-n}U_0}{n\pi}[1-(-1)^n]$$

即

$$B_n = \frac{2a^{-n}U_0}{n\pi} \quad (n = 1, 3, 5, \cdots)$$

将这些系数代入上面的通解，得到圆柱内部的电位为

$$\varphi_1(r, \phi) = \frac{U_0}{2} + \frac{2U_0}{\pi}\sum_{n=1,3,\cdots}^{\infty} \frac{1}{n}\left(\frac{r}{a}\right)^n \sin n\phi$$

求解圆柱外部电位的方法与求解圆柱内部电位的方法一样，只不过其电位通解的形式不同，此问题留给读者自己去求解。

4.4.3 球坐标系中的分离变量法

在求解具有球面边界的边值问题时，采用球坐标系较方便。球坐标系中的拉普拉斯方程为

$$\frac{1}{r^2}\frac{\partial}{\partial r}\left(r^2 \frac{\partial \varphi}{\partial r}\right) + \frac{1}{r^2 \sin\theta}\frac{\partial}{\partial \theta}\left(\sin\theta \frac{\partial \varphi}{\partial \theta}\right) + \frac{1}{r^2 \sin^2\theta}\frac{\partial^2 \varphi}{\partial \phi^2} = 0 \tag{4-53}$$

这里只讨论轴对称场，即电位 φ 与坐标 ϕ 无关的场。此时拉普拉斯方程为

$$\frac{1}{r^2}\frac{\partial}{\partial r}\left(r^2 \frac{\partial \varphi}{\partial r}\right) + \frac{1}{r^2 \sin\theta}\frac{\partial}{\partial \theta}\left(\sin\theta \frac{\partial \varphi}{\partial \theta}\right) = 0 \tag{4-54}$$

令 $\varphi = R(r)\Theta(\theta)$，将其代入式(4-54)，并用$\dfrac{r^2}{R\Theta}$乘该式的两边，得

$$\frac{1}{R}\frac{\mathrm{d}}{\mathrm{d}r}\left(r^2 \frac{\mathrm{d}R}{\mathrm{d}r}\right) + \frac{1}{\Theta \sin\theta}\frac{\mathrm{d}}{\mathrm{d}\theta}\left(\sin\theta \frac{\mathrm{d}\Theta}{\mathrm{d}\theta}\right) = 0$$

上式的第一项只是 r 的函数，第二项只是 θ 的函数。要其对空间任意点成立，必须使每一

项为常数。令第一项等于 k，于是有

$$\frac{1}{R}\frac{\mathrm{d}}{\mathrm{d}r}\left(r^2\frac{\mathrm{d}R}{\mathrm{d}r}\right)=k \tag{4-55}$$

$$\frac{1}{\Theta\sin\theta}\frac{\mathrm{d}}{\mathrm{d}\theta}\left(\sin\theta\frac{\mathrm{d}\Theta}{\mathrm{d}\theta}\right)=-k \tag{4-56}$$

为了把式(4-56)化为标准形式，令

$$x=\cos\theta \tag{4-57}$$

代换后原方程变为

$$\frac{\mathrm{d}}{\mathrm{d}x}\left[(1-x^2)\frac{\mathrm{d}\Theta}{\mathrm{d}x}\right]+k\Theta=0 \tag{4-58}$$

方程式(4-58)称为勒让德方程，它的解具有幂级数形式，且在 $-1<x<1$ 收敛。如果选择 $k=n(n+1)$，其中 n 为正整数，则解的收敛域扩展为 $-1\leqslant x\leqslant 1$。当 $k=n(n+1)$ 时，勒让德方程的解为 n 阶勒让德多项式 $P_n(x)$：

$$P_n(x)=\frac{1}{2^n n!}\frac{\mathrm{d}^n}{\mathrm{d}x^n}[(x^2-1)^n] \tag{4-59}$$

前几个勒让德多项式为

$$\left.\begin{aligned}P_0(\cos\theta)&=1\\P_1(\cos\theta)&=\cos\theta\\P_2(\cos\theta)&=\frac{1}{2}(3\cos^2\theta-1)\\P_3(\cos\theta)&=\frac{1}{2}(5\cos^3\theta-3\cos\theta)\end{aligned}\right\} \tag{4-60}$$

勒让德多项式也是正交函数系，正交关系为

$$\int_{-1}^{1}P_m(x)P_n(x)\mathrm{d}x=\int_0^{\pi}P_m(\cos\theta)P_n(\cos\theta)\sin\theta\,\mathrm{d}\theta=\frac{2}{2n+1}\delta_{mn} \tag{4-61}$$

将 $k=n(n+1)$ 代入 $R(r)$ 的方程式(4-55)，解之得

$$R_n(r)=A_nr^n+B_nr^{-n-1} \tag{4-62}$$

其中 A_n、B_n 是待定系数。取不同的 n 值对应的基本解进行叠加，得到球坐标系中二维拉普拉斯方程的通解为

$$\varphi(r,\theta)=\sum_{n=0}^{\infty}(A_nr^n+B_nr^{-n-1})P_n(\cos\theta) \tag{4-63}$$

例 4-12　假设真空中在半径为 a 的球面上有面密度为 $\sigma_0\cos\theta$ 的表面电荷，其中 σ_0 是常数，求任意点的电位。

解：本题除了面电荷外，球内和球外再无电荷分布，虽然可以用静电场中的积分公式计算各点的电位，但使用分离变量法更方便。设球内、球外的电位分别是 φ_1、φ_2。由题意知道，在无穷远处，电位为零；在球心处，电位为有限值。所以可以取球内、球外的电位形式如下：

$$\varphi_1(r,\theta)=\sum_{n=0}^{\infty}A_nr^nP_n(\cos\theta) \tag{4-64}$$

$$\varphi_2(r,\theta)=\sum_{n=0}^{\infty}B_nr^{-n-1}P_n(\cos\theta) \tag{4-65}$$

球面上的边界条件为

① $r=a$，$\varphi_1=\varphi_2$；

② $r=a$，$-\varepsilon_0\left(\dfrac{\partial\varphi_2}{\partial r}-\dfrac{\partial\varphi_1}{\partial r}\right)=\rho_S=\sigma_0\cos\theta$。

将式(4－64)和式(4－65)代入边界条件，得

$$\sum_{n=0}^{\infty}A_n a^n P_n(\cos\theta)=\sum_{n=0}^{\infty}B_n a^{-n-1}P_n(\cos\theta) \tag{4-66}$$

$$\sum_{n=0}^{\infty}nA_n a^{n-1}P_n(\cos\theta)+\sum_{n=0}^{\infty}(n+1)B_n a^{-n-2}P_n(\cos\theta)=\frac{\sigma_0\cos\theta}{\varepsilon_0} \tag{4-67}$$

比较式(4－66)两边，得

$$B_n=A_n a^{2n+1} \tag{4-68}$$

将式(4－68)代入式(4－67)，整理以后变为

$$\sum_{n=0}^{\infty}(2n+1)A_n a^{n-1}P_n(\cos\theta)=\frac{\sigma_0\cos\theta}{\varepsilon_0}$$

使用勒让德多项式的唯一性，即将区间[－1，1]内的函数可以唯一地用勒让德多项式展开，并考虑 $P_1(\cos\theta)=\cos\theta$，得

$$A_1=\frac{\sigma_0}{3\varepsilon_0}$$

$$A_n=0\quad(n\neq 1)$$

于是我们得到

$$\varphi_1=\frac{\sigma_0}{3\varepsilon_0}r\cos\theta\quad(r\leqslant a)$$

$$\varphi_2=\frac{\sigma_0}{3\varepsilon_0}\frac{a^3}{r^2}\cos\theta\quad(r\geqslant a)$$

4.5　复变函数法

复变函数法可用于求解复杂边界的二维边值问题，且在一般条件下，它的解具有比较简单的形式，并能方便地计算电容。

4.5.1　复电位

如果复变函数 $w(z)=u(x,y)+\mathrm{j}v(x,y)$ 是解析函数，则它的实部和虚部之间应满足柯希—黎曼条件：

$$\frac{\partial u}{\partial x}=\frac{\partial v}{\partial y},\ \frac{\partial v}{\partial x}=-\frac{\partial u}{\partial y} \tag{4-69}$$

利用柯希—黎曼条件，可以证明解析函数的实部和虚部都满足二维拉普拉斯方程：

$$\frac{\partial^2 u}{\partial x^2}+\frac{\partial^2 u}{\partial y^2}=0 \tag{4-70}$$

$$\frac{\partial^2 v}{\partial x^2}+\frac{\partial^2 v}{\partial y^2}=0 \tag{4-71}$$

由于在无源区，二维静电场的电位满足拉普拉斯方程，可见二维静电场的电位可以用解析函数的实部或虚部表示。

我们又知道，对解析函数 $w(z)=u(x, y)+\mathrm{j}v(x, y)$，曲线簇 $u(x, y)=C_1$ 和曲线簇 $v(x, y)=C_2$ 处处相互正交。这个性质可以用下面的公式来表示：

$$\nabla u \cdot \nabla v = 0$$

也就是说，任意一个解析函数的实部 u 和虚部 v 均满足二维拉普拉斯方程，并且 u 和 v 的等值线相互垂直。

由于二维静电问题的等位线和电力线互相垂直，因而如果用虚部 $v(x, y)$ 表示电位，则实部的等值线 $u(x, y)=C_1$ 就表示电通量线(亦是电力线)，此时称这一实部为通量函数，称解析函数 $w(z)$ 为复电位。同理，如果用实部 $u(x, y)$ 表示电位，则虚部 $v(x, y)$ 加上一个负号，即用 $-v(x, y)$ 表示通量函数，称解析函数 $w(z)$ 为复电位。

4.5.2 用复电位解二维边值问题

我们先说明通量函数的含意。如前所述，当取某一解析函数的虚部表示二维电场的电位时，有

$$E_x = -\frac{\partial v}{\partial x}, \quad E_y = -\frac{\partial v}{\partial y}$$

我们考虑一个在 xoy 平面上任意的一条曲线 l 为底，在 z 方向单位长的曲面，计算通过这一曲面的电通量 $\int \boldsymbol{E} \cdot \mathrm{d}\boldsymbol{S}$：

$$\boldsymbol{E} = \boldsymbol{e}_x E_x + \boldsymbol{e}_y E_y$$

$$\mathrm{d}\boldsymbol{S} = \mathrm{d}\boldsymbol{l} \times \boldsymbol{e}_z = (\boldsymbol{e}_x \mathrm{d}x + \boldsymbol{e}_y \mathrm{d}y) \times \boldsymbol{e}_z = \boldsymbol{e}_x \mathrm{d}y - \boldsymbol{e}_y \mathrm{d}x$$

$$\int \boldsymbol{E} \cdot \mathrm{d}\boldsymbol{S} = \int (E_x \mathrm{d}y - E_y \mathrm{d}x) = \int \left(-\frac{\partial v}{\partial x}\mathrm{d}y + \frac{\partial v}{\partial y}\mathrm{d}x\right) = \int \left(\frac{\partial u}{\partial y}\mathrm{d}y + \frac{\partial u}{\partial x}\mathrm{d}x\right) = \int \mathrm{d}u$$

显然，如果在 xoy 平面上指定 A 点作为计算通量的起点，则 B 点的通量函数是指在 AB 间的一条曲线 l 和 z 方向单位长度构成的一个曲面上的电通量(如图 4-12)。若在图 4-13 中 φ_1、φ_2 两条等位线是电容器的两个极板表面(极板在 z 方向无限长)，则正极板单位长电荷是 $\varepsilon_0(\Psi_B - \Psi_A)$，这样得到单位长电容为

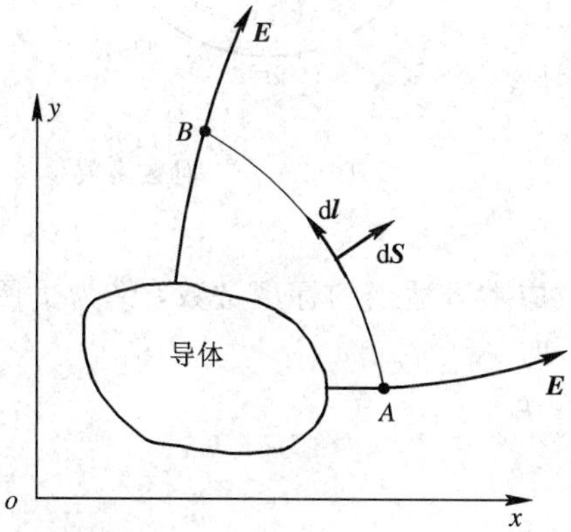

图 4-12 电通量函数

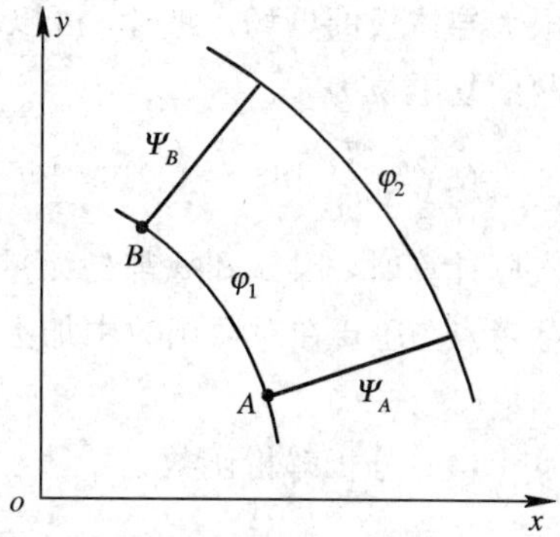

图 4-13 电容的计算

$$C = \varepsilon_0 \frac{\Psi_B - \Psi_A}{\varphi_2 - \varphi_1} \tag{4-72}$$

综上所述，用复变函数法解二维边值问题的关键是要找一个解析函数。若其虚部表示电位函数，则其实部表示通量函数，即

$$w(x, y) = \Psi(x, y) + \mathrm{j}\varphi(x, y) \tag{4-73}$$

同理，也可以用实部表示电位函数。此时其虚部是通量函数的相反值(原因请读者思考)，即

$$w(x, y) = \varphi(x, y) - \mathrm{j}\Psi(x, y) \tag{4-74}$$

在一般情况下，寻求相应的复电位函数并没有固定的方法，而且往往极为困难。所以通常采取相反的途径，就是先研究一些常用解析函数的实部和虚部的等值线分布。对于实际的边界形状，从以上函数中找出其实部(或虚部)的等值线与边界相重合的函数，再根据已知的边界条件确定该解析函数中的待定常数。对于一些形状较复杂的边界，常常需要进行两次或多次变换。

例 4-13 分析解析函数 $w=A\ \ln z$ 所表示的场(A 为实常数)。

解：用极坐标(r, ϕ)表示 z，则

$$w = A\ \ln(r\mathrm{e}^{\mathrm{j}\phi}) = A\ \ln r + A\mathrm{j}\phi = u + \mathrm{j}v$$

实部 u 的等值线是圆心在原点的圆，虚部的等值线是幅角 ϕ 为常数的射线，如图 4-13 所示。如果用实部 u 表示电位，用虚部 v 表示电通量函数，对数函数可以表示同轴线的场，也可以表示无限长带电导线的场。对线电荷密度为 ρ_l 的无限长均匀线电荷，其穿过半径为 r、沿 z 方向单位长度的圆柱面的电通量为

$$\Delta v = A\Delta\phi = A(2\pi - 0) = 2\pi A = \frac{\rho_l}{\varepsilon_0}$$

$$A = \frac{\rho_l}{2\pi\varepsilon_0}$$

于是，得到复电位为

$$\xi(z) = \frac{\rho_l}{2\pi\varepsilon_0}\ \ln z = \frac{\rho_l}{2\pi\varepsilon_0}\ \ln r + \mathrm{j}\ \frac{\rho_l}{2\pi\varepsilon_0}\theta$$

如果用虚部表示电位，它可以表示夹角为 α 的两个半无限大导体板的电场。此时，可以求出图 4-14 所示问题的复电位为

$$\xi(z) = \frac{U}{\alpha}\ \ln z = \frac{U}{\alpha}\ \ln r + \mathrm{j}\ \frac{U}{\alpha}\theta$$

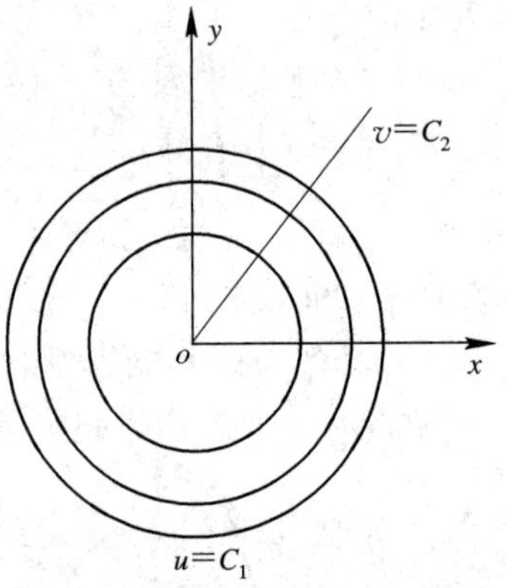

图 4-14 对数函数

在实际计算时，因 u 和 v 都是无量纲的量，故应乘以适当的标度常数，又为了便于确定电位参考点，还要在对数函数中加上另一常数，即

$$w = A\ \ln z + B \tag{4-75}$$

例 4-14 分析解析函数

$$w(z) = A\ \ln \frac{z+d}{z-d} \tag{4-76}$$

所表示的场，并用此求半径为 a 的导体圆柱与无限大导体板(导体圆柱与平板平行，轴线

距离导体平面为 b)之间单位长的电容(如图 4 - 15 所示)。

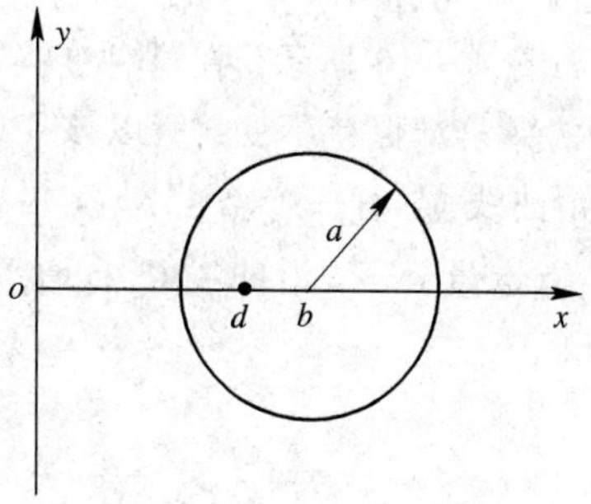

图 4 - 15 导体板与导体圆柱

解:将 $z=x+\mathrm{j}y$ 代入式(4 - 76),将函数 w 的实部与虚部分别写成 x、y 的函数,有

$$u(x, y) = A\frac{1}{2}\ln\frac{(x+d)^2+y^2}{(x-d)^2+y^2} \tag{4-77}$$

$$v(x, y) = A\left(\arctan\frac{y}{x+d} - \arctan\frac{y}{x-d}\right) \tag{4-78}$$

当用实部 u 表示电位时,等位线分布同例 4 - 5,所以它可以表示两个平行的等量异号线电荷产生的场,也可以表示一个线电荷和无限大接地导体板之间的场,同样也可以表示一个导体圆柱与导体板之间的场。下面用此解析函数法计算导体圆柱与导体板之间的电容。

利用例 4 - 5 给出的公式,由已知 a 和 b,求出 d 的值:

$$d = (b^2 - a^2)^{1/2} \tag{4-79}$$

导体平面($x=0$)的电位为零。为了求导体圆柱的表面电位,将式(4 - 79)代入式(4 - 77),并注意导体圆柱面的方程为

$$(x-b)^2 + y^2 = a^2$$

即

$$x^2 + y^2 = a^2 - b^2 + 2bx = 2bx - d^2$$

于是有

$$\frac{(x+d)^2+y^2}{(x-d)^2+y^2} = \frac{x^2+y^2+d^2+2dx}{x^2+y^2+d^2-2dx} = \frac{2bx+2dx}{2bx-2dx}$$

$$= \frac{b+d}{b-d} = \frac{b+\sqrt{b^2-a^2}}{b-\sqrt{b^2-a^2}}$$

这样就得到带正电的导体电位为

$$\varphi_2 = \frac{A}{2}\ln\frac{b+\sqrt{b^2-a^2}}{b-\sqrt{b^2-a^2}} = A\ln\frac{b+\sqrt{b^2-a^2}}{a}$$

用式(4 - 78)计算出点 $x=0$、$y=+\infty$处的通量函数值为 πA。同理,点 $x=0$、$y=-\infty$处的通量函数值为 $-\pi A$。通量值的差为 $2\pi A$。从式(4 - 72)计算出导体板与导体圆柱单位长电容为

$$C = \frac{2\pi\varepsilon_0}{\ln\dfrac{b+\sqrt{b^2-a^2}}{a}}$$

这一结论和例 4 - 5 是一致的(为何有一个系数 2,请读者自行思考)。

4.5.3 保角变换

当 $w=f(z)$变换为单值函数时,对于 Z 平面上的一个点 z_0,在 W 平面就有一点 w_0 与之对应;对于 Z 平面上的一条曲线 C,W 平面上也有一条曲线 C' 与之对应;同样,在 Z 平

面上的一个图形D，在W平面有一个图形D'与之对应。这种对应关系称为映射，或称为变换，如图 4－16 所示。在这种变换中，尽管图形的形状要产生变化，但是相应的两条曲线之间的夹角却保持不变，所以该变换也叫做保角变换。为了证明保角性，设Z平面的z_0点上，沿曲线C_1有一个增量$\mathrm{d}z_1$，沿曲线C_2有一个增量$\mathrm{d}z_2$，相应的在W平面w_0点，沿曲线C_1'有增量$\mathrm{d}w_1$，沿曲线C_2'有增量$\mathrm{d}w_2$，于是

$$\mathrm{d}w_1 = f'(z_0)\mathrm{d}z_1$$

$$\mathrm{d}w_2 = f'(z_0)\mathrm{d}z_2$$

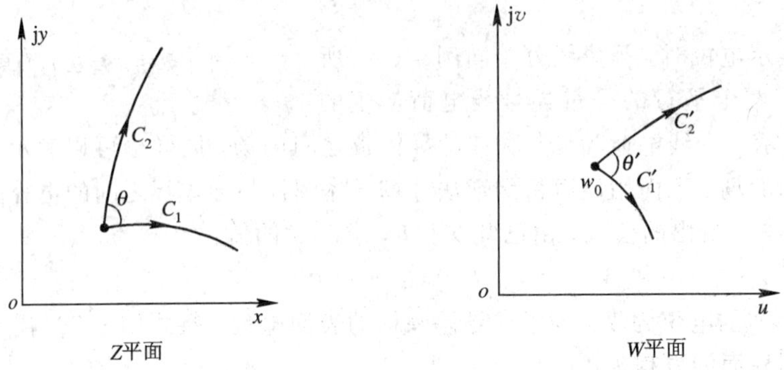

图 4－16　保角变换

当$f'(z_0)$不等于零时，它们之间的幅角关系为

$$\arg \mathrm{d}w_1 = \arg \mathrm{d}z_1 + \arg f'(z_0)$$

$$\arg \mathrm{d}w_2 = \arg \mathrm{d}z_2 + \arg f'(z_0)$$

以上二式相减，得

$$\arg \mathrm{d}w_1 - \arg \mathrm{d}w_2 = \arg \mathrm{d}z_1 - \arg \mathrm{d}z_2$$

即

$$\theta' = \theta$$

这样就证明了保角性。在变换前后，图形的形状要产生旋转和伸缩，但是两条曲线之间的夹角保持不变。使用保角变换法求解静态场问题的关键是选择适当的变换函数，将Z平面上比较复杂的边界变换成W平面上较易求解的边界。

使用保角变换应注意以下几点：

(1) 如果变换以前势函数满足拉普拉斯方程，则在变换以后势函数也满足拉普拉斯方程；如果变换以前势函数满足泊松方程：

$$\frac{\partial^2 \varphi}{\partial x^2} + \frac{\partial^2 \varphi}{\partial y^2} = -\frac{\rho}{\varepsilon}$$

则在变换以后，势函数也满足以下的泊松方程：

$$\frac{\partial^2 \varphi}{\partial u^2} + \frac{\partial^2 \varphi}{\partial v^2} = -\frac{\rho^*}{\varepsilon}$$

上式中：

$$\rho^*(u, v) = |f'(z)|^{-2}\rho(x, y)$$

这表明，二维平面场的电荷密度经过变换以后要发生变化，但是电荷总量不变。其理由为

$$\int_S \rho^*(u, v)\mathrm{d}u\,\mathrm{d}v = \int_S |f'(z)|^{-2}\rho(x, y)\left|\frac{\partial(u, v)}{\partial(x, y)}\right|\mathrm{d}x\,\mathrm{d}y$$

而

$$\frac{\partial(u, v)}{\partial(x, y)} = \frac{\partial u}{\partial x}\frac{\partial v}{\partial y} - \frac{\partial u}{\partial y}\frac{\partial v}{\partial x} = \left(\frac{\partial u}{\partial x}\right)^2 + \left(\frac{\partial u}{\partial y}\right)^2 = |f'(z)|^2$$

所以

$$\int_S \rho^*(u, v)\mathrm{d}u\,\mathrm{d}v = \int_S \rho(x, y)\mathrm{d}x\,\mathrm{d}y$$

(2) 在变换前后，Z 平面和 W 平面对应的电场强度要发生变化，它们之间的关系为

$$\boldsymbol{E}(x, y) = |f'(z)|\,\boldsymbol{E}(u, v)$$

这是因为，从 Z 平面变换到 W 平面时，线元的长度要伸长 $|f'(z)|$ 倍，相应的电场强度要减小 $|f'(z)|$ 倍。

(3) 变换前后，两导体之间的电容量不变。这里的电容量是指单位长度的电容。因为变换前后两个导体之间的电位差不变，二导体面上的电场和电荷密度发生了变化，但是，导体上的电荷总量不变。如取 C_1 为 Z 平面上的导体表面，C_1' 为变换以后 W 平面上的导体表面，则沿轴线方向单位长度的 C_1 上的总电荷为

$$Q = \int_{C_1} \varepsilon E_n(z)\mathrm{d}C_1$$

则沿轴线方向单位长度的 C_1' 上的总电荷为

$$Q' = \int_{C_1'} \varepsilon E_n(w)\mathrm{d}C_1'$$

因为

$$E_n(z) = \left|\frac{\mathrm{d}w}{\mathrm{d}z}\right| E_n(w),\quad \mathrm{d}C_1 = \left|\frac{\mathrm{d}w}{\mathrm{d}z}\right|^{-1}\mathrm{d}C_1'$$

所以有

$$Q = Q'$$

可以使用这个性质方便地计算两个导体之间的电容量。

例 4-15　两个共焦椭圆柱面导体组成的电容器，其外柱的长、短半轴分别是 a_2、b_2，内柱的长、短半轴分别是 a_1、b_1，如图 4-17 所示，求单位长度的电容。

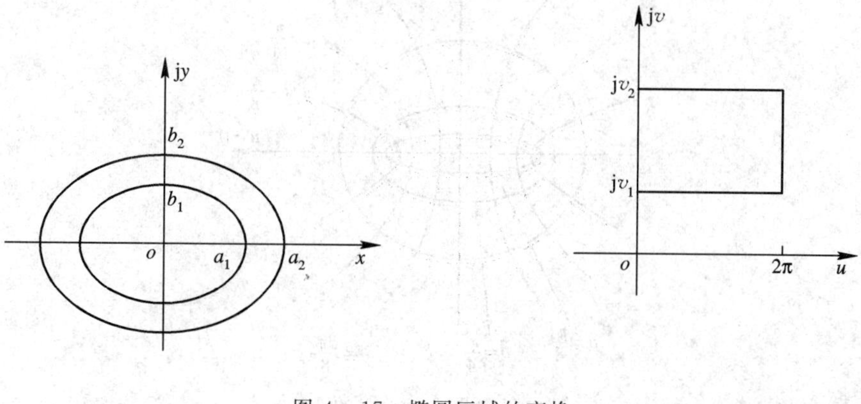

图 4-17　椭圆区域的变换

解：先分析反余弦变换 $w=\arccos\dfrac{z}{k}$ 所能表示的场(k 为常数，为了简便起见，取其为实常数)。

$$x+\mathrm{j}y=k\cos(u+\mathrm{j}v)=k\cos u\ \mathrm{ch}v-\mathrm{j}k\sin u\ \mathrm{sh}v$$

即

$$x=k\cos u\ \mathrm{ch}v,\quad y=-k\sin u\ \mathrm{sh}v$$

所以

$$\frac{x^2}{k^2\mathrm{ch}^2v}+\frac{y^2}{k^2\mathrm{sh}^2v}=1$$

$$\frac{x^2}{k^2\cos^2u}-\frac{y^2}{k^2\sin^2u}=1$$

可见，v 为常数表示一簇共焦点的椭圆，焦点在($\pm k$, 0)，u 为常数表示一簇与椭圆簇正交的共焦点双曲线，如图 4 - 18 所示(图中是 $k=1$ 的情形)。它可以将 Z 平面上的椭圆或双曲线边界变换到 W 平面的直线边界(包括蜕变为一段线段的椭圆，蜕变为两条射线的双曲线)。椭圆的长半轴为 $k\ \mathrm{ch}v$，短半轴为 $k\ \mathrm{sh}v$。对于本题，选取 v 表示电势函数，则在 Z 平面的两个椭圆导体之间的区域变换到 W 平面的矩形区域 $0<u<2\pi$，$v_1<v<v_2$。其中：

$$a_1=k\mathrm{ch}v_1,\quad a_2=k\mathrm{ch}v_2$$

$$k=\sqrt{a_2^2-b_2^2}=\sqrt{a_1^2-b_1^2}$$

单位长度电容为

$$C=\varepsilon_0\frac{u_2-u_1}{v_2-v_1}$$

注意到

$$\mathrm{arch}x=\ln(x+\sqrt{x^2-1})$$

可求出此椭圆电容器单位长度的电容为

$$C=\frac{2\pi\varepsilon_0}{\ln\dfrac{a_2+b_2}{a_1+b_1}}$$

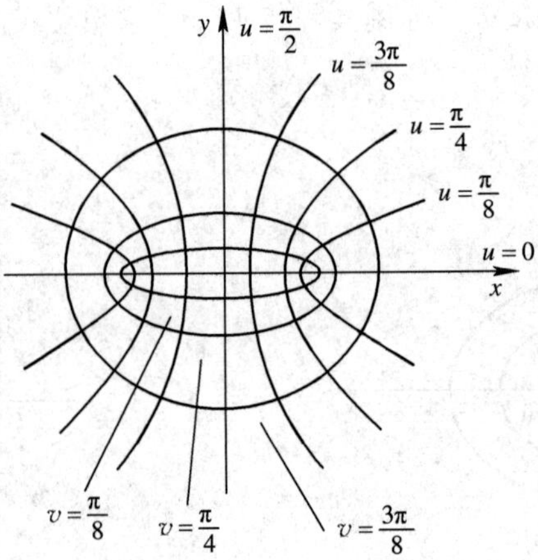

图 4 - 18　$z=\cos w$ 的变换

4.6　格 林 函 数 法

格林函数法是数学物理方法中的基本方法之一，可以用于求解静态场中的拉普拉斯方程、泊松方程以及时变场中的亥姆霍兹方程。格林函数法的要点是先求出与待解问题具有相同边界形状的格林函数。格林函数是指单位点源在相同边界形状齐次边界条件下的位函数。知道格林函数后，通过积分就可以得到具有任意分布源的解。对于静电问题而言，就是说，可以从单位点电荷(对于求二维问题是单位线电荷，一维问题是单位面电荷)在特定边界上产生的位函数，通过积分求得同一边界的任意分布电荷产生的电位。本节以静电场的边值问题为例，说明格林函数法在求解泊松方程中的应用。

4.6.1　静电场边值问题的格林函数法表示式

假定已知某给定区域 V 内的电荷体密度 $\rho(\boldsymbol{r})$，则待求电位 $\varphi(\boldsymbol{r})$满足泊松方程：

$$\nabla^2\varphi(\boldsymbol{r})=-\frac{\rho(\boldsymbol{r})}{\varepsilon}\tag{4-80}$$

与方程式(4-80)相应的格林函数 $G(\boldsymbol{r},\boldsymbol{r}')$满足下列方程：

$$\nabla^2 G(\boldsymbol{r},\boldsymbol{r}')=-\frac{\delta(\boldsymbol{r}-\boldsymbol{r}')}{\varepsilon}\tag{4-81}$$

方程式(4-81)实际上就是位于源点 $\boldsymbol{r}'$处的单位正电荷在空间产生的电位所满足的方程，也就是说，格林函数 $G(\boldsymbol{r},\boldsymbol{r}')$是位于源点 $\boldsymbol{r}'$处的单位正电荷在空间 $\boldsymbol{r}$ 处产生的电位。很显然，格林函数 $G(\boldsymbol{r},\boldsymbol{r}')$仅仅是源点与场点间距离的函数，即是$|\boldsymbol{r}-\boldsymbol{r}'|$的函数。我们将源点和场点互换，其间的距离不变，故而有

$$G(\boldsymbol{r},\boldsymbol{r}')=G(\boldsymbol{r}',\boldsymbol{r})$$

上式称为格林函数的对称性，也就是电磁场的互易性。

将式(4-80)左右乘以 φ，式(4-81)左右乘以 G，二者相减再积分，可得

$$\int_V(G\nabla^2\varphi-\varphi\nabla^2 G)\mathrm{d}V=-\int_V\frac{\rho G}{\varepsilon}\mathrm{d}V+\int_V\varphi(\boldsymbol{r})\frac{\delta(\boldsymbol{r}-\boldsymbol{r}')}{\varepsilon}\mathrm{d}V$$

使用格林第二恒等式(见附录)，可得

$$\oint_S\left(G\frac{\partial\varphi}{\partial n}-\varphi\frac{\partial G}{\partial n}\right)\mathrm{d}S=-\int_V\frac{\rho G}{\varepsilon}\mathrm{d}V+\int_V\varphi(\boldsymbol{r})\frac{\delta(\boldsymbol{r}-\boldsymbol{r}')}{\varepsilon})\mathrm{d}V\tag{4-82}$$

当源点在区域 V 内时，有

$$\int_V\varphi(\boldsymbol{r})\delta(\boldsymbol{r}-\boldsymbol{r}')\mathrm{d}V=\varphi(\boldsymbol{r}')$$

因而，式(4-82)可以写为

$$\varphi(\boldsymbol{r}')=\int_V\rho(\boldsymbol{r})G(\boldsymbol{r},\boldsymbol{r}')\mathrm{d}V+\varepsilon\oint_S\left[G\frac{\partial\varphi(\boldsymbol{r})}{\partial n}-\varphi(\boldsymbol{r})\frac{\partial G(\boldsymbol{r},\boldsymbol{r}')}{\partial n}\right]\mathrm{d}S$$

将上式的源点和场点互换，并且利用格林函数的对称性，得

$$\varphi(\boldsymbol{r})=\int_V\rho(\boldsymbol{r}')G(\boldsymbol{r},\boldsymbol{r}')\mathrm{d}V'+\varepsilon\oint_S\left[G\frac{\partial\varphi(\boldsymbol{r}')}{\partial n'}-\varphi(\boldsymbol{r}')\frac{\partial G(\boldsymbol{r},\boldsymbol{r}')}{\partial n'}\right]\mathrm{d}S'\tag{4-83}$$

此式就是有限区域 V 内任意一点电位的格林函数表示式。它表明，一旦体积 V 中的电荷分布 ρ 以及有限体积 V 的边界面 S 上的边界条件 $\varphi(\boldsymbol{r}')$ 和 $\partial\varphi/\partial n'$ 为已知，则 V 内任意一点的电位即可以通过积分算出。

在式(4-83)中的格林函数是给定边界形状下一般边值问题的格林函数。为了简化计算，我们可以对格林函数附加上边界条件。与静电场边值问题一样，格林函数的边界条件也分为三类：

1. 第一类边值问题的格林函数

与第一类静电场边值问题相应的是第一类边值问题的格林函数，用 G_1 表示。它在体积 V 内和边界面 S 上满足的方程如下：

$$\nabla^2 G_1(\boldsymbol{r}, \boldsymbol{r}') = -\frac{\delta(\boldsymbol{r}-\boldsymbol{r}')}{\varepsilon} \tag{4-84a}$$

$$G_1 \big|_S = 0 \tag{4-84b}$$

即第一类边值问题的格林函数 G_1 在边界面 S 上满足齐次边界条件。将式(4-84b)代入式(4-83)，得出第一类静电场边值问题的解为

$$\varphi(\boldsymbol{r}) = \int_V \rho(\boldsymbol{r}') G_1(\boldsymbol{r}, \boldsymbol{r}')\mathrm{d}V' - \varepsilon\oint_S \varphi(\boldsymbol{r}') \frac{\partial G_1(\boldsymbol{r}, \boldsymbol{r}')}{\partial n'}\mathrm{d}S' \tag{4-85}$$

2. 第二类边值问题的格林函数

与第二类静电场边值问题相应的是第二类边值问题的格林函数，用 G_2 表示。为了简单，我们先选取它在体积 V 内和 S 上满足的方程如下：

$$\nabla^2 G_2(\boldsymbol{r}, \boldsymbol{r}') = -\frac{\delta(\boldsymbol{r}-\boldsymbol{r}')}{\varepsilon} \tag{4-86a}$$

$$\frac{\partial G_2}{\partial n}\bigg|_S = 0 \tag{4-86b}$$

式(4-86a)和式(4-86b)仅仅具有形式上简洁的特点，对于大多数问题，并不能用于计算。其原因是，假定了边界面上格林函数的法向导数为零，就意味着整个边界面上每一点的面电荷密度都为零，但是在求解区域内部，由于加了一个总电量为 1 库仑的点电荷，依照电荷守恒定律，整个边界面上的感应电荷总量应该是 −1 库仑。这个矛盾可以通过修改第二类边值情形下的格林函数定义来解决。一般是修改格林函数微分方程(4-86a)，或者修改格林函数边界条件(4-86b)。比如采用第一种方法时，第二类边值的格林函数采用如下定义：

$$\nabla^2 G_2(\boldsymbol{r}, \boldsymbol{r}') = -\frac{\delta(\boldsymbol{r}-\boldsymbol{r}') - 1/V}{\varepsilon} \tag{4-87a}$$

$$\frac{\partial G_2}{\partial n}\bigg|_S = 0 \tag{4-87b}$$

式中，V 是求解区域的体积，n 是区域边界的外法向。在此条件下，第二类静电场边值问题的解为

$$\varphi(\boldsymbol{r}) = \int_V \rho(\boldsymbol{r}') G_2(\boldsymbol{r}, \boldsymbol{r}')\mathrm{d}V' + \varepsilon\oint_S G_2 \frac{\partial \varphi(\boldsymbol{r}')}{\partial n'}\mathrm{d}S' + \varphi_0 \tag{4-87c}$$

式中，φ_0 是区域内电位的体积平均值，即

$$\varphi_0 = \frac{1}{V}\int_V \varphi(\boldsymbol{r}')\mathrm{d}V'$$

若采用第二种方法，保留方程(4 - 86a)不变，而修改格林函数边界条件时，格林函数定义为

$$\nabla^2 G_2(\boldsymbol{r}, \boldsymbol{r}') = -\frac{\delta(\boldsymbol{r}-\boldsymbol{r}')}{\varepsilon} \tag{4 - 87d}$$

$$\left.\frac{\partial G_2}{\partial n}\right|_S = -\frac{1}{S\varepsilon} \tag{4 - 87e}$$

式中，S 是待求解区域的总面积。在这种情况下，待求电位同样用式(4 - 87)计算，仅仅把上述公式中的 φ_0 理解为区域边界面 S 上的电位平均值，即其计算公式为

$$\varphi_{01} = \frac{1}{S}\oint_S \varphi(\boldsymbol{r}')\mathrm{d}S' \tag{4 - 87f}$$

应该注意，在上述两种电位表达式中的常数项 φ_0 仅仅具有形式上的意义，不论是面积平均值还是体积平均值，并不影响计算结果。这是因为单纯的第二类边值问题，电位的解并不是唯一的，不同的解之间可以相差一个常数。对于第二类边值问题，关心的仅仅是电场强度。当然，如果涉及的问题是半无界空间以及类似问题时，原来的定义公式保持不变。此时，区域的体积和面积都是无穷大。前面讲到的两种选取方法，其物理意义是，除了在激励点(也就是源点 $\boldsymbol{r}'$)都要加上单位正电荷外，第一种处理方法等于在待求解区域再加上按体积均匀分布的单位负电荷；而第二种方法是在边界面上加上按面积均匀分布的单位负电荷。就是因为第二类边值问题，位函数解不是唯一的，使得格林函数的求解变化多，选择更灵活，理论上说选择方案有无穷多种。比如可以在体积内加上二分之一个单位负电荷，然后在边界上加上二分之一个单位负电荷；再比如，在边界面的一部分上加上均匀分布的单位负电荷，在其余边界面上不加电荷。当然，对于初学者，只要掌握格林函数法的要点即可。

3. 第三类边值问题的格林函数

对于第三类静电场边值问题，使用第三类边值问题的格林函数较为方便。第三类静电场边值问题的电位方程也由方程式(4 - 80)确定，其边界条件由下式确定：

$$\left.\left(\alpha\varphi + \beta\frac{\partial\varphi}{\partial n}\right)\right|_S = f \tag{4 - 88}$$

其中：α、β 为已知常数；$f(\boldsymbol{r})$为已知函数。与第三类静电场边值问题相应的第三类边值问题的格林函数 G_3 所满足的方程及边界条件如下：

$$\nabla^2 G_3(\boldsymbol{r}, \boldsymbol{r}') = -\frac{\delta(\boldsymbol{r}-\boldsymbol{r}')}{\varepsilon} \tag{4 - 89a}$$

$$\left.\left(\alpha G_3 + \beta\frac{\partial G_3}{\partial n}\right)\right|_S = 0 \tag{4 - 89b}$$

将式(4 - 89b)代入式(4 - 83)，其可以简化为

$$\varphi(\boldsymbol{r}) = \int_V \rho(\boldsymbol{r}')G_3(\boldsymbol{r}, \boldsymbol{r}')\mathrm{d}V' + \oint_S \varepsilon\,\frac{f(\boldsymbol{r}')G_3(\boldsymbol{r}, \boldsymbol{r}')}{\alpha}\mathrm{d}S' \tag{4 - 90}$$

从以上推导过程可看出，格林函数解法其实质是把泊松方程的求解转化为特定边界条件下点源激励时位函数的求解问题。点源激励下的位函数就是格林函数。格林函数所满足

的方程及边界条件都比同类型的泊松方程要简单。这里仅仅以第三类边值问题的格林函数为例比较一下。先看方程式(4－80)和式(4－89a)，尽管二者都是非齐次方程，它们的左边一样，而式(4－89a)的右边明显简单，是一个点源激励。再比较边界条件式(4－88)和式(4－89b)，可以看出，式(4－88)是一个非齐次边界条件，而式(4－89b)是一个齐次边界条件。至于第一类、第二类边值问题，其格林函数也具有同样的特点。简而言之，格林函数法就是将非齐次边界条件下泊松方程的求解问题简化为齐次边界条件下点源激励的泊松方程的求解，也就是格林函数的求解问题。而各类型的格林函数的计算，要通过其它方法求得，比如镜像法等。

另外，若我们讨论的是拉普拉斯方程的求解问题，仅仅需要取式(4－85)、式(4－87)和式(4－90)中的电荷体密度为零即可。

4.6.2　简单边界的格林函数

以下我们给出一些简单边界形状下第一类静电场边值问题的格林函数(为了书写简便，略去下标，用 G 表示)。

1. 无界空间的格林函数

我们可以用格林函数所满足的偏微分方程以及边界条件，通过求解这一方程来得出格林函数。也可以由格林函数的物理含义来求解。我们在此使用后一种方法计算。要计算无界空间的格林函数，就是计算无界空间中，位于 $\boldsymbol{r}'$ 处的单位点电荷，以无穷远为电位参考点时，在空间 $\boldsymbol{r}$ 处的电位。这一电位为

$$\varphi(\boldsymbol{r}) = \frac{1}{4\pi\varepsilon R} = \frac{1}{4\pi\varepsilon\,|\,\boldsymbol{r}-\boldsymbol{r}'\,|} \tag{4-91}$$

因此，无界空间的格林函数为

$$G(\boldsymbol{r},\ \boldsymbol{r}') = \frac{1}{4\pi\varepsilon R} = \frac{1}{4\pi\varepsilon\,|\,\boldsymbol{r}-\boldsymbol{r}'\,|} \tag{4-92}$$

由式(4－92)确定的是三维无界空间的格林函数。对于二维无界空间，其格林函数可以通过计算位于源点$(x',\ y')$处的线密度为 1 的单位无限长线电荷在空间$(x,\ y)$处的电位来确定。由静电场一章的知识可知，二维无界空间的格林函数为

$$G(\boldsymbol{r},\ \boldsymbol{r}') = -\frac{1}{2\pi\varepsilon}\ln R + C \tag{4-93}$$

式中：$R=[(x-x')^2+(y-y')^2]^{1/2}$；$C$ 是常数，取决于电位参考点的选取。

2. 上半空间的格林函数

计算上半空间($z>0$)的格林函数，就是求位于上半空间 $\boldsymbol{r}'$ 处的单位点电荷，以 $z=0$ 平面为电位零点时，在上半空间任意一点 $\boldsymbol{r}$ 处的电位。这个电位可以用平面镜像法求得，因而，上半空间的格林函数为

$$G(\boldsymbol{r},\ \boldsymbol{r}') = \frac{1}{4\pi\varepsilon}\left(\frac{1}{R_1} - \frac{1}{R_2}\right) \tag{4-94}$$

式中：

$$R_1 = [(x-x')^2 + (y-y')^2 + (z-z')^2]^{1/2}$$
$$R_2 = [(x-x')^2 + (y-y')^2 + (z+z')^2]^{1/2}$$

同理可得出二维半空间($y>0$)的格林函数。也使用镜像法，可以比较容易地算出位于(x', y')处的单位线电荷，在以 $y=0$ 为电位参考点时，在(x, y)处的电位。因而，二维半空间($y>0$)的格林函数为

$$G(\boldsymbol{r},\ \boldsymbol{r}') = \frac{1}{2\pi\varepsilon}\ln\frac{R_2}{R_1} \tag{4-95}$$

式中：

$$R_1 = [(x-x')^2+(y-y')^2]^{1/2}$$
$$R_2 = [(x-x')^2+(y+y')^2]^{1/2}$$

3. 球内、外空间的格林函数

我们可以由球面镜像法，求出球心在坐标原点、半径为 a 的球外空间的格林函数为

$$G(\boldsymbol{r},\ \boldsymbol{r}') = \frac{1}{4\pi\varepsilon}\left(\frac{1}{R_1}-\frac{a}{r'R_2}\right) \tag{4-96}$$

式中各量如图 4-19 所示：a 是球的半径；$r=|\boldsymbol{r}|$；$r'=|\boldsymbol{r}'|$；R_1 是 $\boldsymbol{r}'$ 到场点 $\boldsymbol{r}$ 的距离；R_2 是 $\boldsymbol{r}'$ 的镜像点 $\boldsymbol{r}''$ 到场点 $\boldsymbol{r}$ 的距离。

$$R_1 = (r^2+r'^2-2rr'\cos\gamma)^{1/2}$$
$$R_2 = (r^2+r''^2-2rr''\cos\gamma)^{1/2}$$
$$r'' = \frac{a^2}{r'}$$
$$\cos\gamma = \cos\theta\cos\theta' + \sin\theta\sin\theta'\cos(\varphi-\varphi')$$

同理，可以计算出球内空间的格林函数为

$$G(\boldsymbol{r},\ \boldsymbol{r}') = \frac{1}{4\pi\varepsilon}\left(\frac{1}{R_1}-\frac{a}{r'R_2}\right) \tag{4-97}$$

式中各量如图 4-20 所示。

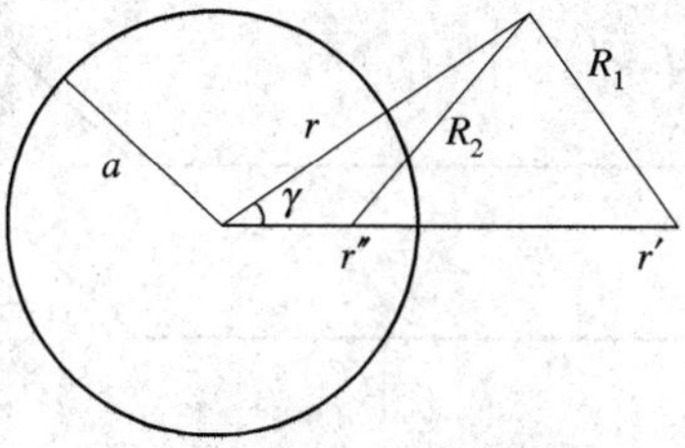

图 4-19　球外格林函数

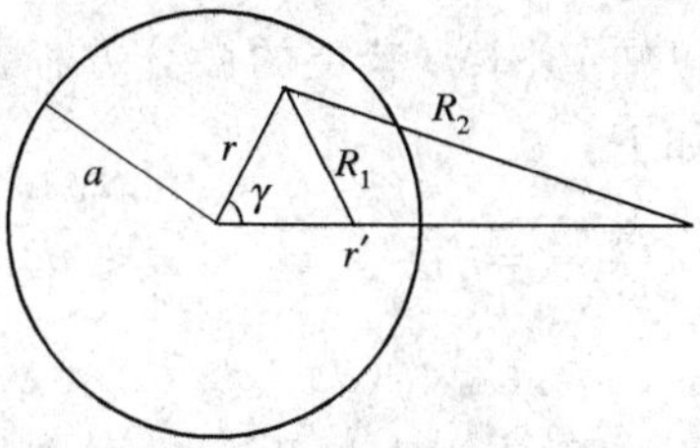

图 4-20　球内格林函数

4.6.3　格林函数的应用

由方程式(4-85)计算第一类静电场边值问题的解时，先要知道待求区域的第一类边值问题的格林函数 G，然后求出 G 在边界面上的法向导数$\partial G/\partial n'$的值，再代入式(4-85)，积分后得到区域内的电位值。以下通过例题说明。

例 4-16　已知无限大导体平板由两个相互绝缘的半无限大导体平板组成(如图 4-21 所示)，右半部的电位为 U_0，左半部的电位为零，求上半空间的电位。

解：此题是拉普拉斯方程的第一类边值问题，即体电荷为零。此时式(4－85)可以简化为

$$\varphi=-\varepsilon\oint_S\varphi(\boldsymbol{r}')\frac{\partial G(\boldsymbol{r},\boldsymbol{r}')}{\partial n'}\mathrm{d}S' \quad (4-98)$$

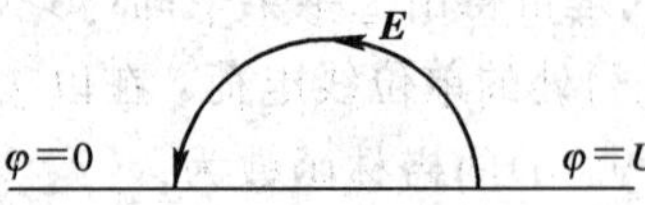

图 4－21　例 4－16 用图

由式(4－95)得知，二维半无界空间的格林函数为

$$G(\boldsymbol{r},\boldsymbol{r}')=\frac{1}{2\pi\varepsilon}\ln\frac{R_2}{R_1}$$

$$=\frac{1}{4\pi\varepsilon_0}\{\ln[(x-x')^2+(y+y')^2]-\ln[(x-x')^2+(y-y')^2]\}$$

式中：

$$R_1=[(x-x')^2+(y-y')^2]^{1/2},\ R_2=[(x+x')^2+(y+y')^2]^{1/2}$$

应注意，公式(4－98)中的面积分在二维问题时要转化为线积分，且 n' 是界面的外法向。于是有

$$\frac{\partial G}{\partial n'}=-\frac{\partial G}{\partial y'}=-\frac{1}{4\pi\varepsilon_0}\left[\frac{2(y+y')}{(x-x')^2+(y+y')^2}-\frac{-2(y-y')}{(x-x')^2+(y-y')^2}\right]$$

$$\left.\frac{\partial G}{\partial n'}\right|_S=-\frac{1}{\pi\varepsilon}\frac{y}{(x-x')^2+y^2}$$

代入式(4－98)，可得

$$\varphi(\boldsymbol{r})=\frac{U_0}{\pi}\int_0^\infty\frac{y}{y^2+(x-x')^2}\mathrm{d}x'=\frac{U_0}{\pi}\left(\frac{\pi}{2}+\arctan\frac{x}{y}\right)$$

这一结果与用复变函数法得到的结果相一致。

例 4－17　一个间距为 d 的平板电容器，极板间的体电荷密度是 ρ_0(ρ_0 为常数)，上、下板的电位分别是 U_0 和 0，求格林函数。

解：选取如图 4－22 所示的坐标系，电位仅仅是坐标 x 的函数 $\varphi(x)$。

可以知道 $\varphi(x)$ 满足的微分方程及其边界条件如下：

$$\frac{\mathrm{d}^2\varphi(x)}{\mathrm{d}x^2}=-\frac{\rho_0}{\varepsilon_0}\quad(0<x<d)$$

$$\varphi(0)=U_0,\ \varphi(d)=0$$

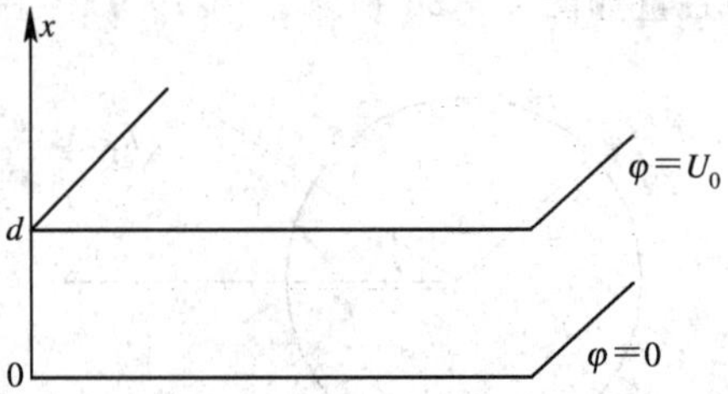

图 4－22　例 4－17 用图

以上方程使用直接积分法可方便地求解。但是为了说明格林函数法的计算步骤，这里用格林函数法求解。先写出和上述方程相应的格林函数满足的微分方程及其边界条件(使用格林函数是单位点源在齐次边界条件下的位函数这一性质，一维点源就是面源，即一维 δ 函数)如下：

$$\frac{\mathrm{d}^2G(x,x')}{\mathrm{d}x^2}=-\frac{\delta(x-x')}{\varepsilon_0}\quad(0<x<d) \qquad (4-99)$$

$$G(0,x')=0\quad(0<x'<d)$$

$$G(d,x')=0\quad(0<x'<d)$$

对于格林函数 G 的微分方程，分 $x<x'$ 和 $x>x'$ 两部分积分后，得

$$G(x,x')=C_1x+C_2\quad(0\leqslant x<x'<d)$$

$$G(x,x') = C_3x + C_4 \quad (0 < x' < x \leqslant d)$$

代入上、下极板 G 的边界条件，得

$$G_2 = 0,\ C_4 = -dC_3$$

即

$$G(x,x') = C_1x \quad (0 \leqslant x < x' < d)$$

$$G(x,x') = -C_3(d-x) \quad (0 < x' < x \leqslant d)$$

式中还有两个待定常数要确定。可以使用 G 在 $x=x'$ 连续，得

$$C_1x' = C_3(x'-d)$$

另外，对方程式(4-99)左右在 $x=x'$ 附近积分一次，得

$$\left.\frac{\mathrm{d}G}{\mathrm{d}x}\right|_{x=x'_+} - \left.\frac{\mathrm{d}G}{\mathrm{d}x}\right|_{x=x'_-} = -\frac{1}{\varepsilon_0}$$

即

$$C_3 - C_1 = -\frac{1}{\varepsilon_0}$$

解 C_1 和 C_3 的联立方程，得

$$C_1 = \frac{d-x'}{\varepsilon_0 d}$$

$$C_3 = -\frac{x'}{\varepsilon_0 d}$$

最后得到格林函数为

$$G(x,x') = \begin{cases} \dfrac{d-x'}{\varepsilon_0 d}x & x < x' \\ \dfrac{x'}{\varepsilon_0 d}(d-x) & x' > x \end{cases}$$

例 4-18　已知一个半径为 a 的圆柱形区域内体电荷密度为零，界面上的电位为

$$\varphi(a,\phi) = \varphi(\phi)$$

用格林函数法求圆柱内部的电位 $\varphi(r,\phi)$。

解：使用镜像法及格林函数的性质，可以得出半径为 a 的圆柱内部静电问题的格林函数为

$$G(\boldsymbol{r},\boldsymbol{r}') = \frac{1}{2\pi\varepsilon}\ln\frac{R_2 r'}{R_1 a}$$

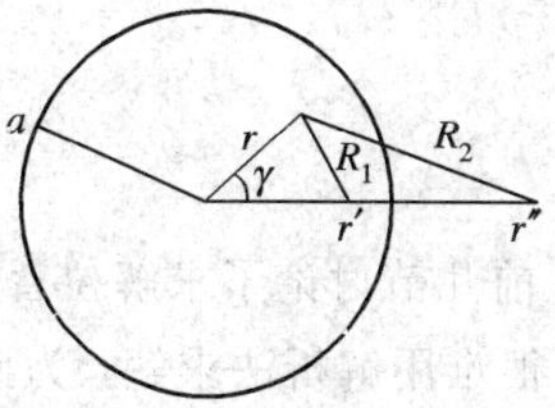

图 4-23　柱内区域格林函数

式中各量如图 4-23 所示：$r=|\boldsymbol{r}|$；$r'=|\boldsymbol{r}'|$；R_1 是 $\boldsymbol{r}'$ 到场点 $\boldsymbol{r}$ 的距离；R_2 是 $\boldsymbol{r}'$ 的镜像点 $\boldsymbol{r}''$ 到场点 $\boldsymbol{r}$ 的距离。

$$R_1 = (r^2 + r'^2 - 2rr'\cos\gamma)^{1/2}$$

$$R_2 = (r^2 + r''^2 - 2rr''\cos\gamma)^{1/2}$$

$$r'' = \frac{a^2}{r'},\ \gamma = \phi - \phi'$$

计算出界面上的 $\partial\varphi/\partial n'$，代入公式(4-98)，有

$$\varphi = -\varepsilon\oint_S \varphi(\boldsymbol{r}')\frac{\partial G(\boldsymbol{r},\boldsymbol{r}')}{\partial n'}\mathrm{d}S' = \frac{1}{2\pi}\int_0^{2\pi}\varphi(\phi')\frac{a^2-r^2}{a^2+r^2-2ar\cos(\phi-\phi')}\mathrm{d}\phi'$$

对于圆柱面上电位的具体形式，代入上式积分后，可求出圆柱内任意点的电位，即使

对于不能得出解析解的情形，也可通过数值积分得到电位分布的数值解。

例 4-19 如果上题的圆柱面上的电位为 $\varphi(a,\phi)=U_0\cos\phi$，求柱内的电位。

解：

$$\varphi(\boldsymbol{r})=\frac{U_0}{2\pi}\int_0^{2\pi}\cos\phi'\frac{a^2-r^2}{a^2+r^2-2ar\cos(\phi-\phi')}\mathrm{d}\phi' \tag{4-100}$$

首先证明恒等式 $\dfrac{1-k^2}{1-2k\cos\gamma+k^2}=1+2\sum\limits_{n=1}^{\infty}k^n\cos n\gamma(|k|<1)$。证明过程如下。

$$\begin{aligned}\frac{1}{2}+\sum_{n=1}^{\infty}k^n\cos n\gamma&=\frac{1}{2}+\frac{1}{2}\sum_{n=1}^{\infty}k^n(\mathrm{e}^{\mathrm{j}n\gamma}+\mathrm{e}^{-\mathrm{j}n\gamma})\\&=\frac{1}{2}+\frac{1}{2}\sum_{n=1}^{\infty}(k\mathrm{e}^{\mathrm{j}\gamma})^n+\frac{1}{2}\sum_{n=1}^{\infty}(k\mathrm{e}^{-\mathrm{j}\gamma})^n\\&=\frac{1}{2}+\frac{1}{2}\frac{k\mathrm{e}^{\mathrm{j}\gamma}}{1-k\mathrm{e}^{\mathrm{j}\gamma}}+\frac{1}{2}\frac{k\mathrm{e}^{-\mathrm{j}\gamma}}{1-k\mathrm{e}^{-\mathrm{j}\gamma}}\\&=\frac{1}{2}+\frac{1}{2}\frac{k\cos\gamma+\mathrm{j}k\sin\gamma}{1-k\cos\gamma-\mathrm{j}k\sin\gamma}+\frac{1}{2}\frac{k\cos\gamma-\mathrm{j}k\sin\gamma}{1-k\cos\gamma+\mathrm{j}k\sin\gamma}\\&=\frac{1}{2}\left(1+\frac{2k\cos\gamma-2k^2}{1-2k\cos\gamma+k^2}\right)\\&=\frac{1}{2}\frac{1-k^2}{1-2k\cos\gamma+k^2}\end{aligned}$$

令 $k=r/a$，我们可以将式(4-100)改写为

$$\begin{aligned}\varphi(\boldsymbol{r})&=\frac{U_0}{2\pi}\int_0^{2\pi}\cos\phi'\frac{1-k^2}{1+k^2-2k\cos(\phi-\phi')}\mathrm{d}\phi'\\&=\frac{U_0}{2\pi}\int_0^{2\pi}\cos\phi'\left[1+2\sum_{n=1}^{\infty}k^n\cos n(\phi-\phi')\right]\mathrm{d}\phi'\\&=\frac{U_0r}{a}\cos\phi\end{aligned}$$

4.7 有限差分法

前几节讨论了求解拉普拉斯方程的解析法，但是对大多数实际问题往往边界形状复杂，很难用解析法求解，为此需使用数值计算法。目前已发展了许多有效的求解边值问题的数值方法。有限差分法是一种较易使用的数值方法。

用有限差分法计算时，选取所求区域有限个离散点，用差分方程代替各个点的偏微分方程。这样得到的任意一个点的差分方程是将该点的电位与其周围几个点相联系的代数方程。对于全部的待求点，就得到一个线性方程组。求解此线性方程组，即可求出待求区域内各点的电位。

本节简要说明有限差分法的基本原理(以二维拉普拉斯方程的第一类边值问题为例，其余各类问题可参阅有关的参考书)。

4.7.1 差分表示式

在 xoy 平面把所求解区域划分为若干相同的小正方形格子，每个格子的边长都为 h，如图 4-24 所示。假设某顶点 0 上的电位是 φ_0，周围四个顶点的电位分别为 φ_1、φ_2、φ_3 和 φ_4。将这几个点的电位用泰勒级数展开，就有

$$\varphi_1 = \varphi_0 + \left(\frac{\partial \varphi}{\partial x}\right)_0 h + \frac{1}{2!}\left(\frac{\partial^2 \varphi}{\partial x^2}\right)_0 h^2 + \frac{1}{3!}\left(\frac{\partial^3 \varphi}{\partial x^3}\right)_0 h^3 + K \tag{4-101}$$

$$\varphi_3 = \varphi_0 - \left(\frac{\partial \varphi}{\partial x}\right)_0 h + \frac{1}{2}\left(\frac{\partial^2 \varphi}{\partial x^2}\right)_0 h^2 - \frac{1}{3!}\left(\frac{\partial^3 \varphi}{\partial x^3}\right)_0 h^3 + K \tag{4-102}$$

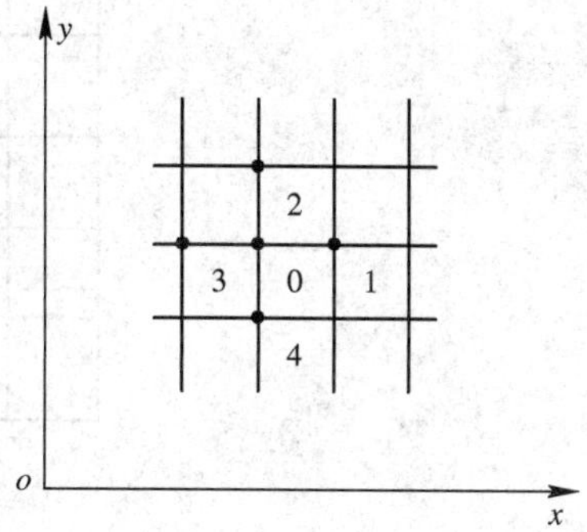

图 4-24 差分网格

当 h 很小时，忽略四阶以上的高次项，得

$$\varphi_1 + \varphi_3 = 2\varphi_0 + h^2\left(\frac{\partial^2 \varphi}{\partial x^2}\right)_0 \tag{4-103}$$

同理，我们有

$$\varphi_2 + \varphi_4 = 2\varphi_0 + h^2\left(\frac{\partial^2 \varphi}{\partial y^2}\right)_0 \tag{4-104}$$

将式(4-103)与式(4-104)相加，并考虑

$$\frac{\partial^2 \varphi}{\partial x^2} + \frac{\partial^2 \varphi}{\partial y^2} = 0$$

可得

$$\varphi_0 = \frac{1}{4}(\varphi_1 + \varphi_2 + \varphi_3 + \varphi_4) \tag{4-105}$$

上式表明，任一点的电位等于它周围四个点电位的平均值。显然，当 h 越小时，计算就越精确。如果待求 N 个点的电位，就需解含有 N 个方程的线性方程组。若点的数目较多，用迭代法较为方便。

4.7.2 差分方程的数值解法

如前所述，平面区域内有多少个节点，就能得到多少个差分方程。当这些节点数目较大时，使用迭代法求解差分方程组比较方便。

1. 简单迭代法

用迭代法解二维电位分布时，将包含边界在内的节点均以双下标(i, j)表示，i、j 分别表示沿 x、y 方向的标号。次序是 x 方向从左到右，y 方向从下到上，如图 4-25 所示。我们用上标 n 表示某点电位的第 n 次的迭代值。由式(4-105)得出点(i, j)第 $n+1$ 次电位的计算公式为

$$\varphi_{i,j}^{n+1} = \frac{1}{4}(\varphi_{i+1,j}^{n} + \varphi_{i,j+1}^{n} + \varphi_{i-1,j}^{n} + \varphi_{i,j-1}^{n}) \tag{4-106}$$

上式也叫简单迭代法，它的收敛速度较慢。

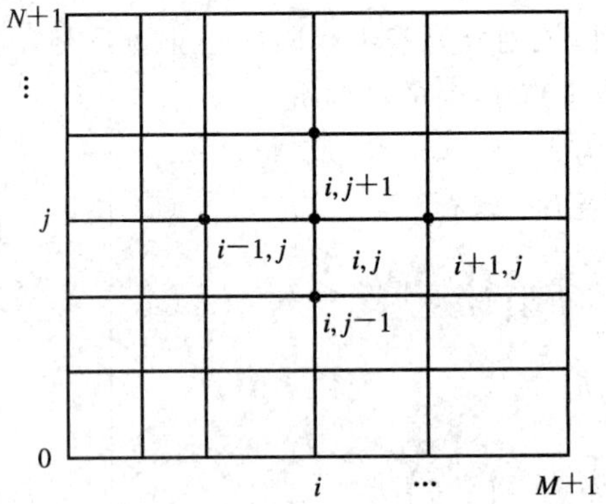

图 4-25　节点序号

计算时，先任意指定各个节点的电位值，作为零级近似(注意电位在某无源区域的极大、极小值总是出现在边界上，理由请读者自行思考)，将零级近似值及其边界上的电位值代入式(4-106)求出一级近似值，再由一级近似值求出二级近似值。依此类推，直到连续两次迭代所得电位的差值在允许范围内时，结束迭代。对于相邻两次迭代解之间的误差，通常有两种取法：一种是取最大绝对误差 $\max\limits_{i,j}|\varphi_{i,j}^{k}-\varphi_{i,j}^{k-1}|$；另一种是取算术平均误差 $\frac{1}{N}\sum\limits_{i,j}|\varphi_{i,j}^{k}-\varphi_{i,j}^{k-1}|$，其中 N 是节点总数。

2. 塞德尔(Seidel)迭代法

通常为节约计算时间，对简单迭代法要进行改进，每当算出一个节点的高一次的近似值，就立即用它参与其它节点的差分方程迭代，这种迭代法叫做塞德尔迭代法。塞德尔迭代法的表达式为

$$\varphi_{i,j}^{n+1}=\frac{1}{4}(\varphi_{i+1,j}^{n}+\varphi_{i,j+1}^{n}+\varphi_{i-1,j}^{n+1}+\varphi_{i,j-1}^{n+1}) \tag{4-107}$$

此式也称为异步迭代法。由于更新值的提前使用，异步迭代法比简单迭代法收敛速度加快一倍左右，存储量也小。

3. 超松弛迭代法

为了加快收敛速度，常采用超松弛迭代法。计算时，将某点的新老电位值之差乘以一个因子 α 以后，再加到该点的老电位值上，作为这一点的新电位值 $\varphi_{i,j}^{n+1}$。超松弛迭代法的表达式为

$$\varphi_{i,j}^{n+1}=\varphi_{ij}^{n}+\frac{\alpha}{4}(\varphi_{i+1,j}^{n}+\varphi_{i,j+1}^{n}+\varphi_{i-1,j}^{n+1}+\varphi_{i,j-1}^{n+1}-4\varphi_{ij}^{n}) \tag{4-108}$$

式中 α 称为松弛因子，其值介于 1 和 2 之间。当其值为 1 时，超松弛迭代法就蜕变为塞德尔迭代法。

因子 α 的选取一般只能依经验进行。但是对矩形区域，当 M、N 都很大时，可以由如下公式计算最佳收敛因子 α_0：

$$\alpha_0 = 2 - \pi\sqrt{\frac{2}{M^2} + \frac{2}{N^2}} \tag{4-109}$$

其中，M、N 分别是沿 x、y 两个方向的内节点数。

对于其它形状的实际区域，最佳收敛因子的表达式很复杂。实际计算中，往往应用其近似值。通常采用以下几种方法处理。一是将区域等效为近似的矩形区域，再依照上式计算 α_0；二是编制可以自动选择收敛因子的计算程序，在起始迭代时取收敛因子为 1.5，然后依迭代过程收敛速度的快慢使计算机按程序自动修正收敛因子；第三种方法是，起始迭代取收敛因子为 1，以后逐渐增大，并注意观察迭代过程的收敛速度，当速度减小时，停止增加收敛因子的值，而在以后的迭代中，用最后一个收敛因子的值作为最佳值。

例 4-20　设如图 4-26 所示的矩形截面的长导体槽，宽为 $4h$，高为 $3h$，顶板与两侧绝缘，顶板的电位为 10 V，其余的电位为零，求槽内各点的电位。

解：将待求的区域分为 12 个边长为 h 的正方形网格，含六个内点，得出差分方程组：

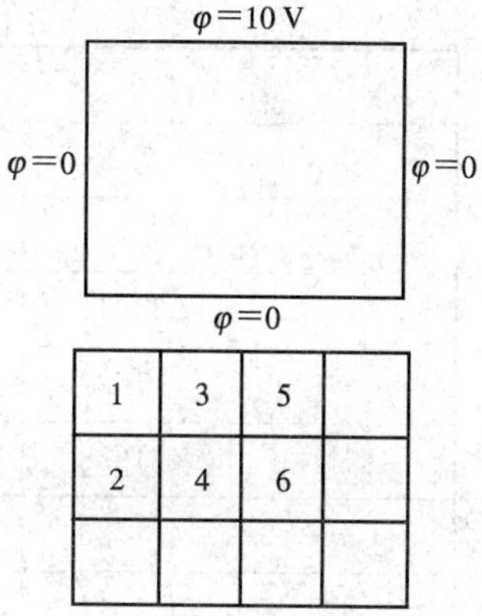

图 4-26　例 4-20 用图

$$\varphi_1 = \frac{1}{4}(\varphi_2 + \varphi_3 + 10)$$

$$\varphi_2 = \frac{1}{4}(\varphi_1 + \varphi_4)$$

$$\varphi_3 = \frac{1}{4}(\varphi_1 + \varphi_4 + \varphi_5 + 10)$$

$$\varphi_4 = \frac{1}{4}(\varphi_2 + \varphi_3 + \varphi_6)$$

$$\varphi_5 = \frac{1}{4}(\varphi_3 + \varphi_6 + 10)$$

$$\varphi_6 = \frac{1}{4}(\varphi_4 + \varphi_5)$$

解以上方程组，得

$$\varphi_1 = \frac{670}{161} \approx 4.1615\ \text{V}$$

$$\varphi_2 = \frac{250}{161} \approx 1.5528\ \text{V}$$

$$\varphi_3 = \frac{820}{161} \approx 5.0932\ \text{V}$$

$$\varphi_4 = \frac{330}{161} \approx 2.0497\ \text{V}$$

$$\varphi_5 = \frac{670}{161} \approx 4.1615\ \text{V}$$

$$\varphi_6 = \frac{250}{161} \approx 1.5528\ \text{V}$$

应注意，以上结果是差分方程组的精确解，但并不是待求格点电位的精确值，这是因为差分方程组本身是原偏微分组的近似。以下用迭代法求解。简单迭代法、超松弛迭代法的结果分别列于表 4-1 和表 4-2。表 4-3 给出了松弛因子的影响。

表 4-1　简单迭代法

	1	2	3	4	5	6
0	0.0	0.0	0.0	0.0	0.0	0.0
1	2.5	0.0	2.5	0.0	2.5	0.0
2	3.125	0.625	3.75	0.625	3.125	0.625
⋮	⋮	⋮	⋮	⋮	⋮	⋮
10	4.1435	1.5363	5.0698	2.0242	4.1435	1.5363
11	4.1515	1.5419	5.0778	2.0356	4.1515	1.5419

表 4-2　超松弛迭代法($\alpha=1.2$)

	1	2	3	4	5	6
0	0.0	0.0	0.0	0.0	0.0	0.0
1	3.0	0.9	3.9	1.44	4.17	1.683
2	3.84	1.404	5.505	2.1546	4.1874	1.5660
3	4.1697	1.6165	5.1425	2.0666	4.1751	1.5593
4	4.1938	1.5548	5.1021	2.0516	4.1634	1.5526
5	4.1583	1.5520	5.0916	2.0485	4.1606	1.5522
6	4.1614	1.5526	5.0929	2.0496	4.1614	1.5529
7	4.161 35	1.552 76	5.093 13	2.049 71	4.161 52	1.552 80
精确值	4.161 491	1.552 795	5.093 168	2.049 689	4.161 491	1.552 795

表 4-3　松弛因子的影响

		1	2	3	4	5	6
7	*A*	4.161 35	1.552 73	5.093 08	2.049 65	4.161 46	1.552 78
	B	4.161 35	1.552 76	5.093 13	2.049 71	4.161 52	1.552 80
	C	4.161 64	1.553 08	5.093 78	2.049 68	4.161 59	1.552 38
8	*A*	4.161 46	1.552 78	5.093 15	2.049 68	4.161 49	1.552 79
	B	4.161 50	1.552 81	5.093 19	2.049 70	4.161 49	1.552 80
	C	4.161 74	1.552 79	5.093 10	2.049 53	4.161 30	1.552 81
9	*A*	4.161 49	1.552 79	5.093 17	2.049 69	4.161 49	1.552 80
	B	4.165 00	1.552 80	5.093 17	2.049 69	4.161 49	1.552 80
	C	4.161 39	1.552 71	5.093 05	2.049 67	4.161 51	1.552 79

注：*A*、*B*、*C* 分别取松弛因子 1.1、1.2、1.3。

小　结

(1) 静态场的许多问题可归结为给定边界条件下求解位函数的泊松方程或拉普拉斯方程的问题，也称为边值型问题。满足给定边界条件的泊松方程或拉普拉斯方程的解是唯一的。

(2) 镜像法在待求解区域以外，用一些镜像电荷代替平面、圆柱面或球面上的感应电荷。它是一种等效方法。镜像法的主要步骤是确定镜像电荷的位置和大小。镜像法用于求解无限大导体(或介质)平面附近的点电荷、线电荷产生的场；位于无限长圆柱导体附近的平行线电荷产生的场；位于导体球附近的点电荷产生的场。

(3) 分离变量法是将一个多元函数表示成几个单变量函数的乘积，从而将偏微分方程分离为几个带分离常数的常微分方程的方法。用分离变量法求解边值型问题，首先要根据边界形状选择适当的坐标系；然后将偏微分方程在特定的坐标系下分离为几个常微分方程，并得出位函数的通解；最后由边界条件确定通解中的待定常数。

(4) 复变函数法是采用解析函数将一个平面内的复杂边界变换为另一个平面内的简单形状边界。由于解析函数的实部和虚部的等值线相互正交，因此可以分别选取实部或者虚部作为电位函数。使用复变函数法求解二维边值型问题的主要步骤是寻找变换函数。通常先研究、分析一些解析函数描绘的等值线图形，然后根据实际问题加以选用。

(5) 格林函数法将分布场源产生的位函数计算问题，简化为点源(也称单位场源)产生的位函数求解问题，再由点源的解求出分布源的解。点源在给定边界条件下的位函数就是格林函数。求解给定区域的格林函数可以用镜像法或者其它方法进行。

(6) 有限差分法应用差分原理将待求场域的空间离散化，把拉普拉斯方程化为各节点上的有限差分方程，并使用迭代法求解差分方程，从而可以求出节点上的位函数值。

习 题 四

4-1　一个点电荷 Q 与无穷大导体平面相距为 d，如果把它移动到无穷远处，需要做多少功？

4-2　一个点电荷放在直角导体内部(如图所示)，求出所有镜像电荷的位置和大小。

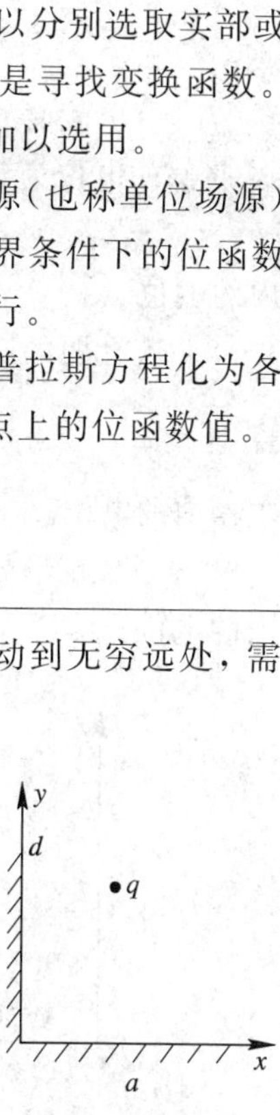

习题 4-2 图

4-3　证明：一个点电荷 q 和一个带有电荷 Q 的半径为 R 的导体球之间的作用力为

$$F=\frac{q}{4\pi\varepsilon_0}\left[\frac{Q+Rq/D}{D^2}-\frac{DRq}{(D^2-R^2)^2}\right]$$

其中 D 是 q 到球心的距离($D>R$)。

4-4　两个点电荷 $+Q$ 和 $-Q$ 位于一个半径为 a 的接地导体球的直径的延长线上，分别距离球心 D 和 $-D$。

(1) 证明：镜像电荷构成一电偶极子，位于球心，偶极矩为 $2a^3Q/D^2$。

(2) 令 Q 和 D 分别趋于无穷，同时保持 Q/D^2 不变，计算球外的电场。

4－5 接地无限大导体平板上有一个半径为 a 的半球形突起，在点(0，0，d)处有一个点电荷 q(如图所示)，求导体上方的电位。

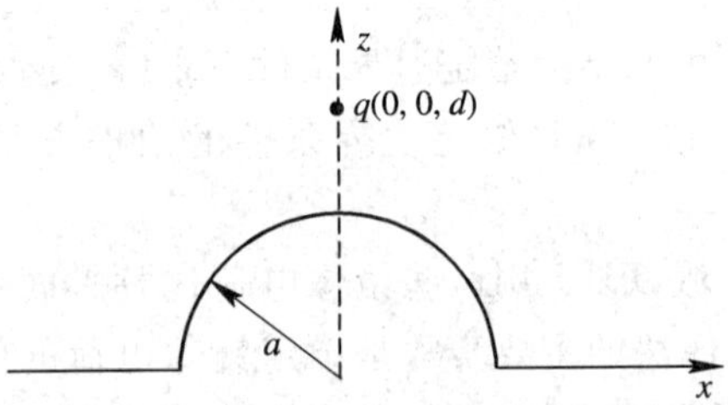

习题 4－5 图

4－6 求截面为矩形的无限长区域($0<x<a$，$0<y<b$)的电位，其四壁的电位为

$$\varphi(x, 0)=\varphi(x, b)=0$$

$$\varphi(0, y)=0$$

$$\varphi(a, y)=\begin{cases}\dfrac{U_0 y}{b} & 0<y\leqslant\dfrac{b}{2}\\ U_0\left(1-\dfrac{y}{b}\right) & \dfrac{b}{2}<y<b\end{cases}$$

4－7 一个截面如图所示的长槽，向 y 方向无限延伸，两侧的电位是零，槽内 $y\to\infty$，$\varphi\to 0$，底部的电位为

$$\varphi(x, 0)=U_0$$

求槽内的电位。

4－8 若上题的底部的电位为

$$\varphi(x, 0)=U_0\sin\frac{3\pi x}{a}$$

重新求槽内的电位。

4－9 一个矩形导体槽由两部分构成，如图所示，两个导体板的电位分别是 U_0 和零，求槽内的电位。

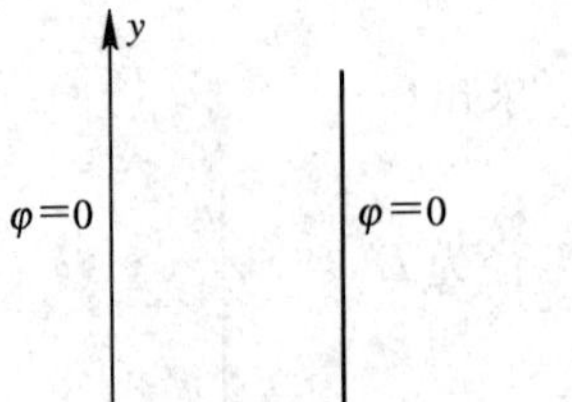

习题 4－7 图

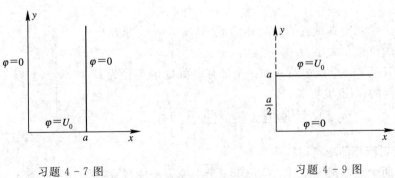

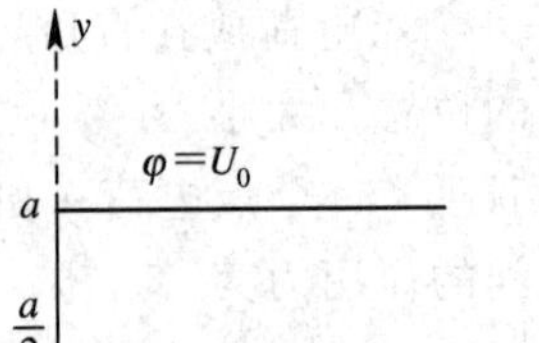

习题 4－9 图

4－10 将一个半径为 a 的无限长导体管平分成两半，两部分之间互相绝缘，上半($0<\phi<\pi$)接电压 U_0，下半($\pi<\phi<2\pi$)电位为零，求管内的电位。

4-11　半径为 a 的无穷长的圆柱面上，有密度为 $\rho_S=\rho_{S0}\cos\phi$ 的面电荷，求柱面内、外的电位。

4-12　将一个半径为 a 的导体球置于均匀电场 $\boldsymbol{E}_0$ 中，求球外的电位、电场。

4-13　将半径为 a、介电常数为 ε 的无限长介质圆柱放置于均匀电场 $\boldsymbol{E}_0$ 中，设 $\boldsymbol{E}_0$ 沿 x 方向，柱的轴沿 z 轴，柱外为空气，求任意点的电位、电场。

4-14　在均匀电场中，放置一个半径为 a 的介质球，若电场的方向沿 z 轴，求介质球内、外的电位、电场(介质球的介电常数为 ε，球外为空气)。

4-15　已知球面($r=a$)上的电位为 $\varphi=U_0\cos\theta$，求球外的电位。

4-16　求无限长矩形区域($0<x<a$，$0<y<b$)第一类边值问题的格林函数(即矩形槽的四周电位为零，槽内有一与槽平行的单位线源，求槽内电位，如图所示)。

4-17　推导无限长圆柱区域内(半径为 a)第一类边值问题的格林函数。

4-18　两个无限大导体平板间距离为 d，其间有体密度 $\rho=\rho_0\left(\dfrac{x}{d}\right)$ 的电荷，极板的电位如图所示，用格林函数法求极板之间的电位。

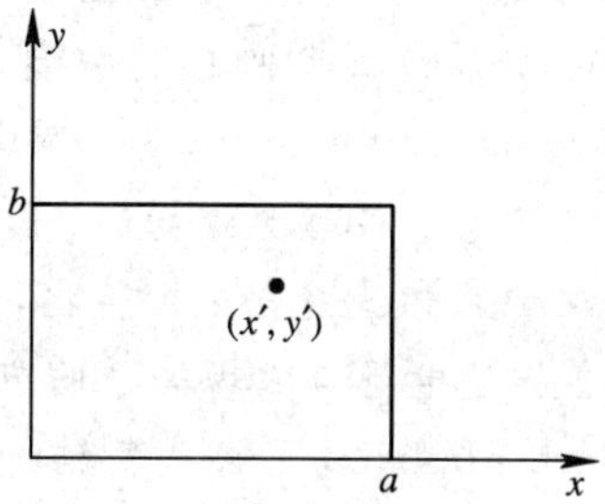

习题 4-16 图

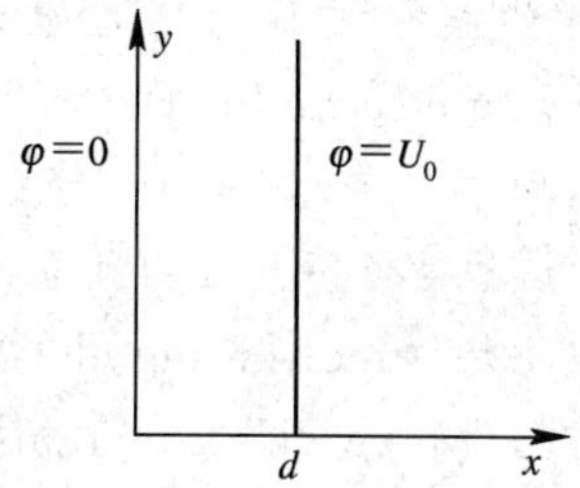

习题 4-18 图

4-19　分析复变函数 $w=z^2$ 能够表示的静电场。

4-20　分析复变函数 $w=\arccos z$ 能够表示哪些情形的静电场。

4-21　用有限差分法求图示区域中各个节点的电位。

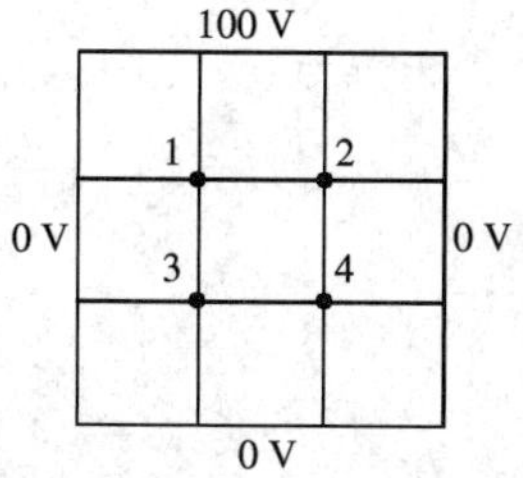

习题 4-21 图

第五章 时变电磁场

在研究静态场的过程中，我们得出结论：电荷产生静电场，运动电荷或者恒定电流产生静磁场。静电场是保守场，因为静电场的旋度为零。静磁场是连续的，因为其散度是零。即使不存在静磁场，静电场也能够存在，反之亦然。电场和磁场是独立地存在着的静态场，因而可以分开研究。

在这一章我们证明时变磁场能够产生时变电场，将时变磁场产生的电场称为感应电场(an induced electric field)，也将强调感应电场不是保守场这一事实。事实上，感应电场沿封闭回路的线积分被称为感应电动势(electro-motive force)。我们也将发现时变电场(a time-varying electric field)产生时变磁场(a time-varying magnetic field)。简单叙述，如果在一个区域中存在时变电场(时变磁场)，那么该区域中也存在时变磁场(时变电场)。时变场中，电场和磁场不再互相独立，时变电场和时变磁场互相激发，互相转化，构成了统一的时变电磁场(time-varying electromagnetic fields)。描述电场与磁场关系的方程组称为麦克斯韦方程(Maxwell's equations)，因为 James Clerk Maxwell 用公式简洁地表达了时变电场与时变磁场的关系。显然，麦克斯韦方程组的公式化，也是高斯、法拉第和安培(Gauss，Faraday and Ampère)著名研究成果的发展。

我们通过阐明作为实验事实的法拉第电磁感应定律，开始我们的研究。本章主要介绍时变电磁场的下列内容：

- 法拉第电磁感应定律
- 位移电流和全电流连续性原理
- 描述宏观电磁现象的麦克斯韦方程组
- 时变电磁场的边界条件
- 电磁场的能量——电磁能量
- 正弦电磁场
- 波动方程
- 时变场中的位函数

5.1 法拉第电磁感应定律

静态电场和磁场的场源分别是静止的电荷和恒定电流(等速运动的电荷)。它们是相互独立的，二者的基本方程之间并无联系。然而，随时间变化的电场和磁场是相互联系的。1831 年英国科学家法拉第(M. Faraday)最早发现了时变电场和磁场间的这一深刻联系，即时变磁场产生时变电场。如果在磁场中有导线构成的闭合回路 l，当穿过由回路 l 所限定的曲面 S 的磁通发生变化时，回路中就要产生感应电动势，从而引起感应电流。法拉第定律给出了感应电动势与磁通时变率之间的正比关系。感应电动势的实际方向可由楞次(H. E. Lenz)定律说明：感应电动势在导电回路中引起的感应电流的方向是使它所产生的磁场阻止回路中磁通的变化。法拉第定律和楞次定律的结合就是法拉第电磁感应定律，其数学表达式为

$$\mathscr{E} = -\frac{\mathrm{d}\Phi}{\mathrm{d}t} = -\frac{\mathrm{d}}{\mathrm{d}t}\int_S \boldsymbol{B}\cdot\mathrm{d}\boldsymbol{S} \tag{5-1}$$

式中：$\mathscr{E}$ 为感应电动势；Φ 为穿过曲面 S 和回路 l 铰链的磁通。磁通 Φ 的正方向与感应电动势 $\mathscr{E}$ 的正方向成右手螺旋关系，如图 5－1 所示。此外，式(5－1)中的 Φ 是所谓全磁通(亦称磁链)。当回路线圈不止一匝时，例如一个 N 匝线圈，可以把它看成是由 N 个一匝线圈串联而成的，其感应电动势为

$$\mathscr{E} = -\frac{\mathrm{d}\Phi}{\mathrm{d}t} = -\frac{\mathrm{d}}{\mathrm{d}t}\left(\sum_{i=1}^{N}\Phi_i\right) \tag{5-2}$$

如果定义非保守感应场 $\boldsymbol{E}_{ind}$ 沿闭合路径 l 的积分为 l 中的感应电动势，那么式(5－1)可改写为

$$\oint_l \boldsymbol{E}_{ind}\cdot\mathrm{d}\boldsymbol{l} = -\frac{\mathrm{d}\Phi}{\mathrm{d}t} \tag{5-3}$$

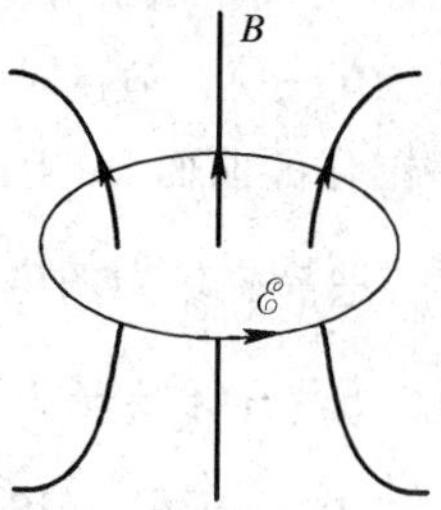

图 5－1　法拉第电磁感应定律

如果空间同时还存在由静止电荷产生的保守电场 $\boldsymbol{E}_c$，则总电场 $\boldsymbol{E}$ 为两者之和，即 $\boldsymbol{E}=\boldsymbol{E}_c+\boldsymbol{E}_{ind}$。由于

$$\oint_l \boldsymbol{E}\cdot\mathrm{d}\boldsymbol{l} = \oint_l \boldsymbol{E}_c\cdot\mathrm{d}\boldsymbol{l} + \oint_l \boldsymbol{E}_{ind}\cdot\mathrm{d}\boldsymbol{l} = \oint_l \boldsymbol{E}_{ind}\cdot\mathrm{d}\boldsymbol{l}$$

所以式(5－3)也可改写为

$$\oint_l \boldsymbol{E}\cdot\mathrm{d}\boldsymbol{l} = -\frac{\mathrm{d}\Phi}{\mathrm{d}t} = -\frac{\mathrm{d}}{\mathrm{d}t}\int_S \boldsymbol{B}\cdot\mathrm{d}\boldsymbol{S} \tag{5-4}$$

由于式(5－4)中没有包含回路本身的特性，所以可将式(5－4)中的 l 看成是任意闭合路径，而不一定是导电回路。式(5－4)就是推广了的法拉第电磁感应定律，它是用场量表示的法拉第电磁感应定律的积分形式，适用于所有情况。引起与闭合回路铰链的磁通发生变化的原因可以是磁感应强度 $\boldsymbol{B}$ 随时间的变化，也可以是闭合回路 l 自身的运动(大小、形状、位置的变化)。

首先考虑静止回路中的感应电动势。所谓静止回路是指回路相对磁场没有机械运动，只是磁场随时间发生变化，于是式(5－4)变为

$$\oint_l \boldsymbol{E}\cdot\mathrm{d}\boldsymbol{l} = -\frac{\mathrm{d}}{\mathrm{d}t}\int_S \boldsymbol{B}\cdot\mathrm{d}\boldsymbol{S} = -\int_S \frac{\partial \boldsymbol{B}}{\partial t}\cdot\mathrm{d}\boldsymbol{S} \tag{5-5}$$

利用矢量斯托克斯(Stokes)定理，上式可写为

$$\int_S (\nabla\times\boldsymbol{E})\cdot\mathrm{d}\boldsymbol{S} = -\int_S \frac{\partial \boldsymbol{B}}{\partial t}\cdot\mathrm{d}\boldsymbol{S} \tag{5-6}$$

上式对任意面积均成立，所以

$$\nabla\times\boldsymbol{E} = -\frac{\partial \boldsymbol{B}}{\partial t} \tag{5-7}$$

式(5－7)是法拉第电磁感应定律的微分形式，它表明随时间变化的磁场将激发电场。时变电场是一有旋场，随时间变化的磁场是该时变电场的源。通常称该电场为感应电场，以区别于由静止电荷产生的库仑场。感应电场是旋涡场，而库仑场是无旋场即保守场。

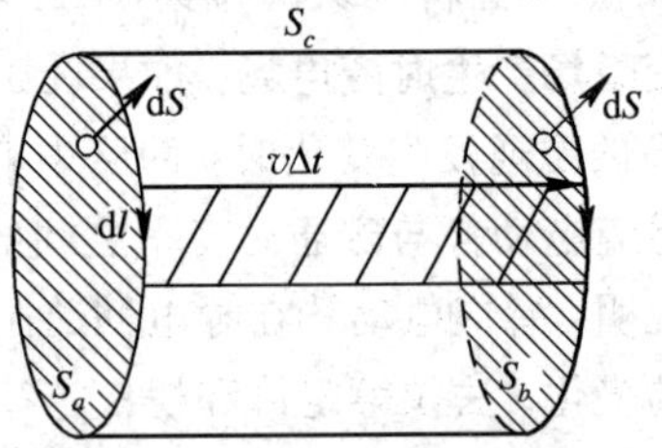

图 5－2　磁场中的运动回路

接着考察运动系统的感应电动势。不失一般性，设回路相对磁场有机械运动，且磁感应强度也随时间变化。设回路 l 以速度 $\boldsymbol{v}$ 在 Δt 时间内从 l_a 的位置移到 l_b 的位置，l 由 l_a 的位置运动到 l_b 的位置时扫过的体积 V 的侧面积是 S_c，如图 5－2 所示。穿过该回路的磁通量的变化率为

$$\frac{\mathrm{d}\Phi}{\mathrm{d}t}=\lim_{\Delta t\to 0}\frac{\Delta\Phi}{\Delta t}=\lim_{\Delta t\to 0}\frac{1}{\Delta t}\left[\int_{S_b}\boldsymbol{B}(t+\Delta t)\cdot\mathrm{d}\boldsymbol{S}-\int_{S_a}\boldsymbol{B}(t)\cdot\mathrm{d}\boldsymbol{S}\right]\tag{5-8}$$

式中：$\boldsymbol{B}(t+\Delta t)$是在时间 $t+\Delta t$ 时刻由 l_b 围住的曲面 S_b 上的磁感应强度；$\boldsymbol{B}(t)$是在 t 时刻由 l_a 围住的曲面 S_a 上的磁感应强度。

若把静磁场中的磁通连续性原理 $\oint_S\boldsymbol{B}\cdot\mathrm{d}\boldsymbol{S}=0$ 推广到时变场，那么在时刻 $t+\Delta t$ 通过封闭面 $S=S_a+S_b+S_c$ 的磁通量为零，因此

$$\begin{aligned}\oint_S\boldsymbol{B}(t+\Delta t)\cdot\mathrm{d}\boldsymbol{S}&=\int_{S_b}\boldsymbol{B}(t+\Delta t)\cdot\mathrm{d}\boldsymbol{S}-\int_{S_a}\boldsymbol{B}(t+\Delta t)\cdot\mathrm{d}\boldsymbol{S}+\int_{S_c}\boldsymbol{B}(t+\Delta t)\cdot\mathrm{d}\boldsymbol{S}\\&=0\end{aligned}\tag{5-9}$$

将 $\boldsymbol{B}(t+\Delta t)$展开成泰勒级数，有

$$\boldsymbol{B}(t+\Delta t)=\boldsymbol{B}(t)+\frac{\partial\boldsymbol{B}}{\partial t}\Delta t+\cdots\tag{5-10}$$

从而

$$\left.\begin{aligned}\int_{S_a}\boldsymbol{B}(t+\Delta t)\cdot\mathrm{d}\boldsymbol{S}&=\int_{S_a}\boldsymbol{B}(t)\cdot\mathrm{d}\boldsymbol{S}+\Delta t\int_{S_a}\frac{\partial\boldsymbol{B}}{\partial t}\cdot\mathrm{d}\boldsymbol{S}+\cdots\\\int_{S_c}\boldsymbol{B}(t+\Delta t)\cdot\mathrm{d}\boldsymbol{S}&=\int_{S_c}\boldsymbol{B}(t)\cdot\mathrm{d}\boldsymbol{S}+\Delta t\int_{S_c}\frac{\partial\boldsymbol{B}}{\partial t}\cdot\mathrm{d}\boldsymbol{S}+\cdots\end{aligned}\right\}\tag{5-11}$$

由于侧面积 S_c 上的面积元 $\mathrm{d}\boldsymbol{S}=\mathrm{d}\boldsymbol{l}\times\boldsymbol{v}\Delta t$，当 $\Delta t\to 0$ 时，有

$$\begin{aligned}\int_{S_c}\boldsymbol{B}(t+\Delta t)\cdot\mathrm{d}\boldsymbol{S}&=\Delta t\int_{l_a}\boldsymbol{B}(t)\cdot(\mathrm{d}\boldsymbol{l}\times\boldsymbol{v})+\Delta t^2\int_{l_a}\frac{\partial\boldsymbol{B}}{\partial t}\cdot(\mathrm{d}\boldsymbol{l}\times\boldsymbol{v})+\cdots\\&=-\Delta t\int_{l_a}(\boldsymbol{B}\times\boldsymbol{v})\cdot\mathrm{d}\boldsymbol{l}+\Delta t^2\int_{l_a}\frac{\partial\boldsymbol{B}}{\partial t}\cdot(\mathrm{d}\boldsymbol{l}\times\boldsymbol{v})+\cdots\end{aligned}\tag{5-12}$$

将式(5－12)、(5－11)代入式(5－9)，求得

$$\int_{S_b}\boldsymbol{B}(t+\Delta t)\cdot\mathrm{d}\boldsymbol{S}-\int_{S_a}\boldsymbol{B}(t)\cdot\mathrm{d}\boldsymbol{S}=\Delta t\left[\int_{S_a}\frac{\partial\boldsymbol{B}}{\partial t}\cdot\mathrm{d}\boldsymbol{S}+\int_{l_a}(\boldsymbol{B}\times\boldsymbol{v})\cdot\mathrm{d}\boldsymbol{l}\right]+\Delta t\text{ 的高次项}\tag{5-13}$$

因此，l 由 l_a 的位置运动到 l_b 的位置时，穿过该回路的磁通量的时变率为

$$\frac{\mathrm{d}\Phi}{\mathrm{d}t}=\int_S\frac{\partial\boldsymbol{B}}{\partial t}\cdot\mathrm{d}\boldsymbol{S}+\oint_l(\boldsymbol{B}\times\boldsymbol{v})\cdot\mathrm{d}\boldsymbol{l}=\int_S\frac{\partial\boldsymbol{B}}{\partial t}\cdot\mathrm{d}\boldsymbol{S}+\int_S\nabla\times(\boldsymbol{B}\times\boldsymbol{v})\cdot\mathrm{d}\boldsymbol{S}$$

这样运动回路中的感应电动势可表示为

$$\mathscr{E}=-\frac{\mathrm{d}\Phi}{\mathrm{d}t}=\oint_l \boldsymbol{E}'\cdot\mathrm{d}\boldsymbol{l}=-\int_S\frac{\partial\boldsymbol{B}}{\partial t}\cdot\mathrm{d}\boldsymbol{S}+\oint_l(\boldsymbol{v}\times\boldsymbol{B})\cdot\mathrm{d}\boldsymbol{l} \tag{5-14}$$

式(5－14)中 $\boldsymbol{E}'$ 是和回路一起运动的观察者所看到的场。此式表明运动回路中的感应电动势由两部分组成：一部分是由时变磁场引起的(称为感生电动势)；另一部分是由回路运动引起的(称为动生电动势)。式(5－14)可改写为

$$\oint_l(\boldsymbol{E}'-\boldsymbol{v}\times\boldsymbol{B})\cdot\mathrm{d}\boldsymbol{l}=-\int_S\frac{\partial\boldsymbol{B}}{\partial t}\cdot\mathrm{d}\boldsymbol{S} \tag{5-15}$$

设静止观察者所看到的电场强度为 $\boldsymbol{E}$，那么 $\boldsymbol{E}=\boldsymbol{E}'-\boldsymbol{v}\times\boldsymbol{B}$。因此，在运动回路中，有

$$\oint_l\boldsymbol{E}\cdot\mathrm{d}\boldsymbol{l}=-\oint_S\frac{\partial\boldsymbol{B}}{\partial t}\cdot\mathrm{d}\boldsymbol{S} \tag{5-16}$$

或

$$\nabla\times\boldsymbol{E}=-\frac{\partial\boldsymbol{B}}{\partial t} \tag{5-17}$$

式(5－16)和式(5－17)分别是法拉第电磁感应定律的积分形式和微分形式。至此，我们已经知道电场的源有两种：静止电荷和时变磁场。

5.2　位 移 电 流

法拉第电磁感应定律表明：时变磁场能激发电场。那么，时变电场能不能激发磁场呢？回答是肯定的。法拉第在 1843 年实验证实电荷守恒定律在任何时刻都成立。电荷守恒定律的数学描述就是电流连续性方程：

$$\oint_S\boldsymbol{J}\cdot\mathrm{d}\boldsymbol{S}=-\frac{\mathrm{d}Q}{\mathrm{d}t} \tag{5-18}$$

式中 $\boldsymbol{J}$ 是电流体密度，它的方向就是它所在点上的正电荷流动的方向，它的大小就是在垂直于电流流动方向的单位面积上每单位时间内通过的电荷量(单位是 $\mathrm{A/m^2}$)。因此，式(5－18)表明：每单位时间内流出包围体积 V 的闭合面 S 的电荷量等于 S 面内每单位时间所减少的电荷量 $-\mathrm{d}Q/\mathrm{d}t$。利用散度定理(也称为高斯公式)

$$\int_V\nabla\cdot\boldsymbol{A}\,\mathrm{d}V=\oint_S\boldsymbol{A}\cdot\mathrm{d}\boldsymbol{S}$$

将式(5－18)用体积分表示，对静止体积有

$$\oint_S\boldsymbol{J}\cdot\mathrm{d}\boldsymbol{S}=\int_V\nabla\cdot\boldsymbol{J}\mathrm{d}V=-\frac{\partial}{\partial t}\int_V\rho\,\mathrm{d}V=-\int_V\frac{\partial\rho}{\partial t}\mathrm{d}V$$

上式对任意体积 V 均成立，故有

$$\nabla\cdot\boldsymbol{J}=-\frac{\partial\rho}{\partial t} \tag{5-19}$$

上式是电流连续性方程的微分形式。

静态场中的安培环路定律之积分形式和微分形式为

$$\oint_l\boldsymbol{H}\cdot\mathrm{d}\boldsymbol{l}=\int_S\boldsymbol{J}\cdot\mathrm{d}\boldsymbol{S} \tag{5-20a}$$

和

$$\nabla \times \boldsymbol{H} = \boldsymbol{J} \tag{5-20b}$$

此外，对于任意矢量 $\boldsymbol{A}$，其旋度的散度恒为零，即

$$\nabla \cdot (\nabla \times \boldsymbol{A}) = 0$$

因此，对式(5-20b)两边取散度后有

$$\nabla \cdot (\nabla \times \boldsymbol{H}) = 0 = \nabla \cdot \boldsymbol{J} \tag{5-21}$$

比较式(5-19)和式(5-21)可见，前者和后者相矛盾。麦克斯韦首先注意到了这一矛盾，于 1862 年提出位移电流概念，并认为位移电流和电荷恒速运动形成的电流以同一方式激发磁场。也就是把$\partial\rho/\partial t$ 加到式(5-21)的右边，以使式(5-21)与式(5-19)相容：

$$\nabla \cdot (\nabla \times \boldsymbol{H}) = 0 = \nabla \cdot \boldsymbol{J} + \frac{\partial \rho}{\partial t}$$

在承认

$$\oint_S \boldsymbol{D} \cdot \mathrm{d}\boldsymbol{S} = Q = \int_V \rho \mathrm{d}V,\ \nabla \cdot \boldsymbol{D} = \rho$$

也适用于时变场的前提下，则有

$$\nabla \cdot (\nabla \times \boldsymbol{H}) = \nabla \cdot \boldsymbol{J} + \frac{\partial}{\partial t}(\nabla \cdot \boldsymbol{D}) = \nabla \cdot \left(\boldsymbol{J} + \frac{\partial \boldsymbol{D}}{\partial t}\right)$$

由上式可得

$$\nabla \times \boldsymbol{H} = \boldsymbol{J} + \frac{\partial \boldsymbol{D}}{\partial t} \tag{5-22}$$

式(5-22)与式(5-20b)的不同是引入了因子$\partial \boldsymbol{D}/\partial t$，它的量纲是 $\mathrm{A/m^2}$，即此因子具有电流密度的量纲，故称之为位移电流密度 $\boldsymbol{J}_\mathrm{d}$，即

$$\boldsymbol{J}_\mathrm{d} = \frac{\partial \boldsymbol{D}}{\partial t} \tag{5-23}$$

由于

$$\boldsymbol{D} = \varepsilon_0 \boldsymbol{E} + \boldsymbol{P}$$

所以位移电流

$$\frac{\partial \boldsymbol{D}}{\partial t} = \varepsilon_0 \frac{\partial \boldsymbol{E}}{\partial t} + \frac{\partial \boldsymbol{P}}{\partial t} \tag{5-24}$$

上式说明，在一般介质中位移电流由两部分构成：一部分是由电场随时间的变化所引起的，它在真空中同样存在，它并不代表任何形式的电荷运动，只是在产生磁效应方面和一般意义下的电流等效；另一部分是由于极化强度的变化所引起的，可称为极化电流，它代表束缚于原子中的电荷运动。式(5-22)的重要意义在于：除传导电流外，时变电场也激发磁场，它称为安培—麦克斯韦全电流定律(推广的安培环路定律)。对式(5-22)应用斯托克斯定律，便得到其积分形式：

$$\oint_l \boldsymbol{H} \cdot \mathrm{d}\boldsymbol{l} = \int_S \left(\boldsymbol{J} + \frac{\partial \boldsymbol{D}}{\partial t}\right) \cdot \mathrm{d}\boldsymbol{S} \tag{5-25}$$

该式表明，磁场强度沿任意闭合路径的积分等于该路径所包围曲面上的全电流。

位移电流的引入扩大了电流的概念。平常所说的电流是电荷作有规则的运动形成的。在导体中，它就是自由电子的定向运动形成的传导电流。设导电媒质的电导率为 σ(S/m)，其传导电流密度就是 $\boldsymbol{J}_\mathrm{c} = \sigma \boldsymbol{E}$。在真空或气体中，带电粒子的定向运动也形成电流，称为运

流电流。设电荷运动速度为 $\boldsymbol{v}$，其运流电流密度为 $\boldsymbol{J}_v=\rho\boldsymbol{v}$。位移电流并不代表电荷的运动，这与传导电流及运流电流不同。传导电流、运流电流和位移电流之和称为全电流，即

$$\boldsymbol{J}=\boldsymbol{J}_c+\boldsymbol{J}_v+\boldsymbol{J}_d \tag{5-26}$$

可见式(5-22)中的 $\boldsymbol{J}$ 应包括 $\boldsymbol{J}_c$ 和 $\boldsymbol{J}_v$。但是，$\boldsymbol{J}_c$ 和 $\boldsymbol{J}_v$ 分别存在于不同媒质中。对于固体导电媒质($\sigma\neq0$)，此时只有传导电流，没有运流电流，所以 $\boldsymbol{J}=\boldsymbol{J}_c$，$\boldsymbol{J}_v=0$。对式(5-22)取散度知

$$\nabla\cdot(\boldsymbol{J}_c+\boldsymbol{J}_v+\boldsymbol{J}_d)=0$$

对任意封闭曲面 S 有

$$\oint_S(\boldsymbol{J}_c+\boldsymbol{J}_v+\boldsymbol{J}_d)\cdot\mathrm{d}\boldsymbol{S}=\int_V\nabla\cdot(\boldsymbol{J}_c+\boldsymbol{J}_v+\boldsymbol{J}_d)\mathrm{d}V=0$$

即

$$\boldsymbol{I}_c+\boldsymbol{I}_v+\boldsymbol{I}_d=0 \tag{5-27}$$

式(5-27)表明，穿过任意封闭面的各类电流之和恒为零，这就是全电流连续性原理。将其应用于只有传导电流的回路中，可知节点处传导电流的代数和为零(流出的电流取正号，流入的电流取负号)，这就是基尔霍夫(G. R. Kirchhoff)电流定律：$\sum I=0$。

为了直观地说明位移电流的概念以及全电流连续性原理，参看图5-3所示的电路。电容器 C 通过导线连接到交流电源 $U_s(t)$，设

$$U_s(t)=U_0\cos\omega t$$

显然导线中的传导电流

$$I_c=\int_{S_c}\boldsymbol{J}_c\cdot\mathrm{d}\boldsymbol{S}=\int_{S_c}\sigma\boldsymbol{E}\cdot\mathrm{d}\boldsymbol{S}$$

式中 S_c 为导线横截面，$\mathrm{d}\boldsymbol{S}$ 的方向为电流流过导线的方向。

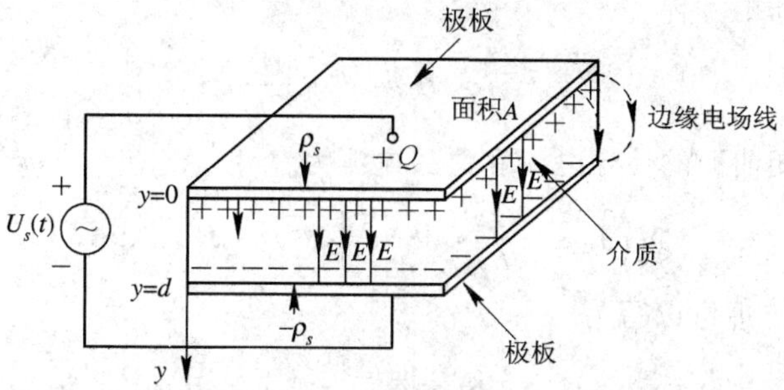

图5-3 交流电源与平行板电容相连构成的回路

电容器极板上有电荷 $Q=CU_s$，C 为电容器的电容量。对于平行板电容器，电容 $C=\dfrac{\varepsilon A}{d}$，其中 A 为极板面积，d 为两平板间距，ε 为两平行极板间填充介质的介电常数，U_s 为电容器两极板间的电压。Q 随时间的变化率即极板上的电流：

$$I_q=\frac{\mathrm{d}Q}{\mathrm{d}t}=C\frac{\mathrm{d}U_s}{\mathrm{d}t}=C\frac{\mathrm{d}}{\mathrm{d}t}(U_0\cos\omega t)=-CU_0\omega\sin\omega t$$

这里我们假定导线的电导率 σ 很大(比如理想导体)，这样导线上的电压降可以忽略，极板两端的电压等于源电压。由源、导线、电容器构成的电流回路，其上通过的电流应连

续，导线中的电流要等于极板上的电流 I_q，那么电容器中的电流是什么呢？位移电流的引入可解释回路电流连续性的问题。两极板上加电压 U_s 后，在电容器空间所产生的电场为

$$\boldsymbol{E}=\boldsymbol{a}_y\frac{E_s}{d}=\boldsymbol{a}_y\frac{U_0}{d}\cos\omega t$$

$\boldsymbol{E}$ 的大小为 E_s/d，方向在 $\boldsymbol{a}_y$ 方向，总的位移电流 I_d 为

$$I_d=\int_S\boldsymbol{J}_d\cdot d\boldsymbol{S}=\int_S\frac{\partial}{\partial t}D\cdot d\boldsymbol{S}=\int_A\frac{\partial}{\partial t}\left(\boldsymbol{a}_y\frac{\varepsilon U_0}{d}\cos\omega t\right)\cdot(\boldsymbol{a}_y\,dS)$$
$$=-\frac{\varepsilon A}{d}U_0\omega\sin\omega t=-CU_0\omega\sin\omega t$$

因为 $d\boldsymbol{S}$ 方向为极板法线方向，故 $d\boldsymbol{S}=\boldsymbol{a}_y\,dS$，$C$ 为平行板电容器的电容。显然这个电流 I_d 与极板上的电流 I_q 刚好相等。

例 5-1　计算铜中的位移电流密度和传导电流密度的比值。设铜中的电场为 $E_0\sin\omega t$，铜的电导率 $\sigma=5.8\times10^7$ S/m，$\varepsilon\approx\varepsilon_0$。

解：铜中的传导电流大小为

$$J_c=\sigma E=\sigma E_0\sin\omega t$$

铜中的位移电流大小为

$$J_d=\frac{\partial D}{\partial t}=\varepsilon\frac{\partial E}{\partial t}=\varepsilon\omega E_0\cos\omega t$$

因此，位移电流密度与传导电流密度的振幅比值为

$$\frac{J_d}{J_c}=\frac{\omega\varepsilon}{\sigma}=\frac{2\pi f\dfrac{1}{36\pi}\times10^{-9}}{5.8\times10^7}=9.6\times10^{-19}f$$

例 5-2　证明通过任意封闭曲面的传导电流和位移电流的总量为零。

解：根据麦克斯韦方程

$$\nabla\times\boldsymbol{H}=\boldsymbol{J}+\frac{\partial\boldsymbol{D}}{\partial t}$$

可知，通过任意封闭曲面的传导电流和位移电流为

$$\oint_S\left(\boldsymbol{J}_c+\frac{\partial\boldsymbol{D}}{\partial t}\right)\cdot d\boldsymbol{S}=\oint_S(\nabla\times\boldsymbol{H})\cdot d\boldsymbol{S}$$

上式右边应用散度定理可以写为

$$\oint_S(\nabla\times\boldsymbol{H})\cdot d\boldsymbol{S}=\int_V\nabla\cdot(\nabla\times\boldsymbol{H})dV=0$$

而左边的面积分为

$$\oint_S\left(\boldsymbol{J}_c+\frac{\partial\boldsymbol{D}}{\partial t}\right)\cdot d\boldsymbol{S}=I_c+I_d=I$$

故通过任意封闭曲面的传导电流和位移电流的总量 I 为零。

例 5-3　在坐标原点附近区域内，传导电流密度为

$$\boldsymbol{J}=\boldsymbol{e}_r10r^{-1.5}\quad(\text{A/m}^2)$$

试求：

(1) 通过半径 $r=1$ mm 的球面的电流值；

(2) 在 $r=1$ mm 的球面上电荷密度的增加率；

(3) 在 $r=1$ mm 的球内总电荷的增加率。

解：(1) 根据电流密度的定义有

$$I=\oint_S \boldsymbol{J}\cdot \mathrm{d}\boldsymbol{S}=\int_0^{2\pi}\int_0^{\pi}10r^{-1.5}\cdot r^2\ \sin\theta\ \mathrm{d}\theta\ \mathrm{d}\varphi\,|_{r=1\ \mathrm{mm}}$$

$$=40\pi r^{0.5}\,|_{r=1\ \mathrm{mm}}=3.9738\ \mathrm{A}$$

(2) 因为

$$\nabla\cdot\boldsymbol{J}=\frac{1}{r^2}\frac{\mathrm{d}}{\mathrm{d}r}(r^2\cdot 10r^{-1.5})=5r^{-2.5}$$

由电流连续性方程式(5－19)，得

$$\left.\frac{\partial\rho}{\partial t}\right|_{r=1\ \mathrm{mm}}=-\nabla\cdot\boldsymbol{J}\,|_{r=1\ \mathrm{mm}}=-1.58\times 10^8\quad(\mathrm{A/m^2})$$

(3) 在 $r=1$ mm 的球内总电荷的增加率：

$$\frac{\mathrm{d}Q}{\mathrm{d}t}=-I=-3.97\ \mathrm{A}$$

例 5－4 在无源的自由空间中，已知磁场强度为

$$\boldsymbol{H}=\boldsymbol{e}_y 2.63\times 10^{-5}\cos(3\times 10^9 t-10z)\quad(\mathrm{A/m})$$

求位移电流密度 $\boldsymbol{J}_\mathrm{d}$。

解：无源的自由空间中传导电流为零，即 $\boldsymbol{J}=0$，式(5－22)变为

$$\nabla\times\boldsymbol{H}=\frac{\partial\boldsymbol{D}}{\partial t}$$

所以

$$\boldsymbol{J}_\mathrm{d}=\frac{\partial\boldsymbol{D}}{\partial t}=\nabla\times\boldsymbol{H}=\begin{vmatrix}\boldsymbol{e}_x & \boldsymbol{e}_y & \boldsymbol{e}_z\\ \dfrac{\partial}{\partial x} & \dfrac{\partial}{\partial y} & \dfrac{\partial}{\partial z}\\ 0 & H_y & 0\end{vmatrix}$$

$$=-\boldsymbol{e}_x\frac{\partial H_y}{\partial z}=-\boldsymbol{e}_x 2.63\times 10^{-4}\ \sin(3\times 10^9 t-10z)\ (\mathrm{A/m^2})$$

5.3 麦克斯韦方程组

麦克斯韦方程组是在对宏观电磁现象的实验规律进行分析总结的基础上，经过扩充和推广而得到的。它揭示了电场与磁场之间，以及电磁场与电荷、电流之间的相互关系，是一切宏观电磁现象所遵循的普遍规律。它有深刻而丰富的物理含义，是电磁运动规律最简洁的数学语言描述。所以，麦克斯韦方程组是电磁场的基本方程，它在电磁学中的地位等同于力学中的牛顿定律，是我们分析研究电磁问题的基本出发点。

5.3.1 麦克斯韦方程组

依据前两节的分析结果，现在可以写出描述宏观电磁场现象基本特性的一组微分方程及其名称如下：

$$\nabla \times \boldsymbol{H} = \boldsymbol{J} + \frac{\partial \boldsymbol{D}}{\partial t} \quad \text{全电流定律} \tag{5-28a}$$

$$\nabla \times \boldsymbol{E} = -\frac{\partial \boldsymbol{B}}{\partial t} \quad \text{法拉第电磁感应定律} \tag{5-28b}$$

$$\nabla \cdot \boldsymbol{B} = 0 \quad \text{磁通连续性原理} \tag{5-28c}$$

$$\nabla \cdot \boldsymbol{D} = \rho \quad \text{高斯定理} \tag{5-28d}$$

称其为麦克斯韦方程组的微分形式。它们建立在库仑、安培、法拉第所提供的实验事实和麦克斯韦假设的位移电流概念的基础上，也把任何时刻在空间任一点上的电场和磁场的时空关系与同一时空点的场源联系在一起。方程组(5－28)所对应的积分形式为

$$\oint_l \boldsymbol{H} \cdot \mathrm{d}\boldsymbol{l} = \int_S \left(\boldsymbol{J} + \frac{\partial \boldsymbol{D}}{\partial t}\right) \cdot \mathrm{d}\boldsymbol{S} \tag{5-29a}$$

$$\oint_l \boldsymbol{E} \cdot \mathrm{d}\boldsymbol{l} = -\int_S \frac{\partial \boldsymbol{B}}{\partial t} \cdot \mathrm{d}\boldsymbol{S} \tag{5-29b}$$

$$\oint_S \boldsymbol{B} \cdot \mathrm{d}\boldsymbol{S} = 0 \tag{5-29c}$$

$$\oint_S \boldsymbol{D} \cdot \mathrm{d}\boldsymbol{S} = \int_V \rho \mathrm{d}V \tag{5-29d}$$

从麦克斯韦方程组可见：

(1) 麦克斯韦方程式(5－28a)和(5－29a)是修正后的安培环路定律，表明电流和时变电场能激发磁场。麦克斯韦方程式(5－28b)和(5－29b)是法拉第电磁感应定律，表明时变磁场产生电场这一重要事实。这两个方程是麦克斯韦方程的核心，说明时变电场和时变磁场互相激发，时变电磁场可以脱离场源独立存在，在空间形成电磁波。麦克斯韦导出了电磁场的波动方程，并发现这种电磁波的传播速度与已测出的光速是一样的。他进而推断，光也是一种电磁波，并预言可能存在与可见光不同的其它电磁波。这一著名预见后来在1887年为德国物理学家赫兹(H. R. Hertz)的实验所证实，并导致马可尼(G. Marconi)在1895年和波波夫(A. C. Popov)在1896年成功地进行了无线电报传送实验，从而开创了人类应用无线电波的新纪元。

(2) 麦克斯韦方程式(5－28c)、(5－29c)表示磁通连续性，即空间的磁力线既没有起点也没有终点。从物理意义上说，是空间不存在自由磁荷的结果，或者严格地说在人类研究所达到的区域中至今还没有发现自由磁荷。麦克斯韦方程式(5－28d)、(5－29d)是电场的高斯定理，现在它对时变电荷与静止电荷都成立。它表明电场是有通量源的场。

(3) 时变场中电场的散度和旋度都不为零，所以电力线起始于正电荷终止于负电荷；而磁场的散度恒为零，旋度不为零，所以磁力线是与电流交链的闭合曲线，并且磁力线与电力线两者还互相交链。但是，在远离场源的无源区域中，电场和磁场的散度都为零，这时电力线和磁力线将自行闭合，相互交链，在空间形成电磁波。

(4) 一般情况下，时变电磁场的场矢量和源既是空间坐标的函数，又是时间的函数。若场矢量不随时间变化(不是时间的函数)，那么式(5－28)、式(5－29)退化为静态场方程。

(5) 在线性媒质中，麦克斯韦方程组是线性方程组，可以应用叠加原理。

应该指出，麦克斯韦方程组中的四个方程并不都是独立的。例如对方程式(5－28b)两边取散度：

$$\nabla \cdot (\nabla \times \boldsymbol{E}) = \nabla \cdot \left(-\frac{\partial \boldsymbol{B}}{\partial t}\right)$$

由于上式左边恒等于零，所以得

$$\frac{\partial}{\partial t}(\nabla \cdot \boldsymbol{B}) = 0$$

如果我们假设过去或将来某一时刻，$\nabla \cdot \boldsymbol{B}$ 在空间每一点上都为零，则 $\nabla \cdot \boldsymbol{B}$ 在任何时刻处处为零，所以有

$$\nabla \cdot \boldsymbol{B} = 0$$

即式(5－28c)，因此只能认为有三个独立的方程：式(5－28a)、式(5－28b)和式(5－28d)。同理，如果将方程式(5－28a)两边取散度，代入方程式(5－28d)，那么可以导出：

$$\nabla \cdot \boldsymbol{J} = -\frac{\partial \rho}{\partial t}$$

这就是电流连续性方程。由此可见，电流连续性方程包含在麦克斯韦方程组中，并且可以认为麦克斯韦方程组中的两个旋度方程式(5－28a)、式(5－28b)以及电流连续性方程是一组独立方程。我们进一步分析可以看到，三个独立方程中有两个旋度方程和一个散度方程，其中旋度方程是矢量方程，而每一个矢量方程可以等价为三个标量方程，再加上一个标量的散度方程，则共有七个独立的标量方程。

由麦克斯韦方程组推导出电流连续性方程，一方面表明麦克斯韦方程组的普遍性广泛到电荷守恒定律也被包含在内；另一方面也表明场源 $\boldsymbol{J}$ 和 ρ 是不完全独立的，随意给定的 $\boldsymbol{J}$ 和 ρ 有可能导致麦克斯韦方程组内部矛盾而无解。因此，在实际的工程问题中，尤其是无初值的时谐场情况，常在给定场源 $\boldsymbol{J}$ 条件下求解电磁场，如正弦波的辐射问题。反过来，只给定场源 ρ 则不行，因为给定场源 ρ 用电流连续性方程只能确定 $\nabla \cdot \boldsymbol{J}$，而依据矢量场唯一性定理，仅知道 $\boldsymbol{J}$ 的散度并不能唯一确定 $\boldsymbol{J}$，因此也不能唯一地解出电磁场。

5.3.2　麦克斯韦方程的辅助方程——本构关系

在麦克斯韦方程组式(5－28a)～式(5－28d)中，没有限定 $\boldsymbol{E}$、$\boldsymbol{D}$、$\boldsymbol{B}$ 和 $\boldsymbol{H}$ 之间的关系，称为非限定形式。但是，麦克斯韦方程中有 $\boldsymbol{E}$、$\boldsymbol{D}$、$\boldsymbol{B}$、$\boldsymbol{H}$、$\boldsymbol{J}$ 五个矢量和一个标量 ρ，每个矢量各有三个分量，也就是说总共有 16 个标量，而独立的标量方程只有七个。因此，仅由方程式(5－28a)～式(5－28d)还不能完全确定四个场矢量 $\boldsymbol{E}$、$\boldsymbol{D}$、$\boldsymbol{B}$ 和 $\boldsymbol{H}$，我们还需要知道 $\boldsymbol{E}$、$\boldsymbol{D}$、$\boldsymbol{B}$ 和 $\boldsymbol{H}$ 之间的关系。为求解这一组方程，我们必须另外再提供九个独立的标量方程。这九个标量方程就是描述电磁媒质与场矢量之间关系的本构关系，它们作为辅助方程与麦克斯韦方程一起构成一个自身一致的方程组。

一般而言，表征媒质宏观电磁特性的本构关系为

$$\left.\begin{aligned} \boldsymbol{D} &= \varepsilon_0 \boldsymbol{E} + \boldsymbol{P} \\ \boldsymbol{B} &= \mu_0 (\boldsymbol{H} + \boldsymbol{M}) \\ \boldsymbol{J} &= \sigma \boldsymbol{E} \end{aligned}\right\} \tag{5-30}$$

对于各向同性的线性媒质，式(5－30)可以写为

$$\left.\begin{aligned} \boldsymbol{D} &= \varepsilon \boldsymbol{E} \\ \boldsymbol{B} &= \mu \boldsymbol{H} \\ \boldsymbol{J} &= \sigma \boldsymbol{E} \end{aligned}\right\} \tag{5-31}$$

式中ε、μ、σ是描述媒质宏观电磁特性的一组参数，分别称为媒质的介电常数、磁导率和电导率。在真空(或空气)中，$\varepsilon=\varepsilon_0$，$\mu=\mu_0$，$\sigma=0$。$\sigma=0$的媒质称为理想介质，$\sigma\to\infty$的媒质称为理想导体，$\sigma$介于两者之间的媒质统称为导电媒质。有关线性、各向同性、均匀、色散媒质的定义如下：若媒质参数与场强大小无关，称为线性媒质；若媒质参数与场强方向无关，称为各向同性媒质；若媒质参数与位置无关，称为均匀媒质；若媒质参数与场强频率无关，称为非色散媒质，否则称为色散媒质。此外，线性、均匀、各向同性的媒质也称为简单媒质。

5.3.3　洛仑兹力

麦克斯韦方程组说明了场源$\boldsymbol{J}$和ρ如何激发电磁场，即电磁场如何受电流和电荷的作用。然而，在实际的电磁场问题中，电流密度$\boldsymbol{J}$和电荷密度ρ往往也不能事先给定，它们也受到电磁场的反作用。因此，还需要另外的基本方程来描述这种反作用。这个基本方程就是洛仑兹力公式。

电荷(运动或静止)激发电磁场，电磁场反过来对电荷有作用力。当空间同时存在电场和磁场时，以恒速$\boldsymbol{v}$运动的点电荷q所受的力为

$$\boldsymbol{F}=q(\boldsymbol{E}+\boldsymbol{v}\times\boldsymbol{B})$$

如果电荷是连续分布的，其密度为ρ，则电荷系统所受的电磁场力密度为

$$\boldsymbol{f}=\rho(\boldsymbol{E}+\boldsymbol{v}\times\boldsymbol{B})=\rho\boldsymbol{E}+\boldsymbol{J}\times\boldsymbol{B}$$

上式称为洛仑兹力公式。近代物理学实验证实了洛仑兹力公式对任意运动速度的带电粒子都是适应的。麦克斯韦方程和洛仑兹力公式，正确反映了电磁场的运动规律以及场与带电物质的相互作用规律，构成了经典电磁理论的基础。

例 5-5　证明均匀导电媒质内部，不会有永久的自由电荷分布。

解：将$\boldsymbol{J}=\sigma\boldsymbol{E}$代入电流连续性方程，考虑到媒质均匀，有

$$\nabla\cdot(\sigma\boldsymbol{E})+\frac{\partial\rho}{\partial t}=\sigma(\nabla\cdot\boldsymbol{E})+\frac{\partial\rho}{\partial t}=0$$

由于

$$\nabla\cdot\boldsymbol{D}=\rho,\quad \nabla\cdot(\varepsilon\boldsymbol{E})=\rho,\quad \varepsilon\nabla\cdot\boldsymbol{E}=\rho$$

将后式代入前式可得

$$\frac{\partial\rho}{\partial t}+\frac{\sigma}{\varepsilon}\cdot\rho=0$$

所以任意瞬间的电荷密度为

$$\rho(t)=\rho_0\mathrm{e}^{-\frac{\sigma}{\varepsilon}\cdot t}$$

式中ρ_0是$t=0$时的电荷密度。式中的$\varepsilon/\sigma=\tau$具有时间的量纲，称为导电媒质的弛豫时间或时常数。它是电荷密度减少到其初始值的$1/\mathrm{e}$所需的时间。由上式可见，电荷按指数规律减少，最终流至并分布于导体的外表面。

例 5-6　已知在无源的自由空间中：

$$\boldsymbol{E}=\boldsymbol{e}_xE_0\cos(\omega t-\beta z)$$

其中E_0、β为常数，求$\boldsymbol{H}$。

解：所谓无源，就是所研究区域内没有场源(电流和电荷)，即$\boldsymbol{J}=\boldsymbol{0}$，$\rho=0$。

将$\boldsymbol{E}=\boldsymbol{e}_xE_0\cos(\omega t-\beta z)=\boldsymbol{e}F_xE_x$代入麦克斯韦方程式(5-28$b$)，可得

$$\nabla\times\boldsymbol{E}=\begin{vmatrix}\boldsymbol{e}_x & \boldsymbol{e}_y & \boldsymbol{e}_z\\ \dfrac{\partial}{\partial x} & \dfrac{\partial}{\partial y} & \dfrac{\partial}{\partial z}\\ E_x & 0 & 0\end{vmatrix}=-\mu_0\frac{\partial\boldsymbol{H}}{\partial t}$$

$$\boldsymbol{e}_y E_0\beta\sin(\omega t-\beta z)=-\mu_0\frac{\partial}{\partial t}(\boldsymbol{e}_x H_x+\boldsymbol{e}_y H_y+\boldsymbol{e}_z H_z)$$

由上式可以写出：

$$H_x=0,\ H_z=0$$

$$-\mu_0\frac{\partial H_y}{\partial t}=E_0\beta\sin(\omega t-\beta z)$$

$$H_y=\frac{E_0\beta}{\mu_0\omega}\cos(\omega t-\beta z)$$

$$\boldsymbol{H}=\boldsymbol{e}_y\frac{E_0\beta}{\mu_0\omega}\cos(\omega t-\beta z)$$

5.4 时变电磁场的边界条件

麦克斯韦方程的微分形式只适用于场矢量的各个分量处处可微的区域。实际问题所涉及的场域中，往往有几种不同的媒质。媒质分界面两侧，各媒质的电磁参数不同。分界面上有束缚面电荷、面电流，还可能有自由面电荷、面电流。在这些面电荷、面电流的影响下，场矢量越过分界面时可能不连续，这时必须用边界条件来确定分界面上电磁场的特性。边界条件是描述场矢量越过分界面时场矢量变化规律的一组场方程，它是将麦克斯韦方程的积分形式应用于媒质的分界面，当方程中各种积分区域无限缩小且趋于分界面上的一个点时，所得方程的极限形式。

取两种相邻媒质分界面的任一横截面，如图 5 - 4 所示。设 $\boldsymbol{n}$ 是分界面上任意点处的法向单位矢量；$\boldsymbol{F}$ 表示该点的某一场矢量(例如 $\boldsymbol{D}$、$\boldsymbol{B}$、…)，它可以分解为沿 $\boldsymbol{n}$ 方向和垂直于 $\boldsymbol{n}$ 方向的两个分量。因为矢量恒等式

$$\boldsymbol{n}\times(\boldsymbol{n}\times\boldsymbol{F})=\boldsymbol{n}(\boldsymbol{n}\cdot\boldsymbol{F})-\boldsymbol{F}(\boldsymbol{n}\cdot\boldsymbol{n})$$

所以

$$\boldsymbol{F}=\boldsymbol{n}(\boldsymbol{n}\cdot\boldsymbol{F})-\boldsymbol{n}\times(\boldsymbol{n}\times\boldsymbol{F}) \tag{5-32}$$

上式第一项沿 $\boldsymbol{n}$ 方向，称为法向分量；第二项垂直于 $\boldsymbol{n}$ 方向，切于分界面，称为切向分量。下面分别讨论场矢量的法向分量和切向分量越过分界面时的变化规律。

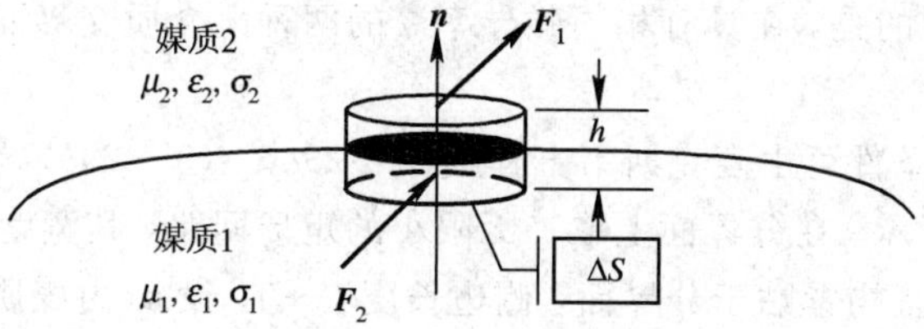

图 5 - 4 法向分量边界条件

5.4.1 一般情况

法向分量的边界条件可由麦克斯韦方程式(5－29c)、(5－29d)导出。参看图5－4，设$\boldsymbol{n}$自媒质1指向媒质2。在分界面上取一很小的截面为ΔS、高为h的扁圆柱体封闭面，圆柱体上下底面分别位于分界面两侧且紧贴分界面($h\to0$)。将式(5－29d)用于此圆柱体，计算穿出圆柱体表面的电通量时，考虑到ΔS很小，可以认为底面上的电位移矢量是均匀的，并以$\boldsymbol{D}_1$、$\boldsymbol{D}_2$分别表示媒质1及媒质2中圆柱体底面上的电位移矢量；同时，因为$h\to0$，而电位移矢量有限，所以圆柱体侧面上的积分可以不计。从而得

$$\oint_S \boldsymbol{D}\cdot\mathrm{d}\boldsymbol{S}=\boldsymbol{D}_2\cdot\Delta S\boldsymbol{n}+\boldsymbol{D}_1\cdot(-\Delta S\boldsymbol{n})=\boldsymbol{n}\cdot(\boldsymbol{D}_2-\boldsymbol{D}_1)\Delta S$$

如果分界面的薄层内有自由电荷，则圆柱面内包围的总电荷为

$$Q=\int_V\rho\,\mathrm{d}V=\lim_{h\to0}\rho h\Delta S=\rho_S\Delta S$$

由上面两式，得电位移矢量的法向分量边界条件的矢量形式为

$$\boldsymbol{n}\cdot(\boldsymbol{D}_2-\boldsymbol{D}_1)=\rho_S \tag{5－32a}$$

或者标量形式为

$$D_{2\mathrm{n}}-D_{1\mathrm{n}}=\rho_S \tag{5－32b}$$

若分界面上没有自由面电荷，则有

$$D_{1\mathrm{n}}=D_{2\mathrm{n}} \tag{5－33}$$

然而$\boldsymbol{D}=\varepsilon\boldsymbol{E}$，所以

$$\varepsilon_1E_{1\mathrm{n}}=\varepsilon_2E_{2\mathrm{n}} \tag{5－34}$$

综上可见，如果分界面上有自由面电荷，那么电位移矢量$\boldsymbol{D}$的法向分量D_n越过分界面时不连续，有一等于面电荷密度ρ_S的突变。如$\rho_S=0$，则法向分量D_n连续；但是，分界面两侧的电场强度矢量的法向分量E_n不连续。

同理，将式$\oint_S\boldsymbol{B}\cdot\mathrm{d}\boldsymbol{S}=0$用于图5－4的圆柱体，计算穿过圆柱体封闭面的磁通量，可以得到磁感应强度矢量的法向分量的矢量形式的边界条件为

$$\boldsymbol{n}\cdot(\boldsymbol{B}_2-\boldsymbol{B}_1)=0 \tag{5－35a}$$

或者标量形式的边界条件：

$$B_{1\mathrm{n}}=B_{2\mathrm{n}} \tag{5－35b}$$

由于$\boldsymbol{B}=\mu\boldsymbol{H}$，因此

$$\mu_1H_{1\mathrm{n}}=\mu_2H_{2\mathrm{n}} \tag{5－36}$$

由式可见，越过分界面时磁感应强度矢量的法向分量B_n连续，磁场强度矢量的法向分量H_n不连续。值得注意的是，在具有相同磁导率μ的两种电介质交界面上，其磁场强度的法向分量H_n连续。

切向分量的边界条件可由麦克斯韦方程式(5－29a)、(5－29b)导出。取相邻媒质的任一截面，如图5－5所示。在分界面上取一无限小的矩形回路，其宽度为Δl，上下两底边分别位于分界面两侧并且均紧贴于分界面，侧边长度$h\to0$。设$\boldsymbol{n}$(由媒质1指向媒质2)、$\boldsymbol{l}$分别是Δl中点处分界面的法向单位矢量和切向单位矢量，$\boldsymbol{b}$是垂直于$\boldsymbol{n}$且与矩形回路成右手螺旋关系的单位矢量，三者的关系为

$$\boldsymbol{l} = \boldsymbol{b} \times \boldsymbol{n} \tag{5-37}$$

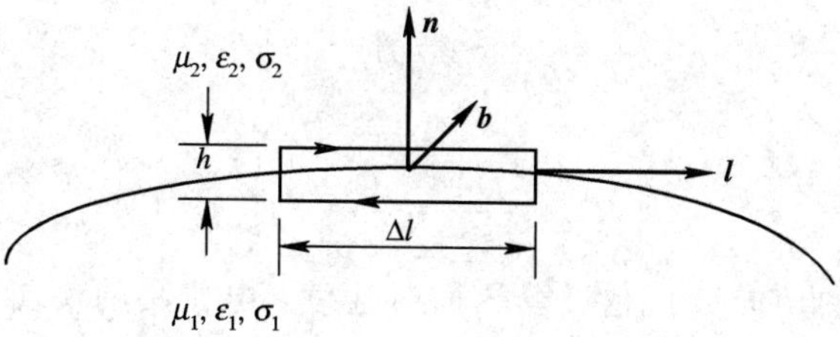

图 5-5 切向分量边界条件

将麦克斯韦方程

$$\oint_l \boldsymbol{H} \cdot \mathrm{d}\boldsymbol{l} = \int_S \left(\boldsymbol{J} + \frac{\partial \boldsymbol{D}}{\partial t}\right) \cdot \mathrm{d}\boldsymbol{S}$$

用于图 5-5 所示的矩形回路。因 $h \to 0$，如分界面处磁场强度 $\boldsymbol{H}$ 有限，则 $\boldsymbol{H}$ 在回路侧边上的积分可以不计；同时因 Δl 很小，所以

$$\begin{aligned}\oint_l \boldsymbol{H} \cdot \mathrm{d}\boldsymbol{l} &= \boldsymbol{H}_2 \cdot \Delta l \boldsymbol{l} + \boldsymbol{H}_1 \cdot (-\Delta l \boldsymbol{l}) = \boldsymbol{l} \cdot (\boldsymbol{H}_2 - \boldsymbol{H}_1) \Delta l \\ &= \boldsymbol{b} \times \boldsymbol{n} \cdot (\boldsymbol{H}_2 - \boldsymbol{H}_1) \Delta l = \boldsymbol{b} \cdot \boldsymbol{n} \times (\boldsymbol{H}_2 - \boldsymbol{H}_1) \Delta l\end{aligned}$$

上式中 $\boldsymbol{H}_1$、$\boldsymbol{H}_2$ 分别表示媒质 1 与媒质 2 中的磁场强度矢量，并且使用了式(5-37)。因为 $\partial \boldsymbol{D}/\partial t$ 有限而 $h \to 0$，所以

$$\int_S \frac{\partial \boldsymbol{D}}{\partial t} \cdot \mathrm{d}\boldsymbol{S} = \lim_{h \to 0} \frac{\partial \boldsymbol{D}}{\partial t} \cdot \boldsymbol{b} h \Delta l = 0$$

如果分界面的薄层内有自由电流，则在回路所围的面积上，有

$$\int_S \boldsymbol{J} \cdot \mathrm{d}\boldsymbol{S} = \lim_{h \to 0} \boldsymbol{J} \cdot \boldsymbol{b} h \Delta l = \boldsymbol{J}_S \cdot \boldsymbol{b} \Delta l$$

综合以上三式得

$$\boldsymbol{b} \cdot \boldsymbol{n} \times (\boldsymbol{H}_2 - \boldsymbol{H}_1) = \boldsymbol{J}_S \cdot \boldsymbol{b}$$

$\boldsymbol{b}$ 是任意单位矢量，且 $\boldsymbol{n} \times \boldsymbol{H}$ 与 $\boldsymbol{J}_S$ 共面(均切于分界面)，所以

$$\boldsymbol{n} \times (\boldsymbol{H}_2 - \boldsymbol{H}_1) = \boldsymbol{J}_S \tag{5-38a}$$

依据式(5-32)，上式可以写为

$$[\boldsymbol{n} \times (\boldsymbol{H}_2 - \boldsymbol{H}_1)] \times \boldsymbol{n} = \boldsymbol{J}_S \times \boldsymbol{n}$$

式(5-38a)的标量形式为

$$H_{2t} - H_{1t} = J_S \tag{5-38b}$$

如果分界面处没有自由面电流，那么有

$$H_{1t} = H_{2t}$$

由上式可以获得

$$\frac{B_{1t}}{\mu_1} = \frac{B_{2t}}{\mu_2}$$

综上可见：如分界面处有自由面电流，那么越过分界面时，磁场强度的切向分量不连续，否则磁场强度的切向分量连续；但是磁感应强度的切向分量不连续。也应注意，在具有相同导磁率的电介质交界面上，其磁感应强度的切向分量 B_t 连续。

同理，将麦克斯韦方程式(5-29b)用于图 5-5，可得电场强度的切向分量的边界条件的矢量形式和标量形式如下：

$$\boldsymbol{n}\times(\boldsymbol{E}_2-\boldsymbol{E}_1)=\boldsymbol{0} \tag{5-39a}$$

$$E_{1t}=E_{2t} \tag{5-39b}$$

由式(5-39b)可得

$$\frac{D_{1t}}{\varepsilon_1}=\frac{D_{2t}}{\varepsilon_2}$$

由上可见，电场强度的切向分量越过分界面时连续，电位移的切向分量越过分界面时不连续。

必须指出，对于无初值的时变场，从切向分量的边界条件和边界上的电流连续性方程可以导出法向分量的边界条件，从这个意义上讲分界面上的边界条件不是独立的。可以证明，在无初值的时变场条件下，只要电场强度和磁场强度的切向分量边界条件满足式(5-38a)和式(5-39a)，那么磁感应强度和电位移的法向分量边界条件式(5-35a)和式(5-32a)必然成立。上面列出的一般形式的时变电磁场边界条件中，自由面电流密度和自由面电荷密度满足边界上的电流连续性方程：

$$\nabla_t\cdot\boldsymbol{J}_S+(J_{1n}-J_{2n})=-\frac{\partial\rho_S}{\partial t} \tag{5-40}$$

式中∇_t表示对与分界面平行的坐标量求二维微分。

5.4.2 两种特殊情况

下面我们讨论两种重要的特殊情况：两种理想介质的边界——理想介质的边界和理想导体的边界。

理想介质是指$\sigma=0$的情况，即无欧姆损耗的简单媒质。在两种理想介质的分界面上没有自由面电流和自由面电荷存在，即$\boldsymbol{J}_S=\boldsymbol{0}$，$\rho_S=0$。从而得相应的边界条件如下：

矢量形式的边界条件为

$$\boldsymbol{n}\times(\boldsymbol{H}_2-\boldsymbol{H}_1)=\boldsymbol{0}$$

$$n\times(\boldsymbol{E}_2-\boldsymbol{E}_1)=\boldsymbol{0}$$

$$n\cdot(\boldsymbol{B}_2-\boldsymbol{B}_1)=0$$

$$n\cdot(\boldsymbol{D}_2-\boldsymbol{D}_1)=0$$

它们相应的标量形式为

$$H_{2t}-H_{1t}=0$$

$$E_{2t}-E_{1t}=0$$

$$B_{2n}-B_{1n}=0$$

$$D_{2n}-D_{1n}=0$$

理想导体是指$\sigma\to\infty$，所以在理想导体内部不存在电场。此外，在时变条件下，理想导体内部也不存在磁场。故在时变条件下，理想导体内部不存在电磁场，即所有场量为零。设$\boldsymbol{n}$是理想导体的外法向矢量，$\boldsymbol{E}$、$\boldsymbol{H}$、$\boldsymbol{D}$、$\boldsymbol{B}$为理想导体外部的电磁场，那么理想导体表面的边界条件为

$$\boldsymbol{n}\times\boldsymbol{H}=\boldsymbol{J}_S$$

$$\boldsymbol{n}\times\boldsymbol{E}=\boldsymbol{0}$$

$$n \cdot \boldsymbol{B} = 0$$

$$n \cdot D = \rho_S$$

由此可见，电力线垂直于理想导体表面，磁力线平行于理想导体表面。

例 5-7　设 $z=0$ 的平面为空气与理想导体的分界面，$z<0$ 一侧为理想导体，分界面处的磁场强度为

$$\boldsymbol{H}(x, y, 0, t) = \boldsymbol{e}_x H_0 \sin ax \cos(\omega t - ay)$$

试求理想导体表面上的电流分布、电荷分布以及分界面处的电场强度。

解：根据理想导体分界面上的边界条件，可求得理想导体表面上的电流分布为

$$\begin{aligned}\boldsymbol{J}_S = \boldsymbol{n} \times \boldsymbol{H} &= \boldsymbol{e}_z \times \boldsymbol{e}_x H_0 \sin ax \cos(\omega t - ay) \\ &= \boldsymbol{e}_y H_0 \sin ax \cos(\omega t - ay)\end{aligned}$$

由分界面上的电流连续性方程式(5-40)，有

$$-\frac{\partial \rho_S}{\partial t} = \frac{\partial}{\partial y}[H_0 \sin ax \cos(\omega t - ay)] = aH_0 \sin ax \sin(\omega t - ay)$$

$$\rho_S = \frac{aH_0}{\omega} \sin ax \cos(\omega t - ay) + c(x, y)$$

假设 $t=0$ 时，$\rho_S=0$，由边界条件 $\boldsymbol{n} \cdot \boldsymbol{D}=\rho_S$ 以及 $\boldsymbol{n}$ 的方向可得

$$\boldsymbol{D}(x, y, 0, t) = \boldsymbol{e}_z \frac{aH_0}{\omega} \sin ax[\cos(\omega t - ay) - \cos ay]$$

$$\boldsymbol{E}(x, y, 0, t) = \boldsymbol{e}_z \frac{aH_0}{\varepsilon_0 \omega} \sin ax[\cos(\omega t - ay) - \cos ay]$$

例 5-8　证明在无初值的时谐场条件下，法向分量的边界条件已含于切向分量的边界条件之中，即只有两个切向分量的边界条件是独立的。因此，在解电磁场边值问题时只需代入两个切向分量的边界条件就可以解决问题。

解：在分界面两侧的媒质中，有

$$\nabla \times \boldsymbol{E}_1 = -\frac{\partial \boldsymbol{B}_1}{\partial t}, \quad \nabla \times \boldsymbol{E}_2 = -\frac{\partial \boldsymbol{B}_2}{\partial t}$$

将矢性微分算符和场矢量都分解为切向分量和法向分量，即令

$$\boldsymbol{E} = \boldsymbol{E}_t + \boldsymbol{E}_n, \quad \nabla = \nabla_t + \nabla_n$$

于是有

$$(\nabla_t + \nabla_n) \times (\boldsymbol{E}_t + \boldsymbol{E}_n) = -\frac{\partial}{\partial t}(\boldsymbol{B}_t + \boldsymbol{B}_n)$$

$$(\nabla_t \times \boldsymbol{E}_t)_n + (\nabla_t \times \boldsymbol{E}_n)_t + (\nabla_n \times \boldsymbol{E}_t)_t + (\nabla_n \times \boldsymbol{E}_n) = -\frac{\partial \boldsymbol{B}_n}{\partial t} - \frac{\partial \boldsymbol{B}_t}{\partial t}$$

由上式可见：

$$\nabla_t \times \boldsymbol{E}_t = -\frac{\partial \boldsymbol{B}_n}{\partial t}, \quad \nabla_n \times \boldsymbol{E}_n = \boldsymbol{0}, \quad \nabla_n \times \boldsymbol{E}_t + \nabla_t \times \boldsymbol{E}_n = -\frac{\partial \boldsymbol{B}_t}{\partial t}$$

对于媒质 1 和媒质 2 有

$$\nabla_t \times \boldsymbol{E}_{1t} = -\frac{\partial \boldsymbol{B}_{1n}}{\partial t}, \quad \nabla_t \times \boldsymbol{E}_{2t} = -\frac{\partial \boldsymbol{B}_{2n}}{\partial t}$$

上面两式相减得

$$\nabla_t \times (\boldsymbol{E}_{1t} - \boldsymbol{E}_{2t}) = -\frac{\partial}{\partial t}(\boldsymbol{B}_{1n} - \boldsymbol{B}_{2n})$$

代入切向分量的边界条件：

$$\boldsymbol{n}\times(\boldsymbol{E}_1-\boldsymbol{E}_2)=\boldsymbol{0},\quad 即\ E_{1t}=E_{2t}$$

有

$$\frac{\partial}{\partial t}(\boldsymbol{B}_{1n}-\boldsymbol{B}_{2n})=\frac{\partial}{\partial t}[\boldsymbol{n}\cdot(\boldsymbol{B}_1-\boldsymbol{B}_2)]=0$$

对于时谐场情况，存在代换$\frac{\partial}{\partial t}\to \mathrm{j}\omega$，于是有

$$\mathrm{j}\omega[\boldsymbol{n}\cdot(\boldsymbol{B}_1-\boldsymbol{B}_2)]=0$$

由于$\omega\neq 0$，故有

$$\boldsymbol{n}\cdot(\boldsymbol{B}_1-\boldsymbol{B}_2)=0,\quad 即\ B_{1n}=B_{2n}$$

同理，将式

$$\nabla\times\boldsymbol{H}=\boldsymbol{J}+\frac{\partial\boldsymbol{D}}{\partial t}$$

中的场量和矢性微分算符分解成切向分量和法向分量，并且展开取其中的法向分量，由于

$$\nabla_t\times\boldsymbol{H}_t=\frac{\partial\boldsymbol{D}_n}{\partial t}+\boldsymbol{J}_n$$

此式对分界面两侧的媒质区域都成立，故有

$$\nabla_t\times\boldsymbol{H}_{1t}=\frac{\partial\boldsymbol{D}_{1n}}{\partial t}+\boldsymbol{J}_{1n},\quad \nabla_t\times\boldsymbol{H}_{2t}=\frac{\partial\boldsymbol{D}_{2n}}{\partial t}+\boldsymbol{J}_{2n}$$

将两式相减并用

$$\boldsymbol{H}_{1t}=(\boldsymbol{n}\times\boldsymbol{H}_1)\times\boldsymbol{n},\quad \boldsymbol{H}_{2t}=(\boldsymbol{n}\times\boldsymbol{H}_2)\times\boldsymbol{n}$$

代入，得

$$\nabla_t\times[\boldsymbol{n}\times(\boldsymbol{H}_1-\boldsymbol{H}_2)\times n]=\frac{\partial}{\partial t}(\boldsymbol{D}_{1n}-\boldsymbol{D}_{2n})+(\boldsymbol{J}_{1n}-\boldsymbol{J}_{2n})$$

再将切向分量的边界条件

$$\boldsymbol{n}\times(\boldsymbol{H}_1-\boldsymbol{H}_2)=\boldsymbol{J}_S$$

代入，得

$$\nabla_t\times(\boldsymbol{J}_S\times\boldsymbol{n})=\frac{\partial}{\partial t}(\boldsymbol{D}_{1n}-\boldsymbol{D}_{2n})+(\boldsymbol{J}_{1n}-\boldsymbol{J}_{2n})$$

即

$$\boldsymbol{J}_S(\nabla_t\cdot\boldsymbol{n})-\boldsymbol{n}(\nabla_t\cdot\boldsymbol{J}_S)-\boldsymbol{n}(\boldsymbol{J}_1-\boldsymbol{J}_2)=\boldsymbol{n}\frac{\partial}{\partial t}(\boldsymbol{D}_1-\boldsymbol{D}_2)$$

考虑到

$$\nabla_t\cdot\boldsymbol{n}=0,\ \nabla_t\cdot\boldsymbol{J}_S+(\boldsymbol{J}_{1n}-\boldsymbol{J}_{2n})=-\frac{\partial\rho_S}{\partial t}\quad（分界面处的电流连续性方程）$$

因此有

$$\boldsymbol{n}\frac{\partial\rho_S}{\partial t}=\boldsymbol{n}\frac{\partial}{\partial t}[\boldsymbol{n}\cdot(\boldsymbol{D}_1-\boldsymbol{D}_2)],\ \frac{\partial}{\partial t}[\boldsymbol{n}\cdot(\boldsymbol{D}_1-\boldsymbol{D}_2)-\rho_S]=0$$

对于时谐场情况，存在代换$\frac{\partial}{\partial t}\to \mathrm{j}\omega$，于是有 $\mathrm{j}\omega[\boldsymbol{n}\cdot(\boldsymbol{D}_1-\boldsymbol{D}_2)-\rho_S]=0$。由于$\omega\neq 0$，故$\boldsymbol{n}\cdot(\boldsymbol{D}_1-\boldsymbol{D}_2)=\rho_S$ 成立。

例 5-9 设区域Ⅰ($z<0$)的媒质参数$\varepsilon_{r1}=1$，$\mu_{r1}=1$，$\sigma_1=0$；区域Ⅱ($z>0$)的媒质参

数 $\varepsilon_{r2}=5$，$\mu_{r2}=2$，$\sigma_2=0$。区域Ⅰ中的电场强度为

$$\boldsymbol{E}_1 = \boldsymbol{e}_x[60\cos(15\times10^8t-5z)+20\cos(15\times10^8t+5z)]\ (\text{V/m})$$

区域Ⅱ中的电场强度为

$$\boldsymbol{E}_2 = \boldsymbol{e}_xA\cos(15\times10^8t-5z)\ (\text{V/m})$$

试求：

(1) 常数 A；

(2) 磁场强度 $\boldsymbol{H}_1$ 和 $\boldsymbol{H}_2$；

(3) 证明在 $z=0$ 处 $\boldsymbol{H}_1$ 和 $\boldsymbol{H}_2$ 满足边界条件。

解：(1) 在无耗媒质的分界面 $z=0$ 处，有

$$\begin{aligned}\boldsymbol{E}_1 &= \boldsymbol{e}_x[60\cos(15\times10^8t)+20\cos(15\times10^8t)]\\&= \boldsymbol{e}_x80\cos(15\times10^8t)\\\boldsymbol{E}_2 &= \boldsymbol{e}_xA\cos(15\times10^8t)\end{aligned}$$

由于 $\boldsymbol{E}_1$ 和 $\boldsymbol{E}_2$ 恰好为切向电场，根据边界条件式(5-39b)，得

$$A = 80\quad\text{V/m}$$

(2) 根据麦克斯韦方程

$$\nabla\times\boldsymbol{E}_1 = -\mu_1\frac{\partial\boldsymbol{H}_1}{\partial t}$$

有

$$\begin{aligned}\frac{\partial\boldsymbol{H}_1}{\partial t} &= -\frac{1}{\mu_1}\nabla\times\boldsymbol{E}_1 = +\boldsymbol{e}_y\frac{1}{\mu_0}\frac{\partial E_1}{\partial z}\\&= +\boldsymbol{e}_y\frac{1}{\mu_0}[300\sin(15\times10^8t-5z)-100\sin(15\times10^8t+5z)]\end{aligned}$$

所以

$$\boldsymbol{H}_1 = \boldsymbol{e}_y[0.1592\cos(15\times10^8t-5z)-0.0531\cos(15\times10^8t+5z)]\ (\text{A/m})$$

同理，可得

$$\boldsymbol{H}_2 = \boldsymbol{e}_y[0.1061\cos(15\times10^8t-5z)]\ (\text{A/m})$$

(3) 将 $z=0$ 代入(2)中得 $\boldsymbol{H}_1$ 和 $\boldsymbol{H}_2$：

$$\boldsymbol{H}_1 = \boldsymbol{e}_y[0.106\cos(15\times10^8t)],\ \boldsymbol{H}_2 = \boldsymbol{e}_y[0.106\cos(15\times10^8t)]$$

这里 $\boldsymbol{H}_1$ 和 $\boldsymbol{H}_2$ 正好是分界面上的切向分量，两者相等。由于分界面上 $\boldsymbol{J}_S=\boldsymbol{0}$，故 $\boldsymbol{H}_1$ 和 $\boldsymbol{H}_2$ 满足边界条件。

5.5　时变电磁场的能量与能流

电磁场是一种物质，并且具有能量。例如，人们日常生活中使用的微波炉正是利用微波所携带的能量给食品加热的。赫兹的辐射实验证明了电磁场是能量的携带者。时变电场、磁场都要随时间变化，空间各点的电场能量密度、磁场能量密度也要随时间变化。所以，电磁能量按一定的分布形式储存于空间，并随着电磁场的运动变化在空间传输，形成电磁能流。表达时变电磁场中能量守恒与转换关系的定理称为坡印廷定理(The Poynting

Theorem)，该定理由英国物理学家坡印廷(John H. Poynting)在 1884 年最初提出，它可由麦克斯韦方程直接导出。

假设电磁场存在于一有耗的导电媒质中，媒质的电导率为 σ，电场会在此有耗导电媒质中引起传导电流 $\boldsymbol{J}=\sigma\boldsymbol{E}$。根据焦耳定律，在体积 V 内由传导电流引起的功率损耗为

$$P=\int_V \boldsymbol{J}\cdot\boldsymbol{E}\,\mathrm{d}V \tag{5-41}$$

这部分功率损耗表示转化为焦耳热能的能量损失。由能量守恒定律可知，体积 V 内电磁能量必有一相应的减少，或者体积 V 外有相应的能量补充以达到能量平衡。为了定量描述这一能量平衡关系，我们进行如下推导。由麦克斯韦方程式(5 - 28a)得

$$\boldsymbol{J}=\nabla\times\boldsymbol{H}-\frac{\partial\boldsymbol{D}}{\partial t}$$

代入式(5 - 41)得

$$\int_V \boldsymbol{J}\cdot\boldsymbol{E}\,\mathrm{d}V=\int_V\left[\boldsymbol{E}\cdot(\nabla\times\boldsymbol{H})-\boldsymbol{E}\cdot\frac{\partial\boldsymbol{D}}{\partial t}\right]\mathrm{d}V \tag{5-42}$$

利用矢量恒等式

$$\nabla\cdot(\boldsymbol{E}\times\boldsymbol{H})=\boldsymbol{H}\cdot(\nabla\times\boldsymbol{E})-\boldsymbol{E}\cdot(\nabla\times\boldsymbol{H})$$

及麦克斯韦方程式(5 - 28b)，得

$$\boldsymbol{E}\cdot(\nabla\times\boldsymbol{H})=\boldsymbol{H}\cdot(\nabla\times\boldsymbol{E})-\nabla\cdot(\boldsymbol{E}\times\boldsymbol{H})=\boldsymbol{H}\cdot\left(-\frac{\partial\boldsymbol{B}}{\partial t}\right)-\nabla\cdot(\boldsymbol{E}\times\boldsymbol{H})$$

将上式代入式(5 - 42)得

$$\int_V \boldsymbol{J}\cdot\boldsymbol{E}\,\mathrm{d}V=-\int_V\left[\boldsymbol{H}\cdot\frac{\partial\boldsymbol{B}}{\partial t}+\boldsymbol{E}\cdot\frac{\partial\boldsymbol{D}}{\partial t}+\nabla\cdot(\boldsymbol{E}\times\boldsymbol{H})\right]\mathrm{d}V$$

利用散度定理上式可改写为

$$-\oint_S(\boldsymbol{E}\times\boldsymbol{H})\cdot\mathrm{d}\boldsymbol{S}=\int_V\left(\boldsymbol{H}\cdot\frac{\partial\boldsymbol{B}}{\partial t}+\boldsymbol{E}\cdot\frac{\partial\boldsymbol{D}}{\partial t}+\boldsymbol{J}\cdot\boldsymbol{E}\right)\mathrm{d}V \tag{5-43}$$

这就是适合一般媒质的坡印廷定理。

利用矢量函数求导公式

$$\frac{\partial}{\partial t}(\boldsymbol{A}\cdot\boldsymbol{B})=\frac{\partial\boldsymbol{A}}{\partial t}\cdot\boldsymbol{B}+\boldsymbol{A}\cdot\frac{\partial\boldsymbol{B}}{\partial t},\qquad \frac{\partial}{\partial t}(\boldsymbol{A}\cdot\boldsymbol{A})=2\boldsymbol{A}\cdot\frac{\partial\boldsymbol{A}}{\partial t}$$

对于各向同性的线性媒质，即 $\boldsymbol{D}=\varepsilon\boldsymbol{E}$，$\boldsymbol{B}=\mu\boldsymbol{H}$，$\boldsymbol{J}=\sigma\boldsymbol{E}$，可知

$$\boldsymbol{H}\cdot\frac{\partial\boldsymbol{B}}{\partial t}=\mu\boldsymbol{H}\cdot\frac{\partial\boldsymbol{H}}{\partial t}=\frac{\mu}{2}\frac{\partial}{\partial t}(\boldsymbol{H}\cdot\boldsymbol{H})=\frac{\partial}{\partial t}\left(\frac{1}{2}\boldsymbol{B}\cdot\boldsymbol{H}\right)$$

同理：

$$\boldsymbol{E}\cdot\frac{\partial\boldsymbol{D}}{\partial t}=\frac{\partial}{\partial t}\left(\frac{1}{2}\boldsymbol{D}\cdot\boldsymbol{E}\right)$$

将它们代入式(5 - 43)，并设体积 V 的边界对时间不变，则对时间的微分和对空间的积分可交换次序。所以，对于各向同性的线性媒质，坡印廷定理表示如下：

$$\begin{aligned}-\oint_S(\boldsymbol{E}\times\boldsymbol{H})\cdot\mathrm{d}\boldsymbol{S}&=\int_V\left[\frac{\partial}{\partial t}\left(\frac{1}{2}\boldsymbol{B}\cdot\boldsymbol{H}\right)+\frac{\partial}{\partial t}\left(\frac{1}{2}\boldsymbol{D}\cdot\boldsymbol{H}\right)+\boldsymbol{J}\cdot\boldsymbol{E}\right]\mathrm{d}V\\&=\frac{\partial}{\partial t}\int_V\left(\frac{1}{2}\boldsymbol{B}\cdot\boldsymbol{H}+\frac{1}{2}\boldsymbol{D}\cdot\boldsymbol{E}\right)\mathrm{d}V+\int_V\boldsymbol{J}\cdot\boldsymbol{E}\,\mathrm{d}V\end{aligned} \tag{5-44}$$

为了说明式(5 - 44)的物理意义，我们首先假设储存在时变电磁场中的电磁能量密度

的表示形式和静态场的相同，即 $w=w_e+w_m$。其中，$w_e=\frac{1}{2}(\boldsymbol{D}\cdot\boldsymbol{E})$为电场能量密度，$w_m=\frac{1}{2}(\boldsymbol{B}\cdot\boldsymbol{H})$为磁场能量密度，它们的单位都是 J/m^3。另外，引入一个新矢量：

$$\boldsymbol{S}=\boldsymbol{E}\times\boldsymbol{H} \tag{5-45}$$

称为坡印廷矢量，单位是 W/m^2。据此，坡印廷定理可以写为

$$-\oint_S\boldsymbol{S}\cdot\mathrm{d}\boldsymbol{S}=\frac{\partial}{\partial t}\int_V(w_e+w_m)\mathrm{d}V+\int_V\boldsymbol{J}\cdot\boldsymbol{E}\,\mathrm{d}V \tag{5-46}$$

上式右边第一项表示体积 V 中电磁能量随时间的增加率，第二项表示体积 V 中的热损耗功率(单位时间内以热能形式损耗在体积 V 中的能量)。根据能量守恒定理，上式左边一项 $-\oint_S\boldsymbol{S}\cdot\mathrm{d}\boldsymbol{S}=-\oint_S(\boldsymbol{E}\times\boldsymbol{H})\cdot\mathrm{d}\boldsymbol{S}$ 必定代表单位时间内穿过体积 V 的表面 S 流入体积 V 内的电磁能量。因此，面积分 $\oint_S\boldsymbol{S}\cdot\mathrm{d}\boldsymbol{S}=\oint_S(\boldsymbol{E}\times\boldsymbol{H})\cdot\mathrm{d}\boldsymbol{S}$ 表示单位时间内流出包围体积 V 的表面 S 的总电磁能量。由此可见，坡印廷矢量 $\boldsymbol{S}=\boldsymbol{E}\times\boldsymbol{H}$ 可解释为通过 S 面上单位面积的电磁功率。在空间任一点上，坡印廷矢量的方向表示该点功率流的方向，而其数值表示通过与能量流动方向垂直的单位面积的功率。所以，坡印廷矢量也称为电磁功率流密度或能流密度矢量。

需要指出，认为坡印廷矢量代表电磁功率流密度的推断并不严格。虽然坡印廷定理肯定了 $\oint_S\boldsymbol{S}\cdot\mathrm{d}\boldsymbol{S}$ 具有确定的意义(流出封闭面的总能流)，然而这并不等于说在有电场和磁场的地方，$\boldsymbol{S}=\boldsymbol{E}\times\boldsymbol{H}$ 就一定代表该处有电磁能量的流动。因为在坡印廷定理中，真正表示空间任一点能量密度变化的是 $\nabla\cdot\boldsymbol{S}$ 而不是坡印廷矢量本身。

在静电场和静磁场情况下，由于电流为零($J=0$)以及 $\frac{\partial}{\partial t}\left(\frac{1}{2}\boldsymbol{E}\cdot\boldsymbol{D}+\frac{1}{2}\boldsymbol{B}\cdot\boldsymbol{H}\right)=0$，所以坡印廷定理只剩一项 $\oint_S(\boldsymbol{E}\times\boldsymbol{H})\cdot\mathrm{d}\boldsymbol{S}=0$。由坡印廷定理可知，此式表示在场中任何一点，单位时间流出包围体积 V 表面的总能量为零，即没有电磁能量流动。由此可见，在静电场和静磁场情况下，$\boldsymbol{S}=\boldsymbol{E}\times\boldsymbol{H}$ 并不代表电磁功率流密度。

在恒定电流的电场和磁场情况下，$\frac{\partial}{\partial t}\left(\frac{1}{2}\boldsymbol{E}\cdot\boldsymbol{D}+\frac{1}{2}\boldsymbol{B}\cdot\boldsymbol{H}\right)=0$，所以由坡印廷定理可知，$\int_V\boldsymbol{J}\cdot\boldsymbol{E}\,\mathrm{d}V=-\oint_S(\boldsymbol{E}\times\boldsymbol{H})\cdot\mathrm{d}\boldsymbol{S}$。因此，在恒定电流场中，$\boldsymbol{S}=\boldsymbol{E}\times\boldsymbol{H}$ 可以代表通过单位面积的电磁功率流。它说明，在无源区域中，通过 S 面流入 V 内的电磁功率等于 V 内的损耗功率。

在时变电磁场中，$\boldsymbol{S}=\boldsymbol{E}\times\boldsymbol{H}$ 代表瞬时功率流密度，它通过任意截面积的面积分 $P=\int_S(\boldsymbol{E}\times\boldsymbol{H})\cdot\mathrm{d}\boldsymbol{S}$ 代表瞬时功率。

应用坡印廷定理可以解释许多电磁现象，下面举例说明。

例 5-10　试求一段半径为 b，电导率为 σ，载有直流电流 I 的长直导线表面上的坡印廷矢量，并验证坡印廷定理。

解：如图 5-6，一段长度为 l 的长直导线，其轴线与圆柱坐标系的 z 轴重合，直流电

流将均匀分布在导线的横截面上，于是有

$$\boldsymbol{J}=\boldsymbol{e}_z\frac{I}{\pi b^2},\quad \boldsymbol{E}=\frac{\boldsymbol{J}}{\sigma}=\boldsymbol{e}_z\frac{I}{\pi b^2\sigma}$$

在导线表面，有

$$\boldsymbol{H}=\boldsymbol{e}_\phi\frac{I}{2\pi b}$$

因此，导线表面上的坡印廷矢量为

$$\boldsymbol{S}=\boldsymbol{E}\times\boldsymbol{H}=-\boldsymbol{e}_r\frac{I^2}{2\sigma\pi^2 b^3}$$

它的方向处处沿径向的相反方向指向导线的表面。将坡印廷矢量沿导线段表面积分，有

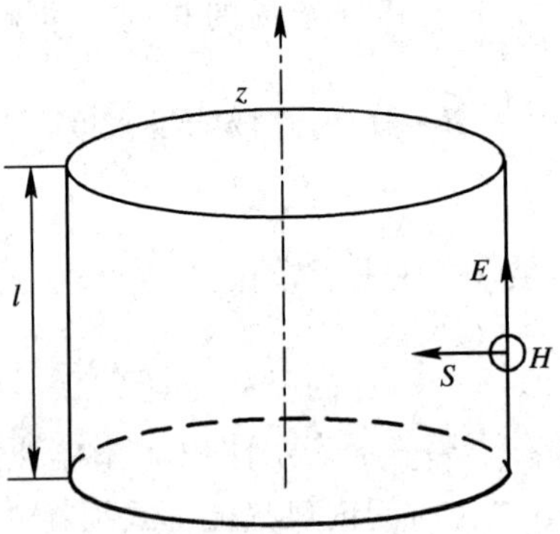

图 5-6　坡印廷定理验证

$$-\oint_S\boldsymbol{S}\cdot\mathrm{d}\boldsymbol{S}=-\oint_S\boldsymbol{S}\cdot\boldsymbol{e}_r\mathrm{d}S$$
$$=\left(\frac{I^2}{2\sigma\pi^2b^3}\right)2\pi bl=I^2\left(\frac{l}{\sigma\pi b^2}\right)=I^2R$$

式中 R 为导线段的电阻。上式表明，从导线表面流入的电磁能流等于导线内部欧姆热损耗功率。这验证了坡印廷定理。

例 5-11　设同轴线的内导体半径为 a，外导体内半径为 b，内、外导体间为空气，内、外导体均为理想导体，载有直流电流 I，内、外导体间的电压为 U，求同轴线的传输功率和能流密度矢量。

解：分别根据高斯定理和安培环路定律，可以求出同轴线内、外导体间的电场和磁场：

$$\boldsymbol{E}=\frac{U}{r\ln\dfrac{b}{a}}\boldsymbol{e}_r,\quad \boldsymbol{H}=\frac{I}{2\pi r}\boldsymbol{e}_\phi\quad(a<r<b)$$

内、外导体间任意横截面上的能流密度矢量：

$$\boldsymbol{S}=\boldsymbol{E}\times\boldsymbol{H}=\frac{UI}{2\pi r^2\ln\dfrac{b}{a}}\boldsymbol{e}_z$$

上式说明电磁能量沿 z 轴方向流动，由电源向负载传输。通过同轴线内、外导体间任一横截面的功率为

$$P=\int_{S'}\boldsymbol{S}\cdot\mathrm{d}\boldsymbol{S}'=\int_a^b\frac{UI}{2\pi r^2\ln\dfrac{b}{a}}\cdot 2\pi r\,\mathrm{d}r=UI$$

这一结果与电路理论中熟知的结果一致。然而这个结果是在不包括导体本身在内的横截面上积分得到的，说明功率全部是从内、外导体之间的空间通过的，导体本身并不传输能量，导体的作用只是引导电磁能量。这只能用电磁场的观点来理解，用电路理论无法加以解释。

5.6　正弦电磁场

在时变电磁场中，场量和场源除了是空间的函数，还是时间的函数。前面讨论的时变电磁场，对随时间是如何变化未加任何限制，适用于任何时间变化规律。但是，其中有一

种特殊情况在工程技术中经常遇到，这就是本节要讨论的正弦电磁场。正弦电磁场也称为时谐电磁场，是指任意点的场矢量的每一坐标分量随时间以相同的频率作正弦或余弦变化。之所以要讨论正弦电磁场，是因为当场源是单频正弦时间函数时，由于麦克斯韦方程组是线性偏微分方程组，所以场源所激励的场强矢量的各个分量，在正弦稳态的条件下，仍是同频率的正弦时间函数，据此建立的时变电磁场可得到显著的简化。根据傅里叶变换理论，任何周期性的或非周期性的时变电磁场都可分解成许多不同频率的正弦电磁场的叠加或积分。在工程技术中激励源多为正弦激励，因此，研究正弦电磁场正是研究一切时变电磁场的基础。

5.6.1 正弦电磁场的复数表示法

时变电磁场的任一坐标分量随时间作正弦变化时，其振幅和初相也都是空间坐标的函数。以电场强度为例，在直角坐标系中：

$$\boldsymbol{E}(x, y, z, t) = \boldsymbol{e}_x E_x(x, y, z, t) + \boldsymbol{e}_y E_y(x, y, z, t) + \boldsymbol{e}_z E_z(x, y, z, t)$$

式中电场强度的各个坐标分量为

$$E_x(x, y, z, t) = E_{xm}(x, y, z)\cos[\omega t + \phi_x(x, y, z)]$$
$$E_y(x, y, z, t) = E_{ym}(x, y, z)\cos[\omega t + \phi_y(x, y, z)]$$
$$E_z(x, y, z, t) = E_{zm}(x, y, z)\cos[\omega t + \phi_z(x, y, z)]$$

上式中 E_{xm}、E_{ym}、E_{zm} 分别为各坐标分量的振幅值；ϕ_x、ϕ_y、ϕ_z 分别为各坐标分量的初相角；ω 是角频率。

与电路理论中的处理相似，利用复数或相量来描述正弦电磁场场量，可使数学运算简化：对时间变量 t 进行降阶（把微积分方程变为代数方程）减元（消去各项的共同时间因子 $e^{j\omega t}$）。例如：

$$\begin{aligned} E_x(x, y, z, t) &= \mathrm{Re}[E_{xm}(x, y, z)e^{j[\omega t+\phi_x(x, y, z)]}] \\ &= \mathrm{Re}[E_{xm}e^{j\phi_x}e^{j\omega t}] \\ &= \mathrm{Re}[\dot{E}_{xm}e^{j\omega t}] \end{aligned} \tag{5-47}$$

式中 $\dot{E}_{xm}=E_{xm}e^{j\phi_x}$ 称为复振幅，它仅是空间坐标的函数，与时间 t 完全无关。因为它包含场量的初相位，故也称为相量。E_x 为实数，而 $\dot{E}_{xm}$ 是复数，但是只要将其乘以因子 $e^{j\omega t}$ 并且取其实部便可得到前者。这样，如下关系成立：

$$E_x(x, y, z, t) \leftrightarrow \dot{E}_{xm}(x, y, z) = E_{xm}(x, y, z)e^{j\phi_x(x, y, z)} \tag{5-48}$$

因此，我们也把 $\dot{E}_{xm}=E_{xm}e^{j\phi_x}$ 称为 $E_x(x, y, z, t)=E_{xm}(x, y, z)\cos[\omega t+\phi_x(x, y, z)]$ 的复数形式。按照式(5-47)，给定函数 $E_x(x, y, z, t)=E_{xm}(x, y, z)\cos[\omega t+\phi_x(x, y, z)]$，有唯一的复数 $\dot{E}_{xm}=E_{xm}e^{j\phi_x}$ 与之对应；反之亦然。

由于

$$\frac{\partial E_x(x, y, z, t)}{\partial t} = -E_{xm}(x, y, z)\cdot\omega\cdot\sin[\omega t + \phi_x(x, y, z)] = \mathrm{Re}[j\omega\dot{E}_{xm}e^{j\omega t}]$$

所以，采用复数表示时，正弦量对时间 t 的偏导数等价于该正弦量的复数形式乘以 $j\omega$，即

$$\frac{\partial E_x(x, y, z, t)}{\partial t} \leftrightarrow j\omega\dot{E}_{xm}(x, y, z)$$

同理，电场强度矢量也可用复数表示为

$$\begin{aligned}\boldsymbol{E}(x, y, z, t) &= \mathrm{Re}[(\boldsymbol{e}_x E_{xm} e^{j\phi_x} + \boldsymbol{e}_y E_{ym} e^{j\phi_y} + \boldsymbol{e}_z E_{zm} e^{j\phi_z}) e^{j\omega t}] \\ &= \mathrm{Re}[(\boldsymbol{e}_x \dot{E}_{xm} + \boldsymbol{e}_y \dot{E}_{ym} + \boldsymbol{e}_z \dot{E}_{zm}) e^{j\omega t}] = \mathrm{Re}[\dot{\boldsymbol{E}} e^{j\omega t}] \end{aligned} \tag{5-49}$$

式中 $\dot{\boldsymbol{E}}=\boldsymbol{e}_x\dot{E}_{xm}+\boldsymbol{e}_y\dot{E}_{ym}+\boldsymbol{e}_z\dot{E}_{zm}$ 称为电场强度的复振幅矢量或复矢量，它只是空间坐标的函数，与时间 t 无关。这样我们就把时间 t 和空间 x、y、z 的四维 (x, y, z, t) 矢量函数简化成了空间 (x, y, z) 的三维函数，即

$$\boldsymbol{E}(x, y, z, t) \leftrightarrow \dot{\boldsymbol{E}}(x, y, z) = \boldsymbol{e}_x\dot{E}_{xm} + \boldsymbol{e}_y\dot{E}_{ym} + \boldsymbol{e}_z\dot{E}_{zm}$$

相反，若要由场量的复数形式获得其瞬时值，只要将其复振幅矢量乘以 $e^{j\omega t}$ 并取实部，便得到其相应的瞬时值：

$$\boldsymbol{E}(x, y, z, t) = \mathrm{Re}[\dot{\boldsymbol{E}}(x, y, z) e^{j\omega t}]$$

例 5-12　将下列用复数形式表示的场矢量变换成瞬时值，或作相反的变换。

(1) $\dot{\boldsymbol{E}}=\boldsymbol{e}_x\dot{E}_0$

(2) $\dot{\boldsymbol{E}}=\boldsymbol{e}_x jE_0 e^{-jkz}$

(3) $\boldsymbol{E}=\boldsymbol{e}_x E_0\cos(\omega t-kz)+\boldsymbol{e}_y 2E_0\sin(\omega t-kz)$

解：(1) $\boldsymbol{E}(x, y, z, t)=\mathrm{Re}[\boldsymbol{e}_x E_0 e^{j\phi_x} e^{j\omega t}]=\boldsymbol{e}_x E_0\cos(\omega t+\phi_x)$

(2) $\boldsymbol{E}(x, y, z, t)=\mathrm{Re}[\boldsymbol{e}_x E_0 e^{j\left(\frac{\pi}{2}-kz\right)} e^{j\omega t}]=\boldsymbol{e}_x E_0\cos\left(\omega t-kz+\dfrac{\pi}{2}\right)$

(3) $\boldsymbol{E}(x, y, z, t)=\mathrm{Re}[\boldsymbol{e}_x E_0 e^{j(\omega t-kz)}-\boldsymbol{e}_y 2E_0 e^{j\left(\omega t-kz+\frac{\pi}{2}\right)}]$

$\dot{\boldsymbol{E}}(x, y, z)=(\boldsymbol{e}_x-\boldsymbol{e}_y 2j)E_0 e^{-jkz}$

例 5-13　将下列场矢量的复数形式写为瞬时值形式。

(1) $\boldsymbol{E}=\boldsymbol{e}_z E_0\sin(k_x x)\sin(k_y y)e^{-jk_z z}$

(2) $\boldsymbol{E}=\boldsymbol{e}_x j2E_0\sin\theta\cos(k_x\cos\theta)e^{-jk_z\sin\theta}$

解：(1) 根据式(5-47)，可得瞬时值形式：

$$\begin{aligned}\boldsymbol{E} &= \mathrm{Re}[\boldsymbol{e}_z E_0\sin(k_x x)\sin(k_y y)e^{-jk_z z}e^{j\omega t}] \\ &= \boldsymbol{e}_z E_0\sin(k_x x)\sin(k_y y)\cos(\omega t-k_z z)\end{aligned}$$

(2) 瞬时值形式：

$$\begin{aligned}\boldsymbol{E} &= \mathrm{Re}[\boldsymbol{e}_x 2E_0\sin\theta\cos(k_x\cos\theta)e^{-jk_z\sin\theta}e^{j\frac{\pi}{2}}e^{j\omega t}] \\ &= \boldsymbol{e}_x 2E_0\sin\theta\cos(k_x\cos\theta)\cos\left(\omega t+\frac{\pi}{2}-k_z\sin\theta\right) \\ &= -\boldsymbol{e}_x 2E_0\sin\theta\cos(k_x\cos\theta)\sin(\omega t-k_z\sin\theta)\end{aligned}$$

5.6.2　麦克斯韦方程的复数形式

在复数运算中，对复数的微分和积分运算是分别对其实部和虚部进行的，并不改变其实部和虚部的性质，故

$$\mathrm{L}(\mathrm{Re}\dot{a}) = \mathrm{Re}(\mathrm{L}\dot{a})$$

式中 L 为实线性算子，例如 $\partial/\partial t$、∇、$\int$、…、dt 等。因此

$$\nabla\times\boldsymbol{H}(t) = \boldsymbol{J}(t) + \frac{\partial\boldsymbol{D}(t)}{\partial t}$$

$$\nabla\times\mathrm{Re}[\dot{\boldsymbol{H}}e^{j\omega t}] = \mathrm{Re}[\dot{\boldsymbol{J}}e^{j\omega t}] + \frac{\partial}{\partial t}\mathrm{Re}[\dot{\boldsymbol{D}}e^{j\omega t}]$$

考虑到复数运算有

$$\mathrm{Re}[\nabla\times\dot{\boldsymbol{H}}\mathrm{e}^{\mathrm{j}\omega t}]=\mathrm{Re}[\dot{\boldsymbol{J}}\mathrm{e}^{\mathrm{j}\omega t}]+\mathrm{Re}[\mathrm{j}\omega\dot{\boldsymbol{D}}\mathrm{e}^{\mathrm{j}\omega t}]$$
$$\mathrm{Re}[\nabla\times\dot{\boldsymbol{H}}\mathrm{e}^{\mathrm{j}\omega t}-\dot{\boldsymbol{J}}\mathrm{e}^{\mathrm{j}\omega t}-\mathrm{j}\omega\dot{\boldsymbol{D}}\mathrm{e}^{\mathrm{j}\omega t}]=0$$
$$\mathrm{Re}[(\nabla\times\dot{\boldsymbol{H}}-\dot{\boldsymbol{J}}-\mathrm{j}\omega\dot{\boldsymbol{D}})\mathrm{e}^{\mathrm{j}\omega t}]=0$$

故对 t 任意时，有

$$\nabla\times\dot{\boldsymbol{H}}=\dot{\boldsymbol{J}}+\mathrm{j}\omega\dot{\boldsymbol{D}} \tag{5-50a}$$

同理，可得式(5－28b)～式(5－28d)对应的复数形式：

$$\nabla\times\dot{\boldsymbol{E}}=-\mathrm{j}\omega\dot{\boldsymbol{B}} \tag{5-50b}$$
$$\nabla\cdot\dot{\boldsymbol{B}}=0 \tag{5-50c}$$
$$\nabla\cdot\dot{\boldsymbol{D}}=\dot{\rho} \tag{5-50d}$$

以及电流连续性方程的复数形式：

$$\nabla\cdot\dot{\boldsymbol{J}}=-\mathrm{j}\omega\dot{\rho} \tag{5-51}$$

显然，为了把用瞬时值表示的麦克斯韦方程的微分形式写成复数形式，只要把场量和场源的瞬时值换成对应矢量的复数形式，把微分形式方程中的$\partial/\partial t$换成 jω 即可。并且不难看出，当用复数形式表示后，麦克斯韦方程中的场量和场源由四维(x，y，z，t)函数变成了三维(x，y，z)函数，变量的维数减少了一个，且偏微分方程变成了代数方程，使问题更便于求解。

麦克斯韦方程的积分形式、各向同性线性媒质的本构方程和边界条件等对应的复数形式表示留给读者推导。为了以后书写方便，表示复量的符号“·”均省去。

5.6.3　复坡印廷矢量

坡印廷矢量$\boldsymbol{S}(t)=\boldsymbol{E}(t)\times\boldsymbol{H}(t)$表示瞬时电磁功率流密度，它没有指定电场强度和磁场强度随时间变化的方式。对于正弦电磁场，电场强度和磁场强度的每一坐标分量都随时间作周期性的简谐变化，这时，每一点处的瞬时电磁功率流密度的时间平均值更具有实际意义。下面我们就来讨论这个问题。

对正弦电磁场，当场矢量用复数表示时：

$$\boldsymbol{E}(t)=\mathrm{Re}[\boldsymbol{E}\mathrm{e}^{\mathrm{j}\omega t}]=\frac{1}{2}[\boldsymbol{E}\mathrm{e}^{\mathrm{j}\omega t}+\boldsymbol{E}^{*}\mathrm{e}^{-\mathrm{j}\omega t}]$$

$$\boldsymbol{H}(t)=\mathrm{Re}[\boldsymbol{H}\mathrm{e}^{\mathrm{j}\omega t}]=\frac{1}{2}[\boldsymbol{H}\mathrm{e}^{\mathrm{j}\omega t}+\boldsymbol{H}^{*}\mathrm{e}^{-\mathrm{j}\omega t}]$$

从而坡印廷矢量瞬时值可写为

$$\begin{aligned}\boldsymbol{S}(t)&=\boldsymbol{E}(t)\times\boldsymbol{H}(t)=\frac{1}{2}[\boldsymbol{E}\mathrm{e}^{\mathrm{j}\omega t}+\boldsymbol{E}^{*}\mathrm{e}^{-\mathrm{j}\omega t}]\times\frac{1}{2}[\boldsymbol{H}\mathrm{e}^{\mathrm{j}\omega t}+\boldsymbol{H}^{*}\mathrm{e}^{-\mathrm{j}\omega t}]\\&=\frac{1}{2}\cdot\frac{1}{2}[\boldsymbol{E}\times\boldsymbol{H}^{*}+\boldsymbol{E}^{*}\times\boldsymbol{H}]+\frac{1}{2}\cdot\frac{1}{2}[\boldsymbol{E}\times\boldsymbol{H}\mathrm{e}^{\mathrm{j}2\omega t}+\boldsymbol{E}^{*}\times\boldsymbol{H}^{*}\mathrm{e}^{-\mathrm{j}2\omega t}]\\&=\frac{1}{2}\mathrm{Re}[\boldsymbol{E}\times\boldsymbol{H}^{*}]+\frac{1}{2}\mathrm{Re}[\boldsymbol{E}\times\boldsymbol{H}\mathrm{e}^{\mathrm{j}2\omega t}]\end{aligned}$$

它在一个周期 $T=2\pi/\omega$ 内的平均值为

$$\boldsymbol{S}_{\mathrm{av}}=\frac{1}{T}\int_{0}^{T}\boldsymbol{S}(t)\mathrm{d}t=\mathrm{Re}\left[\frac{1}{2}\boldsymbol{E}\times\boldsymbol{H}^{*}\right]=\mathrm{Re}[\boldsymbol{S}]$$

式中：

$$\boldsymbol{S}=\frac{1}{2}\boldsymbol{E}\times\boldsymbol{H}^* \tag{5-52}$$

$\boldsymbol{S}$ 称为复坡印廷矢量，它与时间 t 无关，表示复功率流密度，其实部为平均功率流密度(有功功率流密度)，虚部为无功功率流密度。特别需要注意的是式中的电场强度和磁场强度是复振幅值而不是有效值；$\boldsymbol{E}^*$、$\boldsymbol{H}^*$ 是 $\boldsymbol{E}$、$\boldsymbol{H}$ 的共轭复数，$\boldsymbol{S}_{av}$ 称为平均能流密度矢量或平均坡印廷矢量。

类似地可得到电场能量密度、磁场能量密度和导电损耗功率密度的表示式：

$$w_e(t)=\frac{1}{2}\boldsymbol{D}(t)\cdot\boldsymbol{E}(t)=\frac{1}{4}\mathrm{Re}[\boldsymbol{E}\cdot\boldsymbol{D}^*]+\frac{1}{4}\mathrm{Re}[\boldsymbol{E}\cdot\boldsymbol{D}\mathrm{e}^{\mathrm{j}2\omega t}] \tag{5-53}$$

$$w_m(t)=\frac{1}{2}\boldsymbol{B}(t)\cdot\boldsymbol{H}(t)=\frac{1}{4}\mathrm{Re}[\boldsymbol{B}\cdot\boldsymbol{H}^*]+\frac{1}{4}\mathrm{Re}[\boldsymbol{B}\cdot\boldsymbol{H}\mathrm{e}^{\mathrm{j}2\omega t}] \tag{5-54}$$

$$p(t)=\boldsymbol{J}(t)\cdot\boldsymbol{E}(t)=\frac{1}{2}\mathrm{Re}[\boldsymbol{J}\cdot\boldsymbol{E}^*]+\frac{1}{2}\mathrm{Re}[\boldsymbol{J}\cdot\boldsymbol{E}\mathrm{e}^{\mathrm{j}2\omega t}] \tag{5-55}$$

上面各式中，右边第一项是各对应量的时间平均值，它们都仅是空间坐标的函数。单位体积电场和磁场储能、导电损耗功率密度在一周期 T 内的时间平均值为

$$w_{av,e}=\frac{1}{4}\mathrm{Re}[\boldsymbol{E}\cdot\boldsymbol{D}^*],\ w_{av,m}=\frac{1}{4}\mathrm{Re}[\boldsymbol{B}\cdot\boldsymbol{H}^*],\ p_{av}=\frac{1}{2}\mathrm{Re}[\boldsymbol{J}\cdot\boldsymbol{E}^*]$$

5.6.4 复介电常数与复磁导率

媒质在电磁场作用下呈现三种状态：极化、磁化和传导，它们可用一组宏观电磁参数表征，即介电常数、磁导率和电导率。在静态场中这些参数都是实常数；而在时变电磁场作用下，反映媒质电磁特性的宏观参数与场的时间变化有关，对正弦电磁场即与频率有关。研究表明：一般情况下(特别在高频场作用下)，描述媒质色散特性的宏观参数为复数，其实部和虚部都是频率的函数，且虚部总是负数，即

$$\varepsilon_c=\varepsilon'(\omega)-\mathrm{j}\varepsilon''(\omega),\ \mu_c=\mu'(\omega)-\mathrm{j}\mu''(\omega),\ \sigma_c=\sigma'(\omega)-\mathrm{j}\sigma''(\omega)$$

式中 ε_c、μ_c 分别称为复介电常数和复磁导率。必须指出，金属导体的电导率在直到红外线的整个射频范围内均可看作实数，且与频率无关。这些复数宏观电磁参数表明，同一媒质在不同频率的场作用下，可以呈现不同的媒质特性。

下面讨论介质的复数电磁参数的虚部所反映的能量损耗。电导率 $\sigma\neq0$ 的介质，电磁波的电场在其中产生的传导电流密度为 $\boldsymbol{J}_c=\sigma\boldsymbol{E}$，从而引起功率损耗，使电磁波的幅度衰减，其单位体积的导电功率损耗时间平均值为

$$p=\frac{1}{2}\mathrm{Re}[\boldsymbol{J}_c\cdot\boldsymbol{E}^*]=\frac{1}{2}\sigma E_m^2$$

如仅考虑介质中复介电常数 $\varepsilon_c=\varepsilon'-\mathrm{j}\varepsilon''$ 的虚部所反映的能量损耗，则介质中位移电流密度为

$$\boldsymbol{J}_d=\mathrm{j}\omega\varepsilon_c\boldsymbol{E}=\mathrm{j}\omega(\varepsilon'-\mathrm{j}\varepsilon'')\boldsymbol{E}=\mathrm{j}\omega\varepsilon'\boldsymbol{E}+\omega\varepsilon''\boldsymbol{E}$$

其中与 $\boldsymbol{E}$ 同相的位移电流分量也引起功率损耗。介质单位体积极化功率损耗的时间平均值可以表示为

$$p = \frac{1}{2}\mathrm{Re}[\boldsymbol{J}_{\mathrm{d}} \cdot \boldsymbol{E}^{*}] = \frac{1}{2}\mathrm{Re}[\mathrm{j}\omega(\varepsilon' - \mathrm{j}\varepsilon'')\boldsymbol{E} \cdot \boldsymbol{E}^{*}]$$

$$= \frac{1}{2}\mathrm{Re}[\omega\varepsilon'' E_{\mathrm{m}}^{2} + \mathrm{j}\omega\varepsilon' E_{\mathrm{m}}^{2}] = \frac{1}{2}\omega\varepsilon'' E_{\mathrm{m}}^{2}$$

其中 E_{m} 为振幅值。由上式可见，单位体积的极化损耗功率与 $\varepsilon''(\omega)$成正比；同样，$\mu''(\omega)$反映介质的磁化损耗，且与磁化损耗功率成正比。

复介电常数和复磁导率的幅角称为损耗角，分别用 δ_ε 和 δ_μ 表示，且把

$$\tan\delta_\varepsilon = \frac{\varepsilon''}{\varepsilon'},\ \tan\delta_\mu = \frac{\mu''}{\mu'}$$

称为损耗角正切。由给定频率上的损耗角正切的大小，可以说明媒质在这个频率上的损耗大小。

对于具有复介电常数的导电媒质，考虑到传导电流 $\boldsymbol{J}=\sigma\boldsymbol{E}$，式(5－28$a$)变为

$$\nabla \times \boldsymbol{H} = \sigma\boldsymbol{E} + \mathrm{j}\omega(\varepsilon' - \mathrm{j}\varepsilon'')\boldsymbol{E} = (\sigma + \omega\varepsilon'')\boldsymbol{E} + \mathrm{j}\omega\varepsilon'\boldsymbol{E}$$

$$= \mathrm{j}\omega\left[\varepsilon' - \mathrm{j}\left(\varepsilon'' + \frac{\sigma}{\omega}\right)\right]\boldsymbol{E} = \mathrm{j}\omega\varepsilon_{\mathrm{c}}\boldsymbol{E} \tag{5-56}$$

上式表明，导电媒质中的传导电流和位移电流可以用一个等效的位移电流代替；导电媒质的电导率和介电常数的总效应可用一个等效复介电常数表示，即

$$\varepsilon_{\mathrm{c}} = \varepsilon' - \mathrm{j}\left(\varepsilon'' + \frac{\sigma}{\omega}\right) \tag{5-57}$$

式(5－57)表明 ε''与 σ/ω 的能量损耗作用等效，且 σ/ω 代表媒质的导电损耗。引入等效复介电常数的概念后，电导率变成等效复介电常数的虚数部分，因此可以把导体也视为一种等效的有耗电介质。引入复介电常数和复磁导率后，有耗媒质和理想介质中的麦克斯韦方程组在形式上就完全相同了，因此可以采用同一种方法分析有耗媒质和理想介质中的电磁波特性，只需用 ε_{c} 和 μ_{c} 分别代替理想介质情况下的 ε 和 μ。

5.6.5　复坡印廷定理

下面我们来研究场量用复数表示时坡印廷定理的表示式——复坡印廷定理。利用矢量恒等式 $\nabla \cdot (\boldsymbol{A}\times\boldsymbol{B})=\boldsymbol{B}\cdot(\nabla\times\boldsymbol{A})-\boldsymbol{A}\cdot(\nabla\times\boldsymbol{B})$，可知

$$\nabla \cdot \left(\frac{1}{2}\boldsymbol{E}\times\boldsymbol{H}^{*}\right) = \frac{1}{2}\boldsymbol{H}^{*}\cdot(\nabla\times\boldsymbol{E}) - \frac{1}{2}\boldsymbol{E}\cdot(\nabla\times\boldsymbol{H}^{*})$$

将式(5－50a)和式(5－50b)代入上式得

$$\nabla \cdot \left(\frac{1}{2}\boldsymbol{E}\times\boldsymbol{H}^{*}\right) = \frac{1}{2}\boldsymbol{H}^{*}\cdot(-\mathrm{j}\omega\boldsymbol{B}) - \frac{1}{2}\boldsymbol{E}\cdot(\boldsymbol{J}^{*} - \mathrm{j}\omega\boldsymbol{D}^{*})$$

整理上式有

$$-\nabla \cdot \left(\frac{1}{2}\boldsymbol{E}\times\boldsymbol{H}^{*}\right) = \frac{1}{2}\boldsymbol{E}\cdot\boldsymbol{J}^{*} + \mathrm{j}2\omega\left(\frac{1}{4}\boldsymbol{B}\cdot\boldsymbol{H}^{*} - \frac{1}{4}\boldsymbol{E}\cdot\boldsymbol{D}^{*}\right)$$

这个公式表明了作为点函数的功率密度关系。对其两端取体积分，并应用散度定理得

$$-\oint_S \left(\frac{1}{2}\boldsymbol{E}\times\boldsymbol{H}^{*}\right)\cdot \mathrm{d}\boldsymbol{S} = \mathrm{j}2\omega\int_V \left(\frac{1}{4}\boldsymbol{B}\cdot\boldsymbol{H}^{*} - \frac{1}{4}\boldsymbol{E}\cdot\boldsymbol{D}^{*}\right)\mathrm{d}V + \int_V \frac{1}{2}\boldsymbol{E}\cdot\boldsymbol{J}^{*}\,\mathrm{d}V \tag{5-58}$$

这就是用复矢量表示的坡印廷定理，称为复坡印廷定理。

设宏观电磁参数 σ 为实数，磁导率和介电常数为复数，则有

$$\frac{1}{2}\boldsymbol{E}\cdot\boldsymbol{J}^* = \frac{1}{2}\sigma E^2$$

$$\frac{\mathrm{j}\omega}{2}\boldsymbol{B}\cdot\boldsymbol{H}^* = \frac{\mathrm{j}\omega}{2}(\mu'-\mathrm{j}\mu'')\boldsymbol{H}\cdot\boldsymbol{H}^* = \frac{1}{2}\omega\mu''H^2 + \frac{1}{2}\mathrm{j}\omega\mu'H^2$$

$$-\frac{\mathrm{j}\omega}{2}\boldsymbol{E}\cdot\boldsymbol{D}^* = -\frac{\mathrm{j}\omega}{2}(\varepsilon'+\mathrm{j}\varepsilon'')\boldsymbol{E}^*\cdot\boldsymbol{E} = \frac{1}{2}\omega\varepsilon''E^2 - \frac{1}{2}\mathrm{j}\omega\varepsilon'E^2$$

将以上各式代入式(5－58)，得

$$\begin{aligned}&-\oint_S\left(\frac{1}{2}\boldsymbol{E}\times\boldsymbol{H}^*\right)\cdot\mathrm{d}\boldsymbol{S}\\&=\int_V\left(\frac{1}{2}\sigma E^2+\frac{1}{2}\omega\varepsilon''E^2+\frac{1}{2}\omega\mu''H^2\right)\mathrm{d}V+\mathrm{j}2\omega\int_V\left(\frac{1}{4}\mu'H^2-\frac{1}{4}\varepsilon'E^2\right)\mathrm{d}V\\&=\int_V(p_{\mathrm{av,c}}+p_{\mathrm{av,e}}+p_{\mathrm{av,m}})\mathrm{d}V+\mathrm{j}2\omega\int_V(w_{\mathrm{av,m}}-w_{\mathrm{av,e}})\mathrm{d}V\end{aligned}\tag{5-59}$$

式中：$p_{\mathrm{av,c}}$、$p_{\mathrm{av,e}}$、$p_{\mathrm{av,m}}$ 分别是单位体积内的导电损耗功率、极化损耗功率和磁化损耗功率的时间平均值；$w_{\mathrm{av,e}}$ 和 $w_{\mathrm{av,m}}$ 分别是电场和磁场能量密度的时间平均值。

例 5－14　已知无源($\rho=0$，$\boldsymbol{J}=\boldsymbol{0}$)的自由空间中，时变电磁场的电场强度复矢量

$$\boldsymbol{E}(z)=\boldsymbol{e}_yE_0\mathrm{e}^{-\mathrm{j}kz}\quad(\mathrm{V/m})$$

式中，k、E_0 为常数。求：

(1) 磁场强度复矢量；

(2) 坡印廷矢量的瞬时值；

(3) 平均坡印廷矢量。

解：(1) 由 $\nabla\times\boldsymbol{E}=-\mathrm{j}\omega\mu_0\boldsymbol{H}$ 得

$$\boldsymbol{H}(z)=-\frac{1}{\mathrm{j}\omega\mu_0}\nabla\times\boldsymbol{E}(z)=-\frac{1}{\mathrm{j}\omega\mu_0}\boldsymbol{e}_z\frac{\partial}{\partial z}\times(\boldsymbol{e}_yE_0\mathrm{e}^{-\mathrm{j}kz})=-\boldsymbol{e}_x\frac{kE_0}{\omega\mu_0}\mathrm{e}^{-\mathrm{j}kz}$$

(2) 电场、磁场的瞬时值为

$$\boldsymbol{E}(z,t)=\mathrm{Re}[\boldsymbol{E}(z)\mathrm{e}^{\mathrm{j}\omega t}]=\boldsymbol{e}_yE_0\cos(\omega t-kz)$$

$$\boldsymbol{H}(z,t)=\mathrm{Re}[\boldsymbol{H}(z)\mathrm{e}^{\mathrm{j}\omega t}]=-\boldsymbol{e}_x\frac{kE_0}{\omega\mu_0}\cos(\omega t-kz)$$

所以，坡印廷矢量的瞬时值为

$$\boldsymbol{S}(z,t)=\boldsymbol{E}(z,t)\times\boldsymbol{H}(z,t)=\boldsymbol{e}_z\frac{kE_0^2}{\omega\mu_0}\cos^2(\omega t-kz)$$

(3) 平均坡印廷矢量：

$$\begin{aligned}\boldsymbol{S}_{\mathrm{av}}&=\frac{1}{2}\mathrm{Re}[\boldsymbol{E}(z)\times\boldsymbol{H}^*(z)]=\frac{1}{2}\mathrm{Re}\left[\boldsymbol{e}_yE_0\mathrm{e}^{-\mathrm{j}kz}\times\left(-\boldsymbol{e}_x\frac{kE_0}{\omega\mu_0}\mathrm{e}^{-\mathrm{j}kz}\right)^*\right]\\&=\frac{1}{2}\mathrm{Re}\left[\boldsymbol{e}_z\frac{kE_0^2}{\omega\mu_0}\right]=\boldsymbol{e}_z\frac{1}{2}\frac{kE_0^2}{\omega\mu_0}\end{aligned}$$

5.6.6　时变电磁场的唯一性定理

当我们用麦克斯韦方程组求解某一具体电磁场问题时，首先要明确的一个问题是：我们所得到的解是否唯一？在什么条件下所得到的解是唯一的？这就是时变电磁场的唯一性定理要回答的问题。

时变电磁场解的唯一性定理可表述如下：对于 $t>0$ 的所有时刻，由曲面 S 所围成的闭合域 V 内的电磁场是由 V 内的电磁场 $\boldsymbol{E}$、$\boldsymbol{H}$ 在 $t=0$ 时刻的初始值，以及 $t\geqslant 0$ 时刻边界面 S 上的切向电场或者切向磁场所唯一确定。

证明时变电磁场的唯一性定理的方法，同静态场的唯一性定理的证明方法一样，仍采用反证法。即设两组解 $\boldsymbol{E}_1$、$\boldsymbol{H}_1$ 和 $\boldsymbol{E}_2$、$\boldsymbol{H}_2$ 都是体积 V 中满足麦克斯韦方程组和边界条件的解，在 $t=0$ 时刻它们在 V 内所有点上都相等，但 $t>0$ 的所有时刻它们不相等。设媒质是线性媒质，则麦克斯韦方程组也是线性的。根据麦克斯韦方程组的线性性质，这两组解的差 $\Delta\boldsymbol{E}=\boldsymbol{E}_2-\boldsymbol{E}_1$、$\Delta\boldsymbol{H}=\boldsymbol{H}_2-\boldsymbol{H}_1$ 也必定是麦克斯韦方程组的解。对于这组差值解，应用坡印廷定理应有

$$-\oint_S(\Delta\boldsymbol{E}\times\Delta\boldsymbol{H})\cdot\boldsymbol{n}\,\mathrm{d}S=\frac{\partial}{\partial t}\int_V\left(\frac{1}{2}\varepsilon\mid\Delta\boldsymbol{E}\mid^2+\frac{1}{2}\mu\mid\Delta\boldsymbol{H}\mid^2\right)\mathrm{d}V+\int_V\sigma\mid\Delta\boldsymbol{E}\mid^2\,\mathrm{d}V$$

因为在边界面 S 上，电场的切向分量或者磁场的切向分量已经给定，所以电场 $\Delta\boldsymbol{E}$ 的切向分量或者磁场 $\Delta\boldsymbol{H}$ 的切向分量必为零，这就是说

$$\boldsymbol{n}\times\Delta\boldsymbol{E}=\boldsymbol{0}\quad\text{或者}\quad\boldsymbol{n}\times\Delta\boldsymbol{H}=\boldsymbol{0}$$

故必有

$$\boldsymbol{n}\cdot(\Delta\boldsymbol{E}\times\Delta\boldsymbol{H})=\Delta\boldsymbol{H}\cdot(\boldsymbol{n}\times\Delta\boldsymbol{E})=\Delta\boldsymbol{E}\cdot(\Delta\boldsymbol{H}\times\boldsymbol{n})=0$$

所以 $\Delta\boldsymbol{E}\times\Delta\boldsymbol{H}$ 在边界面 S 上的法向分量为零，即应用坡印廷定理所得表示式左端的积分为零。因此

$$\frac{\partial}{\partial t}\int_V\left(\frac{1}{2}\varepsilon\mid\Delta\boldsymbol{E}\mid^2+\frac{1}{2}\mu\mid\Delta\boldsymbol{H}\mid^2\right)\mathrm{d}V=-\int_V\sigma\mid\Delta\boldsymbol{E}\mid^2\,\mathrm{d}V$$

上式的右端总是小于或等于零的，而左端代表能量的积分在 $t>0$ 的所有时刻只能大于或等于零。这样上面的等式要成立，只能是等式两边都为零，也就是差值解 $\Delta\boldsymbol{E}=\boldsymbol{E}_2-\boldsymbol{E}_1$，$\Delta\boldsymbol{H}=\boldsymbol{H}_2-\boldsymbol{H}_1$ 在 $t\geqslant 0$ 时刻恒为零。这意味着区域 V 内的电磁场 $\boldsymbol{E}$、$\boldsymbol{H}$ 只有唯一的一组解，即不可能有两组不同的解，定理得证。

必须注意，时变电磁场唯一性定理的条件，只是给定电场 $\boldsymbol{E}$ 或者磁场 $\boldsymbol{H}$ 在边界面上的切向分量。这就是说，对于一个被闭合面 S 包围的区域 V，如果闭合面 S 上电场 $\boldsymbol{E}$ 的切向分量给定；或者闭合面 S 上磁场 $\boldsymbol{H}$ 的切向分量给定；或者闭合面 S 上一部分区域给定电场 E 的切向分量，其余区域给定磁场 H 的切向分量，那么在区域 V 内的电磁场 $\boldsymbol{E}$、$\boldsymbol{H}$ 是唯一确定的。另一方面，为了能由麦克斯韦方程组解出时变电磁场，一般需要同时应用边界面上的电场 $\boldsymbol{E}$ 切向分量和磁场 $\boldsymbol{H}$ 切向分量边界条件。因此，对于时变电磁场，只要满足边界条件就必能保证解的唯一性。

5.7 波动方程

电磁波的存在是麦克斯韦方程组的一个重要结果。1865 年，麦克斯韦从他的方程组出发推导出了波动方程，并得到了电磁波速度的一般表示式，由此预言电磁波的存在及电磁波与光波的同一性。1887 年，赫兹用实验方法产生和检测了电磁波。下面我们从麦克斯韦方程导出波动方程。

考虑媒质均匀、线性、各向同性，且研究的区域为无源（$\boldsymbol{J}=\boldsymbol{0}$，$\rho=0$）、无导电损耗

($\sigma=0$)的情况。这时麦克斯韦方程变为

$$\nabla\times\boldsymbol{H}=\varepsilon\frac{\partial\boldsymbol{E}}{\partial t} \tag{5-60a}$$

$$\nabla\times\boldsymbol{E}=-\mu\frac{\partial\boldsymbol{H}}{\partial t} \tag{5-60b}$$

$$\nabla\cdot\boldsymbol{H}=0 \tag{5-60c}$$

$$\nabla\cdot\boldsymbol{E}=0 \tag{5-60d}$$

对式(5-60b)两边取旋度，并利用矢量恒等式

$$\nabla\times\nabla\times\boldsymbol{E}=\nabla(\nabla\cdot\boldsymbol{E})-\nabla^2\boldsymbol{E}$$

得

$$\nabla\times\nabla\times\boldsymbol{E}=-\mu\nabla\times\frac{\partial\boldsymbol{H}}{\partial t}$$

$$\nabla(\nabla\cdot\boldsymbol{E})-\nabla^2\boldsymbol{E}=-\mu\frac{\partial}{\partial t}(\nabla\times\boldsymbol{H})$$

将式(5-60a)和式(5-60d)代入上式得

$$\nabla^2\boldsymbol{E}-\mu\frac{\partial}{\partial t}\left(\varepsilon\frac{\partial\boldsymbol{E}}{\partial t}\right)=\boldsymbol{0}$$

整理后有

$$\nabla^2\boldsymbol{E}-\mu\varepsilon\frac{\partial^2\boldsymbol{E}}{\partial t^2}=\boldsymbol{0} \tag{5-61}$$

类似地，可推导出

$$\nabla^2\boldsymbol{H}-\mu\varepsilon\frac{\partial^2\boldsymbol{H}}{\partial t^2}=\boldsymbol{0} \tag{5-62}$$

式(5-61)和式(5-62)是 $\boldsymbol{E}$ 和 $\boldsymbol{H}$ 满足的无源空间的瞬时值矢量齐次波动方程。其中 ∇^2 为矢量拉普拉斯算符。无源、无耗区域中的 $\boldsymbol{E}$ 和 $\boldsymbol{H}$ 可以通过解式(5-61)或式(5-62)得到。求解这类矢量方程有两种方法：一种是直接寻求满足该矢量方程的解；另一种是设法将矢量方程分解为标量方程，通过求解标量方程来得到矢量函数的解。例如在直角坐标系中，由 $\boldsymbol{E}$ 的矢量波动方程可以得到三个标量波动方程：

$$\frac{\partial^2 E_x}{\partial x^2}+\frac{\partial^2 E_x}{\partial y^2}+\frac{\partial^2 E_x}{\partial z^2}-\mu\varepsilon\frac{\partial^2 E_x}{\partial t^2}=0$$

$$\frac{\partial^2 E_y}{\partial x^2}+\frac{\partial^2 E_y}{\partial y^2}+\frac{\partial^2 E_y}{\partial z^2}-\mu\varepsilon\frac{\partial^2 E_y}{\partial t^2}=0$$

$$\frac{\partial^2 E_z}{\partial x^2}+\frac{\partial^2 E_z}{\partial y^2}+\frac{\partial^2 E_z}{\partial z^2}-\mu\varepsilon\frac{\partial^2 E_z}{\partial t^2}=0$$

但要注意，只有在直角坐标系中才能得到每个方程中只含有一个未知函数的三个标量波动方程，在其它正交曲线坐标系中，矢量波动方程分解得到的三个标量波动方程都具有复杂的形式。

对于正弦电磁场，可由复数形式的麦克斯韦方程导出复数形式的波动方程：

$$\nabla^2\boldsymbol{E}+k^2\boldsymbol{E}=\boldsymbol{0} \tag{5-63}$$

$$\nabla^2\boldsymbol{H}+k^2\boldsymbol{H}=\boldsymbol{0} \tag{5-64}$$

式中

$$k=\omega\sqrt{\mu\varepsilon} \tag{5-65}$$

式(5－63)和式(5－64)分别是 $\boldsymbol{E}$ 和 $\boldsymbol{H}$ 满足的无源、无耗空间的复数矢量波动方程，又称为矢量齐次亥姆霍兹方程。必须指出，式(5－63)和式(5－64)的解还需要满足散度为零的条件，即必须满足：

$$\nabla\cdot\boldsymbol{E}=0,\ \nabla\cdot\boldsymbol{H}=0$$

如果媒质是有耗的，即介电常数和磁导率均是复数，则 k 也相应地变为复数 k_c ($k_c=\omega\cdot\sqrt{\mu_c\varepsilon_c}$)；对于导电媒质，采用式(5－57)中的等效复介电常数 $\varepsilon''=\sigma/\omega$ 代替式(5－65)中的 ε，波动方程形式不变。

波动方程的解表示时变电磁场将以波动形式传播，构成电磁波。波动方程在自由空间的解是一个沿某一特定方向以光速传播的电磁波。研究电磁波的传播问题都可归结为在给定边界条件和初始条件下求波动方程的解。

例 5－15　在无源区求均匀导电媒质中电场强度和磁场强度满足的波动方程。

解： 考虑到各向同性、线性、均匀的导电媒质和无源区域，由麦克斯韦方程有

$$\nabla\times\nabla\times\boldsymbol{E}=\nabla\times\left(-\mu\frac{\partial\boldsymbol{H}}{\partial t}\right)$$

利用矢量恒等式，并且代入式(5－28a)和式(5－28d)，得

$$\nabla(\nabla\cdot\boldsymbol{E})-\nabla^2\boldsymbol{E}=-\mu\frac{\partial}{\partial t}(\nabla\times\boldsymbol{H})$$

$$\nabla(\nabla\cdot\boldsymbol{E})-\nabla^2\boldsymbol{E}=-\mu\frac{\partial}{\partial t}\left(\sigma\boldsymbol{E}+\varepsilon\frac{\partial\boldsymbol{E}}{\partial t}\right)$$

所以，电场强度 $\boldsymbol{E}$ 满足的波动方程为

$$\nabla^2\boldsymbol{E}-\mu\varepsilon\frac{\partial^2\boldsymbol{E}}{\partial t^2}-\mu\sigma\frac{\partial\boldsymbol{E}}{\partial t}=\boldsymbol{0}$$

同理，可得磁场强度 $\boldsymbol{H}$ 满足的波动方程为

$$\nabla^2\boldsymbol{H}-\mu\varepsilon\frac{\partial^2\boldsymbol{H}}{\partial t^2}-\mu\sigma\frac{\partial\boldsymbol{H}}{\partial t}=\boldsymbol{0}$$

5.8　时变电磁场中的位函数

在电磁理论所研究的问题中，有一类问题是根据所给定的场源，求它所产生的电磁场。此时应从麦克斯韦方程组出发。当外加场源不为零时，麦克斯韦方程组的一般形式为式(5－28a)～式(5－28d)。如果将式(5－28a)两边取旋度后，再将式(5－28b)和式(5－28c)代入其相关项，可得

$$\nabla^2\boldsymbol{H}-\mu\varepsilon\frac{\partial^2\boldsymbol{H}}{\partial t^2}=-\nabla\times\boldsymbol{J}\tag{5-66}$$

用类似的方法也可获得

$$\nabla^2\boldsymbol{E}-\mu\varepsilon\frac{\partial^2\boldsymbol{E}}{\partial t^2}=\mu\frac{\partial\boldsymbol{J}}{\partial t}+\frac{\nabla\rho}{\varepsilon}\tag{5-67}$$

方程式(5－66)和式(5－67)称为有源区域的非齐次矢量波动方程。由于外加场源都以复杂形式出现在方程中，所以根据区域中源的分布，直接求解这两个非齐次矢量波动方程是相当困难的。为了使分析得以简化，可以像静态场那样引入位函数。

因为$\nabla \cdot \boldsymbol{B}=0$，根据矢量恒等式$\nabla \cdot (\nabla \times \boldsymbol{A})=0$，可以令

$$\boldsymbol{B} = \nabla \times \boldsymbol{A} \tag{5-68}$$

代入式(5 - 28b)得

$$\nabla \times \boldsymbol{E} = -\frac{\partial}{\partial t}(\nabla \times \boldsymbol{A})$$

即

$$\nabla \times \left(\boldsymbol{E} + \frac{\partial \boldsymbol{A}}{\partial t}\right) = \boldsymbol{0}$$

根据矢量恒等式$\nabla \times (\nabla \varphi)=0$，可以令

$$\boldsymbol{E} + \frac{\partial \boldsymbol{A}}{\partial t} = -\nabla \varphi$$

则

$$\boldsymbol{E} = -\nabla \varphi - \frac{\partial \boldsymbol{A}}{\partial t} \tag{5-69}$$

式中：$\boldsymbol{A}$称为矢量磁位(简称磁矢位)，其单位是T·m(特斯拉·米)或Wb/m(韦伯/米)；φ称为标量电位，单位为V(伏)。如果$\boldsymbol{A}$和φ已知，则可由式(5 - 68)和式(5 - 69)确定$\boldsymbol{B}$和$\boldsymbol{E}$。但是满足这两式的$\boldsymbol{A}$和φ并不是唯一的。例如，我们取另一组位函数：

$$\varphi' = \varphi - \frac{\partial \Psi}{\partial t}, \quad \boldsymbol{A}' = \boldsymbol{A} + \nabla \Psi$$

则有

$$\nabla \times \boldsymbol{A}' = \boldsymbol{B}, \quad -\nabla \varphi' - \frac{\partial \boldsymbol{A}'}{\partial t} = \boldsymbol{E}$$

根据亥姆霍兹定理，要唯一地确定$\boldsymbol{A}$和φ，还需要知道$\boldsymbol{A}$的散度的值。我们可以任意地规定$\boldsymbol{A}$的散度值，从而得到一组确定的$\boldsymbol{A}$和φ的解，再代入式(5 - 68)和式(5 - 69)后得到电场$\boldsymbol{E}$和磁场$\boldsymbol{B}$均满足的麦克斯韦方程。

下面推导时变电磁场中，磁矢位$\boldsymbol{A}$和标量位φ在均匀媒质中满足的波动方程。把式(5 - 68)和式(5 - 69)代入式(5 - 28d)和式(5 - 28a)，得

$$\nabla \cdot \boldsymbol{E} = \nabla \cdot \left(-\nabla \varphi - \frac{\partial \boldsymbol{A}}{\partial t}\right) = \frac{\rho}{\varepsilon}$$

$$\nabla^2 \varphi + \frac{\partial}{\partial t}(\nabla \cdot \boldsymbol{A}) = -\frac{\rho}{\varepsilon} \tag{5-70}$$

及

$$\nabla \times \boldsymbol{H} = \frac{1}{\mu}\nabla \times (\nabla \times \boldsymbol{A}) = \boldsymbol{J} + \varepsilon \frac{\partial \boldsymbol{E}}{\partial t} = \boldsymbol{J} + \varepsilon \frac{\partial}{\partial t}\left(-\nabla \varphi - \frac{\partial \boldsymbol{A}}{\partial t}\right)$$

整理后有

$$\nabla^2 \boldsymbol{A} - \mu\varepsilon \frac{\partial^2 \boldsymbol{A}}{\partial t^2} = -\mu \boldsymbol{J} + \nabla\left(\nabla \cdot \boldsymbol{A} + \mu\varepsilon \frac{\partial \varphi}{\partial t}\right) \tag{5-71}$$

于是我们得到了用位函数表示的两个方程式(5 - 70)和式(5 - 71)，但是这两个方程都包含有$\boldsymbol{A}$和φ，是联立方程。如果适当地选择$\nabla \cdot \boldsymbol{A}$的值，就可以使这两个方程进一步简化为分别只含有一个位函数的方程。为此我们选择：

$$\nabla \cdot \boldsymbol{A} = -\mu\varepsilon \frac{\partial \varphi}{\partial t} \tag{5-72}$$

式(5－72)称为洛仑兹条件或洛仑兹规范。可以证明洛仑兹条件符合电流连续性方程。将其代入式(5－70)和式(5－71)就得到

$$\nabla^2\varphi-\mu\varepsilon\frac{\partial^2\varphi}{\partial t^2}=-\frac{\rho}{\varepsilon} \tag{5-73}$$

$$\nabla^2\boldsymbol{A}-\mu\varepsilon\frac{\partial^2\boldsymbol{A}}{\partial t^2}=-\mu\boldsymbol{J} \tag{5-74}$$

这两个彼此相似而独立的线性二阶微分方程在数学形式上称为达郎贝尔方程，且式(5－73)和式(5－74)分别显示 $\boldsymbol{A}$ 的源是 $\boldsymbol{J}$，而 φ 的源是 ρ。洛仑兹条件是人为地采用的散度值。如果不采用洛仑兹条件而采用另外的 $\nabla\cdot\boldsymbol{A}$ 的值，得到的 $\boldsymbol{A}$ 和 φ 的方程将不同于式(5－73)和式(5－74)，并得到另一组 $\boldsymbol{A}$ 和 φ 的解，但最后得到的 $\boldsymbol{B}$ 和 $\boldsymbol{E}$ 是相同的。

对于正弦电磁场，上面的公式可以用复数表示为

$$\boldsymbol{B}=\nabla\times\boldsymbol{A} \tag{5-75}$$

$$\boldsymbol{E}=-\nabla\varphi-\mathrm{j}\omega\boldsymbol{A} \tag{5-76}$$

洛仑兹条件变为

$$\nabla\cdot\boldsymbol{A}=-\mathrm{j}\omega\mu\varepsilon\varphi \tag{5-77}$$

而 $\boldsymbol{A}$ 和 φ 的方程变为

$$\nabla^2\boldsymbol{A}+k^2\boldsymbol{A}=-\mu\boldsymbol{J} \tag{5-78}$$

$$\nabla^2\varphi+k^2\varphi=-\frac{\rho}{\varepsilon} \tag{5-79}$$

其中 $k^2=\omega^2\mu\varepsilon$。由此可见，采用位函数使原来求解电磁场量 $\boldsymbol{B}$ 和 $\boldsymbol{E}$ 的六个标量分量变为求解 $\boldsymbol{A}$ 和 φ 的四个标量分量。而且，因为标量位 φ 可以由洛仑兹条件求得：

$$\varphi=\frac{\nabla\cdot\boldsymbol{A}}{-\mathrm{j}\omega\mu\varepsilon} \tag{5-80}$$

这样只需求解 $\boldsymbol{A}$ 的三个标量分量，使场量的计算大为简化。而在无源区域中，还可以进一步简化。

最后要指出，描述电磁场的位函数不仅限于这一种，还有其它一些辅助位函数，不同的位函数都与相应的物理模型有关。

例 5－16　已知时变电磁场中磁矢位 $\boldsymbol{A}=\boldsymbol{e}_x A_{\mathrm{m}}\sin(\omega t-kz)$，其中 A_{m}、k 是常数，求电场强度、磁场强度和坡印廷矢量。

解：由式(5－68)得

$$\boldsymbol{B}=\nabla\times\boldsymbol{A}=\boldsymbol{e}_y\frac{\partial A_x}{\partial z}=-\boldsymbol{e}_y kA_{\mathrm{m}}\cos(\omega t-kz)$$

$$\boldsymbol{H}=-\boldsymbol{e}_y\frac{k}{\mu}A_{\mathrm{m}}\cos(\omega t-kz)$$

由洛仑兹条件式(5－72)有

$$\mu\varepsilon\frac{\partial\varphi}{\partial t}=-\nabla\cdot\boldsymbol{A}=0,\ \varphi=C$$

对于时谐场，洛仑兹条件转化为 $\mathrm{j}\omega\mu\varepsilon\varphi=-\nabla\cdot\boldsymbol{A}$，而此题中 $\nabla\cdot\boldsymbol{A}=0$，由于 $\omega\mu\varepsilon\neq0$，故有 $\varphi=0$。由式(5－69)得

$$\boldsymbol{E}=-\nabla\varphi-\frac{\partial\boldsymbol{A}}{\partial t}=-\boldsymbol{e}_x\omega A_{\mathrm{m}}\cos(\omega t-kz)$$

坡印廷矢量的瞬时值为

$$\begin{aligned}\boldsymbol{S}(t) &= \boldsymbol{E}(t) \times \boldsymbol{H}(t) \\ &= [-\boldsymbol{e}_x \omega A_{\mathrm{m}} \cos(\omega t - kz)] \times \left[-\boldsymbol{e}_y \frac{k}{\mu} A_{\mathrm{m}} \cos(\omega t - kz)\right] \\ &= \boldsymbol{e}_z \frac{\omega k}{\mu} A_{\mathrm{m}}^2 \cos^2(\omega t - kz)\end{aligned}$$

小　结

(1) 法拉第电磁感应定律表明时变磁场产生电场的规律。对于电磁场中任意的闭合回路，有

$$\mathscr{E} = -\frac{\mathrm{d}\Phi}{\mathrm{d}t}, \text{ 即} \oint_l \boldsymbol{E} \cdot \mathrm{d}\boldsymbol{l} = -\frac{\partial}{\partial t} \int_S \boldsymbol{B} \cdot \mathrm{d}\boldsymbol{S}$$

其对应的微分形式为

$$\nabla \times \boldsymbol{E} = -\frac{\partial \boldsymbol{B}}{\partial t}$$

对于运动媒质，有

$$\mathscr{E} = \oint_l \boldsymbol{E}' \cdot \mathrm{d}\boldsymbol{l} = \int_S -\frac{\partial \boldsymbol{B}}{\partial t} \cdot \mathrm{d}\boldsymbol{S} + \oint_l (\boldsymbol{v} \times \boldsymbol{B}) \cdot \mathrm{d}\boldsymbol{l}$$

其对应的微分形式为

$$\nabla \times (\boldsymbol{E}' - \boldsymbol{v} \times \boldsymbol{B}) = -\frac{\partial \boldsymbol{B}}{\partial t}$$

(2) 电位移 $\boldsymbol{D}$ 的时变率为位移电流密度，即 $\boldsymbol{J}_{\mathrm{d}} = \frac{\partial \boldsymbol{D}}{\partial t}$。安培定律中引入的位移电流，表现时变电场产生磁场：

$$\oint_l \boldsymbol{H} \cdot \mathrm{d}\boldsymbol{l} = \int_S \left(\boldsymbol{J} + \frac{\partial \boldsymbol{D}}{\partial t}\right) \cdot \mathrm{d}\boldsymbol{S}$$

其对应的微分形式为

$$\nabla \times \boldsymbol{H} = \boldsymbol{J} + \frac{\partial \boldsymbol{D}}{\partial t}$$

可见，包括位移电流在内的全电流是连续的。

(3) 麦克斯韦方程组、电流连续性原理和洛仑兹力公式共同构成经典电磁理论的基础。麦克斯韦方程组如下：

微分形式	积分形式
$\nabla \times \boldsymbol{H} = \boldsymbol{J} + \frac{\partial \boldsymbol{D}}{\partial t}$	$\oint_l \boldsymbol{H} \cdot \mathrm{d}\boldsymbol{l} = \int_S \left(\boldsymbol{J} + \frac{\partial \boldsymbol{D}}{\partial t}\right) \cdot \mathrm{d}\boldsymbol{S}$
$\nabla \times \boldsymbol{E} = -\frac{\partial \boldsymbol{B}}{\partial t}$	$\oint_l \boldsymbol{E} \cdot \mathrm{d}\boldsymbol{l} = -\int_S \frac{\partial \boldsymbol{B}}{\partial t} \cdot \mathrm{d}\boldsymbol{S}$
$\nabla \cdot \boldsymbol{B} = 0$	$\oint_S \boldsymbol{B} \cdot \mathrm{d}\boldsymbol{S} = 0$
$\nabla \cdot \boldsymbol{D} = \rho$	$\oint_S \boldsymbol{D} \cdot \mathrm{d}\boldsymbol{S} = q$

在线性、各向同性媒质中，场量的关系由三个辅助方程

$$\boldsymbol{D}=\varepsilon\boldsymbol{E},\ \boldsymbol{B}=\mu\boldsymbol{H},\ \boldsymbol{J}=\sigma\boldsymbol{E}$$

表示，称为本构关系。电磁参量 ε、μ、σ 与位置无关的媒质为均匀媒质；反之为非均匀媒质。对于各向异性媒质，这些电磁参量为张量；非线性媒质的电磁参量与场强相关。只有代入本构关系，麦克斯韦方程才是可以求解的。

(4) 在时变场情况下，由于$\dfrac{\partial\boldsymbol{B}}{\partial t}$和$\dfrac{\partial\boldsymbol{D}}{\partial t}$有限，两种媒质分界面上电磁场的边界条件与静态场的边界条件形式完全相同。

法向分量的边界条件：

$$\boldsymbol{n}\cdot(\boldsymbol{D}_2-\boldsymbol{D}_1)=\rho_S,\quad \boldsymbol{n}\cdot(\boldsymbol{B}_2-\boldsymbol{B}_1)=0$$

切向分量的边界条件：

$$\boldsymbol{n}\times(\boldsymbol{H}_2-\boldsymbol{H}_1)=\boldsymbol{J}_S,\quad \boldsymbol{n}\times(\boldsymbol{E}_2-\boldsymbol{E}_1)=\boldsymbol{0}$$

对于 $\rho_S=0$、$\boldsymbol{J}_S=0$ 的分界面，只需要切向分量的边界条件。

在理想导体($\sigma=\infty$)表面，若 $\boldsymbol{n}$ 为理想导体的外法向单位矢量，则上列各式中带下标 1 的场量为零。

(5) 电磁场的能量转化和守恒定律称为坡印廷定理：每秒体积中电磁能量的增加量等于从包围体积的闭合面进入体积的功率。其数学表达式为

$$-\oint_S(\boldsymbol{E}\times\boldsymbol{H})\cdot d\boldsymbol{S}=\frac{\partial}{\partial t}\int_V(w_m+w_e)dV+\int_V\boldsymbol{J}\cdot\boldsymbol{E}dV$$

坡印廷矢量(能流矢量)：

$$\boldsymbol{S}=\boldsymbol{E}\times\boldsymbol{H}$$

表示沿能流方向穿过垂直于 $\boldsymbol{S}$ 的单位面积的功率的矢量，即功率流密度。

(6) 正弦电磁场是电磁场矢量的每个分量都随时间以相同的频率作正弦变化的电磁场，也称为时谐电磁场。用振幅的复数表示矢量场的每一分量。复矢量是一个矢量的三个分量的复数的组合，是一个简化书写的记号。复矢量仅与空间坐标有关。

坡印廷矢量的时间平均值为

$$\boldsymbol{S}_{av}=\frac{1}{T}\int_0^T\boldsymbol{S}(t)dt=\mathrm{Re}\left[\frac{1}{2}\boldsymbol{E}\times\boldsymbol{H}^*\right]$$

式中$\dfrac{1}{2}(\boldsymbol{E}\times\boldsymbol{H}^*)$称为复坡印廷矢量。

有耗电介质用复介电常数 $\varepsilon_c=\varepsilon'(\omega)-j\varepsilon''(\omega)$表示，$\varepsilon''$与极化损耗对应；有耗磁介质用复磁导率 $\mu_c=\mu'(\omega)-j\mu''(\omega)$表示，$\mu''$与磁化损耗对应；等效复介电常数为 $\varepsilon_c=\varepsilon'-j\left(\varepsilon''+\dfrac{\sigma}{\omega}\right)$，将电导率用等效复介电常数的虚部表示，$\sigma$ 与导电损耗对应。

(7) 均匀、线性、各向同性的无耗媒质中，无源区域($\boldsymbol{J}=\boldsymbol{0}$，$\rho=0$)的电场强度矢量 $\boldsymbol{E}$ 和磁场强度矢量 $\boldsymbol{H}$ 的波动方程为

$$\nabla^2\boldsymbol{E}-\mu\varepsilon\frac{\partial^2\boldsymbol{E}}{\partial t^2}=\boldsymbol{0}$$

$$\nabla^2\boldsymbol{H}-\mu\varepsilon\frac{\partial^2\boldsymbol{H}}{\partial t^2}=\boldsymbol{0}$$

(8) 为了简化分析，引入磁矢位 $\boldsymbol{A}$ 和标量电位 φ)，它们的定义为

$$\boldsymbol{B}=\nabla\times\mathbf{A},\ E=-\nabla\varphi-\frac{\partial\mathbf{A}}{\partial t}$$

选择洛仑兹条件

$$\nabla\cdot\mathbf{A}=-\mu\varepsilon\frac{\partial\varphi}{\partial t}$$

可得磁矢位 $\mathbf{A}$ 和标量电位 φ 满足的微分方程：

$$\nabla^2\varphi-\mu\varepsilon\frac{\partial^2\varphi}{\partial t^2}=-\frac{\rho}{\varepsilon}$$

$$\nabla^2\mathbf{A}-\mu\varepsilon\frac{\partial^2\mathbf{A}}{\partial t^2}=-\mu\boldsymbol{J}$$

实际上只要求出 $\mathbf{A}$，就可以由洛仑兹条件和磁矢位 $\mathbf{A}$、标量电位 φ 的定义确定 $\boldsymbol{E}$ 和 $\boldsymbol{B}$。

习 题 五

5-1 单极发电机为一个在均匀磁场 $\boldsymbol{B}$ 中绕轴旋转的金属圆盘，圆盘的半径为 a，角速度为 ω，圆盘与磁场垂直，求感应电动势。

5-2 一个电荷 Q，以恒定速度 $v(v\ll c)$ 沿半径为 a 的圆形平面 S 的轴线向此平面移动，当两者相距为 d 时，求通过 S 的位移电流。

5-3 假设电场是正弦变化的，海水的电导率为 4 S/m，$\varepsilon_r=81$，求当 $f=1$ MHz 时，确定位移电流与传导电流模的比值。

5-4 一圆柱形电容器，内导体半径为 a，外导体内半径为 b，长度为 l，电极间介质的介电常数为 ε。当外加低频电压 $u=U_m\sin\omega t$ 时，求介质中的位移电流密度及穿过半径为 $r(a<r<b)$ 的圆柱面的位移电流。证明此位移电流等于电容器引线中的传导电流。

5-5 已知在空气媒质的无源区域中，电场强度 $\boldsymbol{E}=\boldsymbol{e}_x 100\mathrm{e}^{-\alpha z}\cos(\omega t-\beta z)$，其中 α、β 为常数，求磁场强度。

5-6 证明麦克斯韦方程组包含了电荷守恒定律。

5-7 证明媒质分界面上没有自由面电荷和自由面电流（$\rho_S=0$，$\boldsymbol{J}_S=\mathbf{0}$）时，分界面上只有两个切向分量的边界条件是独立的，法向分量的边界条件已经包含在切向分量的边界条件中。

5-8 在两导体平板（$z=0$ 和 $z=d$）之间的空气中传输的电磁波，其电场强度矢量为

$$\boldsymbol{E}=\boldsymbol{e}_y E_0\sin\left(\frac{\pi}{d}z\right)\cos(\omega t-k_x x)$$

其中 k_x 为常数。试求：

(1) 磁场强度矢量 $\boldsymbol{H}$。

(2) 两导体表面上的面电流密度 $\boldsymbol{J}_S$。

5-9 假设真空中的磁感应强度 $\boldsymbol{B}=\boldsymbol{e}_y 10^{-2}\cos(6\pi\times10^8 t)\cos(2\pi z)T$，试求位移电流密度。

5-10 在理想导电壁（$\sigma=\infty$）限定的区域（$0\leqslant x\leqslant a$）内存在一个如下的电磁场：

$$E_y=H_0\mu\omega\frac{a}{\pi}\sin\left(\frac{\pi x}{a}\right)\sin(kz-\omega t)$$

$$H_x = H_0 k \frac{a}{\pi} \sin\left(\frac{\pi x}{a}\right) \sin(kz - \omega t)$$

$$H_z = H_0 \cos\left(\frac{\pi x}{a}\right) \cos(kz - \omega t)$$

这个电磁场满足的边界条件如何？导电壁上的电流密度的值如何？

5-11 一段由理想导体构成的同轴线，内导体半径为 a，外导体内半径为 b，长度为 l，同轴线两端用理想导体板短路。已知在 $a \leqslant r \leqslant b$、$0 \leqslant z \leqslant l$ 区域内的电磁场为

$$\boldsymbol{E} = \boldsymbol{e}_r \frac{A}{r} \sin kz, \quad \boldsymbol{H} = \boldsymbol{e}_\theta \frac{B}{r} \cos kz$$

(1) 确定 A、B 之间的关系。

(2) 确定 k。

(3) 求 $r=a$ 及 $r=b$ 面上的 ρ_S、$\boldsymbol{J}_S$。

5-12 一根半径为 a 的长直圆柱导体上通过直流电流 I。假设导体的电导率 σ 为有限值，求导体表面附近的坡印廷矢量，计算长度为 l 的导体所损耗的功率。

5-13 将下列场矢量的瞬时值与复数值相互表示：

(1) $\boldsymbol{E}(t) = \boldsymbol{e}_y E_{ym} \cos(\omega t - kx + \alpha) + \boldsymbol{e}_z E_{zm} \sin(\omega t - kx + \alpha)$；

(2) $\boldsymbol{H}(t) = \boldsymbol{e}_x H_0 k \left(\frac{a}{\pi}\right) \sin\left(\frac{\pi x}{a}\right) \sin(kz - \omega t) + \boldsymbol{e}_z H_0 \cos\left(\frac{\pi x}{a}\right) \cos(kz - \omega t)$；

(3) $E_{zm} = E_0 \sin(k_x x) \sin(k_y y) \mathrm{e}^{-\mathrm{j}k_z z}$；

(4) $E_{xm} = 2\mathrm{j}E_0 \sin\theta \cos(k_x x \cos\theta) \mathrm{e}^{-\mathrm{j}kz \sin\theta}$。

5-14 一振幅为 50 V/m、频率为 1 GHz 的电场存在于相对介电常数为 2.5、损耗角正切为 0.001 的有耗电介质中，求每立方米媒质中消耗的平均功率。

5-15 已知无源、自由空间中的电场强度矢量 $\boldsymbol{E} = \boldsymbol{e}_y E_m \sin(\omega t - kz)$：

(1) 由麦克斯韦方程求磁场强度。

(2) 证明 ω/k 等于光速。

(3) 求坡印廷矢量的时间平均值。

5-16 已知真空中电场强度 $\boldsymbol{E} = \boldsymbol{e}_x E_0 \cos k_0 (z - ct) + \boldsymbol{e}_y E_0 \sin k_0 (z - ct)$，式中 $k_0 = \frac{2\pi}{\lambda_0} = \frac{\omega}{c}$，试求：

(1) 磁场强度和坡印廷矢量的瞬时值。

(2) 对于给定的 z 值(例如 $z=0$)，试确定 $\boldsymbol{E}$ 随时间变化的轨迹。

(3) 磁场能量密度、电场能量密度和坡印廷矢量的时间平均值。

5-17 设真空中同时存在两个正弦电磁场，其电场强度分别为

$$\boldsymbol{E}_1 = \boldsymbol{e}_x E_{10} \mathrm{e}^{-\mathrm{j}k_1 z}, \quad \boldsymbol{E}_2 = \boldsymbol{e}_y E_{20} \mathrm{e}^{-\mathrm{j}k_2 z}$$

试证总的平均功率流密度等于两个正弦电磁场的平均功率流密度之和。

5-18 证明真空中无源区域的：

(1) 麦克斯韦方程组。

(2) 坡印廷矢量。

(3) 能量密度在下列变换

$$\boldsymbol{E}' = \boldsymbol{E}\cos\theta + c\boldsymbol{B}\sin\theta$$

$$\boldsymbol{B}' = -\frac{\boldsymbol{E}}{c}\sin\theta + \boldsymbol{B}\cos\theta$$

中不变。其中：$c=\dfrac{1}{\sqrt{\mu_0\varepsilon_0}}$；$\theta$为任意的恒定角度。

5－19　证明均匀、线性、各向同性的导电媒质中，无源区域的正弦电磁场满足波动方程：

$$\nabla^2\boldsymbol{E} - \mathrm{j}\omega\mu\sigma\boldsymbol{E} + \omega^2\mu\varepsilon\boldsymbol{E} = \boldsymbol{0}$$

$$\nabla^2\boldsymbol{H} - \mathrm{j}\omega\mu\sigma\boldsymbol{H} + \omega^2\mu\varepsilon\boldsymbol{H} = \boldsymbol{0}$$

5－20　证明有源区域内电场强度矢量$\boldsymbol{E}$和磁场强度矢量$\boldsymbol{H}$满足有源波动方程：

$$\nabla^2\boldsymbol{E} - \mu\varepsilon\frac{\partial^2\boldsymbol{E}}{\partial t^2} = \frac{1}{\varepsilon}\nabla\rho + \mu\frac{\partial\boldsymbol{J}}{\partial t}$$

$$\nabla^2\boldsymbol{H} - \mu\varepsilon\frac{\partial^2\boldsymbol{H}}{\partial t^2} = -\nabla\times\boldsymbol{J}$$

5－21　在麦克斯韦方程中，若忽略$\dfrac{\partial\boldsymbol{D}}{\partial t}$或$\dfrac{\partial\boldsymbol{B}}{\partial t}$，证明磁矢位和标量电位满足泊松方程：

$$\nabla^2\boldsymbol{A} = -\mu\boldsymbol{J}, \quad \nabla^2\varphi = -\frac{\rho}{\varepsilon}$$

5－22　证明洛仑兹条件和电流连续性方程是等效的。

5－23　试证在下列变换

$$\boldsymbol{E}' = \boldsymbol{E}\cos\theta + c\boldsymbol{B}\sin\theta$$

$$\boldsymbol{B}' = -\frac{\boldsymbol{E}}{c}\sin\theta + \boldsymbol{B}\cos\theta$$

中总能量密度$\dfrac{1}{2}\varepsilon_0E^2 + \dfrac{1}{2}\mu_0H^2$也具有不变性。其中：$c=\dfrac{1}{\sqrt{\mu_0\varepsilon_0}}$；$\theta$为任意的恒定角度。

综合性拓展练习题

1. 简要说明詹姆斯·克拉克·麦克斯韦(James Clerk Maxwell)的主要科学贡献和学习方法。

2. 简述微波炉的工作原理、发展历程、国家标准。思考如何进行设计能够把微波能量均匀地分布在烹调腔内。

3. 设无源、无界、简单介质中(真空)，时谐场矢量沿直角坐标轴极化，证明电磁波的传播速度为光速。

4. 研究时变电磁场能量与能流现象的工程应用实例，表述其中的物理内涵。

5. 简述无线电技术及发展趋势。

第六章　平面电磁波

前一章我们从麦克斯韦方程组出发，导出了波动方程。这些方程在一定的边界条件和初始条件下的解，表示电磁场在给定条件下的空间分布和随时间的变化规律——电磁波。本章我们介绍波动方程的均匀平面波解，并讨论均匀平面电磁波在不同媒质中的传播特性，其主要内容有：

· 无耗媒质中的平面电磁波
· 导电媒质中的平面电磁波
· 电磁波的极化
· 电磁波的色散和群速
· 平面电磁波的反射和折射

电磁波是自然界许多波动现象中的一种，它具有波动的一般规律，但也有其特殊的性质。电磁波根据其空间等相位面的形状分类为：平面电磁波、柱面电磁波和球面电磁波。平面电磁波是指电磁波的场矢量的等相位面是与电磁波传播方向垂直的无限大平面，它是矢量波动方程的一个特解。严格地说，理想的平面电磁波是不存在的，因为只有无限大的波源才能激励出这样的波。但是如果场点离波源足够远的话，那么空间曲面的很小一部分就十分接近平面。在这一小范围内，波的传播特性也近似为平面波。例如，在远离发射天线的接收点附近的电磁波，可以近似地看成平面电磁波。在平面电磁波中，均匀平面电磁波又是最简单的电磁波。所谓均匀平面电磁波是指等相位面为无限大平面，且等相位面上各点的场强大小相等、方向相同的电磁波，即沿某方向传播的平面电磁波的场量除随时间变化外，只与波传播方向的坐标有关，而与其它坐标无关。

实际存在的电磁波(球面电磁波、柱面电磁波)均可以分解成许多均匀平面电磁波。均匀平面电磁波也是麦克斯韦方程最简单的解和许多实际波动问题的近似。因此，均匀平面电磁波是研究电磁波的基础，有着十分重要的理论意义和实际价值。

6.1　无耗媒质中的平面电磁波

无耗媒质意味着描述媒质电磁特性的电磁参数满足条件：$\sigma=0$，ε、μ 为实常数。无源意味着无外加场源，即 $\rho=0$，$\boldsymbol{J}=\mathbf{0}$。

6.1.1 无耗媒质中齐次波动方程的均匀平面波解

设无源、无界空间充满无耗的简单媒质，那么电场强度 $\boldsymbol{E}$ 和磁场强度 $\boldsymbol{H}$ 满足式(5-61) 和式(5-62)的波动方程，它们常被写为

$$\nabla^2 \boldsymbol{E} - \frac{1}{v^2}\frac{\partial^2 \boldsymbol{E}}{\partial t^2} = \boldsymbol{0} \tag{6-1}$$

$$\nabla^2 \boldsymbol{H} - \frac{1}{v^2}\frac{\partial^2 \boldsymbol{H}}{\partial t^2} = \boldsymbol{0} \tag{6-2}$$

式中 $v=\dfrac{1}{\sqrt{\mu\varepsilon}}$。

在直角坐标系中，假设均匀平面电磁波沿 z 轴方向传播，如图 6-1 所示，则因场矢量在 xy 平面(等相位面)内各点无变化，故有

$$\frac{\partial \boldsymbol{E}}{\partial x} = \boldsymbol{0}, \quad \frac{\partial \boldsymbol{E}}{\partial y} = \boldsymbol{0}, \quad \frac{\partial \boldsymbol{H}}{\partial x} = \boldsymbol{0}, \quad \frac{\partial \boldsymbol{H}}{\partial y} = \boldsymbol{0} \tag{6-3}$$

因此，电场强度 $\boldsymbol{E}$ 和磁场强度 $\boldsymbol{H}$ 只是直角坐标 z 和时间 t 的函数。此时波动方程式(6-1)和式(6-2)是关于直角坐标 z 的一维波动方程，将 $\boldsymbol{E}=\boldsymbol{E}(z, t)$ 和 $\boldsymbol{H}=\boldsymbol{H}(z, t)$ 分别代入无源区域中无耗、线性、均匀、各向同性媒质限定的麦克斯韦方程组中，并在直角坐标系中展开，可得到下列方程组

$$-\frac{\partial H_y}{\partial z} = \varepsilon\frac{\partial E_x}{\partial t}, \quad \frac{\partial H_x}{\partial z} = \varepsilon\frac{\partial E_y}{\partial t}, \quad 0 = \varepsilon\frac{\partial E_z}{\partial t}$$

$$\frac{\partial E_y}{\partial z} = \mu\frac{\partial H_x}{\partial t}, \quad \frac{\partial E_x}{\partial z} = \mu\frac{\partial H_y}{\partial t}, \quad 0 = \mu\frac{\partial H_z}{\partial t}$$

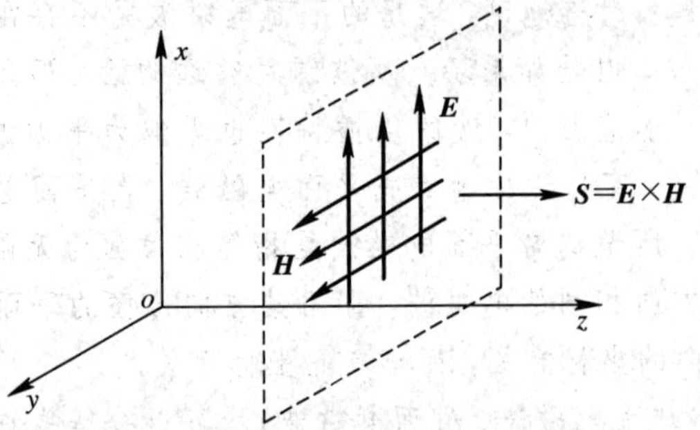

图 6-1 均匀平面电磁波的传播

由

$$0 = \varepsilon\frac{\partial E_z}{\partial t} \quad 和 \quad 0 = \mu\frac{\partial H_z}{\partial t}$$

可以看出，$E_z(z, t)$ 和 $H_z(z, t)$ 是与时间无关的恒定分量。在波动方程问题中，常量没有意义，故可取 $E_z(z, t)=0$ 和 $H_z(z, t)=0$。

综上可见

$$\boldsymbol{E} = \boldsymbol{e}_x E_x(z, t) + \boldsymbol{e}_y E_y(z, t)$$

类似分析可得

$$\boldsymbol{H} = \boldsymbol{e}_x H_x(z, t) + \boldsymbol{e}_y H_y(z, t)$$

如第五章所述，我们只需求式(6－1)的解，相应的磁场强度 $\boldsymbol{H}$ 可以直接由麦克斯韦方程得出。由于矢量波动方程式(6－1)在直角坐标系中对应于三个形式相同的标量波动方程，所以根据叠加原理，可以分别讨论 $E_x(z, t)$ 和 $E_y(z, t)$。若以 $E_x(z, t)$ 为例(假设电场强度 $\boldsymbol{E}$ 只有 $E_x(z, t)$ 分量)，则矢量波动方程式(6－1)变为标量波动方程：

$$\frac{\partial^2 E_x(z, t)}{\partial z^2}-\frac{1}{v^2}\frac{\partial^2 E_x(z, t)}{\partial t^2}=0 \tag{6-4}$$

此方程的通解为

$$E_x(z, t)=f_1(z-vt)+f_2(z+vt) \tag{6-5}$$

式中 $f_1(z-vt)$ 和 $f_2(z+vt)$ 是 $(z-vt)$ 和 $(z+vt)$ 的任意函数。可以证明，$f_1(z-vt)$ 和 $f_2(z+vt)$ 是式(6－4)的两个特解。

现在让我们说明特解 $E_x(z, t)=f_1(z-vt)$ 的物理意义。在某特定时刻 $t=t_1$，$f_1(z-vt_1)$ 是 z 的函数，如图 6－2(*a*)所示。当时间 t_1 增大到 t_2 时，相应的 $f_1(z-vt_2)$ 仍是 z 的函数，其形状与图 6－2(*a*)相同，但向右移动了 $v(t_2-t_1)$ 的距离，如图 6－2(*b*)所示。这说明 $f_1(z-vt)$ 是一个以速度 v 向 $+z$ 方向传播的波。同样的分析可知，$E_x=f_2(z+vt)$ 表示一个以速度 v 向 $-z$ 方向传播的波。

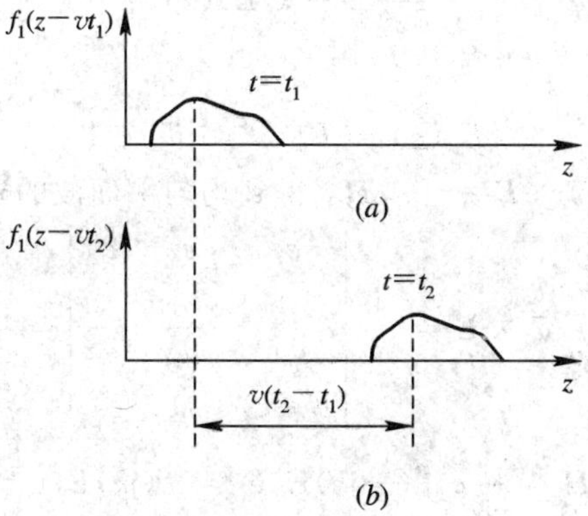

图 6－2　向 $+z$ 方向传播的波

在无界媒质中，一般没有反射波存在，只有单一行进方向的波。如果假设均匀平面电磁波沿 $+z$ 方向传播，电场强度只有 $E_x(z, t)$ 分量，则波动方程式(6－4)的解为

$$E_x(z, t)=f(z-vt)$$

由麦克斯韦方程式(5－28*b*)可得

$$\nabla\times\boldsymbol{E}=\begin{vmatrix}\boldsymbol{e}_x & \boldsymbol{e}_y & \boldsymbol{e}_z\\ \dfrac{\partial}{\partial x} & \dfrac{\partial}{\partial y} & \dfrac{\partial}{\partial z}\\ E_x(z, t) & 0 & 0\end{vmatrix}=-\frac{\partial\boldsymbol{B}}{\partial t}$$

即

$$\boldsymbol{e}_y\frac{\partial E_x}{\partial z}=-\mu\frac{\partial\boldsymbol{H}}{\partial t} \tag{6-6}$$

显然，磁场强度 $\boldsymbol{H}$ 只有 $H_y(z, t)$ 分量。磁场强度 $\boldsymbol{H}$ 的矢量波动方程式(6－2)可简化为标量波动方程：

$$\frac{\partial^2 H_y}{\partial z^2}-\frac{1}{v^2}\frac{\partial^2 H_y}{\partial t^2}=0 \tag{6-7}$$

类似电场强度的讨论，对于沿$+z$方向传播的均匀平面电磁波，方程式(6－7)的特解应写为

$$H_y(z,t)=g(z-vt)$$

于是可写出沿$+z$方向传播的均匀平面电磁波的电场强度和磁场强度的表达式：

$$\boldsymbol{E}(z,t)=\boldsymbol{e}_x E_x(z,t)=\boldsymbol{e}_x f(z-vt) \tag{6-8a}$$

$$\boldsymbol{H}(z,t)=\boldsymbol{e}_y H_y(z,t)=\boldsymbol{e}_y g(z-vt) \tag{6-8b}$$

式(6－8)表明，均匀平面电磁波的电场强度矢量和磁场强度矢量均与传播方向垂直，没有传播方向的分量。也就是说，对传播方向而言，电磁场只有横向分量，没有纵向分量。这种电磁波称为横电磁波(Transverse Electro-Magnetic Wave)，或称为 TEM 波。TEM 波的电场强度、磁场强度和传播方向三者构成右手正交系，如图 6－1 所示。

对于正弦电磁场，无源、无界、无耗简单媒质中的波动方程是式(5－63)和式(5－64)。在直角坐标系中，假设均匀平面波沿 z 方向传播，电场强度只有 x 方向坐标分量 $E_x(z)$，则波动方程式(5－63)可以简化为

$$\frac{\mathrm{d}^2 E_x(z)}{\mathrm{d}z^2}+k^2 E_x(z)=0 \tag{6-9}$$

式(6－9)的解为

$$E_x(z)=E_0^+ \mathrm{e}^{-\mathrm{j}kz}+E_0^- \mathrm{e}^{+\mathrm{j}kz} \tag{6-10}$$

将上式代入麦克斯韦方程$\nabla\times\boldsymbol{E}=-\mathrm{j}\omega\mu\boldsymbol{H}$，得到均匀平面波的磁场强度为

$$\boldsymbol{H}=\frac{\mathrm{j}}{\omega\mu}\nabla\times\boldsymbol{E}=\frac{\mathrm{j}}{\omega\mu}\begin{vmatrix}\boldsymbol{e}_x & \boldsymbol{e}_y & \boldsymbol{e}_z\\ \dfrac{\partial}{\partial x} & \dfrac{\partial}{\partial y} & \dfrac{\partial}{\partial z}\\ E_x(z) & 0 & 0\end{vmatrix}=\frac{\mathrm{j}}{\omega\mu}\boldsymbol{e}_y\frac{\partial E_x}{\partial z}$$

$$\begin{aligned}\boldsymbol{H}&=\frac{\mathrm{j}}{\omega\mu}\boldsymbol{e}_y[(-\mathrm{j}k)E_0^+\mathrm{e}^{-\mathrm{j}kz}+(\mathrm{j}k)E_0^-\mathrm{e}^{+\mathrm{j}kz}]\\&=\frac{\mathrm{j}}{\omega\mu}\boldsymbol{e}_y(-\mathrm{j}k)(E_0^+\mathrm{e}^{-\mathrm{j}kz}-E_0^-\mathrm{e}^{+\mathrm{j}kz})\\&=\boldsymbol{e}_y\frac{1}{\eta}(E_0^+\mathrm{e}^{-\mathrm{j}kz}-E_0^-\mathrm{e}^{+\mathrm{j}kz})\\&=\boldsymbol{e}_y(H_0^+\mathrm{e}^{-\mathrm{j}kz}+H_0^-\mathrm{e}^{+\mathrm{j}kz})\end{aligned} \tag{6-11}$$

式中：

$$\eta=\frac{E_0^+}{H_0^+}=-\frac{E_0^-}{H_0^-}=\frac{\omega\mu}{k}=\sqrt{\frac{\mu}{\varepsilon}} \tag{6-12}$$

η具有阻抗的量纲，单位为欧姆(Ω)，它的值与媒质参数有关，因此它被称为媒质的波阻抗(或本征阻抗)。真空中的介电常数和磁导率为

$$\varepsilon_0=\frac{1}{36\pi}\times10^{-9}\ \mathrm{F/m},\quad \mu_0=4\pi\times10^{-7}\ \mathrm{H/m}$$

将它们代入式(6－12)，得电磁波在真空中的本征阻抗为

$$\eta_0=\sqrt{\frac{\mu_0}{\varepsilon_0}}=120\pi\approx377\ \Omega$$

6.1.2　均匀平面波的传播特性

假设均匀平面波沿 $+z$ 方向传播，电场强度只有 x 方向的坐标分量 $E_x(z)$。由于无界媒质中不存在反射波，所以正弦均匀平面电磁波的复场量可以表示为

$$\boldsymbol{E} = \boldsymbol{e}_x E_x = \boldsymbol{e}_x E_0 \mathrm{e}^{-\mathrm{j}kz} \tag{6-13a}$$

$$\boldsymbol{H} = \boldsymbol{e}_y H_y = \boldsymbol{e}_y \frac{E_0}{\eta} \mathrm{e}^{-\mathrm{j}kz} = \boldsymbol{e}_y H_0 \mathrm{e}^{-\mathrm{j}kz} \tag{6-13b}$$

式中 $E_0 = E_{0\mathrm{m}} \mathrm{e}^{\mathrm{j}\phi_0}$ 为 $z=0$ 处的复振幅。式(6－13)所对应的瞬时值表达式为

$$\boldsymbol{E}(z,\ t) = \mathrm{Re}[\boldsymbol{e}_x E_0 \mathrm{e}^{\mathrm{j}(\omega t - kz)}] = \boldsymbol{e}_x E_{0\mathrm{m}} \cos(\omega t - kz + \phi_0) \tag{6-14a}$$

$$\begin{aligned}\boldsymbol{H}(z,\ t) &= \mathrm{Re}\left[\boldsymbol{e}_y \frac{E_0}{\eta} \mathrm{e}^{\mathrm{j}(\omega t - kz)}\right] = \boldsymbol{e}_y \frac{E_{0\mathrm{m}}}{\eta} \cos(\omega t - kz + \phi_0) \\ &= \boldsymbol{e}_y H_{0\mathrm{m}} \cos(\omega t - kz + \phi_0)\end{aligned} \tag{6-14b}$$

式中：$E_{0\mathrm{m}}$ 是实常数，表示电场强度的振幅值；ωt 称为时间相位；kz 称为空间相位。式(6－14)表明，正弦均匀平面电磁波的电场和磁场在空间上互相垂直，在时间上是同相的，它们的振幅之间有一定的比值，此比值取决于媒质的介电常数和磁导率。图 6－3 表示在 $t=0$ 时刻电场强度矢量和磁场强度矢量在空间沿 $+z$ 轴的分布(初始相位 $\phi_0=0$)。

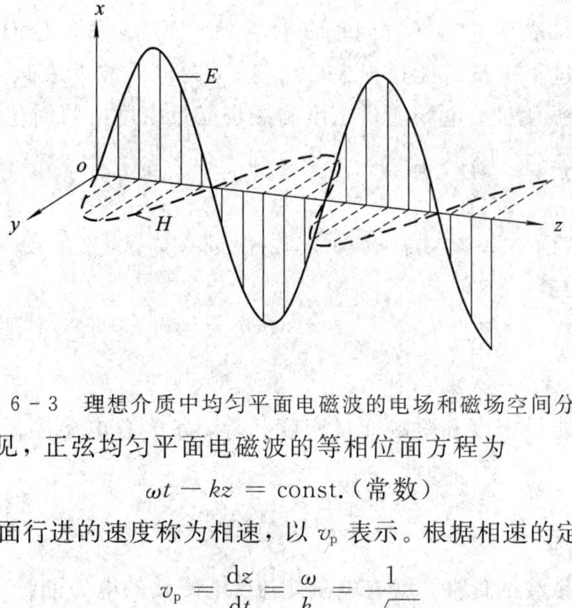

图 6－3　理想介质中均匀平面电磁波的电场和磁场空间分布

由式(6－14)可见，正弦均匀平面电磁波的等相位面方程为

$$\omega t - kz = \text{const.}(\text{常数})$$

平面电磁波的等相位面行进的速度称为相速，以 v_{p} 表示。根据相速的定义和等相位面方程有

$$v_{\mathrm{p}} = \frac{\mathrm{d}z}{\mathrm{d}t} = \frac{\omega}{k} = \frac{1}{\sqrt{\mu\varepsilon}} \tag{6-15}$$

上式中 v_{p} 实际上是沿波振面的法向等相位面移动的速度。

空间相位 kz 变化 2π 所经过的距离称为波长，以 λ 表示。按此定义有 $k\lambda=2\pi$，所以

$$\lambda = \frac{2\pi}{k} \tag{6-16}$$

此式表明波长除了和频率有关，还和媒质参数有关。因此，同一频率的电磁波，在不同媒质中的波长是不相同的。式(6－16)还可以写为

$$k = \frac{2\pi}{\lambda} \tag{6-17}$$

k 称为波数。因为空间相位 kz 变化 2π 相当于一个全波，k 表示单位长度内所具有的全波数目的 2π 倍。k 也被称为电磁波的相位常数，因为它表示传播方向上波行进单位距离时相位变化的大小。

时间相位 ωt 变化 2π 所经历的时间称为周期，以 T 表示。而一秒内相位变化 2π 的次数称为频率，以 f 表示。由 $\omega T=2\pi$ 得

$$f=\frac{1}{T}=\frac{\omega}{2\pi} \tag{6-18}$$

由式(6－15)和式(6－17)可知

$$v_p=\lambda f \tag{6-19}$$

由上可见，电磁波的频率描述的是相位随时间的变化特性，而波长描述的是相位随空间的变化特性。

下面我们讨论均匀平面电磁波的能量关系。由式(6－13)知，复坡印廷矢量为

$$\boldsymbol{S}=\frac{1}{2}\boldsymbol{E}\times\boldsymbol{H}^*=\frac{1}{2}\boldsymbol{e}_xE_0\mathrm{e}^{-\mathrm{j}kz}\times\boldsymbol{e}_y\frac{E_0^*}{\eta}\mathrm{e}^{\mathrm{j}kz}=\boldsymbol{e}_z\frac{E_{0\mathrm{m}}^2}{2\eta}$$

从而得坡印廷矢量的时间平均值为

$$\boldsymbol{S}_{\mathrm{av}}=\mathrm{Re}[\boldsymbol{S}]=\boldsymbol{e}_z\frac{E_{0\mathrm{m}}^2}{2\eta}$$

平均功率密度为常数，表明与传播方向垂直的所有平面上，每单位面积通过的平均功率都相同，电磁波在传播过程中没有能量损失(沿传播方向电磁波无衰减)。因此理想媒质中的均匀平面电磁波是等振幅波。电场能量密度和磁场能量密度的瞬时值为

$$w_{\mathrm{e}}(t)=\frac{1}{2}\boldsymbol{D}\cdot\boldsymbol{E}=\frac{1}{2}\varepsilon E^2=\frac{1}{2}\varepsilon E_{0\mathrm{m}}^2\cos^2(\omega t-kz+\phi_0)$$

$$\begin{aligned}w_{\mathrm{m}}(t)&=\frac{1}{2}\mu H^2(t)=\frac{1}{2}\mu H_{0\mathrm{m}}^2\cos^2(\omega t-kz+\phi_0)\\&=\frac{1}{2}\mu\cdot\frac{E_{0\mathrm{m}}^2}{\mu/\varepsilon}\cdot\cos^2(\omega t-kz+\phi_0)\\&=w_{\mathrm{e}}(t)\end{aligned}$$

可见，任一时刻电场能量密度和磁场能量密度相等，各为总电磁能量的一半。电磁能量的时间平均值为

$$w_{\mathrm{av,e}}=\frac{1}{4}\varepsilon E_{0\mathrm{m}}^2,\ w_{\mathrm{av,m}}=\frac{1}{4}\mu H_{0\mathrm{m}}^2,\ w_{\mathrm{av}}=w_{\mathrm{av,e}}+w_{\mathrm{av,m}}=\frac{1}{2}\varepsilon E_{0\mathrm{m}}^2$$

我们知道，有电磁波的传播，就有电磁能流。电磁波的电磁能量传播速度，简称能速，用 v_{e} 表示，定义为

$$v_{\mathrm{e}}=\frac{|\boldsymbol{S}_{\mathrm{av}}|}{w_{\mathrm{av}}}$$

其方向为电磁能流的方向。均匀平面电磁波的能速可表示为

$$\boldsymbol{v}_{\mathrm{e}}=\boldsymbol{e}_zv_{\mathrm{e}}=\boldsymbol{e}_z\frac{\dfrac{E_{0\mathrm{m}}^2}{2\eta}}{\dfrac{1}{2}\varepsilon E_{0\mathrm{m}}^2}=\boldsymbol{e}_z\frac{1}{\sqrt{\mu\varepsilon}}=\boldsymbol{e}_zv_p=\boldsymbol{v}_p$$

上式表明，均匀平面电磁波的能量传播速度等于其相速。

6.1.3 向任意方向传播的均匀平面波

在直角坐标系 $oxyz$ 中，我们仍然假设无界媒质中，均匀平面波沿 $+z$ 方向传播，电场强度只有 x 方向的坐标分量 $E_x(z)$，那么正弦均匀平面电磁波的复场量还可以表示为

$$\boldsymbol{E}=\boldsymbol{e}_x E_0 \mathrm{e}^{-\mathrm{j}kz}=\boldsymbol{E}_0 \mathrm{e}^{-\mathrm{j}kz}$$

利用矢量恒等式 $\nabla\times(\Psi\boldsymbol{A})=\Psi\nabla\times\boldsymbol{A}+\nabla\Psi\times\boldsymbol{A}$ 和 $\nabla\cdot(\Psi\boldsymbol{A})=\Psi\nabla\cdot\boldsymbol{A}+\nabla\Psi\cdot\boldsymbol{A}$，将以上两式代入麦克斯韦方程 $\nabla\times\boldsymbol{E}=-\mathrm{j}\omega\mu\boldsymbol{H}$ 和 $\nabla\cdot\boldsymbol{E}=0$，可以得到

$$\begin{aligned}\boldsymbol{H}&=\frac{\mathrm{j}}{\omega\mu}\nabla\times(\boldsymbol{E}_0\mathrm{e}^{-\mathrm{j}kz})=\frac{\mathrm{j}}{\omega\mu}(\mathrm{e}^{-\mathrm{j}kz}\nabla\times\boldsymbol{E}_0+\nabla\mathrm{e}^{-\mathrm{j}kz}\times\boldsymbol{E}_0)\\&=\frac{\mathrm{j}}{\omega\mu}[\mathrm{e}^{-\mathrm{j}kz}(-\mathrm{j}k)\boldsymbol{e}_z\times\boldsymbol{E}_0]=\frac{\mathrm{j}}{\omega\mu}(-\mathrm{j}k)\boldsymbol{e}_z\times\boldsymbol{E}_0\mathrm{e}^{-\mathrm{j}kz}\\&=\frac{k}{\omega\mu}\boldsymbol{e}_z\times\boldsymbol{E}\end{aligned}$$

和

$$\nabla\cdot(\boldsymbol{E}_0\mathrm{e}^{-\mathrm{j}kz})=\mathrm{e}^{-\mathrm{j}kz}\nabla\cdot\boldsymbol{E}_0+\nabla\mathrm{e}^{-\mathrm{j}kz}\cdot\boldsymbol{E}_0=(-\mathrm{j}k)\boldsymbol{e}_z\cdot\boldsymbol{E}_0\mathrm{e}^{-\mathrm{j}kz}=0$$

由上式得

$$\boldsymbol{e}_z\cdot\boldsymbol{E}=0$$

综上所述，把它们写在一起就是：

$$\boldsymbol{E}=\boldsymbol{E}_0\mathrm{e}^{-\mathrm{j}kz},\quad \boldsymbol{H}=\frac{k}{\omega\mu}\boldsymbol{e}_z\times\boldsymbol{E},\quad \boldsymbol{e}_z\cdot\boldsymbol{E}=0 \tag{6-20}$$

如果开始时我们选择直角坐标系 $ox'y'z'$，那么，正弦均匀平面电磁波的复场量可以表示为

$$\boldsymbol{E}=\boldsymbol{E}_0\mathrm{e}^{-\mathrm{j}kz'},\quad \boldsymbol{H}=\frac{k}{\omega\mu}\boldsymbol{e}_z'\times\boldsymbol{E},\quad \boldsymbol{e}_z'\cdot\boldsymbol{E}=0 \tag{6-21}$$

这是向 $\boldsymbol{e}_z'$ 方向传播的波。将直角坐标系 $ox'y'z'$ 任意旋转后得新的直角坐标系 $oxyz$，如图 6-4 所示。

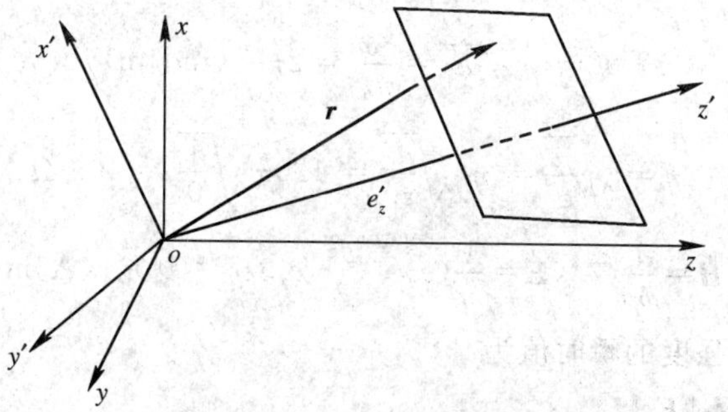

图 6-4 向 $\boldsymbol{k}$ 方向传播的均匀平面电磁波

在直角坐标系 $oxyz$ 中，式(6-21)就是向任意方向 $\boldsymbol{e}_z'$(或记为 $\boldsymbol{e}_k$)传播的均匀平面电磁波。如以 $\boldsymbol{r}$ 表示等相位面 $z'=$ 常数上任一点的矢径，则有 $z'=\boldsymbol{r}\cdot\boldsymbol{e}_z'$。在直角坐标系 $oxyz$ 中有

$$\boldsymbol{r}=\boldsymbol{e}_x x+\boldsymbol{e}_y y+\boldsymbol{e}_z z,\ \boldsymbol{e}_z'=\boldsymbol{e}_x\cos\alpha+\boldsymbol{e}_y\cos\beta+\boldsymbol{e}_z\cos\gamma$$

式中 $\cos\alpha$、$\cos\beta$、$\cos\gamma$ 是 $\boldsymbol{e}_z'$ 在直角坐标系 $oxyz$ 中的方向余弦。这样式(6-21)中的相位因子为

$$kz'=k\boldsymbol{e}_z'\cdot\boldsymbol{r}=(\boldsymbol{e}_x\cos\alpha+\boldsymbol{e}_y\cos\beta+\boldsymbol{e}_z\cos\gamma)k\cdot\boldsymbol{r}=\boldsymbol{k}\cdot\boldsymbol{r}=k_x x+k_y y+k_z z$$

其中 $\boldsymbol{k}=k\boldsymbol{e}_z'=k\boldsymbol{e}_k=\boldsymbol{e}_x k_x+\boldsymbol{e}_y k_y+\boldsymbol{e}_z k_z$ 称为传播矢量(波矢量)，其方向是波的传播方向，模是波数。然而，坐标系旋转时，矢量 $\boldsymbol{E}_0$ 并不改变，只是在不同坐标系中其分量不同。因此，式(6-21)可以写为

$$\boldsymbol{E}=\boldsymbol{E}_0\mathrm{e}^{-\mathrm{j}\boldsymbol{k}\cdot\boldsymbol{r}},\quad \boldsymbol{H}=\frac{k}{\omega\mu}\boldsymbol{e}_k\times\boldsymbol{E},\quad \boldsymbol{e}_k\cdot\boldsymbol{E}_0=0$$

式中 $\boldsymbol{e}_k$ 是平面电磁波传播方向的单位矢量。

类似地，无耗媒质中均匀平面电磁波的另一种表示形式为

$$\boldsymbol{H}=\boldsymbol{H}_0\mathrm{e}^{-\mathrm{j}\boldsymbol{k}\cdot\boldsymbol{r}},\quad \boldsymbol{E}=-\frac{k}{\omega\varepsilon}\boldsymbol{e}_k\times\boldsymbol{H}=-\eta\boldsymbol{e}_k\times\boldsymbol{H},\quad \boldsymbol{e}_k\cdot\boldsymbol{H}=0$$

例 6-1　已知无界理想媒质($\varepsilon=9\varepsilon_0$，$\mu=\mu_0$，$\sigma=0$)中正弦均匀平面电磁波的频率 $f=10^8$ Hz，电场强度为

$$\boldsymbol{E}=\boldsymbol{e}_x 4\mathrm{e}^{-\mathrm{j}kz}+\boldsymbol{e}_y 3\mathrm{e}^{-\mathrm{j}kz+\mathrm{j}\frac{\pi}{3}}\quad (\mathrm{V/m})$$

试求：

(1) 均匀平面电磁波的相速度 v_p、波长 λ、相移常数 k 和波阻抗 η；

(2) 电场强度和磁场强度的瞬时值表达式；

(3) 与电磁波传播方向垂直的单位面积上通过的平均功率。

解：(1)

$$v_\mathrm{p}=\frac{1}{\sqrt{\mu\varepsilon}}=\frac{c}{\sqrt{\mu_\mathrm{r}\varepsilon_\mathrm{r}}}=\frac{3\times10^8}{\sqrt{9}}=10^8\quad \mathrm{m/s}$$

$$\lambda=\frac{v_\mathrm{p}}{f}=1\ \mathrm{m}$$

$$k=\omega\sqrt{\mu\varepsilon}=\frac{\omega}{v_\mathrm{p}}=2\pi\quad (\mathrm{rad/m})$$

$$\eta=\sqrt{\frac{\mu}{\varepsilon}}=\eta_0\sqrt{\frac{\mu_\mathrm{r}}{\varepsilon_\mathrm{r}}}=120\pi\sqrt{\frac{1}{9}}=40\pi\ \Omega$$

(2)
$$\boldsymbol{H}=\frac{\mathrm{j}}{\omega\mu}\nabla\times\boldsymbol{E}=\frac{1}{\eta}(\boldsymbol{e}_y\mathrm{e}^{-\mathrm{j}kz}-\boldsymbol{e}_x 3\mathrm{e}^{-\mathrm{j}kz+\mathrm{j}\frac{\pi}{4}})\quad (\mathrm{A/m})$$

电场强度和磁场强度的瞬时值为

$$\begin{aligned}\boldsymbol{E}(t)&=\mathrm{Re}[\boldsymbol{E}\mathrm{e}^{\mathrm{j}\omega t}]\\&=\boldsymbol{e}_x 4\cos(2\pi\times10^8 t-2\pi z)+\boldsymbol{e}_y 3\cos\left(2\pi\times10^8 t-2\pi z+\frac{\pi}{3}\right)\quad (\mathrm{V/m})\end{aligned}$$

$$\begin{aligned}\boldsymbol{H}(t)&=\mathrm{Re}[\boldsymbol{H}\mathrm{e}^{\mathrm{j}\omega t}]\\&=-\boldsymbol{e}_x\frac{3}{40\pi}\cos\left(2\pi\times10^8 t-2\pi z+\frac{\pi}{3}\right)+\boldsymbol{e}_y\frac{1}{10\pi}\cos(2\pi\times10^8 t-2\pi z)\quad (\mathrm{A/m})\end{aligned}$$

(3) 复坡印廷矢量：

$$\boldsymbol{S}=\frac{1}{2}\boldsymbol{E}\times\boldsymbol{H}^*=\frac{1}{2}\left[\boldsymbol{e}_x4\mathrm{e}^{-\mathrm{j}kz}+\boldsymbol{e}_y3\mathrm{e}^{-\mathrm{j}\left(kz-\frac{\pi}{3}\right)}\right]\times\left[-\boldsymbol{e}_x\frac{3}{40\pi}\mathrm{e}^{\mathrm{j}\left(kz-\frac{\pi}{3}\right)}+\boldsymbol{e}_y\frac{1}{10\pi}\mathrm{e}^{\mathrm{j}kz}\right]$$

$$=\boldsymbol{e}_z\frac{5}{16\pi}\quad(\mathrm{W/m^2})$$

坡印廷矢量的时间平均值：

$$\boldsymbol{S}_{\mathrm{av}}=\mathrm{Re}[\boldsymbol{S}]=\boldsymbol{e}_z\frac{5}{16\pi}\quad(\mathrm{W/m^2})$$

与电磁波传播方向垂直的单位面积上通过的平均功率：

$$P_{\mathrm{av}}=\int_S\boldsymbol{S}_{\mathrm{av}}\cdot\mathrm{d}\boldsymbol{S}=\frac{5}{16\pi}\quad(\mathrm{W})$$

6.2 导电媒质中的平面电磁波

在第五章我们引入了复介电常数、复磁导率和等效复介电常数的概念，以表征有耗媒质的极化、磁化和导电损耗。这一节我们以均匀平面电磁波在导电媒质($\sigma\neq0$，ε、μ 为实常数)中的传播特性为例，介绍有耗媒质中的平面电磁波。

6.2.1 导电媒质中平面电磁波的传播特性

无源、无界的导电媒质中麦克斯韦方程组为

$$\nabla\times\boldsymbol{H}=\sigma\boldsymbol{E}+\mathrm{j}\omega\varepsilon\boldsymbol{E}\tag{6-22a}$$

$$\nabla\times\boldsymbol{E}=-\mathrm{j}\omega\mu\boldsymbol{H}\tag{6-22b}$$

$$\nabla\cdot\boldsymbol{H}=0\tag{6-22c}$$

$$\nabla\cdot\boldsymbol{E}=0\tag{6-22d}$$

式(6-22a)可以写为

$$\nabla\times\boldsymbol{H}=\mathrm{j}\omega\left(\varepsilon-\mathrm{j}\frac{\sigma}{\omega}\right)\boldsymbol{E}=\mathrm{j}\omega\varepsilon_{\mathrm{c}}\boldsymbol{E}\tag{6-23}$$

其中：

$$\varepsilon_{\mathrm{c}}=\varepsilon-\mathrm{j}\frac{\sigma}{\omega}=\varepsilon\left(1-\mathrm{j}\frac{\sigma}{\omega\varepsilon}\right)\tag{6-24}$$

称为导电媒质的复介电常数，它是一个等效的复数介电常数。由此可见，引入等效复介电常数后，导电媒质(有耗媒质)中的麦克斯韦方程组和无耗媒质中的麦克斯韦方程组具有完全相同的形式。因此就电磁波在其中的传播而言，可以把导电媒质等效地看作一种介质，其等效介电常数为复数。

从麦克斯韦方程式(6-23)和式(6-22b)～式(6-22d)出发，类似式(5-63)和式(5-64)的推导，可以导出波动方程：

$$\nabla^2\boldsymbol{E}+\gamma^2\boldsymbol{E}=\mathbf{0}\tag{6-25}$$

$$\nabla^2\boldsymbol{H}+\gamma^2\boldsymbol{H}=\mathbf{0}\tag{6-26}$$

式中，$\gamma^2=\omega^2\mu\varepsilon_{\mathrm{c}}$。

直角坐标系中，对于沿$+z$方向传播的均匀平面电磁波，如果假定电场强度只有x分量E_x，那么式(6－25)的一个解为

$$\boldsymbol{E} = \boldsymbol{e}_x E_0 \mathrm{e}^{-\mathrm{j}\gamma z} \tag{6-27}$$

上式中，令$\gamma=\beta-\mathrm{j}\alpha$，则$\boldsymbol{E}=\boldsymbol{e}_x E_0 \mathrm{e}^{-\mathrm{j}(\beta-\mathrm{j}\alpha)z}=\boldsymbol{e}_x E_0 \mathrm{e}^{-\alpha z}\mathrm{e}^{-\mathrm{j}\beta z}$。显然电场强度的复振幅以因子$\mathrm{e}^{-\alpha z}$随$z$的增大而减小，表明$\alpha$为每单位距离衰减程度的常数，称为电磁波的衰减常数。β表示每单位距离落后的相位，称为相位常数。$\gamma=\beta-\mathrm{j}\alpha$称为传播常数。因此电场强度的瞬时值可以表示为

$$\boldsymbol{E}(z,\ t) = \boldsymbol{e}_x E_{\mathrm{m}} \mathrm{e}^{-\alpha z}\cos(\omega t - \beta z + \phi_0) \tag{6-28}$$

其中E_{m}、ϕ_0分别表示电场强度的振幅值和初相角，即$E_0=E_{\mathrm{m}}\mathrm{e}^{\mathrm{j}\phi_0}$。

因为

$$\gamma^2 = \omega^2 \mu \varepsilon_{\mathrm{c}}$$

所以

$$(\beta - \mathrm{j}\alpha)^2 = \omega^2 \mu\left(\varepsilon - \mathrm{j}\,\frac{\sigma}{\omega}\right)$$

故有

$$\beta^2 - \alpha^2 - \mathrm{j}2\alpha\beta = \omega^2\mu\varepsilon - \mathrm{j}\omega\mu\sigma$$

从而有

$$\beta^2 - \alpha^2 = \omega^2\mu\varepsilon$$

$$2\alpha\beta = \omega\mu\sigma$$

由以上两方程解得

$$\alpha = \omega\sqrt{\frac{\mu\varepsilon}{2}\left[\sqrt{1+\left(\frac{\sigma}{\omega\varepsilon}\right)^2}-1\right]} \tag{6-29a}$$

$$\beta = \omega\sqrt{\frac{\mu\varepsilon}{2}\left[\sqrt{1+\left(\frac{\sigma}{\omega\varepsilon}\right)^2}+1\right]} \tag{6-29b}$$

将式(6－27)代入式(6－22b)可得磁场强度：

$$\boldsymbol{H} = \frac{\mathrm{j}}{\omega\mu}\nabla\times\boldsymbol{E} = \boldsymbol{e}_y\,\frac{E_0}{\eta_{\mathrm{c}}}\mathrm{e}^{-\mathrm{j}\gamma z} = \boldsymbol{e}_y\,\frac{E_0}{\eta_{\mathrm{c}}}\mathrm{e}^{-\alpha z}\mathrm{e}^{-\mathrm{j}\beta z} \tag{6-30}$$

其中：

$$\eta_{\mathrm{c}} = \sqrt{\frac{\mu}{\varepsilon - \mathrm{j}\,\dfrac{\sigma}{\omega}}} = \sqrt{\frac{\mu}{\varepsilon}}\left(1-\mathrm{j}\,\frac{\sigma}{\omega\varepsilon}\right)^{-\frac{1}{2}} = |\,\eta_{\mathrm{c}}\,|\,\mathrm{e}^{\mathrm{j}\theta} \tag{6-31}$$

称为导电媒质的波阻抗，它是一个复数。式(6－31)中：

$$|\,\eta_{\mathrm{c}}\,| = \sqrt{\frac{\mu}{\varepsilon}}\left[1+\left(\frac{\sigma}{\omega\varepsilon}\right)^2\right]^{-\frac{1}{4}} < \sqrt{\frac{\mu}{\varepsilon}} \tag{6-32a}$$

$$\theta = \frac{1}{2}\arctan\frac{\sigma}{\omega\varepsilon} = 0 \sim \frac{\pi}{4} \tag{6-32b}$$

从式(6－32)我们看到，导电媒质的本征阻抗是一个复数，其模小于理想介质的本征阻抗，幅角在$0\sim\pi/4$之间变化，具有感性相角。这意味着电场强度和磁场强度在空间上虽然仍互相垂直，但在时间上有相位差，二者不再同相，电场强度相位超前磁场强度相位。这样磁场强度可以重写为

$$\boldsymbol{H}=\boldsymbol{e}_y\frac{E_0}{\eta_c}\mathrm{e}^{-\gamma z}=\boldsymbol{e}_y\frac{E_0}{\eta_c}\mathrm{e}^{-\alpha z}\mathrm{e}^{-\mathrm{j}\beta z}=\boldsymbol{e}_y\frac{E_0}{|\eta_c|}\mathrm{e}^{-\alpha z}\mathrm{e}^{-\mathrm{j}\beta z}\mathrm{e}^{-\mathrm{j}\theta} \tag{6-33}$$

其对应的瞬时值为

$$\boldsymbol{H}(z,t)=\boldsymbol{e}_y\frac{E_m}{|\eta_c|}\mathrm{e}^{-\alpha z}\cos(\omega t-\beta z+\phi_0-\theta) \tag{6-34}$$

磁场强度的相位比电场强度的相位滞后 θ，电导率 σ 愈大则滞后愈多。其振幅也随 z 的增加按指数衰减，如图 6－5 所示。

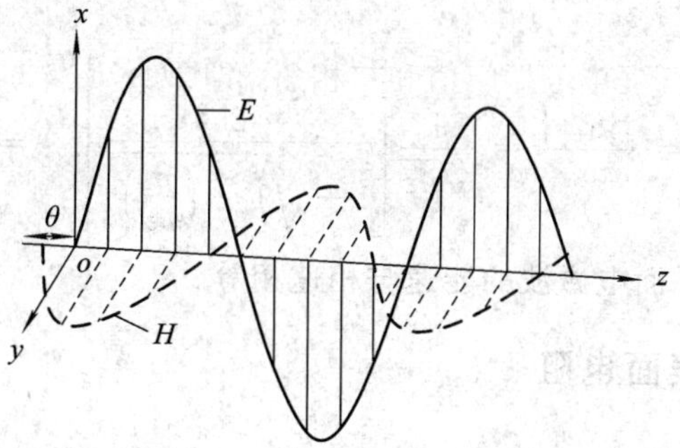

图 6－5　导电媒质中平面电磁波的电磁场

导电媒质中均匀平面电磁波的相速为

$$v_p=\frac{\mathrm{d}z}{\mathrm{d}t}=\frac{\omega}{\beta}=\frac{1}{\sqrt{\mu\varepsilon}}\left[\frac{2}{\sqrt{1+\left(\frac{\sigma}{\omega\varepsilon}\right)^2}+1}\right]^{\frac{1}{2}}<\frac{1}{\sqrt{\mu\varepsilon}} \tag{6-35}$$

而波长为

$$\lambda=\frac{2\pi}{\beta}=\frac{v_p}{f}$$

由此可见，均匀平面电磁波在导电媒质中传播时，波的相速和波长比介电常数和磁导率相同的理想介质的情况慢和短，且 σ 愈大，相速愈慢，波长愈短。此外，相速和波长还随频率而变化，频率低，则相速慢。这样，携带信号的电磁波其不同的频率分量将以不同的相速传播。经过一段距离后，它们的相位关系将发生变化，从而导致信号失真。这种现象称为色散。所以导电媒质是色散媒质。

磁场强度矢量与电场强度矢量互相垂直，并都垂直于传播方向，因此导电媒质中的平面波是横电磁波。导电媒质中的坡印廷矢量的瞬时值、时间平均值和复坡印廷矢量分别为

$$\boldsymbol{S}(z,t)=\boldsymbol{E}(z,t)\times\boldsymbol{H}(z,t)=\boldsymbol{e}_z\frac{1}{2}\frac{E_m^2}{|\eta_c|}\mathrm{e}^{-2\alpha z}[\cos\theta+\cos(2\omega t-2\beta z+2\phi_0-\theta)]$$

$$\boldsymbol{S}_{av}=\boldsymbol{e}_z\frac{1}{2}\frac{E_m^2}{|\eta_c|}\mathrm{e}^{-2\alpha z}\cos\theta$$

$$\boldsymbol{S}=\frac{1}{2}\boldsymbol{E}\times\boldsymbol{H}^*=\boldsymbol{e}_z\frac{E_m^2}{2|\eta_c|}\mathrm{e}^{-2\alpha z}\mathrm{e}^{\mathrm{j}\theta}$$

导电媒质中平均电能密度和平均磁能密度分别如下：

$$w_{av,e}=\frac{1}{4}\varepsilon|\boldsymbol{E}|^2=\frac{1}{4}\varepsilon E_m^2\mathrm{e}^{-2\alpha z}$$

$$w_{\text{av,m}} = \frac{1}{4}\mu\,|\,\boldsymbol{H}\,|^2 = \frac{1}{4}\mu\frac{E_{\text{m}}^2}{|\,\eta_{\text{c}}\,|^2}\text{e}^{-2\alpha z} = \frac{1}{4}\varepsilon E_{\text{m}}^2\text{e}^{-2\alpha z}\sqrt{1+\left(\frac{\sigma}{\omega\varepsilon}\right)^2}$$

显然，在导电媒质中，平均磁能密度大于平均电能密度。总的平均能量密度为

$$\begin{aligned} w_{\text{av}} &= w_{\text{av,e}} + w_{\text{av,m}} = \frac{1}{4}\varepsilon E_{\text{m}}^2\text{e}^{-2\alpha z} + \frac{1}{4}\varepsilon E_{\text{m}}^2\text{e}^{-2\alpha z}\sqrt{1+\left(\frac{\sigma}{\omega\varepsilon}\right)^2} \\ &= \frac{1}{4}\varepsilon E_{\text{m}}^2\text{e}^{-2\alpha z}\left[1+\sqrt{1+\left(\frac{\sigma}{\omega\varepsilon}\right)^2}\right] \end{aligned}$$

能量传播速度为

$$v_{\text{e}} = \frac{|\,\boldsymbol{S}_{\text{av}}\,|}{w_{\text{av}}} = \frac{1}{\sqrt{\mu\varepsilon}}\left[\frac{2}{1+\sqrt{1+\left(\dfrac{\sigma}{\omega\varepsilon}\right)^2}}\right]^{1/2} = v_{\text{p}}$$

可见，导电媒质中均匀平面电磁波的能速与相速相等。

6.2.2 集肤深度和表面电阻

通常，按$\frac{\sigma}{\omega\varepsilon}$的比值$\left(\text{导电媒质中传导电流密度振幅与位移电流密度振幅之比}\frac{|\sigma\boldsymbol{E}|}{|\text{j}\omega\varepsilon\boldsymbol{E}|}\right)$把媒质分为三类：

$$\text{电介质：}\frac{\sigma}{\omega\varepsilon} \ll 1;\quad \text{不良导体：}\frac{\sigma}{\omega\varepsilon} \approx 1;\quad \text{良导体：}\frac{\sigma}{\omega\varepsilon} \gg 1$$

值得注意的是，媒质属于电介质还是良导体，不仅与媒质参数有关，而且与频率有关。

电介质(低损耗媒质)中，例如聚四氟乙烯、聚苯乙烯和石英等材料，在高频和超高频范围内均有$\frac{\sigma}{\omega\varepsilon}<10^{-2}$。因此，电介质中均匀平面电磁波的相关参数可以近似为

$$\alpha \approx \frac{\sigma}{2}\sqrt{\frac{\mu}{\varepsilon}},\quad \beta \approx \omega\sqrt{\mu\varepsilon},\quad \eta \approx \sqrt{\frac{\mu}{\varepsilon}}$$

可见此时相移常数和波阻抗近似与理想媒质相同，衰减常数与频率无关，正比于电导率。因此均匀平面电磁波在低损耗媒质中的传播特性，除了由微弱的损耗引起的振幅衰减外，与理想媒质中均匀平面电磁波的传播特性几乎相同。

良导体中，有关表达式可以用泰勒级数简化并近似表达为

$$\alpha = \beta = \sqrt{\frac{\omega\mu\sigma}{2}},\quad v_{\text{p}} = \sqrt{\frac{2\omega}{\mu\sigma}},\quad \lambda = 2\pi\sqrt{\frac{2}{\omega\mu\sigma}}$$

$$\eta_{\text{c}} = \sqrt{\frac{\omega\mu}{2\sigma}}(1+\text{j}) = \sqrt{\frac{\omega\mu}{\sigma}}\text{e}^{\text{j}\frac{\pi}{4}}$$

由此可见，高频电磁波传入良导体后，由于良导体的电导率一般在 10^7 S/m 量级，所以电磁波在良导体中衰减极快，电磁波往往在微米量级的距离内就衰减得近于零了，因此高频电磁场只能存在于良导体表面的一个薄层内。这种现象称为集肤效应(Skin Effect)。电磁波场强振幅衰减到表面处的 1/e 的深度，称为集肤深度(穿透深度)，以 δ 表示。

因为

$$E_0\text{e}^{-\alpha\delta} = E_0 \cdot \frac{1}{\text{e}}$$

所以

$$\delta=\frac{1}{\alpha}=\sqrt{\frac{2}{\omega\mu\sigma}}=\sqrt{\frac{1}{\pi f\mu\sigma}}\quad(\mathrm{m})\tag{6-36}$$

可见导电性能越好(电导率越大)，工作频率越高，则集肤深度越小。例如银的电导率 $\sigma=6.15\times10^7$ S/m，磁导率 $\mu_0=4\pi\times10^{-7}$ H/m，由式(6-36)得

$$\delta=\sqrt{\frac{2}{2\pi f\times4\pi\times6.15}}=\frac{0.0642}{\sqrt{f}}\quad(\mathrm{m})$$

当频率 $f=3$ GHz 时，银的集肤深度 $\delta=1.17\times10^{-6}=1.17\ \mu$m。因此，虽然微波器件通常用黄铜制成，但只要在其导电层的表面上涂以若干微米的银，就能保证表面电流主要在银层通过。由于良导体的集肤深度非常小，电磁波大部分能量集中于良导体表面的薄层内，因此金属片对无线电波都有很好的屏蔽作用，如中频变压器的屏蔽铝罩、晶体管的金属外壳，都很好地起到了隔离外部电磁场对其内部影响的作用。

良导体中均匀平面电磁波的电磁场分量和电流密度为

$$E_x=E_0\mathrm{e}^{-(1+\mathrm{j})\alpha z}$$

$$H_y=\frac{E_x}{\eta_c}=H_0\mathrm{e}^{-(1+\mathrm{j})\alpha z},\ H_0=\frac{E_0}{\eta_c}=E_0\sqrt{\frac{\sigma}{\omega\mu}}\mathrm{e}^{-\mathrm{j}\frac{\pi}{4}}$$

$$J_x=\sigma E_x=J_0\mathrm{e}^{-(1+\mathrm{j})\alpha z},\ J_0=\sigma E_0$$

H_0 和 J_0 是导体表面($z=0$)处的磁场强度复振幅和电流密度复振幅。复坡印廷矢量(复功率流密度矢量)为

$$\boldsymbol{S}=\frac{1}{2}\boldsymbol{E}\times\boldsymbol{H}^*=\boldsymbol{e}_z\frac{1}{2}E_xH_y^*=\boldsymbol{e}_z\frac{1}{2}E_0^2\mathrm{e}^{-2\alpha z}\sqrt{\frac{\sigma}{2\omega\mu}}(1+\mathrm{j})$$

在 $z>0$ 处，平均功率流密度为

$$\boldsymbol{S}_{\mathrm{av}}=\mathrm{Re}[\boldsymbol{S}]=\boldsymbol{e}_z\frac{1}{2}E_0^2\mathrm{e}^{-2\alpha z}\sqrt{\frac{\sigma}{2\omega\mu}}$$

在 $z=0$ 处，平均功率流密度为

$$\boldsymbol{S}_{\mathrm{av}}(z=0)=\boldsymbol{e}_z\frac{1}{2}E_0^2\sqrt{\frac{\sigma}{2\omega\mu}}\tag{6-37}$$

式(6-37)表示导体表面每单位面积所吸收的平均功率，也就是单位面积导体内传导电流的热损耗功率：

$$\begin{aligned}P_c&=\frac{1}{2}\int_V\sigma\,|\boldsymbol{E}|^2\mathrm{d}V=\frac{1}{2}\int_0^\infty\sigma\,|E_0|^2\mathrm{e}^{-2\alpha z}\,\mathrm{d}z\\&=\frac{\sigma}{4\alpha}|E_0|^2=\frac{1}{2}|E_0|^2\sqrt{\frac{\sigma}{2\omega\mu}}\end{aligned}\tag{6-38}$$

可见，传入导体的电磁波实功率全部转化为热损耗功率。

导体表面处切向电场强度 E_x 与切向磁场强度 H_y 之比定义为导体的表面阻抗，即

$$Z_S=\left.\frac{E_x}{H_y}\right|_{z=0}=\frac{E_0}{H_0}=\eta_c=(1+\mathrm{j})\sqrt{\frac{\omega\mu}{2\sigma}}=R_S+\mathrm{j}X_S$$

可见，导体的表面阻抗等于其波阻抗。R_S 和 X_S 分别称为表面电阻和表面电抗，并有

$$R_S=X_S=\sqrt{\frac{\omega\mu}{2\sigma}}=\frac{1}{\sigma\delta}=\left.\frac{l}{\sigma(\delta w)}\right|_{l=w=1}$$

这意味着，表面电阻相当于单位长度、单位宽度，而厚度为δ的导体块的直流电阻。参看图6-6，流过单位宽度平面导体的总电流(z由0至∞)为

$$J_S=\int_0^\infty J_x \mathrm{d}z=\int_0^\infty \sigma E_0 \mathrm{e}^{-(1+\mathrm{j})\alpha z}\mathrm{d}z=\frac{\sigma E_0}{(1+\mathrm{j})\alpha}=\frac{\sigma\delta}{1+\mathrm{j}}E_0=H_0$$

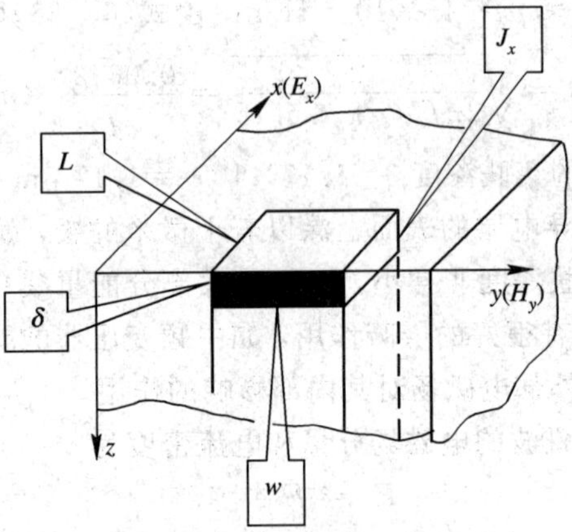

图 6-6 平面导体

从电路的观点看，此电流通过表面电阻所损耗的功率为

$$P_c=\frac{1}{2}|J_S|^2R_S=\frac{1}{2}\frac{\sigma\delta}{2}|E_0|^2=\frac{1}{2}|E_0|^2\sqrt{\frac{\sigma}{2\omega\mu}} \qquad (6-39)$$

此结果与式(6-38)和式(6-37)相同。这就是说，设想面电流J_S均匀地集中在导体表面δ厚度内，此时导体的表面电阻所吸收的功率就等于电磁波垂直传入导体所耗散的热损耗功率。这样，我们可以方便地利用式(6-39)由表面电阻求得导体的损耗功率。R_S是平面导体单位长度单位宽度上的电阻，因而也称为表面电阻率。对于有限面积的导体，用R_S乘以长度L，再除以宽度W就得出其总电阻。由R_S的表达式可见$R_S\propto\sqrt{f}$，因此高频时导体的电阻远大于低频或直流时的电阻。这是由于集肤效应使高频电流在导体上所流过的截面积减少，从而使电阻增大。

例 6-2 海水的电磁参数是$\varepsilon_r=81$，$\mu_r=1$，$\sigma=4$ S/m，频率为3 kHz和30 MHz的电磁波在紧切海平面下侧处的电场强度为1 V/m，求：

(1) 电场强度衰减为1 μV/m处的深度，应选择哪个频率进行潜水艇的水下通信；

(2) 计算频率3 kHz的电磁波从海平面下侧向海水中传播的平均功率流密度。

解：(1) $f=3$ kHz时：因为$\dfrac{\sigma}{\omega\varepsilon}=\dfrac{4\times36\pi\times10^9}{2\pi\times3\times10^3\times80}\gg1$，所以海水对以此频率传播的电磁波呈现为良导体，故

$$\alpha=\sqrt{\frac{\omega\mu\sigma}{2}}=\sqrt{\frac{2\pi\times3\times10^3\times4\pi\times10^{-7}\times4}{2}}=0.218$$

$$l=\frac{1}{\alpha}\ln\frac{|E_0|}{|E|}=\frac{1}{\alpha}\ln10^6=\frac{13.8}{\alpha}=63.3\ \mathrm{m}$$

$f=30$ MHz时：因为$\dfrac{\sigma}{\omega\varepsilon}=\dfrac{4\times36\pi\times10^9}{2\pi\times3\times10^7\times80}=30$，所以海水对以此频率传播的电磁波呈现为不良导体，故

$$\alpha=\omega\sqrt{\frac{\mu\varepsilon}{2}\left(\sqrt{1+\left(\frac{\sigma}{\omega\varepsilon}\right)^2}-1\right)}=2\pi\times3\times10^6\sqrt{\frac{4\pi\times10^{-7}\times80}{2\times36\pi\times10^9}\times29}=21.4$$

$$l=\frac{13.8}{\alpha}=0.645\ \mathrm{m}$$

由此可见，选高频 30 MHz 的电磁波衰减较大，应采用低频 3 kHz 的电磁波。在具体的工程应用中，具体低频电磁波频率的选择还要全面考虑其它因素。

(2) 平均功率密度为

$$|\boldsymbol{S}_{av}|=P_\sigma=\frac{1}{2}E_0^2\sqrt{\frac{\sigma}{2\omega\mu}}=\frac{\sigma}{4\alpha}E_0^2=\frac{4}{4\times0.218}\approx4.6\ \mathrm{W/m^2}$$

例 6-3　微波炉利用磁控管输出的 2.45 GHz 的微波加热食品。在该频率上，牛排的等效复介电常数 $\varepsilon'=40\varepsilon_0$，$\tan\delta_e=0.3$，求：

(1) 微波传入牛排的集肤深度 δ，在牛排内 8 mm 处的微波场强是表面处的百分之几；

(2) 微波炉中盛牛排的盘子是用发泡聚苯乙烯制成的，其等效复介电常数和损耗角正切为 $\varepsilon'=1.03\,\varepsilon_0$，$\tan\delta_e=0.3\times10^{-4}$。说明为何用微波加热时牛排被烧熟而盘子并没有被烧毁。

解：(1) 根据牛排的损耗角正切知，牛排为不良导体，因此由式(6-29a)得

$$\delta=\frac{1}{\alpha}=\frac{1}{\omega}\sqrt{\frac{2}{\mu\varepsilon}}\left[\sqrt{1+\left(\frac{\sigma}{\omega\varepsilon}\right)^2}-1\right]^{-1/2}=0.0208\ \mathrm{m}=20.8\ \mathrm{mm}$$

$$\frac{|E|}{|E_0|}=\mathrm{e}^{-z/\delta}=\mathrm{e}^{-8/20.8}=68\%$$

可见微波加热与其它加热方法相比的一个优点是，微波能对食品内部进行加热。此外，由于微波场分布在三维空间中，所以加热均匀且快。

(2) 发泡聚苯乙烯是低耗介质，所以其集肤深度为

$$\delta=\frac{1}{\alpha}=\frac{2}{\sigma}\sqrt{\frac{\varepsilon}{\mu}}=\frac{2}{\omega\left(\frac{\sigma}{\omega\varepsilon}\right)}\sqrt{\frac{1}{\mu\varepsilon}}$$

$$=\frac{2\times3\times10^8}{2\pi\times2.45\times10^9\times(0.3\times10^{-4})\times\sqrt{1.03}}=1.28\times10^3\ \mathrm{m}$$

可见其集肤深度很大，这意味着微波在其中传播的热损耗极小，所以盘子不会被烧毁。

例 6-4　证明均匀平面电磁波在良导体中传播时，每波长内场强的衰减约为 55 dB。

证：良导体中衰减常数和相移常数相等。因为良导体满足条件：

$$\frac{\sigma}{\omega\varepsilon}\gg1$$

所以，相移常数等于衰减常数，即

$$\beta=\sqrt{\frac{\omega\mu\sigma}{2}}$$

设均匀平面电磁波的电场强度复矢量为

$$\boldsymbol{E}=\boldsymbol{E}_0\mathrm{e}^{-\alpha z}\mathrm{e}^{-\mathrm{j}\beta z}$$

那么 $z=\lambda$ 处的电场强度振幅与 $z=0$ 处的电场强度振幅比为

$$\frac{|\boldsymbol{E}|}{|\boldsymbol{E}_0|}=\mathrm{e}^{-\alpha z}\Big|_{z=\lambda}=\mathrm{e}^{-\alpha\lambda}=\mathrm{e}^{-\beta\frac{2\pi}{\beta}}=\mathrm{e}^{-2\pi}$$

即

$$20\ \lg\frac{|\boldsymbol{E}|}{|\boldsymbol{E}_0|}\bigg|_{z=\lambda}=20\ \lg\mathrm{e}^{-2\pi}=-54.575\ \mathrm{dB}$$

例 6-5 已知海水的电磁参量 $\sigma=51\ (\Omega\cdot\mathrm{m})^{-1}$,$\mu_r=1$,$\varepsilon_r=81$,作为良导体欲使90%以上的电磁能量(仅靠海水表面下部)进入 1 m 以下的深度,电磁波的频率应如何选择。

解:对于所给海水,当其视为良导体时,设其中传播的均匀平面电磁波为

$$\boldsymbol{E}=\boldsymbol{e}_xE_0\mathrm{e}^{-(1+\mathrm{j})\alpha z},\quad \boldsymbol{H}=\boldsymbol{e}_y\frac{E_0}{\eta_c}\mathrm{e}^{-(1+\mathrm{j})\alpha z}$$

式中良导体海水的波阻抗为

$$\eta_c=\sqrt{\frac{\omega\mu}{2\sigma}}(1+\mathrm{j})=\sqrt{\frac{\omega\mu}{\sigma}}\mathrm{e}^{\mathrm{j}\frac{\pi}{4}}$$

因此沿 $+z$ 方向进入海水的平均电磁功率流密度为

$$\boldsymbol{S}_{av}=\mathrm{Re}[\boldsymbol{S}]=\mathrm{Re}\left[\boldsymbol{e}_z\ \frac{1}{2}E_0^2\mathrm{e}^{-2\alpha z}\sqrt{\frac{\sigma}{2\omega\mu}}(1+\mathrm{j})\right]$$

$$=\boldsymbol{e}_z\ \frac{1}{2}E_0^2\mathrm{e}^{-2\alpha z}\sqrt{\frac{\sigma}{2\omega\mu}}$$

故海水表面下部 $z=l$ 处的平均电磁功率流密度与海水表面下部 $z=0$ 处的平均电磁功率流密度之比为

$$\frac{|\boldsymbol{S}_{av}|_{z=l}}{|\boldsymbol{S}_{av}|_{z=0}}=\mathrm{e}^{-2\alpha z}$$

依题意,有

$$\frac{|\boldsymbol{S}_{av}|_{z=l}}{|\boldsymbol{S}_{av}|_{z=0}}=\mathrm{e}^{-2\alpha z}=0.9$$

考虑到良导体中衰减常数与相移常数有如下关系:

$$\alpha=\beta=\sqrt{\frac{\omega\mu\sigma}{2}}$$

从而有

$$f<\frac{1}{\pi\mu\sigma}\left(\frac{\ln 0.9}{-2l}\right)^2\bigg|_{l=1}=\frac{1}{\pi\cdot 4\pi\times 10^{-7}\cdot 51}\left(\frac{\ln 0.9}{-2\times 1}\right)^2=13.78\ \mathrm{Hz}$$

6.3 电磁波的极化

6.3.1 极化的概念

如前所述,无界媒质中的均匀平面电磁波是 TEM 波。TEM 波的电场强度矢量和磁场强度矢量均在垂直于传播方向的平面内。假设电磁波沿 $+z$ 方向传播,则电场强度矢量和磁场强度矢量均在 z=常数的平面内。讨论均匀平面电磁波的传播特性时,我们假设在直角坐标系中,电场强度矢量只有 E_x 分量,因此在垂直传播方向的等相位面上,电场强度矢

量随时间在一条直线上变化，其矢端轨迹是一条直线，这种波称为线极化波。在一般情况下，对于沿$+z$方向传播的均匀平面电磁波，电场强度矢量$\boldsymbol{E}$有两个频率和传播方向均相同的两个分量E_x和E_y。电场强度矢量的表达式为

$$\begin{aligned}\boldsymbol{E} &= \boldsymbol{e}_x E_x + \boldsymbol{e}_y E_y = (\boldsymbol{e}_x E_{0x} + \boldsymbol{e}_y E_{0y})\mathrm{e}^{-\mathrm{j}kz} \\ &= (\boldsymbol{e}_x E_{xm}\mathrm{e}^{\mathrm{j}\phi_x} + \boldsymbol{e}_y E_{ym}\mathrm{e}^{\mathrm{j}\phi_y})\mathrm{e}^{-\mathrm{j}kz}\end{aligned} \tag{6-40}$$

电场强度矢量的两个分量的瞬时值为

$$\begin{cases} E_x = E_{xm}\cos(\omega t - kz + \phi_x) \\ E_y = E_{ym}\cos(\omega t - kz + \phi_y) \end{cases} \tag{6-41}$$

此时它们的合成场矢量$\boldsymbol{E}$在等相位面上随时间变化的矢端轨迹有可能不再是一条直线。为了说明合成场矢量$\boldsymbol{E}$在空间任一固定点上随时间的变化规律，我们引入电磁波的极化概念。

因为电场强度、磁场强度和传播方向三者之间的关系是确定的，所以一般用电场强度矢量$\boldsymbol{E}$的矢端在空间固定点上随时间的变化所描绘的轨迹来表示电磁波的极化。因此，所谓极化是指空间任一固定点上电磁波的电场强度矢量的空间取向随时间变化的方式，以$\boldsymbol{E}$的矢端轨迹来描述。如果$\boldsymbol{E}$的矢端轨迹是直线，电磁波称为线极化波；$\boldsymbol{E}$的矢端轨迹是圆，电磁波称为圆极化波；$\boldsymbol{E}$的矢端轨迹是椭圆，电磁波称为椭圆极化波。显然，对于均匀平面电磁波而言，空间所有点上，电磁波的极化方式都是相同的。下面我们分析式(6-41)所示的平面电磁波的两个分量取不同振幅和相位时，平面电磁波的极化形式。

6.3.2　平面电磁波的极化形式

1. 线极化

设E_x和E_y同相，即$\phi_x=\phi_y=\phi_0$。为了讨论方便，在空间任取一固定点$z=0$，则式(6-41)变为

$$E_x = E_{xm}\cos(\omega t + \phi_0), \quad E_y = E_{ym}\cos(\omega t + \phi_0)$$

合成电磁波的电场强度矢量的模为

$$E = \sqrt{E_x^2 + E_y^2} = \sqrt{E_{xm}^2 + E_{ym}^2}\cos(\omega t + \phi_0) \tag{6-42}$$

合成电磁波的电场强度矢量与x轴正向夹角α的正切为

$$\tan\alpha = \frac{E_y}{E_x} = \frac{E_{ym}}{E_{xm}} = 常数 \tag{6-43a}$$

它表明矢量$\boldsymbol{E}$与x轴正向夹角α保持不变，如图6-7(a)所示。合成电磁波的电场强度矢量的模随时间作正弦变化，其矢端轨迹是一条直线，故称为线极化(Linear Polarization)。

同样的方法可以证明，$\phi_x-\phi_y=\pi$时，合成电磁波的电场强度矢量与x轴正向的夹角α的正切为

$$\tan\alpha = \frac{E_y}{E_x} = \frac{E_{ym}}{E_{xm}} = 常数 \tag{6-43b}$$

这时合成平面电磁波的电场强度矢量$\boldsymbol{E}$的矢端轨迹是位于二、四象限的一条直线，故也称为线极化，如图6-7(b)所示。

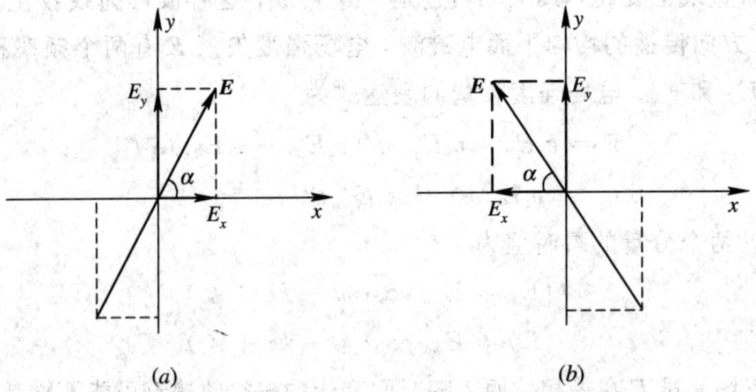

图 6-7　线极化波

2. 圆极化

设 $E_{xm}=E_{ym}=E_m$，$\phi_x-\phi_y=\pm\dfrac{\pi}{2}$，$z=0$，那么式(6-41)变为

$$E_x = E_m\cos(\omega t+\phi_x)$$

$$E_y = E_m\cos\left(\omega t+\phi_x\mp\frac{\pi}{2}\right)=\pm E_m\sin(\omega t+\phi_x)$$

消去 t 得

$$\left(\frac{E_x}{E_m}\right)^2+\left(\frac{E_y}{E_m}\right)^2=1$$

此方程是圆方程。电磁波的两正交电场强度分量的合成电场强度矢量 $\boldsymbol{E}$ 的模和幅角为

$$\begin{cases} E=\sqrt{E_x^2+E_y^2}=E_m \\ \alpha=\arctan\left[\dfrac{\pm\sin(\omega t+\phi_x)}{\cos(\omega t+\phi_x)}\right]=\pm(\omega t+\phi_x) \end{cases} \tag{6-44}$$

可见，电磁波的合成电场强度矢量的大小不随时间变化，而其与 x 轴正向夹角 α 将随时间变化。因此合成电场强度矢量的矢端轨迹为圆，故称为圆极化(Circular Polarization)。

如果 $\alpha=+(\omega t+\phi_x)$，则矢量 $\boldsymbol{E}$ 将以角频率 ω 在 xoy 平面上沿逆时针方向作等角速旋转；如果 $\alpha=-(\omega t+\phi_x)$，则矢量 $\boldsymbol{E}$ 将以角频率 ω 在 xoy 平面上沿顺时针方向作等角速旋转。所以圆极化波有左旋和右旋之分，规定如下：将大拇指指向电磁波的传播方向，其余四指指向电场强度矢量 $\boldsymbol{E}$ 的矢端的旋转方向，符合右手螺旋关系的称为右旋圆极化波；符合左手螺旋关系的称为左旋圆极化波，如图 6-8 所示。

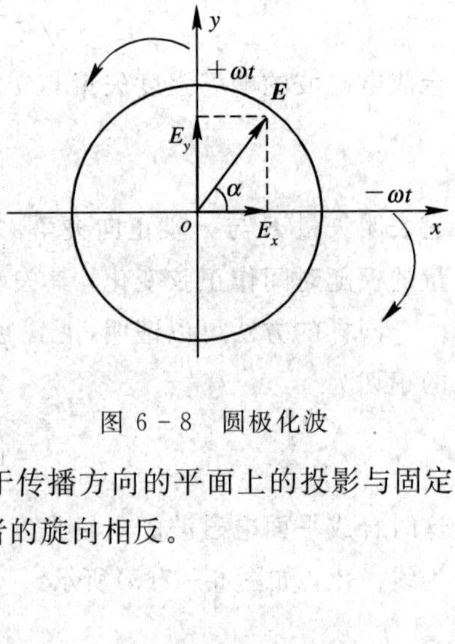

图 6-8　圆极化波

应该指出，一般情况下，$\alpha=\pm(\omega t+\phi_x-kz)$。所以如果在固定时刻，观察合成电场强度矢量的矢端轨迹沿传播方向随空间坐标 z 变化，那么它的大小和方向在垂直于传播方向的平面上的投影与固定空间坐标 z 的矢端轨迹随时间 t 变化的方式相同，但是两者的旋向相反。

3. 椭圆极化

更一般的情况是 E_x 和 E_y 及 ϕ_x 和 ϕ_y 之间为任意关系。在 $z=0$ 处，消去式(6-41)中的 t，得

$$\left(\frac{E_x}{E_{xm}}\right)^2 - 2\frac{E_x}{E_{xm}}\frac{E_y}{E_{ym}}\cos\phi + \left(\frac{E_y}{E_{ym}}\right)^2 = \sin^2\phi \tag{6-45}$$

式中 $\phi=\phi_x-\phi_y$。上式是以 E_x 和 E_y 为变量的椭圆方程。因为方程中不含一次项，故椭圆中心在直角坐标系原点。当 $\phi=\phi_x-\phi_y=\pm\frac{\pi}{2}$ 时椭圆的长短轴与坐标轴一致，而 $\phi=\phi_x-\phi_y\neq\pm\frac{\pi}{2}$ 时则不一致，如图 6-9 所示。由图可见，在空间固定点上，合成电场强度矢量 $\boldsymbol{E}$ 不断改变其大小和方向，其矢端轨迹为椭圆，故称为椭圆极化(Elliptical Polarization)。显然，线极化和圆极化可看作椭圆极化的特例。和圆极化波一样，椭圆极化波也有左旋椭圆极化波和右旋椭圆极化波之分。由于矢量 $\boldsymbol{E}$ 与 x 轴正向夹角 α 的关系为

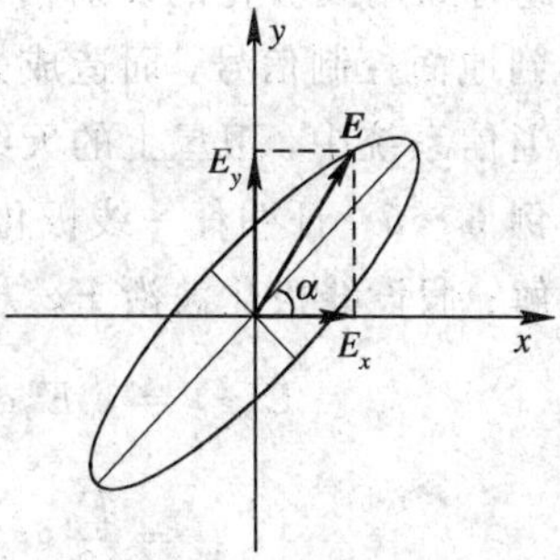

图 6-9 椭圆极化

$$\alpha = \arctan\frac{E_{ym}\cos(\omega t+\phi_y)}{E_{xm}\cos(\omega t+\phi_x)}$$

因此，矢量 $\boldsymbol{E}$ 的旋转角速度为

$$\frac{\mathrm{d}\alpha}{\mathrm{d}t} = \frac{E_{xm}E_{ym}\omega\sin(\phi_x-\phi_y)}{E_{xm}^2\cos^2(\omega t+\phi_x)+E_{ym}^2\cos^2(\omega t+\phi_y)}$$

可见，$0<\phi_x-\phi_y<\pi$ 时，$\frac{\mathrm{d}\alpha}{\mathrm{d}t}>0$，故为右旋椭圆极化；反之，$-\pi<\phi_x-\phi_y<0$ 时，$\frac{\mathrm{d}\alpha}{\mathrm{d}t}<0$，故为左旋椭圆极化。此外，矢量 $\boldsymbol{E}$ 的旋转角速度不再是常数，而是时间的函数。

由上面的讨论可知，平面电磁波可以是线极化波、圆极化波或椭圆极化波。无论何种极化波，都可以用两个极化方向相互垂直的线极化波叠加而成；反之亦然。

6.3.3 电磁波极化特性的工程应用

电磁波的极化描述电磁波运动的空间性质，因此讨论电磁波的极化有着重要的意义。一个与地面平行放置的线天线的远区场是电场强度矢量平行于地面的线极化波，称为水平极化。例如，电视信号的发射通常采用水平极化方式，因此，电视接收天线应调整到与地面平行的位置，使电视接收天线的极化状态与入射电磁波的极化状态匹配，以获得最佳接收效果。细心的读者也许注意到电视共用天线的架设已经应用了这个原理。相反，一个线天线如与地面垂直放置，其远区电场强度矢量与地面垂直，称为垂直极化。例如，调幅电台发射的远区电磁波的电场强度矢量是与地面垂直的垂直极化波。因此，听众要获得最佳收听效果，就应将收音机的天线调整到与入射电场强度矢量平行的位置，即与地面垂直，此时收音机天线的极化状态与入射电磁波的极化状态匹配。

很多情况下，系统必须利用圆极化才能进行正常工作。一个线极化波可以分解为两个振幅相等、旋向相反的圆极化波，所以，不同取向的线极化波都可由圆极化天线收到。因此，现代战争中都采用圆极化天线进行电子侦察和实施电子干扰。例如，火箭等飞行器在飞行过程中，其状态和位置在不断地改变，因此火箭上的天线的极化状态也在不断地改

变。此时如用线极化的发射信号来遥控火箭，在某些情况下则会出现火箭上的线极化天线收不到地面控制信号，而造成失控。如改用圆极化的发射和接收，则就不会出现这种情况。卫星通信系统中，卫星上的天线和地面站的天线均采用圆极化进行工作。

例 6-6 证明任一线极化波总可以分解为两个振幅相等旋向相反的圆极化波的叠加。

解： 假设线极化波沿 $+z$ 方向传播。不失一般性，取 x 轴平行于电场强度矢量 $\boldsymbol{E}$，则

$$\boldsymbol{E}(z) = \boldsymbol{e}_x E_0 \mathrm{e}^{-\mathrm{j}kz} = \boldsymbol{e}_x E_0 \mathrm{e}^{-\mathrm{j}kz} + \frac{1}{2}\mathrm{j}\boldsymbol{e}_y E_0 \mathrm{e}^{-\mathrm{j}kz} - \frac{1}{2}\mathrm{j}\boldsymbol{e}_y E_0 \mathrm{e}^{-\mathrm{j}kz}$$

$$= \frac{E_0}{2}(\boldsymbol{e}_x + \mathrm{j}\boldsymbol{e}_y)\mathrm{e}^{-\mathrm{j}kz} + \frac{E_0}{2}(\boldsymbol{e}_x - \mathrm{j}\boldsymbol{e}_y)\mathrm{e}^{-\mathrm{j}kz}$$

上式右边第一项为一左旋圆极化波，第二项为一右旋圆极化波，而且两者振幅相等，均为 $E_0/2$。

例 6-7 判断下列平面电磁波的极化形式：

(1) $\boldsymbol{E}=E_0(-\boldsymbol{e}_x+\mathrm{j}\boldsymbol{e}_y)\mathrm{e}^{-\mathrm{j}kz}$；

(2) $\boldsymbol{E}=E_0(\mathrm{j}\boldsymbol{e}_x-2\mathrm{j}\boldsymbol{e}_y)\mathrm{e}^{\mathrm{j}kz}$；

(3) $\boldsymbol{E}=E_0(\boldsymbol{e}_x+3\mathrm{j}\boldsymbol{e}_z)\mathrm{e}^{-\mathrm{j}ky}$；

(4) $\boldsymbol{E}=E_0(3\boldsymbol{e}_x+4\boldsymbol{e}_y-5\mathrm{j}\boldsymbol{e}_z)\mathrm{e}^{-\mathrm{j}k(8x-6y)}$。

解： (1) $\boldsymbol{E}=\mathrm{j}E_0(\mathrm{j}\boldsymbol{e}_x+\boldsymbol{e}_y)\mathrm{e}^{-\mathrm{j}kz}$，$E_x$ 和 E_y 振幅相等，且 E_x 相位超前 E_y 相位 $\pi/2$，电磁波沿 $+z$ 方向传播，故为右旋圆极化波。

(2) $\boldsymbol{E}=\mathrm{j}E_0(\boldsymbol{e}_x-2\boldsymbol{e}_y)\mathrm{e}^{\mathrm{j}kz}$，$E_x$ 和 E_y 相位差为 π，故为在二、四象限的线极化波。

(3) $E_{zm}\neq E_{xm}$，E_z 相位超前 E_x 相位 $\pi/2$，电磁波沿 $+y$ 方向传播，故为右旋椭圆极化波。

(4) $\boldsymbol{E}=5E_0\left[\left(\frac{3}{5}\boldsymbol{e}_x+\frac{4}{5}\boldsymbol{e}_y\right)-\mathrm{j}\boldsymbol{e}_z\right]\mathrm{e}^{-\mathrm{j}10k\left(\frac{4}{5}\boldsymbol{e}_x-\frac{3}{5}\boldsymbol{e}_y\right)\cdot\boldsymbol{r}}=5E_0(\boldsymbol{e}_{xy}-\mathrm{j}\boldsymbol{e}_z)\mathrm{e}^{-\mathrm{j}10k\boldsymbol{e}_n\cdot\boldsymbol{r}}$，在垂直于 $\boldsymbol{e}_n$ 的平面内将 $\boldsymbol{E}$ 分解为 $\boldsymbol{e}_{xy}$ 和 $\boldsymbol{e}_z$ 两个方向的分量，则这两个分量互相垂直，振幅相等，且 $\boldsymbol{e}_{xy}$ 相位超前 $\boldsymbol{e}_z$ 相位 $\pi/2$，$\boldsymbol{e}_{xy}\times\boldsymbol{e}_z=\boldsymbol{e}_n$，故为右旋圆极化波。

例 6-8 电磁波在真空中传播，其电场强度矢量的复数表达式为

$$\boldsymbol{E} = (\boldsymbol{e}_x - \mathrm{j}\boldsymbol{e}_y)10^{-4}\mathrm{e}^{-\mathrm{j}20\pi z} \quad (\mathrm{V/m})$$

试求：

(1) 工作频率 f；

(2) 磁场强度矢量的复数表达式；

(3) 坡印廷矢量的瞬时值和时间平均值；

(4) 此电磁波是何种极化，旋向如何。

解： (1) 真空中传播的均匀平面电磁波的电场强度矢量的复数表达式为

$$\boldsymbol{E} = (\boldsymbol{e}_x - \mathrm{j}\boldsymbol{e}_y)10^{-4}\mathrm{e}^{-\mathrm{j}20\pi z} \quad (\mathrm{V/m})$$

所以有

$$k = 20\pi,\ v = \frac{1}{\sqrt{\mu_0\varepsilon_0}} = 3\times10^8,\ k = \frac{2\pi}{\lambda},\ \lambda f = v$$

$$f = \frac{v}{\lambda} = 3\times10^9\ \mathrm{Hz}$$

电场强度矢量的瞬时值为

$$\boldsymbol{E} = 10^{-4}[\boldsymbol{e}_x \cos(\omega t - kz) + \boldsymbol{e}_y \sin(\omega t - kz)]$$

(2) 磁场强度复矢量为

$$\boldsymbol{H} = \frac{1}{\eta_0}\boldsymbol{e}_z \times \boldsymbol{E} = \frac{1}{\eta_0}(\boldsymbol{e}_y + \mathrm{j}\boldsymbol{e}_x)10^{-4}\mathrm{e}^{-\mathrm{j}20\pi z}$$

$$\eta_0 = \sqrt{\frac{\mu_0}{\varepsilon_0}} = 120\pi$$

磁场强度的瞬时值为

$$\boldsymbol{H}(z, t) = \mathrm{Re}[\boldsymbol{H}(z)\mathrm{e}^{\mathrm{j}\omega t}] = \frac{10^{-4}}{\eta_0}[\boldsymbol{e}_y \cos(\omega t - kz) + \boldsymbol{e}_x \sin(\omega t - kz)]$$

(3) 坡印廷矢量的瞬时值和时间平均值为

$$\boldsymbol{S}(z, t) = \boldsymbol{E}(z, t) \times \boldsymbol{H}(z, t) = \frac{10^{-8}}{\eta_0}[\boldsymbol{e}_z \cos^2(\omega t - kz) - \boldsymbol{e}_z \sin^2(\omega t - kz)]$$

$$\boldsymbol{S}_{\mathrm{av}} = \mathrm{Re}\left[\frac{1}{2}\boldsymbol{E}(z) \times \boldsymbol{H}^*(z)\right] = \boldsymbol{e}_z \frac{1}{2} \cdot \frac{10^{-8}}{\eta_0} \cdot (1 + 1) = \frac{10^{-8}}{\eta_0}\boldsymbol{e}_z$$

(4) 此均匀平面电磁波的电场强度矢量在 x 方向和 y 方向的分量振幅相等，且 x 方向的分量比 y 方向的分量相位超前 $\pi/2$，故为右旋圆极化波。

6.4　色散、相速和群速

色散的名称来源于光学。当一束阳光射在三棱镜上时，在三棱镜的另一边就可看到红、橙、黄、绿、蓝、靛、紫七色光散开的图像。这就是光谱段电磁波的色散现象。这是由于不同频率的光在同一媒质中具有不同的折射率，也即具有不同的相速度所致。“媒质的色散”是指媒质的参数与频率有关，而“波的色散”是指波的相速与频率有关。一个任意波形的信号总可以看成是由许多时谐波叠加而成的，每一时谐波传播的相速由媒质参数 ε、μ 和 σ 确定。若媒质的参数 ε、μ 和 σ 与频率有关，则是色散媒质，在其中传播的电磁波必然要发生色散。要深入研究媒质的色散特性，就必须研究媒质的原子理论和极化的微观过程。下面我们介绍由洛仑兹给出的简单的色散介质模型和由此导出的色散关系。

6.4.1　介质的色散

根据洛仑兹给出的色散介质模型，一个分子由若干重离子(如原子核)和围绕它们旋转的一些轻离子(如电子)组成。在非极性分子中，电子的电荷和原子核的电荷不仅总量相等，而且正电荷中心与负电荷中心也重合，因而不呈现电偶极矩。但是，在外电场的作用下，非极性分子的电子和核都将产生位移，正、负电荷中心不再重合，形成一电偶极矩。而且，由于原子核的质量远大于电子的质量，相对于电子的位移而言，原子核可视为不动。由前面的分析可知，每一个电子当对平衡位置产生一位移后，就贡献一个电偶极矩 $p=er$，其中 e 是电子的电荷，r 是电子在外场作用下离开它平衡位置的位移。因此，我们先来求电子的位移与频率的关系。每个电子在外场作用下所受到的作用力为

$$\boldsymbol{F} = e(\boldsymbol{E} + v \times \boldsymbol{B}) \tag{6-46a}$$

其中 v 是电子运动的速度。因为在时变场中，电场强度 $\boldsymbol{E}$ 与磁感应强度 $\boldsymbol{B}$ 之间存在关系 $|\boldsymbol{B}| \propto |\boldsymbol{E}|/c$，其中 c 为光速，所以洛仑兹力公式中磁场的贡献可以忽略。要严格地算出电子在电场力作用下所产生的位移是一个复杂的量子力学问题。现在我们作如下的近似处理，即假定电子是被一个弹性恢复力

$$\boldsymbol{F}_1 = -m\omega_0^2 \boldsymbol{r} \tag{6-46b}$$

束缚在它的平衡位置上，其中 m 是电子的质量，ω_0 是绕平衡点振动的振动频率。另外，还存在阻尼力

$$\boldsymbol{F}_2 = -m\gamma \frac{\mathrm{d}\boldsymbol{r}}{\mathrm{d}t} \tag{6-46c}$$

其中 γ 为阻尼常数。因此，电子在外电场作用下的运动规律满足方程

$$m\left(\frac{\mathrm{d}^2\boldsymbol{r}}{\mathrm{d}\boldsymbol{t}^2} + \gamma \frac{\mathrm{d}\boldsymbol{r}}{\mathrm{d}\boldsymbol{t}} + \omega_0^2 \boldsymbol{r}\right) = e\boldsymbol{E} \tag{6-46d}$$

设电场为时谐场，即 $\boldsymbol{E} = \mathrm{Re}[E_\mathrm{m} \mathrm{e}^{\mathrm{j}\omega t}]$，假定方程(6-46$d$)的解的形式为

$$\boldsymbol{r} = \mathrm{Re}[r_m \mathrm{e}^{\mathrm{j}\omega t}] \tag{6-46e}$$

将式(6-46e)代入式(6-46d)后，可求得

$$r_m = \frac{e}{m} \frac{E_\mathrm{m}}{(\omega_0^2 - \omega^2) + \mathrm{j}\omega\gamma} \tag{6-46f}$$

因而极化强度

$$\boldsymbol{P}_\mathrm{m} = Ner_m = \frac{Ne^2}{m} \frac{E_\mathrm{m}}{(\omega_0^2 - \omega^2) + \mathrm{j}\omega\gamma} \tag{6-46g}$$

其中 N 为单位体积中的电子数。由于 $\boldsymbol{P}_\mathrm{m} = \varepsilon_0 x_e E_\mathrm{m}$，所以极化率 x_e 为

$$x_e = \frac{Ne^2}{m\varepsilon_0} \frac{1}{(\omega_0^2 - \omega^2) + \mathrm{j}\omega\gamma} \tag{6-46h}$$

相对介电常数

$$\varepsilon_\mathrm{r} = 1 + x_e = \frac{Ne^2}{m\varepsilon_0} \frac{1}{(\omega_0^2 - \omega^2) + \mathrm{j}\omega\gamma} \tag{6-46i}$$

将其分解成实部和虚部得

$$\varepsilon_\mathrm{r}' = 1 + \frac{Ne^2}{m\varepsilon_0} \frac{\omega_0^2 - \omega^2}{(\omega_0^2 - \omega^2) + \omega^2\gamma^2} \tag{6-46j}$$

$$\varepsilon_\mathrm{r}'' = -\frac{Ne^2}{m\varepsilon_0} \frac{\omega\gamma}{(\omega_0^2 - \omega^2)^2 + \omega^2\gamma^2} \tag{6-46k}$$

从复介电常数的概念可知，相对介电常数的实部决定了波的传播速度，而虚部决定了波的衰减特性。从式(6-46j)可以看出，ε_r' 与频率 ω 有关，即媒质具有色散特性。图 6-10 画出了 ε_r' 随 ω 的变化曲线。从图中可以看出，除去在 ω_0 附近很窄的一段区域内 ε_r' 随频率升高而减小外，在其它区域 ε_r' 随频率升高而加大。ε_r' 随频率升高而增加称为正常色散，ε_r' 随频率升高而减小称为反常色散。因为自由原子的吸收频率 ω_0 几乎全部落在紫外光谱区内，所以从无线电的射频波谱直到紫外光谱区内，一般媒质的折射率 $\sqrt{\varepsilon_\mathrm{r}}$ 总是大于 1 的。从图中给出的介电常数的虚部随频率的变化曲线可见，在反常色散区介电常数的虚部很大，它表示能量被带电离子吸收很多，损耗很大。介电常数的虚部随频率的变化曲线称为介质的吸收曲线。

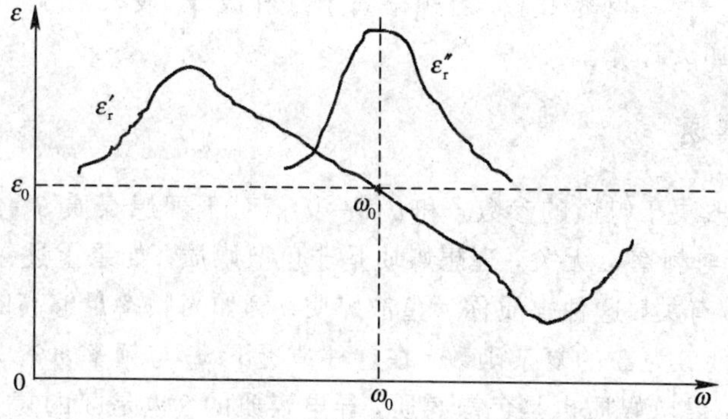

图 6-10　相对介电常数随频率的变化曲线

6.4.2　导体的色散

导体的色散分析可基于下述的粗糙模型。在导体的晶格上有固定的正离子，而在其周围则有运动的自由电子，它们处于平衡状态中。当有外电场作用时，可引起自由电子向外电场方向的漂移，但这种漂移受到晶格上正离子的反复碰撞和阻挡，使漂移电子的动量转移到晶格点上变成了正离子的热振动，同时电子的运动也受到了阻尼。这种阻尼作用与电子的速度成正比，用$-mq\dfrac{\mathrm{d}\boldsymbol{r}}{\mathrm{d}t}$表示($q$ 为阻尼系数)。因此电子的平均运动满足方程：

$$m\frac{\mathrm{d}^2\boldsymbol{r}}{\mathrm{d}t}+mq\frac{\mathrm{d}\boldsymbol{r}}{\mathrm{d}t}=e\boldsymbol{E} \tag{6-46l}$$

对于时谐场 $\boldsymbol{E}=\mathrm{Re}[\boldsymbol{E}_\mathrm{m}\mathrm{e}^{\mathrm{j}\omega t}]$，上式的两个稳态解为

$$\boldsymbol{r}_m'=\frac{e}{m}\frac{\boldsymbol{E}_\mathrm{m}}{q+\mathrm{j}\omega} \tag{6-46m}$$

$$\boldsymbol{r}_m=\frac{-\mathrm{j}e}{m\omega}\frac{\boldsymbol{E}_\mathrm{m}}{q+\mathrm{j}\omega} \tag{6-46n}$$

设单位体积内自由电子的总数为 N，则电流密度 $\boldsymbol{J}_\mathrm{m}$ 为

$$\boldsymbol{J}_\mathrm{m}=Ne\boldsymbol{r}_m'=\frac{Ne^2}{m}\frac{\boldsymbol{E}_\mathrm{m}}{q+\mathrm{j}\omega} \tag{6-46o}$$

根据电导率的定义 $\sigma=\dfrac{\boldsymbol{J}_\mathrm{m}}{\boldsymbol{E}_\mathrm{m}}$得

$$\sigma=\frac{Ne^2/m}{q+\mathrm{j}\omega} \tag{6-46p}$$

由于金属原子的电子谐振频率远落在紫外光谱以外，所以导体的介电常数可以认为是 ε_0，即导体复介电常数为

$$\varepsilon_\mathrm{c}=\varepsilon_0-\mathrm{j}\frac{\sigma}{\varepsilon}=\varepsilon_0-\mathrm{j}\frac{Ne^2}{m\varepsilon(q+\mathrm{j}\omega)} \tag{6-46q}$$

通过分析可知，金属导体的自由电子的惯性一直到接近红外波段都可以忽略，即式(6-46l)中的 $m\dfrac{\mathrm{d}^2\boldsymbol{r}}{\mathrm{d}t}$可以忽略，这时

$$\sigma=\frac{Ne^2}{mq} \tag{6-46r}$$

即电导率变成实数并且与频率无关。当频率高于红外波段(波长短于 25×10^{-3} cm)时，电导率必须按式(6-46p)计算。

6.4.3 相速与群速

波的相速度只取决于媒质的参数 ε 和 $\mu(\sigma=0)$。对于理想媒质 $\beta=\omega\sqrt{\mu\varepsilon}$，$\beta$ 与 ω 成正比，因此相速度 v_p 与频率 ω 无关，理想媒质是非色散媒质。如果上述条件得不到满足，则相速度 v_p 与频率 ω 有关，这种媒质称为色散媒质。例如当频率足够高时，介电常数 ε 是频率 ω 的函数，从而使 β 为 ω 的复杂函数，在这种情况下 v_p 与频率 ω 有关，媒质成为色散媒质。另外我们知道，导电媒质也是色散媒质，导电媒质的 β 也是 ω 的复杂函数，v_p 与频率 ω 有关。良导体中的相速为

$$v_p=\frac{\omega}{\beta}=\sqrt{\frac{2\omega}{\mu\sigma}}$$

这时的相速度是频率的函数。这种波的相速度随频率而变的现象就称为波的色散。

前几节讨论了以 $\cos(\omega t-\beta z)$ 表示其相位变化的均匀平面电磁波，这种在时间、空间上无限延伸的单一频率的电磁波称为单色波。一个单一频率的正弦电磁波不能传递任何信息，并且理想的单频正弦电磁波实际上也是不存在的。实际工程中的电磁波在时间和空间上是有限的，它由不同频率的正弦波(谐波)叠加而成，称为非单色波。非单色波在传播过程中，由于各谐波分量的相速度不同而使其相对相位关系发生变化，从而引起波形(信号)的畸变。携带信息的都是具有一定带宽的已调制非单色波，因此调制波传播的速度才是信号传递的速度。在色散媒质中，不同频率分量的单色波各以不同的相速传播。那么，由不同频率的单色波叠加而成的电磁波信号在媒质中是以什么速度传播的呢？为了阐明此概念我们来讨论一个简单情况。假定色散媒质中同时存在着两个电场强度方向相同、振幅相同、频率不同，向 z 方向传播的正弦线极化电磁波，它们的角频率和相位常数分别为

$$\omega_0+\Delta\omega \text{ 和 } \omega_0-\Delta\omega$$

$$\beta_0+\Delta\beta \text{ 和 } \beta_0-\Delta\beta$$

且有

$$\Delta\omega\ll\omega_0,\quad \Delta\beta\ll\beta_0$$

电场强度表达式为

$$E_1=E_0\cos[(\omega_0+\Delta\omega)t-(\beta_0+\Delta\beta)z]$$

$$E_2=E_0\cos[(\omega_0-\Delta\omega)t-(\beta_0-\Delta\beta)z]$$

合成电磁波的场强表达式为

$$\begin{aligned}E(t)&=E_0\cos[(\omega_0+\Delta\omega)t-(\beta_0+\Delta\beta)z]+E_0\cos[(\omega_0-\Delta\omega)t-(\beta_0-\Delta\beta)z]\\&=2E_0\cos(t\Delta\omega-z\Delta\beta)\cos(\omega_0t-\beta_0z)\end{aligned}\tag{6-46s}$$

可以将上式看成角频率是 ω_0，而振幅按 $\cos(\Delta\omega\cdot t-\Delta\beta\cdot z)$ 缓慢变化的向 z 方向传播的行波。图 6-11 表示固定时刻此合成波随 z 的分布(这里 $f_0=1$ MHz，$\Delta f=100$ kHz，$E_0=1$ V/m)，可见，这是按一定周期排列的波群。随着时间的推移，波群向正 z 方向运动。合成波的振幅随时间按余弦变化，是一调幅波，调制的频率为 $\Delta\omega$。这个按余弦变化的调制波称为包络波(图 6-11 中的虚线)。群速(Group Velocity) v_g 的定义是包络波上某一恒定相位点推进的速度。令调制波的相位为常数：

$$t\Delta\omega - z\Delta\beta = \text{const}$$

由此得

$$v_g = \frac{dz}{dt} = \frac{\Delta\omega}{\Delta\beta}$$

当 $\Delta\omega \to 0$ 时，上式可写成

$$v_g = \frac{d\omega}{d\beta} \quad (\text{m/s}) \tag{6-46t}$$

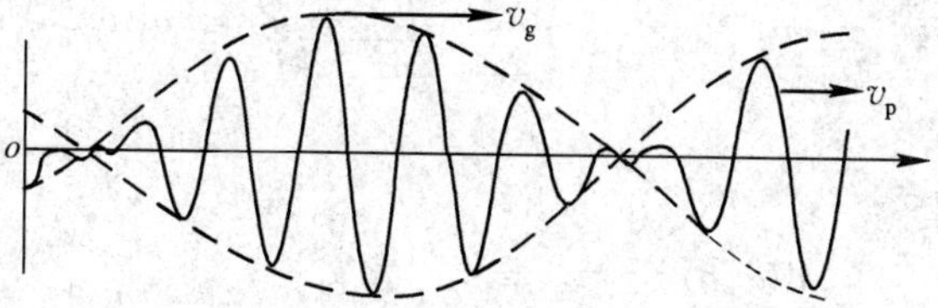

图 6-11　相速与群速

由于群速是波的包络上一个点的传播速度，只有当包络的形状不随波的传播而变化时，它才有意义。若信号频谱很宽，则信号包络在传播过程中将发生畸变。因此，只有对窄频带信号，群速才有意义。

6.4.4　群速与相速的关系

在一般情况下，信号是由任意形状的波包(或脉冲)构成的。根据傅里叶分析可知，对于频率为 ω 的单色正弦波，它的电场或磁场的某一分量 $\psi(t)$ 可以表示成

$$\psi(t) = \frac{1}{2\pi}\int_{-\infty}^{+\infty}\psi_0(\omega)e^{j\omega t}\,d\omega \tag{6-47a}$$

其中：

$$\psi_0(\omega) = \int_{-\infty}^{+\infty}\psi(t)e^{-j\omega t}\,dt \tag{6-47b}$$

若每一频率分量的相速是不同的，其相移常数 $\beta(\omega)$ 也是不同的(这种波称为色散波)，这样信号在传播过程中就可能发生畸变。设信号的带宽足够窄，中心频率为 ω_0，即

$$\psi(t) = \frac{1}{2\pi}\int_{\omega_0-\Delta\omega}^{\omega_0+\Delta\omega}\psi_0(\omega)e^{j\omega t}\,d\omega \tag{6-47c}$$

沿 z 方向传播一定距离 z 后，相函数 $\psi_0(\omega)$ 变成了 $\psi_z(\omega)$，且

$$\psi_z(\omega) = \psi_0(\omega)e^{-j\beta(\omega)z} \tag{6-47d}$$

将 $\beta(\omega)$ 在 ω_0 附近展开成泰勒级数并只取前两项，得

$$\beta(\omega) \approx \beta(\omega_0) + \left.\frac{d\beta}{d\omega}\right|_{\omega=\omega_0} \tag{6-47e}$$

将式(6-47e)代入式(6-47d)，并取其傅里叶逆变换，可求得 z 的信号为

$$\begin{aligned}\psi(z,\ t) &= \frac{1}{2\pi}\int_{\omega_0-\Delta\omega}^{\omega_0+\Delta\omega}\psi_0(\omega)e^{-j(k_0 z+\omega t_z)}e^{j\omega t}\,d\omega \\ &= e^{j(\omega_0 t-k_0 z)}\ \frac{1}{2\pi}\int_{\omega_0-\Delta\omega}^{\omega_0+\Delta\omega}\psi_0(\omega+\omega_0)e^{j\omega(t-t_z)}\,d\omega \\ &= e^{j(\omega_0 t-k_0 z)}\ \frac{1}{2\pi}\int_{-\Delta\omega}^{+\Delta\omega}\psi_0(\omega+\omega_0)e^{j\omega(t-t_z)}\,d\omega\end{aligned} \tag{6-47f}$$

包络的等相位面方程为

$$\omega(t-t_z) = 常数 = \omega\left(t - \frac{\mathrm{d}\beta}{\mathrm{d}\omega}\bigg|_{\omega=\omega_0} z\right)$$

因此，群速度为

$$v_g = \frac{\mathrm{d}z}{\mathrm{d}t} = \frac{\mathrm{d}\omega}{\mathrm{d}\beta}\bigg|_{\omega=\omega_0} \tag{6-47g}$$

对于非色散波，在媒质无色散的情况下，$\beta=\omega\sqrt{\mu\varepsilon}$，而 ε、μ 与频率无关，因此

$$v_g = \frac{\mathrm{d}\omega}{\mathrm{d}\beta}\bigg|_{\omega=\omega_0} = \frac{1}{\sqrt{\mu\varepsilon}} = \frac{\omega}{\beta} = v_p \tag{6-47h}$$

即群速和相速相等。

在色散媒质中，有

$$v_g = \frac{\mathrm{d}\omega}{\mathrm{d}\beta}\bigg|_{\omega=\omega_0} = \frac{\mathrm{d}(v_p\beta)}{\mathrm{d}\beta}\bigg|_{\omega=\omega_0} = v_p + \beta\frac{\mathrm{d}v_p}{\mathrm{d}\beta}\bigg|_{\omega=\omega_0} = v_p + \frac{\omega_0}{v_p}\frac{\mathrm{d}v_p}{\mathrm{d}\omega}v_g\bigg|_{\omega=\omega_0}$$

从而得

$$v_g = \frac{v_p}{1 - \dfrac{\omega_0}{v_p}\dfrac{\mathrm{d}v_p}{\mathrm{d}\omega}\bigg|_{\omega=\omega_0}} \tag{6-48}$$

可见，当 $\mathrm{d}v_p/\mathrm{d}\omega=0$ 时，则 $v_g=v_p$，这是无色散情况，群速等于相速。当 $\mathrm{d}v_p/\mathrm{d}\omega\neq 0$，即相速是频率的函数时，$v_g\neq v_p$，这时又分两种情况：

(1) $\dfrac{\mathrm{d}v_p}{\mathrm{d}\omega}<0$，则 $v_g<v_p$，这类色散称为正常色散；

(2) $\dfrac{\mathrm{d}v_p}{\mathrm{d}\omega}>0$，则 $v_g>v_p$，这类色散称为非正常色散。

导体的色散就是非正常色散。这里“非正常”一词并没有特别的含义，只是表示它与正常色散的类型不同而已。

6.5　均匀平面电磁波向平面分界面的垂直入射

到目前为止，我们已经讨论了均匀平面电磁波在无界简单媒质中的传播规律。但是，实际上媒质只占据有限的区域，因此必须考虑电磁波传播途径上不同媒质分界面的效应。为分析方便，仅考虑不同媒质分界面为无限大平面的情况。一般地说，电磁波在传播过程中遇到两种不同波阻抗的媒质分界面时，在媒质分界面上将有一部分电磁能量被反射回来，形成反射波；另一部分电磁能量可能透过分界面继续传播，形成透射波。

下面几节，我们将要研究的问题是在已知入射波的频率、振幅、极化、传播方向和两种媒质特性的条件下，确定反射波和透射波，进而研究不同媒质中合成电磁波的传播规律和特性。任意极化的入射波总可以分解为两个相互垂直的线极化波，所以，我们只讨论线极化均匀平面电磁波向无限大不同媒质分界面垂直入射和斜入射时的反射和透射问题。

6.5.1　平面电磁波向理想导体的垂直入射

我们从较简单的垂直入射开始研究平面电磁波的反射和透射。如图 6-12 所示，Ⅰ区

为无耗媒质，Ⅱ为理想导体，它们具有无限大的平面分界面（$z=0$ 的无限大平面）。设均匀平面电磁波沿 $\boldsymbol{e}_z$ 方向垂直投射到分界面上。

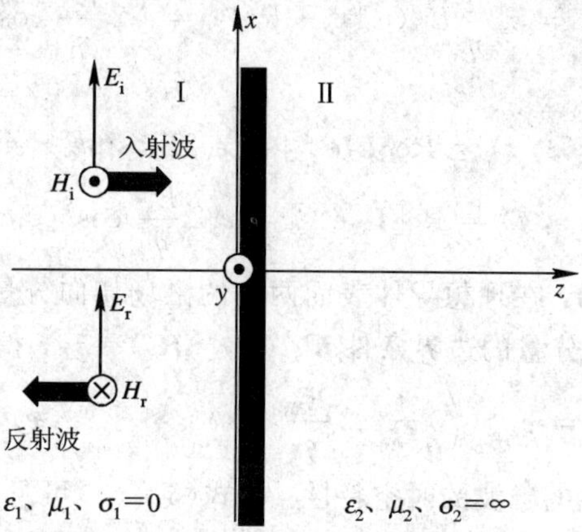

图 6-12 垂直入射到理想导体上的平面电磁波

设入射电磁波的电场和磁场分别依次为

$$\boldsymbol{E}_i = \boldsymbol{e}_x E_{i0} e^{-jk_1 z} \tag{6-49a}$$

$$\boldsymbol{H}_i = \boldsymbol{e}_y \frac{1}{\eta_1} E_{i0} e^{-jk_1 z} \tag{6-49b}$$

式中：E_{i0}为 $z=0$ 处入射波（Incident Wave）的振幅；k_1 和 η_1 为媒质 1 的相位常数和波阻抗，且有

$$k_1 = \omega\sqrt{\mu_1\varepsilon_1}, \quad \eta_1 = \sqrt{\frac{\mu_1}{\varepsilon_1}}$$

媒质 2 为理想导体，其中的电场和磁场均为零，即 $\boldsymbol{E}_2=\mathbf{0}$ 和 $\boldsymbol{H}_2=\mathbf{0}$。因此，电磁波不能透过理想导体表面，而是被分界面全部反射后，在媒质 1 中形成反射波 $\boldsymbol{E}_r$ 和 $\boldsymbol{H}_r$。为使分界面上的切向边界条件在分界面上任意点、任何时刻均可能满足，设反射与入射波有相同的频率和极化，且沿 $-\boldsymbol{e}_z$ 方向传播。于是反射波（Reflected Wave）的电场和磁场可分别写为

$$\boldsymbol{E}_r = \boldsymbol{e}_x E_{r0} e^{jk_1 z} \tag{6-50a}$$

$$\boldsymbol{H}_r = -\boldsymbol{e}_y \frac{1}{\eta_1} E_{r0} e^{jk_1 z} \tag{6-50b}$$

式中，E_{r0}为 $z=0$ 处反射波的振幅。

媒质 1 中总的合成电磁场为

$$\boldsymbol{E}_1 = \boldsymbol{E}_i + \boldsymbol{E}_r = \boldsymbol{e}_x (E_{i0} e^{-jk_1 z} + E_{r0} e^{jk_1 z}) \tag{6-51a}$$

$$\boldsymbol{H}_1 = \boldsymbol{H}_i + \boldsymbol{H}_r = \boldsymbol{e}_y \frac{1}{\eta_1} (E_{i0} e^{-jk_1 z} - E_{r0} e^{jk_1 z}) \tag{6-51b}$$

分界面 $z=0$ 两侧，电场强度 $\boldsymbol{E}$ 的切向分量连续，即 $\boldsymbol{e}_z \times (\boldsymbol{E}_2 - \boldsymbol{E}_1) = \mathbf{0}$，所以

$$\boldsymbol{E}_1(0) = \boldsymbol{e}_x (E_{i0} + E_{r0}) = \boldsymbol{E}_2(0) = \mathbf{0}$$

于是分界面上的反射系数 Γ，即分界面上反射波电场强度与入射波电场强度之比为

$$\Gamma = \frac{E_{r0}}{E_{i0}} = -1 \tag{6-52}$$

将式(6－52)代入式(6－51)，得到Ⅰ区的合成电场和磁场：

$$\boldsymbol{E}_1 = \boldsymbol{e}_x E_{i0}(e^{-jk_1 z} - e^{jk_1 z}) = -\boldsymbol{e}_x 2jE_{i0}\sin k_1 z \tag{6-53a}$$

$$\boldsymbol{H}_1 = \boldsymbol{e}_y \frac{1}{\eta_1}E_{i0}(e^{-jk_1 z} + e^{jk_1 z}) = \boldsymbol{e}_y 2\frac{E_{i0}}{\eta_1}\cos k_1 z \tag{6-53b}$$

它们对应的瞬时值为

$$\boldsymbol{E}_1(z, t) = \mathrm{Re}[\boldsymbol{E}_1 e^{j\omega t}] = \boldsymbol{e}_x 2E_{i0}\sin k_1 z\sin\omega t \tag{6-54a}$$

$$\boldsymbol{H}_1(z, t) = \mathrm{Re}[\boldsymbol{H}_1 e^{j\omega t}] = \boldsymbol{e}_y 2\frac{E_{i0}}{\eta_1}\cos k_1 z\cos\omega t \tag{6-54b}$$

由于Ⅱ区中无电磁场，在理想导体表面两侧的磁场切向分量不连续，因此分界面上存在面电流。根据磁场切向分量的边界条件 $\boldsymbol{n}\times(\boldsymbol{H}_2-\boldsymbol{H}_1)=\boldsymbol{J}_S$，得面电流密度为

$$\boldsymbol{J}_S = \boldsymbol{e}_z\times\left(0-\boldsymbol{e}_y 2\frac{E_{i0}}{\eta_1}\cos k_1 z\right)\bigg|_{z=0} = \boldsymbol{e}_x\frac{2E_{i0}}{\eta_1}$$

下面讨论Ⅰ区中合成电磁波的时空特性。由式(6－54)可见，在任意时刻 t，Ⅰ区的合成电场 $\boldsymbol{E}_1$ 和磁场 $\boldsymbol{H}_1$ 都在距理想导体表面的某些固定位置处存在零值和最大值：

$\boldsymbol{E}_1(z, t)$等于 0 的值，$\boldsymbol{H}_1(z, t)$的最大值 发生在 $k_1 z=-n\pi$ 或 $z=-n\cdot\dfrac{\lambda}{2}(n=0, 1, 2, \cdots)$

$\boldsymbol{H}_1(z, t)$等于 0 的值，$\boldsymbol{E}_1(z, t)$的最大值 发生在 $k_1 z=-(2n+1)\dfrac{\pi}{2}$ 或 $z=-(2n+1)\cdot\dfrac{\lambda}{4}(n=0, 1, 2, \cdots)$

这些最大值的位置不随时间变化，称为波腹点；同样这些零值的位置也不随时间变化，称为波节点。这可用图 6－13 来说明。图中电场强度振幅 $E_{i0}=5$，给出了时间 t 等于 0、$T/8$、$T/4$、$5T/8$、$3T/4$ 时，$E_1(z, t)$与 z 的关系。从图中我们看到，空间各点的电场都随时间按 $\sin\omega t$ 作简谐变化，但其波腹点处电场振幅总是最大，波节点处电场总是零，而且这种状态并不随时间沿 z 移动。这种波腹点和波节点位置都固定不动的电磁波称为驻波。这说明两个振幅相等、传播方向相反的行波合成的结果是驻波。驻波电场波腹点和波节点都每隔 $\lambda_1/4$ 交替出现，两个相邻波节点之间的距离为 $\lambda_1/2$。

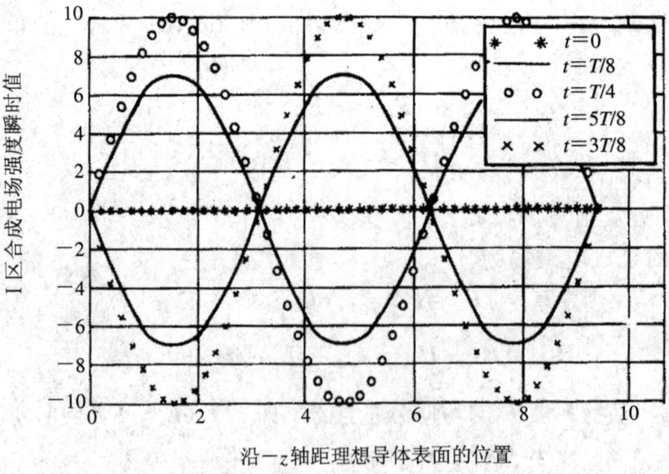

图 6－13　不同瞬间的驻波电场

由式(6－54b)知，磁场振幅也是驻波分布，但磁场的波腹点对应于电场的波节点，而

磁场的波节点对应于电场的波腹点。理想导体表面处($z=0$)是电场的波节点，磁场的波腹点。

驻波不传输能量，其坡印廷矢量的时间平均值为

$$\boldsymbol{S}_{\mathrm{av1}}=\mathrm{Re}\left[\frac{1}{2}\boldsymbol{E}_1\times\boldsymbol{H}_1^*\right]=\mathrm{Re}\left[-\boldsymbol{e}_z\mathrm{j}\frac{4E_{\mathrm{i0}}^2}{2\eta_1}\sin k_1z\cos k_1z\right]=\boldsymbol{0} \qquad (6-55a)$$

可见没有单向流动的实功率，而只有虚功率。由式(5－54)可得驻波的坡印廷矢量的瞬时值为

$$\boldsymbol{S}(z,t)=\boldsymbol{E}(z,t)\times\boldsymbol{H}(z,t)=\boldsymbol{e}_z\frac{E_{\mathrm{i0}}^2}{\eta_1}\sin 2k_1z\sin 2\omega t \qquad (6-55b)$$

此式表明，瞬时功率流随时间按周期变化，但是仅在两个波节点之间进行电场能量和磁场量的交换，并不发生电磁能量的单向传输。

6.5.2　平面电磁波向理想介质的垂直入射

设区域Ⅰ和区域Ⅱ中的媒质都是理想介质，则当 x 方向极化、沿 z 轴正向传播的均匀平面电磁波由区域Ⅰ向无限大分界平面($z=0$)垂直入射时，因媒质参数不同(波阻抗不连续)，到达分界面上的一部分入射波被分界面反射，形成沿 z 轴负向传播的反射波；另一部分入射波透过分界面进入区域Ⅱ进行传播，形成沿 z 轴正向传播的透射波(Transmitted Wave)。由于分界面两侧电场强度的切向分量连续，因此反射波和透射波的电场强度矢量也只有 x 分量，即反射波和透射波沿 x 方向极化，如图 6－14 所示。

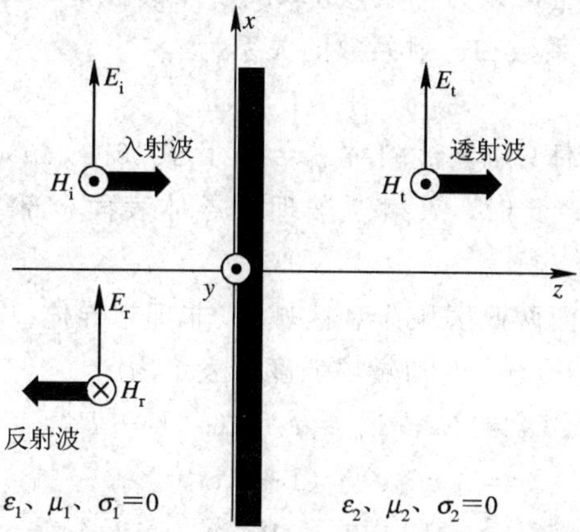

图 6－14　垂直入射到理想介质上的平面电磁波

入射波的电场和磁场表达式与式(6－49)相同，反射波的电场和磁场表达式与式(6－50)相同，区域Ⅰ中的合成电磁波的电场和磁场表达式与式(6－51)相同。区域Ⅱ中只有透射波，其电场和磁场分别为

$$\boldsymbol{E}_{\mathrm{t}}=\boldsymbol{e}_xE_{\mathrm{t0}}\mathrm{e}^{-\mathrm{j}k_2z} \qquad (6-56a)$$

$$\boldsymbol{H}_{\mathrm{t}}=\boldsymbol{e}_y\frac{1}{\eta_2}E_{\mathrm{t0}}\mathrm{e}^{-\mathrm{j}k_2z} \qquad (6-56b)$$

式中：E_{t0} 为 $z=0$ 处透射波的振幅；k_2 和 η_2 为媒质 2 的相位常数和波阻抗，且有

$$k_2 = \omega\sqrt{\mu_2\varepsilon_2}, \quad \eta_2 = \sqrt{\frac{\mu_2}{\varepsilon_2}}$$

接着利用分界面上电场和磁场所满足的边界条件 $E_{1t}=E_{2t}$ 和 $H_{1t}=H_{2t}$(理想介质的分界面上不存在传导面电流),确定分界面处反射波振幅、透射波振幅与入射波振幅的关系。由式(6-51a)及式(6-56a),考虑到 $z=0$ 处分界面电场强度切向分量连续的边界条件 $E_{1t}=E_{2t}$,可得

$$E_{i0} + E_{r0} = E_{t0} \tag{6-57a}$$

由式(6-51b)及式(6-56b),考虑到 $z=0$ 处分界面磁场强度切向分量连续的边界条件 $H_{1t}=H_{2t}$,可得

$$\frac{1}{\eta_1}(E_{i0} - E_{r0}) = \frac{1}{\eta_2}E_{t0} \tag{6-57b}$$

联立求解式(6-57)得分界面上的反射系数 Γ——分界面上反射波电场强度与入射波电场强度之比,即

$$\Gamma = \frac{E_{r0}}{E_{i0}} = \frac{\eta_2 - \eta_1}{\eta_2 + \eta_1} \tag{6-58a}$$

和界面上的透射系数 T——分界面上透射波电场强度与入射波电场强度之比,即

$$T = \frac{E_{t0}}{E_{i0}} = \frac{2\eta_2}{\eta_2 + \eta_1} \tag{6-58b}$$

由式(6-58a)和式(6-58b)知,分界面上的透射系数 T 和反射系数 Γ 都是无量纲的量。反射系数 Γ 既可以为正数,也可以为负数,这取决于区域Ⅰ和区域Ⅱ的波阻抗 η_1 和 η_2。透射系数 T 始终为正数。反射系数和透射系数的关系为

$$1 + \Gamma = T \tag{6-58c}$$

如果媒质 2 为理想导体,则其波阻抗 $\eta_2=0$,由式(6-58a)和式(6-58b)得反射系数 $\Gamma=-1$,透射系数 $T=0$。此时,入射波被理想导体表面全部反射,并在媒质 1 中形成驻波。

最后,我们讨论分界面两侧区域Ⅰ和区域Ⅱ(非理想导体)中合成电磁波的特性。区域Ⅰ($z<0$)中任意点的合成电场强度和磁场强度可表示为

$$\begin{aligned}
\boldsymbol{E}_1 &= \boldsymbol{E}_i + \boldsymbol{E}_r = \boldsymbol{e}_x E_{i0}(e^{-jk_1 z} + \Gamma e^{jk_1 z}) \\
&= \boldsymbol{e}_x E_{i0} e^{-jk_1 z}(1 + \Gamma e^{j2k_1 z}) \\
&= \boldsymbol{e}_x E_{i0}[(1+\Gamma)e^{-jk_1 z} + \Gamma(e^{jk_1 z} - e^{-jk_1 z})] \\
&= \boldsymbol{e}_x E_{i0}[(1+\Gamma)e^{-jk_1 z} + j2\Gamma \sin k_1 z] \\
&= \boldsymbol{e}_x E_{i0}(Te^{-jk_1 z} + j2\Gamma \sin k_1 z)
\end{aligned} \tag{6-59a}$$

$$\begin{aligned}
\boldsymbol{H}_1 &= \boldsymbol{H}_i + \boldsymbol{H}_r = \boldsymbol{e}_y \frac{1}{\eta_1} E_{i0}(e^{-jk_1 z} - \Gamma e^{jk_1 z}) \\
&= \boldsymbol{e}_y \frac{1}{\eta_1} E_{i0} e^{-jk_1 z}(1 - \Gamma e^{j2k_1 z}) \\
&= \boldsymbol{e}_y \frac{1}{\eta_1} E_{i0}[(1+\Gamma)e^{-jk_1 z} - 2\Gamma \cos k_1 z]
\end{aligned} \tag{6-59b}$$

从式(6-59)可以看出,式中第一项是沿 z 方向传播的行波,第二项是驻波。这种既有行波成分又有驻波成分的电磁波称为行驻波。因为有行波成分存在,所以行驻波的电场强度和

磁场强度在离分界面的某些固定位置处的最小值不再为零，但仍然有最大值和最小值存在。根据式(6-59)知，区域Ⅰ中电场强度和磁场强度的模为(设 $E_{i0}=E_m$ 为实数)

$$|\boldsymbol{E}_1| = E_1 = E_m(1+\Gamma^2 \pm 2|\Gamma|\cos 2k_1 z)^{1/2} \tag{6-60a}$$

$$|\boldsymbol{H}_1| = H_1 = \frac{1}{\eta_1}E_m(1+\Gamma^2 \mp 2|\Gamma|\cos 2k_1 z)^{1/2} \tag{6-60b}$$

式(6-60)是 z 的周期函数，周期为 $\lambda/2$。括号中的上、下标分别对应于 $\Gamma>0(\eta_2>\eta_1)$ 和 $\Gamma<0(\eta_2<\eta_1)$。

(1) $\Gamma>0(\eta_2>\eta_1)$。当

$$2k_1 z = -2n\pi \quad (n=0,1,2,\cdots)$$

$$z = -n\cdot\frac{\lambda_1}{2}$$

时，有

$$E_1 = E_{max} = E_m(1+|\Gamma|) \tag{6-61a}$$

$$H_1 = H_{min} = \frac{1}{\eta_1}E_m(1-|\Gamma|) \tag{6-61b}$$

即在分界面或离分界面为半波长整数倍处为电场波腹点，磁场波节点。而当

$$z = -(2n+1)\cdot\frac{\lambda_1}{4} \quad (n=0,1,2,\cdots)$$

时，又有

$$E_1 = E_{min} = E_m(1-|\Gamma|) \tag{6-62a}$$

$$H_1 = H_{max} = \frac{1}{\eta_1}E_m(1+|\Gamma|) \tag{6-62b}$$

即在离分界面四分之一波长($\lambda_1/4$)的奇数倍处为电场波节点和磁场波腹点。

(2) $\Gamma<0(\eta_2<\eta_1)$。此时，电场、磁场的波腹点、波节点位置相反。即电场的波腹点对应于 $\Gamma>0(\eta_2>\eta_1)$ 时的电场的波节点，磁场的波腹点对应于 $\Gamma>0\ (\eta_2>\eta_1)$ 时的磁场的波节点；电场的波节点对应于 $\Gamma>0(\eta_2>\eta_1)$ 时的电场的波腹点，磁场的波节点对应于 $\Gamma>0$ $(\eta_2>\eta_1)$ 时的磁场的波腹点。

比较式(6-60a)和式(6-60b)知，磁场强度的模和电场强度的模的最大值和最小值位置正好互换。

为了反映行驻波状态的驻波成分大小，定义行驻波电场(磁场)的最大值与最小值之比为驻波比，即 VSWR(Voltage Standing Wave Ratio)，用 ρ 表示：

$$\rho = \frac{E_{max}}{E_{min}} = \frac{1+|\Gamma|}{1-|\Gamma|} \tag{6-63}$$

因为 $\Gamma=-1\sim1$，所以 $\rho=1\sim\infty$。当 $|\Gamma|=0$、$\rho=1$ 时，为行波状态，区域Ⅰ中无反射波，因此全部入射波功率都透入区域Ⅱ。

区域Ⅱ中的电磁波仅有透射波，将透射系数引入式(6-56)后，其电场和磁场可以表示为

$$\boldsymbol{E}_2 = \boldsymbol{E}_t = \boldsymbol{e}_x T E_{i0}\,e^{-jk_2 z} \tag{6-64a}$$

$$\boldsymbol{H}_2 = \boldsymbol{H}_t = \boldsymbol{e}_y \frac{1}{\eta_2} T E_{i0}\,e^{-jk_2 z} \tag{6-64b}$$

显然，区域Ⅱ中的电磁波为向 z 方向传播的行波。

我们再来讨论电磁能量关系。区域Ⅰ中，入射波向 z 方向传输的平均功率密度矢量为

$$\boldsymbol{S}_{av,i}=\mathrm{Re}\left[\frac{1}{2}\boldsymbol{E}_i\times\boldsymbol{H}_i^*\right]=\boldsymbol{e}_z\frac{1}{2}\frac{E_{i0}^2}{\eta_1}\tag{6-65a}$$

反射波向 $-z$ 方向传输的平均功率密度矢量为

$$\boldsymbol{S}_{av,r}=\mathrm{Re}\left[\frac{1}{2}\boldsymbol{E}_r\times\boldsymbol{H}_r^*\right]=-\boldsymbol{e}_z\frac{1}{2}\frac{|\Gamma|^2E_{i0}^2}{\eta_1}=-|\Gamma|^2\boldsymbol{S}_{av,i}\tag{6-65b}$$

区域Ⅰ中合成场向 z 方向传输的平均功率密度矢量为

$$\boldsymbol{S}_{av1}=\mathrm{Re}\left[\frac{1}{2}\boldsymbol{E}_1\times\boldsymbol{H}_1^*\right]=\boldsymbol{e}_z\frac{1}{2}\frac{E_{i0}^2}{\eta_1}(1-|\Gamma|^2)=\boldsymbol{S}_{av,i}(1-|\Gamma|^2)\tag{6-65c}$$

即区域Ⅰ中向 z 方向传输的平均功率密度实际上等于入射波传输的功率减去反射波沿相反方向传输的功率。

区域Ⅱ中向 z 方向传输的平均功率密度矢量为

$$\boldsymbol{S}_{av2}=\boldsymbol{S}_{av,t}=\mathrm{Re}\left[\frac{1}{2}\boldsymbol{E}_t\times\boldsymbol{H}_t^*\right]=\boldsymbol{e}_z\frac{1}{2}\frac{|T|^2E_{i0}^2}{\eta_2}=\frac{\eta_1}{\eta_2}|T|^2\boldsymbol{S}_{av,i}\tag{6-65d}$$

并且有

$$\boldsymbol{S}_{av1}=\boldsymbol{S}_{av,i}(1-|\Gamma|^2)=\frac{\eta_1}{\eta_2}|T|^2\boldsymbol{S}_{av,i}=\boldsymbol{S}_{av2}\tag{6-65e}$$

即区域Ⅰ中的入射波功率等于区域Ⅰ中的反射波功率和区域Ⅱ中的透射波功率之和。这符合能量守恒定律。

必须指出，如果媒质1和媒质2为有耗媒质(例如导电媒质)，只要用式(6-24)表示的等效复介电常数 ε_c 代替实介电常数 ε，本节公式同样适用。

例 6-9 一右旋圆极化波由空气向一理想介质平面($z=0$)垂直入射，坐标与图6-14相同，媒质的电磁参数为 $\varepsilon_2=9\varepsilon_0$，$\varepsilon_1=\varepsilon_0$，$\mu_1=\mu_2=\mu_0$。试求反射波、透射波的电场强度及相对平均功率密度；它们各是何种极化波。

解: 设入射波电场强度矢量为

$$\boldsymbol{E}_i=\frac{1}{\sqrt{2}}(\boldsymbol{e}_x-\mathrm{j}\boldsymbol{e}_y)E_0\mathrm{e}^{-\mathrm{j}k_1z}$$

$$k_1=\omega\sqrt{\mu_0\varepsilon_0}$$

则反射波和透射波的电场强度矢量为

$$\boldsymbol{E}_r=\frac{\Gamma}{\sqrt{2}}(\boldsymbol{e}_x-\mathrm{j}\boldsymbol{e}_y)E_0\mathrm{e}^{\mathrm{j}k_1z}$$

$$\boldsymbol{E}_t=\frac{T}{\sqrt{2}}(\boldsymbol{e}_x-\mathrm{j}\boldsymbol{e}_y)E_0\mathrm{e}^{-\mathrm{j}k_2z}$$

$$k_2=\omega\sqrt{\mu_2\varepsilon_2}=3\omega\sqrt{\mu_0\varepsilon_0}$$

式中反射系数和透射系数为

$$\Gamma=\frac{\eta_2-\eta_1}{\eta_2+\eta_1}=-0.5$$

$$T=\frac{2\eta_2}{\eta_2+\eta_1}=0.5$$

入射波、反射波和透射波都可以看成是两个振幅相等、旋向相反、互相正交的线极化波的

合成，每一线极化波的平均功率密度关系与式(6 - 65)相同，所以相对平均功率密度为

$$\left|\frac{\boldsymbol{S}_{\mathrm{av,r}}}{\boldsymbol{S}_{\mathrm{av,i}}}\right| = |\Gamma|^2 = 0.5^2 = 25\%$$

$$\left|\frac{\boldsymbol{S}_{\mathrm{av,t}}}{\boldsymbol{S}_{\mathrm{av,i}}}\right| = 1 - |\Gamma|^2 = 1 - 0.25 = 75\%$$

因为反射系数和透射系数都是实数，所以，根据反射波和透射波电场强度矢量的表示式可见，反射波是左旋圆极化波，透射波是右旋圆极化波。

例 6 - 10　频率为 $f = 300$ MHz 的线极化均匀平面电磁波，其电场强度振幅值为 2 V/m，从空气垂直入射到 $\varepsilon_r = 4$、$\mu_r = 1$ 的理想介质平面上，求：

(1) 反射系数、透射系数、驻波比；

(2) 入射波、反射波和透射波的电场和磁场；

(3) 入射功率、反射功率和透射功率。

解：设入射波为 x 方向的线极化波，沿 z 方向传播，如图 6 - 14 所示。

(1) 据题意波阻抗为

$$\eta_1 = \sqrt{\frac{\mu_0}{\varepsilon_0}} = 120\pi$$

$$\eta_2 = \sqrt{\frac{\mu_0}{\varepsilon}} = \sqrt{\frac{\mu_0}{4\varepsilon_0}} = 60\pi$$

因此，反射系数、透射系数和驻波比为

$$\Gamma = \frac{\eta_2 - \eta_1}{\eta_2 + \eta_1} = -\frac{1}{3}$$

$$T = \frac{2\eta_2}{\eta_2 + \eta_1} = \frac{2}{3}$$

$$\rho = \frac{1 + |\Gamma|}{1 - |\Gamma|} = 2$$

(2) 入射波、反射波和透射波的电磁和磁场为

$$f = 300 \text{ MHz}$$

$$\lambda_1 = \frac{c}{f} = 1 \text{ m}, \quad \lambda_2 = \frac{v_2}{f} = \frac{c}{\sqrt{\varepsilon_r} \cdot f} = 0.5 \text{ m}$$

$$k_1 = \frac{2\pi}{\lambda_1} = 2\pi, \quad k_2 = \frac{2\pi}{\lambda_2} = 4\pi$$

$$\boldsymbol{E}_{\mathrm{i}} = \boldsymbol{e}_x E_{\mathrm{i0}} \mathrm{e}^{-\mathrm{j}k_1 z} = \boldsymbol{e}_x 2\mathrm{e}^{-\mathrm{j}2\pi z}$$

$$\boldsymbol{H}_{\mathrm{i}} = \boldsymbol{e}_y \frac{1}{\eta_1} E_{\mathrm{i0}} \mathrm{e}^{-\mathrm{j}k_1 z} = \boldsymbol{e}_y \frac{1}{60\pi} \mathrm{e}^{-\mathrm{j}2\pi z}$$

$$\boldsymbol{E}_{\mathrm{r}} = \boldsymbol{e}_x \Gamma E_{\mathrm{i0}} \mathrm{e}^{\mathrm{j}k_1 z} = -\boldsymbol{e}_x \frac{2}{3} \mathrm{e}^{\mathrm{j}2\pi z}$$

$$\boldsymbol{H}_{\mathrm{r}} = -\boldsymbol{e}_y \frac{\Gamma E_{\mathrm{i0}} \mathrm{e}^{\mathrm{j}k_1 z}}{\eta_1} = \boldsymbol{e}_y \frac{1}{180\pi} \mathrm{e}^{\mathrm{j}2\pi z}$$

$$\boldsymbol{E}_{\mathrm{t}} = \boldsymbol{e}_x T E_{\mathrm{i0}} \mathrm{e}^{-\mathrm{j}k_2 z} = \boldsymbol{e}_x \frac{4}{3} \mathrm{e}^{-\mathrm{j}4\pi z}$$

$$\boldsymbol{H}_{\mathrm{t}} = \boldsymbol{e}_y \frac{T E_{\mathrm{i0}} \mathrm{e}^{-\mathrm{j}k_2 z}}{\eta_2} = \boldsymbol{e}_y \frac{1}{45\pi} \mathrm{e}^{-\mathrm{j}4\pi z}$$

(3) 入射波、反射波、透射波的平均功率密度为

$$\boldsymbol{S}_{\mathrm{av,i}}=\boldsymbol{e}_z\frac{E_{\mathrm{i0}}^2}{2\eta_1}=\boldsymbol{e}_z\frac{1}{60\pi}\quad(\mathrm{W/m^2})$$

$$\boldsymbol{S}_{\mathrm{av,r}}=-\boldsymbol{e}_z\frac{E_{\mathrm{r0}}^2}{2\eta_1}=-\boldsymbol{e}_z\frac{|\Gamma E_{\mathrm{i0}}|^2}{2\eta_1}=-\boldsymbol{e}_z\frac{1}{540\pi}\quad(\mathrm{W/m^2})$$

$$\boldsymbol{S}_{\mathrm{t}}=\boldsymbol{e}_z\frac{E_{\mathrm{t0}}^2}{2\eta_2}=\boldsymbol{e}_z\frac{|TE_{\mathrm{i0}}|^2}{2\eta_2}=\boldsymbol{e}_z\frac{2}{135\pi}\quad(\mathrm{W/m^2})$$

显然:

$$|\boldsymbol{S}_{\mathrm{av,i}}|-|\boldsymbol{S}_{\mathrm{av,r}}|=|\boldsymbol{S}_{\mathrm{av,i}}|(1-|\Gamma|^2)=|\boldsymbol{S}_{\mathrm{av,t}}|$$

6.6 均匀平面电磁波向多层媒质分界面的垂直入射

解决许多实际问题时，常常利用电磁波在多层媒质中的反射和透射特性来实现某种特定功能。例如飞行器的外表面涂敷有耗或无耗吸波材料，使雷达发射的电磁波到达飞行器处不会产生反射波，这样雷达也就发现不了飞行器。这种不便由雷达观测到的飞行器就称为隐身飞行器，比如隐身飞机；照相机的镜头涂敷一层或多层薄膜可以降低“红眼”现象；雷达天线罩是避免雷达装置受恶劣气候影响的一种半圆形覆盖物，理论上要求这种覆盖物对回波不产生反射。要达到上述目的，关键的问题是如何选择适当的媒质材料及其厚度。

6.6.1 多层媒质中的电磁波及其边界条件

为简单起见，我们仅考虑只有三个媒质区域的情况，如图 6 - 15 所示。

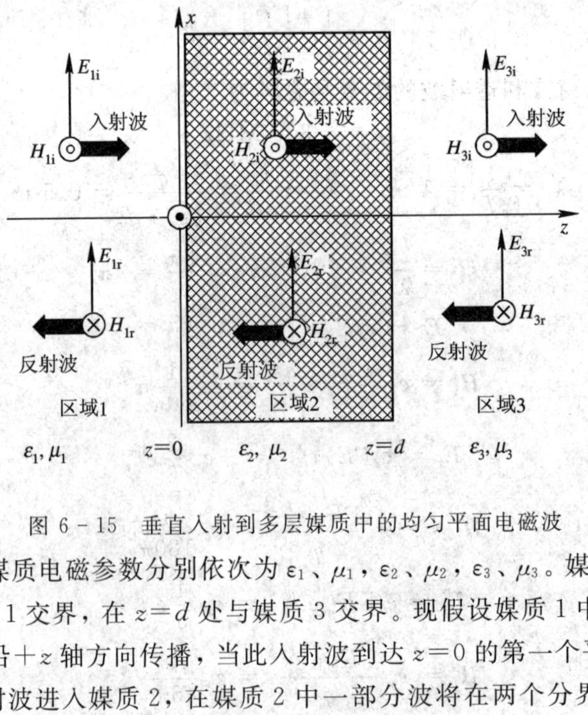

图 6 - 15 垂直入射到多层媒质中的均匀平面电磁波

三个区域中的媒质电磁参数分别依次为 ε_1、μ_1，ε_2、μ_2，ε_3、μ_3。媒质 2 具有有限厚度，它在 $z=0$ 处与媒质 1 交界，在 $z=d$ 处与媒质 3 交界。现假设媒质 1 中有一 x 方向线极化的均匀平面电磁波沿 $+z$ 轴方向传播，当此入射波到达 $z=0$ 的第一个平面交界面时将产生反射和透射。该透射波进入媒质 2，在媒质 2 中一部分波将在两个分界面($z=0$、$z=d$)之

间来回反射，另一部分将分别透入媒质 1 和媒质 3。透入媒质 1 的这部分波与入射波在 $z=0$ 分界面上的第一次反射波的叠加为媒质 1 中的反射波；透入媒质 3 中的这一部分波为媒质 3 中的透射波。而在媒质 2 中来回反射的波，我们可以将它分为沿 $+z$ 轴方向传播的波(具有传播因子 $e^{-jk_2 z}$)和沿 $-z$ 轴方向传播的波(具有传播因子 $e^{jk_2 z}$)。一般地说，对于多层媒质，除最后一层外，每层媒质中都存在各自的入射波和反射波，最后一层则只有透射波。于是我们可以写出各个区域中的电场和磁场：

区域 1 中的入射波：

$$\boldsymbol{E}_{1i} = \boldsymbol{e}_x E_{1i0} e^{-jk_1 z} \tag{6-66a}$$

$$\boldsymbol{H}_{1i} = \boldsymbol{e}_y \frac{E_{1i0}}{\eta_1} e^{-jk_1 z} \tag{6-66b}$$

区域 1 中的反射波：

$$\boldsymbol{E}_{1r} = \boldsymbol{e}_x E_{1r0} e^{jk_1 z} \tag{6-67a}$$

$$\boldsymbol{H}_{1r} = -\boldsymbol{e}_y \frac{E_{1i0}}{\eta_1} e^{jk_1 z} \tag{6-67b}$$

区域 1($z\leqslant 0$)中的合成电磁波：

$$\boldsymbol{E}_1 = \boldsymbol{E}_{1i} + \boldsymbol{E}_{1r} = \boldsymbol{e}_x (E_{1i0} e^{-jk_1 z} + E_{1r0} e^{jk_1 z}) \tag{6-68a}$$

$$\boldsymbol{H}_1 = \boldsymbol{H}_{1i} + \boldsymbol{H}_{1r} = \boldsymbol{e}_y \frac{1}{\eta_1} (E_{1i0} e^{-jk_1 z} - E_{1r0} e^{jk_1 z}) \tag{6-68b}$$

区域 2($0\leqslant z\leqslant d$)中的合成电磁波：

$$\boldsymbol{E}_2 = \boldsymbol{E}_{2i} + \boldsymbol{E}_{2r} = \boldsymbol{e}_x [E_{2i0} e^{-jk_2 (z-d)} + E_{2r0} e^{jk_2 (z-d)}] \tag{6-69a}$$

$$\boldsymbol{H}_2 = \boldsymbol{H}_{2i} + \boldsymbol{H}_{2r} = \boldsymbol{e}_y \frac{1}{\eta_2} [E_{2i0} e^{-jk_2 (z-d)} - E_{2r0} e^{jk_2 (z-d)}] \tag{6-69b}$$

区域 3($z\geqslant d$)中的合成电磁波：

$$\boldsymbol{E}_3 = \boldsymbol{e}_x E_{3i0} e^{-jk_3 (z-d)} \tag{6-70a}$$

$$\boldsymbol{H}_3 = \boldsymbol{e}_y \frac{1}{\eta_3} E_{3i0} e^{-jk_3 (z-d)} \tag{6-70b}$$

以上各式中，E_{1i0} 是区域 1 中入射波电场的复振幅，假设是已知量。E_{1r0}、E_{2i0}、E_{2r0}、E_{3i0} 是四个未知量。为了求得这四个未知量，利用 $z=0$ 和 $z=d$ 处媒质分界面上电场和磁场的切向分量都必须连续的边界条件：

$$E_{1t} = E_{2t},\ H_{1t} = H_{2t} \quad (z=0)$$

$$E_{2t} = E_{3t},\ H_{2t} = H_{3t} \quad (z=d)$$

因为有四个边界条件，所以能够求四个未知量。

6.6.2　等效波阻抗

为了便于讨论多层媒质的反射问题，现引入等效波阻抗的概念：媒质中平行于分界面的任一平面上的总电场与总磁场之比，定义为该处的等效波阻抗 $Z(z)$，即

$$Z(z) = \frac{\text{总电场}}{\text{总磁场}} \tag{6-71}$$

此时我们已经假设 x 方向极化的均匀平面电磁波沿 z 方向传播。

1. 无界媒质中的等效波阻抗

假设无界媒质中，x 方向极化的均匀平面电磁波沿 $+z$ 方向传播，那么媒质中任意位

置处的等效波阻抗为

$$Z(z)=\frac{E_x(z)}{H_y(z)}=\frac{E_0\mathrm{e}^{-\mathrm{j}kz}}{(E_0\mathrm{e}^{-\mathrm{j}kz}/\eta)}=\eta$$

x 方向极化的均匀平面电磁波沿 $-z$ 方向传播时，等效波阻抗为

$$Z(z)=\frac{E_x(z)}{H_y(z)}=\frac{E_0\mathrm{e}^{\mathrm{j}kz}}{(-E_0\mathrm{e}^{\mathrm{j}kz}/\eta)}=-\eta$$

可见无界媒质中，等效波阻抗在数值上等于波阻抗。

2. 半无界媒质中的等效波阻抗

如图 6 - 14 所示，根据式(6 - 71)的定义，且考虑到式(6 - 59)，可知媒质 1 中离平面分界面为 z 处的等效波阻抗为

$$Z_1(z)=\frac{E_{1x}(z)}{H_{1y}(z)}=\eta_1\frac{\mathrm{e}^{-\mathrm{j}k_1z}+\Gamma\mathrm{e}^{\mathrm{j}k_1z}}{\mathrm{e}^{-\mathrm{j}k_1z}-\Gamma\mathrm{e}^{\mathrm{j}k_1z}}\tag{6 - 72a}$$

由于媒质 1 中 z 为负值，因此离平面分界面($z=0$)的距离为 l 的某一位置($z=-l$)处的等效波阻抗为

$$Z_1(-l)=\frac{E_{1x}(-l)}{H_{1y}(-l)}=\eta_1\frac{\mathrm{e}^{\mathrm{j}k_1l}+\Gamma\mathrm{e}^{-\mathrm{j}k_1l}}{\mathrm{e}^{\mathrm{j}k_1l}-\Gamma\mathrm{e}^{-\mathrm{j}k_1l}}\tag{6 - 72b}$$

将式(6 - 58a)定义的反射系数代入上式得

$$Z_1(-l)=\eta_1\frac{\eta_2\cos k_1l+\mathrm{j}\eta_1\sin k_1l}{\eta_1\cos k_1l+\mathrm{j}\eta_2\sin k_1l}=\eta_1\frac{\eta_2+\mathrm{j}\eta_1\tan k_1l}{\eta_1+\mathrm{j}\eta_2\tan k_1l}\tag{6 - 72c}$$

如果 $\eta_2=\eta_1$，那么由式(6 - 72c)知：$Z_1(-l)=\eta_1$。这表明空间仅存在同一种媒质，因此没有反射波，等效波阻抗等于媒质的波阻抗；如果区域 2 中的媒质是理想导体，即 $\eta_2=0$，$\Gamma=-1$，那么式(6 - 72c)简化为

$$Z_1(-l)=\mathrm{j}\eta_1\tan k_1l\tag{6 - 73}$$

3. 有界媒质中的等效波阻抗

若空间存在三层媒质，如图 6 - 15 所示，利用边界条件，在 $z=0$ 的边界上，由式(6 - 68) 和式(6 - 69)得

$$E_{1\mathrm{i}0}+E_{1\mathrm{r}0}=E_{2\mathrm{i}0}\mathrm{e}^{\mathrm{j}k_2d}+E_{2\mathrm{r}0}\mathrm{e}^{-\mathrm{j}k_2d}\tag{6 - 74a}$$

$$\frac{1}{\eta_1}(E_{1\mathrm{i}0}-E_{1\mathrm{r}0})=\frac{1}{\eta_2}(E_{2\mathrm{i}0}\mathrm{e}^{\mathrm{j}k_2d}-E_{2\mathrm{r}0}\mathrm{e}^{-\mathrm{j}k_2d})\tag{6 - 74b}$$

在 $z=d$ 的边界上，由式(6 - 69)和式(6 - 70)得

$$E_{2\mathrm{i}0}+E_{2\mathrm{r}0}=E_{3\mathrm{i}0}\tag{6 - 74c}$$

$$\frac{1}{\eta_2}(E_{2\mathrm{i}0}-E_{2\mathrm{r}0})=\frac{1}{\eta_3}E_{3\mathrm{i}0}\tag{6 - 74d}$$

联立求解式(6 - 74c)和式(6 - 74d)，得 $z=d$ 分界面处的反射系数：

$$\Gamma=\frac{E_{2\mathrm{r}0}}{E_{2\mathrm{i}0}}=\frac{\eta_3-\eta_2}{\eta_3+\eta_2}\tag{6 - 75}$$

联立求解式(6 - 74a)和式(6 - 74b)且考虑到式(6 - 75)，得 $z=0$ 分界面处的反射系数：

$$\Gamma_0=\frac{E_{1\mathrm{r}0}}{E_{1\mathrm{i}0}}=\frac{Z_2(0)-\eta_1}{Z_2(0)+\eta_1}\tag{6 - 76}$$

上式中的 $Z_2(0)$表示区域 2 中 $z=0$ 处的等效波阻抗：

$$Z_2(0)=\eta_2\frac{\eta_3+\mathrm{j}\eta_2\tan k_2 d}{\eta_2+\mathrm{j}\eta_3\tan k_2 d} \tag{6-77}$$

比较式(6-58a)和式(6-76)可见，Γ 与 Γ_0 的区别，仅在于以 $Z_2(0)$ 代替了 η_2。即对于区域 1 中的波来说，它在 $z=0$ 处遇到了媒质不连续性，而这种媒质不连续性可以等效为在 $z=0$ 处具有波阻抗为 $Z_2(0)$ 的半无限大媒质。因此，区域 1 中的入射波到达 $z=0$ 的分界面时，其反射系数为式(6-76)。换句话说，引入等效波阻抗 $Z_2(0)$ 后，对区域 1 的入射波来说，区域 2 和后续区域的效应相当于在 $z=0$ 处接一个波阻抗为 $Z_2(0)$ 的媒质。

考虑到 $z=0$ 和 $z=d$ 分界面处反射系数的定义，由式(6-74a)及式(6-74c)知区域 2 和区域 3 中的入射波电场振幅为

$$E_{2i0}=\frac{1+\Gamma_0}{1+\Gamma\mathrm{e}^{-\mathrm{j}2k_2 d}}E_{1i0}\,\mathrm{e}^{-\mathrm{j}k_2 d} \tag{6-78a}$$

$$E_{3i0}=\frac{2\eta_3}{\eta_3+\eta_2}E_{2i0} \tag{6-78b}$$

可见，根据各个区域的媒质电磁参数计算出各分界面处的反射系数后，用式(6-75)、式(6-76)和式(6-78)可以计算出各个区域中的合成电磁波。

6.6.3 媒质 1 中无反射的条件

如图 6-15 所示，要使区域Ⅰ的媒质 1 中没有反射波存在，入射波能量全部透入媒质 3(媒质 2 为无耗媒质)，那么 $z=0$ 分界面处的反射系数 Γ_0 必须等于零。由式(6-76)和式(6-77)知，此时：

$$Z_2(0)=\eta_1=\eta_2\frac{\eta_3\cos k_2 d+\mathrm{j}\eta_2\sin k_2 d}{\eta_2\cos k_2 d+\mathrm{j}\eta_3\sin k_2 d}$$

或

$$\eta_1(\eta_2\cos k_2 d+\mathrm{j}\eta_3\sin k_2 d)=\eta_2(\eta_3\cos k_2 d+\mathrm{j}\eta_2\sin k_2 d) \tag{6-79}$$

使上式中实部、虚部分别相等，有

$$\eta_1\cos k_2 d=\eta_3\cos k_2 d \tag{6-80a}$$

和

$$\eta_1\eta_3\sin k_2 d=\eta_2^2\sin k_2 d \tag{6-80b}$$

下面分两种情况讨论。

(1) 如果 $\eta_1=\eta_3\neq\eta_2$，那么要使式(6-80a)和式(6-80b)同时满足，则要求：

$$\sin k_2 d=0 \quad 或 \quad d=n\frac{\lambda_2}{2}\quad (n=0,1,2,\cdots) \tag{6-81a}$$

所以，对于给定的工作频率，媒质 2 的夹层厚度 d 为媒质 2 中半波长的整数倍时，媒质 1 中无反射。最短夹层厚度 d 应为媒质 2 中的半波长。

(2) 如果 $\eta_1\neq\eta_3$，那么要求：

$$\cos k_2 d=0 \quad 或 \quad d=(2n+1)\frac{\lambda_2}{4}\quad (n=0,1,2,\cdots) \tag{6-81b}$$

且

$$\eta_2=\sqrt{\eta_1\eta_3}$$

所以当媒质 1 和媒质 3 的波阻抗不相等时，若媒质 2 的波阻抗等于媒质 1 和媒质 3 的波阻

抗的几何平均值，且媒质 2 的夹层厚度 d 为媒质 2 中四分之一波长的奇数倍，则媒质 1 中无反射波。

例 6-11 为了保护天线，在天线的外面用一理想介质材料制作一天线罩。天线辐射的电磁波频率为 4 GHz，近似地看作均匀平面电磁波，此电磁波垂直入射到天线罩理想介质板上。天线罩的电磁参数为 $\varepsilon_r=2.25$，$\mu_r=1$，求天线罩理想介质板厚度为多少时介质板上无反射。

解: 因为

$$f = 4\times10^9\ \text{Hz},\quad \lambda_0=\frac{c}{f}=\frac{3\times10^8}{4\times10^9}=0.075\ \text{m}$$

所以，理想介质板中的电磁波波长为

$$\lambda=\frac{\lambda_0}{\sqrt{\varepsilon_r}}=\frac{0.075}{\sqrt{2.25}}=0.05\ \text{m}$$

天线罩两侧为空气，故天线罩的最小厚度应为

$$d=\frac{\lambda}{2}=2.5\ \text{cm}$$

6.7 均匀平面电磁波向平面分界面的斜入射

6.7.1 均匀平面电磁波向理想介质分界面的斜入射

1. 相位匹配条件和斯奈尔定律

均匀平面电磁波向理想介质分界面 $z=0$ 处斜入射时，将产生反射波和透射波，如图 6-16 所示。

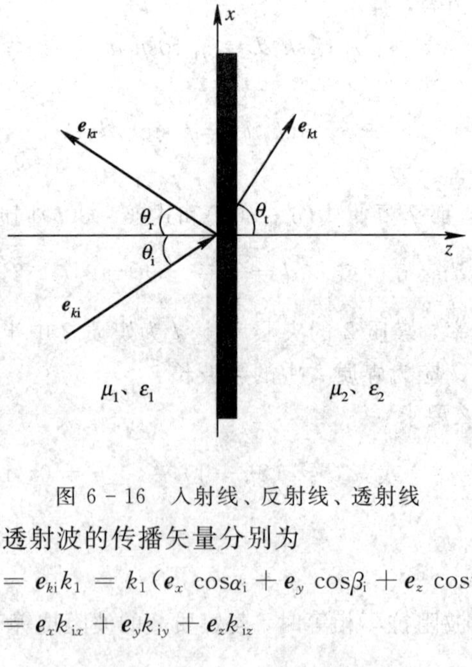

图 6-16 入射线、反射线、透射线

设入射波、反射波和透射波的传播矢量分别为

$$\begin{aligned}\boldsymbol{k}_i &= \boldsymbol{e}_{ki}k_1 = k_1(\boldsymbol{e}_x\cos\alpha_i+\boldsymbol{e}_y\cos\beta_i+\boldsymbol{e}_z\cos\gamma_i)\\ &=\boldsymbol{e}_xk_{ix}+\boldsymbol{e}_yk_{iy}+\boldsymbol{e}_zk_{iz}\end{aligned}\tag{6-82a}$$

$$\boldsymbol{k}_r = \boldsymbol{e}_{kr} k_1 = k_1(\boldsymbol{e}_x \cos\alpha_r + \boldsymbol{e}_y \cos\beta_r + \boldsymbol{e}_z \cos\gamma_r) = \boldsymbol{e}_x k_{rx} + \boldsymbol{e}_y k_{ry} + \boldsymbol{e}_z k_{rz} \tag{6-82b}$$

$$\boldsymbol{k}_t = \boldsymbol{e}_{kt} k_2 = k_2(\boldsymbol{e}_x \cos\alpha_t + \boldsymbol{e}_y \cos\beta_t + \boldsymbol{e}_z \cos\gamma_t) = \boldsymbol{e}_x k_{tx} + \boldsymbol{e}_y k_{ty} + \boldsymbol{e}_z k_{tz} \tag{6-82c}$$

式中 $\boldsymbol{e}_{ki}$、$\boldsymbol{e}_{kr}$、$\boldsymbol{e}_{kt}$ 分别是入射波、反射波、透射波在传播方向上的单位矢量。由 6.1.3 节，即向任意方向传播的均匀平面波知，入射波、反射波、透射波的电场强度复矢量可写为

$$\boldsymbol{E}_i = \boldsymbol{E}_{i0} e^{-j\boldsymbol{k}_i \cdot \boldsymbol{r}} \tag{6-83a}$$

$$\boldsymbol{E}_r = \boldsymbol{E}_{r0} e^{-j\boldsymbol{k}_r \cdot \boldsymbol{r}} \tag{6-83b}$$

$$\boldsymbol{E}_t = \boldsymbol{E}_{t0} e^{-j\boldsymbol{k}_t \cdot \boldsymbol{r}} \tag{6-83c}$$

下面由入射波和边界条件确定反射波、透射波的传播方向。因为分界面 $z=0$ 处两侧电场强度的切向分量应连续，故有

$$E_{i0}^t e^{-j(k_{ix}x + k_{iy}y)} + E_{r0}^t e^{-j(k_{rx}x + k_{ry}y)} = E_{t0}^t e^{-j(k_{tx}x + k_{ty}y)} \tag{6-84}$$

式中上标 t 表示切向分量。此式对分界面上任意点都成立，因而有

$$E_{i0}^t + E_{r0}^t = E_{t0}^t \tag{6-85a}$$

$$k_{ix}x + k_{iy}y = k_{rx}x + k_{ry}y = k_{tx}x + k_{ty}y \tag{6-85b}$$

式(6－85b)对不同的 x、y 均成立，故必有

$$k_{ix} = k_{rx} = k_{tx}, \quad k_{iy} = k_{ry} = k_{ty} \tag{6-86}$$

式(6－86)表明入射波传播矢量、反射波传播矢量和透射波传播矢量沿介质分界面的切向分量相等。这一结论称为相位匹配条件。

我们把入射波的传播矢量 $\boldsymbol{e}_{ki}$ 与分界面的法线所构成的平面称为入射面，即图 6－16 中 $y=0$ 的平面。入射波的传播矢量 $\boldsymbol{e}_{ki}$ 与法线之间的夹角 θ_i 称为入射角，反射波的传播矢量 $\boldsymbol{e}_{kr}$、透射波的传播矢量 $\boldsymbol{e}_{kt}$ 与法线之间的夹角 θ_r 和 θ_t 分别称为反射角和透射角。若取入射面为 $y=0$ 的平面，即入射线位于 xoz 平面内，应用式(6－86)得

$$k_1 \cos\alpha_i = k_1 \cos\alpha_r = k_2 \cos\alpha_t \tag{6-87a}$$

$$0 = k_1 \cos\beta_r = k_2 \cos\beta_t \tag{6-87b}$$

由式(6－87b)知

$$\beta_r = \beta_t = \frac{\pi}{2}$$

上式说明反射线和透射线也位于入射面内。于是有(参看图 6－16)

$$\alpha_i = \frac{\pi}{2} - \theta_i, \quad \alpha_r = \frac{\pi}{2} - \theta_r, \quad \alpha_t = \frac{\pi}{2} - \theta_t$$

将以上各式代入式(6－87a)得

$$k_1 \sin\theta_i = k_1 \sin\theta_r = k_2 \sin\theta_t \tag{6-88}$$

由式(6－88)的第一等式得

$$\theta_i = \theta_r \tag{6-89}$$

此式表明入射角等于反射角，被称为反射定律。由式(6－88)的第二等式得

$$\frac{\sin\theta_t}{\sin\theta_i} = \frac{k_1}{k_2} = \sqrt{\frac{\mu_1 \varepsilon_1}{\mu_2 \varepsilon_2}} \tag{6-90}$$

对于非磁性媒质，$\mu_1=\mu_2=\mu_0$，式(6－90)简化为

$$\frac{\sin\theta_t}{\sin\theta_i}=\sqrt{\frac{\varepsilon_1}{\varepsilon_2}}=\frac{n_1}{n_2} \tag{6－91}$$

式中 $n=\sqrt{\varepsilon_r}$ 称为介质的折射率。式(6－91)称为斯奈尔(Snell)折射定律。由上面的讨论可见，已知入射波及媒质特性，就可以确定反射波、透射波的传播方向。

2. 反射系数和透射系数

斜入射的均匀平面电磁波，不论何种极化方式，都可以分解为两个正交的线极化波：一个极化方向与入射面垂直，称为垂直极化波；另一个极化方向在入射面内，称为平行极化波，即

$$\boldsymbol{E}=\boldsymbol{E}_{\perp}+\boldsymbol{E}_{\parallel}$$

因此，只要分别求得这两个分量的反射波和透射波，通过叠加，就可以获得电场强度矢量任意取向的入射波的反射波和透射波。

1) 垂直极化波

取如图 6－17 所示的坐标系，使分界面 $z=0$，入射面为 xoz 平面($y=0$)。

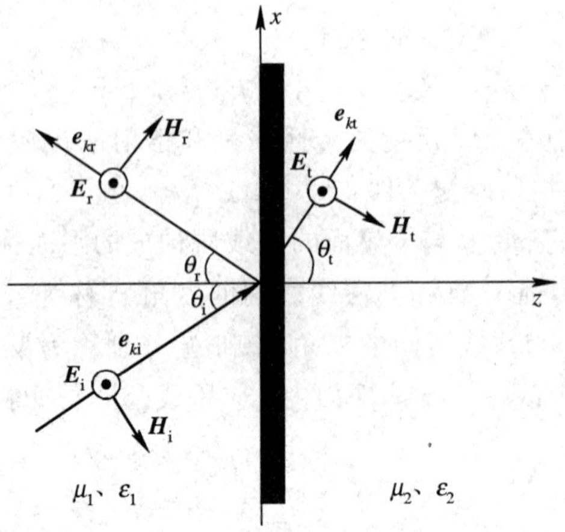

图 6－17 垂直极化的入射波、反射波和透射波

在此坐标系中，入射波的电磁场为

$$\boldsymbol{E}_i=\boldsymbol{e}_y E_{i0}\,e^{-jk_1(x\sin\theta_i+z\cos\theta_i)} \tag{6－92a}$$

$$\boldsymbol{H}_i=(-\boldsymbol{e}_x\cos\theta_i+\boldsymbol{e}_z\sin\theta_i)\frac{E_{i0}}{\eta_1}e^{-jk_1(x\sin\theta_i+z\cos\theta_i)} \tag{6－92b}$$

考虑到反射定律，反射波的电磁场为

$$\boldsymbol{E}_r=\boldsymbol{e}_y E_{r0}\,e^{-jk_1(x\sin\theta_i-z\cos\theta_i)} \tag{6－93a}$$

$$\boldsymbol{H}_r=(\boldsymbol{e}_x\cos\theta_i+\boldsymbol{e}_z\sin\theta_i)\frac{E_{r0}}{\eta_1}e^{-jk_1(x\sin\theta_i-z\cos\theta_i)} \tag{6－93b}$$

透射波的电磁场为

$$\boldsymbol{E}_t=\boldsymbol{e}_y E_{t0}\,e^{-jk_2(x\sin\theta_t+z\cos\theta_t)} \tag{6－94a}$$

$$\boldsymbol{H}_t=(-\boldsymbol{e}_x\cos\theta_t+\boldsymbol{e}_z\sin\theta_t)\frac{E_{t0}}{\eta_2}e^{-jk_2(x\sin\theta_t+z\cos\theta_t)} \tag{6－94b}$$

根据分界面 $z=0$ 处电场强度切向分量和磁场强度切向分量在分界面两侧必须连续的边界条件，及式(6－92)、式(6－93)和式(6－94)，有

$$(E_{i0}+E_{r0})\mathrm{e}^{-\mathrm{j}k_1 x\sin\theta_i}=E_{t0}\mathrm{e}^{-\mathrm{j}k_2 x\sin\theta_t} \tag{6-95a}$$

$$(-E_{i0}+E_{r0})\frac{1}{\eta_1}\cos\theta_i\cdot\mathrm{e}^{-\mathrm{j}k_1 x\sin\theta_i}=-\frac{1}{\eta_2}\cos\theta_t\cdot E_{t0}\mathrm{e}^{-\mathrm{j}k_2 x\sin\theta_t} \tag{6-95b}$$

考虑到折射定律 $k_1\sin\theta_i=k_2\sin\theta_t$，式(6－95)简化为

$$E_{i0}+E_{r0}=E_{t0} \tag{6-96a}$$

$$(-E_{i0}+E_{r0})\frac{\cos\theta_i}{\eta_1}=-\frac{\cos\theta_t}{\eta_2}E_{t0} \tag{6-96b}$$

解之得

$$\Gamma_\perp=\frac{E_{r0}}{E_{i0}}=\frac{\eta_2\cos\theta_i-\eta_1\cos\theta_t}{\eta_2\cos\theta_i+\eta_1\cos\theta_t} \tag{6-97a}$$

$$T_\perp=\frac{E_{t0}}{E_{i0}}=\frac{2\eta_2\cos\theta_i}{\eta_2\cos\theta_i+\eta_1\cos\theta_t} \tag{6-97b}$$

$\Gamma_\perp$ 和 $T_\perp$ 分别是 $\boldsymbol{E}_i$ 垂直入射面时的反射系数和透射系数，即分界面处反射波电场及透射波电场与入射波电场之比。换句话说，此时电场只有平行于分界面的 y 分量，故 $\Gamma_\perp$ 和 $T_\perp$ 也是电场切向分量之比。

若以 E_{i0} 除式(6－96a)，则有

$$1+\Gamma_\perp=T_\perp \tag{6-98}$$

对于非磁性媒质，$\mu_1=\mu_2=\mu_0$，式(6－97)简化为

$$\Gamma_\perp=\frac{n_1\cos\theta_i-n_2\cos\theta_t}{n_1\cos\theta_i+n_2\cos\theta_t}=-\frac{\sin(\theta_i-\theta_t)}{\sin(\theta_i+\theta_t)}=\frac{\cos\theta_i-\sqrt{\dfrac{\varepsilon_2}{\varepsilon_1}-\sin^2\theta_i}}{\cos\theta_i+\sqrt{\dfrac{\varepsilon_2}{\varepsilon_1}-\sin^2\theta_i}} \tag{6-99a}$$

$$T_\perp=\frac{2n_1\cos\theta_i}{n_1\cos\theta_i+n_2\cos\theta_t}=\frac{2\cos\theta_i\sin\theta_t}{\sin(\theta_i+\theta_t)}=\frac{2\cos\theta_i}{\cos\theta_i+\sqrt{\dfrac{\varepsilon_2}{\varepsilon_1}-\sin^2\theta_i}} \tag{6-99b}$$

上述反射系数和透射系数公式称为垂直极化波的菲涅耳(A. J. Fresnel)公式。由此可见，垂直入射时，$\theta_i=\theta_t=0$，式(6－97)简化为式(6－58)。透射系数总是正值。当 $\varepsilon_1>\varepsilon_2$ 时，由折射定律知，$\theta_i<\theta_t$，反射系数是正值；反之，当 $\varepsilon_1<\varepsilon_2$ 时，反射系数是负值。

2）平行极化波

取如图 6－18 所示的坐标系，使分界面为 $z=0$，入射面为 xoz 平面($y=0$)。

此时的入射波电磁场：

$$\boldsymbol{E}_i=(\boldsymbol{e}_x\cos\theta_i-\boldsymbol{e}_z\sin\theta_i)E_{i0}\mathrm{e}^{-\mathrm{j}k_1(x\sin\theta_i+z\cos\theta_i)} \tag{6-100a}$$

$$\boldsymbol{H}_i=\boldsymbol{e}_y\frac{1}{\eta_1}E_{i0}\mathrm{e}^{-\mathrm{j}k_1(x\sin\theta_i+z\cos\theta_i)} \tag{6-100b}$$

反射波电磁场(已经考虑了反射定律)：

$$\boldsymbol{E}_r=-(\boldsymbol{e}_x\cos\theta_i+\boldsymbol{e}_z\sin\theta_i)E_{r0}\mathrm{e}^{-\mathrm{j}k_1(x\sin\theta_i-z\cos\theta_i)} \tag{6-101a}$$

$$\boldsymbol{H}_r=\boldsymbol{e}_y\frac{1}{\eta_1}E_{r0}\mathrm{e}^{-\mathrm{j}k_1(x\sin\theta_i-z\cos\theta_i)} \tag{6-101b}$$

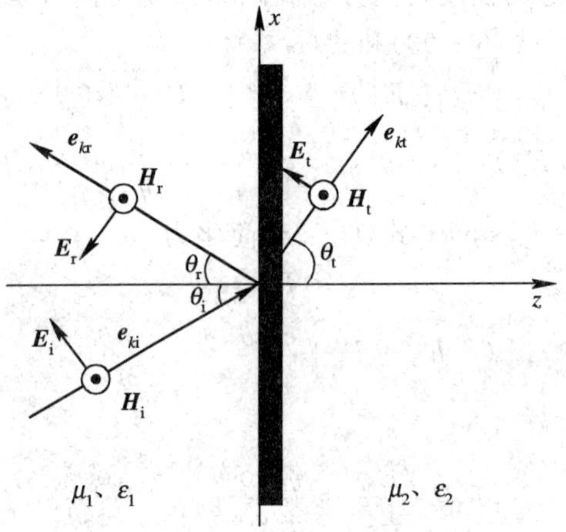

图 6-18 平行极化的入射波、反射波和透射波

透射波电磁场:

$$\boldsymbol{E}_t = (\boldsymbol{e}_x \cos\theta_t - \boldsymbol{e}_z \sin\theta_t) E_{t0} e^{-jk_2(x \sin\theta_t + z \cos\theta_t)} \tag{6-102a}$$

$$\boldsymbol{H}_t = \boldsymbol{e}_y \frac{1}{\eta_2} E_{t0} e^{-jk_2(x \sin\theta_t + z \cos\theta_t)} \tag{6-102b}$$

应用分界面 $z=0$ 处场量的边界条件和折射定律有

$$E_{i0} \cos\theta_i - E_{r0} \cos\theta_i = E_{t0} \cos\theta_t \tag{6-103a}$$

$$\frac{1}{\eta_1}(E_{i0} + E_{r0}) = \frac{1}{\eta_2} E_{t0} \tag{6-103b}$$

解之得反射系数、透射系数:

$$\Gamma_{\parallel} = \frac{E_{r0}}{E_{i0}} = \frac{\eta_1 \cos\theta_i - \eta_2 \cos\theta_t}{\eta_1 \cos\theta_i + \eta_2 \cos\theta_t} \tag{6-104a}$$

$$T_{\parallel} = \frac{E_{t0}}{E_{i0}} = \frac{2\eta_2 \cos\theta_i}{\eta_1 \cos\theta_i + \eta_2 \cos\theta_t} \tag{6-104b}$$

$\Gamma_{\parallel}$ 和 $T_{\parallel}$ 分别是 $\boldsymbol{E}_i$ 平行入射面时,分界面处的反射波电场及透射电场与入射波电场之比。与 $\Gamma_{\perp}$ 和 $T_{\perp}$ 不同的是,它们不等于对应电场强度切向分量之比。以 E_{i0} 除式(6-103b)得

$$1 + \Gamma_{\parallel} = \frac{\eta_1}{\eta_2} T_{\parallel} \tag{6-105}$$

如果 $\theta_i=0$,那么 $\theta_r=\theta_t=0$,故

$$\Gamma_{\parallel} = -\frac{\eta_2 - \eta_1}{\eta_2 + \eta_1}$$

上式和垂直入射时导出的反射系数差一负号。这是由于对图 6-18 所示的电场正方向,在 $\theta_i=0$ 时,$\boldsymbol{E}_{i0}$ 和 $\boldsymbol{E}_{r0}$ 方向相反之故。

对于非磁性媒质,$\mu_1=\mu_2=\mu_0$,式(6-104)简化为

$$\Gamma_{\parallel} = \frac{n_2 \cos\theta_i - n_1 \cos\theta_t}{n_2 \cos\theta_i + n_1 \cos\theta_t} = \frac{\tan(\theta_i - \theta_t)}{\tan(\theta_i + \theta_t)}$$

即

$$\Gamma_{\parallel}=\frac{\dfrac{\varepsilon_2}{\varepsilon_1}\cos\theta_i-\sqrt{\dfrac{\varepsilon_2}{\varepsilon_1}-\sin^2\theta_i}}{\dfrac{\varepsilon_2}{\varepsilon_1}\cos\theta_i+\sqrt{\dfrac{\varepsilon_2}{\varepsilon_1}-\sin^2\theta_i}} \tag{6-106a}$$

$$T_{\parallel}=\frac{2n_1\cos\theta_i}{n_2\cos\theta_i+n_1\cos\theta_t}=\frac{2\cos\theta_i\sin\theta_t}{\sin(\theta_i+\theta_t)\cos(\theta_i-\theta_t)}$$

即

$$T_{\parallel}=\frac{2\sqrt{\dfrac{\varepsilon_2}{\varepsilon_1}}\cos\theta_i}{\dfrac{\varepsilon_2}{\varepsilon_1}\cos\theta_i+\sqrt{\dfrac{\varepsilon_2}{\varepsilon_1}-\sin^2\theta_i}} \tag{6-106b}$$

由此可见，透射系数 $T_{\parallel}$ 总是正值，反射系数 $\Gamma_{\parallel}$ 则可正可负。

值得注意，上述有关垂直极化和平行极化的公式有许多重要应用，并且，若把介电常数 ε 换成复介电常数，这些公式也可以推广到有耗媒质。

3. 媒质1中的合成电磁波

我们以垂直极化波为例，讨论斜入射情况下媒质1中的合成电磁场。将入射波和反射波叠加，就可以获得媒质1中的合成电磁波。由式(6-92)、式(6-93)和式(6-97a)可得

$$\begin{aligned}\boldsymbol{E}_1&=\boldsymbol{E}_i+\boldsymbol{E}_r\\&=\boldsymbol{e}_y E_{i0}\left[e^{-jk_1z\cos\theta_i}+\Gamma_{\perp}e^{jk_1z\cos\theta_i}\right]\boldsymbol{e}^{-j(k_1\sin\theta_i)x}\end{aligned} \tag{6-107a}$$

$$\boldsymbol{H}_1=\frac{1}{\eta_1}E_{i0}\begin{bmatrix}-\boldsymbol{e}_x\cos\theta_i(e^{-jk_1z\cos\theta_i}-\Gamma_{\perp}e^{jk_1z\cos\theta_i})\\+\boldsymbol{e}_z\sin\theta_i(e^{-jk_1z\cos\theta_i}+\Gamma_{\perp}e^{jk_1z\cos\theta_i})\end{bmatrix}\boldsymbol{e}^{-j(k_1\sin\theta_i)x} \tag{6-107b}$$

上式中的因子 $e^{-j(k_1\sin\theta_i)x}=e^{-jk_xx}$ 表明，$\boldsymbol{E}_1$ 和 $\boldsymbol{H}_1$ 是向 x 方向传播的行波，相移常数为

$$k_x=k_1\sin\theta_i$$

相速为

$$v_{px}=\frac{\omega}{k_x}=\frac{\omega}{k_1\sin\theta_i}$$

沿 z 方向，电磁场的每一分量都是传播方向相反、幅度不相等的两个行波之和，电磁场沿 z 方向的分布为行驻波。它们的相移常数、相速和相应的波长为

$$k_z=k_1\cos\theta_i,\quad v_{pz}=\frac{\omega}{k_z}=\frac{\omega}{k_1\cos\theta_i},\quad \lambda_z=\frac{2\pi}{k_1\cos\theta_i}$$

由于 $\boldsymbol{E}_1$ 仅有垂直于传播方向 x 的分量，而 $\boldsymbol{H}_1$ 有传播方向的分量 H_x，所以媒质1中的合成电磁场是沿 x 方向传播的 TE 波。

对平行极化波进行与上述类似分析知，媒质1中的合成电磁波与式(6-107)所示结论相似；沿 x、z 方向的相移常数、相速和相应的波长与上述 TE 波相同。但是，平行极化波是沿 x 方向传播的 TM 波。

6.7.2 均匀平面电磁波向理想导体的斜入射

在图6-17和图6-18中，只要将媒质2看成理想导体，我们就获得了均匀平面电磁波向理想导体斜入射的两种基本形式：垂直极化和平行极化。理想导体的波阻抗 $\eta_2=0$，故令式(6-97)和式(6-104)中 $\eta_2=0$，有垂直极化的反射系数和透射系数：

$$\Gamma_{\perp}=-1, \quad T_{\perp}=0 \tag{6-108a}$$

平行极化的反射系数和透射系数：

$$\Gamma_{\parallel}=1, \quad T_{\parallel}=0 \tag{6-108b}$$

由此可见，同垂直入射时一样，斜入射电磁波也不能透入理想导体。

1. 垂直极化

将式(6-108a)代入式(6-107)，便得经区域2的理想导体表面反射后媒质1($z<0$)中的合成电磁波：

$$\boldsymbol{E}_1=-\boldsymbol{e}_y 2\mathrm{j}E_{i0}\sin[(k_1\cos\theta_i)z]\mathrm{e}^{-\mathrm{j}(k_1\sin\theta_i)x}=\boldsymbol{e}_y E_y \tag{6-109a}$$

$$\begin{aligned}\boldsymbol{H}_1&=-\frac{1}{\eta_1}2E_{i0}\{\boldsymbol{e}_x\cos\theta_i\cos[(k_1\cos\theta_i)z]+\boldsymbol{e}_z\mathrm{j}\sin\theta_i\sin[(k_1\cos\theta_i)z]\}\mathrm{e}^{-\mathrm{j}(k_1\sin\theta_i)x}\\&=\boldsymbol{e}_x H_x+\boldsymbol{e}_z H_z\end{aligned} \tag{6-109b}$$

可以看出，媒质1中的合成电磁波具有下列性质：

(1) 合成电磁波是沿 x 方向传播的TE波，相速为

$$v_{px}=\frac{\omega}{k_1\sin\theta_i}=\frac{1}{\sqrt{\mu_1\varepsilon_1}\sin\theta_i}$$

(2) 合成电磁波的振幅与 z 有关，所以为非均匀平面电磁波，即合成电磁波沿 z 方向的分布是驻波。电场强度的波节点位置离分界面($z=0$)的距离，可以由式(6-109a)求得

$$z=-\frac{n}{2}\frac{\lambda_1}{\cos\theta_i}\quad(n=0,1,2,\cdots) \tag{6-110}$$

这也是 $\boldsymbol{H}_1$ 的 z 分量 H_z 的波节点，$\boldsymbol{H}_1$ 的 x 分量 H_x 的波腹点。

如果在 $\boldsymbol{E}_y$、H_z 的波节点，即 $z=-\frac{n\lambda_1}{2\cos\theta_i}$处，放置理想导体片，则因原来的场满足理想导体表面的边界条件——$E_t=0$，$H_n=0$，所以理想导体片的放置不会影响场分布。换句话说，在两块平行的理想导体板之间也可以存在如式(6-109)所示的TE波。可见，电磁波可以在理想导体限定的区域中沿导体表面传播。这时把两块理想导体板称为平行板波导，而在波导中传播的波称为导行电磁波或导波。

(3) 坡印廷矢量有两个分量。由式(6-109)可见，坡印廷矢量有 x、z 两个分量，它们的时间平均值为

$$\boldsymbol{S}_{av,z}=\mathrm{Re}\left[\frac{1}{2}\boldsymbol{e}_y E_y\times\boldsymbol{e}_x H_x^*\right]=-\boldsymbol{e}_z 0=0$$

$$\boldsymbol{S}_{av,x}=\mathrm{Re}\left[\frac{1}{2}\boldsymbol{e}_y E_y\times\boldsymbol{e}_z H_z^*\right]=\boldsymbol{e}_x\frac{1}{\eta_1}2|E_{i0}|^2\sin\theta_i\sin^2[(k_1\cos\theta_i)z]$$

2. 平行极化

若 $\boldsymbol{E}_i$ 平行入射面斜入射到理想导体表面，类似于上面垂直极化的分析，我们获知媒质1中的合成电磁波是沿 x 方向传播的TM波，垂直理想导体表面的 z 方向合成电磁波仍然是驻波。

例 6-12　如果定义功率反射系数、功率透射系数为

$$\Gamma_p=\frac{|\boldsymbol{S}_{av,r}\cdot\boldsymbol{e}_z|}{\boldsymbol{S}_{av,i}\cdot\boldsymbol{e}_z},\quad T_p=\frac{\boldsymbol{S}_{av,t}\cdot\boldsymbol{e}_z}{\boldsymbol{S}_{av,i}\cdot\boldsymbol{e}_z}$$

证明：

$$\Gamma_p + T_p = 1$$

即在垂直分界面的方向，入射波、反射波、透射波的平均功率密度满足能量守恒关系。

解：不论 $\boldsymbol{E}_i$ 垂直入射面还是平行入射面，均有

$$\begin{aligned}\boldsymbol{S}_{av,i} &= \frac{1}{2}\mathrm{Re}[\boldsymbol{E}_{i0} \times \boldsymbol{H}_{i0}^*] = \frac{1}{2\eta_1}\mathrm{Re}[\boldsymbol{E}_{i0} \times (\boldsymbol{e}_{ki} \times \boldsymbol{E}_{i0}^*)] \\ &= \frac{1}{2\eta_1}\boldsymbol{e}_{ki}(\boldsymbol{E}_{i0} \cdot \boldsymbol{E}_{i0}^*)\end{aligned}$$

上式中已经考虑了 $\boldsymbol{e}_{ki} \cdot \boldsymbol{E}_{i0} = 0$。类似地有(垂直极化和水平极化的反射系数和透射系数统一用 Γ 和 T 表示)

$$\boldsymbol{S}_{av,r} = \frac{1}{2\eta_1}\boldsymbol{e}_{kr}(\boldsymbol{E}_{r0} \cdot \boldsymbol{E}_{r0}^*) = \boldsymbol{e}_{kr} \mid \Gamma \mid^2 \frac{1}{2\eta_1}(\boldsymbol{E}_{i0} \cdot \boldsymbol{E}_{i0}^*)$$

$$\boldsymbol{S}_{av,t} = \frac{1}{2\eta_2}\boldsymbol{e}_{kt}(\boldsymbol{E}_{t0} \cdot \boldsymbol{E}_{t0}^*) = \boldsymbol{e}_{kt} \mid T \mid^2 \frac{\eta_1}{\eta_2}\frac{1}{2\eta_1}(\boldsymbol{E}_{i0} \cdot \boldsymbol{E}_{i0}^*)$$

将以上三式代入功率反射系数和功率透射系数的定义，并且考虑到

$$\boldsymbol{e}_{ki} = \boldsymbol{e}_x \sin\theta_i + \boldsymbol{e}_z \cos\theta_i$$

$$\boldsymbol{e}_{kr} = \boldsymbol{e}_x \sin\theta_i - \boldsymbol{e}_z \cos\theta_i$$

$$\boldsymbol{e}_{kt} = \boldsymbol{e}_x \sin\theta_t + \boldsymbol{e}_z \cos\theta_t$$

有

$$\Gamma_p = \mid \Gamma \mid^2 \tag{6-111}$$

和

$$T_p = \frac{\eta_1 \cos\theta_t}{\eta_2 \cos\theta_i} \mid T \mid^2 \tag{6-112}$$

将垂直极化或平行极化的反射系数和透射系数代入式(6-111)和式(6-112)，可得

$$\Gamma_p + T_p = 1$$

6.8　均匀平面电磁波的全透射和全反射

上一节我们分析了均匀平面电磁波向平面分界面的斜入射。由分析的结论可知，对于非磁性媒质，不论垂直极化还是平行极化的斜入射，透射系数总是正值，而反射系数既可以是正值也可以是负值。因此，如果反射系数为零，那么斜入射电磁波将全部透入媒质 2；如果反射系数的模为 1，那么斜入射电磁波将被分界面全部反射。下面以均匀平面电磁波自空气斜入射于聚苯乙烯($\varepsilon_r = 2.7$，$\mu_r = 1$)为例，计算垂直极化和平行极化斜入射时的功率反射系数、功率透射系数(定义参看例 6-12)，计算结果如图 6-19 所示。

由图可见，垂直极化斜入射时，功率反射系数和功率透射系数均不为零；但是，对于平行极化斜入射，当 $\theta_i = 58.68°$ 时，功率反射系数为零，功率透射系数为 1，故平行极化斜入射的电磁波全部透入媒质 2，即垂直于分界面的入射功率全部透入媒质 2；媒质 1 中无反射波。那么在什么条件下会产生全透射和全反射？这就是我们将要讨论的问题。

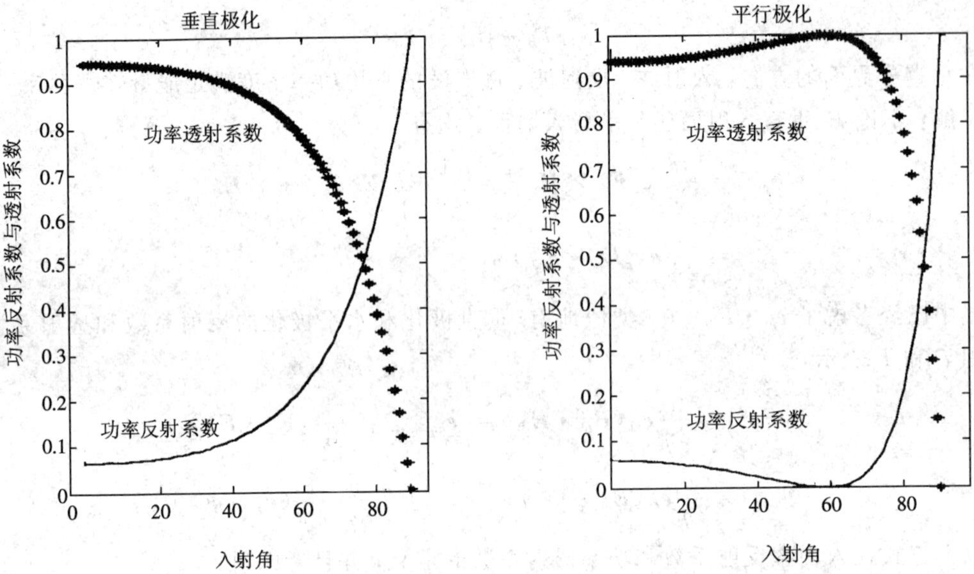

图 6-19 斜入射的功率反射系数与透射系数

6.8.1 全透射

由平行极化斜入射的反射系数公式(6-106*a*)知，要使 $\Gamma_{\parallel}=0$，必有

$$\frac{\varepsilon_2}{\varepsilon_1}\cos\theta_i=\sqrt{\frac{\varepsilon_2}{\varepsilon_1}-\sin^2\theta_i}$$

解上式得

$$\theta_i=\arcsin\sqrt{\frac{\varepsilon_2}{\varepsilon_2+\varepsilon_1}}=\theta_B \tag{6-113}$$

此角度称为布儒斯特角(Brewster Angle)，记为 θ_B。由式(6-106*a*)知，此时

$$\theta_B+\theta_t=\frac{\pi}{2}$$

从而

$$\sqrt{\frac{\varepsilon_2}{\varepsilon_1}}=\frac{\sin\theta_B}{\sin\theta_t}=\frac{\sin\theta_B}{\sin(\pi/2-\theta_B)}=\tan\theta_B \quad 或 \quad \theta_B=\arctan\sqrt{\frac{\varepsilon_2}{\varepsilon_1}} \tag{6-114}$$

对于垂直极化的斜入射，其反射系数公式(6-99*a*)表明，$\Gamma_{\perp}=0$ 发生于

$$\cos\theta_i=\sqrt{\frac{\varepsilon_2}{\varepsilon_1}-\sin^2\theta_i}$$

上式成立时要求 $\varepsilon_2=\varepsilon_1$。因此，当 $\varepsilon_2\neq\varepsilon_1$ 时，以任何入射角向两种不同非磁性媒质分界面垂直极化斜入射，都不会发生全透射。图 6-19 也表明了这一结论。

综上可见，对于非磁性媒质，产生全透射的条件是：① 均匀平面电磁波平行极化斜入射；② 入射角等于布儒斯特角，即 $\theta_i=\theta_B$。所以，任意极化的电磁波以布儒斯特角斜入射到两非磁性媒质的分界面时，入射波中 $\boldsymbol{E}_i$ 平行于入射面的部分将全部透入媒质 2，仅垂直入射面的另一部分入射波被分界面反射，故反射波是 $\boldsymbol{E}_i$ 垂直入射面的线极化波。显然，如果圆极化波以布儒斯特角斜入射时，其反射波为线极化波而透射波为椭圆极化波。光学中通常利用这种原理来实现极化滤波。

6.8.2　全反射

均匀平面电磁波斜入射时的反射系数、透射系数不仅与媒质特性有关，而且依赖于入射波的极化形式和入射角。在一定条件下会产生全反射现象。当反射系数的模$|\Gamma|=1$时，功率反射系数$\Gamma_p=|\Gamma|^2=1$，此时垂直于分界面的平均功率全部被反射回媒质1，这种现象称为全反射。

对于非磁性媒质，由平行极化斜入射和垂直极化斜入射的反射系数公式(6－106a)和式(6－99a)知，只要

$$\frac{\varepsilon_2}{\varepsilon_1}=\sin^2\theta_i,\quad 即\quad \theta_i=\arcsin\sqrt{\frac{\varepsilon_2}{\varepsilon_1}}=\theta_c \tag{6-115}$$

则无论是平行极化斜入射，还是垂直极化斜入射，均有$\Gamma_\perp=\Gamma_\parallel=1$；并且，当入射角继续增大时，即$\theta_c<\theta_i\leqslant 90°$，反射系数成为复数而其模仍为1，即$|\Gamma_\perp|=|\Gamma_\parallel|=1$。公式(6－115)所确定的角度称为临界角(Critical Angle)，记为θ_c。值得注意，公式(6－115)成立时必然要求$\varepsilon_2<\varepsilon_1$。

综上可见，对于非磁性媒质，斜入射的均匀平面电磁波产生全反射的条件是：① 入射波自媒质1向媒质2斜入射，且$\varepsilon_2<\varepsilon_1$；② 入射角等于或大于临界角，即$\theta_c\leqslant\theta_i\leqslant 90°$。

当$\theta_i=\theta_c$时，由折射定律

$$\sin\theta_t=\sqrt{\frac{\varepsilon_1}{\varepsilon_2}}\cdot\sin\theta_i$$

知，$\theta_t=\pi/2$；当$\theta_i>\theta_c$时，由折射定律知

$$\sin\theta_t=\sqrt{\frac{\varepsilon_1}{\varepsilon_2}}\cdot\sin\theta_i>\sqrt{\frac{\varepsilon_1}{\varepsilon_2}}\cdot\sin\theta_c=1 \tag{6-116}$$

显然不存在θ_t的实数解。此时有

$$\cos\theta_t=\pm\sqrt{1-\sin^2\theta_t}=\pm \mathrm{j}\sqrt{\sin^2\theta_t-1}=\pm \mathrm{j}\sqrt{\left(\sqrt{\frac{\varepsilon_1}{\varepsilon_2}}\cdot\sin\theta_i\right)^2-1} \tag{6-117}$$

为虚数。令$\cos\theta_t=-\mathrm{j}\alpha$，则发生全反射时的反射系数与透射系数公式可重写为

$$\Gamma_\perp=\frac{n_1\cos\theta_i+\mathrm{j}n_2\alpha}{n_1\cos\theta_i-\mathrm{j}n_2\alpha} \tag{6-118a}$$

$$T_\perp=\frac{2n_1\cos\theta_i}{n_1\cos\theta_i-\mathrm{j}n_2\alpha} \tag{6-118b}$$

$$\Gamma_\parallel=\frac{n_2\cos\theta_i+\mathrm{j}n_1\alpha}{n_2\cos\theta_i-\mathrm{j}n_1\alpha} \tag{6-118c}$$

$$T_\parallel=\frac{2n_1\cos\theta_i}{n_2\cos\theta_i-\mathrm{j}n_1\alpha} \tag{6-118d}$$

由上式可以看出，发生全反射后，$|\Gamma_\perp|=|\Gamma_\parallel|=1$；但是，$|T_\perp|\neq 0$，$|T_\parallel|\neq 0$，故媒质2(透射区)中还存在透射波。这与理想导体表面的全反射是不同的。

发生全反射后，媒质2中的透射波电场强度为

$$\begin{aligned}\boldsymbol{E}_2 &= \boldsymbol{E}_t = \boldsymbol{E}_{t0}\mathrm{e}^{-\mathrm{j}\boldsymbol{k}_t\cdot\boldsymbol{r}} = \boldsymbol{E}_{t0}\mathrm{e}^{-\mathrm{j}k_2(x\sin\theta_t+z\cos\theta_t)}\\ &= \boldsymbol{E}_{t0}\mathrm{e}^{-\mathrm{j}k_2\left[\left(\frac{n_1}{n_2}\sin\theta_i\right)x-\mathrm{j}\alpha z\right]} = \boldsymbol{E}_{t0}\mathrm{e}^{-k_2\alpha z}\mathrm{e}^{-\mathrm{j}k_2\left(\frac{n_1}{n_2}\sin\theta_i\right)x}\\ &= \boldsymbol{E}_{t0}\mathrm{e}^{-k_2\alpha z}\mathrm{e}^{-\mathrm{j}\beta x}\end{aligned} \tag{6-119}$$

由式(6－119)可见，媒质2中的透射波是沿 x 方向传播的，其振幅沿 x 方向不变，而沿与之垂直的 z 方向衰减。因其等振幅面(z=常数)与其等相位面(x=常数)互相垂直，但等相位面上波的振幅值是不均匀的，所以这是一种非均匀平面波，如图6－20所示。

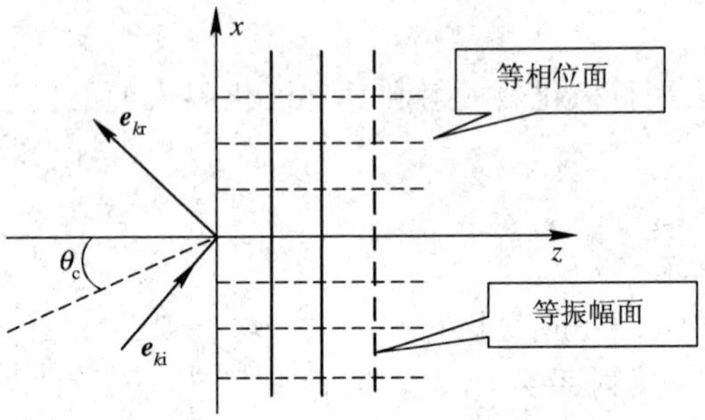

图6－20　全反射时的透射波等相位面及等振幅面

当 $\theta_i=\theta_c$ 时，$\alpha=0$；当 $\theta_i>\theta_c$ 时，$\alpha>0$。θ_i 愈大，$k_2\alpha$ 愈大，透射波沿 z 方向衰减愈快。若衰减常数 $k_2\alpha$ 足够大，则透射波只能集中于分界面附近，沿分界面传播，因此把这种电磁波称为表面波。对于平行极化波，这种表面波的电磁场分量 $E_x\neq0$，$H_x=0$，沿传播方向 x 没有磁场分量，称为TM波；对于垂直极化波，表面波的电磁场分量 $E_x=0$，$H_x\neq0$，沿传播方向 x 没有电场分量，称为TE波。这种表面波的相速度为

$$v_{px}=\frac{\omega}{\beta}=\frac{\omega}{\omega\sqrt{\mu_0\varepsilon_0}\cdot\sqrt{\varepsilon_{r1}}\cdot\sin\theta_i}=\frac{c}{\sqrt{\varepsilon_{r1}}\cdot\sin\theta_i}$$

因全反射条件下，$\theta_c\leqslant\theta_i\leqslant90°$，故

$$\frac{\omega}{k_2}>\frac{\omega}{\beta}>\frac{\omega}{k_1}$$

由上式可见，透射波的相速度比平面波在媒质2中的相速度小，而比平面波在媒质1中的相速度大。媒质2中的相速度最大时就是自由空间的光速，因此这种透射波的相速度总小于光速，从而也称为慢波。

发生全反射时，媒质2中透射波的平均功率流密度(坡印廷矢量的时间平均值)为

$$\begin{aligned}\boldsymbol{S}_{av,t} &= \frac{1}{2}\mathrm{Re}[\boldsymbol{E}_t\times\boldsymbol{H}_t^*] = \frac{1}{2}\mathrm{Re}\left[\boldsymbol{E}_{t0}\mathrm{e}^{-k_2\alpha z}\mathrm{e}^{-\mathrm{j}\beta x}\times\left(\frac{\boldsymbol{e}_{kt}}{\eta_2}\times\boldsymbol{E}_{t0}\mathrm{e}^{-k_2\alpha z}\mathrm{e}^{-\mathrm{j}\beta x}\right)^*\right]\\ &= \frac{1}{2}\mathrm{Re}\left[|T|^2\frac{|E_{i0}|^2}{\eta_2}\mathrm{e}^{-2k_2\alpha z}(\boldsymbol{e}_x\sin\theta_t+\boldsymbol{e}_z\cos\theta_t)\right]\\ &= \frac{1}{2}\mathrm{Re}\left[|T|^2\frac{|E_{i0}|^2}{\eta_2}\mathrm{e}^{-2k_2\alpha z}(\boldsymbol{e}_x\sin\theta_t-\boldsymbol{e}_z\mathrm{j}\alpha)\right]\end{aligned}$$

可见，媒质2中沿分界面法向 z 透射波的平均功率流密度为零，即无实功率传输；沿分界面切向 x 透射波的平均功率流密度为

$$\boldsymbol{S}_{av,t}\cdot\boldsymbol{e}_x=\frac{1}{2}|T|^2\frac{|E_{i0}|^2}{\eta_2}\mathrm{e}^{-2k_2\alpha z}\sin\theta_t$$

媒质2中的透射波随 z 按指数衰减，但是与欧姆损耗引起的衰减不同，沿 z 方向没有能量

损耗。

必须指出，上述结论成立的前提是 $\mu_1=\mu_2$。若 $\mu_1\neq\mu_2$，$\varepsilon_1=\varepsilon_2$ 或 $\mu_1\neq\mu_2$，$\varepsilon_1\neq\varepsilon_2$ 时，虽然也会发生全反射及全透射，但布儒斯特角及临界角的数值与上述结论数值不同，且当 $\mu_1\neq\mu_2$，$\varepsilon_1=\varepsilon_2$ 时，只有垂直极化波才会发生全透射现象；当 $\mu_1\neq\mu_2$，$\varepsilon_1\neq\varepsilon_2$ 时，两种极化波均会发生全透射现象。读者可以自己证明这些结论。

例 6-13 真空中波长为 1.5 μm 的远红外电磁波以 75°的入射角从 $\varepsilon_r=1.5$、$\mu_r=1$ 的媒质斜入射到空气中，求空气界面上的电场强度与距离空气界面一个波长处的电场强度之比。

解： 由式(6-115)知，临界角为

$$\theta_c = \arcsin\sqrt{\frac{\varepsilon_2}{\varepsilon_1}} = \arcsin\sqrt{\frac{1}{1.5}} = 54.74°$$

因为入射角大于临界角，斜入射电磁波发生全反射。

由式(6-117)和式(6-119)知：

$$\cos\theta_t = -\mathrm{j}\sqrt{\left(\sqrt{\frac{\varepsilon_1}{\varepsilon_2}}\cdot\sin\theta_i\right)^2-1} = -\mathrm{j}0.633$$

$$k_2\alpha = k_2\times 0.633 = \frac{2\pi}{\lambda_2}\times 0.633$$

从而有

$$\frac{E(\lambda_2)}{E(0)} = \mathrm{e}^{-k_2\alpha\lambda_2} = \mathrm{e}^{-2\pi\times 0.633} = 0.0188$$

例 6-14 图 6-21 表示光纤(Optical Fiber)的剖面，其中光纤芯线的折射率为 n_1，包层的折射率为 n_2，且 $n_1>n_2$。这里采用平面波的反、折射理论来分析光纤传输光通信信号的基本原理。设光束从折射率为 n_0 的媒质斜入射进入光纤，若在芯线与包层的分界面上发生全反射，则可使光束按图 6-21 所示的方式沿光纤轴向传播。现给定 n_1 和 n_2，试确定能在光纤中产生全反射的进入角 ϕ。

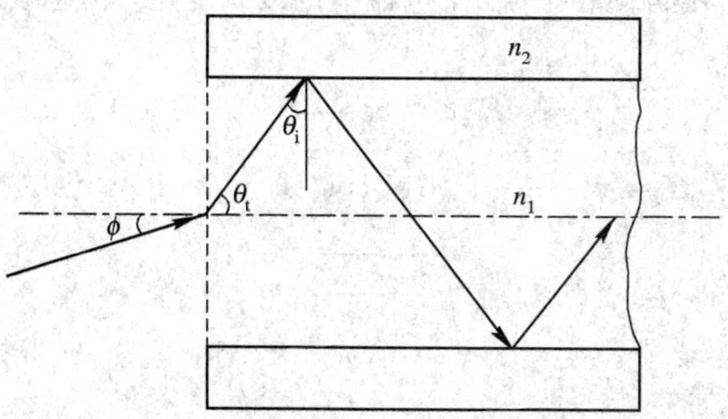

图 6-21 光纤示意图

解： 光纤中产生全反射的进入角 ϕ 可由全反射条件和图 6-21 所示的各角度之间的关系求出

$$\theta_i = \frac{\pi}{2}-\theta_t \geqslant \theta_c = \arcsin\frac{n_2}{n_1}$$

所以

$$\theta_t \leqslant \frac{\pi}{2} - \theta_c$$

由折射定律知

$$\sin\phi = \frac{n_1}{n_0}\sin\theta_t \leqslant \frac{n_1}{n_0}\sin\left(\frac{\pi}{2} - \theta_c\right) = \frac{n_1}{n_0}\cos\theta_c = \frac{n_1}{n_0}\left[1 - \left(\frac{n_2}{n_1}\right)^2\right]^{1/2}$$

若 $n_0=1$，即光束从空气进入光纤，则有

$$\sin\phi \leqslant \sqrt{n_1^2 - n_2^2}$$

假设 $n_1=1.5$，$n_2=1.48$，则有

$$\phi \leqslant 14.13°$$

所以在上述条件下，只要光束进入角小于 14.13°，光束即可被光纤“俘获”，由多重全反射而在其中传播。

小　结

(1) 均匀平面电磁波在无界理想媒质中传播时，电场强度矢量和磁场强度矢量的振幅不变，它们在时间上同相，在空间上互相垂直，并与电磁波传播方向垂直，三者构成右手螺旋关系。这种均匀平面电磁波可以表示为

$$\boldsymbol{E} = \boldsymbol{E}_0 e^{-j\boldsymbol{k}\cdot\boldsymbol{r}} \qquad \boldsymbol{H} = \boldsymbol{H}_0 e^{-j\boldsymbol{k}\cdot\boldsymbol{r}}$$

$$\boldsymbol{H} = \frac{1}{\eta}\boldsymbol{e}_k \times \boldsymbol{E} \quad \text{或} \quad \boldsymbol{E} = -\eta\boldsymbol{e}_k \times \boldsymbol{H}$$

$$\boldsymbol{e}_k \cdot \boldsymbol{E} = 0 \qquad \boldsymbol{e}_k \cdot \boldsymbol{H} = 0$$

式中：$\eta=\sqrt{\dfrac{\mu}{\varepsilon}}$；$\boldsymbol{k}=k\boldsymbol{e}_k=\omega\sqrt{\omega\varepsilon}\,\boldsymbol{e}_k$。

(2) 均匀平面电磁波在导电媒质中传播时，电场强度矢量和磁场强度矢量在空间上仍互相垂直，且与电磁波传播方向三者构成右手螺旋关系；但是电场和磁场的振幅按指数函数衰减，它们在时间上不再同相。此外，电磁波的波长变短，相速减慢。这种电磁波可以表示为

$$\boldsymbol{E} = \boldsymbol{e}_x E_m e^{-\alpha z}\cos(\omega t - \beta z + \phi_0)$$

$$\boldsymbol{H} = \boldsymbol{e}_y \frac{1}{|\eta_c|} E_m e^{-\alpha z}\cos(\omega t - \beta z + \phi_0 - \theta)$$

$$\eta_c = \sqrt{\frac{\mu}{\varepsilon - j\dfrac{\sigma}{\omega}}} = |\eta_c| e^{j\theta}$$

式中：

$$\alpha = \omega\sqrt{\frac{\mu\varepsilon}{2}\left[\sqrt{1+\left(\frac{\sigma}{\omega\varepsilon}\right)^2} - 1\right]}$$

$$\beta = \omega\sqrt{\frac{\mu\varepsilon}{2}\left[\sqrt{1+\left(\frac{\sigma}{\omega\varepsilon}\right)^2} + 1\right]}$$

(3) 空间固定点上电磁波的电场强度矢量的空间取向随时间变化的方式称为极化方式。当构成电场强度矢量的两个相互垂直的分量的相位相同或相位相差 180°时，电场强度

矢量的极化方式为线极化；当这两个相互垂直的分量的相位相差90°且振幅相等时，电场强度矢量的极化方式为圆极化；当这两个相互垂直的分量的振幅和相位均为任意值时，电场强度矢量的极化方式为椭圆极化。

(4) 在正弦电磁场作用下，媒质的电磁特性通常与频率有关。这种电磁参量与频率有关的媒质称为色散媒质。电磁波的相速度随频率而变化的现象称为色散。相速度是单色波等相位面变化的速度，而群速才是电磁信号传播的速度。

(5) 平面电磁波从一种媒质入射到另一种媒质时，在分界面上一部分能量被反射回来，另一部分能量被传输进入第二种媒质。无限大平面分界面产生的反射波和透射波也是平面波。反射波和透射波场量的振幅和相位取决于分界面两侧媒质的电磁参量、入射波的极化和入射角的大小。

对于非磁性媒质，入射波自介电常数大的媒质向介电常数小的媒质入射时，若入射角大于或者等于临界角 θ_c，则可以发生全反射。此外，对于平行极化的斜入射，也可以在某一入射角没有反射，即发生全透射，这个角称为布儒斯特角。

电磁波垂直入射到分界平面时，在分界面上发生反射，并在入射波所在区域形成合成的行驻波或驻波。

习 题 六

6-1 理想媒质中一平面电磁波的电场强度矢量为

$$\boldsymbol{E}(t)=\boldsymbol{e}_x 5\cos 2\pi(10^8 t-z)\quad (\text{V/m})$$

(1) 求媒质及自由空间中的波长。

(2) 已知媒质 $\mu=\mu_0$，$\varepsilon=\varepsilon_0\varepsilon_r$，求媒质的 ε_r。

(3) 写出磁场强度矢量的瞬时值表达式。

6-2 电磁波在真空中传播，其电场强度矢量的复数表达式为

$$\boldsymbol{E}=(\boldsymbol{e}_x-\mathrm{j}\boldsymbol{e}_y)10^{-4}\mathrm{e}^{-\mathrm{j}20\pi z}\quad (\text{V/m})$$

试求：

(1) 工作频率 f。

(2) 磁场强度矢量的复数表达式。

(3) 坡印廷矢量的瞬时值和时间平均值。

6-3 假设真空中有一均匀平面电磁波，它的电场强度矢量为

$$\boldsymbol{E}=\boldsymbol{e}_x 4\cos(6\pi\times10^8 t-2\pi z)+\boldsymbol{e}_y 3\cos\left(6\pi\times10^8 t-2\pi z-\frac{\pi}{3}\right)\ (\text{V/m})$$

求对应磁场强度矢量和功率流密度的时间平均值。

6-4 理想介质中，有一均匀平面电磁波沿 z 方向传播，其频率 $\omega=2\pi\times10^9$ rad/m。当 $t=0$ 时，在 $z=0$ 处，电场强度的振幅 $E_0=2$ mV/m，介质的 $\varepsilon_r=4$，$\mu_r=1$。求当 $t=1\ \mu$s 时，在 $z=62$ m 处的电场强度矢量、磁场强度矢量和坡印廷矢量。

6-5 已知空气中一均匀平面电磁波的磁场强度复矢量为

$$\boldsymbol{H}=(-\boldsymbol{e}_x A+\boldsymbol{e}_y 2\sqrt{6}+\boldsymbol{e}_z 4)\mathrm{e}^{-\mathrm{j}\pi(4x+3z)}\quad (\mu\text{A/m})$$

试求：

(1) 波长、传播方向单位矢量及传播方向与 z 轴的夹角。

(2) 常数 A。

(3) 电场强度复矢量。

6-6 设无界理想媒质中，有电场强度复矢量：

$$\boldsymbol{E}_1 = \boldsymbol{e}_z E_{01} \mathrm{e}^{-\mathrm{j}kz},\ \boldsymbol{E}_2 = \boldsymbol{e}_z E_{02} \mathrm{e}^{-\mathrm{j}kz}$$

(1) 验证 $\boldsymbol{E}_1$、$\boldsymbol{E}_2$ 是否满足 $\nabla^2 \boldsymbol{E} + k^2 \boldsymbol{E} = 0$。

(2) 由 $\boldsymbol{E}_1$、$\boldsymbol{E}_2$ 求磁场强度复矢量，并说明 $\boldsymbol{E}_1$、$\boldsymbol{E}_2$ 是否表示电磁波。

6-7 理想媒质中平面波的电场强度矢量为

$$\boldsymbol{E} = \boldsymbol{e}_z 100\cos(2\pi \times 10^6 t - 2\pi \times 10^2 x) \quad (\mu\mathrm{V/m})$$

试求：

(1) 磁感应强度。

(2) 如果媒质的 $\mu_r = 1$，求 ε_r。

6-8 假设真空中一均匀平面电磁波的电场强度复矢量为

$$\boldsymbol{E} = 3(\boldsymbol{e}_x - \sqrt{2}\boldsymbol{e}_y)\mathrm{e}^{-\mathrm{j}\frac{\pi}{6}(2x + \sqrt{2}y - \sqrt{3}z)} \quad (\mathrm{V/m})$$

试求：

(1) 电场强度的振幅、波矢量和波长。

(2) 电场强度矢量和磁场强度矢量的瞬时表达式。

6-9 为了抑制无线电干扰室内电子设备，通常采用厚度为 5 个集肤深度的一层铜皮($\mu = \mu_0$，$\varepsilon = \varepsilon_0$，$\sigma = 5.8 \times 10^7$ S/m)包裹该室。若要求屏蔽的频率是 10 kHz～100 MHz，铜皮的厚度应是多少。

6-10 频率为 540 MHz 的广播信号通过一导电媒质$\left(\varepsilon_r = 2.1,\ \mu_r = 1,\ \dfrac{\sigma}{\omega\varepsilon} = 0.2\right)$，试求：

(1) 衰减常数和相移常数。

(2) 相速和波长。

(3) 波阻抗。

6-11 如果要求电子仪器的铝外壳($\sigma = 3.54 \times 10^7$ S/m，$\mu_r = 1$)至少为 5 个集肤深度，为防止 20 kHz～200 MHz 的无线电干扰，铝外壳应取多厚。

6-12 在导电媒质中，如存在自由电荷，其密度将随时间按指数律衰减($\rho = \rho_0 \mathrm{e}^{-\frac{\sigma}{\varepsilon}t}$)。

(1) 确定良导体中 t 等于周期 T 时，电荷密度与初始值之比。

(2) 什么频率限上铜不能再被看作良导体。

6-13 证明椭圆极化波 $\boldsymbol{E} = (\boldsymbol{e}_x E_1 + \mathrm{j}\boldsymbol{e}_y E_2)\mathrm{e}^{-\mathrm{j}kz}$ 可以分解为两个不等幅的、旋向相反的圆极化波。

6-14 已知平面波的电场强度为

$$\boldsymbol{E} = [\boldsymbol{e}_x(2 + \mathrm{j}3) + \boldsymbol{e}_y 4 + \boldsymbol{e}_z 3]\mathrm{e}^{\mathrm{j}(1.8y - 2.4z)} \quad (\mathrm{V/m})$$

试确定其传播方向和极化状态；是否是横电磁波?

6-15 假设真空中一平面电磁波的波矢量为

$$\boldsymbol{k} = \frac{\pi}{2\sqrt{2}}(\boldsymbol{e}_x + \boldsymbol{e}_y) \quad (\mathrm{rad/m})$$

其电场强度的振幅 $E_m=3\sqrt{3}$ V/m，极化于 z 轴方向。试求：

(1) 电场强度的瞬时表达式。

(2) 对应的磁场强度矢量。

6-16　真空中沿 z 方向传播的均匀平面电磁波的电场强度复矢量 $\boldsymbol{E}=\boldsymbol{E}_0\mathrm{e}^{-\mathrm{j}kz}$。式中 $\boldsymbol{E}_0=\boldsymbol{E}_r+\mathrm{j}\boldsymbol{E}_i$，且 $E_r=2E_i=b$，b 为实常数。又 $\boldsymbol{E}_r$ 在 x 方向，$\boldsymbol{E}_i$ 与 x 轴正方向的夹角为 60°。试求电场强度和磁场强度的瞬时值，并说明波的极化形式。

6-17　证明任意一圆极化波的坡印廷矢量瞬时值是个常数。

6-18　真空中一平面电磁波的电场强度矢量为

$$\boldsymbol{E}=\sqrt{2}(\boldsymbol{e}_x+\mathrm{j}\boldsymbol{e}_y)\mathrm{e}^{-\mathrm{j}\frac{\pi}{2}z}\quad(\mathrm{V/m})$$

(1) 试确定此电磁波是何种极化？旋向如何？

(2) 写出对应的磁场强度矢量。

6-19　判断下列平面电磁波的极化方式，并指出其旋向。

(1) $\boldsymbol{E}=\boldsymbol{e}_xE_0\sin(\omega t-kz)+\boldsymbol{e}_yE_0\cos(\omega t-kz)$；

(2) $\boldsymbol{E}=\boldsymbol{e}_xE_0\sin(\omega t-kz)+\boldsymbol{e}_y2E_0\sin(\omega t-kz)$；

(3) $\boldsymbol{E}=\boldsymbol{e}_xE_0\sin\left(\omega t-kz+\dfrac{\pi}{4}\right)+\boldsymbol{e}_yE_0\cos\left(\omega t-kz-\dfrac{\pi}{4}\right)$；

(4) $\boldsymbol{E}=\boldsymbol{e}_xE_0\sin\left(\omega t-kz-\dfrac{\pi}{4}\right)+\boldsymbol{e}_yE_0\cos(\omega t-kz)$。

6-20　证明两个传播方向及频率相同的圆极化波叠加时，若它们的旋向相同，则合成波仍是同一旋向的圆极化波；若它们的旋向相反，则合成波是椭圆极化波，其旋向与振幅大的圆极化波相同。

6-21　相速、群速和能速之间有什么关系？群速存在的条件是什么？

6-22　空气中的电场为 $\boldsymbol{E}=(\boldsymbol{e}_xE_{xm}+\mathrm{j}\boldsymbol{e}_yE_{ym})\mathrm{e}^{-\mathrm{j}kz}$ 的均匀平面电磁波垂直投射到理想导体表面($z=0$)，其中 E_{xm}、E_{ym} 是实常数，求反射波的极化状态及导体表面的面电流密度。

6-23　设有两种无耗非磁性媒质，均匀平面电磁波自媒质 1 垂直投射到其界面。如果：① 反射波电场振幅为入射波的 1/3；② 反射波的平均功率密度的大小为入射波的 1/3；③ 媒质 1 中合成电场的最小值为最大值的 1/3，且界面处为电场波节。试分别确定 n_1/n_2。

6-24　若以 $\boldsymbol{S}_{av,i}$、$\boldsymbol{S}_{av,r}$ 和 $\boldsymbol{S}_{av,t}$ 分别表示分界面处入射波、反射波和透射波的平均功率密度，定义垂直入射时的功率反射系数、功率透射系数(波自无耗媒质向有耗媒质垂直入射)分别依次为

$$\Gamma_p=\frac{|\boldsymbol{S}_{av,r}|}{|\boldsymbol{S}_{av,i}|},\quad T_p=\frac{|\boldsymbol{S}_{av,t}|}{|\boldsymbol{S}_{av,i}|}$$

试证明：

$$\Gamma_p+T_p=1$$

6-25　频率为 10 GHz 的机载雷达有一个 $\varepsilon_r=2.25$、$\mu_r=1$ 的介质薄板构成的天线罩。假设其介质损耗可以忽略不计，为使它对垂直入射到其上的电磁波不产生反射，该板应取多厚。

6-26　在 $\varepsilon_{r3}=5$、$\mu_{r3}=1$ 的玻璃上涂一层薄膜以消除红外线($\lambda_0=0.75\ \mu$m)的反射，

试确定介质薄膜的厚度和相对介电常数。设玻璃和薄膜可视为理想介质。

6-27 一圆极化均匀平面电磁波自介质1向介质2斜入射，若已知 $\mu_1=\mu_2$：

(1) 分析 $\varepsilon_1<\varepsilon_2$ 和 $\varepsilon_1>\varepsilon_2$ 两种情况下反射波和透射波的极化。

(2) 当 $\varepsilon_2=4\varepsilon_1$ 时，欲使反射波为线极化波，入射角应为多大。

6-28 一圆极化平面电磁波自折射率为3的介质斜入射到折射率为1的介质。若发生全透射且透射波为一线极化波，求入射波的极化方向。(入射角 $\theta_i=60°$)

6-29 均匀平面电磁波自空气入射到理想导体表面($z=0$)。已知入射波电场为

$$\boldsymbol{E}_i = 5(\boldsymbol{e}_x + \boldsymbol{e}_z\sqrt{3})e^{j6(\sqrt{3}x-z)} \quad (\text{V/m})$$

试求：

(1) 反射波电场和磁场。

(2) 理想导体表面的面电荷密度和面电流密度。

6-30 空气中沿 $\boldsymbol{e}_z$ 方向传播的均匀平面电磁波的电场复振幅为

$$\boldsymbol{E}_i=(\boldsymbol{E}_a+j\boldsymbol{E}_b)e^{-jkz}$$

式中 $\boldsymbol{E}_a$ 和 $\boldsymbol{E}_b$ 是没有 z 分量的实常矢。设 $z=0$ 为理想导体表面。

(1) 求反射波的电场复振幅 $\boldsymbol{E}_r$ 和磁场复振幅 $\boldsymbol{H}_r$。

(2) 证明入射波的瞬时电场矢量 $\boldsymbol{E}_i(z, t)$ 和瞬时磁场矢量 $\boldsymbol{H}_i(z, t)$ 总是正交的，反射波的瞬时电场矢量 $\boldsymbol{E}_r(z, t)$ 和瞬时磁场矢量 $\boldsymbol{H}_r(z, t)$ 也总是正交的。

(3) 入射波和反射波的合成波 $\boldsymbol{E}(z, t)$ 和 $\boldsymbol{H}(z, t)$ 也总是正交的吗？

6-31 真空中均匀平面电磁波的电场强度为

$$\boldsymbol{E} = [\boldsymbol{e}_x(-1+j2) + \boldsymbol{e}_y(-2-j)]e^{jz}$$

(1) 此电磁波是什么极化波？

(2) 求其对应的 $\boldsymbol{H}$ 和波长 λ。

6-32 均匀平面电磁波的电场为

$$\boldsymbol{E} = (j\boldsymbol{e}_x + j2\boldsymbol{e}_y + \sqrt{5}\boldsymbol{e}_z)e^{j(2x-y)}$$

此电磁波是什么极化波？

6-33 均匀平面电磁波从波阻抗为 η_1 的理想介质垂直投射到波阻抗为 η_2 的理想介质中，证明：

(1) $\eta_2>\eta_1$ 时，电场驻波比 $\rho=\dfrac{\eta_2}{\eta_1}$。

(2) $\eta_1>\eta_2$ 时，电场驻波比 $\rho=\dfrac{\eta_1}{\eta_2}$。

6-34 有效值为1 V/m的圆极化均匀平面波，从空气以 $\theta_i=\pi/6$ 的入射角投射到 $\varepsilon_r=4$，$\mu_r=1$ 的理想介质中，求反射波和透射波。

6-35 对于非磁性介质，证明 $\theta_t+\theta_B=\dfrac{\pi}{2}$。

6-36 频率 $f=30$ GHz 的均匀平面波从 $z<0$ 的空气中垂直投射到 $z>0$ 的介质($\varepsilon_r=4$，$\mu_r=1$)中，求空气中的驻波比。如果要使空气中无反射波，可在介质上覆盖另一种非磁性介质材料，求此介质材料的介电常数 ε_r 及其厚度。

综合性拓展练习题

1. 设计计算机程序，绘制无耗、无界、无源简单媒质中的均匀平面电磁波传播的三维分布图(动态、静态均可)。

2. 设计计算机程序，绘制良导体中均匀平面电磁波传播的三维分布图(动态、静态均可)，以及场强随集肤深度的变化规律。

3. 编制计算机程序，动态演示电磁波的极化形式。对于均匀平面电磁波，当两个正交线极化波的振幅与初相角满足不同条件时，合成电磁波的电场强度矢量的模随时间变化的矢端轨迹。

4. 当一束阳光射在三棱镜上时，在三棱镜的另一边就可看到红、橙、黄、绿、蓝、靛、紫七色光散开的图像，这就是光谱段电磁波的色散现象。研究这一现象的物理机理，并采用合适方法表达。

5. 以常用金属体(比如，铜、铝)为研究目标，讨论其表面电阻，并计算绘制电磁波(电流密度)在其中传播时的衰减值及其变化规律。

6. 编制程序，以演示均匀平面电磁波的垂直入射(向理想导体的垂直入射，向理想介质的垂直入射)。

7. 适于入射角度和双极化改变的低敏感材料技术研究。重点研究电磁波入射角度和极化，以及与低敏感材料相互作用的微观机理及影响效应，开展仿真计算及建模，进行仿真计算与实物测量差异分析与研究，实现在多频段/宽角度/双极化改变的先进探测条件下的良好响应效果。(① 厚度：$\leqslant$7 mm；② 频响：微波典型频段；③ 角度响应变化率：入射电磁波 45°时的材料响应，较 0°时的材料响应变化率不超过 15%；④ 极化响应变化率：入射电磁波 HH 或 VV 极化时，材料对于两者的响应变化率不超过 15%；⑤ 外观：平整。)

8. 当 $\mu_1 \neq \mu_2$，$\varepsilon_1 = \varepsilon_2$ 时，只有垂直极化波才会发生全透射现象。

第七章　电磁波的辐射

前一章我们讨论了电磁波在无界空间的传播以及电磁波在不同媒质分界面上的反、折射问题，但未考虑电磁波是如何产生的，这正是本章需要解决的课题。理论和实践都已证明，时变电磁场的能量可以脱离场源，以电磁波的形式在空间向远处传播而不再返回场源，这种现象称为电磁波的辐射。电子系统中辐射或接收电磁波的装置称为天线，它是无线电通信、导航、雷达、测控、遥感、射电天文、电子对抗及信息战等各种民用和军用系统必不可少的组成部分之一。

空间电磁波的场源是天线上的时变电流和电荷。严格地说，天线上的电流和由此电流激发的电磁场是相互作用的。天线上的电流激发电磁场，电磁场反过来作用于天线，影响天线上电流的分布，所以求解天线辐射问题本质上就是求解一个边值问题，即根据天线满足的边界条件来解麦克斯韦方程组。然而，这种方法往往在数学上遇到很大的困难，有时甚至无法求解，因此实际上都是采用近似解法：把它处理成一个分布型问题，即先近似得出天线上的场源分布，再根据场源分布(或等效场源分布)来求外场。

天线的形式可大致分为线天线与面天线两大类。前者多半是在电流元上积分来求解的，而后者则多半是求解口径绕射场的问题。

本章的主要内容有：

- 非齐次波动方程的解——滞后位
- 电基本振子的辐射场
- 对偶原理与磁基本阵子的辐射场
- 天线电参数
- 对称线天线和天线阵的概念
- 面天线的辐射场
- 互易定理

7.1　滞　后　位

在第五章中，我们已经引入了标量电位 φ 和磁矢位 $\boldsymbol{A}$。对于时谐场，它们与电荷源 ρ 和电流源 $\boldsymbol{J}$ 之间的关系，即式(5－78)、式(5－79)，重写为

$$\nabla^2\boldsymbol{A}+k^2\boldsymbol{A}=-\mu\boldsymbol{J}$$

$$\nabla^2\varphi+k^2\varphi=-\frac{\rho}{\varepsilon}$$

式中 $k^2=\omega^2\mu\varepsilon$。式(5－78)和式(5－79)称为非齐次亥姆霍兹方程。时谐场中，电荷源 ρ 和电流源 $\boldsymbol{J}$ 之间以电流连续性方程

$$\nabla\cdot\boldsymbol{J}=-\mathrm{j}\omega\rho$$

将 ρ 与 $\boldsymbol{J}$ 联系起来，而标量电位 φ 和磁矢位 $\boldsymbol{A}$ 之间也存在一定的关系。这一关系就是洛仑兹条件，即式(5－77)：

$$\nabla\cdot\boldsymbol{A}=-\mathrm{j}\omega\mu\varepsilon\varphi$$

电磁场与标量电位 φ 和磁矢位 $\boldsymbol{A}$ 之间的关系式为

$$\boldsymbol{B}=\nabla\times\boldsymbol{A} \tag{7-1}$$

$$\boldsymbol{E}=-\mathrm{j}\omega\left[\frac{\nabla(\nabla\cdot\boldsymbol{A})}{k^2}+\boldsymbol{A}\right] \tag{7-2}$$

可见只要解出式(5－78)中的 $\boldsymbol{A}$，即可由式(7－1)和式(7－2)求出 $\boldsymbol{B}$ 和 $\boldsymbol{E}$。

7.1.1　亥姆霍兹积分及辐射条件

现在让我们来解式(5－78)和式(5－79)中的磁矢位 $\boldsymbol{A}$ 和标量电位 φ。由于这两个方程具有相同的形式，所以我们只要求出一个方程的解即可。

下面我们来求式(5－79)中的标量电位 φ。对于式(5－78)，可以在直角坐标系中把磁矢位 $\boldsymbol{A}$ 分解为三个分量，得到三个与式(5－79)形式相同的标量方程，然后直接套用标量电位 φ 的解来求得。

我们将采用格林定理

$$\int_V(u\nabla^2w-w\nabla^2u)\mathrm{d}V=\oint_S(u\nabla w-w\nabla u)\cdot\mathrm{d}\boldsymbol{S} \tag{7-3}$$

求式(5－79)中的标量电位 φ，并且导出辐射条件。

格林定理中的 u 和 w 是任意标量函数，且要求 u 和 w 以及它们的一阶和二阶导数在 V 内连续。

容易验证标量函数

$$\Psi=\frac{\mathrm{e}^{-\mathrm{j}kR}}{R} \tag{7-4}$$

满足齐次亥姆霍兹方程

$$\nabla^2\Psi+k^2\Psi=0 \tag{7-5}$$

令格林定理中的 u 代表标量电位 φ，即 $u=\varphi$，φ 满足式(5－79)，即

$$\nabla^2\varphi(\boldsymbol{r}')+k^2\varphi(\boldsymbol{r}')=-\frac{\rho(\boldsymbol{r}')}{\varepsilon} \tag{7-6}$$

再令 $w=\Psi$，且 $R=|\boldsymbol{r}-\boldsymbol{r}'|$，如图 7－1 所示。$\boldsymbol{r}$ 是场点；$\boldsymbol{r}'$ 是源点，亦即格林定理中的积分变点。

再将 φ 和 Ψ 代入格林定理积分时，需暂时排除 Ψ 的奇点 $R=0$ ($\boldsymbol{r}=\boldsymbol{r}'$)。因为 Ψ 在 P 点不连续，从而不满足格林定理对被积函数的要求。为此以 P 点为球心，作半径为 a 的小球，其表面为 S_2，体积为 V_2，如图 7－1 所示。

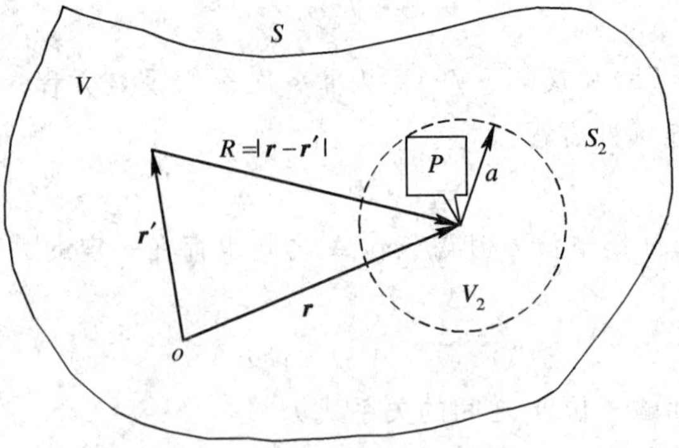

图 7-1 求解式(7-6)用图

于是，积分在体积 $V_1=V-V_2$ 及其表面 $S_1=S+S_2$ 上进行：

$$\int_{V_1}[\varphi(\boldsymbol{r}')\nabla^2\Psi-\Psi\nabla^2\varphi(\boldsymbol{r}')]\mathrm{d}V'$$
$$=\oint_S\left[\varphi(\boldsymbol{r}')\frac{\partial\Psi}{\partial n}-\Psi\frac{\partial\varphi(\boldsymbol{r}')}{\partial n}\right]\mathrm{d}S'+\oint_{S_2}\left[\varphi(\boldsymbol{r}')\frac{\partial\Psi}{\partial n}-\Psi\frac{\partial\varphi(\boldsymbol{r}')}{\partial n}\right]\mathrm{d}S' \qquad (7-7)$$

在 S_2 上积分时，外法线方向指向小球球心 P 点，于是$\partial/\partial n=-\partial/\partial R$；面元 $\mathrm{d}S'=a^2\mathrm{d}\Omega'$，$\mathrm{d}\Omega'$是 $\mathrm{d}S'$对 P 点所张的立体角元。这样，就有

$$\oint_{S_2}\left[-\varphi(\boldsymbol{r}')\frac{\partial}{\partial R}\frac{\mathrm{e}^{-\mathrm{j}kR}}{R}+\frac{\mathrm{e}^{-\mathrm{j}kR}}{R}\frac{\partial\varphi(\boldsymbol{r}')}{\partial R}\right]_{R=a}a^2\mathrm{d}\Omega'$$
$$=\oint_{S_2}\left[\varphi(\boldsymbol{r}')\left(\frac{1}{R^2}+\frac{\mathrm{j}k}{R}\right)\mathrm{e}^{-\mathrm{j}kR}+\frac{\mathrm{e}^{-\mathrm{j}kR}}{R}\frac{\partial\varphi(\boldsymbol{r}')}{\partial R}\right]_{R=a}a^2\mathrm{d}\Omega'$$

令 $a\to0$，小球面 S_2 收缩成点 P。考虑到$\partial\varphi/\partial R$ 有限，上式中的积分只剩下被积函数是$\varphi(\boldsymbol{r}')\cdot\mathrm{e}^{-\mathrm{j}kR}/R^2$的一项不等于零。此时小球面 S_2 上的 $\varphi(\boldsymbol{r}')$可以用小球球心处的 $\varphi(\boldsymbol{r})$代替：

$$\lim_{a\to0}\oint_{S_2}\left[\varphi(\boldsymbol{r}')\frac{\mathrm{e}^{-\mathrm{j}kR}}{R^2}\right]_{R=a}a^2\mathrm{d}\Omega'=\varphi(\boldsymbol{r})\oint_{S_2}\mathrm{d}\Omega'=4\pi\varphi(\boldsymbol{r})$$

将上式代入式(7-7)，并且在其体积分中考虑到式(7-5)和(7-6)，得

$$\varphi(\boldsymbol{r})=\frac{1}{4\pi\varepsilon}\int_V\frac{\rho(\boldsymbol{r}')}{R}\mathrm{e}^{-\mathrm{j}kR}\mathrm{d}V'+\frac{1}{4\pi}\oint_S\left[\frac{\partial\varphi(\boldsymbol{r}')}{\partial n}\frac{\mathrm{e}^{-\mathrm{j}kR}}{R}-\varphi(\boldsymbol{r}')\frac{\partial}{\partial n}\frac{\mathrm{e}^{-\mathrm{j}kR}}{R}\right]\mathrm{d}S' \qquad (7-8)$$

磁矢位 **A** 的每个直角坐标分量均可用形如上式的积分表示，于是

$$\mathbf{A}(\boldsymbol{r})=\frac{\mu}{4\pi}\int_V\frac{\boldsymbol{J}(\boldsymbol{r}')}{R}\mathrm{e}^{-\mathrm{j}kR}\mathrm{d}V'$$
$$+\frac{1}{4\pi}\oint_S\left[\frac{\partial\mathbf{A}(\boldsymbol{r}')}{\partial n}\frac{\mathrm{e}^{-\mathrm{j}kR}}{R}-\mathbf{A}(\boldsymbol{r}')\frac{\partial}{\partial n}\frac{\mathrm{e}^{-\mathrm{j}kR}}{R}\right]\mathrm{d}S' \qquad (7-9)$$

由此可见，场源分布已知时，可由式(7-8)或式(7-9)求出位函数。其中体积分是 V 中场源的贡献；面积分是 V 外场源的贡献。上述结论首先由亥姆霍兹得出，故称为亥姆霍兹积分。

考虑无限空间的电磁问题时，取以 R 为半径的球面作为 S，$\mathrm{d}S'=R^2\mathrm{d}\Omega'$，式(7-8)中的面积分可以写为

$$\oint_S R\left(\frac{\partial\varphi}{\partial R}+\mathrm{j}k\varphi\right)\mathrm{e}^{-\mathrm{j}kR}\mathrm{d}\Omega'+\oint_S\varphi\mathrm{e}^{-\mathrm{j}kR}\mathrm{d}\Omega' \qquad (7-10)$$

而要排除在无限远处的场源(设无限远处的场源为零)，就必须使上式为零。为此，要求

$R\to\infty$ 时：

$$\lim_{R\to\infty} R\varphi = \text{有限值} \tag{7-11a}$$

在这个限制条件下，式(7－10)的第二项积分等于零，即要求在远离场源处标量电位 φ 至少按 R^{-1} 减少；第一项积分在满足

$$\lim_{R\to\infty} R\left(\frac{\partial\varphi}{\partial R}+\mathrm{j}k\varphi\right)=0 \tag{7-11b}$$

时也等于零。式(7－11b)称为辐射条件。同理对于磁矢位亦有类似条件。

7.1.2 滞后位

标量电位 φ 满足辐射条件式(7－11b)时，排除无限远处的场源，式(7－8)中的面积分一项为零，标量电位 $\varphi(\boldsymbol{r})$ 仅表示向外传播的电磁波，即

$$\varphi(\boldsymbol{r})=\frac{1}{4\pi\varepsilon}\int_V \frac{\rho(\boldsymbol{r}')\mathrm{e}^{-\mathrm{j}kR}}{R}\mathrm{d}V' \tag{7-12a}$$

如果我们把 $k=\omega/v$ 代入上式，并重新引入时间因子 $\mathrm{e}^{\mathrm{j}\omega t}$，则得

$$\varphi(\boldsymbol{r},\ t)=\frac{1}{4\pi\varepsilon}\int_V \frac{\rho(\boldsymbol{r}')}{R}\mathrm{e}^{\mathrm{j}\omega\left(t-\frac{R}{v}\right)}\mathrm{d}V' \tag{7-12b}$$

磁矢位 $\boldsymbol{A}$ 可分解为三个直角坐标分量，它们的解也具有式(7－12)的类似形式。因此

$$\boldsymbol{A}(\boldsymbol{r})=\frac{\mu}{4\pi}\int_V \frac{\boldsymbol{J}(\boldsymbol{r}')}{R}\mathrm{e}^{-\mathrm{j}kR}\mathrm{d}V' \tag{7-13a}$$

引入时间因子 $\mathrm{e}^{\mathrm{j}\omega t}$ 后则有

$$\boldsymbol{A}(\boldsymbol{r},\ t)=\frac{\mu}{4\pi}\int_V \frac{\boldsymbol{J}(\boldsymbol{r}')}{R}\mathrm{e}^{\mathrm{j}\omega\left(t-\frac{R}{v}\right)}\mathrm{d}V' \tag{7-13b}$$

这就是式(5－78)的解。利用上式可求解线天线电流在空间激发的电磁波。

现在我们来讨论式(7－12b)和式(7－13b)的物理含义。首先注意到，当 $\omega=0$ 时，式(7－12b) 和式(7－13b)都分别还原到静态场的解：

$$\varphi(\boldsymbol{r})=\frac{1}{4\pi\varepsilon}\int_V \frac{\rho(\boldsymbol{r}')}{R}\mathrm{d}V'$$

和

$$\boldsymbol{A}(\boldsymbol{r})=\frac{\mu}{4\pi}\int_V \frac{\boldsymbol{J}(\boldsymbol{r}')}{R}\mathrm{d}V'$$

其次，在时变场中时间因子 $\mathrm{e}^{\mathrm{j}\omega\left(t-\frac{R}{v}\right)}$ 表明，对离开源点距离为 R 的场点 P，某一时刻 t 的标量电位 φ 和磁矢位 $\boldsymbol{A}$ 并不是由时刻 t 的场源(电荷或电流)所决定的，而是由略早时刻 $t-R/v$ 的场源(电荷或电流)所决定的。换句话说，场点位函数的变化滞后于场源的变化，滞后的时间 R/v 就是电磁波传播距离 R 所需要的时间。基于这种位函数的滞后，我们把式(7－12b)和式(7－13b)的标量电位 φ 和磁矢位 $\boldsymbol{A}$ 均称为滞后位。

如果时间 R/v 足够小，以至在所讨论区域内可以忽略，即忽略传播效应，则此区域内的场就是似稳场。电路理论正是建立在似稳场的基础上的。

7.2 电基本振子的辐射场

电基本振子是一段载有高频电流的短导线，其长度远小于工作波长($\mathrm{d}l\ll\lambda$)，且导线上

各点电流的振幅相等，相位也相同。虽然实际分布在线天线上各处的电流的大小和相位不同，但实际天线上的电流分布可以看成是由许多首尾相连的不同电基本振子的电流分布所组成的，因此电基本振子也称为电流元。电流元辐射场的分析计算是线天线工程计算的基础。

根据电流连续性原理，电流元的两端必须同时积聚大小相等、符号相反的时谐电荷 Q，以使 $i(t)=\dfrac{\partial Q(t)}{\partial t}=I_m\cos(\omega t+\phi)$用复数表示，则有 $Q=I/\mathrm{j}\omega(I=I_m e^{\mathrm{j}\phi}$，后面的计算中认为电流初相角 $\phi=0$)。为此，其实际结构是在两端各加载一个大金属球，如图 7－2(a)所示。这也就是早期赫兹试验所用的形式，所以又称为赫兹电偶极子(Hertzian Dipole)。普通的短对称振子，由于其两端的电流分布近于零(相当于开路端)，沿线电流不是均匀分布的，而是呈三角形分布，如图 7－2(b)所示。

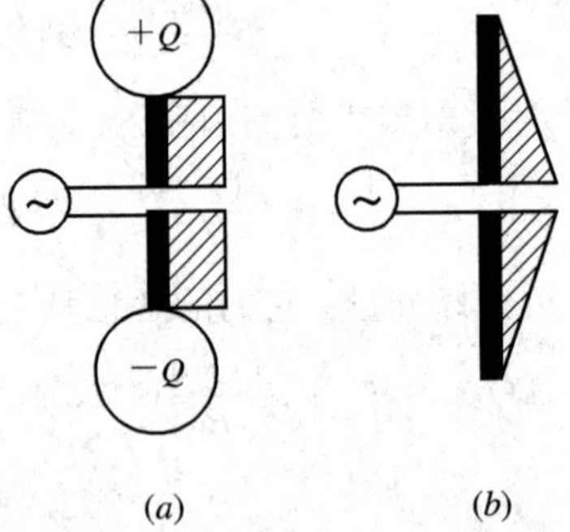

图 7－2　电流元与短对称振子

7.2.1　电基本振子的电磁场计算

我们采用间接法来求电基本振子的电磁场，即先由式(7－13a)求出电基本振子的磁矢位 $\boldsymbol{A}(\boldsymbol{r})$，再将其代入式(7－1)确定磁感应强度 $\boldsymbol{B}(\boldsymbol{r})$，最后把磁感应强度 $\boldsymbol{B}(\boldsymbol{r})$代入麦克斯韦第一方程求出电场强度 $\boldsymbol{E}(\boldsymbol{r})$。设电基本振子沿 z 轴方向，且置于坐标原点，如图 7－3 所示。取短导线的长度为 $\mathrm{d}l$，横截面积为 ΔS，因为短导线仅占有一个很小的体积 $\mathrm{d}V=\mathrm{d}l\cdot\Delta S$，故有

$$\boldsymbol{J}(\boldsymbol{r}')\mathrm{d}V'=\frac{I}{S}S\ \mathrm{d}l\ \boldsymbol{e}_z=I\ \mathrm{d}l\ \boldsymbol{e}_z \qquad (7-14)$$

又由于短导线放置在坐标原点，$\mathrm{d}l$ 很小，因此可取 $\boldsymbol{r}'=\boldsymbol{0}$，从而有 $R=|\boldsymbol{r}-\boldsymbol{r}'|\approx r$。考虑到上述理由，根据式(7－13$a$)可求出电基本振子在场点 P 产生的磁矢位：

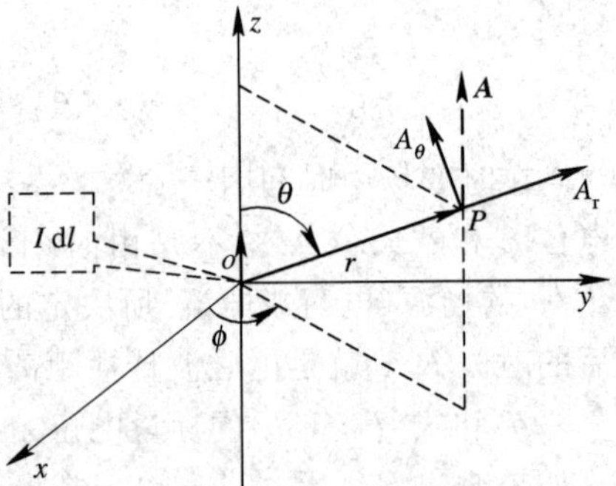

图 7－3　电基本振子

$$\boldsymbol{A}(\boldsymbol{r})=\frac{\mu}{4\pi}\int_l\frac{I\ \mathrm{d}l\ \boldsymbol{e}_z}{R}e^{-\mathrm{j}kR}=\boldsymbol{e}_z\frac{\mu}{4\pi}\frac{I\ \mathrm{d}l}{r}e^{-\mathrm{j}kr} \qquad (7-15)$$

为了采用球坐标系，我们将式(7－15)表示的磁矢位 $\boldsymbol{A}(\boldsymbol{r})$进行坐标变换，得

$$\mathbf{A}=\boldsymbol{e}_rA_r+\boldsymbol{e}_\theta A_\theta+\boldsymbol{e}_\phi A_\phi=\boldsymbol{e}_rA_z\cos\theta-\boldsymbol{e}_\theta A_z\sin\theta \qquad (7-16)$$

将上式代入式(7－1)可求出电基本振子在场点 P 产生的磁场：

$$\boldsymbol{H}(\boldsymbol{r})=\frac{1}{\mu}\nabla\times\boldsymbol{A}=\frac{1}{\mu r^2\sin\theta}\begin{vmatrix}\boldsymbol{e}_r & r\boldsymbol{e}_\theta & r\sin\theta\,\boldsymbol{e}_\phi\\ \dfrac{\partial}{\partial r} & \dfrac{\partial}{\partial\theta} & \dfrac{\partial}{\partial\phi}\\ A_z\cos\theta & -rA_z\sin\theta & 0\end{vmatrix}$$

由此可解得

$$H_r=0 \tag{7-17a}$$

$$H_\theta=0 \tag{7-17b}$$

$$H_\phi=\frac{k^2 I\,\mathrm{d}l\,\sin\theta}{4\pi}\left[\frac{\mathrm{j}}{kr}+\frac{1}{(kr)^2}\right]\mathrm{e}^{-\mathrm{j}kr} \tag{7-17c}$$

将式(7－17)代入无源区中的麦克斯韦方程

$$\nabla\times\boldsymbol{H}=\mathrm{j}\omega\varepsilon\boldsymbol{E}$$

可得电场强度的三个分量：

$$E_r=\frac{2I\,\mathrm{d}l\,k^3\cos\theta}{4\pi\omega\varepsilon}\left[\frac{1}{(kr)^2}-\frac{\mathrm{j}}{(kr)^3}\right]\mathrm{e}^{-\mathrm{j}kr} \tag{7-18a}$$

$$E_\theta=\frac{I\,\mathrm{d}l\,k^3\sin\theta}{4\pi\omega\varepsilon}\left[\frac{\mathrm{j}}{kr}+\frac{1}{(kr)^2}-\frac{\mathrm{j}}{(kr)^3}\right]\mathrm{e}^{-\mathrm{j}kr} \tag{7-18b}$$

$$E_\phi=0 \tag{7-18c}$$

由上可见，$\boldsymbol{E}$ 和 $\boldsymbol{H}$ 互相垂直，$\boldsymbol{E}$ 在过振子的平面(子午面)内，而 $\boldsymbol{H}$ 则在与赤道平面平行的平面内；磁场强度只有一个分量 H_ϕ，而电场强度有两个分量 E_r 和 E_θ。无论哪个分量都随距离 r 的增加而减小，只是它们的成分(不同项)有的随 r 减小的快，有的则减小的慢。此外，在源点的近区和远区，占优势的成分是不同的。

7.2.2　电基本振子的电磁场分析

1. 近区场

当 $kr\ll 1$ 时，$r\ll\dfrac{\lambda}{2\pi}$，即场点 P 与源点之间的距离 r 远小于波长 λ 的区域称为近区。在近区中，有

$$\frac{1}{kr}\ll\frac{1}{(kr)^2}\ll\frac{1}{(kr)^3},\quad \mathrm{e}^{-\mathrm{j}kr}\approx 1$$

故在式(7－17)和式(7－18)中，起主要作用的是$\dfrac{1}{kr}$的高次幂项，保留这一高次幂项得

$$E_r=-\mathrm{j}\,\frac{I\,\mathrm{d}l\,\cos\theta}{2\pi\omega\varepsilon r^3}=\frac{2p}{4\pi\varepsilon r^3}\cos\theta \tag{7-19a}$$

$$E_\theta=-\mathrm{j}\,\frac{I\,\mathrm{d}l\,\sin\theta}{4\pi\omega\varepsilon r^3}=\frac{p}{4\pi\varepsilon r^3}\sin\theta \tag{7-19b}$$

$$H_\phi=\frac{I\,\mathrm{d}l\,\sin\theta}{4\pi r^2} \tag{7-19c}$$

式中 $p=Q\,\mathrm{d}l$ 是电偶极矩的复振幅。因为已经把载流短导线看成一个振荡电偶极子，其上下两端的电荷与电流的关系是 $I=\mathrm{j}\omega Q$。

从以上结果可以看出，近区中，电基本振子(时变电偶极子)的电场复振幅与静态场的

“静”电偶极子的电场表达式相同；磁场表达式则与静磁场中用毕奥-萨伐尔定律计算电流元 $I\,\mathrm{d}l$ 所得的公式相同。显然电基本振子的近区场与静态场有相同的性质，因此称为似稳场(准静态场)。此外，近区中电场与磁场有 $\pi/2$ 的相位差，因此平均坡印廷矢量为零。也就是说，电基本振子的近区场没有电磁能量向外辐射，电磁能量仅被束缚在电基本振子附近，故近区场又称为束缚场或感应场。

应该指出，这些结论是在满足 $kr\ll 1$ 的条件下，忽略了$\dfrac{1}{kr}$、$\dfrac{1}{(kr)^2}$项后得出的，是一个近似的结果。实际上，正是这些被忽略的项构成了远区场中电磁波的辐射功率。

2. 远区场

当 $kr\gg 1$ 时，$r\gg\dfrac{\lambda}{2\pi}$，即场点 P 与源点的距离 r 远大于波长 λ 的区域称为远区。在远区中，有

$$\frac{1}{kr}\gg\frac{1}{(kr)^2}\gg\frac{1}{(kr)^3}$$

故在式(7－17)和式(7－18)中，起主要作用的是含 $1/kr$ 的低次幂项，且相位因子 $\mathrm{e}^{-\mathrm{j}kr}$ 必须考虑。因此远区电磁场表达式简化为

$$E_\theta=\mathrm{j}\,\frac{I\,\mathrm{d}l\,k^2\,\sin\theta}{4\pi\varepsilon\omega r}\mathrm{e}^{-\mathrm{j}kr}=\mathrm{j}\,\frac{I\,\mathrm{d}l}{2\lambda r}\eta\,\sin\theta\cdot\mathrm{e}^{-\mathrm{j}kr}\tag{7－20a}$$

$$H_\phi=\mathrm{j}\,\frac{I\,\mathrm{d}l\,k\,\sin\theta}{4\pi r}\mathrm{e}^{-\mathrm{j}kr}=\mathrm{j}\,\frac{I\,\mathrm{d}l}{2\lambda r}\,\sin\theta\cdot\mathrm{e}^{-\mathrm{j}kr}\tag{7－20b}$$

从上式可以看出，电场与磁场在时间上同相，因此平均坡印廷矢量不等于零。这表明有电磁能量向外辐射，辐射方向是半径方向，故把远区场称为辐射场。

从式(7－20)中可得出电基本振子远区场有以下特点。

(1) 场的方向：电场只有 E_θ 分量；磁场只有 H_ϕ分量。其复坡印廷矢量为

$$\boldsymbol{S}=\frac{1}{2}\boldsymbol{E}\times\boldsymbol{H}^*=\boldsymbol{e}_r\,\frac{1}{2}E_\theta H_\phi^*=\boldsymbol{e}_r\,\frac{1}{2}\,\frac{|E_\theta|^2}{\eta}$$

可见，$\boldsymbol{E}$、$\boldsymbol{H}$ 互相垂直，并都与传播方向 $\boldsymbol{e}_r$ 相垂直。因此电基本振子的远区场是横电磁波(TEM 波)。

(2) 场的相位：无论 E_θ 或 H_ϕ，其空间相位因子都是 $-kr$，即其空间相位随离源点的距离 r 增大而滞后，等相位面是 r 为常数的球面，所以远区辐射场是球面波。由于等相位面上任意点的 $\boldsymbol{E}$、$\boldsymbol{H}$ 振幅不相同，所以又是非均匀球面波。$E_\theta/H_\phi=\eta$ 是一常数，等于媒质的波阻抗。

(3) 场的振幅：远区场的振幅与 r 成反比；与 I、$\mathrm{d}l/\lambda$ 成正比。值得注意，场的振幅与电长度 $\mathrm{d}l/\lambda$ 有关，而不是仅与几何尺寸 $\mathrm{d}l$ 有关。

(4) 场的方向性：远区场的振幅还正比于 $\sin\theta$，在垂直于天线轴的方向($\theta=90°$)，辐射场最大；沿着天线轴的方向($\theta=0°$)，辐射场为零。这说明电基本振子的辐射具有方向性，这种方向性也是天线的一个主要特性。

下面我们着手计算电基本振子的辐射功率和辐射电阻。如果以电基本振子天线为球心，用一个半径为 r 的球面把它包围起来，那么从电基本振子天线辐射出来的电磁能量必然全部通过这个球面，故平均坡印廷矢量在此球面上的积分值就是电基本振子天线辐射出

来的功率 P_r。因为电基本振子天线在远区任一点的平均坡印廷矢量为

$$\begin{aligned}\boldsymbol{S}_{av} &= \mathrm{Re}\left[\frac{1}{2}\boldsymbol{E}\times\boldsymbol{H}^*\right] = \mathrm{Re}\left[\boldsymbol{e}_r\,\frac{1}{2}E_\theta H_\phi^*\right] \\ &= \boldsymbol{e}_r\,\frac{1}{2}\,\frac{|E_\theta|^2}{\eta} = \boldsymbol{e}_r\,\frac{1}{2}\eta\,|H_\phi|^2 \\ &= \boldsymbol{e}_r\,\frac{1}{2}\eta\left(\frac{I\,\mathrm{d}l}{2\lambda r}\sin\theta\right)^2 \end{aligned} \tag{7-21}$$

所以辐射功率为

$$\begin{aligned} P_r &= \oint_S \boldsymbol{S}_{av}\cdot \mathrm{d}\boldsymbol{S} \\ &= \int_0^{2\pi}\int_0^{\pi}\frac{1}{2}\eta\left(\frac{I\,\mathrm{d}l}{2\lambda r}\sin\theta\right)^2\cdot r^2\sin\theta\,\mathrm{d}\theta\,\mathrm{d}\phi \\ &= \frac{\eta}{2}\left(\frac{I\,\mathrm{d}l}{2\lambda}\right)^2 2\pi\int_0^{\pi}\sin^3\theta\,\mathrm{d}\theta \\ &= \frac{\eta}{2}\left(\frac{I\,\mathrm{d}l}{2\lambda}\right)^2 2\pi\cdot\frac{4}{3} \\ &= \frac{4}{3}\eta\pi\left(\frac{I\,\mathrm{d}l}{2\lambda}\right)^2 \end{aligned} \tag{7-22a}$$

以空气中的波阻抗 $\eta=\eta_0=\sqrt{\dfrac{\mu_0}{\varepsilon_0}}=120\pi$ 代入，可得

$$P_r = 40\pi^2\left(\frac{I\,\mathrm{d}l}{\lambda_0}\right)^2 \tag{7-22b}$$

式中 I 的单位为 A(安培)且是复振幅值，辐射功率 P_r 的单位为 W(瓦)，空气中的波长 λ_0 的单位为 m(米)。

电基本振子辐射出去的电磁能量既然不能返回波源，因此对波源而言也是一种损耗。利用电路理论的概念，引入一个等效电阻。设此电阻消耗的功率等于辐射功率，则有

$$P_r = \frac{1}{2}\,|I|^2 R_r$$

式中 R_r 称为辐射电阻。由式(7－22b)可得电基本振子的辐射电阻为

$$R_r = \frac{2P_r}{|I|^2} = 80\pi^2\left(\frac{\mathrm{d}l}{\lambda_0}\right)^2 \tag{7-23}$$

显然，辐射电阻可以衡量天线的辐射能力，它仅仅取决于天线的结构和工作波长，是天线的一个重要参数。

例 7－1　已知电基本振子的辐射功率 P_r，求远区中任意点 $P(r,\theta,\phi)$的电场强度的振幅值。

解： 利用 $k=\dfrac{2\pi}{\lambda}$，$I=I_m e^{j\phi}$及式(7－20a)，远区辐射场的电场强度振幅为

$$E_m = \frac{I_m\,\mathrm{d}l}{2\lambda_0 r}\eta_0\sin\theta$$

由式(7－22b)有$\dfrac{I_m\,\mathrm{d}l}{\lambda_0}=\sqrt{\dfrac{P_r}{40\pi^2}}$，代入上式得

$$E_m = 3\sqrt{10\cdot P_r}\cdot\frac{\sin\theta}{r}$$

例 7-2　计算长度 $dl=0.1\lambda_0$ 的电基本振子当电流振幅值为 2 mA 时的辐射电阻和辐射功率。

解：由式(7-23)知辐射电阻为

$$R_r = 80\pi^2\left(\frac{dl}{\lambda_0}\right)^2 = 80\pi^2\times(0.1)^2 = 7.8957\ \Omega$$

辐射功率为

$$P_r = \frac{1}{2}|I|^2 R_r = \frac{1}{2}(2\times10^{-3})^2\times 7.8957 = 15.791\ \mu\text{W}$$

7.3　对偶原理与磁基本振子的辐射场

7.3.1　磁基本振子的辐射场

磁基本振子是一个半径为 $a(a\ll\lambda)$ 的细导线小圆环，载有高频均匀时谐电流 $i=I_m\cdot\cos(\omega t+\phi)$，其复振幅为 $I=I_m e^{j\phi}$，如图 7-4 所示。当此细导线小圆环的周长远小于波长时，可以认为流过圆环的时谐电流的振幅和相位处处相同，所以磁基本振子也被称为磁偶极子。现在采用与上节求解电偶极子相类似的方法，求解磁偶极子的电磁场。

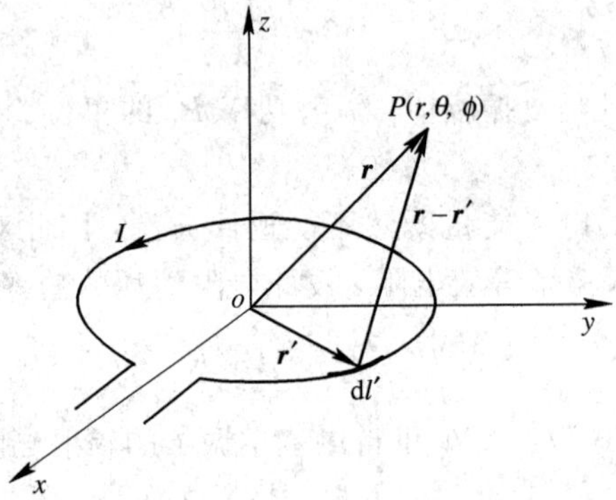

图 7-4　磁基本振子

取图 7-4 所示的球坐标系，由式(7-13a)，并将其中的 $\boldsymbol{J}(\boldsymbol{r})dV'$ 改为 $I\ d\boldsymbol{l}'$(即 $dl'\boldsymbol{a}_l=d\boldsymbol{l}'$)，有

$$\boldsymbol{A}(\boldsymbol{r}) = \frac{\mu I}{4\pi}\oint_l \frac{e^{-jkR}}{R}d\boldsymbol{l}' = \frac{\mu I}{4\pi}\oint_l \frac{e^{-jk|\boldsymbol{r}-\boldsymbol{r}'|}}{|\boldsymbol{r}-\boldsymbol{r}'|}d\boldsymbol{l}' \tag{7-24}$$

上式的积分严格计算比较困难，但因 $r'=a\ll\lambda$，所以其中的指数因子可以近似为

$$e^{-jk|\boldsymbol{r}-\boldsymbol{r}'|} = e^{-jkR} = e^{-jk(R-r+r)} = e^{-jkr}\cdot e^{-jk(R-r)} \approx e^{-jkr}[1-jk(R-r)]$$

其中已经考虑了

$$e^{-jk(R-r)} = 1-jk(R-r)-\frac{1}{2}k^2(R-r)^2+\cdots\quad(|-jk(R-r)|\ll 1)$$

并忽略了高次幂项。将上式代入式(7-24)，可得磁矢位的近似表达式为

$$\boldsymbol{A}(r)=\frac{\mu I}{4\pi}\oint_{l}\frac{1}{R}(1+\mathrm{j}kr-\mathrm{j}kR)\mathrm{e}^{-\mathrm{j}kr}\,\mathrm{d}\boldsymbol{l}'$$

上式中的积分是对带“′”的坐标变量(源点)进行的，r(场点坐标)是常量，所以上式可以改写为

$$\boldsymbol{A}(r)=(1+\mathrm{j}kr)\mathrm{e}^{-\mathrm{j}kr}\left[\frac{\mu I}{4\pi}\oint_{l}\frac{\mathrm{d}\boldsymbol{l}'}{|\boldsymbol{r}-\boldsymbol{r}'|}\right]-\frac{\mathrm{j}k\mu I}{4\pi}\mathrm{e}^{-\mathrm{j}kr}\oint_{l}\mathrm{d}\boldsymbol{l}' \tag{7-25}$$

显然，上式中第二项的线积分是零。第一项方括号中的因子与“静”磁偶极子(恒定电流环)的磁矢位表达式相同。此式的运算结果为

$$\frac{\mu I}{4\pi}\oint_{l}\frac{\mathrm{d}\boldsymbol{l}'}{|\boldsymbol{r}-\boldsymbol{r}'|}\approx\boldsymbol{e}_{\phi}\frac{\mu SI}{4\pi r^{2}}\sin\theta=\frac{\mu\boldsymbol{m}\times\boldsymbol{r}}{4\pi r^{3}}$$

用于式(7－25)，只要注意到对现在讨论的“时变”磁偶极子，该式中的 $\boldsymbol{m}=\boldsymbol{e}_z\pi a^2 I=\boldsymbol{e}_z SI$ 是复矢量。于是有

$$\boldsymbol{A}(r)=\boldsymbol{e}_{\phi}\frac{\mu IS}{4\pi r^{2}}(1+\mathrm{j}kr)\sin\theta\cdot\mathrm{e}^{-\mathrm{j}kr} \tag{7-26}$$

将式(7－26)代入 $\boldsymbol{H}=\mu^{-1}\nabla\times\boldsymbol{A}$ 可得磁基本振子的磁场为

$$H_r=\frac{IS}{2\pi}\cos\theta\left(\frac{1}{r^3}+\frac{\mathrm{j}k}{r^2}\right)\mathrm{e}^{-\mathrm{j}kr} \tag{7-27a}$$

$$H_\theta=\frac{IS}{4\pi}\sin\theta\left(\frac{1}{r^3}+\frac{\mathrm{j}k}{r^2}-\frac{k^2}{r}\right)\mathrm{e}^{-\mathrm{j}kr} \tag{7-27b}$$

$$H_\phi=0 \tag{7-27c}$$

再由 $\boldsymbol{E}=(\mathrm{j}\omega\varepsilon)^{-1}\nabla\times\boldsymbol{H}$，可得磁基本振子的电场为

$$E_r=0 \tag{7-28a}$$

$$E_\theta=0 \tag{7-28b}$$

$$E_\phi=-\mathrm{j}\frac{ISk}{4\pi}\eta\sin\theta\left(\frac{\mathrm{j}k}{r}+\frac{1}{r^2}\right)\mathrm{e}^{-\mathrm{j}kr} \tag{7-28c}$$

由以上诸式可见，电场强度矢量与磁场强度矢量互相垂直，这一点和电基本振子的电磁场相同；但是，$\boldsymbol{E}$、$\boldsymbol{H}$ 的取向互换，即 $\boldsymbol{E}$ 在与赤道面平行的平面内，而 $\boldsymbol{H}$ 则在子午面内，这与电基本振子的电磁场取向比较，正好相反。

磁基本振子的电磁场也可以分成近区和远区来研究。不难看出，前面对电基本振子电磁场性质的讨论也适应于磁基本振子。对远区($kr\gg1$)，只保留 $\boldsymbol{E}$、$\boldsymbol{H}$ 表达式中含 $1/kr$ 的项，可由式(7－27)和式(7－28)得到磁基本振子的远区辐射场：

$$H_\theta=-\frac{ISk^2}{4\pi r}\sin\theta\cdot\mathrm{e}^{-\mathrm{j}kr}=-\frac{\pi IS}{\lambda^2 r}\sin\theta\cdot\mathrm{e}^{-\mathrm{j}kr} \tag{7-29a}$$

$$E_\phi=\frac{ISk^2}{4\pi r}\eta\sin\theta\cdot\mathrm{e}^{-\mathrm{j}kr}=\frac{\pi IS}{\lambda^2 r}\eta\sin\theta\cdot\mathrm{e}^{-\mathrm{j}kr}=-\eta H_\theta \tag{7-29b}$$

由上式可以看出，磁基本振子的远区辐射场具有以下特点：

(1) 磁基本振子的辐射场也是 TEM 非均匀球面波。

(2) $\dfrac{E_\phi}{(-H_\theta)}=\eta$。

(3) 电磁场与 $1/r$ 成正比。

(4) 与电基本振子的远区场比较，只是 $\boldsymbol{E}$、$\boldsymbol{H}$ 的取向互换，远区场的性质相同。

磁基本振子的平均坡印廷矢量可由式(7－29)获得：

$$\begin{aligned}\boldsymbol{S}_{\mathrm{av}} &= \mathrm{Re}\left[\frac{1}{2}\boldsymbol{E}\times\boldsymbol{H}^{*}\right] = \mathrm{Re}\left[-\boldsymbol{e}_r\,\frac{1}{2}E_{\phi}H_{\theta}^{*}\right]\\ &= \boldsymbol{e}_r\,\frac{1}{2}\eta\left(\frac{\pi IS}{\lambda^2 r}\right)^2 \sin^2\theta\end{aligned}$$

辐射功率为

$$\begin{aligned}P_{\mathrm{r}} &= \oint_S \boldsymbol{S}_{\mathrm{av}}\cdot \mathrm{d}\boldsymbol{S} = \int_0^{2\pi}\int_0^{\pi}\frac{1}{2}\eta\left(\frac{\pi IS}{\lambda^2 r}\right)^2 \sin^2\theta\cdot r^2\sin\theta\,\mathrm{d}\theta\,\mathrm{d}\phi\\ &= \frac{\eta}{2}\left(\frac{\pi IS}{\lambda^2}\right)^2\cdot\frac{8\pi}{3} = \frac{4}{3}\eta\pi\cdot\left(\frac{\pi IS}{\lambda^2}\right)^2 \qquad (7-30a)\end{aligned}$$

以空气的波阻抗代入上式，有

$$P_{\mathrm{r}} = 160\pi^2\cdot\left(\frac{\pi IS}{\lambda_0^2}\right)^2 = 160\pi^6\cdot\left(\frac{a}{\lambda_0}\right)^4 I^2 \qquad (7-30b)$$

辐射电阻为

$$R_{\mathrm{r}} = \frac{2P_{\mathrm{r}}}{|I|^2} = 320\pi^6\cdot\left(\frac{a}{\lambda_0}\right)^4 \qquad (7-31)$$

例 7－3　将周长为 $0.1\lambda_0$ 的细导线绕成圆环，以构造磁基本振子，求此磁基本振子的辐射电阻。

解：由式(7－31)知，此磁基本振子的辐射电阻为

$$R_{\mathrm{r}} = 320\pi^6\cdot\left(\frac{a}{\lambda_0}\right)^4 = 320\pi^6\cdot\left(\frac{1}{2\pi}\times 0.1\right)^4 = 1.9739\times 10^{-2}\ \Omega$$

将此结果与例 7－2 比较可见：长度为此磁基本振子周长的电基本振子的辐射电阻远比磁基本振子的辐射电阻大，即电基本振子的辐射能力大于磁基本振子的辐射能力。

例 7－4　沿 z 轴放置大小为 $I_1 l_1$ 的电基本振子，在 xoy 平面上放置大小为 $I_2 S_2$ 的磁基本振子，它们的取向和所载电流的频率相同，中心位于坐标原点，求它们的辐射电场强度。

解：由式(7－20a)和式(7－29b)知，电基本振子和磁基本振子在空间任意点产生的合成辐射场为

$$\boldsymbol{E} = \boldsymbol{E}_1 + \boldsymbol{E}_2 = \boldsymbol{e}_{\theta}E_{\theta} + \boldsymbol{e}_{\phi}E_{\phi} = \left(\boldsymbol{e}_{\theta}\mathrm{j}\,\frac{I_1 l_1}{2\lambda} + \boldsymbol{e}_{\phi}\,\frac{\pi I_2 S_2}{\lambda^2}\right)\eta\,\sin\theta\cdot\frac{\mathrm{e}^{-\mathrm{j}kr}}{r}$$

这是一椭圆极化波。当$\dfrac{I_1 l_1}{2\lambda} = \dfrac{\pi I_2 S_2}{\lambda^2}$时是右旋圆极化波。可见这一组合形式能够构造一幅产生圆极化波的天线。

7.3.2　对偶原理

我们知道，稳态电磁场中，电场的源是静止的电荷，磁场的源是恒定电流。那么是否存在静止的磁荷产生磁场，恒定的磁流产生电场呢？迄今为止我们还不能肯定自然界中是否存在磁荷和磁流。电流及电荷是产生电磁场的唯一的源。但是，如果我们在理论上引入假想的磁荷与磁流概念，将一部分原本是由电荷和电流产生的电磁场用能够产生同样电磁场的等效磁荷和等效磁流来代替，即将“电源”换成“磁源”，有时可以大大简化计算工作量。稳态电磁场具有这种特性，时变电磁场也具有这种特性。

引入假想的磁荷和磁流概念之后，磁荷与磁流也产生电磁场，因此麦克斯韦方程组可

修改为

$$\nabla\times\boldsymbol{H}=\boldsymbol{J}+\mathrm{j}\omega\varepsilon\boldsymbol{E}\tag{7-32a}$$

$$\nabla\times\boldsymbol{E}=-\boldsymbol{J}_{\mathrm{m}}-\mathrm{j}\omega\mu\boldsymbol{H}\tag{7-32b}$$

$$\nabla\cdot\boldsymbol{D}=\rho\tag{7-32c}$$

$$\nabla\cdot\boldsymbol{B}=\rho_{\mathrm{m}}\tag{7-32d}$$

上式称为广义麦克斯韦方程组。式中下标 m 表示磁量；$\boldsymbol{J}_{\mathrm{m}}$ 是磁流密度，其量纲为 $\mathrm{V/m^2}$；ρ_{m} 是磁荷密度，其量纲为 $\mathrm{Wb/m^3}$（韦伯每立方米）。式(7-32a)的等号右边用正号，表示电流与磁场之间有右手螺旋关系；式(7-32b)的等号右边用负号，表示磁流与电场之间有左手螺旋关系。

在无界的简单媒质中，如果存在“电源”$\boldsymbol{J}$、ρ，它们产生的电磁场用 $\boldsymbol{E}_e$、$\boldsymbol{H}_e$ 表示，则其满足的麦克斯韦方程组为

$$\nabla\times\boldsymbol{H}_e=\boldsymbol{J}+\mathrm{j}\omega\varepsilon\boldsymbol{E}_e\tag{7-33a}$$

$$\nabla\times\boldsymbol{E}_e=-\mathrm{j}\omega\mu\boldsymbol{H}_e\tag{7-33b}$$

$$\nabla\cdot\boldsymbol{D}_e=\rho\tag{7-33c}$$

$$\nabla\cdot\boldsymbol{B}_e=0\tag{7-33d}$$

如果存在“磁源”$\boldsymbol{J}_{\mathrm{m}}$、$\rho_{\mathrm{m}}$，它们产生的电磁场用 $\boldsymbol{E}_{\mathrm{m}}$、$\boldsymbol{H}_{\mathrm{m}}$ 表示，则其满足的麦克斯韦方程组为

$$\nabla\times\boldsymbol{H}_{\mathrm{m}}=\mathrm{j}\omega\varepsilon\boldsymbol{E}_{\mathrm{m}}\tag{7-34a}$$

$$\nabla\times\boldsymbol{E}_{\mathrm{m}}=-\boldsymbol{J}_{\mathrm{m}}-\mathrm{j}\omega\mu\boldsymbol{H}_{\mathrm{m}}\tag{7-34b}$$

$$\nabla\cdot\boldsymbol{D}_{\mathrm{m}}=0\tag{7-34c}$$

$$\nabla\cdot\boldsymbol{B}_{\mathrm{m}}=\rho_{\mathrm{m}}\tag{7-34d}$$

由上可见，如果对式(7-33)作以下变量代换：

$$\boldsymbol{H}_e\rightarrow-\boldsymbol{E}_{\mathrm{m}},\quad \boldsymbol{E}_e\rightarrow\boldsymbol{H}_{\mathrm{m}},\ \varepsilon\rightarrow\mu,\ \mu\rightarrow\varepsilon,\ \rho\rightarrow\rho_{\mathrm{m}},\ \boldsymbol{J}\rightarrow\boldsymbol{J}_{\mathrm{m}}\tag{7-35}$$

就可得到式(7-34)。这种对应关系称为电磁场的对偶原理。

如果有两个问题，第一个问题满足麦克斯韦方程式(7-33)和相应的边界条件，第二个问题满足麦克斯韦方程式(7-34)和相应的边界条件，那么应用电磁场的对偶原理，只要按式(7-35)作对偶量代换，即可由第一个问题的解得到第二个问题的解，反之亦然。

例 7-5　应用对偶原理，求磁基本振子的远区辐射场。

解： 引入假想的磁荷与磁流概念之后，载流细导线小圆环可等效为相距 $\mathrm{d}l$，两端磁荷分别为 $+q_{\mathrm{m}}$ 和 $-q_{\mathrm{m}}$ 的磁偶极子，其磁偶极距

$$\boldsymbol{p}_{\mathrm{m}}=q_{\mathrm{m}}\mathrm{d}\boldsymbol{l}=\boldsymbol{e}_z q_{\mathrm{m}}\mathrm{d}l=\boldsymbol{e}_z\mu IS$$

由此可得磁基本振子的磁流

$$i_{\mathrm{m}}=\frac{\mathrm{d}q_{\mathrm{m}}}{\mathrm{d}t}=\frac{\mu S}{\mathrm{d}l}\frac{\mathrm{d}i}{\mathrm{d}t}=\frac{\mu S}{\mathrm{d}l}\frac{\mathrm{d}}{\mathrm{d}t}[I_{\mathrm{m}}\cos(\omega t+\phi)]$$

其对应的磁流复量为

$$I_{\mathrm{m}}=\mathrm{j}\omega\frac{\mu S}{\mathrm{d}l}I\quad(I=I_{\mathrm{m}}\mathrm{e}^{-\mathrm{j}\phi})$$

如果定义磁偶极子对应的磁流元为 $I_{\mathrm{m}}\mathrm{d}l$，那么它与电流环的关系为

$$I_{\mathrm{m}}\,\mathrm{d}l=\mathrm{j}\omega\mu SI=\mathrm{j}k\eta IS=\mathrm{j}\,\frac{2\pi}{\lambda}\eta IS\tag{7-36}$$

或

$$IS = -\mathrm{j}\,\frac{\lambda}{2\pi\eta}I_{\mathrm{m}}\,\mathrm{d}l$$

将上式代入式(7－29)，可将磁偶极子产生的远区场重写为

$$E_{\phi} = -\mathrm{j}\,\frac{I_{\mathrm{m}}\,\mathrm{d}l}{2\lambda r}\,\sin\theta\cdot \mathrm{e}^{-\mathrm{j}kr} \tag{7-37a}$$

$$H_{\theta} = \mathrm{j}\,\frac{I_{\mathrm{m}}\,\mathrm{d}l}{2\lambda r\eta}\,\sin\theta\cdot \mathrm{e}^{-\mathrm{j}kr} \tag{7-37b}$$

式(7－37)也可以根据对偶原理，将式(7－20)经过式(7－35)的变换得到。

7.4　天线的电参数

天线的作用是辐射(发射)和接收电磁波。为了评价一幅天线的技术性能优劣，必须规定一些能够表征天线性能的参数。根据互易原理(后面将要介绍)，同一副天线用作辐射和接收时，其特性参数是相同的，只是具体含义有所不同。为叙述方便起见，下面均以发射天线来定义各个电参数。

7.4.1　辐射方向图

1. 方向性函数和方向图

任何实际天线的辐射都具有方向性。离开天线一定距离处，描述天线辐射的电磁场强度在空间的相对分布情况的数学表示式，称为天线的方向性函数；把方向性函数用图形表示出来，就是方向图。因为天线的辐射场分布于整个空间，所以天线的方向图通常是三维的立体方向图。在球坐标系中，场强随 θ 和 ϕ 两个坐标变量变化。虽然现在利用电子计算机可以绘制很复杂的天线的立体方向图，但是常用的仍是所谓"主平面"上的方向图。因为有了这样两个主平面上的方向图，整个立体的方向性也就可以想见了。对于线天线，主平面指包含天线导线轴的平面(称为 E 面)和垂直于天线导线轴的平面(称为 H 面)；对于面天线，主平面指与天线口面上电场矢量相平行的平面(E 面)和与天线口面上磁场矢量相平行的平面(H 面)。这两个平面上的方向图分别称为 E 面方向图和 H 面方向图。

为便于绘制方向图，定义场强振幅的归一化方向性函数为

$$F(\theta, \phi) = \frac{|E(\theta, \phi)|}{|E_{\max}|} \tag{7-38}$$

式中，$|E_{\max}|$是$|E(\theta, \phi)|$的最大值。

例 7－6　绘制电基本振子的方向图。

解： 根据式(7－38)的方向性函数定义和电基本振子远区辐射场的表示式(7－20a)知，电基本振子的方向性函数为

$$F(\theta, \phi) = |\sin\theta|$$

由此方向性函数绘制的 E 面方向图、H 面方向图和立体方向图如图 7－5 所示。

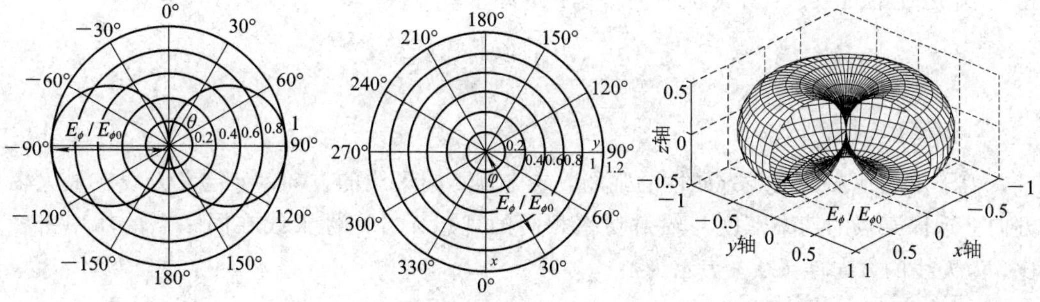

(*a*) *E*面方向图　(*b*) *H*面方向图　(*c*) 立体方向图

图 7－5　电基本振子的方向图

实际天线的方向图通常要比图 7－5 复杂，方向图可能包含多个波瓣，分别称为主瓣、副瓣和后瓣，如图 7－6 所示，此图表示某天线的极坐标形式方向图。

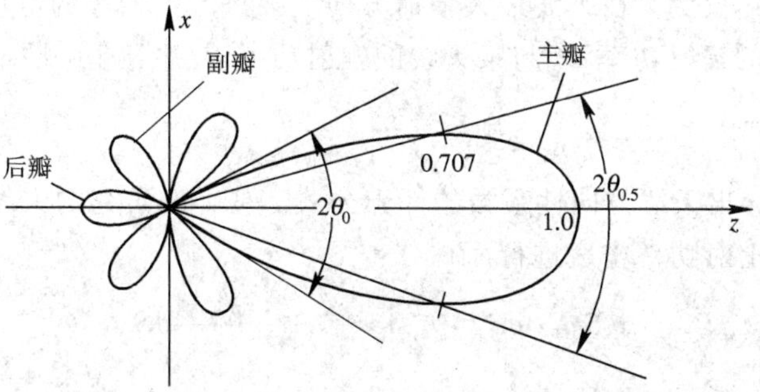

图 7－6　天线方向图的波瓣

主瓣就是包含有最大辐射方向的波瓣，除主瓣外的其它波瓣都统称为副瓣。位于主瓣正后方的波瓣(副瓣)另称为后瓣。为了对各种天线的方向图进行定量比较，通常提出以下电参数：

(1) 主瓣宽度：主瓣最大辐射方向两侧的两个半功率点(即功率密度下降为最大值的一半，或场强下降为最大值的 $1/\sqrt{2}$)的矢径之间的夹角，称为主瓣宽度，记为 $2\theta_{0.5}$。主瓣宽度愈小，说明天线辐射的电磁能量愈集中，定向性愈好。图 7－5 表示的电基本振子的主瓣宽度为 90°。主瓣宽度也称为半功率角。

(2) 副瓣电平：副瓣最大辐射方向上的功率密度 S_1 与主瓣最大辐射方向上的功率密度 S_0 之比的对数值，称为副瓣电平，即

$$P_{\rm sub}(\rm dB) = 10\ lg\,\frac{S_1}{S_0}$$

方向图的副瓣是指不需要辐射的区域，所以其电平应尽可能地低。一般地，离主瓣较远的副瓣电平要比离主瓣较近的副瓣电平低。因此，副瓣电平是指第一副瓣(离主瓣最近的电平最高)的电平。

(3) 前后向抑制比：后瓣最大辐射方向上的功率密度 S_a 与主瓣最大辐射方向上的功率

密度 S_0 之比的对数值，称为前后向抑制比，即

$$P_{ab}(\mathrm{dB}) = 10\ \lg \frac{S_a}{S_0}$$

2. 方向性系数

为了定量地描述天线方向性的强弱，或比较不同天线的方向性，定义天线在最大辐射方向上远区某点的功率密度与辐射功率相同的理想无方向性天线在同一点的功率密度之比，为天线的方向性系数，表示为

$$D = \left. \frac{S_{max}}{S_0} \right|_{P_r 相同,\ r 相同} \tag{7-39a}$$

或

$$D = \left. \frac{|E_{max}|^2}{|E_0|^2} \right|_{P_r 相同,\ r 相同} \tag{7-39b}$$

方向性系数也可以定义为，在天线最大辐射方向上某点产生相等的电场强度的条件下，理想的无方向性天线的辐射功率 P_{ro} 与某天线的辐射功率 P_r 之比值，即

$$D = \left. \frac{P_{ro}}{P_r} \right|_{相等电场强度} \tag{7-40}$$

根据上述定义，可导出天线方向性系数的计算公式。对于被研究的天线，其辐射功率等于在半径为 r 的球面上对功率密度进行面积分：

$$\begin{aligned} P_r &= \oint_S \boldsymbol{S}_{av} \cdot \mathrm{d}\boldsymbol{S} = \frac{1}{2}\oint_S \frac{|E(\theta,\ \phi)|^2}{\eta_0} \mathrm{d}S \\ &= \frac{|E_{max}|^2 \cdot r^2}{240\pi} \int_0^{2\pi}\int_0^{\pi} F^2(\theta,\ \phi)\ \sin\theta\ \mathrm{d}\theta\ \mathrm{d}\phi \end{aligned} \tag{7-41}$$

对于理想的无方向性天线，因其在空间各个方向上具有相同的辐射，故其辐射功率为

$$P_{ro} = 4\pi r^2 S_0 = 4\pi r^2 \cdot \frac{1}{2} \cdot \frac{|E_0|^2}{120\pi} = \frac{|E_0|^2 r^2}{60} \tag{7-42}$$

由式(7-41)和式(7-42)，再考虑条件——辐射功率相同，即 $P_r = P_{ro}$，则根据式(7-39b)得

$$D = \left. \frac{|E_{max}|^2}{|E_0|^2} \right|_{P_r 相同,\ r 相同} = \frac{4\pi}{\int_0^{2\pi}\int_0^{\pi} F^2(\theta,\ \phi)\ \sin\theta\ \mathrm{d}\theta\ \mathrm{d}\phi} \tag{7-43}$$

若 $F(\theta,\ \phi) = F(\theta)$，即天线方向图轴对称(与 ϕ 无关)，则

$$D = \frac{2}{\int_0^{\pi} F^2(\theta)\ \sin\theta\ \mathrm{d}\theta} \tag{7-44}$$

显然，对于理想的无方向性天线，其方向性函数为 $F(\theta,\ \phi) = 1$，故其方向性系数为 1。因为有方向性的天线的辐射功率主要集中在其最大辐射方向附近，因此在其最大辐射方向上某点与理想无方向性天线具有相同电场强度的条件下，它所需要的辐射功率一定比理想无方向性天线的辐射功率小，即 $P_r < P_{ro}$。因此，天线的方向性系数总大于 1。方向性愈强，D 值愈大。

不同天线都以理想无方向性天线作为标准进行比较，因此能比较出不同天线最大辐射

的相对大小，即方向性系数能比较不同天线方向性的强弱。公式(7－39a)中：

$$S_{\max}=\frac{1}{2}\cdot\frac{|E_{\max}|^2}{120\pi},\ S_0=\frac{P_{ro}}{4\pi r^2}$$

故

$$D=\frac{\frac{1}{2}\cdot\frac{|E_{\max}|^2}{120\pi}}{\frac{P_{ro}}{4\pi r^2}}=\frac{|E_{\max}|^2r^2}{60P_{ro}}$$

因此

$$|E_{\max}|=\frac{\sqrt{60P_{ro}D}}{r} \tag{7-45a}$$

对于理想的无方向性天线，因其方向性系数 $D=1$，故有

$$|E_{\max}|=\frac{\sqrt{60P_{ro}}}{r} \tag{7-45b}$$

上式中$|E_{\max}|$表示天线最大辐射方向上电场强度的复振幅的模。

比较式(7－45a)和式(7－45b)，可以看出方向性系数的物理意义如下：某天线的方向性系数，表征该天线在其最大辐射方向上比起无方向性天线来说把辐射功率增大了 D 倍。例如为了在空间一定距离的 M 点产生一定的场强，若使用无方向性天线，需要馈给无方向性天线 10 W 的辐射功率；但是若使用方向性系数 $D=10$ 的有方向性天线，并将有方向性天线对准 M 点，就只需 1 W 的辐射功率。

例 7－7　计算电基本振子的方向性系数。

解： 电基本振子的方向性函数 $F(\theta,\phi)=\sin\theta$，故其方向性系数为

$$D=\frac{4\pi}{\int_0^{2\pi}\int_0^{\pi}\sin^2\theta\cdot\sin\theta\,d\theta\,d\phi}=1.5$$

7.4.2　辐射效率

天线的辐射效率(Radiation Efficiency)表征天线能否有效地转换能量，定义为天线的辐射功率与输入到天线上的功率(输入功率)之比：

$$\eta_r=\frac{P_r}{P_{in}}=\frac{P_r}{P_r+P_L}$$

式中的 P_L 表示天线的总损耗功率。通常，发射天线的损耗功率包括：天线导体中的热损耗、介质材料的损耗、天线附近物体的感应损耗等。

如果把天线向外辐射的功率看作被某个电阻 R_r 所吸收，该电阻称为辐射电阻。与此相似，也把总损耗功率看作被某个损耗电阻 R_L 所吸收，则有

$$P_r=\frac{1}{2}I^2R_r,\quad P_L=\frac{1}{2}I^2R_L$$

故天线的辐射效率可表示为

$$\eta_r=\frac{P_r}{P_{in}}=\frac{P_r}{P_r+P_L}=\frac{R_r}{R_r+R_L} \tag{7-46}$$

可见，要提高天线效率，应尽可能地提高辐射电阻和降低损耗电阻。

对于频率很低的长、中波天线，由于波长很长，而天线的电长度 l/λ 较小，故其辐射功率较低，天线辐射效率也较低。但是，大多数超高频微波天线的损耗都很小，辐射效率可接近 1。

7.4.3 增益系数

方向性系数表征天线辐射能量的集中程度，辐射效率则表征在转换能量上的效能。将两者结合起来，就可得到表征天线总效能的一个指标——增益系数。其定义为天线在其最大辐射方向上远区某点的功率密度与输入功率相同的无方向性天线在同一点产生的功率密度之比，表示为

$$G = \left.\frac{S_{\max}}{S_0}\right|_{P_{\text{in}}\text{相同}} \tag{7-47a}$$

或

$$G = \left.\frac{|E_{\max}|^2}{|E_0|^2}\right|_{P_{\text{in}}\text{相同}} \tag{7-47b}$$

增益系数也可定义为：在天线最大辐射方向上某点产生相等电场强度的条件下，理想的无方向性天线所需要的输入功率 P_{ino} 与某天线所需要的输入功率 P_{in} 之比，即

$$G = \left.\frac{P_{\text{ino}}}{P_{\text{in}}}\right|_{E\text{相同}} \tag{7-48}$$

比较式(7-48)和式(7-40)可见，增益系数和方向性系数的计算式是相似的，差别在于增益系数用输入功率计算，而方向性系数用辐射功率计算。考虑到辐射效率的定义关系 $P_r = \eta_r P_{\text{in}}$，以及理想无方向性天线的效率 η_{ro} 一般被认为是 1，故

$$G = \left.\frac{P_{\text{ino}}}{P_{\text{in}}}\right|_{E\text{相同}} = \left.\frac{P_{\text{ro}}/\eta_{\text{ro}}}{P_r/\eta_r}\right|_{E\text{相同}} = \eta_r D \tag{7-49}$$

由此可见，只有当天线的 D 值大，辐射效率 η_r 也高时，天线的增益才较高。增益系数比较全面地表征了天线的性能。通常用分贝来表示增益系数，即令

$$G(\text{dB}) = 10\lg G$$

7.4.4 输入阻抗

天线与馈线相连接，欲使天线能从馈线获得最大功率，就必须使天线和馈线良好匹配，即要使天线的输入阻抗与馈线的特性阻抗相等。所谓天线的输入阻抗，是指天线输入端的高频电压与输入端的高频电流之比，可表示为

$$Z_{\text{in}} = \frac{U_{\text{in}}}{I_{\text{in}}} = R_{\text{in}} + jX_{\text{in}} \tag{7-50}$$

7.4.5 极化形式

天线的极化特性是以天线辐射的电磁波在最大辐射方向上电场强度矢量的空间取向来定义的，分为线极化、圆极化和椭圆极化。线极化又分为水平极化和垂直极化；圆极化又分左旋圆极化和右旋圆极化。

7.5　对称线天线和天线阵的概念

辐射体由横截面半径远小于波长的金属导线构成的天线，称为线天线。线天线广泛应用于通信、广播、雷达等领域，其内容非常丰富，这里仅就线天线中的对称振子天线进行讨论。

介绍对称阵子线天线的远区辐射电磁场之前，先介绍电磁场的叠加定理。如果在我们研究的区域内及边界上，介质的 ε、μ、σ 都与场强无关，即我们处理的是线性介质，那么麦克斯韦方程所描述的系统就是线性系统；根据线性系统的叠加原理，则 $\boldsymbol{E}_i$、$\boldsymbol{H}_i$、$\boldsymbol{D}_i$、$\boldsymbol{B}_i$（其中 $i=1\sim n$）是给定边界条件下麦克斯韦方程的解，$\sum\limits_{i=1}^{n}\boldsymbol{E}_i$、$\sum\limits_{i=1}^{n}\boldsymbol{H}_i$、$\sum\limits_{i=1}^{n}\boldsymbol{D}_i$、$\sum\limits_{i=1}^{n}\boldsymbol{B}_i$ 必是麦克斯韦方程在同一边界条件下的解。这就是叠加定理。

7.5.1　对称振子天线

1. 对称振子的电流分布和远区场

对称振子是最基本的线天线形式，如图 7-7 所示。它是一对等长度的直导线，其内端与馈线相接，一臂长度为 l，全长为 $2l$，圆柱导体的半径为 a。这种结构可以看成是一段终端开路的双线传输线的两根导线张开 180°的张角所形成。

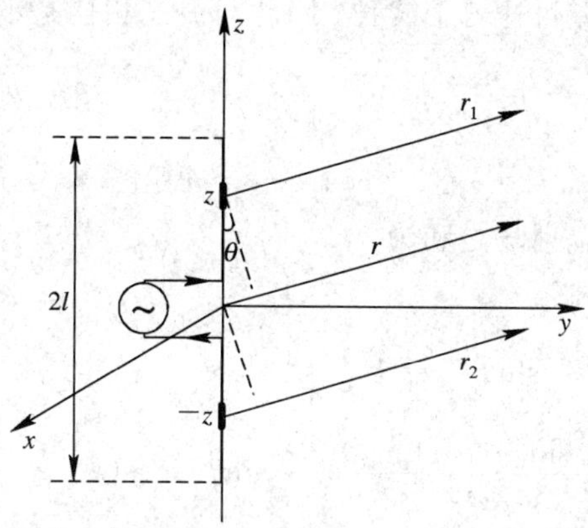

图 7-7　臂长为 l 的对称振子

对称振子是应用非常广泛的一种基本天线，它既可单独使用，也可作为阵列天线的组成单元，还可作为某些微波天线的馈源。这种看起来非常简单的结构，即使认为导线是理想导体，要确定导线上的正确电流分布，也是极其困难的电磁场边值问题。所以，作为工程近似，通常假定电流沿导线按正弦分布。当导线直径约为 0.01λ 或更小时，这种假设是对电流实际分布的很好近似。

如图 7-7 所示，设对称振子沿 z 轴放置，振子中心位于坐标原点，则振子上的电流分布表示式为

$$I(z) = I_{\mathrm{m}}\sin[k(l-|z|)] \tag{7-51}$$

式中：I_{m} 为电流驻波的波腹电流，即电流最大值；k 为对称振子上电流传输的相移常数，

在此它就等于自由空间的相移常数，即 $k=2\pi/\lambda$。

有了电流分布，便可以利用叠加原理来求出对称振子的远区场。由于对称振子天线的长度可与波长相比拟，因而沿天线分布的电流不再是振幅和相位处处相同的均匀电流。此时尽管不能把整个天线看作电基本振子，但可以把对称振子分解成许多小电流元，每个长度为 dz 的小电流元 $I\,dz$ 就是一个电基本振子，其远区辐射电场强度可由式(7-20a)给出：

$$\boldsymbol{E}=\boldsymbol{e}_\theta E_\theta=\mathrm{j}\frac{I\,\mathrm{d}z}{2\lambda r}\eta\sin\theta\,\boldsymbol{e}_\theta\cdot\mathrm{e}^{-\mathrm{j}kr}$$

式中 r 为小电流元 $I\mathrm{d}z$ 与场点间的距离。将这些互不相同的小电流元 $I\mathrm{d}z$ 在空间同一点产生的辐射场叠加，就获得了对称振子的辐射场。

为便于计算，我们在振子两臂上点 $|z|$ 处各取小电流元 $I\mathrm{d}z$，如图 7-7 所示。考虑远区场，因 $r\gg l$，故可以认为各小电流元 $I\mathrm{d}z$ 到场点的射线平行。在自由空间中，由式(7-20a)知，振子上、下臂上的小电流元的远区场分别为

$$\mathrm{d}E_{\theta1}=\mathrm{j}\frac{60\pi I\,\mathrm{d}z}{\lambda_0 r_1}\sin\theta\cdot\mathrm{e}^{-\mathrm{j}kr_1} \tag{7-52a}$$

$$\mathrm{d}E_{\theta2}=\mathrm{j}\frac{60\pi I\,\mathrm{d}z}{\lambda_0 r_2}\sin\theta\cdot\mathrm{e}^{-\mathrm{j}kr_2} \tag{7-52b}$$

在平行射线近似下，$\mathrm{d}E_{\theta1}$、$\mathrm{d}E_{\theta2}$ 的方向相同；且分母中的 r_1、r_2 均可用 r 代替，即可忽略对称振子上各小电流元 $I\mathrm{d}z$ 到场点距离不同对远区场振幅的影响。但是，决定远区场的相位因子中的 r_1、r_2 却必须用更精确的近似值。因为场点虽然很远，但对称振子天线上的各小电流元 $I\mathrm{d}z$ 到场点的距离差可达若干波长，因此与波长相比是不能忽略的，它将引起显著的相位差。

由图 7-7 可见：

$$r_1=r-|z|\cos\theta,\quad r_2=r+|z|\cos\theta \tag{7-53}$$

于是两个小电流元的远区辐射场之和为

$$\begin{aligned}\mathrm{d}E_\theta&=\mathrm{d}E_{\theta1}+\mathrm{d}E_{\theta2}\\&=\mathrm{j}\frac{60\pi I_m\mathrm{d}z}{\lambda_0 r}\sin\theta\cdot\left[\mathrm{e}^{-\mathrm{j}k(r-|z|\cos\theta)}+\mathrm{e}^{-\mathrm{j}k(r+|z|\cos\theta)}\right]\\&=\mathrm{j}\frac{120\pi I_\mathrm{m}\sin[k(l-|z|)]\mathrm{d}z}{\lambda_0 r}\sin\theta\cdot\cos(k|z|\cos\theta)\cdot\mathrm{e}^{-\mathrm{j}kr}\end{aligned} \tag{7-54}$$

将 $\mathrm{d}E_\theta$ 从 0 到 l 对 z 积分，便得对称振子的辐射场：

$$E_\theta=\mathrm{j}\frac{60I_\mathrm{m}}{r}\left[\frac{\cos(kl\cos\theta)-\cos kl}{\sin\theta}\right]\mathrm{e}^{-\mathrm{j}kr} \tag{7-55}$$

其远区磁场与电场的关系仍为

$$H_\phi=\frac{E_\theta}{120\pi}$$

可见，对称振子的辐射场是一个球面波，其等相位面是以振子中心为球心、半径为常数的球面。电场只有 E_θ 分量，磁场只有 H_ϕ 分量，是横电磁波。在不同的 θ 方向上有不同的辐射场强值，即其具有方向性。

对称振子最常见的长度是 $l=\lambda/4$，即振子全长 $2l=\lambda/2$，称为半波振子。其远区辐射场为

$$
\begin{cases}
E_\theta = \mathrm{j}\dfrac{60I_{\mathrm{m}}\cos\left(\dfrac{\pi}{2}\cos\theta\right)}{r\sin\theta}\mathrm{e}^{-\mathrm{j}kr} \\
H_\phi = \dfrac{E_\theta}{\eta_0}
\end{cases}
\tag{7-56}
$$

2. 对称振子的电参数

1）对称振子的方向图

通常取式(7－55)中与方向有关的因子作为对称振子的方向性函数，称为未归一化的方向性函数：

$$
f(\theta,\phi) = \frac{|E(\theta,\phi)|}{60I_{\mathrm{m}}/r} = \frac{\cos(kl\cos\theta) - \cos kl}{\sin\theta} \tag{7-57a}
$$

由其可得出按式(7－38)定义的归一化方向性函数：

$$
F(\theta,\phi) = \frac{f(\theta,\phi)}{f_{\max}} \tag{7-57b}
$$

式中 $f_{\max}$ 是 $f(\theta,\phi)$ 的最大值。对于半波振子，有

$$
f(\theta,\phi) = F(\theta,\phi) = \frac{\cos\left(\dfrac{\pi}{2}\cos\theta\right)}{\sin\theta} \tag{7-57c}
$$

由式(7－57a)可见，方向性函数仅与 θ 有关，而与 ϕ 无关。即 H 面的方向图是圆，与对称振子的电长度无关；E 面的方向图总是关于 $\theta=\pi/2$ 的平面对称，且方向图形状随电长度 $2l/\lambda$ 变化。图 7－8 画出了四种不同电长度的对称振子的 E 面方向图。

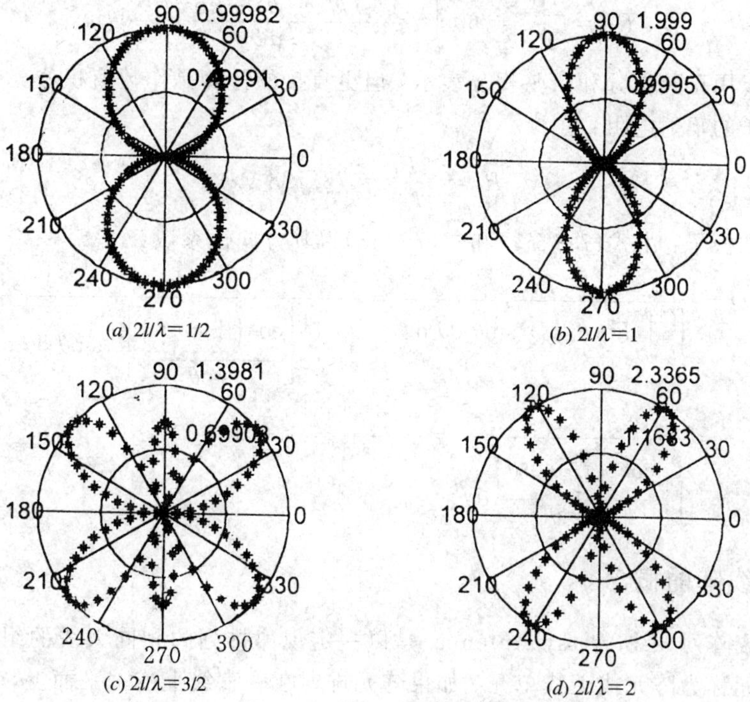

(a) $2l/\lambda=1/2$　(b) $2l/\lambda=1$　(c) $2l/\lambda=3/2$　(d) $2l/\lambda=2$

图 7－8　对称振子的 E 面方向图

从图 7－8 可见，当 $2l/\lambda \leqslant 1$ 时，方向图呈 8 字形，最大辐射方向在 $\theta=90°$ 方向上，且随电长度的增加，方向图变尖锐；当 $2l/\lambda > 1$ 时，对称振子上出现反向电流，方向图上除主瓣外，还出现副瓣；当电长度继续增加，达到 $2l/\lambda=2$ 时，原来的主瓣消失，方向图变成同样大小的四个波瓣。方向图形状的变化与对称振子上的电流分布密切相关。

半波振子的 E 面方向图如图 7－8(a)所示，在 $\theta=\pi/2$ 时有最大辐射，在 $\theta=0°$ 时没有辐射。

2) 对称振子的辐射功率和辐射电阻

对称振子的辐射功率，通常用平均坡印廷矢量在一个中心位于对称振子中心、半径足够大(远区)，并且包围对称振子天线的球面上的积分来表示：

$$P_r = \oint_S \boldsymbol{S}_{av} \cdot d\boldsymbol{S} = \int_0^{2\pi}\int_0^{\pi} \frac{|E_\theta|^2}{2\eta_0} r^2 \sin\theta \, d\theta \, d\phi$$

$$= 30 I_m^2 \int_0^{\pi} \frac{[\cos(kl\cos\theta) - \cos kl]^2}{\sin\theta} d\theta \qquad (7-58)$$

半波振子的辐射功率为

$$P_r = 30 I_m^2 \int_0^{\pi} \frac{\left[\cos\left(\frac{\pi}{2}\cos\theta\right)\right]^2}{\sin\theta} d\theta = 30 I_m^2 \times 1.2188 = 36.564 I_m^2 \quad (\mathrm{W})$$

由于对称振子天线的辐射功率与辐射电阻的关系为

$$P_r = \frac{1}{2} I_m^2 R_r$$

因此辐射电阻为

$$R_r = \frac{2P_r}{I_m^2} = 60 \int_0^{\pi} \frac{[\cos(kl\cos\theta) - \cos kl]^2}{\sin\theta} d\theta \qquad (7-59)$$

此式积分可以用正弦积分和余弦积分表示，但更直接的计算是作数值积分。

半波振子的辐射电阻：

$$R_r = \frac{2P_r}{I_m^2} = 73.128\ \Omega$$

对于半波振子，由式(7－57c)和式(7－43)得其方向性系数：

$$D = \frac{4\pi}{\int_0^{2\pi}\int_0^{\pi} F^2(\theta,\phi)\sin\theta\, d\theta\, d\phi} = \frac{4\pi}{\int_0^{2\pi}\int_0^{\pi}\left[\frac{\cos\left(\frac{\pi}{2}\cos\theta\right)}{\sin\theta}\right]^2 \sin\theta\, d\theta\, d\phi}$$

$$= \frac{2}{\int_0^{\pi}\frac{\cos^2\left(\frac{\pi}{2}\cos\theta\right)}{\sin\theta}d\theta} = \frac{2}{1.2188} = 1.641$$

7.5.2 天线阵的概念

天线阵或阵列天线(Array Antenna)是以一定规律排列的相同天线的组合。组成天线阵的独立单元称为阵元或天线单元。如果阵元排列在一直线上或一平面上，则称为直线阵或平面阵。下面简单介绍 N 元均匀直线阵，以便掌握分析方法及基本概念。

如果 N 元阵中相邻阵元间的间距相等，各个阵元上的电流振幅也相等，电流相位则按等差级数递增或递减，那么称此直线阵为 N 元均匀直线阵，如图 7-9 所示。

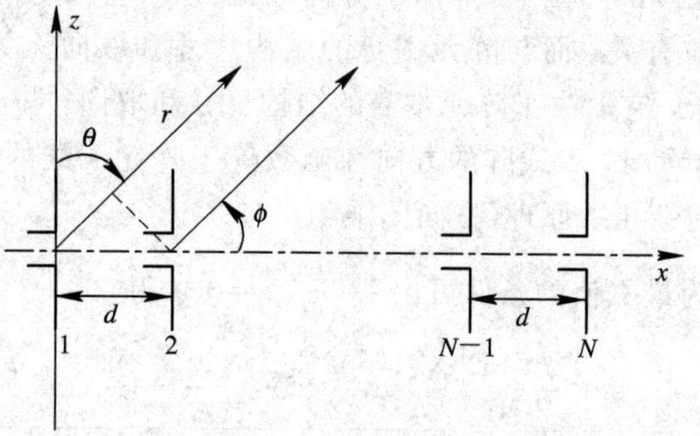

图 7-9　N 元均匀直线阵(一)

设相邻阵元的间距为 d，各阵元上电流的振幅为 1，但相位自第一个阵元起依次超前一个相角 β，即

$$I_i = 1e^{j(i-1)\beta} \quad (i = 1, 2, \cdots, N)$$

由图 7-9 可见，各阵元在场点产生的辐射场存在相位差，阵元 2 的辐射场比阵元 1 的辐射场超前相位 $\Psi = kd\cos\phi + \beta$；同样阵元 3 的辐射场比阵元 2 的辐射场超前相位 Ψ，而比阵元 1 的辐射场超前相位 2Ψ；以此类推。因此，天线阵在场点产生的总电场强度为

$$\begin{aligned} E &= E_1 + E_2 + \cdots + E_N \\ &= E_1[1 + e^{j\Psi} + e^{j2\Psi} + \cdots + e^{j(N-1)\Psi}] \end{aligned} \tag{7-60}$$

式中，E_1、E_2、…、E_N 分别为阵元 1、2、…、N 在场点所产生的远区辐射场。

利用等比级数求和公式，式(7-60)可以写为

$$|E| = |E_1| \left|\frac{1-e^{jN\Psi}}{1-e^{j\Psi}}\right| = |E_1| \left|\frac{\sin\dfrac{N\Psi}{2}}{\sin\dfrac{\Psi}{2}}\right| = |E_1| f_N(\Psi)$$

式中：

$$f_N(\Psi) = \left|\frac{\sin\dfrac{N\Psi}{2}}{\sin\dfrac{\Psi}{2}}\right| \tag{7-61}$$

如果天线阵的每个阵元都是相同的半波振子，那么由式(7-56)可知：

$$\begin{aligned} |E_1| &= \frac{60|I_m|}{r} \cdot \frac{\cos\left(\dfrac{\pi}{2}\cos\theta\right)}{\sin\theta} = \frac{60|I_m|}{r} \cdot \frac{\cos\left(\dfrac{\pi}{2}\sin\phi\right)}{\cos\phi} \\ &= \frac{60|I_m|}{r} \cdot f_1(\phi) \end{aligned}$$

式中：

$$f_1(\phi) = \frac{\cos\left(\dfrac{\pi}{2}\sin\phi\right)}{\cos\phi}$$

为半波振子的方向性函数。于是 N 元均匀直线阵的方向性函数为

$$F(\phi) = f_1(\phi) \cdot f_N(\Psi) \tag{7-62}$$

式中：$f_N(\Psi)$称为天线阵的阵函数(阵因子方向性函数)，它仅与阵元在天线阵中的排列、激励电流的振幅和相位有关，而与阵元本身的结构尺寸和取向无关；$f_1(\phi)$是阵元的方向性函数，称为阵元因子，它取决于阵元本身的结构尺寸和取向，与天线阵的排列方式无关。

从式(7-62)可以看出，天线阵的方向性函数等于阵元天线的方向性函数乘以天线阵的阵函数。这就是方向性相乘原理(方向图乘积定理)。

天线阵的阵函数为最大值的条件可由$\dfrac{\mathrm{d}f_N(\Psi)}{\mathrm{d}\Psi}=0$求得：

$$\frac{\mathrm{d}f_N(\Psi)}{\mathrm{d}\Psi} = \frac{\mathrm{d}}{\mathrm{d}\Psi}\frac{\sin\dfrac{N\Psi}{2}}{\sin\dfrac{\Psi}{2}} = \frac{\dfrac{N}{2}\sin\dfrac{\Psi}{2}\cos\dfrac{N\Psi}{2} - \dfrac{1}{2}\cos\dfrac{\Psi}{2}\sin\dfrac{N\Psi}{2}}{\sin^2\dfrac{\Psi}{2}} = 0$$

由此可得

$$\tan\frac{N\Psi}{2} = N\tan\frac{\Psi}{2}$$

此式仅当 $\Psi=0$ 时成立，所以阵函数出现最大值的条件为

$$\Psi = 0 \tag{7-63}$$

以上 N 元均匀直线阵的方向性函数是对 E 面而言的。不难看出，在图 7-10 所示的 H 面内天线阵的阵函数仍为

$$f_N(\Psi) = \left|\frac{\sin\dfrac{N\Psi}{2}}{\sin\dfrac{\Psi}{2}}\right|$$

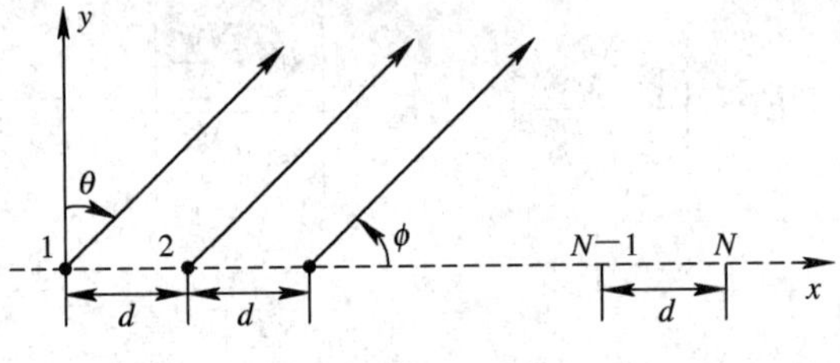

图 7-10 N 元均匀直线阵(二)

但是，每个阵元在 H 面内却是无方向性的，相当于一个点元，所以在 H 面内天线阵的方向性函数就是阵函数，即

$$F'(\phi) = f_N(\Psi) = \left|\frac{\sin\dfrac{N\Psi}{2}}{\sin\dfrac{\Psi}{2}}\right| \tag{7-64}$$

由上式可知，当各个阵元的激励电流同相时，$\beta=0$，$\Psi=kd\cos\phi$，最大辐射条件 $\Psi=0$ 对应于

$$\phi = (2m+1)\frac{\pi}{2} \quad (m=0, 1, 2, \cdots)$$

换句话说，在 $\phi=\pi/2$ 和 $\phi=3\pi/2$ 的方向上，亦即在天线阵轴线垂直的方向上，天线阵存在最大的辐射。这种各个阵元激励电流同相的均匀直线阵，由于在天线阵轴线两侧有最大的辐射，所以将其称为侧射式天线阵。图 7-11 画出了四元侧射式天线阵的方向图。

当 $\beta\neq0$ 时，最大辐射条件 $\Psi=0$ 对应于

$$\cos\phi = \cos\phi_m = -\frac{\beta}{kd}$$

此式表明天线阵的最大辐射方向 ϕ_m 取决于相邻阵元之间的电流相位差 β。改变 β，就可以改变天线阵的最大辐射方向。这就是相控阵天线的工作原理。当 $\beta=-kd$ 时，最大辐射方向 $\phi_m=0$，所以天线阵的最大辐射方向在其轴线方向上。这种均匀直线阵称为端射式天线阵。图 7 - 12 画出了八阵元端射式天线阵的方向图。

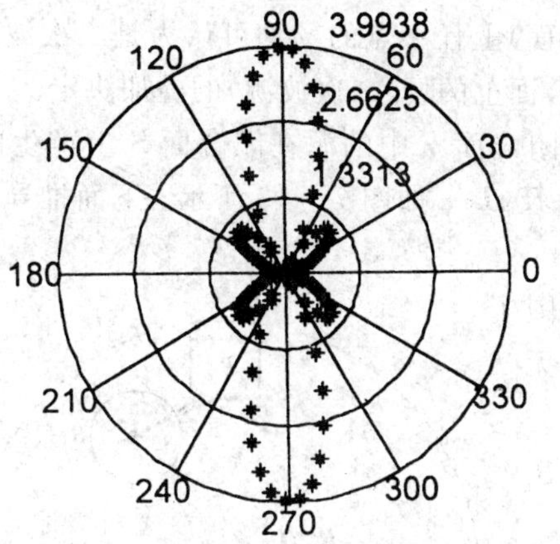

图 7 - 11　四阵元侧射式天线阵的方向图

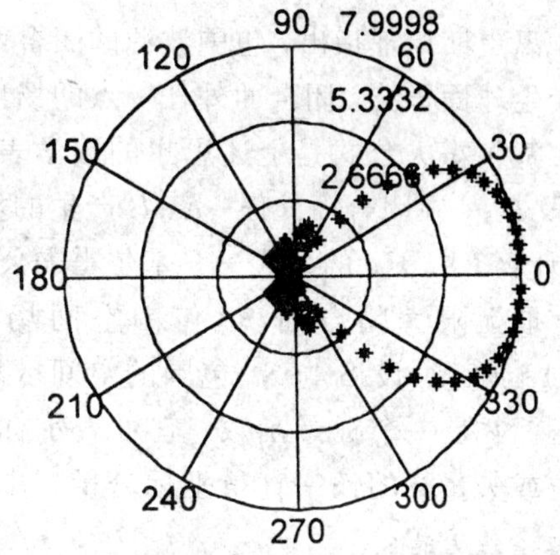

图 7 - 12　八阵元端射式天线阵的方向图

7.6　面天线的辐射场

长波、中波、短波和超短波段通常采用线天线，但在微波波段一般不采用线天线，而是采用面天线，也称为口径天线。因为在微波波段，波长很短(通常波长小于 1 m，大于 1 mm)，如果采用线天线，则在天线的加工、安装和调试上都会遇到许多困难，有时甚至难以实现；另一方面，微波天线具有类似光学系统的特性。面天线广泛应用于微波中继通信、卫星通信、卫星电视广播以及雷达、导航等无线电系统中。

喇叭天线、抛物面天线和透镜天线是几种常用的面天线。面天线通常由初级辐射器和辐射口面两部分组成。初级辐射器又称为馈源，用作初级辐射器的有终端开口的波导、喇叭天线、对称振子等。初级辐射器的作用是把馈线中传输的电磁能量转换为由辐射口面向外辐射的电磁能量。辐射口面的作用是把从初级辐射器获得的电磁能量按所要求的方向性向空间辐射出去。

严格求解面天线的辐射场，就要根据天线的边界条件求解麦克斯韦方程组，这在数学处理上相当复杂。工程上往往采用以下两种近似方法求解。

1. 感应电流法

这种方法是先求出天线的金属导体面在初级辐射器照射下产生的感应面电流分布，然

后计算此电流在外部空间产生的辐射场。

2. 口面场法

这种方法包括两部分：先作一个包围天线的封闭面，求出此封闭面上的场(称为解内场问题)；然后根据惠更斯原理，利用该封闭面上的场求出空间的辐射场(称为解外场问题)。由于金属封闭面上无电磁场，故实际上只需考虑封闭面的开口部分的辐射作用，即口面场的辐射。

7.6.1 基尔霍夫公式

惠更斯原理指出，包围波源的闭合面(波阵面)上任一点的场均可认为是二次波源，它们产生球面子波，闭合面外任一点的场可由闭合面上的场(二次波源)的叠加决定。

基尔霍夫公式是上述思想的数学表述。设闭合面 S 中的源在闭合面 S 上产生的场为 $\boldsymbol{E}_S$ 及 $\boldsymbol{H}_S$，在闭合面外任一点 P 产生的场为 $\boldsymbol{E}_P$ 及 $\boldsymbol{H}_P$，如图 7-13 所示。下面推导由 $\boldsymbol{E}_S$、$\boldsymbol{H}_S$ 计算 $\boldsymbol{E}_P$、$\boldsymbol{H}_P$ 的公式——基尔霍夫公式。

取无限大闭合面 S_∞ 包围空间场域，如图 7-13 所示。设 S 与 S_∞ 包围的空间区域 V 是无源区。Ψ 是一个标量函数，它可表示标量位、矢量位或矢量场的任一直角坐标分量，并满足齐次亥姆霍兹方程：

$$\nabla^2\Psi + k^2\Psi = 0 \qquad (7-65)$$

式中 $k^2=\omega^2\mu\varepsilon$。为方便起见，取 P 点为坐标原点($r=0$)。现引入另一标量函数 $G(r)$，它满足方程：

$$\nabla^2 G(r) + k^2 G(r) = -\delta(r) \qquad (7-66)$$

可以证明，式(7-66)的解为

$$G(r) = \frac{\mathrm{e}^{-\mathrm{j}kr}}{4\pi r} \qquad (7-67)$$

标量函数 $G(r)$ 称为标量格林函数，其物理意义为在 $r=0$ 处的点源在距源点 r 处产生的标量场。

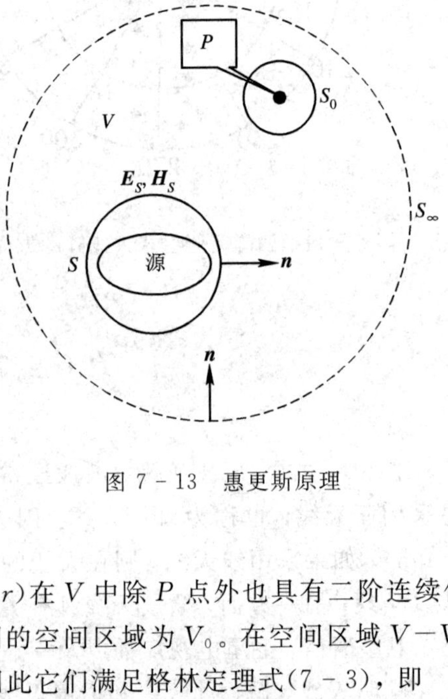

图 7-13 惠更斯原理

由上可见，Ψ 在 V 中具有二阶连续偏导数，$G(r)$ 在 V 中除 P 点外也具有二阶连续偏导数。以 P 点为球心作半径为 a 的球面 S_0，它包围的空间区域为 V_0。在空间区域 $V-V_0$ 中，标量函数 Ψ 和 $G(r)$ 均具有二阶连续偏导数，因此它们满足格林定理式(7-3)，即

$$\int_{V-V_0}[\Psi\nabla^2 G - G\nabla^2\Psi]\mathrm{d}V = -\oint_{S+S_0+S_\infty}\left(\Psi\frac{\partial G}{\partial n} - G\frac{\partial \Psi}{\partial n}\right)\mathrm{d}S \qquad (7-68)$$

上式右边取负号是因为单位矢量 $\boldsymbol{n}$ 的方向为空间区域 $V-V_0$ 的内法线矢量。$V-V_0$ 的空间区域为 Ψ 和 $G(r)$ 的无源区，因此式(7-68)左边的被积函数为

$$\Psi\nabla^2 G - G\nabla^2\Psi = \Psi(-k^2 G) - G(-k^2\Psi) = 0$$

故式(7-68)左边的体积分为零。而右边的面积分可分为三个面积分之和。已知场分量的振幅至少与距离 r 的一次方成反比，即 $G(r)$ 与 $\frac{1}{r}$ 成正比，所以当 $r\to\infty$ 时，$\frac{\partial}{\partial n}\to-\frac{\partial}{\partial r}$。因此面积分中的被积函数在 $r\to\infty$ 时至少与 r 的三次方成反比，又由于 S_∞ 与 r^2 成正比，故当

$r\to\infty$时，S_∞的面积分为零。S_0面上的面积分为

$$\oint_{S_0}\left(\Psi\frac{\partial G}{\partial n}-G\frac{\partial\Psi}{\partial n}\right)\mathrm{d}S=\oint_{S_0}\left(\Psi\frac{\partial G}{\partial r}-G\frac{\partial\Psi}{\partial r}\right)\mathrm{d}S$$
$$=\frac{\partial G}{\partial r}\bigg|_{r=a}\oint_{S_0}\Psi\,\mathrm{d}S-G\,|_{r=a}\oint_{S_0}\frac{\partial\Psi}{\partial r}\mathrm{d}S \qquad (7-69)$$

上式中第二项的面积分为

$$\oint_{S_0}\frac{\partial\Psi}{\partial r}\mathrm{d}S=\oint_{S_0}\frac{\partial\Psi}{\partial n}\mathrm{d}S=\oint_{S_0}\nabla\Psi\cdot\mathrm{d}\boldsymbol{S}=\int_{V_0}\nabla^2\Psi\,\mathrm{d}V=-\int_{V_0}k^2\Psi\,\mathrm{d}V$$

当$a\to0$时，$V_0\to0$，式(7-69)第二项的极限为零，第一项的极限为$-\Psi(P)$。

于是，由式(7-68)可得P点的标量场为

$$\Psi_P=\oint_S\left(\Psi\frac{\partial G}{\partial n}-G\frac{\partial\Psi}{\partial n}\right)\mathrm{d}S \qquad (7-70)$$

当P点在r'点处时，格林函数$G=\dfrac{\mathrm{e}^{-\mathrm{j}k|\boldsymbol{r}-\boldsymbol{r}'|}}{4\pi|\boldsymbol{r}-\boldsymbol{r}'|}$，闭合面$S$外任一点$r$处，有

$$\Psi(\boldsymbol{r})=\frac{1}{4\pi}\oint_S\left[\Psi(\boldsymbol{r}')\frac{\partial}{\partial n}\left(\frac{\mathrm{e}^{-\mathrm{j}k|\boldsymbol{r}-\boldsymbol{r}'|}}{|\boldsymbol{r}-\boldsymbol{r}'|}\right)-\frac{\mathrm{e}^{-\mathrm{j}k|\boldsymbol{r}-\boldsymbol{r}'|}}{|\boldsymbol{r}-\boldsymbol{r}'|}\frac{\partial}{\partial n}\Psi(\boldsymbol{r}')\right]\mathrm{d}S \qquad (7-71)$$

式中$\boldsymbol{r}'$点在闭合面S上。式(7-71)被称为基尔霍夫公式，它是惠更斯原理的数学形式。事实上，上式只是所有源均在S之外时式(7-8)的特例。

电磁场的任一直角坐标分量都满足式(7-71)，所以三个直角坐标分量合成为矢量后，可得矢量基尔霍夫公式为

$$\boldsymbol{E}_S(\boldsymbol{r})=\frac{1}{4\pi}\oint_S\left[\boldsymbol{E}_S(\boldsymbol{r}')\frac{\partial}{\partial n}\left(\frac{\mathrm{e}^{-\mathrm{j}k|\boldsymbol{r}-\boldsymbol{r}'|}}{|\boldsymbol{r}-\boldsymbol{r}'|}\right)-\frac{\mathrm{e}^{-\mathrm{j}k|\boldsymbol{r}-\boldsymbol{r}'|}}{|\boldsymbol{r}-\boldsymbol{r}'|}\frac{\partial}{\partial n}\boldsymbol{E}_S(\boldsymbol{r}')\right]\mathrm{d}S \qquad (7-72a)$$

$$\boldsymbol{H}_S(\boldsymbol{r})=\frac{1}{4\pi}\oint_S\left[\boldsymbol{H}_S(\boldsymbol{r}')\frac{\partial}{\partial n}\left(\frac{\mathrm{e}^{-\mathrm{j}k|\boldsymbol{r}-\boldsymbol{r}'|}}{|\boldsymbol{r}-\boldsymbol{r}'|}\right)-\frac{\mathrm{e}^{-\mathrm{j}k|\boldsymbol{r}-\boldsymbol{r}'|}}{|\boldsymbol{r}-\boldsymbol{r}'|}\frac{\partial}{\partial n}\boldsymbol{H}_S(\boldsymbol{r}')\right]\mathrm{d}S \qquad (7-72b)$$

式中：$\boldsymbol{r}$为场点位置矢量，场点在闭合面S外；$\boldsymbol{r}'$为闭合面S上的任意点的位置矢量；$\boldsymbol{E}_S$、$\boldsymbol{H}_S$为闭合面S上的电磁场。由式(7-72)可见，只要已知闭合面S上的电磁场，就可以通过面积分求出闭合面外任一点的电磁场。

7.6.2 口径面的辐射场

设一天线的口径面上的电磁场的某一直角坐标分量Ψ_S已知，在口径面上取一面元$\mathrm{d}S$，如图7-14所示，将其称为惠更斯元。合适地选择坐标系，使惠更斯元$\mathrm{d}S$位于坐标原点，其法线沿z轴。

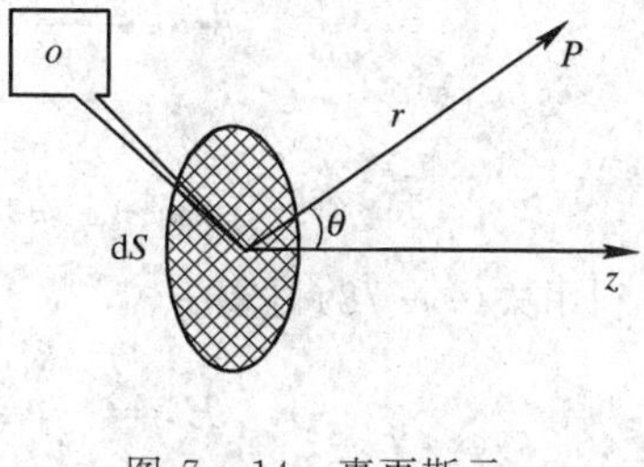

图7-14 惠更斯元

设惠更斯元上场的传播方向为z方向，那么惠更斯元上的场可以表示为

$$\Psi_S=\Psi_{S_0}\mathrm{e}^{-\mathrm{j}kz} \qquad (7-73)$$

这样，就有

$$\frac{\partial\Psi}{\partial n}\bigg|_{z=0}=\frac{\partial\Psi}{\partial z}\bigg|_{z=0}=\mathrm{j}k\Psi_{S_0} \qquad (7-74)$$

$$\frac{\partial}{\partial n}\left(\frac{\mathrm{e}^{-\mathrm{j}k|\boldsymbol{r}-\boldsymbol{r}'|}}{|\boldsymbol{r}-\boldsymbol{r}'|}\right)=\frac{\partial}{\partial z}\left(\frac{\mathrm{e}^{-\mathrm{j}kr}}{r}\right)=\boldsymbol{e}_z\cdot\nabla\left(\frac{\mathrm{e}^{-\mathrm{j}kr}}{r}\right)=-\cos\theta\left[\frac{\mathrm{e}^{-\mathrm{j}kr}}{r}\left(\mathrm{j}k+\frac{1}{r}\right)\right]$$

对于远区场：

$$\frac{\partial}{\partial n}\left(\frac{e^{-jk|\boldsymbol{r}-\boldsymbol{r}'|}}{|\boldsymbol{r}-\boldsymbol{r}'|}\right)\approx -jk\frac{e^{-jkr}}{r}\cos\theta \tag{7-75}$$

式中 θ 为 $\boldsymbol{r}$ 与 z 轴的夹角。将以上结果代入式(7－71)，可得惠更斯元的远区辐射场为

$$\Psi(\boldsymbol{r})=-j\frac{\Psi_{S_0}\,dS}{2\lambda r}(1+\cos\theta)e^{-jkr} \tag{7-76}$$

由上式可得到位于 $\boldsymbol{r}'$ 处的惠更斯元在 $\boldsymbol{r}$ 点产生的场为

$$\Psi(\boldsymbol{r})=-j\frac{\Psi_{S_0}(\boldsymbol{r})\,dS'}{2\lambda|\boldsymbol{r}-\boldsymbol{r}'|}(1+\cos\theta')e^{-jk|\boldsymbol{r}-\boldsymbol{r}'|} \tag{7-77}$$

式中 θ' 为 $\boldsymbol{r}-\boldsymbol{r}'$ 与 dS' 的法线间的夹角。上式对整个口径面积分，可得口径面 S 上的场在 $\boldsymbol{r}$ 点产生的辐射场为

$$\Psi(\boldsymbol{r})=-\frac{j}{2\lambda}\int_S\frac{\Psi_{S_0}(\boldsymbol{r}')\,dS'}{|\boldsymbol{r}-\boldsymbol{r}'|}(1+\cos\theta')e^{-jk|\boldsymbol{r}-\boldsymbol{r}'|}\,dS' \tag{7-78}$$

必须注意，基尔霍夫公式中的积分面必须是闭合面。如果采用它计算面天线的有限口径面的辐射场，将会引入误差。这种误差在口径的轴线上是很小的，偏离轴线误差将很快增大。

例 7－8 设一无限大金属平面位于 $z=0$ 坐标平面，其上开有口径为 $2a\times 2b$ 的矩形孔。现在让我们来求一均匀平面波从 $-z$ 向 $+z$ 方向垂直投射到这块金属板上通过矩形口径时，均匀同相矩形口径面的远区辐射场。

解： 设口径面位于 $z=0$ 平面，如图 7－15 所示。口径场的某一直角坐标分量为

$$E_S=E_{S_0}e^{-jkz}$$

式中 E_{S_0} 是常数。

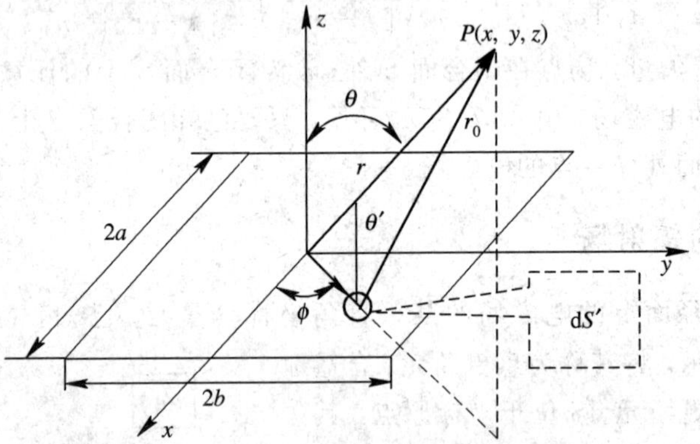

图 7－15 均匀同相矩形口径面的远区辐射场

利用式(7－78)可得

$$E_P=-j\frac{E_{S_0}}{2\lambda}\int_{-b}^{b}\int_{-a}^{a}\frac{e^{-jkr}}{r}(1+\cos\theta')\,dx'\,dy' \tag{7-79}$$

式中 r 为口径面上 $(x',y',0)$ 点到场点 $P(x,y,z)$ 的距离：

$$\begin{aligned}r&=\sqrt{(x-x')^2+(y-y')^2+z^2}=\sqrt{x^2+y^2+z^2-2xx'-2yy'+x'^2+y'^2}\\&=\sqrt{r_0^2-2xx'-2yy'+x'^2+y'^2}=r_0\sqrt{1-\frac{2}{r_0^2}(xx'+yy')+\left(\frac{x'}{r_0}\right)^2+\left(\frac{y'}{r_0}\right)^2}\end{aligned}$$

上式中 $r_0=\sqrt{x^2+y^2+z^2}$ 是坐标原点到场点 P 的距离。对于远区，$r_0\gg x'$，$r_0\gg y'$，上式可以近似为

$$r = r_0 \quad \frac{xx'+yy'}{r_0}$$

当 $r_0\gg a$、$r_0\gg b$ 时，可以近似取 $\theta\approx\theta'$，$1/r\approx 1/r_0$。如果场点采用球坐标表示，即取 $x=r_0\ \sin\theta\ \cos\phi$，$y=r_0\ \sin\theta\ \sin\phi$，那么将以上关系代入式(7-79)，有

$$\begin{aligned} E_P(r_0,\theta,\phi) &= -\mathrm{j}\frac{E_{S_0}\,\mathrm{e}^{-\mathrm{j}kr_0}}{2\lambda r_0}(1+\cos\theta)\int_{-a}^{a}\mathrm{d}x'\int_{-b}^{b}\mathrm{e}^{\mathrm{j}k\sin\theta(x'\cos\phi+y'\sin\phi)}\mathrm{d}y' \\ &= -\mathrm{j}\frac{2abE_{S_0}}{\lambda r_0}(1+\cos\theta)\cdot\frac{\sin(ka\ \sin\theta\ \cos\theta)}{ka\ \sin\theta\ \cos\phi}\cdot\frac{\sin(kb\ \sin\theta\ \cos\phi)}{kb\ \sin\theta\ \cos\phi}\mathrm{e}^{-\mathrm{j}kr_0} \end{aligned}$$

由上式可知，均匀同相矩形口径场的方向性函数为

$$F(\theta,\phi)=(1+\cos\theta)\cdot\frac{\sin(ka\ \sin\theta\ \cos\phi)}{ka\ \sin\theta\ \cos\phi}\cdot\frac{\sin(kb\ \sin\theta\ \cos\phi)}{kb\ \sin\theta\ \cos\phi} \tag{7-80}$$

由上可见，最大辐射方向在 $\theta=0$ 处，此时

$$E_P=E_{P_{\max}}=\mathrm{j}\frac{4abE_{S_0}}{\lambda r_0}\mathrm{e}^{-\mathrm{j}kr_0} \tag{7-81}$$

通过口径面的入射波的平均坡印廷矢量为 $\boldsymbol{S}_{\mathrm{av}}=\dfrac{\boldsymbol{a}_z|E_{S_0}|^2}{2\eta}$。因为口径面上场量分布是均匀的，所以通过口径面的总辐射功率为

$$P=|\boldsymbol{S}_{\mathrm{av}}|\cdot 4ab=\frac{4ab\ |E_{S_0}|^2}{2\eta}$$

另一方面，产生与式(7-80)相等电场的点源天线的总辐射功率为

$$P_0=4\pi r_0^2\cdot\frac{|E_{P_{\max}}|^2}{2\eta}=\frac{32\pi a^2b^2\ |E_{S_0}|^2}{\eta\lambda^2}$$

将以上两式代入计算天线方向性系数的公式(7-40)中，可得均匀激励的矩形口径面的方向性系数为

$$D=\left.\frac{P_0}{P}\right|_{\text{相等电场强度}}=\frac{16\pi ab}{\lambda^2}=\frac{4\pi}{\lambda^2}\cdot S$$

式中 $S=4ab$ 代表口径的面积。上式是由口径面面积 S 和工作波长 λ 计算均匀同相激励口径面方向性系数的通用公式。

7.7　互易定理

互易定理是电磁场理论的基本定理之一，有许多应用。它联系着两个场源及场源在空间区域和封闭面上产生的场。互易定理为证明电路理论中的线性网络参数的互易关系提供了理论基础；利用互易定理还可以证明同一副天线具有相同的收发特性。

假设空间区域 V_1 中的电流源 J_1 产生的电磁场为 E_1 和 H_1，空间区域 V_2 中的电流源 J_2 产生的电磁场为 E_2 和 H_2，两电流源振荡在同一频率上，且空间区域 V_1 和 V_2 及它们之外的空间区域 V_3 中的媒质是线性的。根据矢量恒等式

$$\nabla\cdot(\boldsymbol{A}\times\boldsymbol{B})=\boldsymbol{B}\cdot(\nabla\times A)-\boldsymbol{A}\cdot(\nabla\times\boldsymbol{B})$$

有

$$\nabla \cdot (\boldsymbol{E}_1 \times \boldsymbol{H}_2) = \boldsymbol{H}_2 \cdot (\nabla \times \boldsymbol{E}_1) - \boldsymbol{E}_1 \cdot (\nabla \times \boldsymbol{H}_2) \tag{7-82}$$

将上式代入麦克斯韦方程

$$\nabla \times \boldsymbol{E} = -\mathrm{j}\omega\mu\boldsymbol{H}, \quad \nabla \times \boldsymbol{H} = \boldsymbol{J} + \mathrm{j}\omega\varepsilon\boldsymbol{E}$$

得

$$\begin{aligned}\nabla \cdot (\boldsymbol{E}_1 \times \boldsymbol{H}_2) &= \boldsymbol{H}_2 \cdot (-\mathrm{j}\omega\mu\boldsymbol{H}_1) - \boldsymbol{E}_1 \cdot (\boldsymbol{J}_2 + \mathrm{j}\omega\varepsilon\boldsymbol{E}_2) \\ &= -\mathrm{j}\omega(\mu\boldsymbol{H}_1 \cdot \boldsymbol{H}_2 + \varepsilon\boldsymbol{E}_1 \cdot \boldsymbol{E}_2) - \boldsymbol{E}_1 \cdot \boldsymbol{J}_2\end{aligned} \tag{7-83}$$

同理，将上式的下标 1、2 对调，可写出

$$\begin{aligned}\nabla \cdot (\boldsymbol{E}_2 \times \boldsymbol{H}_1) &= \boldsymbol{H}_1 \cdot (-\mathrm{j}\omega\mu\boldsymbol{H}_2) - \boldsymbol{E}_2 \cdot (\boldsymbol{J}_1 + \mathrm{j}\omega\varepsilon\boldsymbol{E}_1) \\ &= -\mathrm{j}\omega(\mu\boldsymbol{H}_2 \cdot \boldsymbol{H}_1 + \varepsilon\boldsymbol{E}_2 \cdot \boldsymbol{E}_1) - \boldsymbol{E}_2 \cdot \boldsymbol{J}_1\end{aligned} \tag{7-84}$$

用式(7-83)减去式(7-84)可得

$$\nabla \cdot [(\boldsymbol{E}_1 \times \boldsymbol{H}_2) - (\boldsymbol{E}_2 \times \boldsymbol{H}_1)] = \boldsymbol{E}_2 \cdot \boldsymbol{J}_1 - \boldsymbol{E}_1 \cdot \boldsymbol{J}_2 \tag{7-85}$$

将式(7-85)两边对体积 V 积分，并根据散度定理把左边的体积分写成面积分，可得

$$\oint_S [(\boldsymbol{E}_1 \times \boldsymbol{H}_2) - (\boldsymbol{E}_2 \times \boldsymbol{H}_1)] \cdot \boldsymbol{n}\,\mathrm{d}S = \int_V (\boldsymbol{E}_2 \cdot \boldsymbol{J}_1 - \boldsymbol{E}_1 \cdot \boldsymbol{J}_2)\mathrm{d}V \tag{7-86}$$

式中：S 为包围空间区域 V 的封闭面；$\boldsymbol{n}$ 为 S 的外法向单位矢量。上式是洛仑兹互易定理(Lorentz Reciprocity Theorem)的积分形式，也就是互易定理的一般表示式。由此式可导出若干特殊情况下的简化形式。

1. 洛仑兹互易定理

设两个电流源 J_1 和 J_2 均在空间区域 V 外，则空间区域 V 内为无源空间，因而式(7-86)右端的体积分等于零，故其左边的封闭面积也等于零，即

$$\oint_S [(\boldsymbol{E}_1 \times \boldsymbol{H}_2) - (\boldsymbol{E}_2 \times \boldsymbol{H}_1)] \cdot \boldsymbol{n}\,\mathrm{d}S = 0 \tag{7-87}$$

上式是洛仑兹互易定理的简化形式。

2. 卡森互易定理

当 V 表示整个空间区域时，S 为无限大的封闭面 S_∞，且设两个电流源 J_1 和 J_2 均在空间区域 V 内，如图 7-16 所示。

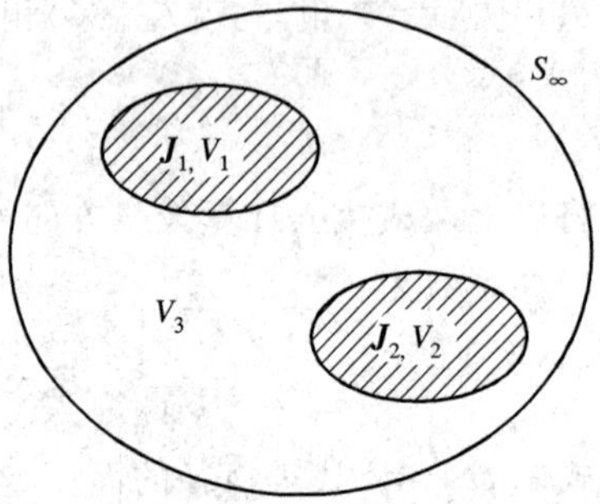

图 7-16 卡森互易定理用图

由于空间区域 V_1 中的电流源 $\boldsymbol{J}_1$ 产生电磁场 $\boldsymbol{E}_1$ 和 $\boldsymbol{H}_1$，以及空间区域 V_2 中的电流源 $\boldsymbol{J}_2$ 产生电磁场 $\boldsymbol{E}_2$ 和 $\boldsymbol{H}_2$，且在包围 V 的无限大的封闭面 S_∞ 上电磁场趋于零，所以式(7-86)左边的面积分等于零。从而得

$$\int_V (\boldsymbol{E}_2 \cdot \boldsymbol{J}_1 - \boldsymbol{E}_1 \cdot \boldsymbol{J}_2)\mathrm{d}V = \int_{V_1+V_2+V_3} (\boldsymbol{E}_2 \cdot \boldsymbol{J}_1 - \boldsymbol{E}_1 \cdot \boldsymbol{J}_2)\mathrm{d}V = 0$$

即当两个电流源均在 V 时，仍然有下式成立：

$$\int_V (\boldsymbol{E}_2 \cdot \boldsymbol{J}_1 - \boldsymbol{E}_1 \cdot \boldsymbol{J}_2)\mathrm{d}V = 0 \tag{7-88}$$

注意到空间区域 V_3 为无源区，因此

$$\int_{V_3} (\boldsymbol{E}_2 \cdot \boldsymbol{J}_1 - \boldsymbol{E}_1 \cdot \boldsymbol{J}_2) \mathrm{d}V = 0$$

综上可见：

$$\int_{V_1} \boldsymbol{E}_2 \cdot \boldsymbol{J}_1 \, \mathrm{d}V = \int_{V_2} \boldsymbol{E}_1 \cdot \boldsymbol{J}_2 \, \mathrm{d}V \tag{7-89}$$

这是最有用的互易定理形式，称为卡森(J. R. Carson)形式的互易定理。它反映了两个场源与其场之间的互易关系。这种互易性源自线性媒质中麦克斯韦方程的线性性质。

一个天线用作发射和用作接收时，其方向图、增益和输入阻抗都是相同的。下面我们应用卡森互易定理来说明收、发天线方向图的互易性。

如图 7－17 所示，在图 7－17(*a*)情况下，设天线 1 的输入端以电压源 U_1 激励，其上电流为 I_{11}；天线 2 输入端短路，其上电流为 I_{21}，电流 I_{11} 和 I_{21}($\boldsymbol{J}_1$)在空间产生的电磁场为 $\boldsymbol{E}_1$ 和 $\boldsymbol{H}_1$。

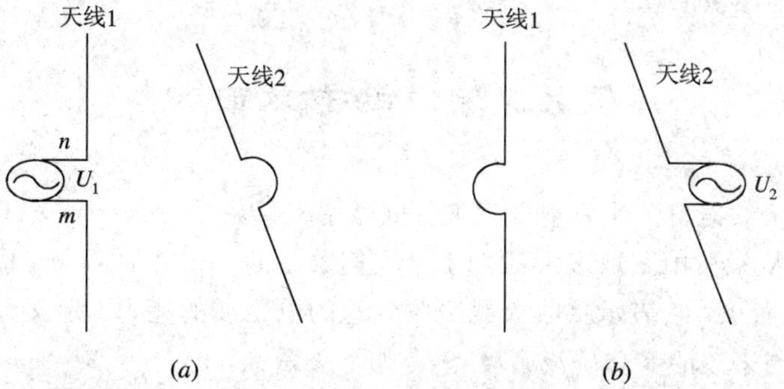

图 7－17　天线互易性的说明图

在图 7－17(*b*)情况下，将激励源与短路对换，即设天线 2 的输入端以电压源 U_2 激励，其上电流为 I_{22}；天线 1 输入端短路，其上电流为 I_{12}，电流 I_{22} 和 I_{12}($\boldsymbol{J}_2$)在空间产生的电磁场为 $\boldsymbol{E}_2$ 和 $\boldsymbol{H}_2$。由卡森互易定理知，两种情况下的源与场的关系为

$$\int_V \boldsymbol{E}_2 \cdot \boldsymbol{J}_1 \, \mathrm{d}V = \int_V \boldsymbol{E}_1 \cdot \boldsymbol{J}_2 \, \mathrm{d}V$$

当天线为细导线时，对于线电流，$\boldsymbol{J} \, \mathrm{d}V = I \, \mathrm{d}\boldsymbol{l}$，从而上式变为

$$\int_{l_1+l_2} I_2 \boldsymbol{E}_1 \cdot \mathrm{d}\boldsymbol{l} = \int_{l_1+l_2} I_1 \boldsymbol{E}_2 \cdot \mathrm{d}\boldsymbol{l}$$

即
$$\int_{l_1} I_{12} \boldsymbol{E}_1 \cdot \mathrm{d}\boldsymbol{l}_1 + \int_{l_2} I_{22} \boldsymbol{E}_1 \cdot \mathrm{d}\boldsymbol{l}_2 = \int_{l_1} I_{11} \boldsymbol{E}_2 \cdot \mathrm{d}\boldsymbol{l}_1 + \int_{l_2} I_{21} \boldsymbol{E}_2 \cdot \mathrm{d}\boldsymbol{l}_2$$

如果天线为理想导体，其上电场切向分量为零，则上式左边第二项积分和右边第一项积分为零；在 l_1 上除输入端 mn 处的 $\int_n^m \boldsymbol{E}_1 \cdot \mathrm{d}\boldsymbol{l}_1 = U_1$ 外电场切向分量仍为零，在 mn 段有由天线 2 上电压 U_2 产生的短路电流 $I_2 = I_{12}$。因此上式左边应等于 $I_{12}U_1$。同理，该式右边等于 $I_{21}U_2$。于是

$$I_{12}U_1 = I_{21}U_2$$

令天线 1 对天线 2 的互导纳为 $Y_{12} = I_{12}/U_2$，天线 2 对天线 1 的互导纳为 $Y_{21} = I_{21}/U_1$，则上式可写为

$$Y_{12} = Y_{21} \tag{7-90}$$

如果天线 1 用作发射天线，天线 2 用作接收天线，则当天线 2 在以天线 1 为中心的球面上移动时，天线 2 上测得的短路电流 I_{21} 的大小应正比于天线 1 的发射方向性函数，于是

$$I_{21}(\theta,\ \phi) = Y_{21}U_1 = K_1 f_{发}(\theta,\ \phi)$$

同理，天线 2 用作发射天线，天线 1 用作接收天线时，天线 1 上测得的短路电流 I_{12} 的大小应正比于天线 1 的接收方向性函数，于是

$$I_{12}(\theta,\ \phi) = Y_{12}U_2 = K_2 f_{收}(\theta,\ \phi)$$

考虑到式(7-90)，且取 $U_1=U_2$，则由上式可见：

$$f_{发}(\theta,\ \phi) = f_{收}(\theta,\ \phi)$$

上式表明天线 1 用作发射天线与用作接收天线时的方向性函数相同，也就是说天线的发射方向图与接收方向图相同。

此外，还可由互易定理证明同一天线用作发射和接收时，尚有其它相同的性质。这将在后续课程中介绍。

7.8 天线的有效面积

一般地说，天线既可用来发射电磁波，也可用来接收电磁波。当天线用于接收电磁波时，接收天线能从来波中获取多大的功率是人们关心的一个主要问题。接收天线的一个重要参量就是有效面积，它表示接收天线吸收到达的电磁波的能力。定义天线最大可接收功率(实功率)P_{RM} 与来波的实功率流密度 S_i 有如下关系：

$$P_{RM} = A_e S_i \tag{7-91}$$

式中比例系数 A_e 具有面积的量纲，因而称为有效面积(Effective Area)。

图 7-18 为接收天线的等效电路，U_r 为接收电动势，$Z_{in}=R_{in}+jX_{in}$ 为接收天线的内阻抗，$Z_L=R_L+jX_L$ 为接收天线所接负载阻抗。当接收天线的内阻抗与接收天线所接负载阻抗共轭匹配时，即 $Z_L=Z_{in}^*$，负载获得最大接收功率：

$$I_{in} = \frac{U_r}{Z_{in}+Z_L} = \frac{U_r}{2R_{in}}$$

$$P_{RM} = \frac{1}{2}I_{in}^2 R_L = \frac{1}{2}\frac{U_r^2}{4R_{in}^2}R_{in} = \frac{U_r^2}{8R_{in}}$$

从而得

$$A_e = \frac{P_{RM}}{S_i} = \frac{U_r^2}{8R_{in}\cdot S_i} \tag{7-92}$$

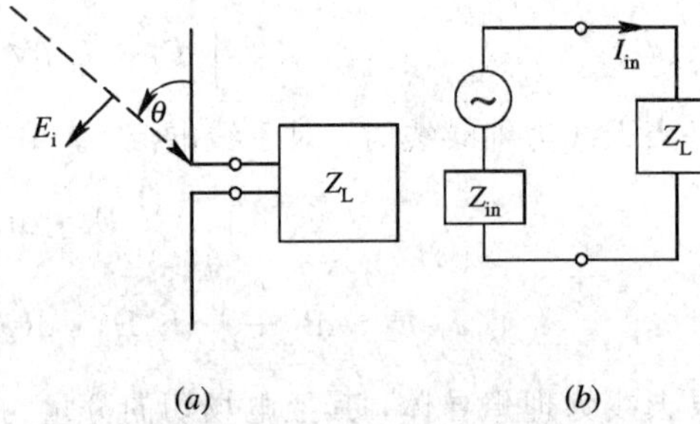

图 7-18 接收天线的等效电路

对于长为 l 的电基本阵子(电流元)，当入射波电场强度为 E_i 时，接收天线所感应的最大接收电动势为

$$U_r = E_i l\ \sin\theta = E_i l$$

上式中已经考虑了电基本阵子的最大接收方向，即最大接收电动势的值对应于 $\theta=90°$。再计算其输入阻抗(利用互易定理可以证明，天线作发射用和作接收用时输入阻抗相同)：

$$R_{in} = R_r = 80\pi^2\left(\frac{l}{\lambda}\right)^2$$

从而得到

$$A_e = \frac{(E_i l)^2}{8 \times 80\pi^2 \left(\frac{l}{\lambda}\right)^2 \times \left(\frac{E_i^2}{240\pi}\right)} = \frac{3}{8\pi}\lambda^2 \tag{7-93}$$

设电基本阵子的辐射效率 $\eta_r=1$，那么对于电基本阵子，有

$$G = D\eta_r = \frac{3}{2} \tag{7-94}$$

比较式(7-93)和式(7-94)可得天线增益与天线有效面积的关系如下：

$$\frac{G}{A_e} = \frac{\frac{3}{2}}{\frac{3}{8\pi}\lambda^2} = \frac{4\pi}{\lambda^2} \tag{7-95}$$

虽然上式是以电基本阵子为例导出的，但是可以证明，这一关系对任何天线都成立。

设天线在与其最大接收方向垂直的截面上的几何面积为 A，那么定义该几何面积与天线有效面积 A_e 间的关系如下：

$$A_e = A \cdot e_a \tag{7-96}$$

式中 e_a 称为天线效率。由式(7-95)和式(7-96)得

$$G = \frac{4\pi}{\lambda^2}A_e = \frac{4\pi}{\lambda^2}A \cdot e_a \tag{7-97}$$

这一关系表明，天线的电有效面积 A_e/λ^2 愈大，则天线的增益愈高。如果保持天线效率 e_a 不变，则天线几何面积愈大，天线增益愈高。

7.9 传输方程

天线通过馈线系统(传输系统)和发射机或者接收机相连。发射电磁波时天线从发射机得到功率并将其辐射至空间，因此，发射天线相对于发射机是一个负载。接收时，天线把从空间收集到的电磁能量输送给接收机，故接收天线相对于接收机则是一个信号源。下面我们来研究图 7-19 所示的无线电通信线路的功率传输关系。

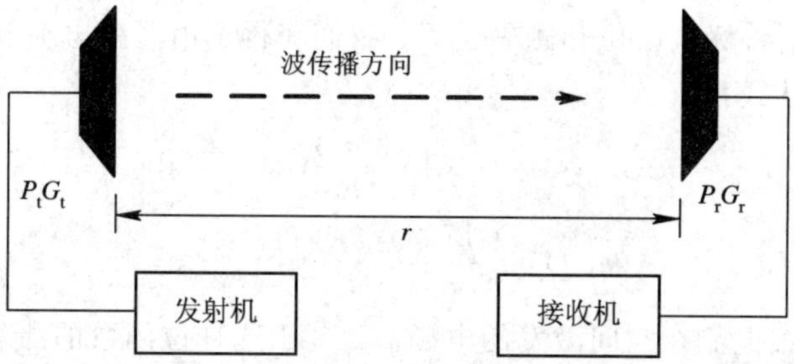

图 7-19　无线电通信线路示意图

设发射机传输给发射天线的功率(天线的输入功率)为 P_t，若发射天线把这个功率均匀地、无方向地辐射出去，则在离发射天线距离为 r 的地方，其平均功率密度 S_0 为

$$S_0 = \frac{P_t}{4\pi r^2} \tag{7-98}$$

如果发射天线的增益为 G_t，则根据增益的定义可知，同一距离最大方向上的功率密度为

$$S_{max} = G \cdot S_0 = \frac{G_t P_t}{4\pi r^2} \tag{7-99}$$

即发射天线最大辐射方向指向相距为 r 的接收天线时，发射天线在接收天线处产生的功率密度。

设接收天线增益为 G_r，其最大接收方向也指向发射天线，因而它能收到的最大接收功率(考虑了天线有效面积的定义)为

$$P_{RM} = A_e S_{max} = \frac{G_r}{\dfrac{4\pi}{\lambda^2}} \cdot \frac{G_t P_t}{4\pi r^2} = \left(\frac{\lambda}{4\pi r}\right)^2 P_t G_t \cdot G_r \tag{7-100}$$

式(7-100)称为弗里斯(Friis)传输方程。

工程实践中，通常采用分贝来表示式(7-100)，即

$$P_{RM}(\text{dBm}) = P_t(\text{dBm}) + G_t(\text{dB}) + G_r(\text{dB}) - 20\ \lg r(\text{km}) - 20\ \lg f(\text{MHz}) - 32.44$$

上式中 $P(\text{dBm})$ 是相对于 1 mW 的功率分贝数：

$$P(\text{dBm}) = 10\ \lg \frac{P(\text{mW})}{1\ \text{mW}}$$

例 7-9 设图 7-19 中发射天线和接收天线都是半波振子，工作频率为 200 MHz。若发射天线输入功率为 1 kW，则在 $r=500$ km 处的接收天线所能收到的最大功率为多大？

解：根据题意有

$$\lambda = \frac{c}{f} = \frac{3\times10^8}{2\times10^8} = 1.5$$

由式(7-100)得

$$P_{RM} = \left(\frac{\lambda}{4\pi r}\right)^2 P_t G_t G_r = \left(\frac{1.5}{4\pi\times5\times10^5}\right)^2 \times 10^3 \times (1.64)^2 = 1.53\times10^{-10}\quad \text{W}$$

小　结

(1) 时变电荷和电流产生时变电磁场，电磁场能量可以脱离波源向远处传播。这种现象称为电磁辐射。引入标量电位和磁矢位后，我们获得了由时变电荷和电流确定标量电位 φ 和磁矢位 $\mathbf{A}$ 的表达式：

$$\varphi(\boldsymbol{r}, t) = \frac{1}{4\pi\varepsilon}\int_V \frac{\rho(\boldsymbol{r}')}{R} e^{-j\omega\left(t-\frac{R}{v}\right)}\, dV'$$

$$\mathbf{A}(\boldsymbol{r}, t) = \frac{\mu}{4\pi}\int_V \frac{\boldsymbol{J}(\boldsymbol{r}')}{R} e^{j\omega\left(t-\frac{R}{v}\right)}\, dV'$$

利用上式可求解天线电流在空间激发的电磁波。基于这种位函数的滞后，我们把标量电位 φ 和磁矢位 $\mathbf{A}$ 均称为滞后位。它们的值是由时间提前的源决定的，滞后的时间是电磁波传播所需要的时间。

如果时间 R/v 足够小，以至在所讨论区域内可以忽略，即忽略传播效应，则此区域内的场就是似稳场。电路理论正是建立在似稳场的基础上的。

(2) 利用滞后位可以计算电基本振子的辐射场，由此可绘制出它的方向图，推导其辐

射功率、辐射电阻、方向性系数和增益等参量。

（3）采用与求电基本振子辐射场相类似的方法，推导出了磁基本振子的辐射场。电、磁基本振子的辐射场均为TEM非均匀球面波。电磁场的对偶原理提供了解决电磁对偶问题的另一种方法，利用对偶原理确定磁基本振子的辐射场更简单。

（4）辐射和接收电磁能量的装置称为天线。为了评价一副天线的技术性能优劣，必须规定一些能够表征天线性能的参数。这些参数主要是方向性函数和方向图、方向性系数、辐射效率、增益系数、输入阻抗和极化形式等。

（5）辐射体由横截面半径远小于波长的金属导线构成的天线，称为线天线。线天线是由许许多多电基本振子组成的。由各个电基本振子产生的辐射场的叠加，可以求出线天线的辐射场。叠加必须考虑各个电基本振子产生的辐射场之间在空间和时间上的相互关系，进而确定表征其性能的各参数。

天线阵或阵列天线是以一定规律排列的相同天线的组合。组成天线阵的独立单元称为阵元或天线单元。如果阵元排列在一直线上或一平面上，则称为直线阵或平面阵。可以利用叠加原理求出天线阵的方向图。由相同形式和相同取向的天线单元组成的天线阵，它的方向图是天线单元的方向图乘上阵因子。

（6）微波波段一般不采用线天线，而是采用面天线，也称为口径天线。喇叭天线、抛物面天线和透镜天线是几种常用的面天线。面天线通常由初级辐射器和辐射口面两部分组成。初级辐射器又称为馈源，用作初级辐射器的有终端开口的波导、喇叭天线、对称振子等。初级辐射器的作用是把馈线中传输的电磁能量转换为由辐射口面向外辐射的电磁能量。辐射口面的作用是把从初级辐射器获得的电磁能量按所要求的方向性向空间辐射出去。

根据基尔霍夫公式，用一闭合面把辐射源包围起来，闭合面外任意一点的场，可以由此闭合面上的场量和它的法向导数分别来求解。许多面天线的辐射问题可以利用这一公式得到解决。

（7）互易定理是电磁场理论的基本定理之一，有许多应用，它联系着两个场源及场源在空间区域和封闭面上产生的场。互易定理为证明电路理论中的线性网络参数的互易关系提供了理论基础。利用互易定理还可以证明同一副天线具有相同的收发特性。

习　题　七

7-1　距离电偶极子多远的地方，其电磁场公式中与 r 成反比的项等于与 r^2 成反比的项。

7-2　假设一电偶极子在垂直于它的轴线的方向上距离 100 km 处所产生的电磁强度的振幅等于 100 μV/m，试求电偶极子所辐射的功率。

7-3　计算一长度等于 0.1λ 的电偶极子的辐射电阻。

7-4　假设坐标原点上有一电矩为 $\boldsymbol{p}=\boldsymbol{e}_z p$ 的电偶极子和磁矩为 $\boldsymbol{m}=\boldsymbol{e}_z m$ 的磁偶极子天线。问什么条件下两天线所辐射的电磁波在远区相叠加为一圆极化电磁波？

7-5　推导磁偶极子天线的辐射功率公式。

7-6　试计算电偶极子和半波振子的方向性系数。

7-7　已知某天线的辐射功率为 100 W，方向性系数 $D=3$。

(1) 求 $r=10$ km 处最大辐射方向上的电场强度振幅。

(2) 若保持辐射功率不变，要使 $r=20$ km 处的场强等于原来 $r=10$ km 处的场强，应选取方向性系数 D 等于多少的天线。

7-8 设电基本振子的轴线沿东西方向放置，在远方有一移动接收电台在正南方向而接收到最大电场强度。当接收电台沿电基本振子为中心的圆周在地面上移动时，电场强度将逐渐减少。试问当电场强度减少到最大值的 $1/\sqrt{2}$ 时，接收电台的位置偏离正南方向多少度。

7-9 两个半波振子天线平行放置，相距 $\lambda/2$。若要求它们的最大辐射方向在偏离天线阵轴线 $\pm60°$ 的方向上，问两个半波振子天线馈电电流相位差应为多少。

7-10 大小分别为 $I_1 l_1$、$I_2 S_2$ 的电基本振子和磁基本振子同频率、同方向，并放置在同一点，求辐射电场。

7-11 计算矩形均匀同相口径天线的方向性系数及增益。

7-12 利用互易定理证明紧靠理想导体表面上的切向电流元无辐射场。

7-13 无限大理想导体平面上方距平面 h 处垂直放置一半波振子天线，求远区辐射场及其方向因子。

综合性拓展练习题

1. 推导并绘制一个半波长正交偶极子天线方向图(2D、3D)和三个半波长正交偶极子天线方向图(2D、3D)。
2. 探求天线的有效面积在电磁散射方面的应用实例。
3. 研究传输方程的雷达工程应用。
4. 简述新型高功率微波武器的发展与研究现状。
5. 寻求拥挤电磁环境下的宽带软件无线电技术。

第八章 导行电磁波

在第六章中我们讨论了电磁波在无限空间传播和在分界面上电磁波反射与折射的问题，在第七章中我们讨论了作为电磁波的振荡源——天线的辐射场强、方向性、辐射功率以及效率的问题。电磁波除了在无限空间或半无限空间遵循某种规律传播外，还可以沿着某种装置传输，这种装置起着引导电磁波传输的作用，这种电磁波称为导行电磁波，该装置称为导波装置。导波装置可以由某种形状的金属材料构成，也可以由某种形状的介质材料构成，还可以由某种形状的金属和介质构成。在此我们仅讨论直行的均匀导波装置。所谓直行，是指导波装置不弯曲、无分支；所谓均匀，是指在垂直于电磁波传输方向上的横截面上，导波装置具有相同的截面形状和截面面积。无限长的平行双导线、同轴线、金属波导、介质波导以及微带传输线等等都是常用的导波装置。

在不同的导波装置上可以传输不同模式的电磁波。所谓不同模式的电磁波，就是在垂直于电磁波传输方向的横截面上具有不同的场分布，每一种场分布称为一种模式。不同模式的电磁波是由求解满足特定边界条件的亥姆霍兹方程所决定的。根据这些分析，我们可以得到在各种导波装置中各种模式电磁波传输的规律，由此可以对导波装置提出合理的设计要求，以便使导波装置更好地传输电磁波。

如果我们把一段导波装置的两端短路，电磁波在这段导波装置来回反射形成电磁振荡，这段被短路的导波装置称为谐振腔，它在微波技术中有重要的应用。本章主要讨论的内容有：

- 沿均匀导波装置传输电磁波的基本特性
- 矩形波导及其传输特性
- 圆柱形波导及其传输特性
- 同轴线及其传输特性
- 谐振腔

8.1 沿均匀导波装置传输电磁波的一般分析

在导波装置中，电磁场的表达式可以满足导波装置特点的边界条件的麦克斯韦方程组的解。对于均匀导波装置来说，通常有两种分析方法，这就是纵向场法和赫兹矢量法。

由麦克斯韦方程组导出电场 $\boldsymbol{E}$ 和磁场 $\boldsymbol{H}$ 所满足的矢量亥姆霍兹方程。根据导波装置横截面的形状和尺寸沿电磁波传输方向(即导波装置轴向方向)不变的特点，从 $\boldsymbol{E}$ 和 $\boldsymbol{H}$ 所满足的矢量亥姆霍兹方程中分离出只含电场纵向分量和只含磁场纵向分量的标量亥姆霍兹方程。应用导波装置的边界条件求出电场和磁场的纵向分量，再根据麦克斯韦方程组给出的电场和磁场纵向分量与电场和磁场的横向分量的关系求出电磁场全部的横向分量。这就是求解导波装置中电磁场的纵向场法。

由麦克斯韦方程组引出赫兹电矢量 $\boldsymbol{\Pi}_e$ 和赫兹磁矢量 $\boldsymbol{\Pi}_m$，建立起关于这两个赫兹矢量的矢量亥姆霍兹方程。根据导波装置横截面的形状选取合适的坐标系和具有合适方向的赫兹矢量，把关于赫兹矢量的矢量亥姆霍兹方程简化为标量亥姆霍兹方程。解此方程就可以求出赫兹矢量，通过赫兹矢量就可确定导波装置中的电磁场各分量的表达式。这就是求解导波装置中电磁场的赫兹矢量法。本章我们只介绍纵向场法，关于赫兹矢量法读者可参阅黄宏嘉所著的《微波原理》一书。

8.1.1　在导波装置中电磁场纵向场分量与横向场分量间的关系

在无耗的媒质中电磁波沿 $+z$ 方向传输，则对于角频率 ω 的正弦电磁波，它满足无源区域的麦克斯韦方程：

$$\nabla \times \boldsymbol{H} = \mathrm{j}\omega\varepsilon\boldsymbol{E} \tag{8-1a}$$

$$\nabla \times \boldsymbol{E} = -\mathrm{j}\omega\mu\boldsymbol{H} \tag{8-1b}$$

$$\nabla \cdot \boldsymbol{H} = 0 \tag{8-1c}$$

$$\nabla \cdot \boldsymbol{E} = 0 \tag{8-1d}$$

采用广义坐标系(u_1, u_2, z)(其中 u_1 和 u_2 为导波装置横截面上的坐标，z 为纵向坐标)，场强的纵向分量用 $\boldsymbol{E}_z(u_1, u_2, z)$ 和 $\boldsymbol{H}_z(u_1, u_2, z)$ 来表示，场强的横向分量用 $\boldsymbol{E}_t(u_1, u_2, z)$ 和 $\boldsymbol{H}_t(u_1, u_2, z)$ 表示，则场强矢量可表示为

$$\boldsymbol{E}(u_1, u_2, z) = \boldsymbol{E}_t(u_1, u_2, z) + \boldsymbol{E}_z(u_1, u_2, z) = \boldsymbol{E}_t + \boldsymbol{E}_z$$

$$\boldsymbol{H}(u_1, u_2, z) = \boldsymbol{H}_t(u_1, u_2, z) + \boldsymbol{H}_z(u_1, u_2, z) = \boldsymbol{H}_t + \boldsymbol{H}_z$$

将上式代入式(8-1a)和式(8-1b)可得

$$\nabla_t \times \boldsymbol{H}_t = \mathrm{j}\omega\varepsilon\boldsymbol{E}_z \tag{8-2a}$$

$$\nabla_t \times \boldsymbol{H}_z + \boldsymbol{e}_z \times \frac{\partial \boldsymbol{H}_t}{\partial z} = \mathrm{j}\omega\varepsilon\boldsymbol{E}_t \tag{8-2b}$$

$$\nabla_t \times \boldsymbol{E}_t = -\mathrm{j}\omega\mu\boldsymbol{H}_z \tag{8-2c}$$

$$\nabla_t \times \boldsymbol{E}_z + \boldsymbol{e}_z \times \frac{\partial \boldsymbol{E}_t}{\partial z} = -\mathrm{j}\omega\mu\boldsymbol{H}_t \tag{8-2d}$$

式中：$\boldsymbol{e}_z$ 是坐标 z 方向的单位矢量；∇_t 是横向微分算子。对式(8-2)进行变换整理，可得

$$\left(k^2 + \frac{\partial^2}{\partial z^2}\right)\boldsymbol{E}_t = \frac{\partial}{\partial z}\nabla_t E_z + \mathrm{j}\omega\mu\boldsymbol{e}_z \times \nabla_t H_z \tag{8-3a}$$

$$\left(k^2 + \frac{\partial^2}{\partial z^2}\right)\boldsymbol{H}_t = \frac{\partial}{\partial z}\nabla_t H_z + \mathrm{j}\omega\varepsilon\boldsymbol{e}_z \times \nabla_t E_z \tag{8-3b}$$

对式(8-1a)和式(8-1b)两边取旋度并进行变换整理，可得各场量所满足的矢量及标量亥姆霍兹方程为

$$\nabla^2 \boldsymbol{E}_t + k^2 \boldsymbol{E}_t = \boldsymbol{0},\ \nabla^2 \boldsymbol{H}_t + k^2 \boldsymbol{H}_t = \boldsymbol{0} \tag{8-4a}$$

$$\nabla^2 E_z + k^2 E_z = 0,\ \nabla^2 H_z + k^2 H_z = 0 \tag{8-4b}$$

式中 $k=\omega\sqrt{\mu\varepsilon}$ 为电磁波在无限媒质中的波数。由分离变量法可知，式(8-4b)中的 E_z 和 H_z 的解，可表示为 $f(u_1, u_2)\mathrm{e}^{-\gamma_z}$ 的形式，其中 $\gamma=\sqrt{k_c^2-k^2}$ 称为导行电磁波的传输常数。这样横向场分量与纵向场分量间的关系可表示成

$$\boldsymbol{E}_t = \frac{1}{k_c^2}(-\gamma\nabla_t E_z + \mathrm{j}\omega\mu\boldsymbol{e}_z \times \nabla_t H_z) \tag{8-5a}$$

$$\boldsymbol{H}_t = \frac{1}{k_c^2}(-\gamma\nabla_t H_z - \mathrm{j}\omega\mu\boldsymbol{e}_z \times \nabla_t E_z) \tag{8-5b}$$

及

$$\nabla_t^2\boldsymbol{E}_t + k_c^2\boldsymbol{E}_t = \boldsymbol{0}，\nabla_t^2\boldsymbol{H}_t + k_c^2\boldsymbol{H}_t = \boldsymbol{0} \tag{8-5c}$$

$$\nabla_t^2 E_z + k_c E_z = 0，\nabla_t^2 H_z + k_c^2 H_z = 0 \tag{8-5d}$$

将广义柱坐标系中的 ∇_t 算子代入，可得横向场分量的表达式为

$$E_{u_1} = \frac{-\gamma}{k_c^2}\frac{1}{h_1}\frac{\partial E_z}{\partial u_1} - \frac{\mathrm{j}\omega\mu}{k_c^2}\frac{1}{h_2}\frac{\partial H_z}{\partial u_2} \tag{8-6a}$$

$$E_{u_2} = \frac{-\gamma}{k_c^2}\frac{1}{h_2}\frac{\partial E_z}{\partial u_2} + \frac{\mathrm{j}\omega\mu}{k_c^2}\frac{1}{h_1}\frac{\partial H_z}{\partial u_1} \tag{8-6b}$$

$$H_{u_1} = -\frac{\gamma}{k_c^2}\frac{1}{h_1}\frac{\partial H_z}{\partial u_1} + \frac{\mathrm{j}\omega\varepsilon}{k_c^2}\frac{1}{h_2}\frac{\partial E_z}{\partial u_2} \tag{8-6c}$$

$$H_{u_2} = -\frac{\gamma}{k_c^2}\frac{1}{h_2}\frac{\partial H_z}{\partial u_2} - \frac{\mathrm{j}\omega\varepsilon}{k_c^2}\frac{1}{h_1}\frac{\partial E_z}{\partial u_1} \tag{8-6d}$$

式中 h_1、h_2 为拉梅系数。在直角坐标系中，$h_1=h_2=1$，在圆柱坐标系中，$h_1=1$，$h_2=r$。式(8-6)就是所求的横向场分量与纵向场分量之间的关系式，这样只需求出标量 E_z 和 H_z 的亥姆霍兹方程式(8-5d)的解，就可以求出所有场分量，从而使问题大为简化。

8.1.2 导行波波型的分类

导行波的波型是指能够单独在导波系统中存在的电磁场结构的形式，也称传输模式。从上面的分析可知，导行波横向场分量只与纵向场分量有关，因此可根据导行波中是否存在纵向场分量，对导行波进行分类。

1. 横电磁波(TEM 波)

此传输模式没有电磁场的纵向场量，即 $E_z=H_z=0$。由式(8-6)可知，要使 $\boldsymbol{E}_t$ 和 $\boldsymbol{H}_t$ 不为零，必须有 $k_c=0$，即

$$\gamma = \sqrt{k_c^2 - k^2} = \mathrm{j}\beta = \mathrm{j}k_z \tag{8-7}$$

此时导波场的求解不能用上述纵向场法。将 $k_c=0$、$E_z=0$、$H_z=0$ 代入式(8-2)和式(8-5)，可得

$$\nabla_t \times \boldsymbol{E}_t = \boldsymbol{0}，\nabla_t^2\boldsymbol{E}_t = \boldsymbol{0} \tag{8-8a}$$

$$\nabla_t \times \boldsymbol{H}_t = \boldsymbol{0}，\nabla_t^2\boldsymbol{H}_t = \boldsymbol{0} \tag{8-8b}$$

$$\boldsymbol{H}_t = \frac{1}{\eta}\boldsymbol{e}_z \times \boldsymbol{E}_t，\eta = \sqrt{\frac{\mu}{\varepsilon}} \tag{8-8c}$$

这就是 TEM 波的存在条件。它表明：横电磁波在导波系统横截面上的场分布与相同条件下静止场的分布形式一样。这说明只有能够建立静止场的导波系统，才能传输 TEM 波。

因此 TEM 波模式只能存在于多导体传输系统中，其场的求解可看成二维静止场问题的求解，即将横向电场 $\boldsymbol{E}_t$ 用标量电位 $\varphi(u_1, u_2)$的横向梯度表示，求 φ 的二维拉普拉斯方程的解，就可求出各横向场分量。

2. 横电波(TE 波)或磁波(H 波)

横电波的特征是 $E_z=0$，$H_z\neq 0$，所有的场分量可由纵向磁场分量 H_z 求出。

3. 横磁波(TM 波)或电波(E 波)

横磁波的特征是 $H_z=0$，$E_z\neq 0$，所有的场分量可由纵向电场分量 E_z 求出。

在某些特殊场合，单独用 TE 波或 TM 波不能满足所有的边界条件，但它们的线性组合总能满足这些特殊要求，并且提供一个完整而普遍的解，这时的波称为混合波。当然还有别的分类方法，但按上述方法分类的三种波型是最实用的。

8.1.3　导行波的传输特性

1. 截止波长与传输条件

导行波的场量都有因子 $e^{-\gamma z}$(沿 $+z$ 轴方向传输)，$\gamma=\alpha+j\beta$，为传播常数。由前面的推导可知

$$\gamma^2 = k_c^2 - k^2 \tag{8-9a}$$

对于理想导波系统，$k=\omega\sqrt{\mu\varepsilon}$为实数，而 k_c 是由导波系统横截面的边界条件决定的，也是实数。这样随着工作频率的不同，γ^2 可能有下述三种情况：

(1) $\gamma^2<0$，即 $\gamma=j\beta$。此时导行波的场为

$$\boldsymbol{E} = \boldsymbol{E}(u_1, u_2)e^{j(\omega t-\beta z)}$$

这是沿 $+z$ 轴方向无衰减传输的行波，故称其为传输状态。

(2) $\gamma^2>0$，即 $\gamma=\alpha$。此时导行波的场为

$$\boldsymbol{E} = \boldsymbol{E}(u_1, u_2)e^{-\alpha z}e^{j\omega t}$$

显然这不是传输波，而是沿 z 轴以指数规律衰减的，称其为截止状态。

(3) $\gamma=0$。这是介于传输与截止之间的一种状态，称其为临界状态，它是决定电磁波能否在导波系统中传输的分水岭。这时由 $k_c^2=k^2$ 所决定的频率(f_c)和波长(λ_c)分别称为截止频率和截止波长，并且有

$$f_c = \frac{k_c}{2\pi\sqrt{\mu\varepsilon}},\quad \lambda_c = \frac{v}{f_c} = \frac{2\pi}{k_c} \tag{8-9b}$$

其中：$v=\dfrac{1}{\sqrt{\mu\varepsilon}}$为无限介质中电磁波的相速度；$k_c$ 称为截止波数，并有

$$k_c = \frac{2\pi}{\lambda_c} \tag{8-9c}$$

这样导波系统传输 TE 波和 TM 波的条件为

$$f > f_c \quad 或 \quad \lambda < \lambda_c \tag{8-9d}$$

截止条件为

$$f < f_c \quad 或 \quad \lambda > \lambda_c \tag{8-9e}$$

对于 TEM 波，由于 $k_c=0$，即 $f_c=0$，$\lambda_c=\infty$，因此在任何频率下，TEM 波都能满足

$f>f_c=0$ 的传输条件，均是传输状态。也就是说 TEM 波不存在截止频率。

2. 波导波长

理想导波装置中的相波长称为波导波长，并记为 λ_g。这样，根据相波长的定义可知

$$k_z=\beta=\frac{2\pi}{\lambda_g}\quad 或 \quad \lambda_g=\frac{2\pi}{\beta}=\frac{2\pi}{k_z} \tag{8-10a}$$

在传输状态下，$\gamma=j\beta=jk_z$，代入式(8-9a)得

$$k_z=\beta=\sqrt{k^2-k_c^2}=k\sqrt{1-\frac{k_c^2}{k^2}} \tag{8-10b}$$

将 $k_c=\dfrac{2\pi}{\lambda_c}$，$k=\dfrac{2\pi}{\lambda}=\dfrac{2\pi}{\lambda_0\sqrt{\mu_r\varepsilon_r}}$代入上式得

$$k_z=\beta=k\sqrt{1-\left(\frac{\lambda}{\lambda_c}\right)^2}=\frac{2\pi}{\lambda}\sqrt{1-\left(\frac{\lambda}{\lambda_c}\right)^2} \tag{8-10c}$$

所以可得

$$\lambda_g=\frac{\lambda}{\sqrt{1-\left(\dfrac{\lambda}{\lambda_c}\right)^2}}=\frac{\lambda_0/\sqrt{\mu_r\varepsilon_r}}{\sqrt{1-\left(\dfrac{\lambda_0}{\lambda_c}\right)^2\left(\dfrac{1}{\mu_r\varepsilon_r}\right)}} \tag{8-10d}$$

式中 λ_0 为自由空间的工作波长。

对于 TEM 波，$\lambda_c=\infty$，由式(8-10d)可得

$$\lambda_g=\lambda_p=\lambda=\frac{\lambda_0}{\sqrt{\mu_r\varepsilon_r}} \tag{8-10e}$$

式(8-10d)给出了 λ_g、λ 和 λ_c 三者之间的关系。λ_c 与导波系统的截面形状尺寸有关，可以由边界条件求出。

3. 相速、群速和色散

(1) 相速。根据相速的定义及其一般公式 $v_p=\dfrac{\omega}{\beta}$，将式(8-10$c$)代入可得 TE 波和 TM 波相速的公式：

$$v_p=\frac{v}{\sqrt{1-\left(\dfrac{\lambda}{\lambda_c}\right)^2}} \tag{8-11a}$$

式中：

$$v=\frac{c}{\sqrt{\mu_r\varepsilon_r}}$$

对于 TEM 波($\lambda_c\to\infty$)，有

$$v_p=v=\frac{c}{\sqrt{\mu_r\varepsilon_r}} \tag{8-11b}$$

显然 TE 波和 TM 波的相速是大于光速(或介质中的光速)的。根据相对论，任何物质的运动速度都不能超过光速，但相速所描述的是波的等相位面移动的速度，不是能量传播的速度。因而 TE 波和 TM 波相速不是物质真实运动的速度，所以和相对论并不矛盾。

(2) 群速。群速是指一群具有相近的 ω 和 k_z 的波群在传输过程中的“共同”速度，或者说是已调波包络的速度。从物理概念上来看，这种速度就是能量的传播速度，其一般公

式为

$$v_g = \frac{d\omega}{d\beta} \tag{8-11c}$$

由式(8－10b)可知，$k_z=\sqrt{k^2-k_c^2}=\sqrt{\omega^2\mu\varepsilon-k_c^2}$，代入上式可得群速 v_g 为

$$v_g = \frac{d\omega}{d\beta} = v\sqrt{1-\left(\frac{\lambda}{\lambda_c}\right)^2} \tag{8-11d}$$

可见，群速 $v_g<v$，并且

$$v_g \cdot v_p = v^2 \tag{8-11e}$$

对于 TEM 波($\lambda_c\to\infty$)，有

$$v_g = v_p = v \tag{8-11f}$$

(3) 色散。由式(8－11a)和式(8－11d)可知，TE 波和 TM 波的相速和群速都随波长(即频率)而变化，称此现象为“色散”。因此 TE 波和 TM 波(即非 TEM 波)称为“色散”波，而 TEM 波的相速和群速相等，且与频率无关，称为“非色散”波。

4. 波阻抗

导波系统中，传输模式沿传输方向成右手螺旋关系的横向电场与横向磁场之比称为导行波的波阻抗。由式(8－6)可得 TE 波和 TM 波的波阻抗为

$$Z_{TE} = \frac{E_{u_1}}{H_{u_2}} = \frac{-E_{u_2}}{H_{u_1}} = \frac{\omega\mu}{\beta} = \sqrt{\frac{\mu}{\varepsilon}}\frac{k}{\beta} = \frac{\eta}{\sqrt{1-\left(\frac{\lambda}{\lambda_c}\right)^2}} \tag{8-12a}$$

$$Z_{TM} = \frac{E_u}{H_v} = \frac{-E_v}{H_u} = \frac{\beta}{\omega\varepsilon} = \sqrt{\frac{\mu}{\varepsilon}}\frac{\beta}{k} = \eta\sqrt{1-\left(\frac{\lambda}{\lambda_c}\right)^2} \tag{8-12b}$$

对于 TEM 波，有

$$Z_{TEM} = \eta = 120\pi\sqrt{\frac{\mu_r}{\varepsilon_r}} \tag{8-12c}$$

5. 传输功率

导波沿无耗规则导行系统＋z 方向传输的平均功率为

$$\begin{aligned} P_0 &= \mathrm{Re}\left[\int_S \frac{1}{2}(\boldsymbol{E}\times\boldsymbol{H}^*)\cdot d\boldsymbol{S}\right] \\ &= \frac{1}{2}\mathrm{Re}\left[\int_S(\boldsymbol{E}_t\times\boldsymbol{H}_t^*)\cdot\boldsymbol{e}_z dS\right] \\ &= \frac{1}{2|Z|}\int_S|\boldsymbol{E}_t|^2 dS = \frac{|Z|}{2}\int_S|\boldsymbol{H}_t|^2 dS \end{aligned} \tag{8-13}$$

式中 $Z=Z_{TE}$(或 Z_{TM} 或 Z_{TEM})。

若考虑低耗情况下导行装置的损耗，上述功率公式仅需乘以 $\exp(-2\alpha z)$。

8.1.4 模式电压与模式电流

对传输模式的求解，可采用纵向分量法，也可采用横向分量的辅助标位函数法。它们本质上是一样的。这是因为标位函数也满足标量亥姆霍兹方程，该方程的变量是可以分离的，而横向场分量与电压电流有关，因此下面用横向场分量的辅助标位函数，导出 TM、

TE、TEM 波型的广义传输线方程及模式电压和模式电流的概念。

1. TM 波

TM 波型磁场的纵向分量 $H_z=0$，代入式(8－2c)得 $\nabla_t\times\boldsymbol{E}_t=\boldsymbol{0}$。因为任何标量函数梯度的旋度恒等于零，所以可令横向电场 $\boldsymbol{E}_t$ 为

$$\boldsymbol{E}_t=-\nabla_t\varphi(u_1, u_2, z) \tag{8-14a}$$

φ 称为导波中的电位函数，可写成下述形式：

$$\varphi(u_1, u_2, z)=U(z)\varphi(u_1, u_2) \tag{8-14b}$$

将上式代入式(8－2a)、式(8－2b)，便可得到 TM 波各场分量的基本关系式为

$$\boldsymbol{E}_t=-U(z)\nabla_t\varphi(u_1, u_2) \tag{8-15a}$$

$$\boldsymbol{H}_t=I(z)\nabla_t\varphi(u_1, u_2)\times\boldsymbol{e}_z \tag{8-15b}$$

$$E_z=-\frac{I(z)}{\mathrm{j}\omega\varepsilon}\nabla_t^2\varphi(u_1, u_2)$$

式中：

$$I(z)=-\int\mathrm{j}\omega\varepsilon U(z)\mathrm{d}z \tag{8-15c}$$

式(8－15)表明，求解 $\boldsymbol{E}_t$、$\boldsymbol{H}_t$ 及 E_z 的问题，可归结为求解纵向分布函数 $U(z)$、$I(z)$ 及横向分布函数 $\varphi(u_1, u_2)$的问题。纵向分布函数 $U(z)$、$I(z)$具有明确的物理意义。$U(z)$表示电位函数 φ 沿波传播方向的变化规律，亦即代表了电场强度横向分量 $\boldsymbol{E}_t$ 沿 z 轴的变化规律。$U(z)$具有电位的量纲，故称其为 TM 波的模式电压。$I(z)$表示磁场强度横向分量沿 z 轴的变化规律，$I(z)$具有电流的量纲，故称其为 TM 波的模式电流。

将式(8－15a)代入式(8－2d)，整理后可得

$$\frac{\nabla_t^2\varphi}{\varphi}=\frac{\mathrm{j}\omega\varepsilon}{I(z)}\frac{\mathrm{d}U(z)}{\mathrm{d}z}-k^2$$

上式左边仅是横向坐标(u_1，u_2)的函数，右边仅是纵向坐标 z 的函数，要使等式成立，两边必须等于同一常数 $-k_c^2$，即

$$\nabla_t^2\varphi+k_c^2\varphi=0 \tag{8-16}$$

$$\frac{\mathrm{d}U(z)}{\mathrm{d}z}=-\frac{\gamma^2}{\mathrm{j}\omega\varepsilon}I(z)=-\mathrm{j}Z_{\mathrm{TM}}\beta I(z) \tag{8-17a}$$

式中：$\gamma=\mathrm{j}\beta=\sqrt{k_c^2-k^2}$；$Z_{\mathrm{TM}}=\dfrac{\beta}{\omega\varepsilon}$。式(8－15$c$)两边对 z 求导得

$$\frac{\mathrm{d}I(z)}{\mathrm{d}z}=-\mathrm{j}\omega\varepsilon U(z)=-\mathrm{j}\frac{\beta}{Z_{\mathrm{TM}}}U(Z) \tag{8-17b}$$

式(8－17)就是模式电压和模式电流(即纵向函数)所满足的方程，与长线理论中由分布参数等效电路导出的传输线方程具有相同的形式，故称其为 TM 波的广义传输线方程。

从式(8－17)可得模式电压与模式电流所满足的波动方程为

$$\begin{cases}\dfrac{\mathrm{d}^2U(z)}{\mathrm{d}z^2}-\gamma^2U(z)=\dfrac{\mathrm{d}^2U(z)}{\mathrm{d}z^2}+\beta^2U(z)=0\\[2ex]\dfrac{\mathrm{d}^2I(z)}{\mathrm{d}z^2}-\gamma^2I(z)=\dfrac{\mathrm{d}^2I(z)}{\mathrm{d}z^2}+\beta^2I(z)=0\end{cases} \tag{8-17c}$$

式(8－16)是求解横向函数的标量亥姆霍兹方程。由此式及 φ 的边界条件，就可以确

定横向分布函数。式(8－17)是求解纵向函数的基本公式，对于理想的无穷长导波系统，其解为

$$\begin{cases} U(z)=A_1\mathrm{e}^{-\mathrm{j}\beta z} \\ I(z)=\dfrac{A_1}{Z_{\mathrm{TM}}}\mathrm{e}^{-\mathrm{j}\beta z} \end{cases} \tag{8－17d}$$

将式(8－17d)及由式(8－16)求得的φ代入式(8－15)，就可求得 TM 波的全部场分量表达式。

2. TE 波

TE 波型电场的纵向分量$E_z=0$，代入式(8－2a)得$\nabla_t\times\boldsymbol{H}_t=\boldsymbol{0}$。令

$$\boldsymbol{H}_t=-\nabla_t\Psi(u_1,\ u_2,\ z) \tag{8－18a}$$

式中Ψ为标量磁位函数。Ψ可写成

$$\Psi(u_1,\ u_2,\ z)=I(z)\psi(u_1,\ u_2) \tag{8－18b}$$

将上式代入式(8－18a)及式(8－2c)、式(8－2d)，便可得到 TE 波各场分量的基本关系式：

$$\begin{cases} \boldsymbol{H}_t=-I(z)\nabla_t\psi(u_1,\ u_2) \\ \boldsymbol{E}_t=-U(z)\nabla_t\psi\times\boldsymbol{e}_z \end{cases} \tag{8－19a}$$

$$H_z=\frac{U(z)}{\mathrm{j}\omega\mu}\nabla_t^2\psi \tag{8－19b}$$

式中：

$$U_z=\int-\mathrm{j}\omega\mu I(z)\mathrm{d}z \tag{8－19c}$$

式(8－19)表明，求解 TE 波全部场分量可归结为求解纵向分布函数$U(z)$、$I(z)$和横向分布函数$\psi(u_1,\ u_2)$。$U(z)$和$I(z)$分别称为 TE 波的模式电压和模式电流，它们表示 TE 波横向电场与横向磁场沿z轴的变化规律。无论 TE 波还是 TM 波，$U(z)$和$I(z)$都分别称为模式电压和模式电流，但$U(z)$与$I(z)$之间的关系是不同的。至于φ与ψ的区别就更明显了，φ代表电位函数的横向分布，ψ代表磁位函数的横向分布。

与分析 TM 波过程完全相同，由式(8－19a)、式(8－2b)及式(8－19c)可得

$$\nabla_t^2\psi+k_c^2\psi=0 \tag{8－20}$$

$$\frac{\mathrm{d}I(z)}{\mathrm{d}z}=-\frac{\gamma^2}{\mathrm{j}\omega\mu}U(z)=-\mathrm{j}\frac{\beta}{Z_{\mathrm{TE}}}U(z) \tag{8－21a}$$

$$\frac{\mathrm{d}U(z)}{\mathrm{d}z}=-\mathrm{j}\omega\mu I(z)=-\mathrm{j}Z_{\mathrm{TE}}\beta I(z) \tag{8－21b}$$

式中：$\gamma^2=k_c^2-k^2=(\mathrm{j}\beta)^2$；$Z_{\mathrm{TE}}=\dfrac{\omega\mu}{\beta}$。式(8－21)就是 TE 波的广义传输线方程，其所满足的波动方程与式(8－17c)完全一样，即

$$\begin{cases} \dfrac{\mathrm{d}^2U(z)}{\mathrm{d}z^2}-\gamma^2U(z)=\dfrac{\mathrm{d}^2U(z)}{\mathrm{d}z^2}+\beta^2U(z)=0 \\ \dfrac{\mathrm{d}^2I(z)}{\mathrm{d}z^2}-\gamma^2I(z)=\dfrac{\mathrm{d}^2I(z)}{\mathrm{d}z^2}+\beta^2I(z)=0 \end{cases} \tag{8－21c}$$

式(8－21c)的解为

$$\begin{cases} U(z) = A_1 e^{-j\beta z} \\ I(z) = \dfrac{A_1}{Z_{TE}} e^{-j\beta z} \end{cases} \tag{8－21d}$$

将由式(8－20)求得的ψ及式(8－21d)的$U(z)$、$I(z)$代入式(8－19a)、式(8－19b)，便可得到TE波的全部场量表达式。

3. TEM 波

横电磁波的纵向电磁场分量都为零，即$E_z=0$，$H_z=0$，故$\boldsymbol{E}=\boldsymbol{E}_t$，$\boldsymbol{H}=\boldsymbol{H}_t$。显然，如果TM波的$E_z$(或TM波的$H_z$)等于零，它就变成了TEM波，但由式(8－6)可知，此时必有$k_c=0$，$\gamma=j\beta=jk_z$。这样$\boldsymbol{E}_t$和$\boldsymbol{H}_t$仍可由式(8－15a)计算，即

$$\begin{cases} \boldsymbol{E}_t = -U(z)\nabla_t\varphi \\ \boldsymbol{H}_t = I(z)\nabla_t\varphi \times \boldsymbol{e}_z \end{cases} \tag{8－22a}$$

由式(8－16)、式(8－17)可得

$$\nabla_t^2\varphi = 0 \tag{8－22b}$$

$$\begin{cases} \dfrac{dU(z)}{dz} = -j\omega\mu I(z) \\ \dfrac{dI(z)}{dz} = -j\mu\varepsilon U(z) \end{cases} \tag{8－22c}$$

式(8－22b)是TEM波横向分布函数φ所满足的二维拉普拉斯方程。式(8－22c)就是TEM波的模式电压、模式电流所满足的广义传输线方程，对于理想无穷长的TEM波导行系统，其解为

$$\begin{cases} U(z) = A_1 e^{-j\beta z} \\ I(z) = \dfrac{A_1}{Z_{TEM}} e^{-j\beta z} \end{cases} \tag{8－22d}$$

式中：

$$Z_{TEM} = \frac{\omega\mu}{\beta} = \sqrt{\frac{\mu}{\varepsilon}} = \eta, \qquad \beta = k_z = \omega\sqrt{\mu\varepsilon}$$

如前所述，TEM波只能存在于多导体导波系统中，但TEM波并不是其中可能存在的唯一波型，在一定的条件下，其中也可以存在一系列TE波或TM波及它们的混合波。

8.1.5　边界条件

无论是用纵向分量法求解导行波，还是用位函数法求解导行波，最终都是根据导行系统的边界条件确定k_c和积分常数的。对于由理想导体构成的导行系统，其横截面如图8－1所示，边界条件为

$$\begin{cases} \boldsymbol{n} \times \boldsymbol{E} = \boldsymbol{0} \\ \boldsymbol{n} \times \boldsymbol{H} = \boldsymbol{J}_S \\ \boldsymbol{n} \cdot \boldsymbol{D} = \rho_S \\ \boldsymbol{n} \cdot \boldsymbol{B} = 0 \end{cases} \tag{8－23}$$

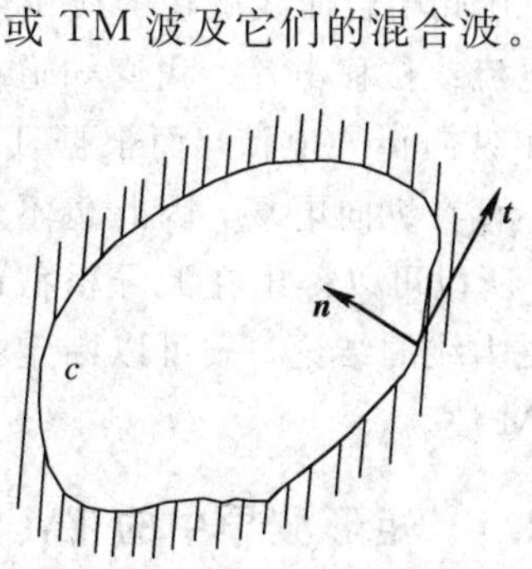

图8－1　导波系统横截面

对于 TEM 波，其边界条件为

$$E_z\big|_c = 0 \tag{8-24a}$$

由式(8－15b)及式(8－16)可知：

$$E_z = -\frac{I(z)}{\mathrm{j}\omega\varepsilon}\nabla_t^2\varphi = \frac{I(z)}{\mathrm{j}\omega\varepsilon}k_c^2\varphi$$

由于 $k_c\neq0$，所以有

$$\varphi\big|_c = 0 \tag{8-24b}$$

对于 TE 波，其边界条件为

$$\left.\frac{\partial H_z}{\partial n}\right|_c = 0 \tag{8-25a}$$

用横向分布函数表示时有

$$\left.\frac{\partial \psi}{\partial n}\right|_c = 0 \tag{8-25b}$$

对于 TEM 波，其边界条件为

$$E_t\big|_c = 0 \tag{8-26a}$$

或者是用横向分布函数表示为

$$\left.\frac{\partial \varphi}{\partial n}\right|_c = 0 \tag{8-26b}$$

8.2　矩 形 波 导

在微波波段，为了减小传输损耗并防止电磁波能量向外泄漏，往往采用空芯的金属管作为传输电磁波能量的导波装置。这种空芯金属导波装置通常称为波导，电磁波能量在波导管内部空间被引导向 $+z$ 方向传输。最常用的波导是矩形波导和圆柱形波导，我们分别进行讨论。

在金属波导中不能够传输 TEM 波，这是因为它不能满足金属波导的边界条件。若 TEM 波在波导中存在，则磁力线应在波导横截面内，而且是一闭合曲线。根据麦克斯韦方程，在此闭合曲线磁场的线积分应等于与闭合曲线交链的轴向电流，此轴向电流可以是传导电流或位移电流。我们知道在空芯波导内不可能存在纵向传导电流，而根据 TEM 波的定义，TEM 波不存在纵向电场，因此也不可能存在纵向位移电流。所以可以得出在波导横截面内不可能存在闭合的磁力线的结论，故可以断定在波导中不可能存在 TEM 波。

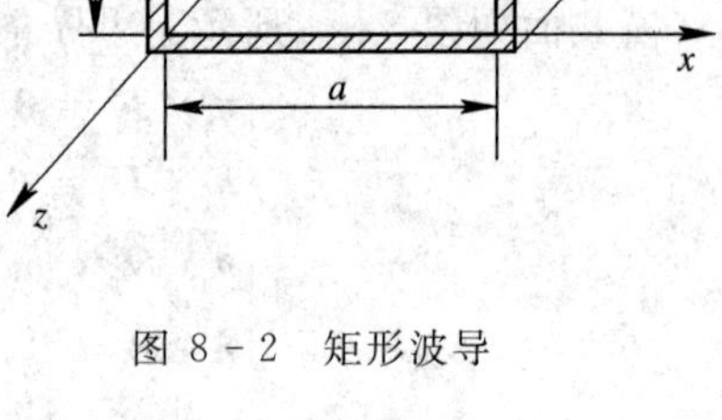

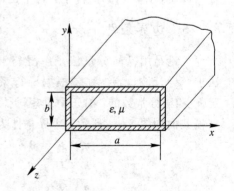

图 8－2　矩形波导

8.2.1　矩形波导中的 TM 波

图 8－2 表示矩形波导的横截面，宽边尺寸为 a，窄边尺寸为 b。波导内传输 TM 波时，$H_z=0$。

按照上节的分析，先由方程式(8－5d)解出 E_z，再利用式(8－6)确定 E_x、E_y、H_z、H_y。如图 8－2 所示的矩形波导，我们采用直角坐标系来分析，其坐标 u_1 对应 x 轴，坐标 u_2 对应 y 轴，而拉梅系数 $h_1=h_2=1$，则 E_z 满足如下方程：

$$\frac{\partial^2 E_z}{\partial x^2}+\frac{\partial^2 E_z}{\partial y^2}+k_c^2 E_z=0 \tag{8-27}$$

式中 $k_c^2=\gamma^2+k^2$。用分离变量法求解式(8－27)，设其解为

$$E_z(x,\ y)=X(x)Y(y) \tag{8-28}$$

式中 X 表示只含变量 x 的函数，Y 表示只含变量 y 的函数。

值得注意的是，在运算中场量随时间和沿 z 方向变化的因子 $e^{j\omega t-\gamma z}$ 均被省略。将式(8－28)代入式(8－27)，可得

$$Y\frac{d^2 X}{dx^2}+X\frac{d^2 Y}{dy^2}=-k_c^2 XY \tag{8-29}$$

上式两边除以 XY，得

$$\frac{\frac{d^2 X}{dx^2}}{X}+\frac{\frac{d^2 Y}{dy^2}}{Y}=-k_c^2 \tag{8-30}$$

这里的 x 和 y 是互不相关的独立变量。欲使上式对任意 x 和 y 值都成立，只有等式左边的两项分别等于常数。因此，可令

$$\frac{1}{X}\frac{d^2 X}{dx^2}=-k_x^2 \tag{8-31}$$

$$\frac{1}{Y}\frac{d^2 Y}{dy^2}=-k_y^2 \tag{8-32}$$

且

$$k_x^2+k_y^2=k_c^2 \tag{8-33}$$

则式(8－31)和式(8－32)的通解为

$$X=C_1\cos k_x x+C_2\sin k_x x \tag{8-34}$$

$$Y=C_3\cos k_y y+C_4\sin k_y y \tag{8-35}$$

于是 E_z 的通解是

$$E_z=(C_1\cos k_x x+C_2\sin k_x x)(C_3\cos k_y y+C_4\sin k_y y) \tag{8-36}$$

式中 C_1、C_2、C_3、C_4 以及 k_x、k_y 均为待定常数。

现在利用边界条件来确定待定常数。

(1) 当 $x=0$ 时，$E_z=0$(理想导体表面切向场为零)：

$$E_z=C_1(C_3\cos k_y y+C_4\sin k_y y)=0$$

欲使上式对所有 y 值都成立，则 C_1 应等于零，于是式(8－36)变为

$$E_z=C_2\sin k_x x(C_3\cos k_y y+C_4\sin k_y y) \tag{8-37}$$

(2) 当 $y=0$ 时，$E_z=0$，式(8－37)变为

$$E_z=C_2 C_3\sin k_x x=0$$

欲使上式对所有 x 值都成立，则 C_3 应等于零。此时 C_2 不能为零，因为若 C_2 等于零，则 E_z 在非边界处也恒为零，这与 TM 波的情况不符，因此只能取 C_3 等于零。这样式(8－37)变为

$$E_z = C_2C_4 \sin k_x x \ \sin k_y y = E_0 \sin k_x x \ \sin k_y y \tag{8-38}$$

(3) 当 $x=a$ 时，$E_z=0$，式(8-38)变为

$$E_z = E_0 \sin k_x a \ \sin k_y y = 0$$

欲使上式对所有 y 值都成立，k_x 必须满足下面关系：

$$k_x = \frac{m\pi}{a} \quad (m=1, 2, 3, \cdots)$$

这里 m 不能等于零，否则 $k_x=0$，则 E_z 恒等于零，这不符合 TM 波的定义。于是式(8-38)就变为

$$E_z = E_0 \sin \frac{m\pi}{a}x \ \sin k_y y \tag{8-39}$$

(4) 当 $y=b$ 时，$E_z=0$，式(8-39)变为

$$E_z = E_0 \sin \frac{\pi}{a}x \ \sin k_y b = 0$$

欲使上式对所有 x 值都成立，k_y 必须满足下面关系：

$$k_y = \frac{n\pi}{b} \quad (n=1, 2, 3, \cdots)$$

这样 E_z 的表示式为

$$E_z = E_0 \sin \frac{m\pi}{a}x \ \sin \frac{n\pi}{b}y \tag{8-40}$$

将式(8-40)代入式(8-6)，并考虑到 $h_1=h_2=1$，u_1 对应 x 坐标，u_2 对应 y 坐标，而 $\gamma=\mathrm{j}\beta=\mathrm{j}k_z$，即可得到矩形波导中 TM 波的场分量为

$$E_x = -\mathrm{j}\frac{k_z}{k_c^2}\left(\frac{m\pi}{a}\right)E_0 \cos \frac{m\pi}{a}x \ \sin \frac{n\pi}{b}y \ \mathrm{e}^{\mathrm{j}(\omega t - k_z z)} \tag{8-41a}$$

$$E_y = -\mathrm{j}\frac{k_z}{k_c^2}\left(\frac{n\pi}{b}\right)E_0 \sin \frac{m\pi}{a}x \ \cos \frac{n\pi}{b}y \ \mathrm{e}^{\mathrm{j}(\omega t - k_z z)} \tag{8-41b}$$

$$E_z = E_0 \sin \frac{m\pi}{a}x \ \sin \frac{n\pi}{b}y \ \mathrm{e}^{\mathrm{j}(\omega t - k_z z)} \tag{8-41c}$$

$$H_x = \mathrm{j}\frac{\omega\varepsilon}{k_c^2}\left(\frac{n\pi}{b}\right)E_0 \sin \frac{m\pi}{a}x \ \cos \frac{n\pi}{b}y \ \mathrm{e}^{\mathrm{j}(\omega t - k_z z)} \tag{8-41d}$$

$$H_y = -\mathrm{j}\frac{\omega\varepsilon}{k_c^2}\left(\frac{m\pi}{a}\right)E_0 \cos \frac{m\pi}{a}x \ \sin \frac{n\pi}{b}y \ \mathrm{e}^{\mathrm{j}(\omega t - k_z z)} \tag{8-41e}$$

式中：

$$k_c^2 = k_x^2 + k_y^2 = \left(\frac{m\pi}{a}\right)^2 + \left(\frac{n\pi}{b}\right)^2 \tag{8-42}$$

式(8-41)表示了场量随着 x、y、z 以及时间 t 的变化规律，也表征了矩形波导中 TM 波的场结构。取不同的 m 和 n 值，代表不同的 TM 波场结构模式，用 TM_{mn} 表示。所以波导中可以有无限多个 TM 模式。由式(8-40)可以看出，下标 m 表示在 x 方向上场量变化的半波数，下标 n 表示在 y 方向上场量变化的半波数。从 E_z 的表示式(8-41c)可以看出 m、n 不能取零值，所以在矩形波导中，TM_{00}、TM_{0n}、TM_{m0} 波型不存在，TM_{11} 是 TM 波中最简单的波形。

在矩形波导中 TM 波的传输常数为

$$\gamma = \sqrt{k_c^2 - k^2} = \sqrt{k_x^2 + k_y^2 - k^2}$$
$$= \sqrt{\left(\frac{m\pi}{a}\right)^2 + \left(\frac{n\pi}{b}\right)^2 - \omega^2\mu\varepsilon} \tag{8-43}$$

当传输常数 $\gamma=0$ 所对应的频率为截止频率 f_c，且截止频率为

$$f_c = \frac{k_c}{2\pi\sqrt{\mu\varepsilon}} = \frac{1}{2\pi\sqrt{\mu\varepsilon}}\sqrt{\left(\frac{m\pi}{a}\right)^2 + \left(\frac{n\pi}{b}\right)^2} \tag{8-44}$$

时，从式(8-43)可以看出，当工作频率高于截止频率时，即 $f>f_c$，γ 为纯虚数，$\gamma=\mathrm{j}\beta=\mathrm{j}k_z$，电磁波才可能在波导中沿 $+z$ 方向传输。这种 z 方向传输常数为

$$k_z = \sqrt{k^2 - k_c^2} = \sqrt{\omega^2\mu\varepsilon - \left(\frac{m\pi}{a}\right)^2 - \left(\frac{n\pi}{b}\right)^2} \tag{8-45}$$

或写成

$$k_z = k\sqrt{1 - \left(\frac{f_c}{f}\right)^2} \quad (k = \omega\sqrt{\mu\varepsilon}) \tag{8-46}$$

当工作频率低于截止频率时，即 $f<f_c$，γ 为实数，$\gamma=\alpha$。此时 $\mathrm{e}^{-\alpha z}$ 表示衰减，电磁波衰减很快，不可能在波导中传输。因此矩形波导呈现出高通滤波器的特性，只有工作频率高于截止频率时，电磁波才能在波导中传输。这一点与 TEM 波不一样，TEM 波没有截止频率。

由式(8-44)可以求得相应的截止波长 λ_c：

$$\lambda_c = \frac{v}{f_c} = \frac{2\pi}{\sqrt{\left(\frac{m\pi}{a}\right)^2 + \left(\frac{n\pi}{b}\right)^2}} = \frac{2}{\sqrt{\left(\frac{m}{a}\right)^2 + \left(\frac{n}{b}\right)^2}}$$

式中 $v=\dfrac{1}{\sqrt{\mu\varepsilon}}$为无限介质中的电磁波的速度。电磁波在矩形波导中的速度 v_p 为

$$v_p = \frac{\omega}{k_z} = \frac{v}{\sqrt{1-\left(\frac{f_c}{f}\right)^2}} = \frac{v}{\sqrt{1-\left(\frac{\lambda}{\lambda_c}\right)^2}} \tag{8-47}$$

在矩形波导中的波导波长 λ_g 为

$$\lambda_g = \frac{v_p}{f} = \frac{\lambda}{\sqrt{1-\left(\frac{f_c}{f}\right)^2}} = \frac{\lambda}{\sqrt{1-\left(\frac{\lambda}{\lambda_c}\right)^2}} \tag{8-48}$$

式中的 λ 是在无限介质中电磁波的波长。

从式(8-47)和式(8-48)可以看出：$f=f_c$ 时，v_p 趋于无限大，波导波长 λ_g 趋于无限大；当 $f>f_c$ 时，v_p 大于 v，$\lambda_g>\lambda$，即电磁波在波导中传输的相速大于在无限介质中电磁波传播的相速，波导波长大于在无限介质中电磁波的波长；当频率非常高时，即 $f\gg f_c$，在波导中电磁波的相速趋近于无限介质中电磁波的相速，波导波长趋于无限介质中电磁波的波长。

图 8-3 中给出了 TM_{11} 和 TM_{21} 波的场分量分布图。

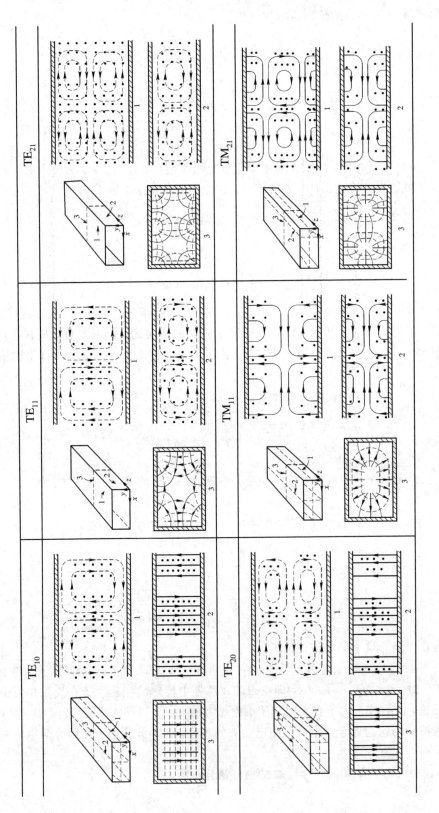

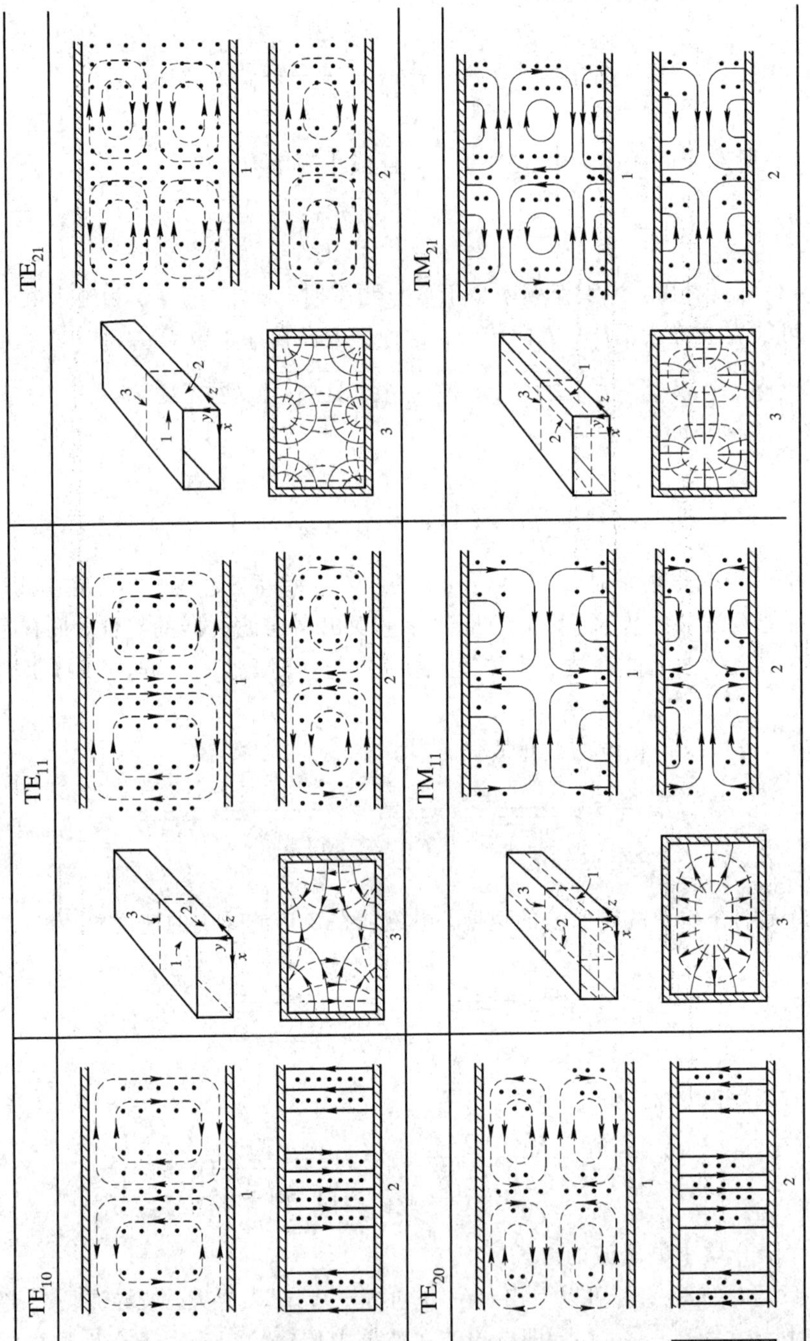

图 8－3 矩形波导中几种波型的场结构(----磁力线；——电力线)

8.2.2　矩形波导中的 TE 波

仿照求解 TM 波的方法，我们可以求得在矩形波导中 TE 波的场分量表示式为

$$H_z = H_0 \cos k_x x \cos k_y y \, e^{j(\omega t - k_z z)} \tag{8-49a}$$

$$H_x = j\frac{k_x k_z}{k_c^2} H_0 \sin k_x x \cos k_y y \, e^{j(\omega t - k_z z)} \tag{8-49b}$$

$$H_y = j\frac{k_y k_z}{k_c^2} H_0 \cos k_x x \sin k_y y \, e^{j(\omega t - k_z z)} \tag{8-49c}$$

$$E_x = j\frac{\omega\mu}{k_c^2} k_y H_0 \cos k_x x \sin k_y y \, e^{j(\omega t - k_z z)} \tag{8-49d}$$

$$E_y = -j\frac{\omega\mu}{k_c^2} k_x H_0 \sin k_x x \cos k_y y \, e^{j(\omega t - k_z z)} \tag{8-49e}$$

其中：

$$k_x = \frac{m\pi}{a},\ k_y = \frac{n\pi}{b},\ k_z = \sqrt{k^2 - k_c^2} = \sqrt{\omega^2\mu\varepsilon - k_c^2}$$

截止波数 k_c 为

$$k_c = \sqrt{\left(\frac{m\pi}{a}\right)^2 + \left(\frac{n\pi}{b}\right)^2}$$

截止频率为

$$f_c = \frac{k_c}{2\pi\sqrt{\mu\varepsilon}} = \frac{v}{2\pi}\sqrt{\left(\frac{m\pi}{a}\right)^2 + \left(\frac{n\pi}{b}\right)^2}$$

截止波长为

$$\lambda_c = \frac{v}{f_c} = \frac{2\pi}{\sqrt{\left(\frac{m\pi}{a}\right)^2 + \left(\frac{n\pi}{b}\right)^2}} = \frac{2}{\sqrt{\left(\frac{m}{a}\right)^2 + \left(\frac{n}{b}\right)^2}}$$

TE 波在波导中的相速 v_p 为

$$v_p = \frac{\omega}{k_z} = \frac{v}{\sqrt{1-\left(\frac{f_c}{f}\right)^2}} = \frac{v}{\sqrt{1-\left(\frac{\lambda}{\lambda_c}\right)^2}}$$

TE 波在波导中的波导波长 λ_g 为

$$\lambda_g = \frac{v_p}{f} = \frac{\lambda}{\sqrt{1-\left(\frac{f_c}{f}\right)^2}} = \frac{\lambda}{\sqrt{1-\left(\frac{\lambda}{\lambda_c}\right)^2}}$$

从以上公式可以看出，k_x、k_y、k_z、k_c、f_c、λ_c、v_p 以及 λ_g 等计算公式与 TM 波完全相同。与 TM 波一样，在矩形波导中有无穷多个 TE 波的模式，这些模式用 TE_{mn} 表示。其 m 表示沿波导宽边场量分布的半波数，n 表示沿波导窄边场量分布的半波数。m 或 n 可以等于零，但不能同时为零，此时由式(8－49)可以看出场分量不同时为零，所以在矩形波导中可以存在 TE_{m0} 和 TE_{0n} 诸模式。由于在矩形波导中一般情况下 $a>b$(参见图 8－2)，所以 TE_{10} 波的截止频率比 TE_{01} 波的截止频率低，因此在矩形波导中，TE_{10} 波是截止频率最低的模式。通常把具有最低截止频率的模式称为主模。TE_{10} 波是矩形波导中的主模。

图 8－3 中还给出了矩形波导中 TE_{10} 波、TE_{11} 波和 TE_{21} 波的场量分布图。

图 8 - 4 给出了在矩形波导中各种模式的截止波长分布图，在这里假设矩形波导横截面尺寸 $a>2b$。图中划分了三个区域：Ⅰ区域为截止区；Ⅱ区域为单模工作区；Ⅲ区域为多模工作区。大多数情况下波导工作在单模工作区。

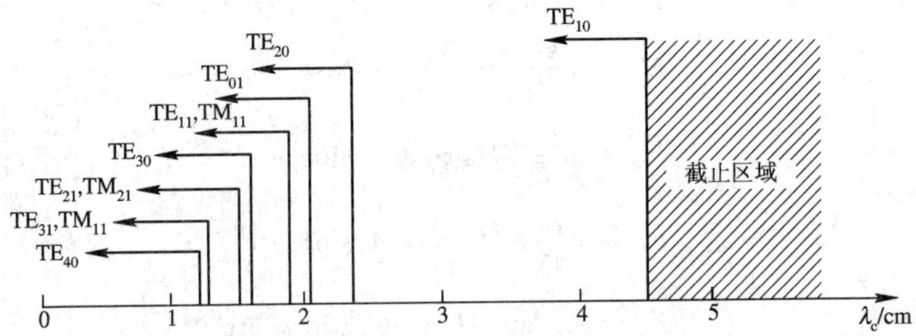

图 8 - 4　矩形波导中截止波长分布图(以 BJ—100 为例)

在矩形波导中模序数(m 和 n)相同的 TE_{mn} 模和 TM_{mn} 模具有相同的截止波长。由于具有相同截止波长的模称为简并模，因此 TE_{mn} 模与 TM_{mn} 模是一对简并模。由于在矩形波导中 TM_{m0} 模和 TM_{0n} 模不存在，所以在矩形波导中 TE_{m0} 模和 TE_{0n} 模是非简并模。

在 8.1 节中，我们把相对于电磁波传输方向成右手螺旋关系的横向电场分量与横向磁场分量的比值定义为波阻抗。对于矩形波导中的 TM 波和 TE 波，其波阻抗为

$$Z_{TM}=\frac{E_x}{H_y}=-\frac{E_y}{H_x}=\frac{\gamma}{j\omega\varepsilon}=\frac{k_z}{\omega\varepsilon}=\frac{\eta}{\sqrt{1-\left(\frac{\lambda}{\lambda_c}\right)^2}} \tag{8 - 50a}$$

$$Z_{TE}=\frac{E_x}{H_y}=-\frac{E_y}{H_x}=\frac{j\omega\mu}{\gamma}=\frac{\omega\mu}{k_z}=\eta\sqrt{1-\left(\frac{\lambda}{\lambda_c}\right)^2} \tag{8 - 50b}$$

式中，$\eta=\sqrt{\frac{\mu}{\varepsilon}}$ 为无限介质中的波阻抗。

由式(8 - 50a)和式(8 - 50b)可以看出：当 $f=f_c$ 时，在矩形波导中电磁波处于临界状态，此时 Z_{TM} 等于零，Z_{TE} 趋于无穷；当 $f>f_c$ 时，在矩形波导中电磁波沿 $+z$ 方向传输，Z_{TM} 和 Z_{TE} 均为实数；当 $f<f_c$ 时，Z_{TM} 和 Z_{TE} 均为纯虚数。前面我们已经讲过，当 $f<f_c$ 时，在矩形波导中电磁波被衰减而不能传输。现在我们看到，由于波阻抗呈现电抗性，故这种衰减与欧姆损耗引起的衰减不同。这种衰减是电磁波在源和波导之间来回反射的结果，能量并没有被损耗掉。

8.2.3　矩形波导中的 TE_{10} 波

在矩形波导中 TE_{10} 模是主模。用它作为矩形波导中的工作模式有以下突出的优点：可以实现单模传输电磁波；具有最宽的工作频带；在给定频率下有最小的衰减；场结构简单，电场只有 E_y 分量，在波导中可以获得单方向极化；在截止波长相同的条件下，波导尺寸最小。所以，TE_{10} 模是矩形波导中最常用的工作模式，有必要着重讨论它的特性。

将 $m=1$、$n=0$、$k_x=k_c=\pi/a$ 代入式(8 - 49)，便可得到 TE_{10} 模的场分量表示式为

$$H_z=H_0\cos\frac{\pi}{a}x\ e^{j(\omega t-k_z z)} \tag{8 - 51a}$$

$$H_x = \mathrm{j}k_z\left(\frac{\pi}{a}\right)H_0 \sin\frac{\pi}{a}x\ \mathrm{e}^{\mathrm{j}(\omega t-k_z z)} \tag{8-51b}$$

$$E_y = -\mathrm{j}\omega\mu\left(\frac{\pi}{a}\right)H_0 \sin\frac{\pi}{a}x\ \mathrm{e}^{\mathrm{j}(\omega t-k_z z)} \tag{8-51c}$$

$$H_y = E_x = E_z = 0 \tag{8-51d}$$

式中传输常数 $k_z=\sqrt{k^2-k_\lambda^2}=\sqrt{\omega^2\mu\varepsilon-\left(\frac{\pi}{a}\right)^2}=\omega\sqrt{\mu\varepsilon}\sqrt{1-\left(\frac{\lambda}{2a}\right)^2}$。

TE_{10}模电磁场各分量的瞬时表示式为

$$E_y = \frac{\omega\mu a}{\pi}H_0 \sin\frac{\pi}{a}x\ \sin(\omega t-k_z z) \tag{8-52a}$$

$$H_x = -\frac{k_z a}{\pi}H_0 \sin\frac{\pi}{a}x\ \sin(\omega t-k_z z) \tag{8-52b}$$

$$H_z = H_0 \cos\frac{\pi}{a}x\ \cos(\omega t-k_z z) \tag{8-52c}$$

由此可见，TE_{10}模只有 E_y、H_x、H_z 三个场分量。由于这三个场分量均与坐标 y 无关，因此电磁场沿 y 方向无变化，呈现均匀分布。其电场只有 E_y 分量，沿 x 方向呈正弦分布，在波导宽边有半个驻波分布，且在 $x=a/2$ 处电场最强，在 $x=0$ 和 $x=a$ 处电场为零；E_z 沿 z 方向呈正弦分布。TE_{10}模的电场分布如图 8－5(a)所示。

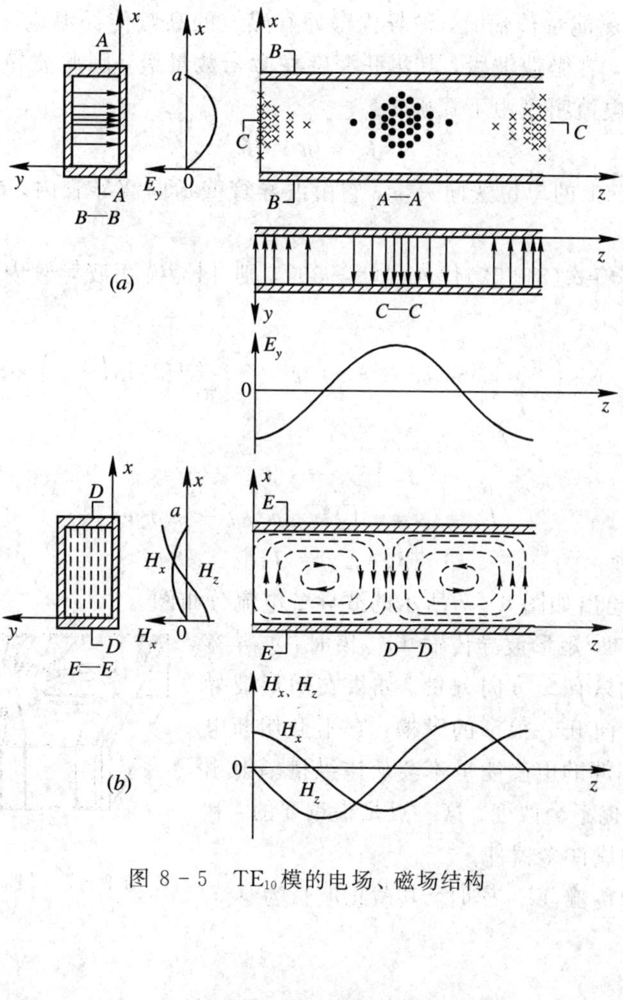

图 8－5　TE_{10}模的电场、磁场结构

TE_{10}模的磁场有 H_x、H_z 两个分量。H_z 在 z 方向和 x 方向都呈正弦分布，并且在波导宽边有半个驻波分布，而且在 $x=a/2$ 处有最大值，在 $x=0$ 和 $x=a$ 处为零；H_z 在 x 方向和 z 方向都呈余弦分布，在波导宽边有半个驻波分布，且在 $x=0$ 和 $x=a$ 处有最大值，在 $x=a/2$ 处为零。H_x 和 H_z 这两个分量形成与波导宽边平行的闭合磁力线。TE_{10}模的磁场结构如图 8-5(*b*)所示。

TE_{10}模电磁场完整的结构如图 8-6 所示。随时间 t 的增加，TE_{10}模场结构以相速 v_p 向 $+z$ 方向运动。

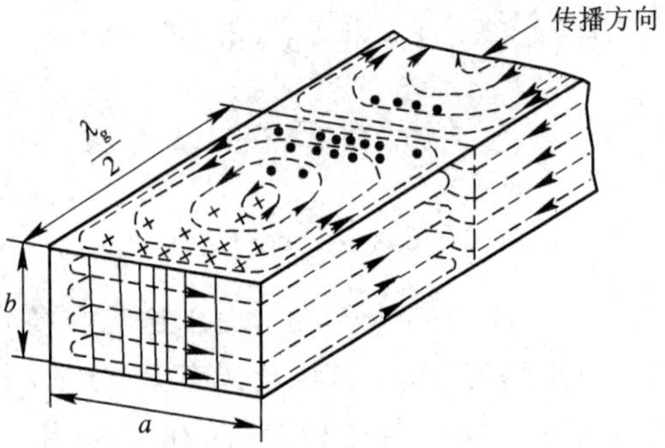

图 8-6 TE_{10}模电磁场结构立体图

当波导中有电磁能量传输时，波导内壁处有感应的高频传导电流。由于波导内壁是导电率极高的良导体，在微波波段，其集肤深度在微米数量级，因此波导内壁上的电流可看成表面电流，其面电流密度由下式确定：

$$\boldsymbol{J}_S=\boldsymbol{n}\times\boldsymbol{H}_t \tag{8-53}$$

式中：$\boldsymbol{n}$ 为波导内壁上的单位法向矢量，它由波导管壁指向波导管内；$\boldsymbol{H}_t$ 是波导管内壁处的切向磁场。

对于 TE_{10}模，将式(8-52)代入式(8-53)，则 TE_{10}模在波导管内壁上的感应面电流密度为

$$\boldsymbol{J}_S\big|_{y=0}=\left[H_0\cos\left(\frac{\pi}{a}x\right)\cos(\omega t-k_z z)\right]\boldsymbol{e}_x+\left[\frac{k_z a}{\pi}H_0\sin\left(\frac{\pi}{a}x\right)\sin(\omega t-k_z z)\right]\boldsymbol{e}_y \tag{8-54a}$$

$$\boldsymbol{J}_S\big|_{y=b}=-\boldsymbol{J}_S\big|_{y=0} \tag{8-54b}$$

$$\boldsymbol{J}_S\big|_{x=0}=-\left[H_0\cos(\omega t-\beta z)\right]\boldsymbol{e}_x \tag{8-54c}$$

$$\boldsymbol{J}_S\big|_{x=a}=\boldsymbol{J}_S\big|_{x=0} \tag{8-54d}$$

由式(8-54)可以绘出如图 8-7 所示的波导壁电流分布图。

由图 8-7 可知，矩形波导传输 TE_{10}模时，波导宽边正中央的面电流只有 z 方向分量。如果在矩形波导宽边正中央沿 z 方向开一很窄的纵槽，它不会切断电流通路，因此 TE_{10}波的电磁能量不会从该纵槽辐射出来，波导内场分布也不会改变。这一点是很重要的，利用这个原理可以构成许多器件。

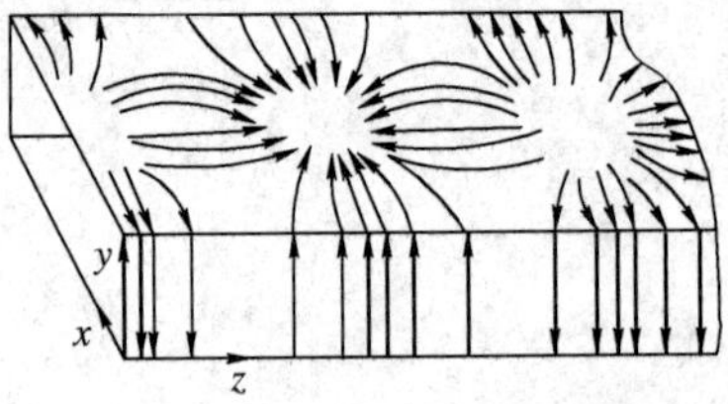

图 8-7 TE_{10}模的壁电流分布

在矩形波导中传输 TE_{10}模时，其截止波长为

$$\lambda_c = 2a$$

波导波长为

$$\lambda_g = \frac{\lambda}{\sqrt{1-\left(\frac{\lambda}{2a}\right)^2}}$$

波阻抗为

$$Z_{\text{TE}_{10}} = \frac{\eta}{\sqrt{1-\left(\frac{\lambda}{2a}\right)^2}}$$

8.3 圆柱形波导

圆柱形波导(简称圆波导)是横截面为圆形的空芯金属波导管，其结构如图 8-8 所示，图中 a 是圆波导的内半径。求解圆波导内场量分布的方法与求解矩形波导内场量分布的方法完全一样，但采用如图 8-8 所示的圆柱坐标系比较方便。

8.3.1 圆波导中的模式

对于图 8-8 所示的圆柱坐标系(r, ϕ, z)，电场强度和磁场强度的纵向分量满足式(8-5d)(即满足亥姆霍兹方程)。考虑到拉梅系数 $h_1=1$，$h_2=r$，$h_3=1$，在圆柱坐标系下亥姆霍兹方程可表示为

$$\frac{\partial^2 E_z}{\partial r^2}+\frac{1}{r}\frac{\partial E_z}{\partial r}+\frac{1}{r^2}\frac{\partial^2 E_z}{\partial \phi^2}+k_c^2 E_z = 0 \tag{8-55a}$$

$$\frac{\partial^2 H_z}{\partial r^2}+\frac{1}{r}\frac{\partial H_z}{\partial r}+\frac{1}{r^2}\frac{\partial^2 H_z}{\partial \phi^2}+k_c^2 H_z = 0 \tag{8-55b}$$

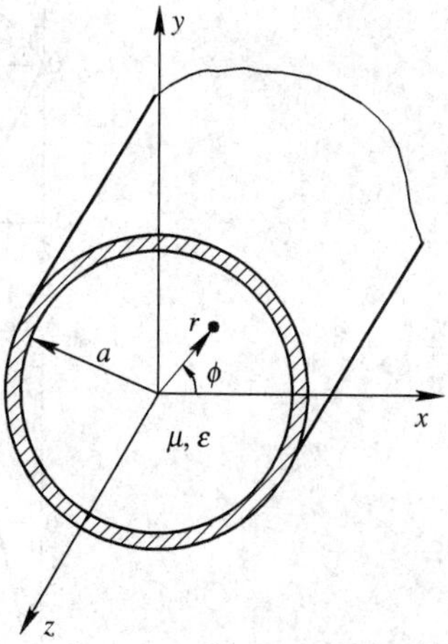

图 8-8 圆柱形波导

下面先解方程式(8-55a)。令

$$E_z(r,\phi) = R(r)\varphi(\phi) \tag{8-56}$$

将方程式(8-55a)分离变量，得

$$\frac{\mathrm{d}^2\varphi(\phi)}{\mathrm{d}\varphi^2}+m^2\varphi(\phi) = 0 \tag{8-57a}$$

$$r^2\frac{\mathrm{d}^2R(r)}{\mathrm{d}r^2}+r\frac{\mathrm{d}R(r)}{\mathrm{d}r}+(k_c^2r^2-m^2)R(r) = 0 \tag{8-57b}$$

式中 m 为分离常数。式(8-57a)是简谐振动方程，其解为

$$\varphi(\phi) = A\cos(m\phi-\phi_0) \tag{8-58a}$$

方程式(8-57b)是 m 阶贝塞尔方程，其解为

$$R(r) = B_1 J_m(k_c r)+B_2 N_m(k_c r) \tag{8-58b}$$

式中 $J_m(k_c r)$ 为 m 阶第一类贝塞尔函数，$N_m(k_c r)$ 为 m 阶第二类贝塞尔函数。习惯上，人们常称 $J_m(k_c r)$ 为 m 阶贝塞尔函数，而称 $N_m(k_c r)$ 为纽曼函数。在图 8－9 中给出了几条低阶贝塞尔函数、贝塞尔函数的导数和纽曼函数的曲线。其它各阶贝塞尔函数、它们的导数和纽曼函数也有类似于该图的振荡衰减特性。由图可知，这三种函数各自都有无穷多个根。这里用 x_{mn} 表示 m 阶贝塞尔函数 $J_m(x)$ 的第 n 个根，用 x'_{mn} 表示 m 阶贝塞尔函数的导数 $J'_m(x)$ 的第 n 个根。表 8－1 和表 8－2 分别列出了几个低阶贝塞尔函数和它们的导函数的前几个根。另外再列出 $J_m(x)$ 和 $N_m(x)$ 的几条重要性质，这就是：

$$\left.\begin{aligned} &J_0(0)=1\\ &J_m(0)=0 \quad (m\neq 0)\\ &N_m(0)=-\infty\\ &J'_0(x)=\frac{\mathrm{d}J_0(x)}{\mathrm{d}x}=-J_1(x)\end{aligned}\right\} \tag{8-59}$$

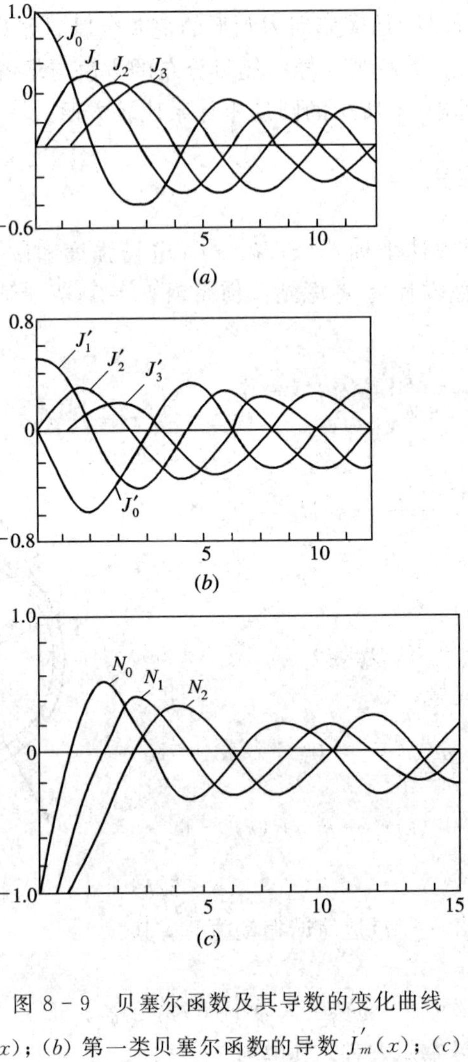

图 8－9　贝塞尔函数及其导数的变化曲线

(*a*) 第一类贝塞尔函数 $J_m(x)$；(*b*) 第一类贝塞尔函数的导数 $J'_m(x)$；(*c*) 第二类贝塞尔函数 $N_m(x)$

表 8-1 $J_m(x)$的根 x_{mn}

n \ m	0	1	2	3	4
1	2.405	3.832	5.139	6.370	7.588
2	5.520	7.016	8.417	9.760	11.065
3	8.654	10.173	11.620	13.015	14.313
4	11.792	13.324	14.796	16.220	17.616

表 8-2 $J_m'(x)$的根 x_{mn}'

n \ m	0	1	2	3	4
1	3.832	1.841	3.054	4.201	5.317
2	7.016	5.331	6.706	8.015	9.282
3	10.173	8.536	9.965	11.846	12.682

将式(8-58)代入式(8-56)，则

$$E_z(r,\ \phi) = A[B_1 J_m(k_c r) + B_2 N_m(k_c r)]\cos(m\phi - \phi_0) \tag{8-60a}$$

用同样的方法可得到式(8-55b)的解为

$$H_z(r,\ \phi) = C[D_1 J_m(k_c r) + D_2 N_m(k_c r)]\cos(m\phi - \phi_0) \tag{8-60b}$$

在圆柱坐标系中，$(r,\ \phi)$与$(r,\ \phi+2\pi)$代表圆波导横截面上的同一点。为使圆波导中场量具有单值性，式(8-60)中的 m 只能取 $m=0$、1、2、… 等整数。在圆波导中，r 的取值范围是 $0\leqslant r\leqslant a$。为使其中的场量在 $r=0$ 处有界，式(8-60)中不能有 $N_m(k_c r)$的项，即应有 $B_2=D_2=0$。于是式(8-60)简化为

$$E_z(r,\ \phi) = E_0 J_m(k_c r)\cos(m\phi - \phi_0)$$

$$H_z(r,\ \phi) = H_0 J_m(k_c r)\cos(m\phi - \phi_0)$$

由此又可得到

$$E_z(r,\ \phi,\ z,\ t) = E_0 J_m(k_c r)\cos(m\phi - \phi_0)e^{j\omega t-\gamma z} \tag{8-61a}$$

$$H_z(r,\ \phi,\ z,\ t) = H_0 J_m(k_c r)\cos(m\phi - \phi_0)e^{j\omega t-\gamma z} \tag{8-61b}$$

式中 E_0、H_0 由激励源确定，k_c 则应由边界条件确定。下面分别讨论可以在圆波导中分立存在的 TE 模和 TM 模。

1. 圆波导中的 TE 模

对于 TE 模，$E_z=0$ 而 $H_z\neq 0$。由边界条件可知，圆波导中 TE 模应满足的边界条件为

$$\left.\frac{\partial H_z}{\partial r}\right|_{r=a} = 0$$

将式(8-61)代入该式，得 $J_m'(k_c a)=0$，$k_c a=x_{mn}'$。于是

$$k_c = \frac{x'_{mn}}{a} \quad \begin{pmatrix} m = 0, 1, 2, \cdots \\ n = 1, 2, 3, \cdots \end{pmatrix} \tag{8-62}$$

$$(\lambda_c)_{H_{mn}} = \frac{2\pi a}{x'_{mn}} \sqrt{\mu_r \varepsilon_r} \tag{8-63}$$

表 8-3 列出了空气填充时圆波导中几个 TE 模的截止波长值。

表 8-3　圆波导中 TE 模的截止波长值($\mu_r=1$, $\varepsilon_r=1$)

波型	H_{11}	H_{21}	H_{01}	H_{30}	H_{41}	H_{12}	H_{22}	H_{02}	H_{32}
λ_c	$3.413a$	$2.057a$	$1.640a$	$1.496a$	$1.182a$	$1.179a$	$0.937a$	$0.896a$	$0.784a$

将式(8-62)代入式(8-61b)，再把所得结果和 $E_z=0$ 代入式(8-6)，则圆波导中 TE 模的各分量分别为

$$\left.\begin{aligned}
E_r(r, \phi, z) &= \frac{j\omega\mu m a^2}{x'^2_{mn} r} H_0 J_m\left(\frac{x'_{mn}}{a} r\right) \sin(m\phi - \phi_0) e^{j\omega t - \gamma z} \\
E_\phi(r, \phi, z) &= \frac{j\omega\mu a}{x'_{mn}} H_0 J'_m\left(\frac{x'_{mn}}{a} r\right) \cos(m\phi - \phi_0) e^{j\omega t - \gamma z} \\
E_z(r, \phi, z) &= 0 \\
H_r(r, \phi, z) &= -\frac{ra}{x'_{mn}} H_0 J'_m\left(\frac{x'_{mn}}{a} r\right) \cos(m\phi - \phi_0) e^{j\omega t - \gamma z} \\
H_\phi(r, \phi, z) &= \frac{r m a^2}{x'^2_{mn} r} H_0 J_m\left(\frac{x'_{mn}}{a} r\right) \sin(m\phi - \phi_0) e^{j\omega t - \gamma z} \\
H_z(r, \phi, z) &= H_0 J_m\left(\frac{x'_{mn}}{a} r\right) \cos(m\phi - \phi_0) e^{j\omega t - \gamma z}
\end{aligned}\right\} \tag{8-64}$$

2. 圆波导中的 TM 模

对于 TM 模，$E_z \neq 0$ 而 $H_z=0$。在波导壁处，电场切向分量应为零，所以必有

$$E_z \big|_{r=a} = 0$$

将式(8-61a)代入该式，得 $J_m(k_c a)=0$，$k_c a = x_{mn}$。于是

$$k_c = \frac{x_{mn}}{a} \quad \begin{pmatrix} m = 0, 1, 2, \cdots \\ n = 1, 2, 3, \cdots \end{pmatrix} \tag{8-65}$$

$$(\lambda_c)_{E_{mn}} = \frac{2\pi a}{x_{mn}} \sqrt{\mu_r \varepsilon_r} \tag{8-66}$$

表 8-4 列出了空气填充时圆波导几个 TM 模的截止波长值。

表 8-4　圆波导中 TM 模的截止波长值($\mu_r=1$, $\varepsilon_r=1$)

波型	E_{01}	E_{11}	E_{21}	E_{02}	E_{31}	E_{12}	E_{41}	E_{22}	E_{03}
λ_c	$2.613a$	$1.640a$	$1.223a$	$1.138a$	$0.986a$	$0.896a$	$0.828a$	$0.746a$	$0.726a$

将式(8-65)代入式(8-61a)，再把所得结果和 $H_z=0$ 代入式(8-6)，则圆波导中 TM 模的各分量分别为

$$\left.\begin{aligned}
E_r(r,\phi,z,t) &= -\frac{\gamma a}{x_{mn}} E_0 J'_m\left(\frac{x_{mn}}{a}r\right)\cos(m\phi-\phi_0)e^{j\omega t-\gamma z}\\
E_\phi(r,\phi,z,t) &= \frac{\gamma_m a^2}{x_{mn}^2 r} E_0 J_m\left(\frac{x_{mn}}{a}r\right)\sin(m\phi-\phi_0)e^{j\omega t-\gamma z}\\
E_z(r,\phi,z,t) &= E_0 J_m\left(\frac{x_{mn}}{a}r\right)\cos(m\phi-\phi_0)e^{j\omega t-\gamma z}\\
H_r(r,\phi,z,t) &= -\frac{j\omega\varepsilon m a^2}{x_{mn}^2 r} E_0 J_m\left(\frac{x_{mn}}{a}r\right)\sin(m\phi-\phi_0)e^{j\omega t-\gamma z}\\
H_\phi(r,\phi,z,t) &= -\frac{j\omega\varepsilon a}{x_{mn}} E_0 J'_m\left(\frac{x_{mn}}{a}r\right)\cos(m\phi-\phi_0)e^{j\omega t-\gamma z}\\
H_z(r,\phi,z,t) &= 0
\end{aligned}\right\}\qquad (8-67)$$

如果我们将式(8－63)和式(8－66)代入8.1节中的有关公式，就可得到圆波导中TE模和TM模的所有传输特性参数的计算公式。

至此，我们已得到了圆波导中所有TE模和TM模的表示式。可以看出，圆波导中满足边界条件的解有无穷多个，它包括无穷多个TE_{mn}模和无穷多个TM_{mn}模，但其中不存在TE_{m0}模和TM_{m0}模。对于TE和TM模中任何一个模式，只要工作频率高于其对应的截止频率，该模式就可以传输，因此圆波导也具有类似于高通滤波器的特性。圆波导中TE_{11}模的截止波长最长，因此它是圆波导中的主模。在圆波导中，模序数m表示角坐标ϕ从0增加到2π时场量变化的周期数，模序数n表示沿波导半径方向场量变化的半驻波个数。

圆波导中的导行波存在着极化简并和E－H简并。

极化简并：由式(8－64)和式(8－67)可知，圆波导中的TE模和TM模中，都含有因子$\cos(m\phi-\phi_0)$和$\sin(m\phi-\phi_0)$，其中ϕ_0决定了场的极化方向。由于圆波导结构具有轴对称性，故ϕ_0具有不定性。由

$$\cos(m\phi-\phi_0)=\cos\phi_0\cos m\phi+\sin\phi_0\sin m\phi$$
$$\sin(m\phi-\phi_0)=\cos\phi_0\sin m\phi-\sin\phi_0\cos m\phi$$

可知，ϕ_0的不定性实际上表示了在圆周ϕ方向上含有因子$\cos m\phi$和$\sin m\phi$两个线性无关的互相正交的独立成分。但这两个独立成分却有相同的截止波长、传输特性和完全相同的场结构。这两个独立成分是互相简并的，我们称这种简并为极化简并。考虑到圆波导中的导行波有极化简并，在式(8－64)和式(8－67)中，$\cos(m\phi-\phi_0)$可写成$\begin{pmatrix}\cos m\phi\\ \sin m\phi\end{pmatrix}$，$\sin(m\phi-\phi_0)$可写成$\begin{pmatrix}\sin m\phi\\ -\cos m\phi\end{pmatrix}$，显然只有模序数$m\neq0$的模才存在极化简并。

E－H简并：由于贝塞尔函数$-J_1(x)=J'_0(x)$，所以$x'_{0n}=x_{1n}$。TE_{0n}模与TM_{1n}模有相同的截止波长，故TE_{0n}模与TM_{1n}模简并，我们称这种简并为E－H简并。

8.3.2 圆波导中的三个常用模式

圆波导中常用的工作模式是TE_{11}、TE_{01}和TM_{01}三个模，下面分别讨论这三个模式。

1. 圆波导中的TE_{11}模

在圆波导中，TE_{11}模的$\lambda_c=3.413a\sqrt{\mu_r\varepsilon_r}$，截止波长最长，所以它是圆波导中的主模。将$m=n=1$、$x'_{11}=1.841$代入式(8－64)，则传输型$TE_{11}$模的电磁场为

$$\left.\begin{aligned}
&E_r(r,\phi,z,t)=\pm \mathrm{j}\,\frac{\omega\mu a^2}{(1.841)^2 r}H_0 J_1\left(\frac{1.841}{a}r\right)\begin{pmatrix}\sin\phi\\ \cos\phi\end{pmatrix}\mathrm{e}^{\mathrm{j}(\omega t-\beta z)}\\
&E_\phi(r,\phi,z,t)=\mathrm{j}\,\frac{\omega\mu a}{1.841}H_0 J_1'\left(\frac{1.841}{a}r\right)\begin{pmatrix}\cos\phi\\ \sin\phi\end{pmatrix}\mathrm{e}^{\mathrm{j}(\omega t-\beta z)}\\
&E_z(r,\phi,z,t)=0\\
&H_r(r,\phi,z,t)=-\mathrm{j}\,\frac{\beta a}{1.841}H_0 J_1'\left(\frac{1.841}{a}r\right)\begin{pmatrix}\cos\phi\\ \sin\phi\end{pmatrix}\mathrm{e}^{\mathrm{j}(\omega t-\beta z)}\\
&H_\phi(r,\phi,z,t)=\pm \mathrm{j}\,\frac{\beta a^2}{(1.841)^2 r}H_0 J_1\left(\frac{1.841}{a}r\right)\begin{pmatrix}\sin\phi\\ \cos\phi\end{pmatrix}\mathrm{e}^{\mathrm{j}(\omega t-\beta z)}\\
&H_z(r,\phi,z,t)=H_0 J_1\left(\frac{1.841}{a}r\right)\begin{pmatrix}\cos\phi\\ \sin\phi\end{pmatrix}\mathrm{e}^{\mathrm{j}(\omega t-\beta z)}
\end{aligned}\right\}\qquad(8-68)$$

式中 β 是 TE_{11} 模的相移常数。图 8 - 10 是其场结构图。

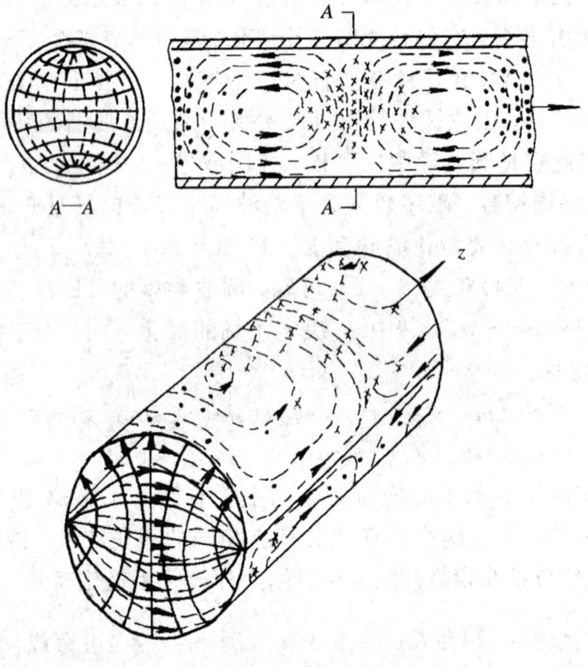

图 8 - 10　圆波导中 TE_{11} 模的电磁场分布

由于 TE_{11} 模存在极化简并，因此其极化面是不稳定的。当圆波导由于机械加工而出现不圆度时，TE_{11} 模的极化面将发生旋转而分裂成一对极化简并模，故除了用它传输圆极化波以外，一般不用它“长距离”传输电磁能量。但我们可以利用它具有极化简并的特点，制造出如极化衰减器、极化变换器和微波铁氧体环行器等有特殊用处的微波元件。

由于圆波导中的 TE_{11} 模与矩形波导中的 TE_{10} 模场分布相似，因此很容易从矩形波导的 TE_{10} 模过渡到圆波导的 TE_{11} 模，其过渡段的结构如图 8 - 11 所示。其中图 8 - 11(a)是从矩形过渡到圆形的均匀过渡段，图 8 - 11(b)是在矩形波导与圆波导之间加了若干节部分填平圆波导而构成的 $\lambda/4$ 阶梯阻抗、波型变换器。两者相比，后者易加工，不会产生极化面旋转，特别适宜于极化隔离度要求高的天馈系统。

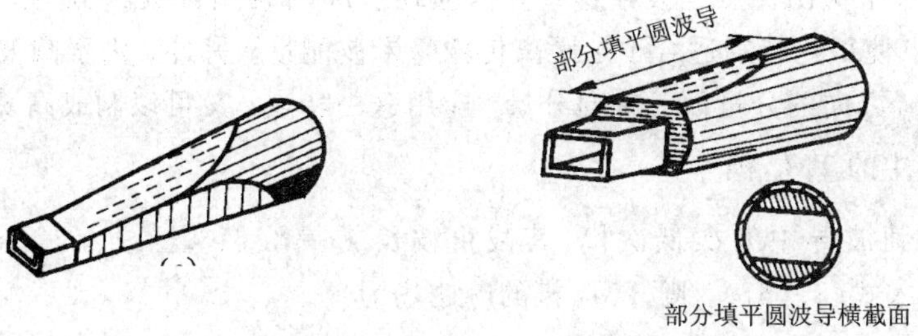

(*a*)　　(*b*)

图 8 - 11　矩形波导至圆波导过渡段

(*a*) 矩—圆内过渡段；(*b*) 多级 $\lambda/4$ 部分填充过渡段

2. 圆波导中的 TE_{01} 模

在圆波导中，TE_{01} 模是高次模，其截止波长 $\lambda_c=1.64a\sqrt{\mu_r\varepsilon_r}$。将 $m=0$、$n=1$、$x'_{01}=3.832$ 代入式(8 - 64)，则圆波导中传输型 TE_{01} 模的各场分量分别为

$$\left.\begin{aligned}
E_\phi(r,\phi,z,t)&=-\mathrm{j}\frac{\omega\mu a}{3.832}H_0J_1\left(\frac{3.832}{a}r\right)e^{\mathrm{j}(\omega t-\beta z)}\\
H_r(r,\phi,z,t)&=\mathrm{j}\frac{\beta a}{3.832}H_0J_1\left(\frac{3.832}{a}r\right)e^{\mathrm{j}(\omega t-\beta z)}\\
H_z(r,\phi,z,t)&=H_0J_0\left(\frac{3.832}{a}r\right)e^{\mathrm{j}(\omega t-\beta z)}\\
E_r&=E_z=H_\phi=0
\end{aligned}\right\}\tag{8 - 69}$$

TE_{01} 模的电磁场分布如图 8 - 12 所示。其场分布具有以下特点：电场沿 ϕ 方向都没有变化，电磁场具有轴对称性；电力线是分布在横截面上的同心圆；在 $r=a$ 处，$H_r=0$，只有 $H_z\neq0$，故在波导壁上只有沿 ϕ 方向流动的感应电流(见图 8 - 13)。

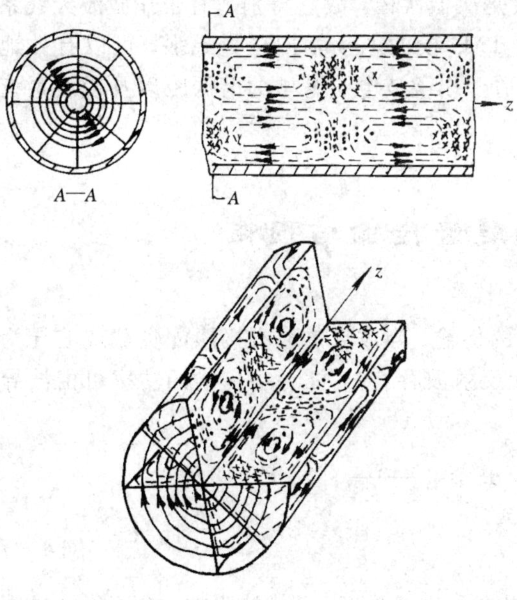

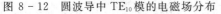

图 8 - 12　圆波导中 TE_{10} 模的电磁场分布

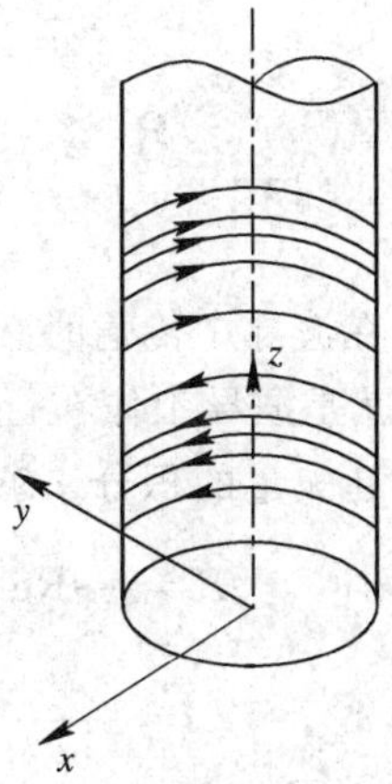

图 8 - 13　圆波导中 TE_{10} 模的壁电流

TE_{01}模的一个突出优点是波导管壁导体损耗引起的衰减常数 α_c 随频率的升高而单调下降，这一特点使得它特别适合于远距离传输毫米波能量。另外，由于圆波导中 TE_{01} 模的管壁电流只有 ϕ 方向的分量而无轴向分量，应用这一特点，又可以制成高 Q 值的谐振腔。

3. 圆波导中的 TM_{01} 模

TM_{01}模是圆波导中的次低次模，其截止波长 $\lambda_c=2.613a\sqrt{\mu_r\varepsilon_r}$。将 $m=0$、$n=1$ 和 $x_{mn}=2.405$ 代入式(8-67)，则 TM_{01} 模的电磁场为

$$\left.\begin{aligned}
E_r(r,\phi,z,t) &= \frac{j\beta a}{2.405}E_0 J_1\left(\frac{2.405}{a}r\right)e^{j(\omega t-\beta z)}\\
E_z(r,\phi,z,t) &= E_0 J_0\left(\frac{2.405}{a}r\right)e^{j(\omega t-\beta z)}\\
H_\phi(r,\phi,z,t) &= \frac{j\omega\varepsilon a}{2.405}E_0 J_1\left(\frac{2.405}{a}r\right)e^{j(\omega t-\beta z)}\\
E_\phi &= H_r = H_z = 0
\end{aligned}\right\}\tag{8-70}$$

其电磁场分布如图 8-14 所示。

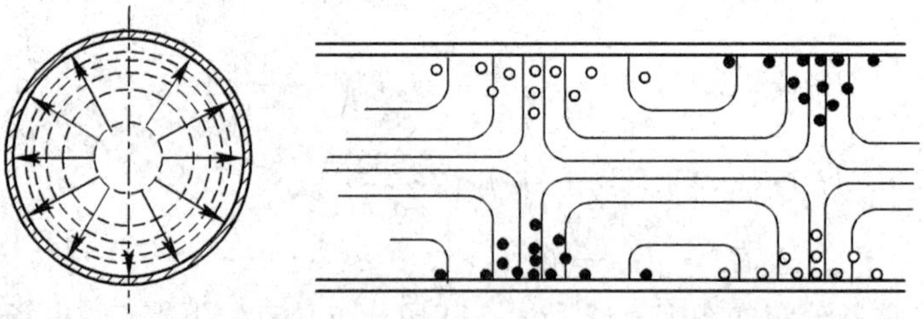

图 8-14　圆波导中 TM_{01} 模的电磁场分布

由图 8-14 可知，TM_{01} 模的场也具有轴对称性，而且在轴线附近，电场轴向分量最强。由于 TM_{01} 模的场具有轴对称性，并且又是次低次模，故它特别适宜于作微波天线系统旋转关节的工作模式。由于在波导轴线附近 TM_{01} 模的电场轴向分量最强，可以有效地和沿波导轴向运动的电子交换能量，所以它又适于作微波电子管中的谐振腔以及慢波系统中的工作模式。

8.4　波导中的能量传输与损耗

电磁波在波导中传输时必将有电磁能量的传输。当波导的终端接匹配负载或波导为无限长时，也就是波导工作在行波状态时(即无反射波存在)，波导中传输的功率可由波导横截面上坡印廷矢量的积分来求得：

$$\begin{aligned}
P &= \frac{1}{2}\mathrm{Re}\left[\int_S(\boldsymbol{E}\times\boldsymbol{H}^*)\cdot d\boldsymbol{S}\right]=\frac{1}{2|Z|}\int_S|\boldsymbol{E}_t|^2 dS\\
&= \frac{|Z|}{2}\int_S|\boldsymbol{H}_t|^2 dS
\end{aligned}\tag{8-71}$$

式中：$\boldsymbol{E}_t$ 和 $\boldsymbol{H}_t$ 分别为波导横截面上的电场强度和磁场强度；Z 为波阻抗。在矩形波导中其传输功率为

$$P = \frac{1}{2Z}\int_0^a\int_0^b(|E_x|^2 + |E_y|^2)\,\mathrm{d}x\,\mathrm{d}y \tag{8-72}$$

在圆柱形波导中其传输功率为

$$P = \frac{1}{2Z}\int_0^\pi\int_0^a(|E_r|^2 + |E_\phi|^2)r\,\mathrm{d}r\,\mathrm{d}\phi \tag{8-73}$$

8.4.1 波导的击穿功率与功率容量

对于矩形波导中的 TE_{10} 模，其横向电场只有 E_y 分量，其表示式为

$$\begin{aligned} E_y &= \frac{\omega\mu}{k_c^2}\left(\frac{\pi}{a}\right)H_0\sin\left(\frac{\pi x}{a}\right)e^{j(\omega t-\beta z)} = \frac{\omega\mu a}{\pi}H_0\sin\left(\frac{\pi x}{a}\right)e^{j(\omega t-\beta z)} \\ &= E_0\sin\left(\frac{\pi x}{a}\right)e^{j(\omega t-\beta z)} \end{aligned} \tag{8-74}$$

式中 $E_0=\omega\mu a H_0/\pi$。将式(8－74)代入式(8－72)，则在行波状态下 TE_{10} 模的传输功率为

$$P = \frac{1}{2Z_{TE_{10}}}\int_0^a\int_0^b E_0^2\sin^2\frac{\pi x}{a}\,\mathrm{d}x\,\mathrm{d}y = \frac{ab}{4\eta}E_0^2\sqrt{1-\left(\frac{\lambda}{2a}\right)^2} \tag{8-75}$$

式中 $\eta=\sqrt{\mu/\varepsilon}$为无限介质中的波阻抗。设 E_{br} 为波导中填充介质的击穿电场强度，即介质所能承受的最大电场强度，将式(8－75)中的 E_0 用 E_{br} 代替，则在行波状态下 TE_{10} 模传输的极限功率 P_{br} 为

$$P_{br} = \frac{ab}{4\eta}E_{br}^2\sqrt{1-\left(\frac{\lambda}{2a}\right)^2} \tag{8-76}$$

这也就是在行波状态下，TE_{10} 模的击穿功率。由此可以看出，在矩形波导中 TE_{10} 模的击穿功率与波导尺寸、波导中填充介质的击穿场强以及工作频率有关。显然，波导尺寸越大，填充介质的击穿场强越高，则击穿功率也就越大。图 8－15 给出了在矩形波导中击穿功率 P_{br} 与工作波长和 TE_{10} 模截止波长之比的关系曲线。由图可知，频率越高，$\lambda/\lambda_{c_{H_{10}}}$ 值越小，击穿功率越大；当频率接近 TE_{10} 模的截止频率时，击穿功率急剧下降，并趋于零；当 $\lambda/\lambda_{c_{H_{10}}}<0.5$ 时，又会出现高次模。因此，当用 TE_{10} 模传输功率时，应使工作波长在 $0.5\lambda_c<\lambda<0.9\lambda_c$ 的范围内。

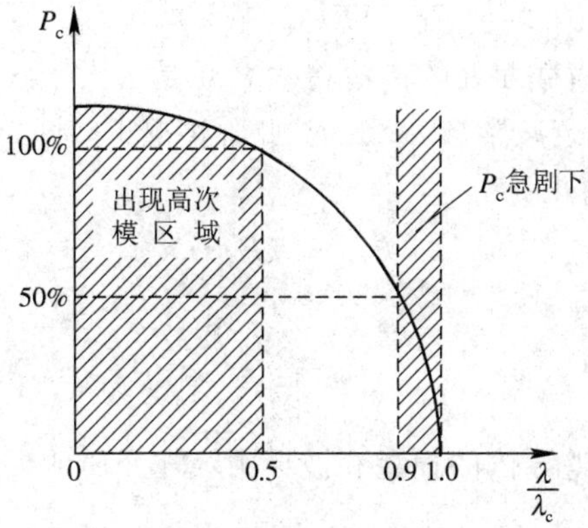

图 8－15　矩形波导功率容量与波长的关系

对于矩形波导中的其它模式，以及圆柱波导中的传输功率和击穿功率，可以仿照上述方法求出。

通过上面的分析，我们得到了在行波工作状态下 TE_{10} 模的击穿功率。在实际应用中，由于传输线终端难以完全匹配，传输线处于行驻波工作状态(而有部分反射波存在)，此时驻波系数 $\rho>1$，这时击穿功率可减小到：

$$P'_{br}=\frac{P_{br}}{\rho} \tag{8-77}$$

事实上，波导的击穿功率还与其它因素有关。如波导内表面不干净，有毛刺或出现不均匀性等等，都会使波导的击穿功率进一步降低。为使波导能安全地工作，通常把传输线允许通过的功率 P_t 规定为

$$P_t=\left(\frac{1}{3}\sim\frac{1}{5}\right)P'_{br} \tag{8-78}$$

P_t 即是波导的功率容量。

8.4.2　波导的损耗和衰减

在以上各节的分析中，都是假设波导壁是完全理想的导电面，波导中填充的介质是完全理想的无损耗介质，因此电磁波在波导中传输时，没有电磁能量的损失。电磁波在传输过程中，其振幅不变。实际上，电磁波在波导中传输时，是有功率损耗的，这种功率损耗包括波导管壁有限电导率引起的损耗和填充介质的损耗。由于电磁波在波导中传输时有功率损耗，电磁波的振幅随着传输距离的增加而逐渐衰减。

在考虑损耗的波导中，电磁波的传输常数是复数，即 $\gamma=\alpha+j\beta=\alpha+jk_z$，此时电磁波的场矢量为

$$\boldsymbol{E}(u_1,u_2,z)=[\boldsymbol{E}'(u_1,u_2)e^{-\alpha z}]e^{j(\omega t-k_z z)} \tag{8-79a}$$

$$\boldsymbol{H}(u_1,u_2,z)=[\boldsymbol{H}'(u_1,u_2)e^{-\alpha z}]e^{j(\omega t-k_z z)} \tag{8-79b}$$

式中 $\boldsymbol{E}'(u_1,u_2)e^{-\alpha z}$ 和 $\boldsymbol{H}'(u_1,u_2)e^{-\alpha z}$ 是场矢量的振幅。显然电磁波每传输一个单位距离，场矢量的振幅是原来值的 $e^{-\alpha z}$ 倍，而电磁波所携带的功率则是原来值的 $e^{-2\alpha}$ 倍。设在 z 处通过波导横截面的功率为 P，则传输一个单位距离所损耗的功率 P_L 为

$$P_L=P(1-e^{-2\alpha}) \tag{8-80}$$

在一般情况下，波导中任意横截面处的传输功率 P 总是远大于该处单位长度波导中损耗的功率 P_L，即 $P\gg P_L$，这说明衰减常数 $\alpha\ll1$。在此种情况下，将 $e^{-2\alpha}$ 展成幂级数，并取前两项作近似，则式(8-80)可简化为

$$P_L\approx2\alpha P$$

由此可得衰减常数的近似表示式为

$$\alpha=\frac{P_L}{2P} \tag{8-81}$$

因此波导的损耗包括波导内壁导体的损耗和波导中填充介质的损耗。下面分别计算与这两种损耗相对应的衰减常数。

1. 波导内壁导体损耗引起的衰减常数 α_c

若要计算 α_c，必须先计算传输功率 P 和损耗功率 P_L。由电磁场理论可知，这两部分功

率分别为

$$P=\frac{1}{2}\mathrm{Re}\left[\int_S(\boldsymbol{E}\times\boldsymbol{H}^*)\cdot\mathrm{d}\boldsymbol{S}\right] \tag{8-82}$$

$$P_L=\frac{1}{2}\mathrm{Re}\left[\int_{S_0}(\boldsymbol{E}_t\times\boldsymbol{H}_t^*)\cdot\mathrm{d}\boldsymbol{S}\right] \tag{8-83}$$

在式(8－82)中，S 是 z 处波导的横截面，微分面元矢量 $\mathrm{d}\boldsymbol{S}$ 的方向为 $+z$ 方向。在式(8－83)中，S_0 是 z 处单位长波导的侧面积，微分面元矢量 $\mathrm{d}\boldsymbol{S}$ 的方向是波导侧面内法线方向，$\boldsymbol{E}_t$ 和 $\boldsymbol{H}_t$ 是波导侧面上的电场强度和磁场强度的切向分量。由于波导壁电导率为有限值，因此上面两式中的场量均是有限导电率边界条件的亥姆霍兹方程的解。由于在有限电导率边界条件下求解亥姆霍兹方程很困难，一般按以下方法作近似的计算。

假定波导壁的非理想导电特性不改变波导中电磁场的分布，也不改变波导内壁上的磁场，仅使波导内壁处的电场产生了切向分量。此时可以用具有理想导体内壁的波导中的场来代替式（8－82）和式（8－83）中的场。用这种近似的方法所得到的结果与实验结果十分接近。

按上述方程计算，则

$$P=\frac{Z}{2}\int_S|\boldsymbol{H}_t|^2\mathrm{d}S \tag{8-84}$$

$$P_L=\frac{R_S}{2}\oint_l|\boldsymbol{H}_t|^2\mathrm{d}l \tag{8-85}$$

式中：Z 为传输模的波阻抗；R_S 为金属材料的表面电阻。将式(8－84)和式(8－85)代入式(8－81)，可得

$$\alpha_c=\frac{R_S\oint_l|\boldsymbol{H}_t|^2\mathrm{d}l}{2Z\int_S|\boldsymbol{H}_t|^2\mathrm{d}S}\quad(\mathrm{Np/m}) \tag{8-86}$$

对于矩形波导中的 TE_{10} 模，其衰减常数 α_c 的计算，可将 TE_{10} 模的磁场分量代入式(8－84) 和式(8－85)中，作积分可得

$$\begin{aligned}\oint_l|\boldsymbol{H}_t|^2\mathrm{d}l&=2\int_0^a(H_x^2+H_z^2)\,|_{y=0}\,\mathrm{d}x+2\int_0^b H_z^2\,|_{x=0}\,\mathrm{d}y\\&=aH_0^2\left[\left(\frac{ak_z}{\pi}\right)^2+1\right]+2bH_0^2\end{aligned}$$

$$\int_S|\boldsymbol{H}_t|^2\mathrm{d}S=\int_0^a\int_0^b H_x\,\mathrm{d}x\,\mathrm{d}y=\frac{ab}{2}\left(\frac{ak_z}{\pi}\right)^2H_0^2$$

因此矩形波导传输 TE_{10} 模时的衰减常数为

$$\alpha_{c_{TE_{10}}}=\frac{R_S}{b\sqrt{\dfrac{\mu}{\varepsilon}}\sqrt{1-\left(\dfrac{\lambda}{2a}\right)^2}}\cdot\left[1-\frac{2b}{a}\left(\frac{\lambda}{2a}\right)^2\right] \tag{8-87}$$

图 8－16 给出了矩形波导传输 TE_{10} 模时衰减常数 α_c 的特性曲线。由图可知，波导宽边尺寸 a 确定后，窄边尺寸 b 越大，其 α_c 越小；在截止频率附近 α_c 急剧增加，因此在使用矩形波导传输电磁波时，不能把工作频率选在截止频率附近。

仿照计算 $\alpha_{c_{TE_{10}}}$ 的办法，可以求出矩形波导传输其它模式以及圆柱波导各传输模的衰减常数。

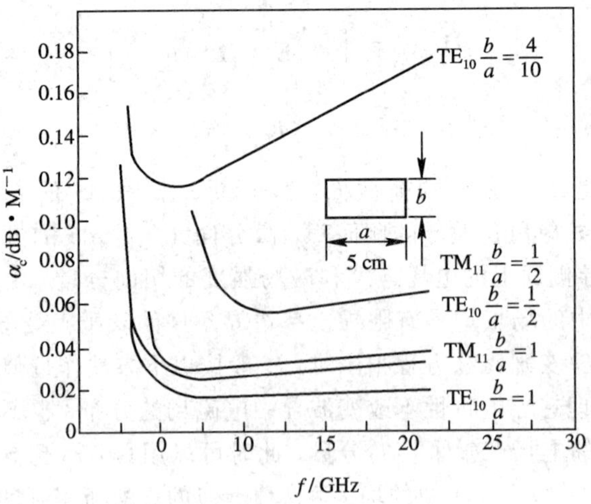

图 8 - 16　矩形波导中 TE_{10} 模的 α_c 特性曲线

2. 波导中填充介质的损耗引起的衰减常数 α_d

当波导中填充非理想介质时，介质中将损耗部分功率，使得电磁波在传输过程中衰减。波导中非理想介质引起的损耗包括两部分：一部分是由介质电导率不等于零，即 $\sigma\neq0$ 而引起的；另一部分是由介质极化阻尼而引起的。

介质电导率不为零引起的衰减常数 α_{dc} 由传输常数 γ 的表示式可以导出，其 α_{dc} 为

$$\alpha_{dc}=\frac{\sqrt{\mu_r\varepsilon_r}\,\pi\ \tan\delta_c}{\lambda\sqrt{1-\left(\frac{\lambda}{\lambda_c}\right)^2}} \tag{8-88}$$

式中 $\tan\delta_c=\frac{\sigma}{\omega\varepsilon}$ 称为导电介质损耗角正切。

介质极化阻尼损耗引起的衰减常数 α_{de} 为

$$\alpha_{de}=\frac{\sqrt{\mu_r\varepsilon_r'}\,\pi\ \tan\delta_e}{\lambda\sqrt{1-\left(\frac{\lambda}{\lambda_c}\right)^2}} \tag{8-89}$$

式中 $\tan\delta_e=\frac{\varepsilon''}{\varepsilon'}$ 称为介质损耗角正切。

以上的分析表明，对于空气填充的波导，其损耗是由波导壁有限电导率引起的，衰减系数 $\alpha=\alpha_c$；对于非理想介质填充的波导，不仅有波导壁引起的损耗，而且还有介质引起的损耗，其衰减常数 $\alpha=\alpha_c+\alpha_{dc}+\alpha_{de}$。

8.5　同　轴　线

同轴线的结构如图 8 - 17 所示，其导波装置是双导体结构，传输电磁波的主模式是 TEM 波。从场的观点看，同轴线的边界条件既能支持 TEM 波传输，也能支持 TE 波或

TM 波传输。究竟哪些波能在同轴线中传输，则取决于同轴线的尺寸和电磁波的频率。

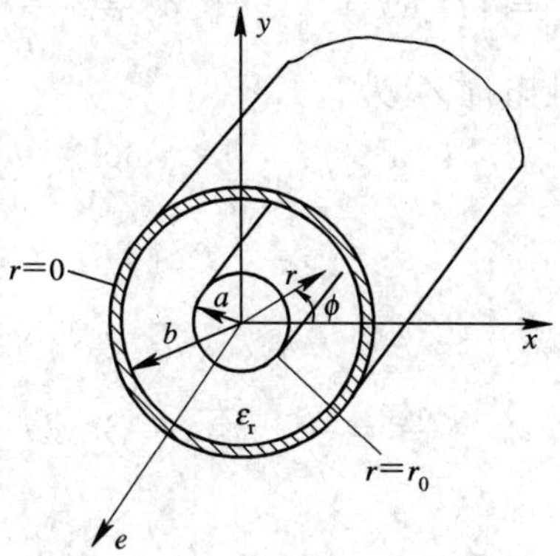

图 8-17　同轴线的结构与坐标

同轴线是一种宽频带的导波装置。当工作波长大于 10 cm 时，矩形波导和圆柱形波导就显得尺寸过大而笨重，而相应的同轴线却不大。同轴线的特点之一是可以从直流一直工作到毫米波波段，因此无论在微波整机系统、微波测量系统或微波元件中，同轴线都得到广泛的应用。

8.5.1　同轴线主模 TEM 波的性质

1. 同轴线中的场方程

求解同轴线中 TEM 波的场分量，就是在圆柱坐标系下求解横向分布函数(电位函数) $\varphi(r,\phi)$所满足的拉普拉斯方程式(8-22)，即

$$\frac{\partial^2\varphi}{\partial r^2}+\frac{1}{r}\frac{\partial\varphi}{\partial r}+\frac{1}{r^2}\frac{\partial^2\varphi}{\partial\phi^2}=0 \tag{8-90}$$

由于对称性，可认为 φ 沿坐标 ϕ 均匀分布，φ 仅是坐标 r 的函数，因此上式中对 ϕ 的偏导数应为零，式(8-90)可简化为常微分方程式：

$$r^2\frac{\mathrm{d}^2\varphi}{\mathrm{d}r^2}+r\frac{\mathrm{d}\varphi}{\mathrm{d}r}=0 \tag{8-91}$$

该方程的一般解为

$$\varphi=B_0-B_1\ln r \tag{8-92}$$

将 φ 以及式(8-22d)代入式(8-22a)，可得到同轴线中 TEM 波的横向场分量为

$$\begin{cases}E_r=\dfrac{E_0}{r}\mathrm{e}^{-\mathrm{j}\beta z}\\[2ex] H_\phi=\dfrac{E_0}{\eta r}\mathrm{e}^{-\mathrm{j}\beta z}\end{cases} \tag{8-93}$$

式中：E_0 是电场的振幅；η 是 TEM 波的波阻抗。

2. 传输参数

设同轴线内、外导体之间的电压为 $U(z)$，内导体上的轴向电流为 $I(z)$，则由式(8-93)可求得

$$U(z)=\int_a^b E_r\,\mathrm{d}r=E_0\ln\frac{b}{a}\mathrm{e}^{-\mathrm{j}\beta z} \tag{8-94}$$

$$I(z)=\oint H_\phi\,\mathrm{d}l=\int_0^{2\pi} rH_\phi\,\mathrm{d}\phi=\frac{2\pi E_0}{\eta}\mathrm{e}^{-\mathrm{j}\beta z} \tag{8-95}$$

由特性阻抗的定义可知其特性阻抗 Z_0 为

$$Z_0=\frac{U}{I}=\frac{\eta}{2\pi}\ln\frac{b}{a}=\frac{60}{\sqrt{\varepsilon_r}}\ln\frac{b}{a} \tag{8-96a}$$

其相移常数 β 和相速 v_p 分别为

$$\beta=k=\omega\sqrt{\mu\varepsilon} \tag{8-96b}$$

$$v_p=\frac{\omega}{\beta}=\frac{v_0}{\sqrt{\varepsilon_r}}\quad(v_0=\text{光速}) \tag{8-96c}$$

其波导波长(相波长)为

$$\lambda_g=\frac{2\pi}{\beta}=\frac{v_p}{f}=\frac{\lambda}{\sqrt{\varepsilon_r}} \tag{8-96d}$$

式中 ε_r 为同轴线中填充介质的相对介电常数。

3. 传输功率与衰减

设 $z=0$ 时,内、外导体之间的电压为 U_0,则从式(8-94)可得

$$E_0=\frac{U_0}{\ln\dfrac{b}{a}}$$

将上式代入式(8-93)可得

$$E_r=\frac{U_0}{\ln\dfrac{b}{a}}\frac{1}{r}\mathrm{e}^{-\mathrm{j}\beta z} \tag{8-97a}$$

$$H_\phi=\frac{U_0}{\eta\ln\dfrac{b}{a}}\frac{1}{r}\mathrm{e}^{-\mathrm{j}\beta z} \tag{8-97b}$$

将上式代入式(8-13)可得同轴线传输 TEM 波的平均功率:

$$P=\frac{1}{2\eta}\int_S|\boldsymbol{E}_t|^2=\frac{1}{2\eta}\int_a^b|\boldsymbol{E}_t|^2 2\pi r\,\mathrm{d}r=\frac{1}{2}\frac{2\pi}{\eta}\frac{|U_0|^2}{\ln\dfrac{b}{a}}=\frac{1}{2}\frac{|U_0|^2}{Z_0} \tag{8-98}$$

同轴线的功率容量 P_{br} 可按下式计算:

$$P_{br}=\frac{1}{2}\frac{|U_{br}|^2}{Z_0}$$

式中 U_{br} 为击穿电压,由击穿电场强度 E_{br} 决定。由于同轴线内电场强度在 $r=a$ 处最强,因此由式(8-97)可得 U_{br} 与 E_{br} 的关系:

$$|U_{br}|=aE_{br}\ln\frac{b}{a}$$

故功率容量的计算公式可写成

$$P_{br}=\sqrt{\varepsilon_r}\frac{a^2E_{br}^2}{120}\ln\frac{b}{a} \tag{8-99}$$

同轴线的衰减由两部分构成:一部分是由导体损耗引起的衰减,用 α_c 表示;另一部分

是由介质损耗引起的衰减，用 α_d 表示。其计算公式为

$$\alpha_c = \frac{R_S}{2\eta}\frac{\left(\frac{1}{a}+\frac{1}{b}\right)}{\ln\frac{b}{a}} \quad (\text{Np/m}) \qquad (8-100a)$$

$$\alpha_d = \frac{\pi\sqrt{\varepsilon_r}}{\lambda_0}\tan\delta \quad (\text{Np/m}) \qquad (8-100b)$$

式中：$R_S=\left(\frac{\pi f\mu}{\sigma}\right)^{1/2}$ 是导体的表面电阻；$\tan\delta$ 是同轴线中填充介质的损耗角正切。

8.5.2 同轴线中的高次模

若同轴线的尺寸与波长相比足够大时，同轴线上有可能传输 TE 波或 TM 波。因此有必要研究高阶模的场结构特点，以便在给定频率下选择合适的尺寸，保证在同轴线内可以抑制高阶模的产生，保证单模(TEM)传输。

对于同轴线内的 TE 或 TM 高阶模来说，其截止波数 k_c 所满足的方程都是超越方程，严格求解是很困难的，一般采用近似的方法得到其截止波长的近似表达式。对于 TM 波：

$$\lambda_e(E_{mn}) \approx \frac{2}{n}(b-a) \quad (n=1,2,\cdots)$$

最低波型为 TM_{01}，其截止波长 $\lambda_c(E_{01})=2(b-a)$。

当 $m\neq0$、$n=1$ 时，对于 TE 波，其截止波长为

$$\lambda_c(H_{m1}) \approx \frac{\pi(a+b)}{m} \quad (m=1,2,\cdots)$$

最低波型为 H_{11}，其截止波长为

$$\lambda_c(H_{11}) \approx \pi(a+b)$$

在 $m=0$ 时，TE_{01}模的截止波长为

$$\lambda_c(H_{01}) \approx 2(b-a)$$

8.5.3 同轴线尺寸的选择

确定同轴线尺寸时，主要考虑以下几方面的因素。

1. 保证同轴线中单模(TEM)传输

为了保证在同轴线中只传输 TEM 波，其工作波长与同轴线尺寸的关系应满足：

$$\lambda > \lambda_c(H_{11}) \approx \pi(a+b)$$

2. 保证传输电磁波能量时导体损耗最小

为了保证获得最小的导体损耗，将 α_c 表达式(8 - 100a)中的 b 保持不变，对 a 求导并令$\partial\alpha_c/\partial a=0$，可求得 α_c 取最小值时 b/a 的比值为

$$\frac{b}{a} \approx 3.59$$

此尺寸相应空气同轴线的特性阻抗约为 77 Ω。

3. 保证同轴线具有最大的功率容量

为了保证获得最大的功率容量，可将 P_{br}的表达式(8 - 99)中的 b 保持不变，对 a 求导

并令$\partial P_{br}/\partial a=0$，可求得 P_{br}取最大值时 b/a 的比值为

$$\frac{b}{a}\approx 1.65$$

此尺寸相应空气同轴线的特性阻抗约为 33 Ω。

显然，上述两种要求所对应的同轴线的特性阻抗值并不相同，因此有必要兼顾考虑。一般情况下同轴线的特性阻抗取 50 Ω 和 75 Ω 两个标准值，后者考虑的损耗小，前者兼顾了损耗与功率容量的要求。

8.6 谐 振 腔

空腔谐振器(简称谐振腔)是微波系统中的一个最基本的元件，在微波电路中起着储存电磁波的能量和选择电磁波频率的作用。谐振腔的结构形式很多，既可用传输线构成，也可用非传输线的特殊腔体构成。无论是何种结构的谐振腔，要获得对其完整的理论描述，必须从电磁场方程出发，解其满足特定边界条件的电磁场方程，所以电磁场理论是分析谐振腔的基本理论。本节主要分析谐振腔的基本特性，给出电磁场分析的一些重要的结论。

8.6.1 空腔谐振器的一般概念

在低频电路中，谐振电路是由集总元件电感 L 和电容 C 构成的。当工作频率逐渐升高时，电感 L 和电容 C 值逐渐减小，同时各种损耗如导体损耗、介质损耗和辐射损耗则不断增加，以至在微波波段，这种普通的 LC 电路就不能正常工作。这时由金属封闭的空腔谐振器和其它结构形式构成的谐振器成为微波谐振电路的主要形式。由集总参数 LC 电路向金属空腔谐振器过渡的形象化解释如图 8－18 所示。值得注意的是，一旦形成封闭腔体之后，就不能简单地认为上下底壁构成电容，侧壁构成电感。

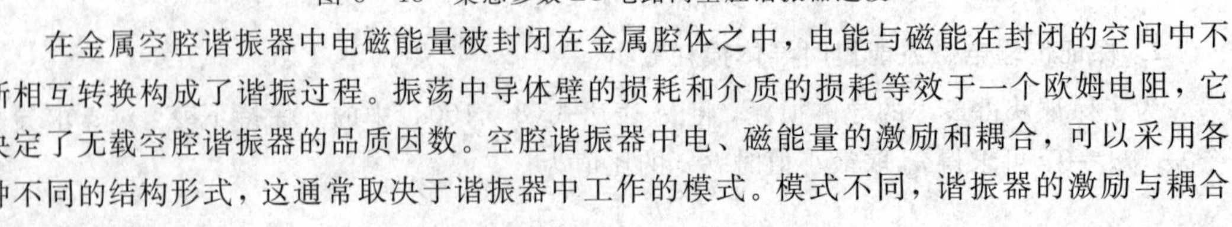

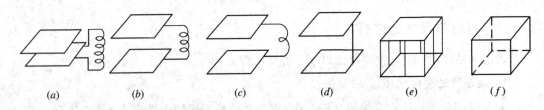

图 8－18 集总参数 LC 电路向空腔谐振器过渡

在金属空腔谐振器中电磁能量被封闭在金属腔体之中，电能与磁能在封闭的空间中不断相互转换构成了谐振过程。振荡中导体壁的损耗和介质的损耗等效于一个欧姆电阻，它决定了无载空腔谐振器的品质因数。空腔谐振器中电、磁能量的激励和耦合，可以采用各种不同的结构形式，这通常取决于谐振器中工作的模式。模式不同，谐振器的激励与耦合结构也不同。

空腔谐振器的主要特性参数有：谐振波长 λ_0(或谐振频率 f_0)；固有品质因数 Q_0；等效电导 G_0。当考虑到与外电路耦合时，还有有载品质因数 Q_L、耦合系数 β 等。在这里我们仅对谐振腔的谐振波长 λ_0 和固有品质因数 Q_0 给予定义。

1. 谐振波长 λ_0

空腔谐振器的谐振波长 λ_0 是指在空腔谐振器中工作模式的电磁场发生谐振时的波长。这时谐振器内的电场能量的时间平均值与磁场能量的时间平均值相等。谐振波长 λ_0 取决于谐振器的结构形式、尺寸大小和工作模式。$f_0=v/\lambda_0$（空气填充时，v 为自由空间的光速）称为谐振频率。

2. 固有品质因数 Q_0

品质因数 Q 是空腔谐振器的另一个重要参数，它表征了空腔谐振器的频率选择性和谐振器能量损耗，其定义为

$$Q=\omega_0\frac{\text{系统中的平均储能}}{\text{系统中每秒的能量损耗}}=\frac{\omega_0\overline{W}}{P_{\mathrm{L}}} \tag{8-101}$$

一个与外界没有耦合的孤立空腔谐振器的品质因数称为固有品质因数，以 Q_0 表示。对于孤立的空腔谐振器，式(8－101)中系统中每秒的能量损耗仅包括空腔谐振器本身的损耗，如导体损耗和介质损耗等。

从式(8－101)可知，为了计算空腔谐振器的固有品质因数 Q_0，必须计算空腔谐振器的平均储能和功率损耗。由于计算 Q_0 涉及有耗系统，而有耗空腔谐振器中的电磁场分布与无耗理想空腔谐振器中的电磁场分布是不相同的，因此严格求解空腔谐振器的 Q_0 比较复杂，在工程上常采用微扰法来作近似计算。根据微扰法，认为空腔谐振器中导体和介质的损耗并不改变谐振器中的电磁场分布，故可以用理想谐振器中的电磁场分布来计算。这对小损耗的空腔谐振器是适宜的。由于一般空腔谐振器的固有品质因数都很高，损耗很小，所以可以采用此方法。

谐振器中储存能量的时间平均值 $\overline{W}$，在计算时可以用磁场能量，也可以用电场能量表示。对于金属空腔谐振器，为了与计算功率损耗 P_{L} 统一起来，可采用磁场表示。当场量用瞬时值定义时，总储能的时间平均值为

$$\overline{W}=\frac{1}{2}\varepsilon_1\int|\boldsymbol{E}|^2\mathrm{d}V=\frac{1}{2}\mu_1\int|\boldsymbol{H}|^2\mathrm{d}V \tag{8-102}$$

式中：ε_1 为谐振器内部介质的介电常数；μ_1 为介质的磁导率；V 为谐振器的体积。对于孤立的金属空腔谐振器，其损耗主要来自导体壁的损耗，所以 P_{L} 为

$$P_{\mathrm{L}}=\frac{1}{2}\oint\!\!\oint_S|\boldsymbol{J}_S|^2R_S\,\mathrm{d}S=\frac{1}{2}R_S\oint\!\!\oint_S|\boldsymbol{H}_t|^2\mathrm{d}S \tag{8-103}$$

式中：$\boldsymbol{J}_S$ 为腔体壁的面电流密度矢量；R_S 为表面电阻率；$\boldsymbol{H}_t$ 为腔壁表面切向磁场。将式(8－102) 和式(8－103)代入式(8－101)，得

$$Q_0=\frac{\omega_0\mu_1\iiint_V|\boldsymbol{H}|^2\mathrm{d}V}{R_S\oint\!\!\oint_S|\boldsymbol{H}_t|^2\mathrm{d}S} \tag{8-104}$$

由于

$$R_S=\frac{1}{\sigma_2\delta}$$

所以式(8－104)也可以写成

$$Q_0 = \frac{2}{\delta} \frac{\iiint |\boldsymbol{H}|^2 \mathrm{d}V}{\oint |\boldsymbol{H}_t|^2 \mathrm{d}S} \tag{8-105}$$

式中 δ 为导体壁金属的集肤深度。式(8-104)和式(8-105)是计算空腔谐振器固有品质因数的一般公式。

8.6.2 矩形空腔谐振器

一个横截面尺寸为 $a\times b$ 的矩形金属波导，当在长度为 l 的两端用金属导体封闭时，就可构成一个矩形空腔谐振器。电场和磁场能量被储存在腔体内，功率损耗由腔体的金属壁与腔体内填充介质引起。谐振腔与外界的孔耦合可由腔体壁上的小孔或腔内的探针(或耦合环)来完成，其结构如图 8-19 所示。我们首先求解谐振腔在无耗情况下的谐振频率，然后用微扰法求其固有品质因数 Q_0。

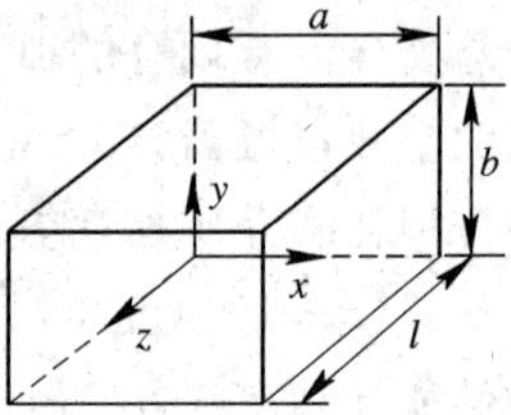

图 8-19　矩形波导谐振腔

1. 谐振频率

矩形波导谐振腔内的场分量可由入射波和反射波叠加来求得。由 8.2 节得知，在矩形波导中 TE_{mn} 模或 TM_{mn} 模的横向电场(E_x，E_y)可以写成

$$E(x, y, z) = E_0(x, y)[A^+ \mathrm{e}^{-\mathrm{j}k_z z} + A^- \mathrm{e}^{\mathrm{j}k_z z}] \tag{8-106}$$

式中：$E_0(x, y)$为该模式横向电场的横向坐标函数；A^+、A^- 分别为正向和反向行波的任意振幅系数。TE_{mn} 和 TM_{mn} 的传输系数为

$$k_z = \sqrt{k_0^2 - \left(\frac{m\pi}{a}\right)^2 - \left(\frac{n\pi}{b}\right)^2} \tag{8-107}$$

式中：$k_0=\omega\sqrt{\mu\varepsilon}$；$\mu$ 和 ε 是腔体内填充介质的磁导率和介电常数。

将 $z=0$ 处的边界条件 $E_t=0$ 代入式(8-106)，得到 $A^+=A^-$，再将 $z=l$ 处的边界条件 $E_t=0$ 代入式(8-106)，可得 $E(x, y, l)=-E_0(x, y)2\mathrm{j}A^+\sin k_z l=0$。由此可得

$$k_z = \frac{p\pi}{l} \quad (p = 1, 2, 3, \cdots)$$

这表明，谐振腔的长度必须为半波导波长的整数倍。由此得矩形波导谐振腔的谐振波数为

$$k_{mnp}^2 = \sqrt{\left(\frac{m\pi}{a}\right)^2 + \left(\frac{n\pi}{b}\right)^2 + \left(\frac{p\pi}{l}\right)^2} \tag{8-108}$$

这样与矩形波导的模式相对应，矩形谐振腔可以存在无限多个 TE_{mnp} 模和 TM_{mnp} 模，下标 m、n、p 分别表示沿 a、b、l 分布的半驻波数。TE_{mnp} 模和 TM_{mnp} 模的谐振频率为

$$f_{0mnp} = \frac{vk_{0mnp}}{2\pi} = \frac{c}{2\pi\sqrt{\mu_r\varepsilon_r}}\sqrt{\left(\frac{m\pi}{a}\right)^2 + \left(\frac{n\pi}{b}\right)^2 + \left(\frac{p\pi}{l}\right)^2} \tag{8-109}$$

式中 c 为真空中的光速。最低的谐振频率或最长的谐振波长为谐振腔的主模。矩形波导谐振腔的主模是 TE_{10p} 模，其谐振频率为

$$f_{10p} = \frac{c}{2\pi\sqrt{\mu_r\varepsilon_r}}\sqrt{\left(\frac{\pi}{a}\right)^2 + \left(\frac{p\pi}{l}\right)^2} \tag{8-110}$$

2. TE_{10p}模的固有品质因数 Q_0

实用的矩形波导谐振腔几乎都是以 TE_{10p} 模工作的，其固有品质因数 Q_0 可按式(8-105)计算。

由 8.2 节的结果和式(8-107)以及 $A^+=A^-$，可求得矩形波导腔 TE_{10p} 模的电磁场分量为

$$E_y = E_0 \sin\frac{\pi x}{a}\sin\frac{p\pi}{l}z \tag{8-111a}$$

$$H_x = -\frac{jE_0}{Z_{TE_{10}}}\sin\frac{\pi x}{a}\cos\frac{p\pi}{l}z \tag{8-111b}$$

$$H_z = \frac{j\pi E_0}{k\eta a}\cos\frac{\pi x}{a}\sin\frac{p\pi}{l}z \tag{8-111c}$$

据此可画出 TE_{101} 模的场结构如图 8-20 所示。

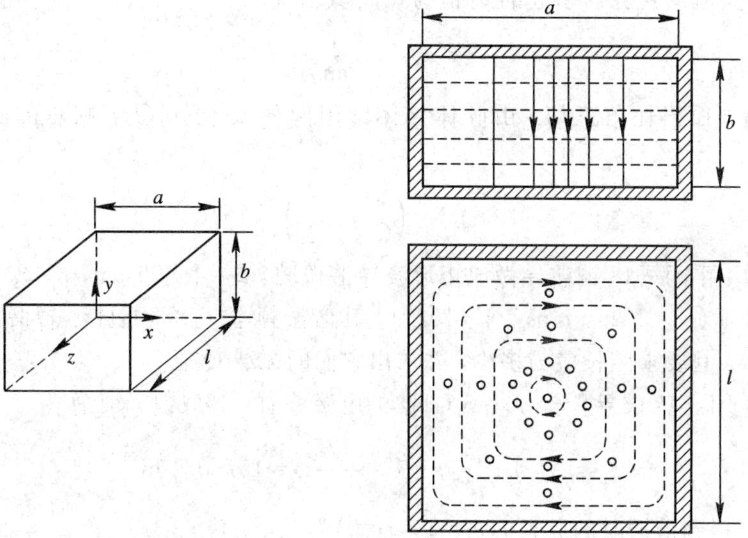

图 8-20 TE_{101} 模的场结构

TE_{10p}模的电场储能为

$$\overline{W}_e = \frac{\varepsilon}{4}\iiint_V |E_y|^2 dV = \frac{\varepsilon abl}{16}E_0^2$$

磁场的储能为

$$\begin{aligned}\overline{W}_m &= \frac{\mu}{4}\iiint_V (H_x H_z^* + H_z^* H_x) dV = \frac{\mu abl}{16}E_0^2\left(\frac{1}{Z_{TE_{10}}^2} + \frac{\pi^2}{k^2\eta^2 a^2}\right)\\ &= \frac{\varepsilon abl}{16}E_0^2\end{aligned}$$

因此有 $\overline{W}_m=\overline{W}_e$，也就是说矩形谐振腔内电场储能与磁场储能相等。这证明了我们前面讲过的结论。

对小损耗情况，我们可以采用微扰法来求腔体内壁的功率损耗。由式(8-103)知：

$$P_L = \frac{1}{2}R_S \oiint_S |\boldsymbol{H}_t|^2 dS$$

$$= \frac{R_S}{2}\{2\int_0^a\int_0^b |H_x(z=0)|^2 dx\, dy + 2\int_0^l\int_0^b |H_z(x=0)|^2 dz\, dy +$$

$$2\int_0^l\int_0^a [|H_x(y=0)|^2 + |H_z(y=0)|^2] dx\, dz\}$$

$$= \frac{R_S \lambda_0^2 E_0^2}{8\eta^2}\left(\frac{p^2 ab}{l^2} + \frac{bl}{a^2} + \frac{p^2 a}{2l} + \frac{l}{2a}\right)$$

将 $\overline{W}_e$ 和 P_L 代入式(8－101)或式(8－104)，可得矩形谐振腔 TE_{10p} 模的固有品质因数 Q_0 为

$$Q_0 = \frac{\omega_0 \overline{W}_m}{R_L} = \frac{(kal)^3 b\eta}{2\pi^2 R_S} \frac{1}{(2p^2a^3b + 2bl^3 + p^2a^3l + al^3)} \tag{8-112}$$

一般情况下，矩形波导谐振腔的填充介质为干燥的空气，介质损耗不计。若填充的介质为有耗介质，其有耗介质引起的 Q 值为 Q_d，其值为

$$Q_d = \frac{1}{\tan\delta} \tag{8-113}$$

式中，$\tan\delta$ 为介质损耗角正切。由腔体导体壁引起的 Q 值为 Q_c，则总的固有品质因数 Q_0 为

$$Q_0 = \left(\frac{1}{Q_c} + \frac{1}{Q_d}\right)^{-1} \tag{8-114}$$

例 8－1 用 BJ—48 铜波导做成矩形波导谐振腔，$a=4.775$ cm，$b=2.215$ cm，腔内填充聚乙烯介质($\varepsilon_r=2.25$，$\tan\delta=4\times10^{-4}$)，其谐振频率 $f_0=5$ GHz。若谐振模式分别为 TE_{101} 或 TE_{102}，其要求腔长应为多少，并求出它们的无载 Q 值。

解： 当用 BJ—48 波导传输 $f_0=5$ GHz 的电磁波时，其波数 k 应为

$$k = \omega\sqrt{\mu_0\varepsilon_0\varepsilon_r} = \frac{2\pi f_0\sqrt{\varepsilon_r}}{c} = 157.08 \ \text{m}^{-1}$$

由式(8－110)得到谐振时的腔长 $l(m=1,\ n=0)$ 为

$$l = \frac{p\pi}{\sqrt{k^2 - \left(\frac{\pi}{a}\right)^2}}$$

当工作在 TE_{101} 模式时，其腔长应取为

$$l = \frac{\pi}{\sqrt{(157.08)^2 - \left(\frac{\pi}{0.04775}\right)^2}} = 2.204 \text{ cm}$$

当工作在 TE_{102} 模式时，其腔长应取为

$$l = \frac{2\pi}{\sqrt{(157.08)^2 - \left(\frac{\pi}{0.04775}\right)^2}} = 4.409 \text{ cm}$$

铜的导电率 $\sigma=5.813\times10^7$ S/m，则表面电阻为

$$R_S = \sqrt{\frac{\omega\mu_0}{2\sigma}} = 1.84\times10^{-2}\ \Omega$$

而

$$\eta = \frac{377}{\sqrt{\varepsilon_r}} = 251.3\ \Omega$$

于是可根据式(8 - 112)计算导体损耗的 Q 值。对于 TE_{101} 模式：

$$Q_c = 3380$$

对于 TE_{102} 模式：

$$Q_c = 3864$$

根据式(8 - 113)计算介质损耗的 Q 值。对于 TE_{101} 模和 TE_{102} 模式其介质损耗的 Q 值为

$$Q_d = \frac{1}{\tan\delta} = 2500$$

根据式(8 - 114)计算总的无载 Q 值。对于 TE_{101} 模式：

$$Q_0 = \left(\frac{1}{Q_c} + \frac{1}{Q_d}\right)^{-1} = 1437$$

对于 TE_{102} 模式：

$$Q_0 = \left(\frac{1}{Q_c} + \frac{1}{Q_d}\right)^{-1} = 1518$$

计算结果表明，介质损耗对 Q 值有着重要的影响。因此要求高 Q 值谐振腔时，一般采用空气填充的谐振腔。

8.6.3 圆柱形谐振腔

圆柱形谐振腔是由一段长度为 l 两端短路的圆波导构成的，如图 8 - 21 所示。实用的圆柱形谐振腔常用作微波波长计，其顶端做成可调短路活塞，通过调节其长度可对不同频率调谐。谐振腔通过小孔或耦合环与外界耦合。

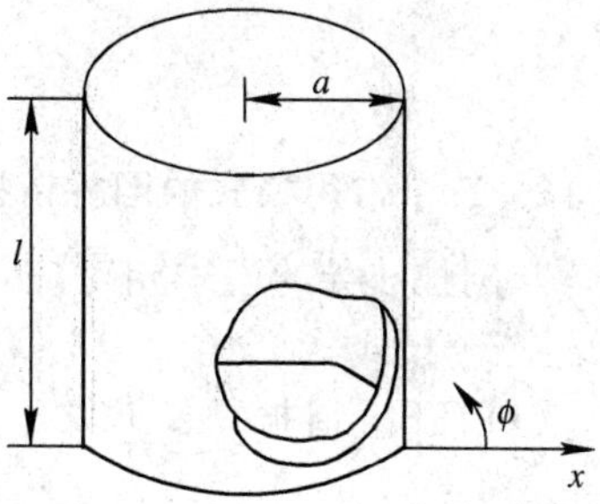

图 8 - 21 圆柱形波导谐振腔

1. 谐振频率

圆柱形谐振腔中振荡模式的电磁场分量可用圆柱波导的解并考虑反射波而得到。其纵向场分量可以写成如下形式。

对于 TE 模：

$$H_z = A_{mn} J_m(k_c r) \cos m\phi [c_1 \cos(k_z z) + c_2 \sin(k_z z)] \tag{8 - 115}$$

式中，$k_c = x'_{mn}/a$，x'_{mn} 是第一类 m 阶贝塞尔函数导数的第 n 个根。利用边界条件 $z=0$ 和 $z=l$ 处 $H_z=0$，可得

$$c_1 = 0,\ k_{zmn} = \frac{p\pi}{l} \quad (p = 0, 1, 2, \cdots)$$

对于 TM 模，其纵向场分量为

$$E_z = A'_{mn} J_m(k_c r) \cos m\phi [c_1 \cos(k_z z) + c_2 \sin(k_z z)] \tag{8 - 116}$$

采用与 TE 模同样的方法可以确定：

$$c_2 = 0,\ k_{zmn} = \frac{p\pi}{l} \quad (p = 0, 1, 2, \cdots)$$

在 8.3 节中，已经给出：

$$k_{zmn} = \sqrt{k_0^2 - \left(\frac{x'_{mn}}{a}\right)^2} \qquad (\text{TE 模})$$

$$k_{zmn} = \sqrt{k_0^2 - \left(\frac{x_{mn}}{a}\right)^2} \qquad (\text{TM 模})$$

在谐振腔中，有

$$k_{zmn} = \frac{p\pi}{l}$$

所以谐振腔波数应为

$$\begin{cases} k_0 = \sqrt{k_{zmn}^2 + \left(\dfrac{x'_{mn}}{a}\right)^2} & (\text{TE 模}) \\ k_0 = \sqrt{k_{zmn}^2 + \left(\dfrac{x_{mn}}{a}\right)^2} & (\text{TM 模}) \end{cases} \tag{8-117}$$

由此可以看出，谐振时圆柱谐振腔可以存在无穷多个 TE 模和 TM 模，记为 TE_{mnp} 模和 TM_{mnp} 模，下标 p 表示场沿 z 方向分布的半波数。

由式(8-117)可以求出圆柱谐振腔的谐振频率应为

$$f_{mnp} = \frac{c}{2\pi\sqrt{\mu_r\varepsilon_r}}\sqrt{\left(\frac{x'_{mn}}{a}\right)^2 + \left(\frac{p\pi}{l}\right)^2} \quad (\text{TE}_{mnp}\ \text{模}) \tag{8-118a}$$

$$f_{mnp} = \frac{c}{2\pi\sqrt{\mu_r\varepsilon_r}}\sqrt{\left(\frac{x_{mn}}{a}\right)^2 + \left(\frac{p\pi}{l}\right)^2} \quad (\text{TM}_{mnp}\ \text{模}) \tag{8-118b}$$

2. 三个常用模式的圆柱谐振腔

与圆柱波导的模式相对应，在圆柱波导谐振腔模式中，较实用的是 TE_{111}、TM_{010} 和 TE_{011} 三个模式。

(1) TE_{111} 谐振模：工作于 TE_{111} 模的圆柱形谐振腔场结构如图 8-22(a)所示。将 $m=1$、$n=1$、$p=1$ 代入式(8-118a)，谐振腔中填充空气，其谐振频率为

$$f_{\text{TE}_{111}} = \frac{c}{2\pi}\sqrt{\left(\frac{1.841}{a}\right)^2 + \left(\frac{\pi}{l}\right)^2}$$

谐振腔波长为

$$\lambda_0(\text{TE}_{111}) = \frac{1}{\sqrt{\left(\dfrac{1}{3.41a}\right)^2 + \left(\dfrac{1}{2l}\right)^2}}$$

由谐振频率或谐振波长的表达式可以看出，谐振频率与谐振腔长度 l 有关，因此可以采用短路活塞来调节长度从而进行调谐。当 $l>2.1a$ 时，此模式是圆柱形谐振腔主模，故单模工作的频率较宽，但容易出现极化简并现象，使其应用受到一定限制。

工作于 TE_{111} 模的圆柱形谐振腔的无载 Q 值为

$$Q_0 = \frac{\lambda_0}{\delta}\,\frac{1.03\left[0.343 - \left(\dfrac{R}{l}\right)^2\right]}{1 + 5.82\left(\dfrac{a}{l}\right)^2 + 0.86\left(\dfrac{a}{l}\right)^2\left(1 - \dfrac{R}{l}\right)}$$

式中 δ 为金属导体的集肤深度。

(2) TM_{010} 模式：当 $l<2.1a$ 时，TM_{010} 模式是圆柱形谐振腔的主模，其谐振频率和谐振波长为

$$f_0(TM_{010})=\frac{2.405c}{2\pi a}$$

$$\lambda_0(TM_{010})=2.62a$$

由上述公式可见，谐振频率与腔长 l 无关，因此不能采用短路活塞进行调谐。由于 TM_{010} 模式的电场与磁场分别集中在中心轴和圆柱壁附近，因此 TM_{010} 模式圆柱谐振腔常用于介质参数测量的微扰腔。其场结构如图 8－22(*b*)所示。

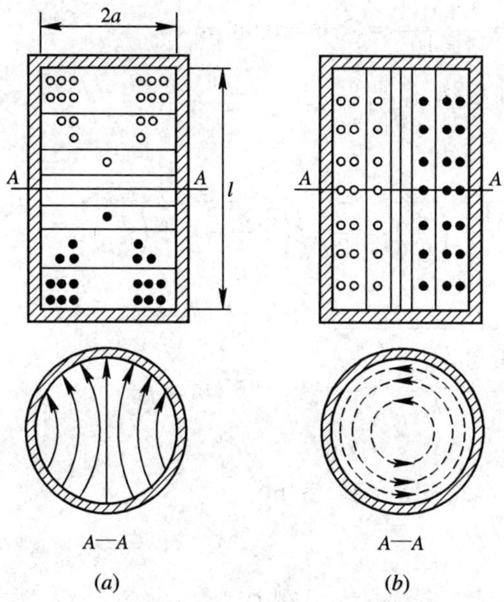

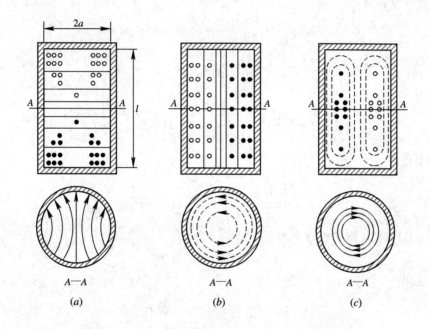

图 8－22 圆柱谐振腔三个常用模式的场结构

(*a*) TE_{111} 模；(*b*) TM_{010} 模；(*c*) TE_{011} 模

圆柱谐振腔 TM_{010} 模式的无载 Q 值为

$$Q_0=\frac{\lambda_0}{\delta}\frac{2.405}{2\pi\left(1+\frac{a}{l}\right)}$$

若取 $a/l=1$，$\lambda_0=3$ cm 及 $\delta=0.66\times10^{-4}$ cm，其无载 Q 值就为 8600。

(3) TE_{011} 模式：工作于 TE_{011} 模式的圆柱形谐振腔的谐振频率和谐振波长为

$$f_0(TE_{011})=\frac{c}{2\pi}\sqrt{\left(\frac{3.832}{a}\right)^2+\left(\frac{\pi}{l}\right)^2}$$

$$\lambda_0(TE_{011})=\frac{1}{\sqrt{\left(\frac{1}{1.64a}\right)^2+\left(\frac{1}{2l}\right)^2}}$$

由上述公式可见谐振频率与腔长 l 有关，可采用短路活塞调节长度 l 来进行调谐。其场结构如图 8－22(*c*)所示。

TE_{011} 模在圆柱形谐振腔中虽不是最低模式，但它的无载 Q 值最高，是 TE_{111} 模圆柱形谐振腔 Q 值的两倍到三倍，因此这种模式适用于作为高精度的稳频腔和波长计的工作模式。其 Q 值为

$$Q_0=\frac{\lambda_0}{\delta}\frac{0.336\left[1.49+\left(\frac{a}{l}\right)^2\right]^{\frac{3}{2}}}{1+1.34\left(\frac{R}{l}\right)^3}$$

例 8-2 直径 $d=2a=l$ 的铜制 TE_{011} 模式圆柱形谐振腔，腔内填充空气，谐振频率为 5 GHz，求谐振腔尺寸与 Q 值。

解： 谐振波长为

$$\lambda_0=\frac{c}{f_0}=\frac{3\times10^{10}}{5\times10^9}=6\ \text{cm}=0.06\ \text{m}$$

$$k=\frac{2\pi}{\lambda_0}=104.7\ \text{m}^{-1}$$

谐振频率为

$$f_0=\frac{c}{2\pi}\sqrt{\left(\frac{3.832}{a}\right)^2+\left(\frac{\pi}{l}\right)^2}=\frac{c}{2\pi}\sqrt{\left(\frac{3.832}{a}\right)^2+\left(\frac{\pi}{2a}\right)^2}$$

于是腔体半径为

$$a=\frac{\sqrt{(3.832)^2+\left(\frac{\pi}{2}\right)^2}}{k}=3.96\ \text{cm}$$

在频率为 5 GHz 时，铜的电导率为

$$\sigma=5.813\times10^7\ \text{S/m}$$

所以表面电阻为

$$R_S=\sqrt{\frac{\omega\mu_0}{2\sigma}}=0.0184\ \Omega$$

集肤深度为

$$\delta=\sqrt{\frac{2}{\omega\mu_0\sigma}}=0.093\ 35\times10^{-5}\ \text{m}$$

TE_{011} 圆柱形谐振腔的 Q 值为

$$Q_0=42\ 400$$

与例 8-1 工作在相同频率的 TE_{101} 模式的矩形谐振腔的 Q 值 3380 相比，可见 TE_{011} 模圆柱形谐振腔的 Q 值高得多。

小　结

(1) 不同的导波装置可以传输不同模式的电磁波。TEM 波模式只能存在于多导体传输系统中，其场的求解可看成二维静止场问题的求解，即将横向电场 $\boldsymbol{E}_t$ 用标量位 $\varphi(u_1, u_2)$ 的横向梯度表示。求解标量位 $\varphi(u_1, u_2)$ 满足的二维拉普拉斯方程，就可以求出各横向场的

表示式。在波导中不能传输TEM波，只能传输TM波或TE波。

(2) TEM波不存在截止频率，而TM波和TE波存在截止频率。其截止频率 f_c 和截止波长 λ_c 为

$$f_c = \frac{k_c}{2\pi\sqrt{\mu\varepsilon}},\quad \lambda_c = \frac{v}{f_c} = \frac{2\pi}{k_c}$$

在理想导波装置中的波导波长 λ_g、相速 v_p 及群速 v_g 为

$$\lambda_g = \frac{\lambda}{\sqrt{1-\left(\frac{\lambda}{\lambda_c}\right)^2}},\quad v_p = \frac{v}{\sqrt{1-\left(\frac{\lambda}{\lambda_c}\right)^2}},\quad v_g = \sqrt{1-\left(\frac{\lambda}{\lambda_c}\right)^2}\,v$$

在理想导波装置中，TEM波的波阻抗 Z_{TEM}、TM波的波阻抗 Z_{TM} 及TE波的波阻抗 Z_{TE} 为

$$Z_{TEM} = \eta = \sqrt{\frac{\mu}{\varepsilon}},\quad Z_{TM} = \frac{\beta}{\omega\varepsilon} = \eta\sqrt{1-\left(\frac{\lambda}{\lambda_c}\right)^2},\quad Z_{TE} = \frac{\omega\mu}{\beta} = \frac{\eta}{\sqrt{1-\left(\frac{\lambda}{\lambda_c}\right)^2}}$$

(3) 在矩形波导中，其截止波数 k_c、截止波长 λ_c 为

$$k_c = \sqrt{\left(\frac{m\pi}{a}\right)^2 + \left(\frac{n\pi}{b}\right)^2},\quad \lambda_c = \frac{2}{\sqrt{\left(\frac{m}{a}\right)^2 + \left(\frac{n}{b}\right)^2}}$$

TE_{10} 波的 λ_g、v_p、v_g 为

$$\lambda_g = \frac{\lambda}{\sqrt{1-\left(\frac{\lambda}{2a}\right)^2}},\quad v_p = \frac{v}{\sqrt{1-\left(\frac{\lambda}{2a}\right)^2}},\quad v_g = \sqrt{1-\left(\frac{\lambda}{2a}\right)^2}$$

(4) 在矩形波导中 TE_{10} 波具有最小衰减，在圆柱形波导中 TE_{11} 波具有最小衰减。当频率升高时，圆柱形波导中的 TE_{01} 波的衰减减小，圆柱形波导 TE_{01} 波的这一特点使它特别适合于远距离传输。

(5) 同轴线是传输TEM波的导波装置，其特性阻抗 Z_0 为

$$Z_0 = \frac{60}{\sqrt{\varepsilon_r}}\ln\frac{b}{a}$$

它可以用场理论进行分析，也可以用路理论进行分析。后者较为简单，可认为是场理论在特定条件下的一种近似处理方法。

(6) 谐振腔是频率很高时采用的谐振电路。谐振腔内可以有无限个谐振模式，每一种模式对应一个谐振频率。谐振腔的 Q 值比较高。

习 题 八

8-1 什么叫截止波长？为什么只有 $\lambda<\lambda_c$ 的波才能在波导中传输？

8-2 何谓工作波长、截止波长和波导波长？它们有何区别和联系？

8-3 何谓相速和群速？为什么空气填充波导中波的相速大于光速，群速小于光速？

8－4 如图所示，两块无限大金属板，相距为 a，已知其中沿 z 方向电磁场分量为

$$H_z = H_{zm}(A\cos k_x x + B\sin k_x x)e^{-j\beta z}$$

$$E_z = 0$$

(1) 求其余各场分量，说明该系统传什么波，其截止波长为多少？

(2) 画出金属板上传导电流分布。

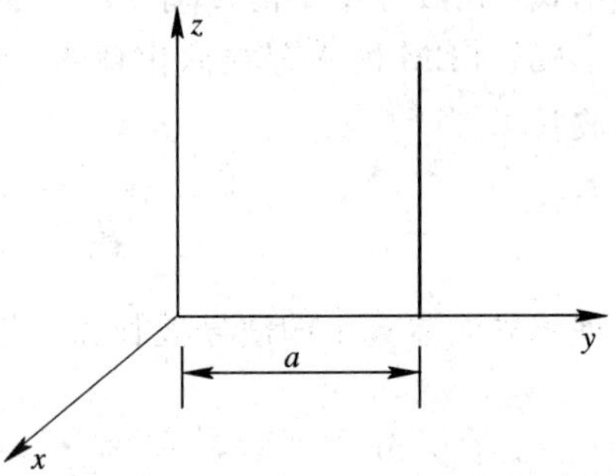

习题 8－4 图

8－5 何谓波导的色散特性？波导为什么存在色散特性？

8－6 矩形波导中波型指数 m 和 n 的物理意义如何？矩形波导中波型的场结构的规律怎样？

8－7 矩形波导中的 v_p、v_g、λ_c 和 λ_g 有何区别与联系？它们与哪些因素有关？

8－8 今用 BJ—32(72.14 mm×34.04 mm)作为馈线：

(1) 当工作波长为 6 cm 时，波导中能传输哪些波型？

(2) 今测得波导中传输 H_{10} 模时两波节点的距离为 10.9 cm，求 λ_g 和 λ。

(3) 在波导中传输 H_{10} 模时，$\lambda_0=10$ cm，求 v_p、v_g、λ_c 和 λ_g。

8－9 用 BJ—100(22.86 mm×10.16 mm)作馈线时，其工作频率为 10 GHz：

(1) 求 λ_c、λ_g、β 和 Z。

(2) 若波导宽边尺寸增大一倍，问上述参数将如何变化？

(3) 若波导窄边尺寸增大一倍，问上述参数将如何变化？

(4) 若波导尺寸不变，工作频率为 15 GHz，上述参数又将如何变化？

8－10 圆柱形波导中的波型指数 m 和 n 的意义如何？为什么不存在 $n=0$ 的波型？圆波导中波型场结构的规律如何？

8－11 圆波导中 H_{11}、H_{01} 和 E_{01} 模的特点是什么？有何应用？

8－12 何谓波导的简并？矩形波导和圆波导中的简并有何异同？

8－13 一空气填充的圆波导中传输 H_{01} 模，已知 $\lambda/\lambda_c=0.9$，$f_0=5$ GHz。

(1) 求 λ_g 和 β。

(2) 若波导半径扩大一倍，β 将如何变化？

8－14 在矩形波导中传输 H_{10} 模，求填充介质(介电常数为 ε)时的截止波长和波导波长。在圆柱形波导中传输最低模式，若波导填充介质(介电常数为 ε)，λ_c 和 λ_g 将如何变化？

8－15 有两个矩形空腔谐振器，工作模式都是 H_{101}，谐振波长分别为 $\lambda_0=3$ cm 和 $\lambda_0=10$ cm，试问哪一个空腔的尺寸大？为什么？

8－16 用一矩形波导设计一个空腔谐振器，要求当 $\lambda_0=10$ cm 时对 H_{101} 模式谐振，当 $\lambda_0=5$ cm 时对 H_{103} 模式谐振，求此空腔谐振器的尺寸。

8－17 用 BJ—58 铜制标准波导制成矩形空腔谐振器波长计，工作模式为 H_{101}，调谐范围为 4.64～7.05 GHz，求此空腔谐振器调谐长度及固有品质因数的变化范围。

8－18 有一半径为 5 cm、长度为 10 cm 的圆柱形空腔谐振器，试求其最低振荡模式的谐振频率和 Q 值。

附录一　重要的矢量公式

1. 矢量恒等式

$$\boldsymbol{A}\cdot(\boldsymbol{B}\times\boldsymbol{C})=\boldsymbol{B}\cdot(\boldsymbol{C}\times\boldsymbol{A})=\boldsymbol{C}\cdot(\boldsymbol{A}\times\boldsymbol{B}) \tag{A1.1}$$

$$\boldsymbol{A}\times(\boldsymbol{B}\times\boldsymbol{C})=(\boldsymbol{A}\cdot\boldsymbol{C})\boldsymbol{B}-(\boldsymbol{A}\cdot\boldsymbol{B})\boldsymbol{C} \tag{A1.2}$$

$$\nabla(\varphi\Psi)=\varphi\nabla\Psi+\Psi\nabla\varphi \tag{A1.3}$$

$$\nabla\cdot(\Psi\boldsymbol{A})=\boldsymbol{A}\cdot\nabla\Psi+\Psi\nabla\cdot\boldsymbol{A} \tag{A1.4}$$

$$\nabla\times(\Psi\boldsymbol{A})=\nabla\Psi\times\boldsymbol{A}+\Psi\nabla\times\boldsymbol{A} \tag{A1.5}$$

$$\nabla(\boldsymbol{A}\cdot\boldsymbol{B})=(\boldsymbol{A}\cdot\nabla)\boldsymbol{B}+(\boldsymbol{B}\cdot\nabla)\boldsymbol{A}+\boldsymbol{A}\times(\nabla\times\boldsymbol{B})+\boldsymbol{B}\times(\nabla\times\boldsymbol{A}) \tag{A1.6}$$

$$\nabla\cdot(\boldsymbol{A}\times\boldsymbol{B})=\boldsymbol{B}\cdot\nabla\times\boldsymbol{A}-\boldsymbol{A}\cdot\nabla\times\boldsymbol{B} \tag{A1.7}$$

$$\nabla\times(\boldsymbol{A}\times\boldsymbol{B})=\boldsymbol{A}\nabla\cdot\boldsymbol{B}-\boldsymbol{B}\nabla\cdot\boldsymbol{A}+(\boldsymbol{B}\cdot\nabla)\boldsymbol{A}-(\boldsymbol{A}\cdot\nabla)\boldsymbol{B}$$

$$\nabla\cdot\nabla\Psi=\nabla^2\Psi \tag{A1.8}$$

$$\nabla\times\nabla\Psi=\boldsymbol{0} \tag{A1.9}$$

$$\nabla\cdot\nabla\times\boldsymbol{A}=0 \tag{A1.10}$$

$$\nabla\times\nabla\times\boldsymbol{A}=\nabla(\nabla\cdot\boldsymbol{A})-\nabla^2\boldsymbol{A} \tag{A1.11}$$

$$\int_\tau\nabla\cdot\boldsymbol{A}\mathrm{d}\tau=\oint_S\boldsymbol{A}\cdot\mathrm{d}\boldsymbol{S} \tag{A1.12}$$

$$\int_S\nabla\times\boldsymbol{A}\cdot\mathrm{d}\boldsymbol{S}=\oint_C\boldsymbol{A}\cdot\mathrm{d}\boldsymbol{l} \tag{A1.13}$$

$$\int_\tau\nabla\times\boldsymbol{A}\mathrm{d}\tau=\oint_S(\boldsymbol{n}\times\boldsymbol{A})\mathrm{d}S \tag{A1.14}$$

$$\int_\tau\nabla\Psi\mathrm{d}\tau=\oint_S\Psi\boldsymbol{n}\mathrm{d}S \tag{A1.15}$$

$$\int_S\boldsymbol{n}\times\nabla\Psi\mathrm{d}S=\oint_C\Psi\mathrm{d}\boldsymbol{l} \tag{A1.16}$$

2. 三种坐标系内梯度、散度、旋度和拉普拉斯运算

1）直角坐标

$$\nabla\Psi=\boldsymbol{e}_x\frac{\partial\Psi}{\partial x}+\boldsymbol{e}_y\frac{\partial\Psi}{\partial y}+\boldsymbol{e}_z\frac{\partial\Psi}{\partial z} \tag{A1.17}$$

$$\nabla\cdot\boldsymbol{A}=\frac{\partial A_x}{\partial x}+\frac{\partial A_y}{\partial y}+\frac{\partial A_z}{\partial z} \tag{A1.18}$$

$$\nabla \times \boldsymbol{A} = \begin{vmatrix} \boldsymbol{e}_x & \boldsymbol{e}_y & \boldsymbol{e}_x \\ \dfrac{\partial}{\partial x} & \dfrac{\partial}{\partial y} & \dfrac{\partial}{\partial z} \\ A_x & A_y & A_z \end{vmatrix} \tag{A1.19}$$

$$\nabla^2 \Psi = \frac{\partial^2 \Psi}{\partial x^2} + \frac{\partial^2 \Psi}{\partial y^2} + \frac{\partial^2 \Psi}{\partial z^2} \tag{A1.20}$$

2) 圆柱坐标

$$\nabla \Psi = \boldsymbol{e}_r \frac{\partial \Psi}{\partial r} + \frac{\boldsymbol{e}_\varphi}{r} \frac{\partial \Psi}{\partial \varphi} + \boldsymbol{e}_z \frac{\partial \Psi}{\partial z} \tag{A1.21}$$

$$\nabla \cdot \boldsymbol{A} = \frac{1}{r} \frac{\partial}{\partial r}(rA_r) + \frac{1}{r}\left(\frac{\partial A_\varphi}{\partial \varphi}\right) + \frac{\partial A_z}{\partial z} \tag{A1.22}$$

$$\nabla \times \boldsymbol{A} = \begin{vmatrix} \dfrac{\boldsymbol{e}_r}{r} & \boldsymbol{e}_\varphi & \dfrac{\boldsymbol{e}_z}{r} \\ \dfrac{\partial}{\partial r} & \dfrac{\partial}{\partial \varphi} & \dfrac{\partial}{\partial z} \\ A_r & rA_\varphi & A_z \end{vmatrix} \tag{A1.23}$$

$$\nabla^2 \Psi = \frac{1}{r} \frac{\partial}{\partial r}\left(r \frac{\partial \Psi}{\partial r}\right) + \frac{1}{r^2}\left(\frac{\partial^2 \Psi}{\partial \varphi^2}\right) + \frac{\partial^2 \Psi}{\partial z^2} \tag{A1.24}$$

3) 球坐标

$$\nabla \Psi = \boldsymbol{e}_r \frac{\partial \Psi}{\partial r} + \frac{\boldsymbol{e}_\theta}{r}\left(\frac{\partial \Psi}{\partial \theta}\right) + \frac{\boldsymbol{e}_\varphi}{r \sin\theta}\left(\frac{\partial \Psi}{\partial \varphi}\right) \tag{A1.25}$$

$$\nabla \cdot \boldsymbol{A} = \frac{1}{r^2} \frac{\partial}{\partial r}(r^2 A_r) + \frac{1}{r \sin\theta} \frac{\partial}{\partial \theta}(\sin\theta A_\theta) + \frac{1}{r \sin\theta}\left(\frac{\partial A_\varphi}{\partial \varphi}\right) \tag{A1.26}$$

$$\nabla \times \boldsymbol{A} = \begin{vmatrix} \dfrac{\boldsymbol{e}_r}{r^2 \sin\theta} & \dfrac{\boldsymbol{e}_\theta}{r \sin\theta} & \dfrac{\boldsymbol{e}_\varphi}{r} \\ \dfrac{\partial}{\partial r} & \dfrac{\partial}{\partial \theta} & \dfrac{\partial}{\partial \varphi} \\ A_r & rA_\theta & r \sin\theta\, A_\varphi \end{vmatrix} \tag{A1.27}$$

$$\nabla^2 \Psi = \frac{1}{r^2} \frac{\partial}{\partial r}\left(r^2 \frac{\partial \Psi}{\partial r}\right) + \frac{1}{r^2 \sin\theta} \frac{\partial}{\partial \theta}\left(\sin\theta \frac{\partial \Psi}{\partial \theta}\right) + \frac{1}{r^2 \sin^2\theta} \frac{\partial^2 \Psi}{\partial \varphi^2} \tag{A1.28}$$

3. 格林定理

1) 格林第一定理

$$\int_V (\varphi \nabla^2 \Psi + \nabla \Psi \cdot \nabla \varphi) \mathrm{d}V = \oint_S (\varphi \nabla \Psi) \cdot \mathrm{d}\boldsymbol{S} = \oint_S \varphi \frac{\partial \Psi}{\partial n} \mathrm{d}S$$

式中 S 是包围体积 V 的封闭曲面，$\mathrm{d}\boldsymbol{S}$ 的方向是封闭曲面外法线方向。此式对于在体积 V 内具有连续二阶偏导数的标量函数 φ 和 Ψ 都成立。

2) 格林第二定理

$$\int_V (\varphi \nabla^2 \Psi - \Psi \nabla^2 \varphi) \mathrm{d}V = \oint_S (\varphi \nabla \Psi - \Psi \nabla \varphi) \cdot \mathrm{d}\boldsymbol{S} = \oint_S \left(\varphi \frac{\partial \Psi}{\partial n} - \Psi \frac{\partial \varphi}{\partial n}\right) \mathrm{d}S$$

式中 S、$\mathrm{d}\boldsymbol{S}$ 以及 φ、Ψ 的含义和条件与格林第一定理相同。

附录二　常用数学公式

1. 三角函数

和差

$\sin(\alpha\pm\beta)=\sin\alpha\ \cos\beta\pm\cos\alpha\ \sin\beta$

$\cos(\alpha\pm\beta)=\cos\alpha\ \cos\beta\mp\sin\alpha\ \sin\beta$

$\tan(\alpha\pm\beta)=\dfrac{\tan\alpha\pm\tan\beta}{1\mp\tan\alpha\ \tan\beta}$

$1+\tan^2\alpha=\sec^2\alpha$，$1+\cot^2\alpha=\csc^2\alpha$

$\sin^2\alpha+\cos^2\alpha=1$，$e^{\pm j\alpha}=\cos\alpha\pm j\ \sin\alpha$

$(\cos\alpha\pm j\ \sin\alpha)^n=\cos n\alpha\pm j\ \sin n\alpha$

和差化积

$\sin\alpha\pm\sin\beta=2\ \sin\dfrac{\alpha\pm\beta}{2}\cos\dfrac{\alpha\mp\beta}{2}$

$\cos\alpha+\cos\beta=2\ \cos\dfrac{\alpha+\beta}{2}\cos\dfrac{\alpha-\beta}{2}$

$\cos\alpha-\sin\beta=-2\ \sin\dfrac{\alpha+\beta}{2}\sin\dfrac{\alpha-\beta}{2}$

积化和差

$2\ \sin\alpha\ \cos\beta=\sin(\alpha+\beta)+\sin(\alpha-\beta)$

$2\ \cos\alpha\ \sin\beta=\sin(\alpha+\beta)-\sin(\alpha-\beta)$

$2\ \cos\alpha\ \cos\beta=\cos(\alpha+\beta)+\cos(\alpha-\beta)$

$2\ \sin\alpha\ \sin\beta=-\cos(\alpha+\beta)+\cos(\alpha-\beta)$

倍角

$\sin2\alpha=2\ \sin\alpha\ \cos\alpha$

$\cos2\alpha=\cos^2\alpha-\sin^2\alpha=2\ \cos^2-1=1-2\ \sin^2\alpha$

$\tan2\alpha=\dfrac{2\ \tan\alpha}{1-\tan^2\alpha}$

$\sin3\alpha=3\ \sin\alpha-4\ \sin^3\alpha$，$\cos3\alpha=4\ \cos^3\alpha-3\ \cos\alpha$

$\cos n\alpha=\cos^n\alpha-\dfrac{n(n-1)}{2!}\cos^{n-2}\alpha\ \sin^2\alpha+\dfrac{n(n-1)(n-2)(n-3)}{4!}\cos^{n-4}\alpha\ \sin^{\alpha}+\cdots$

半角

$$\sin\frac{\alpha}{2}=\pm\sqrt{\frac{1-\cos\alpha}{2}},\ \cos\frac{\alpha}{2}=\pm\sqrt{\frac{1+\cos\alpha}{2}}$$

$$\tan\frac{\alpha}{2}=\pm\sqrt{\frac{1-\cos\alpha}{1+\cos\alpha}}=\frac{\sin\alpha}{1+\cos\alpha}=\frac{1-\cos\alpha}{\sin\alpha}$$

$$\tan\frac{\alpha+\beta}{2}=\frac{\sin\alpha+\sin\beta}{\cos\alpha+\cos\beta}$$

级数

$$\sin\alpha=\frac{e^{j\alpha}-e^{-j\alpha}}{2j}=\alpha-\frac{\alpha^3}{3!}+\frac{\alpha^5}{5!}-\frac{\alpha^7}{7!}+\cdots$$

$$\cos\alpha=\frac{e^{j\alpha}+e^{-j\alpha}}{2}=1-\frac{\alpha^2}{2!}+\frac{\alpha^4}{4!}-\frac{\alpha^6}{6!}+\cdots$$

$$\tan\alpha=\frac{e^{j\alpha}-e^{-j\alpha}}{j(e^{j\alpha}+e^{-j\alpha})}=\alpha+\frac{\alpha^3}{3}+\frac{2\alpha^5}{15}+\frac{17\alpha^7}{315}+\frac{62\alpha^9}{2835}+\cdots$$

反三角函数

$$\arccos x=\frac{\pi}{2}-\arcsin x$$

$$\arctan x=\arcsin\frac{x}{\sqrt{1+x^2}}=\arccos\frac{1}{\sqrt{1+x^2}}$$

$$\arcsin(-x)=-\arcsin x,\ \arccos(-x)=\pi-\arccos x$$

$$\arctan(-x)=-\arctan x$$

2. 双曲函数

和差

$$\mathrm{sh}(\alpha\pm\beta)=\mathrm{sh}\alpha\ \mathrm{ch}\beta\pm\mathrm{ch}\alpha\ \mathrm{sh}\beta$$

$$\mathrm{ch}(\alpha\pm\beta)=\mathrm{ch}\alpha\ \mathrm{ch}\beta\mp\mathrm{sh}\alpha\ \mathrm{sh}\beta$$

$$\mathrm{th}(\alpha\pm\beta)=\frac{\mathrm{th}\alpha\pm\mathrm{th}\beta}{1\mp\mathrm{th}\alpha\ \mathrm{th}\beta}$$

$$\mathrm{sh}(\alpha\pm j\beta)=\mathrm{sh}\alpha\ \cos\beta\pm j\mathrm{ch}\alpha\ \sin\beta$$

$$\mathrm{ch}(\alpha\pm j\beta)=\mathrm{ch}\alpha\ \cos\beta\pm j\mathrm{sh}\alpha\ \sin\beta$$

$$\mathrm{th}(\alpha\pm j\beta)=\frac{\mathrm{sh}2\alpha\pm j\sin2\beta}{\mathrm{ch}2\alpha+\cos2\beta}$$

$$\mathrm{ch}^2\alpha-\mathrm{sh}^2\alpha=1,\qquad \mathrm{th}^2\alpha+\mathrm{sech}^2\alpha=1$$

$$(\mathrm{ch}\alpha\pm\mathrm{sh}\alpha)^n=\mathrm{ch}n\alpha\pm\mathrm{sh}n\alpha$$

倍角

$$\mathrm{sh}2\alpha=2\ \mathrm{sh}\alpha\ \mathrm{ch}\alpha$$

$$\mathrm{ch}2\alpha=\mathrm{ch}^2\alpha+\mathrm{sh}^2\alpha=2\ \mathrm{ch}^2\alpha-1=1+2\ \mathrm{sh}^2\alpha$$

$$\mathrm{th}2\alpha=\frac{2\ \mathrm{th}\alpha}{1+\mathrm{th}^2\alpha}$$

$$\mathrm{sh}3\alpha=4\ \mathrm{sh}^3\alpha+3\ \mathrm{sh}\alpha,\qquad \mathrm{ch}3\alpha=4\ \mathrm{ch}^3\alpha-3\ \mathrm{ch}\alpha$$

半角

$$\mathrm{sh}\,\frac{\alpha}{2}=\pm\sqrt{\frac{\mathrm{ch}\alpha-1}{2}}\begin{pmatrix}\alpha>0\text{ 取}+\\ \alpha<0\text{ 取}-\end{pmatrix},\qquad \mathrm{ch}\,\frac{\alpha}{2}=\sqrt{\frac{\mathrm{ch}\alpha+1}{2}}$$

$$\mathrm{th}\,\frac{\alpha}{2}=\frac{\mathrm{sh}\alpha}{\mathrm{ch}\alpha+1}=\frac{\mathrm{ch}\alpha-1}{\mathrm{sh}\alpha}$$

用三角函数表示

$\mathrm{shj}\alpha=\mathrm{j}\,\sin\alpha$，　　$\mathrm{chj}\alpha=\cos\alpha$

$\mathrm{thj}\alpha=\mathrm{j}\,\tan\alpha$

$\sin\mathrm{j}\alpha=\mathrm{j}\,\mathrm{sh}\alpha$，　　$\cos\mathrm{j}\alpha=\mathrm{ch}\alpha$

$\tan\mathrm{j}\alpha=\mathrm{j}\,\mathrm{th}\alpha$

级数

$$\mathrm{sh}\alpha=\frac{\mathrm{e}^{\alpha}-\mathrm{e}^{-\alpha}}{2}=\alpha+\frac{\alpha^3}{3!}+\frac{\alpha^5}{5!}+\frac{\alpha^7}{7!}+\cdots$$

$$\mathrm{ch}\alpha=\frac{\mathrm{e}^{\alpha}+\mathrm{e}^{-\alpha}}{2}=1+\frac{\alpha^2}{2!}+\frac{\alpha^4}{4!}+\frac{\alpha^6}{6!}+\cdots$$

$$\mathrm{th}\alpha=\frac{\mathrm{e}^{\alpha}-\mathrm{e}^{-\alpha}}{\mathrm{e}^{\alpha}+\mathrm{e}^{-\alpha}}=\alpha-\frac{\alpha^3}{3}+\frac{2\alpha^5}{15}-\frac{17\alpha^7}{315}+\frac{62\alpha^9}{2835}+\cdots$$

$$\mathrm{e}^{\pm\alpha}=\mathrm{ch}\alpha\pm\mathrm{sh}\alpha=1\pm\alpha+\frac{\alpha^2}{2!}\pm\frac{\alpha^3}{3!}+\frac{\alpha^4}{4!}\pm\frac{\alpha^5}{5!}+\cdots$$

反双曲函数

$\mathrm{arcch}x=\mathrm{arcshj}x-\mathrm{j}\,\frac{\pi}{2}$，　　$\mathrm{arcshj}x=\mathrm{j}\arcsin x$

$\mathrm{arcsh}x=\ln(x+\sqrt{x^2+1})$

$\mathrm{arcch}x=\ln(x+\sqrt{x^2-1})$　$(|x|\geqslant 1)$

$\mathrm{arch}x=\frac{1}{2}\ln\frac{1+x}{1-x}$　$(|x|<1)$

3. 对数

$\lg x=\log_{10}x=(\log_e x)\log_{10}\mathrm{e}=0.434\,294\,\ln x$

$\ln x=\log_e x=(\log_{10}x)\log_e 10=2.302\,585\,\lg x$

dB(分贝)$=10\lg\frac{P_2}{P_1}=20\lg\frac{E_2}{E_1}$，　　x (dB)$=0.115x$ (Np)

Np(奈比)$=10\ln\frac{E_2}{E_1}$，　　y (Np)$=8.686y$ (dB)

4. 级数

等差级数

$$a_1+(a_1+d)+(a_1+2d)+\cdots+[a_1+(n-1)d]=na_1+\frac{n(n-1)}{2}d$$

等比级数

$$a_1+a_1q+a_1q^2+\cdots+a_1q^{n-1}=\frac{a_1-a_nq}{1-q}$$

幂级数

$$(1\pm x)^n=1\pm nx+\frac{n(n-1)}{2!}x^2\pm\frac{n(n-1)(n-2)}{3!}x^3+\cdots$$
$$+(\pm 1)^i\frac{n(n-1)(n-2)\cdots(n-i+1)}{i!}x^i+\cdots\quad(x\leqslant 1)$$

$$\frac{1}{1\pm x}=1\mp x+x^2\mp x^3+x^4\mp\cdots\quad(|x|<1)$$

$$(1\pm x)^{\frac{1}{2}}=1\pm\frac{1}{2}x-\frac{1}{2\cdot 4}x^2\pm\frac{1\cdot 3}{2\cdot 4\cdot 6}x^3-\frac{1\cdot 3\cdot 5}{2\cdot 4\cdot 6\cdot 8}x^4\pm\cdots\quad(|x|\leqslant 1)$$

$$(1\pm x)^{-\frac{1}{2}}=1\mp\frac{1}{2}x+\frac{1\cdot 3}{2\cdot 4}x^2\mp\frac{1\cdot 3\cdot 5}{2\cdot 4\cdot 6}x^3+\frac{1\cdot 3\cdot 5\cdot 7}{2\cdot 4\cdot 6\cdot 8}x^4\mp\cdots\quad(|x|<1)$$

泰勒级数

$$f(x)=f(x_0)+f'(x_0)(x-x_0)+\frac{f''(x_0)}{2!}(x-x_0)^2+\cdots+\frac{f^{(n)}(x_0)}{n!}(x-x_0)^n+\cdots$$

$$f(z)=\sum_{n=0}^{\infty}C_n(z-z_0)^n,\ C_n=\frac{f^{(n)}(z_0)}{n!}=\frac{1}{2\pi\mathrm{j}}\oint_{|z-z_0|=\rho}\frac{f(t)}{(t-z_0)^{n+1}}\mathrm{d}t\quad(\rho<R)$$

罗朗级数

$$f(z)=\sum_{n=-\infty}^{\infty}C_n(z-z_0)^n,\ C_n=\frac{1}{2\pi\mathrm{j}}\oint_{|z-z_0|=\rho}\frac{f(t)}{(t-z_0)^{n+1}}\mathrm{d}t\quad(r<\rho<R)$$

附录三　量 和 单 位

1. 国际单位制(SI)的基本单位

量的名称	单位名称	单位符号
长　度	米(metre)	m
质　量	千克(kilogram)	kg
时　间	秒(second)	s
电　流	安[培](ampere)	A
热力学温度	开[尔文]	K
物质的量	摩[尔]	mol
发光强度	坎[德位]	cd

2. 量的符号和单位

量的名称	量的符号	单位名称	单位符号
力	F	牛[顿](newton)	N
力　矩	T	牛[顿]米(newton metre)	N・m
方向性系数	D	(无量纲)	—
功，能[量]	W	焦[耳](joule)	J
功　率	P	瓦[特](watt)	W
电动势	$\mathscr{E}$	伏[特](volt)	V
电　压	U	伏[特](volt)	V
电　位	φ	伏[特](volt)	V
电通[量]密度，电位移	D	库(仑)每平方米 (coulomb per square metre)	C/m^2
电　感	L	亨[利](henry)	H
电　导	G	西[门子](siemens)	S
电导率	σ	西[门子]/米(siemens per metre)	S/m
电　纳	B	西[门子](siemens)	S

续表

量的名称	量的符号	单位名称	单位符号
电　阻	R	欧[姆](ohm)	Ω
电　抗	X	欧[姆](ohm)	Ω
电场强度	E	伏[特]每米(volt per metre)	V/m
磁通(量)	Φ	韦[伯](weber)	Wb
磁场强度	H	安[培]每米(ampere per metre)	A/m
磁感应强度 磁通[量]密度	B	特[斯拉](tesla)	T
磁偶极矩	p_m	安[培]二次方米 (ampere metre squared)	$A \cdot m^2$
频　率	f	赫[兹](hertz)	Hz